# 建筑设计资料集

（第三版）

## 第2分册 居住

中国建筑工业出版社

**图书在版编目（CIP）数据**

建筑设计资料集 第2分册 居住／中国建筑工业出版社，中国建筑学会总主编．—3版．—北京：中国建筑工业出版社，2017.7

ISBN 978-7-112-20940-8

Ⅰ．①建…　Ⅱ．①中…②中…　Ⅲ．①建筑设计－资料　Ⅳ．①TU206

中国版本图书馆CIP数据核字（2017）第140507号

审图号：GS（2017）2137号

责任编辑：陆新之　徐　冉　刘　静　刘　丹
封面设计：康　羽
版面制作：陈志波　周文辉　刘　岩
责任校对：姜小莲　关　健

**建筑设计资料集（第三版）**

**第2分册　居住**

＊

中国建筑工业出版社出版、发行（北京海淀三里河路9号）

各地新华书店、建筑书店经销

北京顺诚彩色印刷有限公司印刷

＊

开本：880×1230毫米　1/16　印张：18¾　字数：748千字

2017年7月第三版　2018年1月第三次印刷

定价：**128.00**元

ISBN 978-7-112-20940-8

　　（25965）

# 《建筑设计资料集》（第三版）
# 总编写分工

总 主 编 单 位：中国建筑工业出版社　中国建筑学会

**第1分册　建筑总论**

分 册 主 编 单 位：清华大学建筑学院　同济大学建筑与城市规划学院

重庆大学建筑城规学院　西安建筑科技大学建筑学院

**第2分册　居住**

分 册 主 编 单 位：清华大学建筑设计研究院有限公司

分册联合主编单位：重庆大学建筑城规学院

**第3分册　办公·金融·司法·广电·邮政**

分 册 主 编 单 位：华东建筑集团股份有限公司

分册联合主编单位：同济大学建筑与城市规划学院

**第4分册　教科·文化·宗教·博览·观演**

分 册 主 编 单 位：中国建筑设计院有限公司

分册联合主编单位：华南理工大学建筑学院

**第5分册　休闲娱乐·餐饮·旅馆·商业**

分 册 主 编 单 位：中国中建设计集团有限公司

分册联合主编单位：天津大学建筑学院

**第6分册　体育·医疗·福利**

分 册 主 编 单 位：中国中元国际工程有限公司

分册联合主编单位：哈尔滨工业大学建筑学院

**第7分册　交通·物流·工业·市政**

分 册 主 编 单 位：北京市建筑设计研究院有限公司

分册联合主编单位：西安建筑科技大学建筑学院

**第8分册　建筑专题**

分 册 主 编 单 位：东南大学建筑学院　天津大学建筑学院

哈尔滨工业大学建筑学院　华南理工大学建筑学院

# 《建筑设计资料集》（第三版）总编委会

# 第2分册编委会

**分册主编单位**

清华大学建筑设计研究院有限公司

**分册联合主编单位**

重庆大学建筑城规学院

**分册参编单位**（以首字笔画为序）

中国中建设计集团有限公司　　　　　　华南理工大学建筑设计研究院
中国建筑设计院有限公司　　　　　　　哈尔滨工业大学建筑学院
中国建筑标准设计研究院有限公司　　　重庆长厦安基建筑设计有限公司
中国城市规划设计研究院　　　　　　　重庆大学建筑设计研究院有限公司
北京市建筑设计研究院有限公司　　　　重庆大学城市建设与环境工程学院
北京建筑大学建筑与城市规划学院　　　清华大学建筑学院
同济大学建筑与城市规划学院
同济大学建筑设计研究院（集团）有限公司
华东建筑集团股份有限公司华东都市建筑设
　　计研究总院

**分册编委会**

主　　任：庄惟敏　赵万民
副主任：周燕珉　卢　峰
委　　员：（以姓氏笔画为序）

　　　　　王　英　王　韬　龙　灏　付　昕　边兰春　朱晓东　朱望伟　刘玉龙
　　　　　刘东卫　刘佳燕　刘晓钟　刘燕辉　许剑峰　李和平　陈　静　邵　磊
　　　　　林建平　周铁军　金　虹　宫力维　赵　颖　钟　舸　段进宇　徐煜辉
　　　　　黄一如　薛　峰　戴志中

**分册办公室**

　　　　　鲍　红　徐煜辉　王　韬　王玉涛　黄海静

# 前　　言

一代人有一代人的责任和使命。编好第三版《建筑设计资料集》，传承前两版的优良传统，记录改革开放以来建筑行业的设计成果和技术进步，为时代为后人留下一部经典的工具书，是这一代人面对历史、面向未来的责任和使命。

《建筑设计资料集》是一部由中国人创造的行业工具书，其编写方式和体例由中国建筑师独创，并倾注了两代参与者的心血和智慧。《建筑设计资料集》（第一版）于1960年开始编写，1964年出版第1册，1966年出版第2册，1978年出版第3册。第二版于1987年启动编写，1998年10册全部出齐。前两版资料集为指导当时的建筑设计实践发挥了重要作用，因其高水准高质量被业界誉为"天书"。

随着我国城镇化的快速发展和建筑行业市场化变革的推进，建筑设计的技术水平有了长足的进步，工作领域和工作内容也大大拓展和延伸。建筑科技的迅速发展，建筑类型的不断增加，建筑材料的日益丰富，规范标准的制订修订，都使得老版资料集内容无法适应行业发展需要，亟需重新组织编写第三版。

《建筑设计资料集》是一项巨大的系统工程，也是国家层面的经典品牌。如何传承前两版的优良传统，并在前两版成功的基础上有更大的发展和创新，无疑是一项巨大的挑战。总主编单位中国建筑工业出版社和中国建筑学会联合国内建筑行业的两百余家单位，三千余名专家，自2010年开始编写，前后历时近8年，经过无数次的审核和修改，最终完成了这部备受瞩目的大型工具书的编写工作。

《建筑设计资料集》（第三版）具有以下三方面特点：

**一、内容更广，规模更大，信息更全，是一部当代中国建筑设计领域的"百科全书"**

新版资料集更加系统全面，从最初策划到最终成书，都是为了既做成建筑行业大型工具书，又做成一部我国当代建筑设计领域的"百科全书"。

新版资料集共分8册，分别是：《第1分册　建筑总论》；《第2分册　居住》；《第3分册　办公·金融·司法·广电·邮政》；《第4分册　教科·文化·宗教·博览·观演》；《第5分册　休闲娱乐·餐饮·旅馆·商业》；《第6分册　体育·医疗·福利》；《第7分册　交通·物流·工业·市政》；《第8分册　建筑专题》。全书共66个专题，内容涵盖各个建筑领域和建筑类型。全书正文3500多页，比第一版1613页、第二版2289页，篇幅上有着大幅度的提升。

新版资料集一半以上的章节是新增章节，包括：场地设计；建筑材料；老年人住宅；超高层城市办公综合体；特殊教育学校；宗教建筑；杂技、马戏剧场；休闲娱乐建筑；商业综合体；老年医院；福利建筑；殡葬建筑；综合客运交通枢纽；物流建筑；市政建筑；历史建筑保护设计；地域性建筑；绿色建筑；建筑改造设计；地下建筑；建筑智能化设计；城市设计；等等。

非新增章节也都重拟大纲和重新编写，内容更系统全面，更契合时代需求。

绝大多数章节由来自不同单位的多位专家共同研究编写，并邀请多名业界知名专家审稿，以此确保编写内容的深度和广度。

**二、编写阵容权威，技术先进科学，实例典型新颖，以增值服务方式实现内容扩充和动态更新**

总编委会和各主编单位为编好这部备受瞩目的大型工具书，进行了充分的行业组织及发动工作，调动了几乎一切可以调动的资源，组织了多家知名单位和多位知名专家进行编写和审稿，从组织上保障了内容的权威性和先进性。

新版资料集从大纲设定到内容编写，都力求反映新时代的新技术、新成果、新实例、新理念、新趋势。通过记录总结新时代建筑设计的技术进步和设计成果，更好地指引建筑设计实践，提升行业的设计水平。

新版资料集收集了一两千个优秀实例，无法在纸书上充分呈现，为使读者更好地了解相关实例信息，适应数字化阅读需求，新版资料集专门开发了增值服务功能。增值服务内容以实例和相关规范标准为主，可采用一书一码方式在电脑上查阅。读者如购买一册图书，可获得这一册图书相关增值服务内容的授权码，如整套购买，则可获得所有增值服务内容的授权。增值服务内容将进行动态扩充和更新，以弥补纸质出版物组织修订和制版印刷周期较长的缺陷。

**三、文字精练，制图精美，检索方便，达到了大型工具书"资料全、方便查、查得到"的要求**

第三版的编写和绘图工作告别了前两版用鸭嘴笔、尺规作图和铅字印刷的时代，进入到计算机绘图排版和数字印刷时代。为保证几千名编写专家的编写、绘图和版面质量，总编委会制定了统一的编写和绘图标准，由多名审稿专家和编辑多次审核稿件，再组织参编专家进行多次反复修改，确保了全套图书编写体例的统一和编写内容的水准。

新版资料集沿用前两版定版设计形式，以图表为主，辅以少量文字。全书所有图片都按照绘图标准进行了重新绘制，所有的文字内容和版面设计都经过反复修改和完善。文字表述多用短句，以条目化和要点式为主，版面设计和标题设置都要求检索方便，使读者翻开就能找到所需答案。

一代人书写一代人的资料集。《建筑设计资料集》（第三版）是我们这一代人交出的答卷，同时承载着我们这一代人多年来孜孜以求的探索和希望。希望我们这一代人创造的资料集，能够成为建筑行业的又一部经典著作，为我国城乡建设事业和建筑设计行业的发展，作出新的历史性贡献。

《建筑设计资料集》（第三版）总编委会

2017年5月23日

# 目　录

## 5 住区服务设施

## 住宅设计和住区规划发展基本脉络

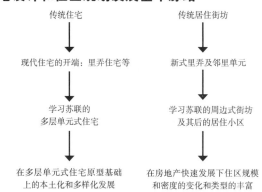

传统住宅
↓
现代住宅的开端：里弄住宅等
↓
学习苏联的
多层单元式住宅
↓
在多层单元式住宅原型基础
上的本土化和多样化发展

传统居住街坊
↓
新式里弄及邻里单元
↓
学习苏联的周边式街坊
及其后的居住小区
↓
在房地产快速发展下住区规模
和密度的变化和类型的丰富

① 住宅设计和住区规划发展基本脉络

## 中国住宅的传统

院落住宅是中国住宅的传统形式，其形式、结构、材料和空间组合根据地域特点有所变化，形成了中国民居的谱系。合院住宅一般沿明确的中轴线展开，以堂屋为正，厢房为辅，讲究尊卑秩序和内外之别，是中国古代伦理思想在居住空间上的投射。传统的中国城市的肌理就建立在以合院为细胞的街坊系统之上。

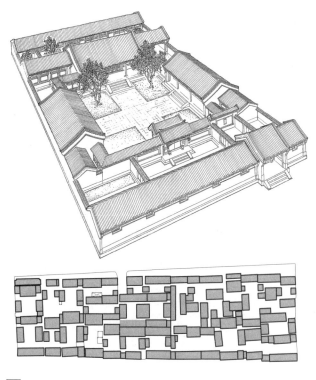

② 传统中式四合院住宅和以合院为肌理的街坊系统

## 现代住宅的开端

随着西方生活方式开始进入中国城市，1949年之前的民国时期在天津、上海这样的沿海大城市出现了石库门、花园里弄和公寓住宅等新式住宅，传统住宅的伦理空间秩序被新式城市生活的内容逐渐取代，住宅建筑开始使用现代结构方式和材料，住区规划也开始呈现中西结合的特点。

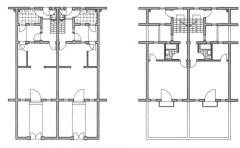

③ 上海静安别墅新式里弄住宅，1928年

## 多层单元式住宅的引进

新中国成立后，在第一个五年计划时期（1953~1957年）引进了苏联的标准设计方法：按照标准构件和模数设计的几户住宅共用一个楼梯，形成基本居住单元，数个居住单元组合成一栋住宅建筑。标准设计建立在现代工业化建筑基础之上，大大提高了住宅建设的效率，成为新中国成立后增量住宅最主要的形式。自此，多层单元式住宅取代了院落住宅，成为现代中国最普遍的住宅类型。

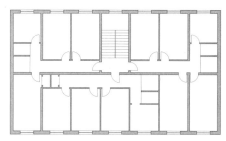

④ 引进苏联标准设计的华北301住宅，1952年

## 住宅设计的本土化

1950年代，在苏联影响下，住宅建筑设计使用了传统中式元素与苏式构图结合的"社会主义内容民族形式"的建筑风格。而由于国情差异，造成了面积浪费、生活不便，出现了"合理设计不合理使用"的现象。"一五"末期，住宅设计开始了本土化的趋势，出现了小户型、外廊式等探索，以保证住宅功能完整性和居住舒适性。

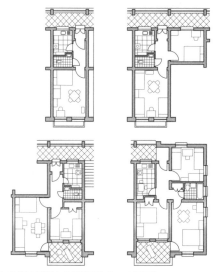

⑤ 北京幸福村街坊小面积住宅，1957年

## 传统的中国住区格局和西化的开始

中国的传统城市被街巷系统划分成长条形的地块，在其上排列合院住宅，形成住区的基本单位。近现代时期，西方影响下的里弄住宅也在此格局上展开。后来出现了完全打破传统城市肌理的新型住区，例如1930年代广州的"模范住宅区"，1950年代初上海按照"邻里单元"原则规划的曹阳新村。

**1** 按照邻里单元原则规划的上海曹阳新村，1951年

## 周边式的居住街坊

新中国建立后，城市住区规划照搬了苏联周边式街坊的格局：住宅沿地块周边围合式布置，采取严格轴线对称的构图，地块中央布置服务设施，形成了一种社会主义国家的住区形象。但是由于建设标准与分配标准不匹配造成了合住现象，以及与国情不符的设计带来的房屋舒适度问题，加上"一五"末期开始对形式主义的批判，周边式街坊很快被小区规划思想所取代。

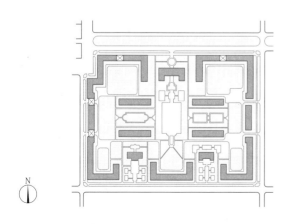

**2** 按照苏联周边式街坊设计的长春一汽住宅区，1955年

## "居住小区"概念的形成

第一个五年计划（1953~1957年）末期，中国引进了苏联的"小区"规划思想：城市按照"区"来组织社会与政治生活，配置相应的文化教育和生活设施。这种分区在城市规划上的体现，就是城市中的"居住区"，一个"居住区"由多个"小区"组成。自此，"小区规划"逐渐成为中国城市居住区规划的基本术语。

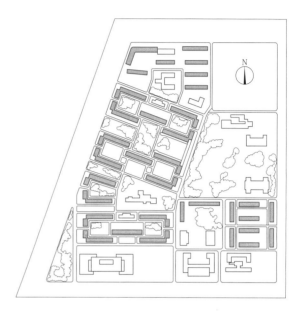

**3** 按照小区原则设计的北京夕照寺居住区，1957年

## 大杂院的出现及旧城改造问题

与新住宅建设形成对比的是旧城传统院落住宅的衰败。由于公有化带来的产权变化，过去独门独户的住宅改为由多个家庭共同使用，缺乏私密空间和基础设施成为旧城居住区的通病。随着居住人口的不断增加，改建和加建逐步蚕食了合院空间，珍贵的传统居住建筑和城市遗产与衰败拥挤的居住条件并存。于是，旧城改造成为1990年代中国城市发展进入快速城市化时期的重要课题。

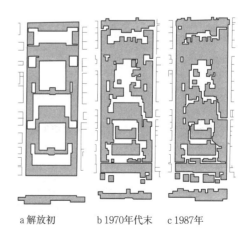

a 解放初     b 1970年代末     c 1987年

**4** 旧城四合院向大杂院的演变

## 住房制度改革带来的变化

1980年代初，中国开始对计划经济时期的公有住房体制进行市场化、商品化和私有化的改革。市场代替国家成为住房供应的主体，居民购买住房不再依靠国家福利，原有的公有住房出售给个人成为私有住房。对于住宅设计来说，这个变革改变了住宅服务于国民经济计划、忽视居住者实际生活需求的状况。住宅设计开始直接面对市场和居住者的要求，日益呈现丰富与多元发展的趋势。

1

**1** 住房改革后住宅供给的发展变化

## 保障性住宅的出现和发展

保障性住房是住房供应进入市场经济时代后，针对无力购买商品住房人群的政策性住房，接近于西方国家"社会住房"的概念。保障性住房在不同时期以不同的形式呈现，如：1998年的房改政策主要包括经济适用房和廉租房两类，2007年部分地区出现了限套型、限售价的"两限房"，2010年又出台了针对既无力负担市场住房又不符合保障性住房准入标准的"夹心层"群体的公共租赁住房。保障性住房是以居住需求为分配原则的社会住房，因此与商品住房不同，政府对于保障性住房有直接的干预和控制，对其建筑设计也形成特殊要求。

保障性住房发展过程中的几种主要类型　　　　　表1

| 类型 | 时间 | 供应 | 产权 | 对象 | 定义 |
|---|---|---|---|---|---|
| 经济适用房 | 1998年 | 市场 | 私有/有限产权 | 中低收入 | 经济适用住房，是指政府提供政策优惠，限定套型面积和销售价格，按照合理标准建设，面向城市低收入住房困难家庭供应，具有保障性质的政策性住房 |
| 廉租房 | 1998年 | 政府 | 租赁 | 最低收入 | 政府以租金补贴或实物配租的方式，向符合城镇居民最低生活保障标准且住房困难的家庭提供社会保障性质的住房 |
| 两限房 | 2007年 | 市场 | 私有 | 中低收入 | 经城市人民政府批准，在限制套型比例、限定销售价格的基础上，以竞地价、竞房价的方式，招标确定住宅项目开发建设单位，由中标单位按照约定标准建设，按照约定价格，面向符合条件的居民销售的中低价位、中小套型普通商品住房 |
| 公共租赁房 | 2010年 | 政府 | 租赁 | 中低收入 | 限定建设标准和租金水平，面向符合规定条件的城镇中等偏下收入住房困难家庭、新就业无房职工和在城镇稳定就业的外来务工人员出租的保障性住房 |

## 住宅面积单位的使用及对住宅设计的影响

住宅面积单位在中国的住宅设计中一直扮演着重要角色。在不同时期，住宅面积的计算有多种方法，比较常见的是居住面积、使用面积和建筑面积三种。住房政策和法律法规中对于面积计算单位的使用，直接影响到了住宅室内外空间的设计，以及住宅类型的选择。

住宅面积单位的变化　　　　　表2

| | 定义 | 时期 | 作用 | 影响 |
|---|---|---|---|---|
| 居住面积 | 住宅中所有居住空间的净面积 | 计划经济时期 | 住房分配的计算单位，控制住宅非卧室空间的比例，以使建筑容纳更多的居住者 | 卧室成为住宅最重要的空间，其他辅助空间被压缩至最小 |
| 使用面积 | 住宅内部所有空间的净面积 | 商品化时期 | 居住者真正可以使用的住宅面积 | 购买住房的主要考虑因素 |
| 建筑面积 | 住宅使用面积+结构面积+辅助面积 | 计划经济时期/商品化时期 | 住宅建设投资计算的依据，商品住房的建设、投资和交换的计算单位 | 对于公共空间和辅助空间的忽视，对特殊类型住宅的偏好 |

## 住宅标准的发展演变

住宅标准是住宅设计的重要依据。我国从1950年代开始，针对城市住宅出台了各种标准。在计划经济下的公有住房时期，住宅属于国家基本建设投资的内容。因此，住宅标准是国家基本建设投资计划的重要计算依据。由于重工业优先发展、"先生产后生活"的政策，基本建设投资全面向工业倾斜，住宅标准一度被压缩到最低。住房市场化与商品化改革之后，市场供应的住房逐渐不再受到国家住宅标准的控制，住房标准也逐步从居住面积转向了使用面积和建筑面积。此后，住宅标准政策开始聚焦于公务员住宅和保障性住宅。公务员住宅标准沿用了公有住房以职务职称为基础的分配标准，保障性住房标准则与家庭收入和投资规模挂钩。此外，在特定时期，住宅标准的控制也会延伸到市场住房，成为一种政府干预住房市场发展的手段，以控制商品住房价格的可承受性，从而解决住房的结构性短缺问题。

住宅标准的演变　　　　　表3

| 时间 | 政策 | 对象 | 住房标准 | 计算单位 |
|---|---|---|---|---|
| 1952~1954年 | 中央建筑工程部设计总局文件 | 公有住房 | 人均6m²，远景9m² | 居住面积 |
| 1966年 | 《关于住宅宿舍建筑标准的意见》 | 公有住房 | 每人不大于4m²，每户不大于18m² | 居住面积 |
| 1973年 | 《对修订住宅、宿舍建筑标准的几点意见》 | 公有住房 | 平均每户34~37m²，严寒地区36~39m² | 建筑面积 |
| 1978年 | 《关于加快城市住宅建设的报告》 | 公有住房 | 每户不超过42m² | 建筑面积 |
| 1981年 | 《对职工住宅设计标准的几项补充规定》 | 公有住房 | 普通职工42~45m²，一般干部45~50m²，中级职称知识分子和正副县级干部60~70m²，高级知识分子和厅局级干部80~90m² | 建筑面积 |
| 1987年 | 《住宅建筑设计规范》 | 各类住房 | 小套18m²，中套30m²，大套45m² | 使用面积 |
| 1995年 | 《实施国家安居工程的意见》 | 安居工程住房 | 平均每套控制在55m²以下，以二室套型为主 | 建筑面积 |
| 2006年 | 《关于调整住房供应结构稳定住房价格的意见》 | 商品住房 | 套型建筑面积90m²以下住房（含经济适用住房）面积所占比重，必须达到开发建设总面积的70%以上 | 建筑面积 |
| 2007年 | 《经济适用住房管理办法》 | 经济适用房 | 单套建筑面积控制在60m²左右 | 建筑面积 |
| 2007年 | 《廉租住房保障办法》 | 廉租住房 | 单套建筑面积控制在50m²以内 | 建筑面积 |
| 2010年 | 《关于加快发展公共租赁住房的指导意见》 | 公共租赁住房 | 单套建筑面积严格控制在60m²以下 | 建筑面积 |

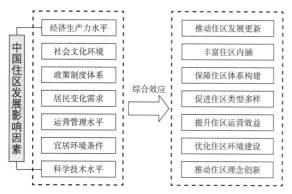

**1** 中国住区发展影响因素及综合效应关系图

## 经济生产力水平

随着我国城市居民人均可支配收入持续增长，人民生活水平不断提高，我国已进入以住房、汽车为代表的改善生活质量的消费时代。消费观、价值观的改变，促使居民对居住质量、住房功能、住房环境和综合配套水平等提出了更高要求。同时，随着汽车作为日常耐用消费品进入平常百姓家，人们对良好的城市道路交通条件、完善的住区交通设施等需求也不断增强。

城镇居民家庭平均每百户家用汽车拥有量（单位：辆）　表1

| 年份 | 2000年 | 2005年 | 2010年 | 2012年 |
|---|---|---|---|---|
| 家用汽车（辆） | 0.51 | 3.37 | 13.1 | 21.5 |

全社会施工与竣工住宅面积量（单位：万m²）　表2

| 年份 | 2000年 | 2005年 | 2010年 | 2015年 |
|---|---|---|---|---|
| 施工住宅 | 180634 | 239770 | 480773 | 669297 |
| 竣工住宅 | 134529 | 132836 | 174604 | 179738 |

住宅商品化对住区的影响　表3

| 影响方面 | 具体内容 |
|---|---|
| 住区环境 | 住区环境成为一种商品，它与住宅共同被消费，决定着住宅的销售与价格。在交通便利的基础上，住区环境更多地体现在生态绿化、安全防灾、文化教育、物业服务等方面 |
| 住宅设计 | 住宅商品化后，不同经济状况的人们对住房的需求层次不同，从而形成多层次、多目的住房消费，这对住宅标准、套型设计和开发都有重要的影响 |
| 住区设施 | 通过"智能化"的现代科技设备来体现商品化住宅的优势 |
| 住区容量 | 人多地少的城市建设环境，势必通过提高建筑强度来满足需求，住宅高层化逐渐成为建设主流 |
| 停车需求 | 家用汽车量的激增，带来汽车停放的刚性需求，商品化住区提供适当的汽车停放空间成为规划必须满足的基本条件之一 |

土地招拍挂制度的建立，使住宅的供应和消费几乎全部在市场配置之下进行房地产开发投资的持续快速增长，也带动了社会经济的快速发展和居民住宅消费观念突破性变化，促使城市规划更加注重土地级差效应的发挥。

**2** 2000~2015年全国房地产开发投资额统计图

## 社会文化环境

我国多样的地域人居文化通过自然条件、建筑用材、建筑造型与风格、空间组织等方面深刻影响着住宅与住区发展。从社会层面来看，家庭结构的改变，带来家庭生活方式和行为模式不同，从而造成居住密度、住宅平面构成形式、住宅内部空间设计、配套服务设施不同，从物质构成方面对住宅和住区发展产生影响。

传统核心家庭套型　　　两代居套型+核心家庭套型（可变型）

核心家庭在我国户型比重曾达七成以上，目前因"二孩"政策的放开也发生了变化。为适应家庭生活需求及人口老龄化的趋势，户型组合可分可合的"两代居"，逐步成为反映新时期社会文化变化的一种住宅产品。

**3** 套型设计对家庭结构变化趋势的适应

## 政策制度体系

随着社会主义市场经济的发展深化，我国逐步实现了从实物型福利住房制度体系向货币型商品住房制度体系的转变。近年来，新的民生服务政策推进了保障性住房的发展，也促进了低收入群体的住房消费、住房信贷的发展，保障了我国住房商品化、社会化的多层次供应体系的发展与完善。最近提出的开放街区、海绵城市等解决城市交通通畅，生态环境共享等方针，以及老龄化加剧和人口生育政策的变化，都对居住区发展方向产生重大影响。

2009~2015年全国保障性住房建设情况　表4

| 年份 | 2009年 | 2010年 | 2011年 | 2012年 | 2013年 | 2014年 | 2015年 | 合计 |
|---|---|---|---|---|---|---|---|---|
| 套数（万套） | 200 | 370 | 432 | 480 | 544 | 480 | 772 | 3278 |

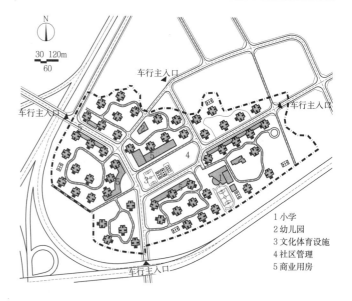

1 小学
2 幼儿园
3 文化体育设施
4 社区管理
5 商业用房

用地面积为323774m²，总建筑面积108.08万m²。有小学1所，幼儿园2所，文化体育设施、社区管理、商业用房等配套设施，停车位3300余个。

**4** 重庆市民心佳园公租房小区

## 居民变化需求

社会发展进步需要满足多样化的住宅消费群体（包括青年群体、老年群体、残疾人群体以及混合群体等）在生活节奏与方式的需求，从而在住宅设计、公共服务设施、公共环境等方面必须适应性地作出调整与改善。

老龄化对住区和住宅建设的影响 表1

| 影响方面 | 具体内容 |
|---|---|
| 住区规划 | 规划建设中引入适应老年居住的组团布局设计、运营管理模式和社区经营意识，设置日间照料中心等老龄化设施 |
| 居住模式 | 出现老年公寓式居住模式和居家养老型居住模式等 |
| 住宅外部空间环境设计 | 考虑便捷、优雅的空间形式，以安全、健康为原则，配套休息、扶持等人性化设施，提高空间安全性 |
| 住区步行空间设计 | 适合老年人的住区外部步行空间要减少汽车的影响，有人车分流的道路系统和无障碍的绿色步行环境等 |
| 住宅设计 | 住宅设计要更多考虑到环境安全、老年人体尺度、生理和心理及行为特征；住宅套型、室内设备和设施的设计适合老龄人群的生活需求 |

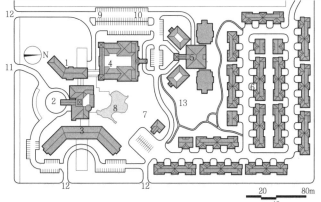

1 生活援助型住宅　2 服务中心　3 独立生活型住宅　4 专业护理之家　5 TCU
6 老年公寓　7 俱乐部　8 高尔夫球场　9 内部停车场　10 公共停车场
11 主入口　12 次入口　13 预留发展用地

**1** 美国 Farnsworth Gardens 退休社区

## 运营与管理水平

居住空间是社会结构在居住环境中的映射，所以城市社会结构及其需求与住区规划存在密切关系。市场转型促使我国社会结构发生了重大变化，面临分化、聚合和重构，对住区运营与管理水平提出了新的要求。市场转型也促使我国城市居住空间发生了转变，原有的传统社会构成面临同样问题，也推动了运营和管理模式日趋走向社会化、专业化与市场化，只有接轨新形势，才能在未来社会发展需求中寻求到适应性。

国内城市住区管理的五种模式 表2

| 模式 | 特点 |
|---|---|
| 开发公司管理型 | 1.实行住区的规划、建设、管理"一条龙"；2.由开发公司管理，便于及时发现规划和建设中存在的问题，利于协调与街道办事处及派出所等有关单位的关系 |
| "三结合"管理型 | 1.由开发公司、居住者与派出所、住户代表三方组成管理委员会，以街道办事处为主体，开发公司参与组成领导机构；2.发挥街道行政机构参与管理的优势和开发公司本身的特点 |
| 街道办事处管理型 | 住区建成后，管理工作移交街道办事处，开发公司不参与管理工作 |
| 房管所管理型 | 住区建成后，管理工作由房管所负责，开发公司不参与管理工作 |
| 专业性的物业公司管理型 | 属于商业性经营，具有一流管理服务水平，为居民提供安保、消防及各种所需服务项目，适用于中高收入群体社区 |

住区管理模式确定受以下影响因素制约：1.居住者的社会阶层地位、收入、文化层次；2.对介入运营与管理的积极性；3.涉及部门及组织的业务能力，水平和服务意识。

## 宜居环境条件

维护与创造宜居的自然生态环境从根本上影响并推动着住区规划的发展。对宜居的自然地貌结构、生态系统现状、气候环境（尤其是微气候环境）的可持续开发与利用，以及对不宜居的地震、海啸、泥石流等自然灾害和日趋严重的全球气候问题的应对与适应，已成为当今推动住区生态环境发展的主要方面。

与之相应的防灾型、低碳型、绿色生态型等一系列住区规划新理念的提出与完善正是当前发展主流的体现。

生态环境条件对住区规划的影响 表3

| 主要影响方面 | | 具体内容 |
|---|---|---|
| 宜居因素 | 地貌结构 | 尊重地貌结构，充分利用既有地形变化，忌大填大挖 |
| | 生态系统 | 以保护既有动植物、水体、湿地等原始良好生态系统为原则，处理好建成环境与周边生态用地的关系 |
| | 气候环境 | 了解和把握地区气候特征，结合建筑布局和景观组织等方面，充分利用微气候调节居住环境 |
| 不宜居因素 | 自然灾害 | 着重对可能发生的灾害进行评估，并在建筑结构、防灾空间、防灾设施等方面采取应对性设计与创新 |
| | 全球气候问题 | 从宏观结构、交通组织到建筑结构与材料应用逐渐趋向低碳、可循环利用的转变 |

## 科学技术水平

住区发展受科学技术水平最直接影响在于建设实践，推动建筑材料创新、建筑结构优化、住宅产业化发展及建筑节能相关技术等各方面不断向前突破发展。对于住区整体，体现在规划建设与运营管理的数字化、系统化、人性化的完善方面。

科学技术水平对住宅产业化发展的阶段划分 表4

| 分期 | 特点 |
|---|---|
| 准备期 | 主要是政策、技术的研究示范、技术改造与技术引进阶段，此时住宅产业化尚未形成 |
| 初步发展期 | 通过住宅产业化的研究，深化标准化、模数化，使住宅产品标准基本形成，部分新型建材技术引进完成并投入使用 |
| 快速发展期 | 住宅产品序列化形成，技术发展成熟，新产品涌现，供应体系社会化、规模化、集成化的生产格局形成 |
| 成熟期 | 住宅产业生产发展的技术与产品发展成熟，企业整体管理、协作化生产、社会化供应促使住宅产业进入稳定发展期，也推进了住宅品质、质量进入成熟期 |

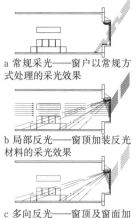

a 常规采光——窗户以常规方式处理的采光效果

b 局部反光——窗顶加装反光材料的采光效果

c 多向反光——窗顶及窗面加装反光材料的采光效果

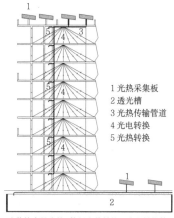

1 光热采集板
2 透光槽
3 光热传输管道
4 光电转换
5 光热转换

光伏技术的成熟，使得光热转换和光电转换等节能技术成为住宅照明、热水使用、绿色建筑建设的保障，能够有效地节约传统能源，降低建筑能耗。

**2** 节能技术运用于窗户设计 **3** 节能技术综合运用于建筑设计

**1**
导言

## 分异与和谐

住区的空间分异源于居民职业类型、收入水平及文化背景的差异，其实质是社会分层在居住空间地域上的反映。住房商品化的加速、居民价值观念的多样化、土地市场和房地产市场的高度发育也加剧了居住分异。在以市场为主要调节机制的经济模式下，城市居住空间的分异在某种程度上不可避免。

居住分异容易造成低收入与中高收入阶层的各自集中，各阶层间联系减弱，加剧不同经济阶层之间的隔离。混居型住区建设，促进不同阶层居民的社会交往，有助于实现社会和谐。对应住区居住分异状况，住区规划特征如表1所示。

国内住区规划模式　　　　　　　　　　　　　　　　表1

|  | 状态 | 分类 | 公共服务设施 | 布局特点 |
|---|---|---|---|---|
| 居住区 | 大杂居 | 中-下阶层混居 | 居住区级无差异 | 沿街式的街坊级公共配套设施 |
| 居住小区 | 小聚居 | 中-上阶层混居 | 有差异 | 在小区中央位置集中设置 |

## 灵活与适应

我国社会阶层的分化日趋显著，经济收入水平差异以及文化程度、职业等的不同，使得人们产生了多样化的生活模式需求，对住房和环境的选择也有所不同。在规划与建筑的层面，涉及管理制度、群体空间布局、建筑单体形式等。以丰富多元、具有灵活性的形式，适应与满足各种不同层次居民的需求是住区主要发展趋势。

国内住区的多元形式　　　　　　　　　　　　　　　表2

| 规划层面 | 建筑单体 |
|---|---|
| 福利房、商品房和出租房并存 | 平面、立面、材质、色彩多样化 |
| 住宅群体空间组合多样化 | 套型多样化，满足不同人群需求 |
| 住宅实体形式多样化 | 套型可组合使用，满足两代居或三代居 |
| 住区开放空间系统多样化 | 套型设计预留弹性空间，满足业主个人需要 |

## 开放与安全

"开放型"住区指对住区不进行整体封闭，其主要道路、公共设施等对周边城市开放。"开放型"住区有助于完善城市道路交通系统，丰富城市公共空间与街道生活，有利于增强城市活力。

住区开放的同时还须注重安全，我国的"开放型"住区主要以缩小邻里防卫单元范围为主，采用的是"大开放、小封闭"的模式。住区中心一般为公共服务设施，组团或院落设置门禁，保持单元稳定和安全，保留居住功能和邻里交往功能，并使邻里得到足够的交往机会。住区的交通、外部空间、住宅的安全以及防灾设计是保障安全重要的组成内容。

住宅安全设计类型　　　　　　　　　　　　　　　　表3

| 主要方面 | 具体内容 |
|---|---|
| 住区交通安全设计 | 以美国雷德朋新镇规划为代表的"人车分流"，以荷兰德尔沃特为代表的"人车共存"道路交通系统等 |
| 住区外部空间安全设计 | 组团与宅间外部空间、住宅外部以及住区智能安全系统设计 |
| 住宅安全 | 住宅平面的安全设计、建立单元式住宅屋顶联通通道、住宅防盗窗的安全设计 |
| 住区防灾设计 | 防火、防震以及防空设计 |

## 集约与节地

有限的城市建设用地和剧增的城市人口，要求发展集约高效的住区。复合型住区包含多种功能建筑，空间布局集约，设施高效综合，有利居民就近工作，便利居民生活，减少交通压力，增加城市活力。

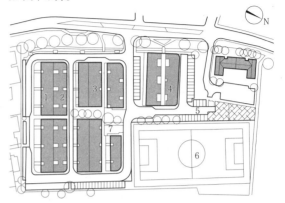

1 住宅
2 工作室
3 咖啡厅
4 诊所
5 停车场
6 运动场
7 广场

项目占地1.65hm²，通过高密度的开发和不同用地功能的混合，体现其节地、节能的理念，形成紧凑有活力的住区。

**1** 英国贝丁顿零能耗住区

## 生态与节能

生态住区是指符合生态学原理，社会、经济、自然协调发展，物质、能量高效利用，生态系统良性循环的人类聚居区，体现在功能布局、交通及建筑单体等方面。

我国生态住区规划设计主要特点　　　　　　　　　　表4

| 主要方面 | 具体内容 |
|---|---|
| 合理布局 | 以居民的健康需求为根本，有合理的自然通风、日照、交通条件等 |
| 绿色建材 | 住宅建设应全部采用无害的建筑材料和装饰材料，并尽可能将其回收利用 |
| 再生资源 | 建立雨水收集系统和中水回收系统，形成对水资源的多级使用、循环使用。充分利用如太阳能、风能、水能、地热能、生物能等可再生能源 |
| 低碳交通 | 采取适宜的住区规模、功能混合的空间布局，配置完善的公共服务设施，规划合理的慢行交通系统，并与城市公交系统紧密结合 |
| 被动式节能 | 指在完全不使用其他能源的基础上实现建筑的隔热与保温。主要针对外墙和屋顶，采用保温材料、植被覆盖、盖板架空、屋顶储水或绿化等技术实现节能 |
| 主动式节能 | 指通过机械设备干预手段为建筑提供采暖、空调、通风等环境控制。应优化设备系统设计，选用高效设备以实现建筑节能 |

## 宜居与活力

宜居住区的内涵十分丰富，所涉及的面也相当广泛，包括优良的居住环境、舒适的居住空间、便捷的公共服务、友好的社会环境等。

宜居住区规划设计内容　　　　　　　　　　　　　　表5

| 关键要素 | 规划设计内容 |
|---|---|
| 优良的居住环境 | 绿化丰富，空气清新，水体洁净 |
| 较低的交通速度、适宜的容量 | 住区道路体系与住宅联系好，合理组织车行、步行及静态交通 |
| 行人导向的、有吸引力的公共领域 | 重视公共活动空间的设计，规划容易到达的公园和开敞空间，促进住区居民的交流沟通 |
| 方便的学校、商业和服务 | 通过对居民需求与行为的分析与预测，规划便捷、人性化与多元化的公共设施 |
| 友好的、社区导向的社会环境 | 深入社区机制，促进社会组织建设 |

## 概念

1. 住区：城市中在空间上相对独立的各种类型和各种规模的居住生活聚居地的统称。

2. 居住区：泛指不同居住人口规模的居住生活聚居地和特指城市干道或自然分界线所围合，并与一定居住人口规模（30000~50000人）相对应，配建有一整套较完善的、能满足该区居民物质与文化生活所需的公共服务设施的居住生活聚居地。

3. 居住小区：一般称小区，是指被城市道路或自然分界线所围合，并与一定居住人口规模（7000~15000人）相对应，配建有一套能满足该区居民基本的物质与文化生活所需的公共服务设施的居住生活聚居地。

4. 居住组团：一般称组团，是指被小区道路分隔，并与一定居住人口规模（1000~3000人）相对应，配建有居民所需的基层公共服务设施的居住生活聚居地。

## 术语

居住区规划基本术语     表1

| 类别 | 编号 | 术语 | 定义 | 单位 |
|---|---|---|---|---|
| 用地 | 1 | 居住区用地（R） | 住宅用地、公建用地、道路用地和公共绿地等四项用地的总称 | — |
| | 2 | 住宅用地（R01） | 住宅建筑基底占地及其四周合理间距内的用地（含宅间绿地和宅间小路等）的总称 | — |
| | 3 | 公共服务设施用地（R02） | 一般称公建用地，是与居住人口规模相对应配建的、为居民服务和使用的各类设施的用地，应包括建筑基底占地及其所属院后、绿地和配建停车场等 | — |
| | 4 | 公共绿地（R04） | 满足规定的日照要求、适合于安排游憩活动设施的、供居民共享的集中绿地，应包括居住区公园、小游园和组团绿地及其他块状带状绿地等 | — |
| | 5 | 道路用地（R03） | 居住区道路、小区路、组团路及非公建配建的居民汽车地面停放场地 | — |
| | 6 | 其他用地（E） | 规划范围内除居住区用地以外的各种用地，应包括非直接为本区居民配建的道路用地、其他单位用地、保留的自然村或不可建设用地等 | — |
| 道路 | 7 | 居住区（级）道路 | 一般称以划分小区的道路。在大城市中通常与城市支路同级 | — |
| | 8 | 小区（级）路 | 一般称以划分组团的道路 | — |
| | 9 | 组团（级）路 | 上接小区路、下连宅间小路的道路 | — |
| | 10 | 宅间小路 | 住宅建筑之间连接各住宅入口的道路 | — |
| 配建设施 | 11 | 配建设施 | 与人口规模或与住宅规模相对应配套建设的公共服务设施、道路和公共绿地的总称 | — |
| | 12 | 建筑小品 | 既有功能要求，又具有点缀、装饰和美化作用的、从属于某一建筑空间环境的小体量建筑、游憩观赏设施和指示性标志物等的统称 | — |
| | 13 | 公共活动中心 | 配套公建相对集中的居住区中心、小区中心和组团中心等 | — |
| 控制线 | 14 | 道路红线 | 城市道路（含居住区级道路）用地的规划控制线 | — |
| | 15 | 建筑线 | 一般称建筑控制线，是建筑物基底位置的控制线 | — |
| 控制指标 | 16 | 日照间距系数 | 根据日照标准确定的房屋间距与遮挡房屋檐高的比值 | — |
| | 17 | 住宅平均层数 | 住宅总建筑面积与住宅基底总面积的比值 | 层 |
| | 18 | 高层住宅（≥10层）比例 | 高层住宅总建筑面积与住宅总建筑面积的比率 | % |
| | 19 | 中高层住宅（7~9层）比例 | 中高层住宅总建筑面积与住宅总建筑面积的比率 | % |
| | 20 | 人口毛密度 | 每公顷居住区用地上容纳的规划人口数量 | 人/hm² |
| | 21 | 人口净密度 | 每公顷住宅用地上容纳的规划人口数量 | 人/hm² |
| | 22 | 住宅建筑面积毛密度 | 每公顷居住区用地上拥有的住宅建筑面积 | 万m²/hm² |
| | 23 | 住宅建筑面积净密度 | 每公顷住宅用地上拥有的住宅建筑面积 | 万m²/hm² |
| | 24 | 建筑面积毛密度 | 也称容积率，是每公顷居住区用地上拥有的各类建筑的建筑面积（万m²/hm²）或以居住区总建筑面积（万m²）与居住区用地（万m²）的比值表示 | — |
| | 25 | 住宅建筑净密度 | 住宅建筑基底总面积与住宅用地面积的比率 | % |
| | 26 | 住宅建筑套密度（毛） | 每公顷居住区用地上拥有的住宅建筑套数 | 套/hm² |
| | 27 | 住宅建筑套密度（净） | 每公顷住宅用地上拥有的住宅建筑套数 | 套/hm² |
| | 28 | 建筑密度 | 居住区用地内，各类建筑的基底总面积与居住区用地面积的比率 | % |
| | 29 | 绿地率 | 居住区用地范围内各类绿地面积的总和占居住区用地面积的比率。居住区内绿地应包括：公共绿地、宅旁绿地、公共服务设施所属绿地和道路绿地（即道路红线内的绿地），其中包括满足当地植树绿化覆土要求、方便居民出入的地下或半地下建筑的屋顶、晒台上的人工绿地，不应包括屋顶、晒台的人工绿地 | % |
| | 30 | 停车率 | 指居住区内居民汽车的停车位数量与居住户数的比率 | % |
| | 31 | 地面停车率 | 居民汽车的地面停车位数量与居住户数的比率 | % |
| | 32 | 拆建比 | 拆除的原有建筑总面积与新建的建筑总面积的比值 | — |

注：本表摘自《城市居住区规划设计规范》GB 50180-93（2016年版）。

相同/相似术语代号区别     表2

| 规范 \ 代号 | R | R1/R01 | R2/R02 | R3/R03 | E |
|---|---|---|---|---|---|
| 《城市用地分类与规划建设用地标准》GB 50137-2011 | 居住用地 | 一类居住用地R1 | 二类居住用地R2 | 三类居住用地R3 | （城市内）水域和其他用地 |
| 《城市居住区规划设计规范》GB 50180-93（2016年版） | 居住区用地 | 住宅用地R01 | 公共服务设施用地R02 | 道路用地R03 | （居住区内）其他用地 |

注：本表摘自《城市用地分类与规划建设用地标准》GB 50137-2011、《城市居住区规划设计规范》GB 50180-93（2016年版）。

## 住区规模分级

规模分级是住区规划的重要概念。在城市住区中，公共服务设施、外部空间组织和道路交通设施等设置的项目、数量和规模，一般均应根据不同规模分级进行配置。

按居住户数或人口规模可分为居住区、小区、组团三级。

住区分级控制规模 表1

| 住区规模分级 | 规模标准 | | |
| --- | --- | --- | --- |
| | 人口（人） | 户数（户） | 用地（万m²） |
| 居住区 | 30000～50000 | 10000～16000 | 50～100 |
| 居住小区 | 10000～15000 | 3000～5000 | 10～35 |
| 居住组团 | 1000～3000 | 300～1000 | 4～6 |

注：1. 用地面积以多层住宅计，高层住宅可适减少。
2. 本表摘自《城市居住区规划设计规范》GB 50180-93（2016年版）。

## 住区用地构成与指标

按照现代城市住区规划方法和城市用地分类标准，住区及服务于基本生活需要的道路、绿地、日常性生活服务设施等看作一个整体。城市住区包含住宅、住区内城市支路以下的道路、绿地、配套服务设施等四项用地，合称为居住区用地，包括住宅用地、公共服务设施用地（一般称公建用地）、道路用地和公共绿地。

用地平衡指标是指住区规划设计的各项用地分配和所占总用地比例，表明住区的环境质量，是规划设计方案评审和建设管理机构审定方案的依据。非居住用地不参与平衡及人均居用地指标的计算。

城市住区用地平衡控制指标 表2

| 住区用地构成 | 居住区（%） | 居住小区（%） | 居住组团（%） |
| --- | --- | --- | --- |
| 住宅用地（R01） | 50～60 | 55～65 | 70～80 |
| 公建用地（R02） | 15～25 | 12～22 | 6～12 |
| 道路用地（R03） | 10～18 | 9～17 | 7～15 |
| 公共绿地（R04） | 7.5～18 | 5～15 | 3～6 |
| 居住区用地（R） | 100 | 100 | 100 |

注：本表摘自《城市居住区规划设计规范》GB 50180-93（2016年版）。

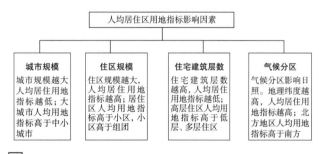

**1** 人均居住区用地指标影响因素图解

人均居住区用地控制指标（单位：m²/人） 表3

| 居住规模 | 层数 | 气候区 | | |
| --- | --- | --- | --- | --- |
| | | Ⅰ、Ⅱ、Ⅵ、Ⅶ | Ⅲ、Ⅴ | Ⅳ |
| 居住区 | 低层 | 33～47 | 30～43 | 28～40 |
| | 多层 | 20～28 | 19～27 | 18～25 |
| | 多层、高层 | 17～26 | 17～26 | 17～26 |
| 居住小区 | 低层 | 30～43 | 28～40 | 26～37 |
| | 多层 | 20～28 | 19～26 | 18～25 |
| | 中高层 | 17～24 | 15～22 | 14～20 |
| | 高层 | 10～15 | 10～15 | 14～20 |
| 居住组团 | 低层 | 25～35 | 23～32 | 21～30 |
| | 多层 | 16～23 | 15～22 | 14～20 |
| | 中高层 | 14～20 | 13～18 | 12～16 |
| | 高层 | 8～11 | 8～11 | 8～11 |

注：1. 本表各项指标按每户3.2人计算。
2. 本表摘自《城市居住区规划设计规范》GB 50180-93（2016年版）。

## 居住用地内各项用地界线划分的技术性规定

1. 住宅用地（R01）
（1）以住区内部道路红线为界，宅前宅后小路及宅旁（宅间）绿地计入住宅用地。
（2）住宅临公共绿地，没有道路或其他明确界线时，通常在住宅的长边，以住宅高度的1/2计算，在住宅的两侧，一般按3～6m计算。

2. 公共服务设施用地（R02）
（1）各类居住配套服务设施的建筑基地及其所属场院、绿地和配建停车场等计入公共服务设施用地。
（2）明确划定建筑基地界限的公共服务设施，均按基地界线划定；未明确划定建筑基地界限的公共设施，可按建筑物基地占用土地及建筑物四周所需利用的土地划定界线。
（3）当公共服务设施在建筑底层时，将其建筑基底及建筑物周围用地，按住宅和公共服务设施项目各占该建筑总建筑面积的比例分摊，并分别计入住宅用地和公共服务设施用地内；当底层公共服务设施突出于上面住宅或占用专用场地与院落时，突出部分的建筑基底和因公共建筑需要后退红线的用地与专用场地，均计入公共服务设施用地内。

3. 道路用地（R03）
（1）居住区内道路用地按与居住人口规模相对应的同级道路及其以下各级道路计算用地面积，外围道路不计入。
（2）居住区（级）道路，按红线宽度计算。
（3）小区路、组团路按路面宽度计算，小区路设人行便道时，人行便道计入道路用地面积；宅间小路不计入道路用地。
（4）居民汽车停放场地，按实际占地面积计算。

4. 公共绿地（R04）
（1）满足日照要求的居住区公园、居住小区公园（或小游园），按其明确边界计入公共绿地用地指标。
（2）满足不少于1/3的绿地面积在标准的建筑日照阴影线之外要求的组团绿地计入公共绿地用地指标。其中，院落式组团绿地[2]：绿地边界距宅间路、组团路和小区路路边1m；当小区路有人行便道时，算到人行便道边，临城市道路、居住区级道路时，算到道路红线；距房屋墙脚1.5m。开敞型院落组团绿地[3]：至少有一条边界向小区路，或向建筑控制线宽度不小于10m的组团级主路敞开，并向其开设绿地主要出入口。
（3）其他公共绿地面积计算的起止界同院落式组团绿地。沿居住（级）道路、城市道路的公共绿地计算到红线。
（4）宅旁（宅间）绿地、道路绿地和公共配套设施绿地不计入公共绿地用地指标。

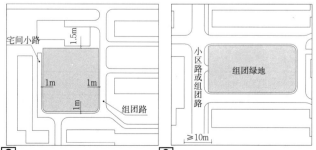

**2** 院落式组团绿地面积计算起 **3** 开敞型院落式组团绿地示意图
止示意图

## 综合经济技术指标

综合经济技术指标包含反映土地使用合理性与经济性的居住区用地平衡控制指标和反映建设强度、环境舒适度以及开发投资收益的技术指标。

综合经济技术指标包括必要指标和可选用指标两类。

综合技术经济指标一览表　　　　　　　　　　表1

| 项目 | 计量单位 | 数值 | 所占比重（%） | 人均面积（m²/人） |
|---|---|---|---|---|
| 居住区规划总用地 | hm² | ▲ | — | — |
| 1.居住区用地（R） | hm² | ▲ | 100 | ▲ |
| ①住宅用地（R01） | hm² | ▲ | ▲ | ▲ |
| ②公建用地（R02） | hm² | ▲ | ▲ | ▲ |
| ③道路用地（R03） | hm² | ▲ | ▲ | ▲ |
| ④公共绿地（R04） | hm² | ▲ | ▲ | ▲ |
| 2.其他用地（E） | hm² | ▲ | — | — |
| 居住户（套）数 | 户（套） | ▲ | — | — |
| 居住人数 | 人 | ▲ | — | — |
| 户均人口 | 人/户 | ▲ | — | — |
| 总建筑面积 | 万m² | ▲ | — | — |
| 1.居住区用地内建筑总面积 | 万m² | ▲ | 100 | ▲ |
| ①住宅建筑面积 | 万m² | ▲ | ▲ | ▲ |
| ②公建面积 | 万m² | ▲ | ▲ | ▲ |
| 2.其他建筑面积 | 万m² | △ | — | — |
| 住宅平均层数 | 层 | ▲ | — | — |
| 高层住宅比例 | % | △ | — | — |
| 中高层住宅比例 | % | △ | — | — |
| 人口毛密度 | 人/hm² | ▲ | — | — |
| 人口净密度 | 人/hm² | △ | — | — |
| 住宅建筑套密度（毛） | 套/hm² | ▲ | — | — |
| 住宅建筑套密度（净） | 套/hm² | ▲ | — | — |
| 住宅建筑面积毛密度 | 万m²/hm² | ▲ | — | — |
| 住宅建筑面积净密度 | 万m²/hm² | ▲ | — | — |
| 居住区建筑面积毛密度（容积率） | 万m²/hm² | ▲ | — | — |
| 停车率 | % | ▲ | — | — |
| 停车位 | 辆 | ▲ | — | — |
| 地面停车率 | % | ▲ | — | — |
| 地面停车位 | 辆 | ▲ | — | — |
| 住宅建筑净密度 | % | ▲ | — | — |
| 总建筑密度 | % | ▲ | — | — |
| 绿地率 | % | ▲ | — | — |
| 拆建比 | — | △ | — | — |
| 年径流总量控制率 | % | ▲ | — | — |

注：1. ▲必要指标，△可选用指标。
2. 本表摘自《城市居住区规划设计规范》GB 50180-93（2016年版）。

## 绿地率计算的技术性规定

纳入绿地率计算的绿地包括：公共绿地、宅旁绿地、公共服务设施所属绿地和道路绿地，其中包括满足当地植物绿化覆土要求、方便居民出入的地下或半地下建筑的屋顶绿地，不应包括其他屋顶、晒台的人工绿地。

部分城市对计入绿地率的植物绿化覆土要求　　　表2

| 城市 | 住宅绿化要求 | 覆土要求 | 计入比例 |
|---|---|---|---|
| 北京 | 其他绿化用地面积≥50% | 绿地开放边长≥1/3覆土绿地边长；顶板上部至室外地坪覆土厚度≥3m | 100% |
| | | 1.5m≤覆土厚度<3m | 50% |
| 成都 | — | 地下构筑物屋顶绿化覆土厚度>0.6m，且顶板标高低于-0.6m | 100% |
| | | -0.6m<顶板标高≤1.5m | 50% |

注：本表摘自《北京市建设工程附属绿化用地面积计算规则（试行）》（2012年）、《成都市城区建设项目配套绿地面积计算技术标准（试行）》（2004年）。

**1.** 宅旁（宅间）绿地面积计算的起止界：绿地边界对宅间路、组团路和小区路算到路边，当小区路设有人行便道时算到便道边，沿居住区路、城市道路则算到红线；距房屋墙脚1.5m；对其他围墙、院墙算到墙脚。

**2.** 道路绿地面积，以道路红线内规划的绿地面积进行计算。

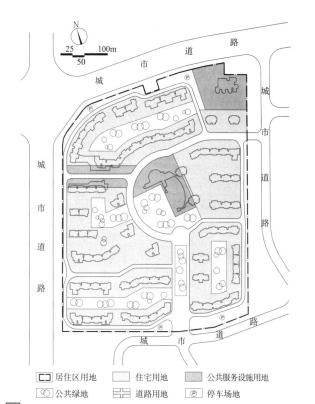

| | 居住区用地 | 住宅用地 | 公共服务设施用地 |
|---|---|---|---|
| | 公共绿地 | 道路用地 | 停车场地 |

**1** 上海绿城小区

| 用地 | 面积（hm²） | 所占比例（%） | 人均用地（m²/人） |
|---|---|---|---|
| 居住区用地 | 19.4 | 100 | 23.0 |
| 1.住宅用地 | 11.1 | 57.0 | 13.1 |
| 2.公建用地 | 2.6 | 13.5 | 3.1 |
| 3.公共绿地 | 2.8 | 14.7 | 3.4 |
| 4.道路用地 | 2.9 | 14.8 | 3.4 |

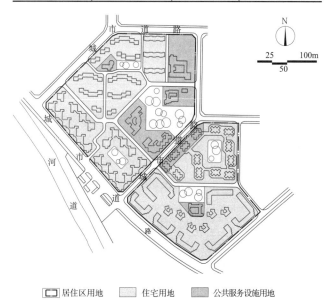

| | 居住区用地 | 住宅用地 | 公共服务设施用地 |
|---|---|---|---|
| | 公共绿地 | 道路用地 | 停车场地 |

**2** 天津川府新村

| 用地 | 面积（hm²） | 所占比例（%） | 人均用地（m²/人） |
|---|---|---|---|
| 居住区用地 | 7.3 | 100 | 14.2 |
| 1.住宅用地 | 4.8 | 65.7 | 9.4 |
| 2.公建用地 | 1.2 | 16.4 | 2.4 |
| 3.公共绿地 | 0.8 | 10.9 | 1.5 |
| 4.道路用地 | 0.5 | 6.8 | 0.9 |

## 前期要素分析

前期要素分析是住区规划设计的重要工作内容，关系到住区的规划定位、功能组织和布局形态。

从城市居住生活的基本功能和生活需求出发，住区用地规划设计前期要素分析通常包括以下内容：基地建设条件、城市规划要求、自然环境、社会人文与市场分析等方面。

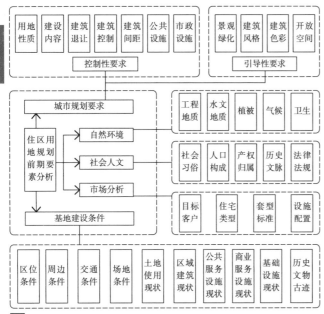

**1** 住区用地规划前期要素分析

### 1. 基地建设条件分析

基地建设条件主要包括区位条件、周边条件、交通条件、场地条件、土地使用现状、区域建筑现状、公共服务设施现状、商业服务设施现状、基础设施现状和历史文物古迹等。

基地建设条件分析　　　　　　　　　　　　　　表1

| 分类 | 内容 |
| --- | --- |
| 区位条件 | 对基地在城市中所处的地理位置和空间联系的分析 |
| 周边条件 | 对基地所在的区域环境、周边现有的各类资源的分析 |
| 交通条件 | 对基地内部及周边道路通行状况、公交线路与站点、停车、对外交通联系等方面的分析 |
| 场地条件 | 对基地场地高程、竖向、坡度、坡向、水系、雨水径流等方面的分析 |
| 土地使用现状 | 对基地内各类用地的使用性质、使用单位、分布、范围和相互关系的分析 |
| 区域建筑现状 | 对基地内已有的建筑物、构筑物状态，如现有建筑或其他地上、地下工程设施，对它们的迁移、拆除的可能性，动迁的数量，保留的必要和价值、可利用的潜力及经济评估等的分析 |
| 公共服务设施现状 | 对基地内幼托、中小学以及各类文化活动设施的数量、规模、用地和服务半径，公园及各类公共绿地以及休憩设施的分布、大小和服务半径等的分析 |
| 商业服务设施现状 | 对基地内零售商业、市场、餐饮等各类商业设施的数量、用地、服务半径等的分析 |
| 基础设施现状 | 对现有市政基础设施的分析，包括基地内以及周边区域的水、电、气、热等供应网络及道路桥梁等状况的分析 |
| 历史文物古迹 | 对基地内的历史遗迹、特殊意义构筑物、具人文价值的建筑的分析 |

### 2. 城市规划要求分析

住区用地规划必须根据城市总体规划、近期建设规划和控制性详细规划的规定，在规模、标准、分布与组织结构等方面符合当地城市上位规划和城市规划管理技术规定的相关要求，包括控制性要求和引导性要求两个部分。

城市规划要求分析　　　　　　　　　　　　　　表2

| | 用地性质 | 对规划用地性质的界定 |
| --- | --- | --- |
| 控制性要求 | 建设内容 | 对用地内建设内容的规定 |
| | 建筑退让 | 包括退道路红线、用地边界、河道控制线及其他需要控制的界线 |
| | 建设控制 | 包括对地块容积率、建筑密度、绿地率、建筑限高、基地出入口方位、机动车停车位、非机动车停车位等 |
| | 建筑间距 | 根据当地的气候条件和日照要求所规定的建筑间距控制 |
| | 公共设施 | 对规划用地内配套建设的公共服务设施提出的规划要求 |
| | 市政设施 | 对规划用地内配套建设的市政设施提出的规划要求 |
| 引导性要求 | 景观绿化 | 对规划用地景观、绿化、树种种植等方面提出的规划要求 |
| | 建筑风格 | 对规划用地建筑风格提出的规划要求 |
| | 建筑色彩 | 对规划用地建筑外立面的主色调提出的规划要求 |
| | 开放空间 | 对规划用地内公共开放空间的位置、大小提出规划要求 |

### 3. 自然环境分析

自然环境分析主要包括工程地质、水文地质、植被、气候、卫生等。

自然环境分析　　　　　　　　　　　　　　　　表3

| 分类 | 内容 |
| --- | --- |
| 工程地质 | 对基地地质情况包括地表组成物质、冲沟、滑坡与崩塌、断层、地震等常见不良地质现象的分析 |
| 水文地质 | 对江、河、湖、水库等水系水文条件和基地水文地质条件的分析 |
| 植被 | 对基地现有绿化、植被情况的分析 |
| 气候 | 对当地气候气象的分析，包括风象、日照、太阳高度角、日照标准、日照间距系数、气温、降水等 |
| 卫生 | 对基地周边辐射噪声情况，三废排放情况，空气、水体污染状况等进行的分析 |

### 4. 社会人文分析

社会人文分析主要包括社会习俗、人口构成、产权归属、历史文脉和法律法规等。

社会人文分析　　　　　　　　　　　　　　　　表4

| 分类 | 内容 |
| --- | --- |
| 社会习俗 | 当地的民俗民风、居住习惯、文化背景、技术条件等的基本情况 |
| 人口构成 | 包括人口的年龄结构、性别结构、人口总数、人口密度等 |
| 产权归属 | 城市新建住区产权状况相对清晰，城市旧住区物质环境相对较为复杂，需进行细致而深入的调查和分析，除产权状况外，还涉及大量社会的、历史的和政策方面的（如私房政策、居民动迁等）一些其他问题 |
| 历史文脉 | 用地范围内地上、地下已发掘或待探明的文化遗址、文物古迹及相关部门的保护规划与规定等状况 |
| 法律法规 | 国家及地方相关的用地与环境等方面的规范和标准 |

### 5. 市场分析

由于社会需求多元化，人们对住房与环境的选择也有所不同。因此，住区的用地规划在市场条件下应考虑一定时期内城市经济发展水平，居民收入水平与居住空间的供需关系，如何适应和满足各种不同层次的需求。

市场分析包括目标客户、住宅类型、套型标准、设施配置等方面。

市场分析　　　　　　　　　　　　　　　　　　表5

| 分类 | 内容 |
| --- | --- |
| 目标客户 | 根据项目条件分析确定项目的客户群体 |
| 住宅类型 | 包括住宅的产品类型、种类等 |
| 套型标准 | 包括套型的面积、套型比例等 |
| 设施配置 | 包括公共服务设施和商业服务设施的配置要求 |

## 规划原则

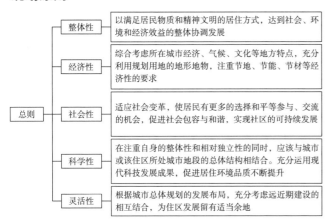

| 总则 | 整体性 | 以满足居民物质和精神文明的居住方式，达到社会、环境和经济效益的整体协调发展 |
| --- | --- | --- |
| | 经济性 | 综合考虑所在城市经济、气候、文化等地方特点，充分利用规划用地的地形地物，注重节地、节能、节材等经济性的要求 |
| | 社会性 | 适应社会变革，使居民有更多的选择和平等参与、交流的机会，促进社会包容与和谐，实现社区的可持续发展 |
| | 科学性 | 在注重自身的整体性和相对独立性的同时，应该与城市或该住区所处城市地段的总体结构相结合。充分运用现代科技发展成果，促进居住环境品质不断提升 |
| | 灵活性 | 根据城市总体规划的发展布局，充分考虑远近期建设的相互结合，为住区发展留有适当余地 |

**1** 规划原则示意图

住区用地主要由住宅建筑用地、公共服务设施用地、道路用地与公共绿地构成。

1. 住宅用地

应根据住区所处区位、使用对象等因素，合理确定住宅建筑用地规模和比例。

应选用环境条件优越的地段布置住宅，为居民创造生活方便舒适的居住环境。

应有良好的日照、通风等条件，并防止噪声的干扰和空气的污染，为居民创造卫生安静的居住环境。

2. 公共服务设施用地

应根据不同项目的使用性质和住区的规划布局要求，采用相对集中与适当分散相结合的方式合理布局。结合开放式住区趋势，为城市功能配套提升价值。

应方便居民使用，满足服务半径的要求，以利于发挥设施效益。并应方便经营使用和减少对居住环境的干扰。

3. 道路用地

应服务于住区内各类用地的划分和有机联系，以及建筑物布局的多样化。

应因地制宜，使路网布局更趋合理，以优化建设经济。

合理采用功能复合，营造人性化的街道空间。

4. 绿化用地

应根据住区用地规模与结构合理布局公共绿地，满足不同人群的游憩休闲、体育康健、文化交流等要求。

应结合现状山形水系、绿化、设施进行规划设计，充分保护和利用好原有地形地貌、树林植被等自然条件。

应根据气候条件和实际功能形成类型多样、特色各异的绿化景观，营造与城市生态系统相结合的绿色基础设施环境。

## 规划结构形式

住区规划分级结构中，居住组团是构成住区或居住小区的基本单元，可独立设置。布局可采用住区—小区—组团、住区—组团、小区—组团及独立式组团和街坊式等多种形式。街坊式布局满足住区开放式布局趋势，有益于城市功能的整体效应。

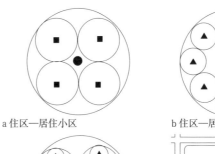
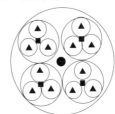

a 住区—居住小区　　　　　　b 住区—居住组团

c 住区—居住小区—居住组团　　d 街坊式

● 住区级公共服务设施
■ 居住小区级公共服务设施
▲ 居住组团级公共服务设施

**2** 住区用地规划结构分级示意图

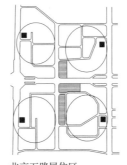
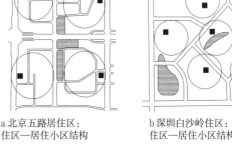

a 北京五路居住区：　　　　　b 深圳白沙岭住区：
住区—居住小区结构　　　　　住区—居住小区结构

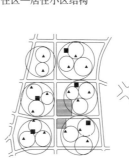
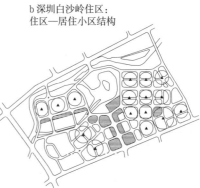

c 上海曲阳新村住区：　　　　d 都江堰壹街区：
住区—居住小区—居住组团结构　住区—居住组团结构

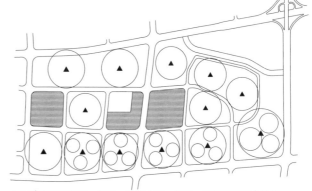

e 上海浦东联洋住区：住区—居住小区、住区—居住组团混合结构

**3** 实例示意

## 开放式街区规划概述

开放街区可实现城市公共资源共享、与城市功能空间有机融合,营造富有活力的城市氛围和完善的城市功能,具有混合多种功能、鼓励文化交融的特点,与传统封闭式小区的做法有着本质的区别。

开放街区的设计重视土地混合使用,强调住区功能复合化。通过增强街区的管理与环境营造,使居民生活、邻里关系获得改善,构建一种能使多种功能集中地融入邻里和地区生活中的、紧凑的、适合步行的、可混合使用的新型社区。

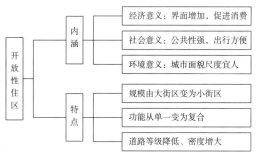

**1** 开放住区的内涵与特点

## 开放街区规划实例

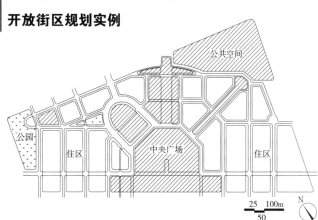

**2** 美国佛罗里达州SEASIDE小镇总平面图(局部)

| 区位 | 占地面积 | 始建时间 |
|---|---|---|
| 城市郊区滨水带 | 32.4hm² | 1980 |

1.公共服务设施环绕中央广场布置,包括市政厅、购物中心、社区中心等。
2.道路体系采用低等级、高密度的形式,提高可达性,全部人车混行,大部分家庭到社区中心广场步行5分钟。
3.在沿海一侧低密度开发,保持海滩自然景观。人口密度大的一侧,中高密度开发。设置多个公共服务设施节点,营造繁华有活力的小镇

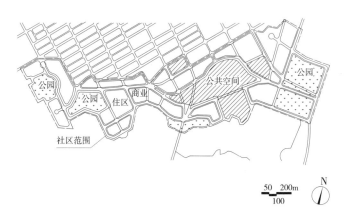

**3** 加拿大太平洋协和社区总平面图

| 区位 | 占地面积 | 建筑面积 | 始建时间 |
|---|---|---|---|
| 城市中心滨水带 | 83hm² | 110hm² | 1988 |

1.社区组团分散布局,以公园等开放空间分割,商业位于社区中心形成核心。
2.道路体系分级明确,区域中部横贯一条城市道路,其他道路人车混行,道路系统对组团加以界定,并建立组团之间和组团与城市之间的联系。
3.商业位于社区中心,形成核心,与城市核心建立联系,商业与公共空间布置在一起,增加商业展示面

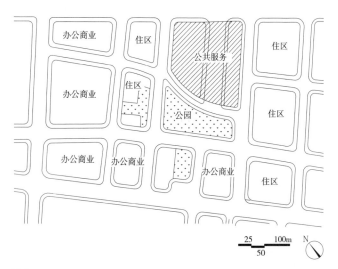

**4** 法国马塞纳新区QUARTIER社区总平面图(局部)

| 区位 | 占地面积 | 建筑面积 | 始建时间 |
|---|---|---|---|
| 城市中心区 | 12.5hm² | 33.7hm² | 2007 |

1.设计延续了巴黎的网格状城市肌理,将项目用地划分为多个开放式街区。
2.注重功能混合,同时将住宅、写字楼和一所大学等多种空间置入街道网格中。
3.设置了不同层级、不同开放程度的绿地系统,为周边城市提供更多绿化空间

**5** 上海创智天地——创智坊社区总平面图

| 区位 | 占地面积 | 建筑面积 | 始建时间 |
|---|---|---|---|
| 城市中心区 | 1hm² | 5.4hm² | 2004 |

1.社区组团规模小,中间插入公共空间与商业街,形成良好的社区界面。
2.道路体系等级低、密度大,并且在道路节点形成小型活动广场。强制性的步行系统特征:创智坊对车辆的可达性有着严格限制。
3.穿越性绿地庭园、布局与街道和广场的有机搭配,使其公共性更强、获利丰富

## 住区空间结构模式

住区空间结构可概括为7种基本模式：片块式、轴向式、向心式、周边式、集约式、自由式、街坊式。

住区空间结构模式                                                                                                                                                                表1

| 基本模式 | 空间形态 | 模式图 | 组合方式 | 模式特点 | 条件 |
|---|---|---|---|---|---|
| 片块式 | 成片成块 成组成团 | 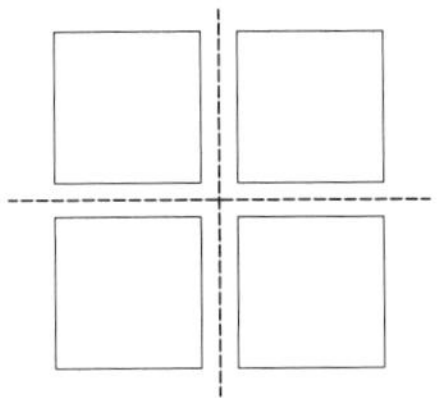 | 模式特点遵循一定规律均质排列，不强调主次等级，形成紧密联系的群体 | 肌理清晰 整体感强 景观均好 | 以日照间距为主要依据，住宅建筑成片规律性排列 |
| 轴向式 | 均衡、对称 | 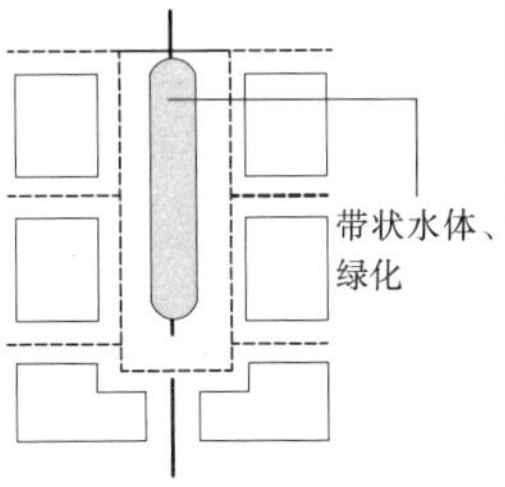 带状水体、绿化 | 通过轴线上主次节点引导控制节奏和尺度，呈现层次递进、起落有致的均衡特色 | 导向明确 聚集性强 左右均衡 富有节奏 | 多以线性的道路、绿地、水体等开敞空间作为空间轴线，少量由公共建筑线性排列作为实体轴线 |
| 向心式 | 环形、放射 | 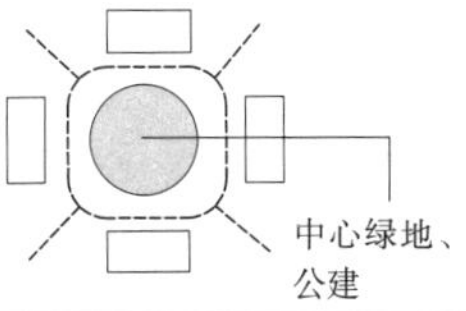 中心绿地、公建 | 围绕中心，以环状路网为引导，住宅组群按统一或相似结构，呈环形、放射状布局 | 中心感强 识别性好 归属明确 空间灵活 | 以特征地貌如水体、山头，结合公共设施布置，形成构图中心 |
| 周边式 | 沿边、围合 | 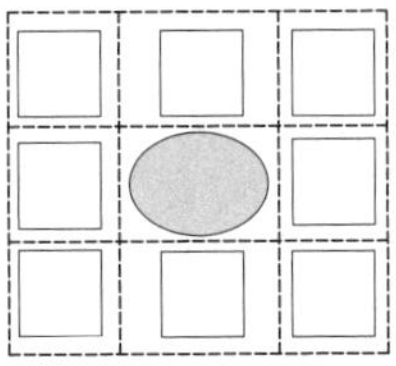 | 住宅组群沿周边布置，由一个主导空间统率多个次要空间构成，空间无方向性，主入口可设于任一方位 | 空间舒展 环境良好 活动丰富 | 中央主导空间在形态或尺度上应具有统率特征，次要空间应避免喧宾夺主；注意保持围合的通透性和尺度感 |
| 集约式 | 自然、灵动 | 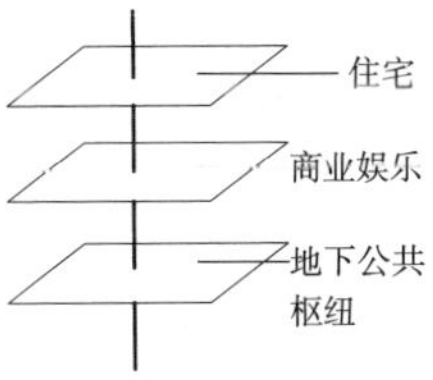 住宅 商业娱乐 地下公共枢纽 | 将住宅和公共配套设施集中紧凑布置，使上、下空间垂直贯通，内、外空间渗透延伸，形成集约、整体的空间 | 节约用地 功能复合 空间丰富 促进交往 | 多用于中心地区旧区改建 |
| 自由式 | 垂直、紧凑 | 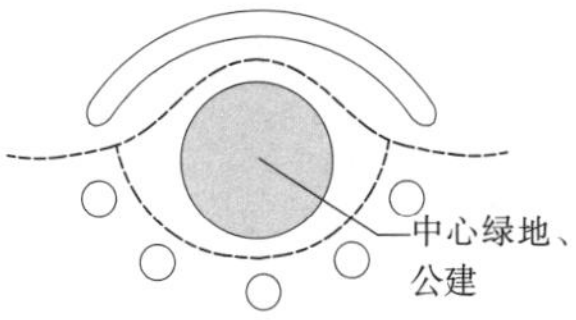 中心绿地、公建 | 为减少对地形的破坏或获得良好的视线景观，住宅建筑群成组自由灵活布置 | 空间灵动 结构自然 顺应地形 景观均好 | 布局应结合地形景观，在自由灵活中暗藏某种韵律和空间联系，避免散乱无序，多用于山地和自然景观特色鲜明的地区 |
| 街坊式 | 窄路幅、高密度 | 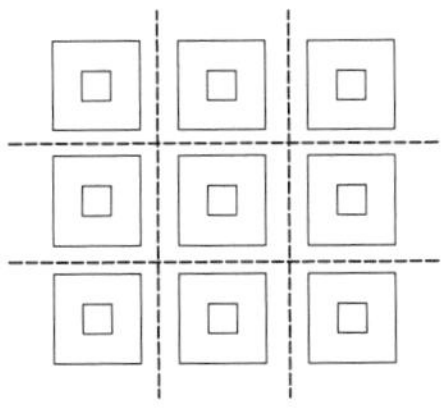 | 除相对围合的组团院落，建筑单体尽可能沿街布置，创造功能混合的街道空间 | 开放街道 围合院落 功能混合 街区生活 | 需要整体化的交通组织，强调生活性道路空间设计，适度的功能混合是必要的。同时配合精细化社区开发和管理模式 |

2 住区规划

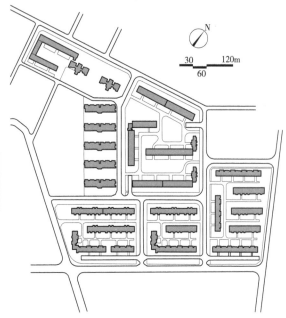

用地规模：13.47hm²
行列式住宅线形排开，在场地中间住宅略微错位布局，轻快灵活，地块三面临水，从东侧将水体引入场地，使场地内部的绿地和外围滨水相互渗透。

**3** 银川市鲁能陶然水岸

用地规模：9.82hm²
为适应用地边界的曲折变化，行列式住宅建筑围合成形态不同和规模不一，但与边界形状契合的院落组团，各个院落组团以道路为界成片布置。布局紧凑，用地得到充分利用。

**1** 武汉万科城市花园07期

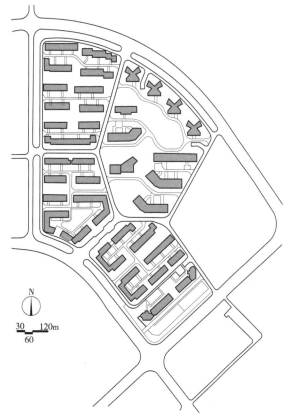

用地规模：27hm²
采用行列式组成住宅组团，各个住宅组团以车行道、绿化景观步道为界成片成块布置，形成片块式空间结构。较好地满足了东北地区住宅对日照的需求，有利于分期建设，景观的均好性也得到满足。

**4** 大连星海人家

用地规模：12.26hm²
行列式或点式住宅围合形成规模适宜的院落，多个院落围绕建筑组群围合成的中心绿地形成住宅组团，各个住宅组团以道路为界形成片块式居住区空间结构。空间结构清晰，有利于分期建设。

**2** 武汉常青花园11号小区

用地规模：152hm²
"申"字形景观结构，寻求与城市肌理的和谐统一；混合功能布置，形成典型的街坊社区，重塑传统邻里关系。

**5** 世博会浦江镇定向安置基地街坊

用地规模：18.88hm²
行列式住宅组团沿步行绿化轴均衡布置，两个环形道路将各个组团进行串联，直线形步行轴和曲线形道路均衡布置，各个住户均能便捷到达步行和绿化空间，较好地满足了居住区均好性要求。

**1** 青岛万科花园四季城

用地规模：84 hm²
为实现用住宅建立都市空间的目标，除相对围合的组团院落，建筑单体尽可能沿街布置，并被赋予商务办公、科研教育和居住等多种复合功能，创造出"居住"、"活动"、"娱乐"混合型的开放街道，亦可作为现代都市型居住区的样板。

**2** 日本幕张新城

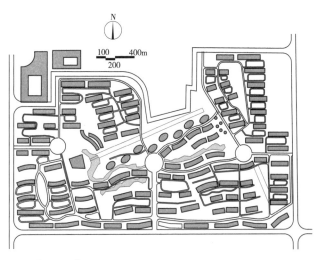

用地规模：46.9hm²
地块中心轴是强烈的构图中心，引导组团间形成起落有致、均衡富有变化的外部空间。通过轴线上主次节点的营造，满足不同居民的空间需求。

**3** 新疆阿克苏天山路南地块

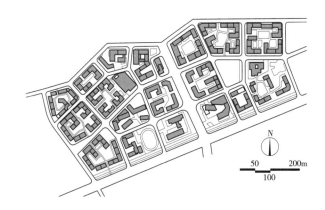

用地规模：114hm²；一期：77 hm²
在规划设计中突出街道界面完整，院落围而不合、畅而不透的特色城市街坊空间。在街区尺度的把握上吸收了都江堰传统街区的空间尺度特征，将居住区和居住小区转化为由小街坊组成的城市街区，保留了川西平原城市街区特征。

**4** 都江堰壹街区

用地规模：32.3hm²
规划上着重以多向的街道交会成多个广场节点，并形成街道围合的组团，从而整合成一个开放与封闭组合的动静相宜的社区格局。
地块规模大且形状不规则，沿地块绕行距离长，因此采用开放式街区布局，通过"窄路幅、高密度"的内部路网解决内部出行交通问题。

**5** 宜宾莱茵河畔

**2**
住区规划

用地规模：32.28hm²

小区规划结构由小区、组团、院落三级构成，蕴含浓郁的地方特色和丰富的楚文化内涵。院落式住宅组团围绕中心绿地和公共服务设施布置，形成空间归属清晰、景观层次丰富的公共空间。

**1** 武汉常青花园

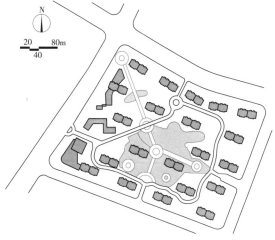

用地规模：20.42hm²

板式住宅组团建筑环绕中心绿化并错开布置，视线开阔通透。中心水景置于构图中心，不规则轴线串联各绿地，绿化丰富，景色开阔。

**2** 武汉名流印象

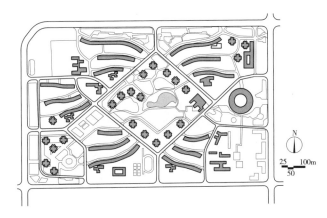

用地规模：55.53hm²

规划采取整体向心式布局，核心区域由点式高层和曲线形板式高层环绕用地中心呈风车状放射布置，结合公共设施布置，形成构图中心，使其整体中心感强，识别性好。

**3** 深圳白沙岭

用地规模：22.28hm²

行列式和点式住宅围绕组团级中心绿地形成大院落的住宅组团，多个大院落的住宅组团围绕小区级中心绿地和景观轴布置。空间层次结构清晰，从半公共到半私密划分明确，有利于住户形成社区归属感和领域感。

**4** 上海绿城小区

用地规模：11.26hm²

以带状绿化结合公共服务设施形成住区中心，划分的四个片区板式建筑线性排开，小区主路结合宽阔的林荫绿化带形成独特的街道绿化空间，景观通廊与水系相互渗透。

**5** 天津市新都庄园一期

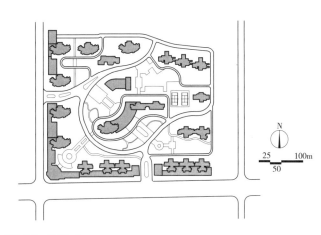

用地规模：12.55hm$^2$
点式住宅沿曲线形道路和用地周边围合布置，形成周边式空间结构，较好地阻挡了周边视线和噪声的干扰，同时也形成规模较大且形态变化丰富的小区内部的室外空间。

［1］西安雅居乐花园

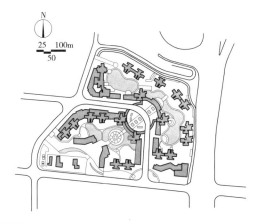

用地规模：16.55hm$^2$
尽量减少城市交通噪声干扰，规划采取周边式空间结构模式，点式和板式住宅建筑沿用地周边围合布置，在用地中心形成规模较大且相对安静的集中绿地。

［2］重庆市华润二十四城

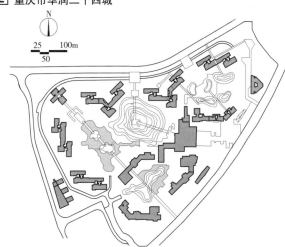

用地规模：22.82hm$^2$
规划采取了周边式空间结构模式，由一个主导空间统领四个次级空间，住宅建筑围绕中心绿地布置，形成数个成片安静的景观绿地，为人们提供良好的居住环境。

［3］重庆招商江湾城

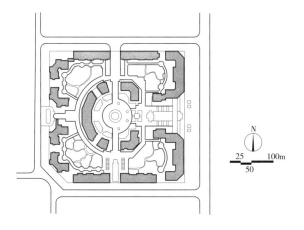

用地规模：9.09hm$^2$
集轴线、向心、周边式于一体，建筑群体沿周边围合布局，形成一个主导空间串联四个次级空间的周边式格局。

［4］西安市国际紫薇

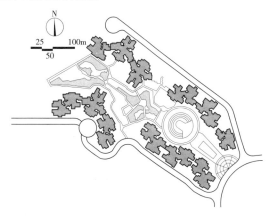

用地规模：8.69hm$^2$
板式建筑群沿用地周边布置，减少周围视线和噪声干扰，并获得开阔的视野，形成良好的室外空间环境。

［5］深圳市布吉桂芳园五期

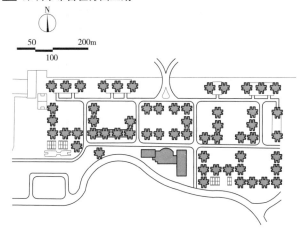

用地规模：21.44hm$^2$
点式住宅建筑群布置在包含城市公交枢纽、大型商场、餐饮、娱乐等公共服务设施的城市综合体之上。为节约用地，将住宅和公建上下重叠布置，形成居住和公建集约的布局形式。

［6］香港太古城

用地规模：59.54hm²

条形和曲线形住宅建筑围绕组团级中心绿地，结合曲折的用地边界布置，形成自由式住宅组团，保护了原有地貌和植被，用地得到充分利用，也便于建设的分期实施。

**1** 广州市金地荔湖城

用地规模：27.2hm²

低层建筑以尽端式道路为骨架，以水系、原有自然山林和山丘为界，呈"叶脉"状簇群分布，较好地保护了原有地貌、水系和植被。同时，各个别墅建筑群界限清晰并相对独立，较好地满足了别墅住户较高的私密性需求。

**2** 重庆龙湖蓝湖郡西岸

用地规模：16.03hm²

点式和曲线形的住宅建筑结合地形和山形布置，形成相互串联的院落簇群。两大院落簇群分列在连接江面和上层台地的步行景观梯道两侧。传统生活方式和地域性景观得到延续，也较好地适应了复杂的山地地形。

**3** 重庆龙湖春森彼岸

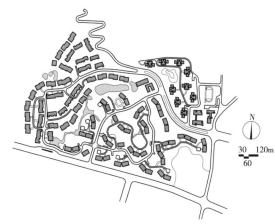

用地规模：32hm²

前临嘉陵江，背依歌乐山，紧靠磁器口古镇。建筑顺应山形水势，自由式布局，很好地适应了山地城市的地形地貌，并融入"绿色、科技、人文"三大理念。

**4** 重庆国奥村

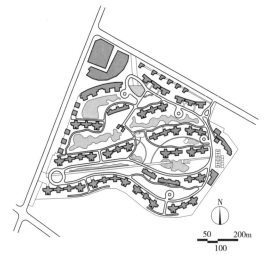

用地规模：23.57hm²

位于合肥市城区偏东南区位，是合肥传统概念中的进风口，北临巢湖路公园和带状公园。板式住宅建筑群顺风向曲线布局，并向中心绿地形成聚集。

**5** 合肥元一柏庄

## 基本要求

住宅群体空间组织应满足住宅群体在功能、经济、空间环境三方面的要求，并实现三者的协调统一。

功能方面：满足日照、通风、朝向、消防等基本功能要求，使居住环境卫生、安全、安静；满足方便快捷的交通功能以及游憩、交往等功能要求，并便于安全管理和物业服务。

经济方面：实现合适的经济技术指标，合理节约用地，充分利用空间，方便施工管理。

空间环境方面：运用美学原理，合理组织空间，创造尺度宜人、舒适和谐、景观优美、亲切大方、富于个性和邻里归属感的生活居住空间。

## 功能原则

日照：保证每户住宅主要居室获得国家规定的日照时间和日照质量，同时保证住区室外活动场地有良好的日照条件。

通风：保证住宅之间和住宅内部有良好的自然通风，并考虑不同气候地区、不同季节主导风向对群体空间组织的影响。

朝向：保证住宅及其群体获得较好的日照、自然通风和热工环境，同时朝向安排应充分利用山地、滨水等自然景观条件，为住户提供良好的户外景观环境。

安全：满足车行、步行交通安全，以及防盗、防灾（火灾、水灾、地震等）要求。

安静：避免组群内过境人流和车流的穿越，通过对外部噪声的防治，使室内与室外环境符合国家规定的噪声允许标准。

方便：根据居民上下班、购物、休息、游憩等活动规律，合理高效组织车行和步行交通，安排配套服务设施，满足出行便捷、服务配套完善、功能组织合理的要求。

## 经济原则

住宅群体空间组织的经济性主要通过土地和空间的合理使用来实现，通常以容积率或建筑面积密度和建筑密度作为主要的经济技术指标来衡量和控制。

## 空间环境原则

住宅群体空间组织的空间环境原则既包括视觉景观层面的美观和愉悦感，更体现在三维空间层面的宜人尺度、合理围合、优美形态、秩序感、舒适性、地方和文化特色等，以及与建筑风格、建筑形式和环境景观的整体性。

[1] 中国建筑气候区划图❶

❶ 底图来源：中国地图出版社编制。
❷ 中国城市规划设计研究院，建设部城乡规划司总主编，同济大学建筑城规学院. 城市规划资料集：第七分册 城市居住区规划. 北京：中国建筑工业出版社，2005.

## 住宅日照

住宅室内的日照标准，一般由日照时间和日照质量来衡量。不同建筑气候地区、不同规模大小的城市地区，在所规定的"日照标准日"内的"有效日照时间带"里，保证住宅建筑底层窗台达到规定的日照时数，见表1。户外活动场地的日照也同样重要，可在住宅组团里，在日照阴影区外开辟一定面积的宽敞空间，使居民活动时能获得更多的日照。

住宅建筑日照标准                                       表1

| 建筑气候区划 | Ⅰ、Ⅱ、Ⅲ、Ⅶ气候区 | | Ⅳ气候区 | | Ⅴ、Ⅵ气候区 |
|---|---|---|---|---|---|
| | 大城市 | 中小城市 | 大城市 | 中小城市 | |
| 日照标准日 | 大寒日 | | | | 冬至日 |
| 日照时数（h） | ≥2 | ≥3 | | | ≥1 |
| 有效日照时间带 | 8时~16时 | | | | 9时~15时 |
| 日照时间计算起点 | 底层窗台面 | | | | |

注：本表摘自《城市居住区规划设计规范》GB 50180-93（2016版）。

## 住宅朝向

住宅朝向选择要求能获得良好的日照、自然通风和热工环境。住宅朝向的确定与日照时间、太阳辐射强度、常年主导风向、地形及景观资源等综合因素有关。

我国地处北温带，南北气候差异较大，寒冷地区居室避免朝北，不忌西晒，以争取冬季能获得一定质量的日照，并有利于避风防寒；炎热地区居室要避免西晒，尽量减少太阳对居室及其外墙的直射及辐射，并有利于自然通风、避暑防湿。通过综合考虑上述因素，可以为每个城市确定建筑的适宜朝向范围，见表2。

我国部分地区住宅朝向建议❷                             表2

| 地区 | 最佳朝向 | 适宜朝向 | 不宜朝向 |
|---|---|---|---|
| 北京 | 南偏东30°以内<br>南偏西30°以内 | 南偏东45°以内<br>南偏西45°以内 | 北偏西30°~60° |
| 上海 | 南至南偏东15° | 南偏东30°、南偏西15° | 北、西北 |
| 石家庄 | 南偏东15° | 南至南偏东30° | 西 |
| 太原 | 南偏东15° | 南偏东至东 | 西北 |
| 呼和浩特 | 南至南偏东、南至南偏西 | 东南、西南 | 北、西北 |
| 哈尔滨 | 南偏东15°~20° | 南至南偏东15°<br>南至南偏西15° | 西北、北 |
| 长春 | 南偏东30°、南偏10° | 南偏东45°、南偏西45° | 北、东北、西北 |
| 大连 | 南、南偏西15° | 南偏东45°至南偏西至西 | 北、西北、东北 |
| 沈阳 | 南、南偏东20° | 南偏西至东、南偏西至西 | 东北东至西北西 |
| 济南 | 南、南偏东10°~15° | 南偏东30° | 西偏北5°~10° |
| 青岛 | 南、南偏东5°~15° | 南偏东15°至南偏东5° | 西、北 |
| 南京 | 南偏东15° | 南偏东25°、南偏西10° | 西、北 |
| 合肥 | 南偏东5°~15° | 南偏东15°、南偏西5° | 西 |
| 杭州 | 南偏东10°~15° | 南、南偏东30° | 北、西 |
| 福州 | 南、南偏东5°~10° | 南偏东20° 以内 | 西 |
| 郑州 | 南偏东15° | 南偏东25° | 西北 |
| 武汉 | 南偏西15° | 南偏东15° | 西、西北 |
| 长沙 | 南偏西9° 左右 | 南 | 西、西北 |
| 广州 | 南偏东15°<br>南偏西5° | 南偏东20°30'<br>南偏西5°至东 | |
| 南宁 | 南、南偏东15° | 南偏东15°~25°、南偏西5° | 东、西 |
| 西安 | 南偏东10° | 南、南偏西 | 西、西北 |
| 银川 | 南至南偏东23° | 南偏东34°、南偏西20° | 西、北 |
| 西宁 | 南至南偏西30° | 南偏东30° 至南<br>南偏西30° | 北、西北 |
| 乌鲁木齐 | 南偏东40°、南偏西30° | 东南、东、西 | 北、西北 |
| 成都 | 南偏东45° 至南偏西15° | 南偏东45°至东偏西30° | 西、西北 |
| 重庆 | 南、南偏东10° | 南偏东15°、南偏西5°、北 | 东、西 |
| 昆明 | 南偏东25°~50° | 东至南至西 | 北偏东35°<br>北偏西35° |
| 拉萨 | 南偏东10°、南偏西5° | 南偏东15°、南偏西10° | 西、北 |
| 厦门 | 南偏东5°~10° | 南偏东20°30'<br>南偏西10° | 南偏西25°<br>西偏北30° |

**2**
住区规划

## 日照、朝向与通风防风

不同气候特征地区住宅群体的通风防风目标和措施应有所不同：炎热地区夏季需加强住宅自然通风以降低温度；潮湿地区良好的自然通风有利于保持室内空气干爽；寒冷地区则存在着住宅冬季防风防寒的问题，见表1。

住宅群体通风、防风的一般措施　　　　　　　　　　表1

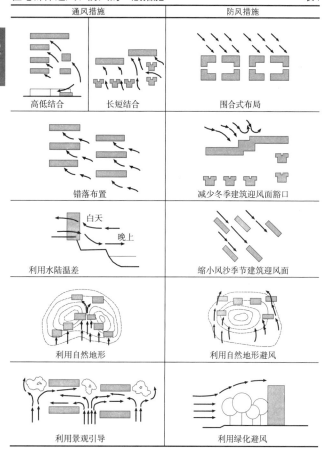

住宅群体的自然通风效果与建筑的间距大小、风向的入射角度大小有关：当间距相同，入射角由0°～60°逐渐增大时，宅间风速也相应增大；当入射角为30°～60°时，通风较为有利；当入射角为60°、间距为1:1.3H时，通风效果较入射角为30°、间距为1:1.2H时更佳；当间距较小时，不同风的入射角对通风的影响就不明显，见表2。

不同风向入射角影响下的宅间气流示意　　　　　　表2

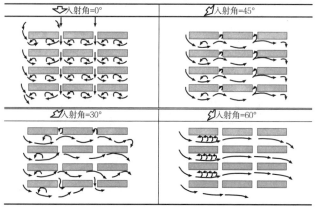

## 噪声防控

住区是对噪声影响最为敏感的城市区域，噪声防控在住区规划和住宅建筑设计中尤为重要。《住宅设计规范》GB 50096-2011明文规定："住宅建筑的体形、朝向和平面布置应有利于噪声控制"。国家制定了不同城市区域环境噪声标准（表3），以及居住环境即时噪声允许标准修正值（表4）。

住区噪声防控技术措施包括以下五个方面，并可采用多种设计策略，重点应考虑城市道路对住区的噪声干扰：

1. 避免城市道路对住区干扰；
2. 避免住区公共设施干扰；
3. 避免住区内部车行道路噪声干扰；
4. 避免住区内部停车场所噪声干扰；
5. 避免住区内部步行道路噪声干扰。

城市区域环境噪声标准　　　　　　　　　　　　　表3

| 适用区域 | 昼间（dB） | 夜间（dB） |
|---|---|---|
| 特殊居住区 | 45 | 35 |
| 居住、文教区 | 50 | 40 |
| 一类混合区 | 55 | 45 |
| 二类混合区 | 60 | 50 |

注：1. 特殊居住区指特别需要安静的居住区；
　　2. 居住、文教区指居民区和文教、机关区；
　　3. 一类混合区指一般商业与居住混合区；
　　4. 二类混合区指工业、商业、少量交通与居住混合区。

居住环境即时噪声允许标准修正值　　　　　　　　表4

| 地区 | 昼间（dB） | 夜间（dB） |
|---|---|---|
| 郊区住宅 | +5 | 40～50 |
| 市区住宅 | +10 | 45～55 |
| 附近有工厂或者主要道路 | +15 | 50～60 |
| 附近有市中心 | +20 | 55～65 |
| 附近有工业区 | +25 | 65～70 |

应对噪声的建筑设计策略　　　　　　　　　　　　表5

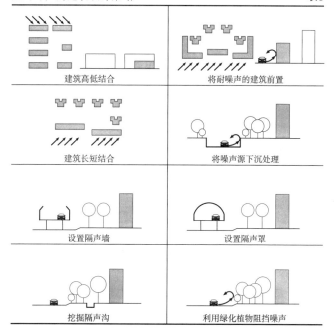

## 概述

住宅的三维整体布局和群体空间形态受山地地形的影响。山地地形有高差、坡度、坡形、坡向诸因素的不同及组合关系的不同。住区选址、住宅类型选择、住宅布置方式、道路和工程设施等均应结合地形，尽量减少对主要山体的破坏，注意节约土石方量。

## 山地的地形特征类型与利用条件

山地按照不同地形特征分为山顶、山脊、山腰、山崖、山谷、山麓、盆地7种单一地形，具有不同的空间与景观特征，见表1，并可能组合形成多种复杂地形。住宅群体布置需因地制宜，考虑山地不同地形特征的空间属性和利用可能，见表2。

山地单一地形分类及空间特征　　　　　　　　　　　　　表1

| 山地区位 | 单一地形分类 | | |
|---|---|---|---|
| 山顶、山脊 | 山顶，有四个方向的视景，中心感强，标志性强 | 山顶：有三面视景，体现地形延伸方向 | 山脊，有两面视景，分割山地空间，具有一定的导向性 |
| 山腰、山崖 | 平坡，有一个方向的视景，山体成为背景，随坡度的陡缓产生紧张感或稳定性 | 凹坡，山地空间呈内向性，容易构成视觉联系 | 凸坡，山地空间呈外向性，容易使住宅布局形态突出 |
| 山谷、山麓、盆地 | 山麓，平坦，有一个方向的视景，类似于山腰，稳定性更强 | 山谷，视觉联系紧密，具有内向性、内敛性和一定程度的封闭感 | 盆地，空间内敛，视觉联系向心，围合性和封闭性强 |

山地各区位的利用可能　　　　　　　　　　　　　　　　表2

| 山地区位 | 利用可能 |
|---|---|
| 山顶 | 面积越大，利用可能性越大，住宅布置可向山腹部位延伸 |
| 山脊 | 面积越大，利用可能性越大，住宅布置可向山腹部位延伸 |
| 山腰 | 使用受坡向限制，需满足日照要求，尽量在南向坡布置；宽度越大、坡度越缓，越有利于车道与住宅布置 |
| 山崖 | 利用困难较大，宜组织步行梯道，住宅建筑需做特殊处理 |
| 山麓 | 当面积较大时，利用受限制较少 |
| 山谷 | 当面积较大时，利用受限制较少 |
| 盆地 | 当面积较大时，利用受限制较少 |

## 坡地的住宅布置方式

坡地的坡度大小直接影响住宅区道路的选线和建筑的布置。一般来说，可以将坡度分为6级，见表3。

坡地住宅的基本布置方式有平行等高线布置、垂直等高线布置、斜交等高线布置、混合式布置等。

坡地坡度分级及住宅布置方式　　　　　　　　　　　　　表3

| 分级 | 坡度 | 布置方式 |
|---|---|---|
| 1 | <5%（<2.86°） | 住宅区内车道及住宅群体布置不受地形影响，可纵横自由布局，不需做高差台地处理，仅需注意排水 |
| 2 | 5%~15%（2.86°~8.53°） | 住宅区内宜做高差台地处理，车道不宜垂直等高线布置，住宅群布置受一定限制 |
| 3 | 15%~30%（8.53°~16.70°） | |
| 4 | 30%~45%（16.70°~24.3°） | 随坡度增加，住宅区内车道与住宅群布置受限制越大。坡度较大时，住宅区内车道需与等高线成较小锐角布置，宜组织步行梯道 |
| 5 | 45%~55%（24.3°~28.8°） | |
| 6 | >55%（>28.8°） | 车道上升困难，需曲折盘旋而上，宜组织与等高线成斜角的步行梯道，住宅建筑需做特殊处理 |

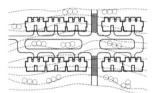

坡度较小时，一般要求建筑平行于等高线布置，可以减少土石方量，取得与地形的顺应关系。

a 平行等高线布置

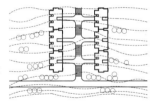

因住宅朝向的限制或者为了突出住宅建筑的个性特征，可以将住宅垂直等高线布置。

b 垂直等高线布置

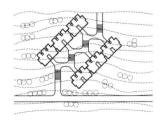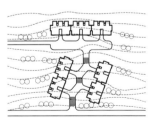

综合减少土石方量、住宅朝向和住宅建筑形式特点，可灵活采用斜交和混合式等高线布置方式。

c 斜交等高线布置　　　　　　　　　　d 混合式布置

**1** 坡地住宅布置方式

**2 住区规划**

21

## 低层住宅群体空间组织模式

低层住宅分为独立式住宅（single house）、联排住宅（town house），以及双拼住宅（duplex）和三拼住宅（triplex）等多种类型，是不同密度的住宅类型产物。作为低层住宅主要类型，独立式住宅和联排住宅的群体空间组织方式分为街道型、尽端型、庭院围合型三种模式。其中，街道型是最初、最基本的空间组织模式，根据不同的地段环境特征和住区风格定位，街道型可分别采用直线、曲线或混合的空间形式，联排住宅多采用街道型群体空间组织。

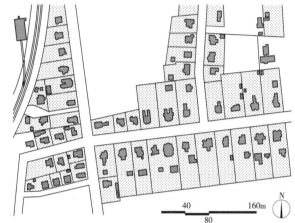

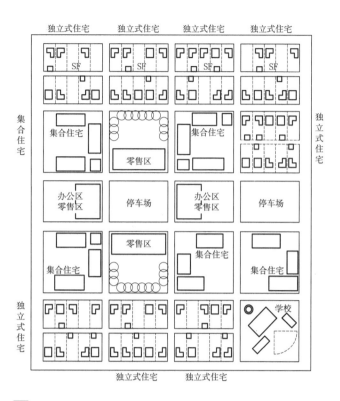

**1** 美国康科德（Concord）沿街布局的低层住宅（1927年）

**2** 彼得·卡尔索普总结的美国传统社区开发模式

低层住宅群体空间组织模式示例　　　　　　　　　　　　　　　　　　　　　　　　　　表1

| 类型 | 实例 | | |
|---|---|---|---|
| 1.街道型（直线形式）模式<br>街道型（直线形式）模式为传统的城市住宅群体空间组织方式，住宅地块与住宅建筑沿直线街道空间连续布局，街道成为住宅群体组织和社区生活的主要空间 | 康科德传统城镇住宅群 | 北京纳帕溪谷 | 东莞万科塘樾 |
| 2.街道型（曲线形式）模式<br>街道型（曲线形式）模式为低层住宅群体空间的主导组织方式，住宅地块与住宅建筑沿曲线街道空间连续布局，空间与景观更加富于变化，也更能适应山地和滨水的地形条件 | 沈阳万科兰乔圣菲 | 重庆龙湖·蓝湖郡西岸 | 广州万科四季花城 |
| 3.尽端型模式<br>尽端型模式是指低层住宅围绕尽端路围合布局的群体空间组织方式，目的是创造相对私密的居住生活空间层次，避免外来车辆的交通和噪声干扰，同时为车行交通与步道绿化两个空间系统的分离创造了条件 | 美国雷德朋社区 | 临安中都青山湖畔·绿野清风组团 | 东莞光大湖畔湾 |
| 4.庭院围合型模式<br>庭院围合型模式是指低层住宅建筑或墙体（围墙或挡土墙）围合形成庭院空间，形成院落住宅组群的空间组织方式，院落组群通常是较大住区的基本群体空间单元 | 都江堰青城山房 | 深圳万科第五园 | 南京汤山会馆 |

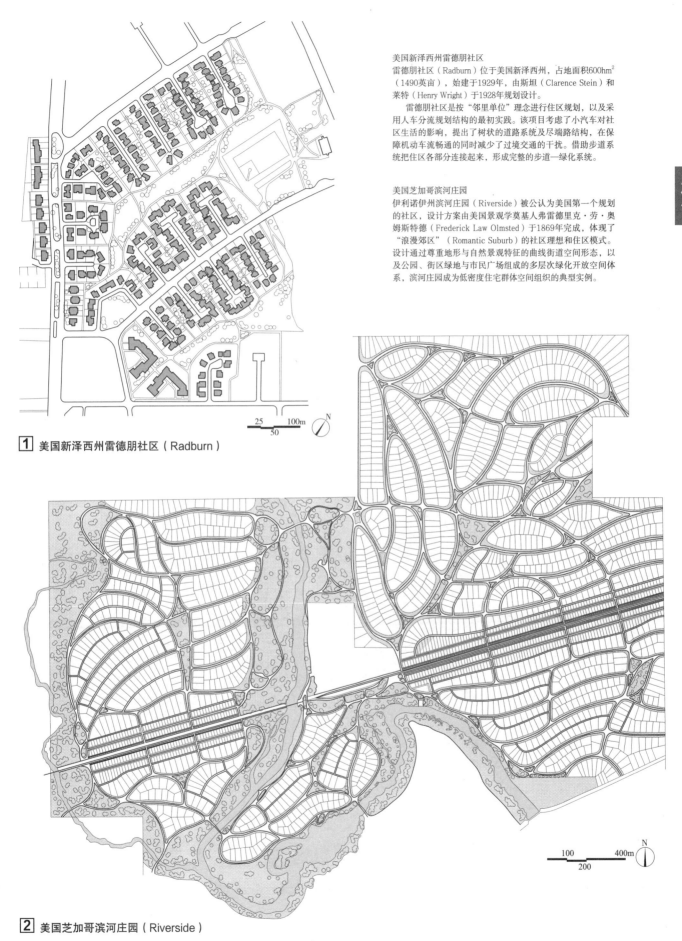

**美国新泽西州雷德朋社区**

雷德朋社区（Radburn）位于美国新泽西州，占地面积600hm²（1490英亩），始建于1929年，由斯坦（Clarence Stein）和莱特（Henry Wright）于1928年规划设计。

雷德朋社区是按"邻里单位"理念进行住区规划，以及采用人车分流规划结构的最初实践。该项目考虑了小汽车对社区生活的影响，提出了树状的道路系统及尽端路结构，在保障机动车流畅通的同时减少了过境交通的干扰。借助步道系统把住区各部分连接起来，形成完整的步道—绿化系统。

**美国芝加哥滨河庄园**

伊利诺伊州滨河庄园（Riverside）被公认为美国第一个规划的社区，设计方案由美国景观学奠基人弗雷德里克·劳·奥姆斯特德（Frederick Law Olmsted）于1869年完成，体现了"浪漫郊区"（Romantic Suburb）的社区理想和住区模式。设计通过尊重地形与自然景观特征的曲线街道空间形态，以及公园、街区绿地与市民广场组成的多层次绿化开放空间体系，滨河庄园成为低密度住宅群体空间组织的典型实例。

1 美国新泽西州雷德朋社区（Radburn）

2 美国芝加哥滨河庄园（Riverside）

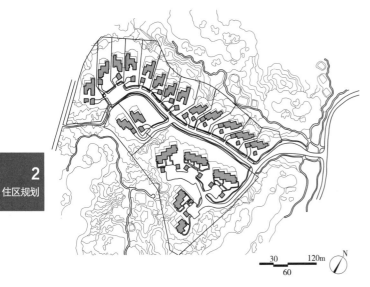

霍阿拉莱（Hualalai）是位于美国夏威夷的度假社区，包括度假村、酒店、俱乐部、高尔夫球场和多种类型住宅等内容。规划根据对台地、山麓、平原、泄洪生态廊道等山地地形类型的分析进行了各项功能布局，并重点对安排高尔夫球场的泄洪生态廊道进行了规划控制。顺应山地地形的道路景观设计是该住区规划的又一重要特色。

**1** 夏威夷霍阿拉莱（局部）

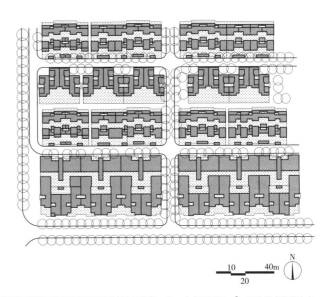

深圳万科第五园位于深圳坂雪岗片区南部，是一个占地12.5hm²，以联排式住宅为主的住区。项目始于2005年，总建筑面积12万m²，容积率0.96。住区由中央景观带分隔而成的两个"村落"，以及采用合院式布局的联排住宅和宜人尺度的街巷步道构成。合院式住宅借鉴地域传统建筑特色，形成了现代中式建筑风格。

**3** 深圳万科第五园（局部）

龙湖·蓝湖郡西岸位于重庆金开大道，是结合山水地形景观资源的独立式和联排式混合住宅。项目占地27.2hm²，总建筑面积22万m²，容积率0.81。住区结合山地地形特点规划了曲线尽端式路网结构，并采用了以地中海风格为主导的多种西方独立式住宅风格，重现了西方传统郊区化住宅的整体风貌和优美的景观环境。

**2** 重庆龙湖·蓝湖郡西岸（局部）

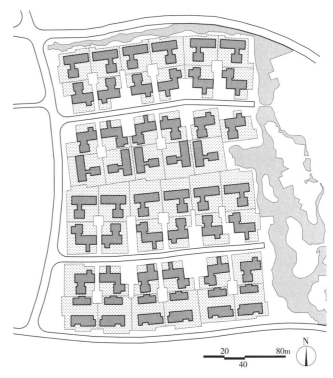

青城山房位于都江堰市青城山下，占地16.7hm²，总建筑面积约4.8万m²，包括281个住宅单元，是一个独立式住宅与叠拼公寓混合的低层低密度住区，于2011年建成。其中，主导住宅类型为独立式的"组院别墅"，在私家庭院基础上，几栋住宅共同围合庭院成为该项目主要的住宅群体空间组合特征。建筑风格采用了川西民居地域元素，使住区与自然环境融为一体。

**4** 都江堰青城山房（局部）

## 集合住宅群体空间组织模式

集合住宅包括中低层、多层（含中高层）和高层的单元住宅类型。其中，作为主导的多层（含中高层）和高层住宅群体空间平面组合的基本形式，可分为行列式、周边式、点群式和混合式四种形式，每种形式又可根据具体空间组织方法细分成若干空间组织模式。

## 行列式

行列式是指板式多层（含中高层）或高层单元住宅按一定朝向和间距成排布置的群体空间组织形式。行列式在平面构图上有强烈的规律性，使每户都能获得良好的日照和通风条件，便于布置道路、管网，方便工业化施工，但往往空间单调呆板。行列式群体空间组织中应多考虑住宅组群建筑的空间变化和层次丰富，以达到良好的景观效果。

其基本组织模式可分为平行排列、交错排列、单元错接、成组改变朝向、变化间距五种。

a 平行排列　　b 交错排列　　c 单元错接

d 成组改变朝向　　e 变化间距

**1** 行列式空间组织模式

行列式空间组织模式示例　　　　　　　　　　　　　　　　　　　　　　　表1

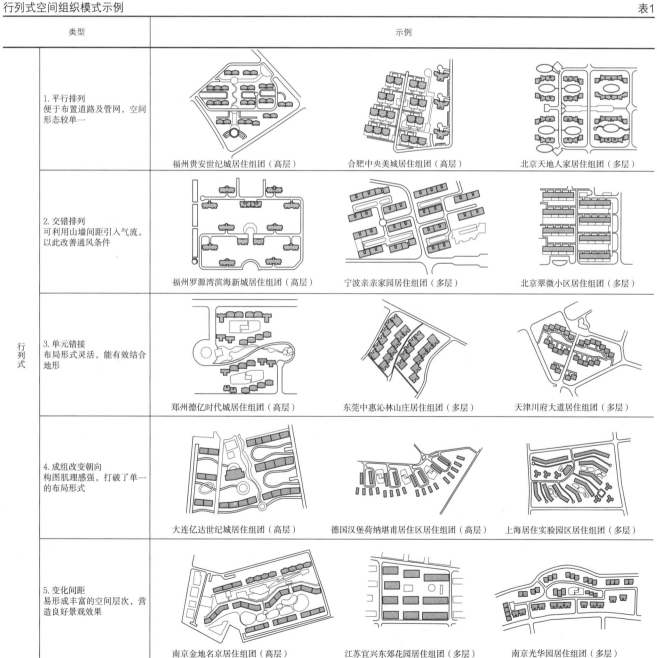

25

## 周边式

住宅沿院落或街坊周边布置，形成封闭或半封闭的内院空间，院内安静、安全、方便，有利于布置室外活动场地、小块公共绿地和小型公建等居民交往场所，同时有利于防寒防沙，比较适合于寒冷多风沙地区。周边式布置住宅可节约用地，提高居住建筑面积密度，但部分住宅朝向较差，不利于日照采光，并且在地形起伏较大地段难以适应地形，造成较多的土石方工程量和较高的建筑结构成本。

周边式以多层住宅为主。其基本组织模式可分为群体内部的庭院围合、外围街道界面为主导的单周边，以及兼顾内部庭院围合和街道界面的双周边两种。

a 单周边　　　　　b 双周边

**1** 周边式空间组织模式

## 点群式

多层点式住宅或高层塔式住宅自成组团或围绕中心公共空间布置，运用得当可形成住区独特的群体空间。点群式住宅布置灵活自由，能有效利用地形条件，适应山地复杂地形地貌，在滨水地区有利于水域景观向住区内部空间的渗透。其基本组织模式可分为规则型、自由型两种。

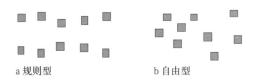

a 规则型　　　　　b 自由型

**2** 点群式空间组织模式

## 混合式

混合式是综合运用行列式、周边式、点群式三种基本形式的结合或变形的组合形式。混合式结合了各种空间组织方式的优点，更加适应复杂地段地形条件和符合功能的需要，更使得空间类型丰富多样。

周边式、点群式及混合式空间组织模式示例　　　　　　　　　　表1

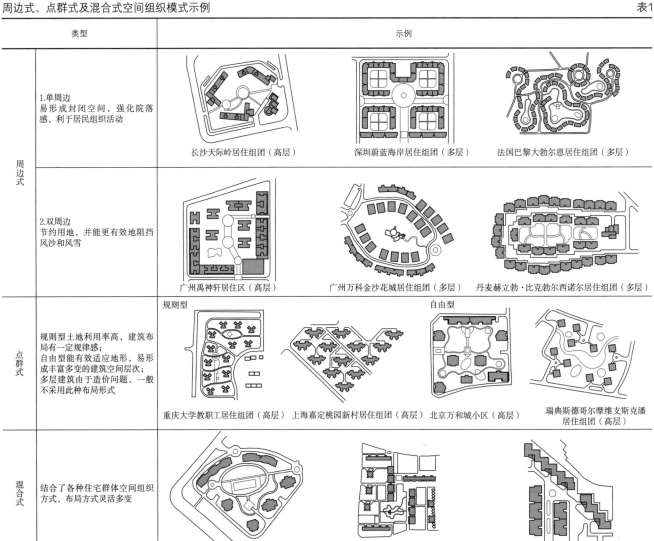

| 类型 | | 示例 |
|---|---|---|
| 周边式 | 1.单周边<br>易形成封闭空间，强化院落感，利于居民组织活动 | 长沙天际岭居住组团（高层）　深圳蔚蓝海岸居住组团（多层）　法国巴黎大勃尔恩居住组团（多层） |
| | 2.双周边<br>节约用地，并能更有效地阻挡风沙和风雪 | 广州禹神轩居住区（高层）　广州万科金沙花城居住组团（多层）　丹麦赫立勃·比克勃尔西诺尔居住组团（多层） |
| 点群式 | 规则型土地利用率高，建筑布局有一定规律感；<br>自由型能有效适应地形，易形成丰富多变的建筑空间层次；<br>多层建筑由于造价问题，一般不采用此种布局形式 | 重庆大学教职工居住组团（高层）　上海嘉定桃园新村居住组团（高层）　北京万和城小区（高层）　瑞典斯德哥尔摩维支斯克潘居住组团（高层） |
| 混合式 | 结合了各种住宅群体空间组织方式，布局方式灵活多变 | 杭州金色海岸居住组团（高层）　日本大阪住宅区居住组团（多层）　广州南海四季花城居住组团（多层） |

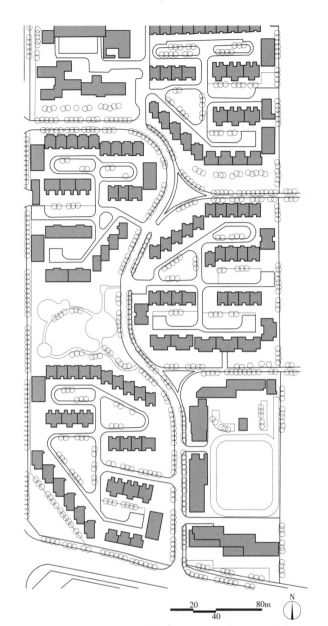

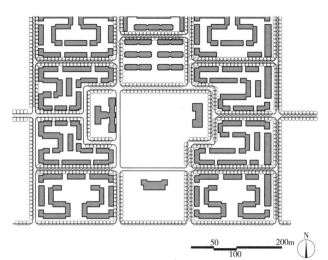

**2**
住区规划

百万庄住宅区建于20世纪50年代初期，是我国最早的一批自主规划设计的住宅建筑群。住宅区占地约19.3hm²，有1500多户，建筑高度2~3层。小区采用典型的双周边式街坊格局，住区中心规划有大片绿地和公共服务设施。

③ 北京百万庄住宅区

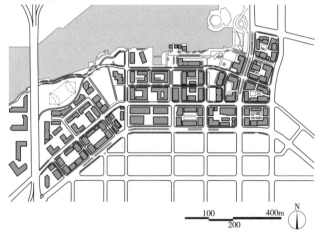

温哥华冬奥村位于温哥华福溪湾（False Creek）东南，用地面积32hm²，规划总建筑面积55.7万m²，2018年全部建成后可容纳1.6万居民。项目通过功能混合加强社区活力与阶层融合，同时也是世界居住区生态设计的典范。

④ 温哥华冬奥会运动员村

恩济里小区位于北京市海淀区八里庄街道，建于1990年。小区占地9.98hm²，总建筑面积13.62万m²。在规则的矩形地段里，规划采用曲折的南北向主路将小区划分为四个组团，采取"扩大四合院"概念，多层的板式住宅和错接单元，围合形成尺度宜人、富于空间变化的内向庭院。

① 北京恩济里小区

"壹街区"位于都江堰市东北部，蒲阳河南岸，是汶川地震后都江堰灾后重建规模最大的综合性居民安置区，建设用地面积148hm²，其中住宅建筑面积约80万m²。项目采用小尺度街坊的开放式空间格局，通过高密度的街道网络、数量众多的街头绿地广场、分散到社区中的城市文化设施来营造具有活力的城市新区。

② 都江堰壹街区

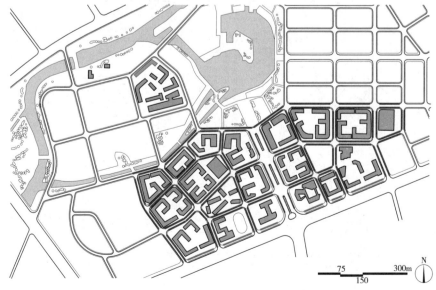

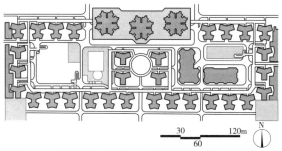

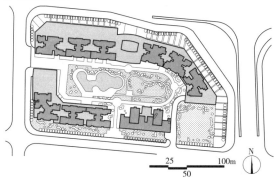

深圳滨河小区位于深圳滨河大道东段，与香港隔深圳河相望，建成于1985年。小区占地约6hm²，以多种类型的点式多层住宅围合形成较大的庭院空间，并点缀高层塔式住宅，形成对称的轴线对称格局。

### 3 深圳滨河小区

西安雅居乐花园建成于2010年，占地约10hm²，容积率2.59，总建筑面积27.7万m²，由21栋高层住宅楼和配套设施组成。高层住宅楼主要沿小区周边布置，围合中央花园。户型分为大、中、经济型和廉租房若干种，以满足不同群体的需求，形成不同群体合理混居的模式。

### 1 西安雅居乐花园

广州中海花城湾位于广州市珠江新城CBD附近，建成于2006年，是以高层住宅为主的综合性商住小区。小区占地3.3hm²，由裙房屋顶花园上的11栋高层塔式住宅组成，并围合中心花园，总建筑面积18.7万m²，容积率7.0。

### 4 广州中海花城湾

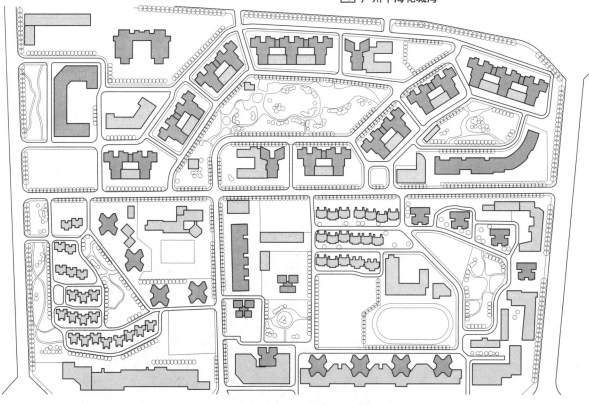

北京方庄居住区建于20世纪80年代末、90年代初，是北京最早的商品房居住区。芳城园小区是方庄居住区"芳古"、"芳城"、"芳群"、"芳星"四个花园式小区之一，占地面积约40.5hm²。小区分为四个居住组团，以天桥与公共建筑相连。

### 2 北京方庄居住区芳城园小区

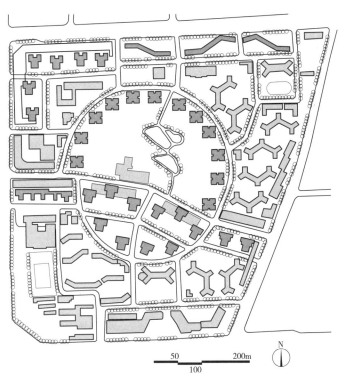

北京安慧里小区建成于1992年，是为举办亚运会征地建设的居住小区，占地约40hm²，总建筑面积130万m²，容积率2.2。小区采用整体化的住宅群体空间组织模式，以塔式高层建筑围合中心公共空间。

**1** 北京安慧里小区

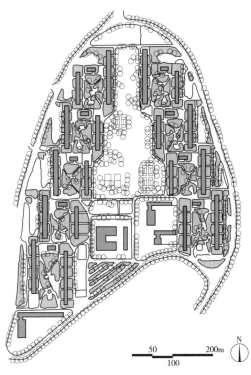

巴黎玛丽-莱-劳居住小区由9个高层板楼围合的庭院单元组成，并围合中心绿地和公共服务设施。小区内部采用步行化设计，步道将庭院和中心绿地联系起来。停车场设在小区外围城市道路的旁边，靠近每个居住组团的入口。

**3** 巴黎玛丽-莱-劳居住小区

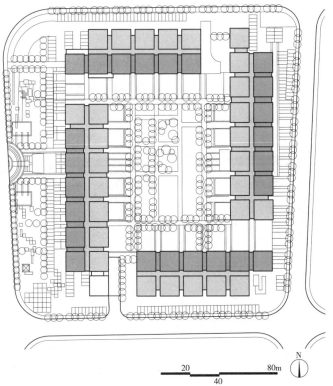

长沙郡原广场小区建成于2009年，占地约3.8hm²，总建筑面积11.4万m²，规划住宅单位1080套。小区包含多种住宅类型和配套设施，通过超大尺度的方正庭院、多种类型住宅的分区布局、商业业态的组织，创造了复合化的社区生活模式。

**2** 长沙郡原广场小区

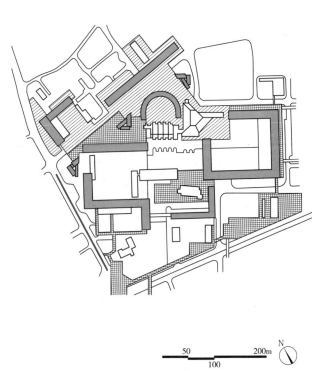

伦敦巴比干（Barbican）片区由二战中被炸毁的商业区改造而成，建成于1971年。巴比干居住区占地面积15.2hm²，在高密度条件下通过整体化的住宅建筑群体空间组织，为居民创造了良好的居住环境，避免了旧城中心区的衰落。

**4** 伦敦巴比干居住小区

**2**
住区规划

2 北京百旺茉莉城

50　200m
100
N

1 深圳香蜜湖水榭花都　50　200m
100
N

**深圳香蜜湖水榭花都**
深圳香蜜湖水榭花都位于深圳市福田区，一期占地面积17hm²，总建筑面积23万m²，容积率1.4。小区生态园林超过10万m²，建筑密度15.6%。住宅建筑分为联排别墅、中高层和高层三种类型。以香蜜湖为中心，住宅建筑围合出多样化的组团绿化空间。

**北京百旺茉莉城**
百旺茉莉城位于北京市海淀山后地区西北旺，规划住区建设用地21.4hm²，总建筑面积31.7万m²，容积率1.34。地段南邻百望山森林公园和京密引水渠，规划通过多种类型住宅的穿插布置，创造不同的观景方式。小区从南向北建筑高度逐步提升，为所有住宅建筑提供了良好的观景条件。

**瑞典斯德哥尔摩魏林比居住区**
魏林比（Vallingby）是瑞典首都斯德哥尔摩的卫星城，占地290hm²，人口约5万，由建筑师马克留斯主持设计，是欧洲20世纪50年代城市规划建设的重要范例之一。魏林比由7个居住小区及1个居住中心构成，各个居住小区又由若干住宅组团构成。居住区中心布置在车站的高架平台上，在住宅组团内每5000人另设商业服务设施。规划设计充分结合风景优美的丘陵地形，采用多种住宅群体空间组织模式，灵活地对类型多样的高层、多层和低层住宅进行布置。魏林比通过轨道交通线与母城保持紧密的功能联系，并通过注入产业功能保证卫星城的城市活力。

3 瑞典斯德哥尔摩魏林比住区（Vallingby）　80　320m
160
N

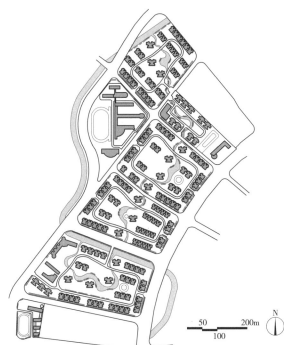

50    200m
100

N

① 金沙洲新社区

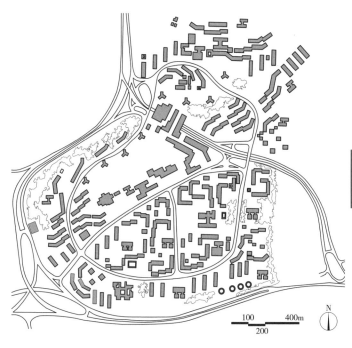

100    400m
200

N

③ 立陶宛拉兹季纳依（Lazdiyay）居住区

50    200m
100

N

② 广州万科四季花城

**金沙洲新社区**
金沙洲新社区项目位于广州市白云区，建成
于2007年，占地19.42hm²，容积率2.24。小区
由高层、中高层及多层住宅组成，各地块由
中心景观区域的点式高层联系，形成贯穿整
个地段的空间及景观轴线。

**广州万科四季花城**
广州万科四季花城位于广州市白云区，占地
25.6hm²，容积率1.0。地段北部有六座小山
和三个小湖，通过横贯地块的湖滨栈道主轴
线，以及三条缀带步行道，六山三湖与住区
各个组团有机地联系起来，有效地保护了场
地的地貌和生态环境。整个规划引入新城市
主义的理念和设计手法，注重邻里关系的建
设，营造了一个开放性的新社区。

**立陶宛拉兹季纳依居住区**
拉兹季纳依（Lazdiyay）居住区占地174hm²，
人口4万人，由四个居住小区组成。居住区采
用人车分流模式，各小区中心与居住区中心
通过专门的步行道或步行街相联系。结合优
美环境和丘陵地形条件，规划设计综合运用
多种模式，对住宅群体空间进行了灵活组织
和布局。

新城市主义是20世纪80~90年代在美国兴起的城市规划思想，是对美国郊区低密度开发蔓延的城市形态和城市生活方式的反思，并在社区营造方面进行了大量成功的实践。在住区规划方面，新城市主义重新认识邻里单元的价值并进行了新的模式建构，强调居住功能与零售商业、文化娱乐及办公就业功能的混合，强调更为传统的方格路网格局和街道空间复兴，强调慢行系统和步行空间，强调界面清晰的广场、绿地等公共空间，强调适度的居住密度提升和多层公寓类型运用。

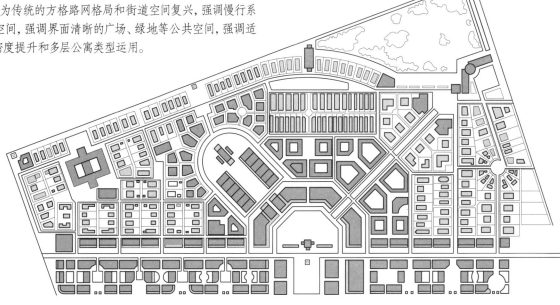

滨海城（Seaside）位于美国佛罗里达州西北部的海岸地带，设计于1978年，建成于1981年。住区占地面积约32.4hm²，包括350个独立住宅、300个公寓和旅馆单位，是一个供居住和旅游度假的多功能住区。作为"新城市主义"的代表作，滨海城被美国时代周刊列为美国20世纪80年代"十大设计成就"之一。

**1** 佛罗里达滨海城（Seaside）

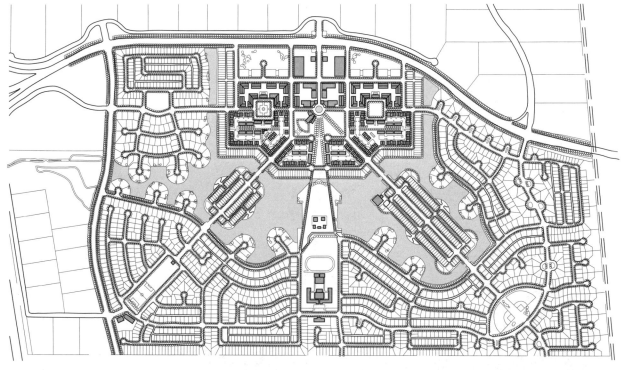

西拉古纳住区（Laguna West）位于美国加州萨克拉门托县埃尔克格罗夫市西部，占地约323.7hm²，1990年由彼得·卡尔索普（Peter Calthorpe）设计，并于1991年建造。住区包含2300个住宅单位、26.3hm²的湖泊，以及学校、商店、教堂等公共服务设施。西拉古纳住区鼓励步行和慢速交通，并采用了卡尔索普的"步行口袋"概念。

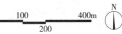

**2** 西拉古纳住区（Laguna West）

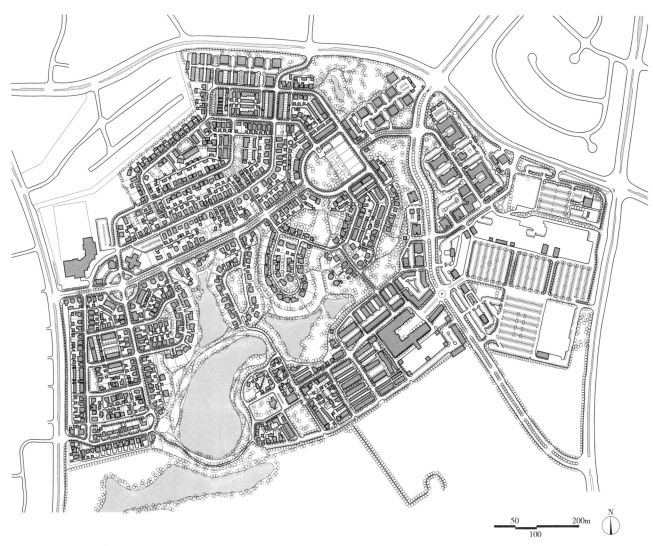

肯特兰镇（Kentlands）位于美国马里兰州盖特斯堡，占地约142hm²，1988年由安德列斯·杜安伊（Andres Duany）和伊丽莎白·普拉特-齐贝克（Elizabeth Plater-Zybeck）设计，是应用传统邻里开发原则的新城市主义典范性住区。项目包括不同特色的6个街区和1个大型零售中心，并由广场、公园和公共建筑相连结。

**1** 肯特兰镇（Kentlands）

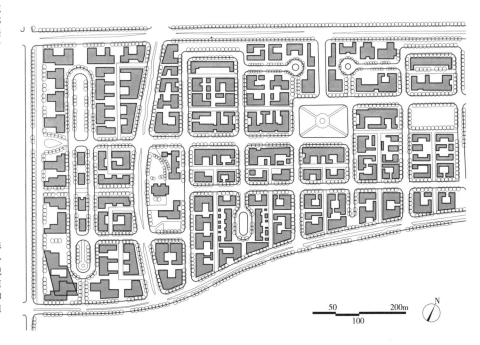

普雷亚维斯塔社区（Playa Vista）位于美国洛杉矶西部，总用地440hm²，是典型的城市空间织补（infill）项目。地段原为废弃的飞机厂和跑道，规划通过商业办公与居住的功能混合、方格网的道路系统、多种形态的公共空间营造、慢行系统和步道系统的构建，创造了一个由多个紧凑邻里组成的复合住区。

**2** 普雷亚维斯塔住区（Playa Vista）

## 商住混合住区建筑群体空间组织模式

商住混合住区的建筑群体空间组织,其商业功能布局模式可分为底层大型商业型、周边商业型、围合内街型及混合型四种模式,并与行列式、周边式、点群式的住宅群体空间组织模式进行组合,见表1、表2。

### 底层大型商业型

底层大型商业型是指底层(2~6层居多)布置大型商业裙楼,融合商业、休闲、文娱等功能,上层布置点式或板式高层住宅(包括酒店式公寓和SOHO住宅等)的商住混合建筑群体空间组织形式。

### 周边商业型

周边商业型是指商业建筑独立或采用裙楼形式,在住区地块周边沿道路布置、地块内部形成完整居住空间的商住混合建筑群体空间组织形式。

商住混合功能的住宅群体空间组织模式一 　表1

| 商业布局形式 ＼ 住宅布局形式 | 行列式 | 周边式 | 点群式 |
|---|---|---|---|
| 底层大型商业型 | 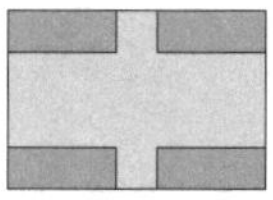 | 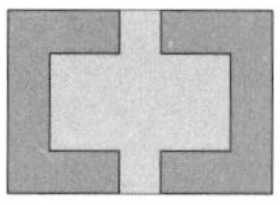 | 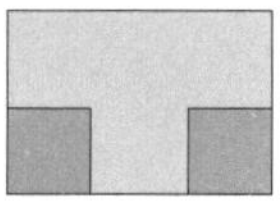 |
| 周边商业型 | 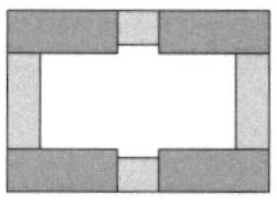 | 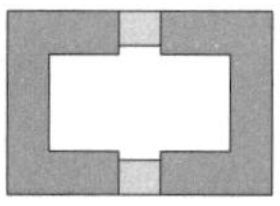 | 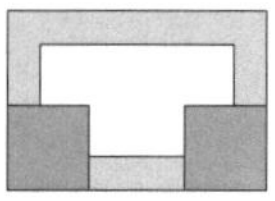 |

底层大型商业型、周边商业型空间组织模式示例 　表2

| 商业布局形式 ＼ 住宅布局形式 | 行列式 | 周边式 | 点群式 |
|---|---|---|---|
| 底层大型商业型<br>该形式布局紧凑,利于土地集约使用和大规模商业空间的营造,适用于城市中心或副中心区用地紧张的地块。但是在商业功能对住区环境的噪声干扰、商业和住宅不同的建筑结构体系转换、住区自然绿化景观环境等方面有不利影响,需在设计中加以处理 | 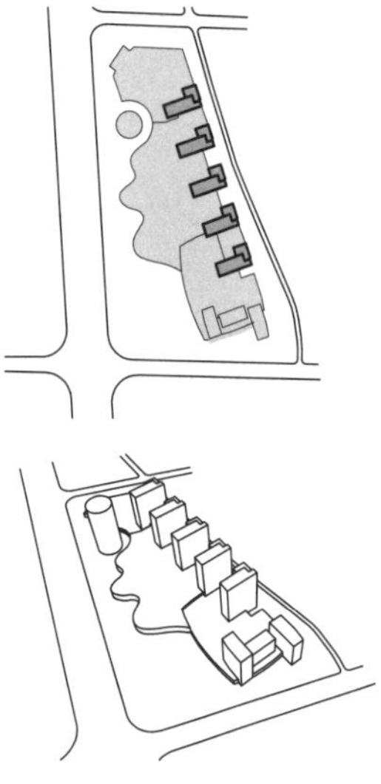 深圳长安商业街 | 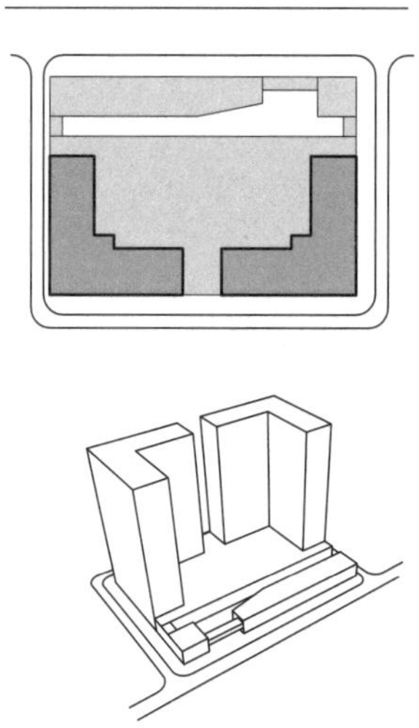 北京三里屯SOHO | 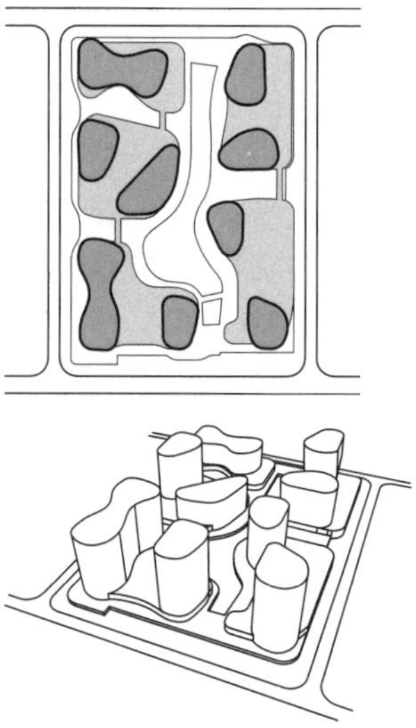 西安龙湖MOCO |
| 周边商业型<br>该形式有助于隔离周边城市道路的人车活动干扰,形成相对安静的居住生活环境,也有利于为居住小区提供生活公共配套设施,同时提升周边街区活力,是最常采用的商住混合建筑群体空间组织形式,适用于以居住功能为主的地块。但是不利于形成较大规模的商业空间,也存在一定的商业活动对居住生活空间的干扰问题 | 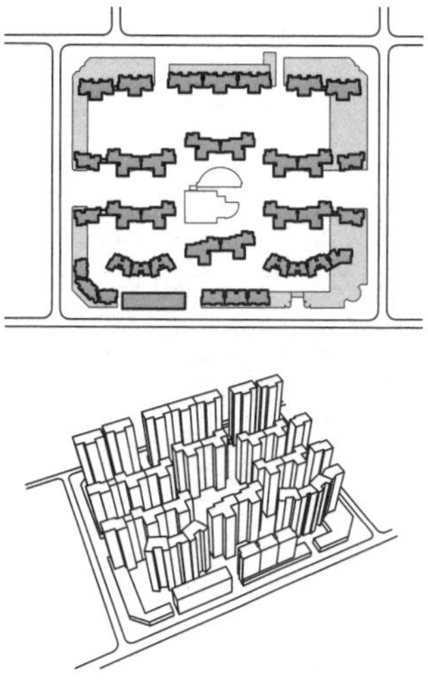 郑州天下城 | 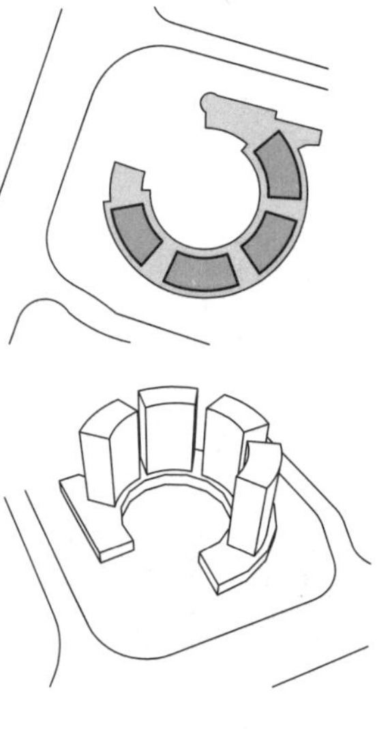 深圳廊桥国际 | 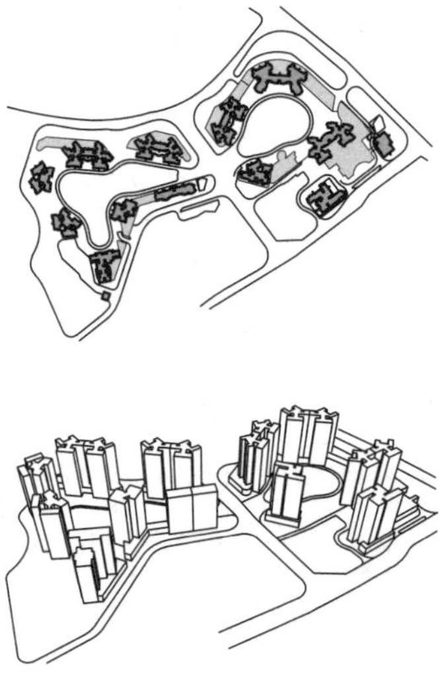 重庆金沙港湾 |

**2**
住区规划

## 围合内街型

围合内街型是指商业建筑（2~3层居多）在住区地块内部以商业街进行布局的商住混合建筑群体空间组织形式，内街向城市空间开放，沿街安排社区公共服务、城市商业服务业以及文化产业功能。

## 混合型

混合型是指综合运用底层大型商业型、周边商业型、围合内街型三种类型或其中两种类型复合的商住混合建筑群体空间形式，其功能组成更呈现多元化特点，包括商业、商务、休闲娱乐、居住等。

**2 住区规划**

### 商住混合功能的住宅群体空间组织模式二　表1

| 住宅布局形式\商业布局形式 | 行列式 | 周边式 | 点群式 |
|---|---|---|---|
| 围合内街型 | 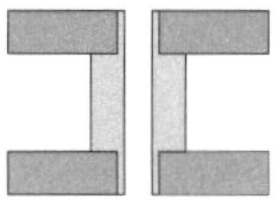 | 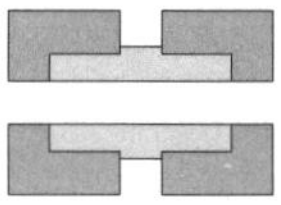 | 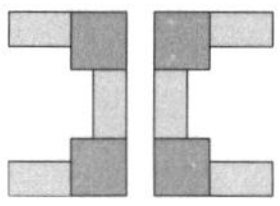 |
| 混合型 | 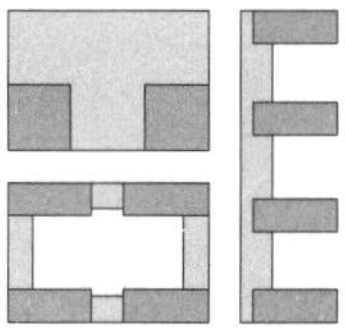 | | |

### 围合内街型、混合型空间组织模式示例　表2

| 住宅布局形式\商业布局形式 | 行列式 | 周边式 | 点群式 |
|---|---|---|---|
| 围合内街型<br>该形式有利于形成丰富的社区活动和良好的商业氛围，强化开放性住区生活的形成，多适用于城市中心地带商业活动需求较高的地块，或需要突出城市街道生活的居住地块。内街对居住生活环境有一定程度的干扰，需在规划设计中加以解决 | 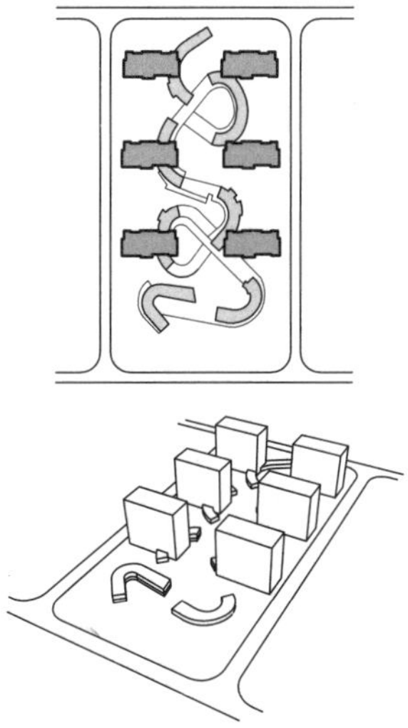 上海万科春申街 | 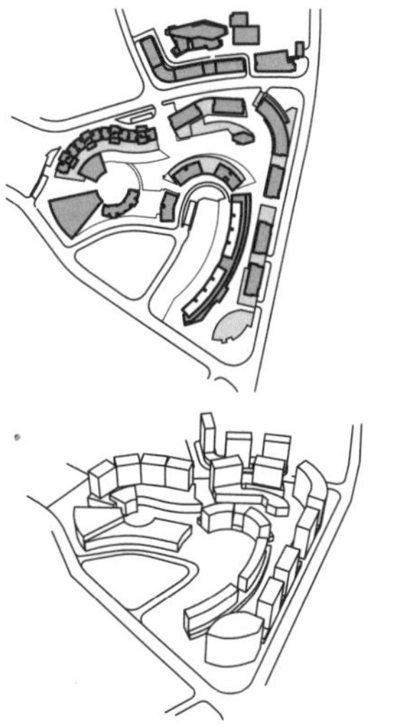 重庆金港国际 | 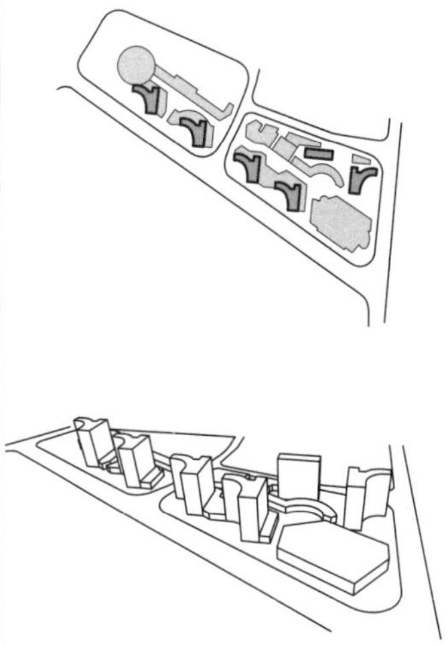 北京华贸城 |
| 混合型<br>该形式有利于地块更为强化的混合功能构成，同时建筑群体空间形态更加丰富，可以形成良好的城市景观形象。该形式适用于城市中心地块，多表现为城市综合体 | 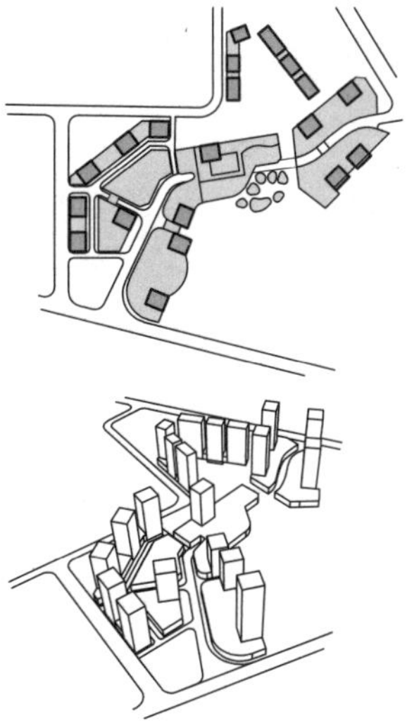 重庆龙湖时代天街 | 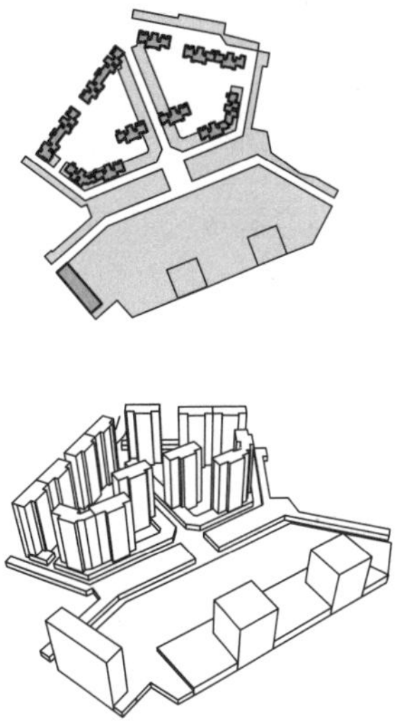 武汉菱角湖万达广场 | 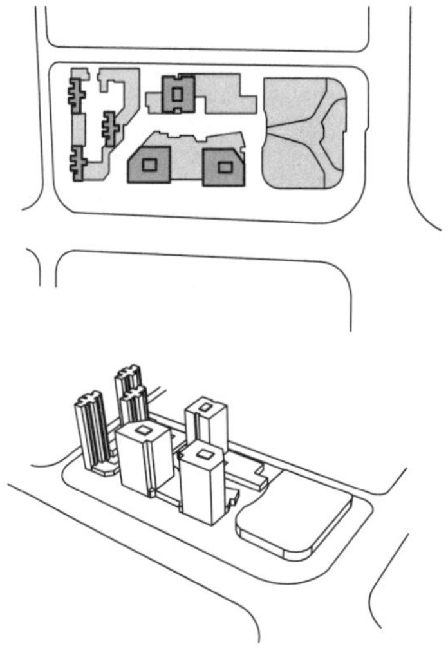 长沙华晨世纪广场 |

**35**

## 轨道交通设施功能混合的住宅群体空间组织

　　布置于城市公共轨道交通枢纽周边的住区，应以站点为纽带，结合公共广场及商业服务设施，形成车行交通和步行人流的分流和立体组织，并与交通设施空间结合，形成地区城市综合体，服务于周边住区。

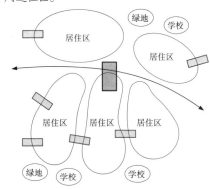

■ 轨道交通、商业综合体　□ 公交站

1 与交通设施结合的住区空间布局示意图

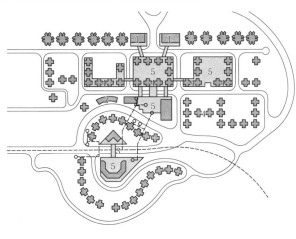

1 办公楼　　2 太古城东隅酒店　　3 太古城地铁站点
4 住宅　　　5 太古城中心购物中心

太古城住区位于香港地铁港岛线上，依托太古城地铁站，是包括61栋高层、超过4万居住人口的大型住区，共提供12698个住宅单位。太古城为香港首个设有园艺花园及绿化平台的住区，住区居民通过公共中心广场与太古城地铁站有便捷的步行联系。

2 香港太古城住区

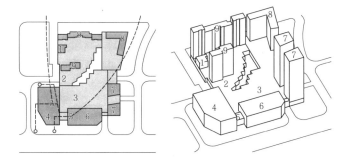

1 会所　　2 购物中心　　3 公交场站楼　　4 航空服务楼　　5 地铁站点
6 商业楼　7 办公楼　　　8 星级酒店　　　9 住宅楼

东直门东华国际广场位于北京市东城区，多条城市轨道交通线路在此综合换乘。该项目是综合住宅、城市交通枢纽、航空服务楼、办公和酒店等功能的城市综合体。覆盖公交场站的屋顶平台与商业综合体屋顶平台成为半开放的城市空间，为公寓楼、酒店创造出安静的居住环境。

3 北京东直门东华国际广场

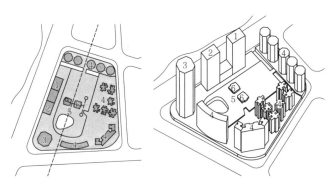

1 公寓楼　2 酒店、住宅综合体　3 环球贸易大楼　4 住宅　5 地铁站点　6 购物中心

九龙君临天下住区位于香港港铁九龙站，是Union Square第四期住宅项目。该住区以轨道站为核心，将办公、酒店、商业、社区服务设施和住宅整合在一起，并通过公共空间和商业拱廊相互连接。

4 香港君临天下住区

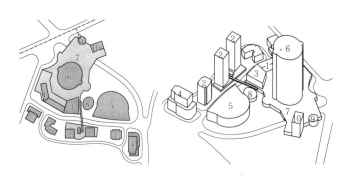

1 东京凯悦酒店　　2 六本木新城住宅　3 TOHO影城　4 办公楼　5 超日电视台
6 六本木新城森大厦　7 购物中心　8 露天剧场　9 地铁明冠站点　10 好莱坞美容世界

六本木新区住宅组团位于日本东京六本木商业密集区，该区域为集商业、办公、娱乐为一体的复合街区，以地铁交通与都市公共交通为纽带，居住功能与商业、办公和交通运营进行了紧密结合，通过垂直流线交通组织创造一个"垂直"的都市和相应的居住与生活行为模式。

5 日本六本木新区住宅组团

## 概述

住区竖向规划设计是基于平面布局而在竖向做出的进一步规划布置。其任务是在分析修建地段地形条件的基础上，对原地形进行利用改造，使它符合使用并与建筑物、构筑物、道路、场地等相结合，适宜建筑布置和排水，达到功能合理、技术可行、造价经济和环境宜人的要求。具体内容包括：设计地面；确定各项设施的标高、位置；排水组织；场地之间的挡土、连接设施及土石方计算等。

## 设计原则

1. 满足各项建设用地的使用要求。

2. 合理利用地形，减少土方工程量及防护工程量。

3. 有利于建筑物布置、道路交通、工程管线敷设以及空间环境的设计。

4. 保证场地良好的排水。

5. 满足排水管线的埋设要求，落实防洪、排涝工程设施的位置、规模及控制标高。

6. 便于施工，符合工程技术经济要求。

## 设计地面

根据功能使用要求、工程技术要求和空间环境组织要求，对基地自然地形加以利用、改造，即为设计地面。

设计地面分类　　　　　　　　　　　　　　表1

| 形式 | 地面平整方法 | 坡度 |
|---|---|---|
| 平坡式 | 将地面平整成一个或多个坡度和坡向的整平面 | 一般≤3% |
| 台阶式 | 将标高较大的地块相互连接形成台阶式整平面，以梯级和坡道联系 | 一般>3% |
| 混合式 | 平坡式和台阶式混合使用 | — |

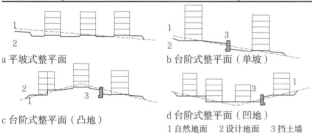

a 平坡式整平面　　　　　b 台阶式整平面（单坡）

c 台阶式整平面（凸地）　　d 台阶式整平面（凹地）
1 自然地面　2 设计地面　3 挡土墙

**1** 设计地面形式

地形特征及其运用　　　　　　　　　　　　表2

| 形态特征 | 性质 | 运用 |
|---|---|---|
| 平地 | 开朗、平稳宁静、多向 | 广场、大建筑群、运动场、学校、停车场的合适场地 |
| 凸地 | 向上、开阔崇高、动感 | 理想的景观焦点和观赏景观的最佳处。建筑与活动场所 |
| 凹地 | 封闭、汇聚幽静、内向 | 露天观演，运动场地，水面、绿地休息场所 |
| 山脊 | 延伸、分割动感、外向 | 道路、建筑布置的场地。脊的端部具有凸地的优点可供运用 |
| 山谷 | 延伸、动感内向、幽静 | 道路、水面、绿化 |

## 建筑、场地

组织空间环境时要使建筑、场地与地形相结合，并满足功能使用的要求，综合考虑排水及其相互联系。

1. 建筑：建筑的竖向设计要在综合考虑使用、排水、交通等要求的同时，充分利用地形减少土石方量

设计地面分类　　　　　　　　　　　　　　表3

| 方式 | 方法 | 适宜坡度 垂直等高线 | 适宜坡度 平行等高线 | 备注 |
|---|---|---|---|---|
| 提高勒脚 | 将建筑勒脚提高到相同标高 | <8% | 10%~15% | 进深8~12m，单元长度16m，勒脚最大高度为1.2m时 |
| 筑台 | 挖、填基地形式平台平整的台地 | <10% | 12%~20% | 半填半挖 |
| 错层 | 将建筑相同层设计成不同的标高。常利用双跑梯平台使建筑沿纵轴或横轴错半层 | 12%~18% | 15%~25% | 以单元为单位，进深8~12m，错层高差1~1.5m时 |
| 跌落 | 建筑垂直等高线布置，以单元或开间为单位，顺坡势处理成台阶状 | 4%~8% | — | 以单元为单位，跌落高度0.6~3.0m或以每两开间跌落0.6~1.2m时 |
| 掉层 | 错层或跌落高差等于建筑层高时 | 20%~35% | 45%~65% | — |
| 错迭 | 垂直等高线布置，逐层或隔层沿水平方向错动或重迭形成台阶状 | 50%~80% | — | — |

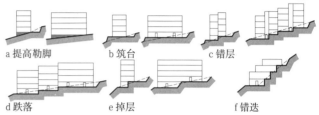

a 提高勒脚　　　b 筑台　　　c 错层

d 跌落　　　e 掉层　　　f 错迭

**2** 建筑结合地形布置形式

建筑标高要求　　　　　　　　　　　　　　表4

| 要求 | 室内外高差 建筑有进车道时 | 室内外高差 建筑无进车道时 | 地面排水坡度 |
|---|---|---|---|
| 一般取值 | 0.15m | 0.45~0.60m | 1%~3% |
| 允许范围 | — | 0.30~0.90m | 0.5%~6% |

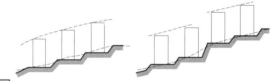

**3** 确定建筑标高注意群体间的视觉秩序

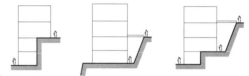

**4** 分层组织建筑入口

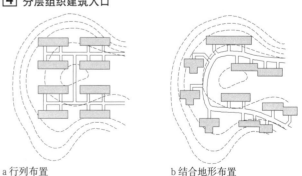

a 行列布置　　　　　　　b 结合地形布置

**5** 建筑群布置形式

2. 场地：力求各种场地设计标高适合雨水、污水的排水组织。

常见场地的适用坡度　　　　　　　　　　　表5

| 场地名称 | 密实性地面和广场 | 广场兼停车场 | 儿童游戏场 | 运动场 | 杂用场地 | 绿地 | 湿陷性黄土地面 |
|---|---|---|---|---|---|---|---|
| 适用坡度（%） | 0.3~3.0 | 0.2~0.5 | 0.3~2.5 | 0.2~0.5 | 0.3~2.0 | 0.5~1.0 | 0.5~7.0 |

**2**
**住区规划**

## 台阶、护坡、挡土墙

处理不同标高地面之间的衔接，需采取适当的挡土设施，一般采用护坡或挡土墙，需布置道路时则可设梯级或坡道联系。

**1. 台阶**：台阶是联系不同高程地面的主要手段，其踏步的高度不宜超过150mm，踏步宽度不宜超过300mm。

多级台阶处理方法 表1

| 连续梯级数（级） | 处理方法 |
| --- | --- |
| ≤18 | 无需处理 |
| 18~40 | 中间设休息平台 |
| >40 | 不宜设计成直线，应利用休息平台设置错位或方向转折 |

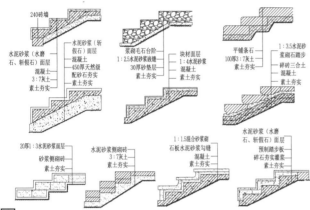

**1 台阶的材料和构造**

**2. 护坡**：当自然地形坡度大于8%时，场地间可以护坡连接。护坡是用以挡土的一种斜坡面，其坡度根据使用要求、用地条件和土质状况而定，一般土坡坡度不大于1:1。

常用加固方法有：①干砌或浆砌石块护坡，20~50cm厚，垫层10~30cm；②混凝土护坡，护墙10~30cm厚。

土质护坡允许高度、坡度 表2

| 土质类别 | 挖方护坡 | | 填方护坡 | |
| --- | --- | --- | --- | --- |
| | 坡度（高<5m） | 允许坡度（高5~10m） | 允许高度（m） | 允许坡度 |
| 亚黏土、砂土、亚砂土、干黄土 | 1:1~1:1.25 | 1:1.25~1:1.50 | 6~8 | 1:1.50 |
| 黏性土、碎石类土 | 1:0.75~1:1.25 | 1:1~1:1.50 | 6 | 1:1.50 |
| | 1:0.4~1:1 | 1:0.25~1:1.50 | 10 | 1:1.50 |

注：1. 允许坡度是指最大允许高宽比；
2. 土质坚实者，选用坡度最大值，松软者用最小值，碎石类土的充填土为坚实黏土；砂土不包括细砂土、粉砂土。

石质护坡允许高度、坡度 表3

| 石质类别 | 挖方护坡 | | 填方护坡 | |
| --- | --- | --- | --- | --- |
| | 允许坡度（高<5m） | 允许坡度（高5~10m） | 允许高度（m） | 允许坡度 |
| 软质岩石 | 1:0.35~1:1 | 1:0.5~1:1.25 | 6 | 1:1.33 |
| | | | 6~12 | 1:1.50 |
| 硬质岩石 | 1:0.1~1:0.5 | 1:0.2~1:0.75 | 5 | 1:1.50 |
| | | | 5~10 | 1:0.65 |
| | | | >10 | 1:1 |

注：石质风化程度严重者用小值，轻微者用大值。

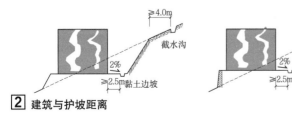

**2 建筑与护坡距离**

护坡坡顶边缘与建筑之间距离应≥2.5m，以保证排水和安全。边坡的坡面尽量利用绿化美化，种植草皮、树木。

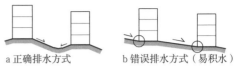

a 正确排水方式　　b 错误排水方式（易积水）

**3 宅旁边坡排水方式**

**3. 挡土墙**：挡土墙按其倾斜情况，可以分为仰斜式、垂直式和俯斜式。过高的挡土墙处理不当易带来压抑和闭塞感，可将挡土墙分层形成台阶式花坛或和护坡结合进行绿化。

挡土墙设计要求 表4

| 挡土墙应用范围 | 1.对于用地条件受限制或地质不良地段，可采用挡土墙；2.在建筑物密集、用地紧张区域及有装卸作业要求的台地应采用挡土墙；3.人口密度大、土壤工程地质条件差、降雨量多的地区，不能使用草皮土质护坡，必须采用挡土墙。 |
| --- | --- |
| 挡土墙高度设计 | 1.挡土墙适应的经济高度为1.5~3.0m，一般不宜超过6.0m；2.超过6.0m时应做退台处理，退台宽度不能小于1.0m；3.在条件许可时，挡土墙宜以1.5m左右高度退台，退台高度内可形成种植槽，使挡土墙形成垂直绿化界面，提高城市的环境质量。 |
| 挡土墙排水设计 | 1.挡土墙上布置泄水孔，孔的尺寸为5cm×10cm或10cm见方，孔距2~3m。墙体每隔20m左右应设沉降、伸缩缝一道，缝宽2~3cm；2.可利用其设计成水幕墙面形成一景。 |
| 挡土墙绿化设计 | 1.采用钢筋混凝土建造框架网络式挡土墙，网格之间露土绿化，或铺砌石块、混凝土预制块；2.在挡土墙上砌出某种凹凸的图案花锦等 |

a 仰斜式　　b 垂直式　　c 俯斜式

**4 挡土墙类型**　　　　　**5 高挡土墙处理**

## 场地排水组织

**1.** 根据场地地形特点和设计标高，划分排水区域，进行场地的排水组织。基本要求有：

（1）场地最小排水坡度应≥2‰，坡度小于2‰的用地宜采用多坡向或其他特殊排水措施。

（2）用地标高应高于道路标高0.2~0.4m。用地标高应高于多年平均地下水位。

（3）排水边沟纵坡应>3‰，起迄点高差≥0.08m；排水口应高于常年水位0.3m，最好高于设计防洪（潮）水位。

（4）山区和丘陵地还必须考虑排洪要求。

**2.** 住区排水方式一般有如下两类：

（1）暗管或暗沟排水：主要用于地势平坦地段，用宅前道路并利用雨水口排除，汇至小区道路及城市街道。

（2）明沟排水：主要用在埋设地下暗沟（管）不够经济的陡坎、岩石地段或山坡冲刷严重，管沟易堵塞的地段。

雨水口间距与道路坡度关系（多雨地区） 表5

| 道路纵坡（%） | <1 | 1~3 | 3~4 | 4~6 | 6~7 | >7 |
| --- | --- | --- | --- | --- | --- | --- |
| 雨水口间距（m） | 30 | 40 | 40~50 | 50~60 | 60~70 | 80 |

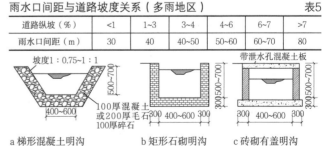

a 梯形混凝土明沟　　b 矩形石砌明沟　　c 砖砌有盖明沟

**6 排水明沟、地沟断面与构造**

## 土石方量计算

规划阶段的土（石）方包括场地平整、道路铺设及其他场地设施的土（石）方量，不包含地下工程、管网、建筑基础等土（石）方量。

竖向土石方工程量计算的方法有很多，主要是以方格网法和横断面法为主。

### 1. 方格网法

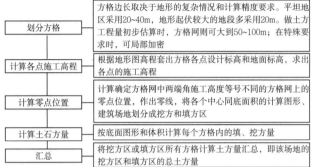

| 划分方格 | 方格边长取决于地形的复杂情况和计算精度要求。平坦地区采用20~40m，地形起伏较大的地段多采用20m。做土方工程量初步估算时，方格网则可大到50~100m；在特殊要求时，可局部加密 |
| --- | --- |
| 计算各点施工高程 | 根据地形图高程套出方格各点设计标高和地面标高，求出各点的施工高程 |
| 计算零点位置 | 计算确定方格网中两端角施工高度等号不同的方格网上的零点位置，作出零线，将各个中心同底面积的计算图形、建筑场地划分成挖方和填方区 |
| 计算土石方量 | 按底面图形和体积计算每个方格内的填、挖方量 |
| 汇总 | 将挖方区或填方区所有方格计算土方量汇总，即该场地的挖方区和填方区的总土方量 |

**1** 方格网法计算土石方量程序

零界点公式：

$$x = h_1/(h_1+h_2) \cdot a$$

式中：$a$—方格网边长
$h$—方格网角点的施工标高（用绝对值）

**2** 零界点示意图

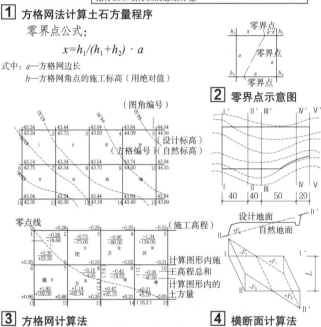

**3** 方格网计算法

**4** 横断面计算法

### 2. 横断面法

| 布置断面 | 根据地形变化和竖向规划的情况，定出横断面线，一般垂直于地形等高线或垂直于建筑物的长轴。断面数量根据地形变化程度而定，地形复杂时为确保结果的准确，应多设断面 |
| --- | --- |
| 作断面图 | 根据各断面的自然标高和设计标高，在坐标纸上按一定比例分别绘制各断面图。绘图时，垂直方向和水平方向的比例可以不相同，一般垂直方向放大10倍 |
| 计算各断面填挖面积 | 断面的填挖面积，可由坐标纸上直接求得；或划分为规则的几何图形进行计算，也可以用求积仪计算 |
| 计算填挖方量 | 相邻两断面间的填方或挖方量，等于两断面的填方面积或挖方面积的平均值，乘以其间的距离 |
| 挖、填方汇总 | 将上述计算结果按横截面编号分别列入汇总表并计算出挖、填方总工程量 |

**5** 横断面法计算土石方量程序

填、挖方量公式：

$$v = \frac{1}{2}(F_1+F_2) \cdot L$$

式中：$v$—相邻两断面间的填（挖）方量（m³）
$F_1$、$F_2$—为相邻两断面的填（挖）面积（m²）
$L$—相邻两断面间的距离（m）

## 竖向设计方法

竖向设计有多种方法，有高程箭头法、设计等高线法和纵横断面法等。

1. 高程箭头法，又称设计标高法，是在设计基地上标出足够的设计标高点，并辅以箭头表示坡向和排水方向。

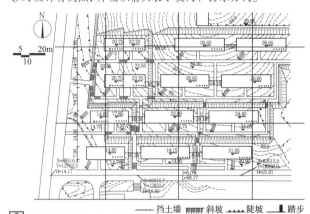

**6** 高程箭头法竖向设计

2. 设计等高线法，是用设计标高和等高线分布表示建筑、道路、场地、绿地的设计高程和地形。

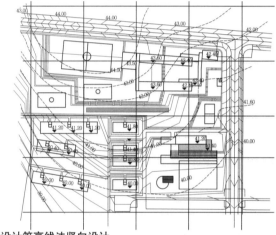

**7** 设计等高线法竖向设计

3. 纵横断面法，是在平面图上根据需要的精度绘出方格网，然后在方格网的每个交点上标明原地坐标和设计标高。

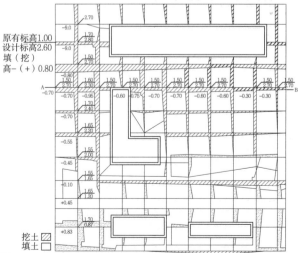

**8** 纵横断面法竖向设计

## 分级

公共服务设施，是特指服务于住区的公共服务设施，不包括服务于城市一般居民的公共服务设施，住区公共服务设施的配置标准与规划布局应根据不同的居住人口规模进行不同的设置。

## 分类及内容

为满足城市居民日常生活、购物、教育、文化娱乐、游憩、社区活动等的需要，住区内必须相应设置各种公共服务设施，其内容、项目设置必须综合考虑居民的生活方式、生活水平以及年龄特征等因素。

住区公共服务设施具有不同的服务功能和内容，按使用性质将其分为教育、医疗卫生、文化体育、商业服务、金融邮电、社区服务、市政公用、行政管理及其他八类公共服务设施。

日常使用项目——幼托、小学、中学、文化活动站、理发店、综合副食店、小商店、居民存车处、居委会等，这些公共服务设施分别属于居住区、居住小区和居住组团。

非日常性使用项目——门诊所、百货商店、理发美容店、书店、集贸市场、派出所、街道办事处等，以上这些项目属于居住区级公共服务设施。

各类公共服务设施，应具有相应的配建内容。

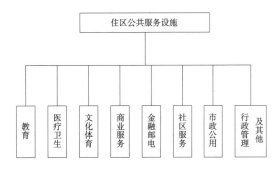

**1** 住区公共服务设施分类

公共服务设施的分类及内容　　　　　　　　　　　表1

| 序号 | 类别 | 项目 |
|---|---|---|
| 1 | 教育 | 托儿所、幼儿园、小学、中学 |
| 2 | 医疗卫生 | 医院（200~300床）、门诊所、卫生站、护理院 |
| 3 | 文化体育 | 文化活动中心（含青少年活动中心、老年活动中心），文化活动站（含青少年、老年活动站），居民运动场（馆），居民健身设施（含老年户外活动场地） |
| 4 | 商业服务 | 综合食品店、综合百货店、餐饮、中西药店、书店、市场、便民店、其他第三产业设施 |
| 5 | 金融邮电 | 银行、储蓄所、电信支局、邮电所 |
| 6 | 社区服务 | 社区服务中心（含老年人服务中心）、养老院、托老所、残疾人托养所、治安联防站、居（里）委会（社区用房）、物业管理 |
| 7 | 市政公用 | 供热站或热交换站、变电室、开闭所、路灯配电室、燃气调压站、高压水泵房、公共厕所、垃圾转运站、垃圾收集点、居民存车处、居民停车场（库）、公交始末站、消防站、燃料供应站 |
| 8 | 行政管理及其他 | 街道办事处、市政管理机构（所）、派出所、其他管理用房、防空地下室 |

## 分级分类配建表

公共服务设施项目的配建应分级分类设置。根据不同城乡区位、不同规模和实际需求，不同等级的公共服务设施配置的类型和项目均有不同。

公共服务设施分级分类配建表　　　　　　　　　　表2

| 类别 | 编号 | 项目 | 居住区 | 小区 | 组团 |
|---|---|---|---|---|---|
| 教育 | 1 | 托儿所 | — | ▲ | △ |
| | 2 | 幼儿园 | — | ▲ | — |
| | 3 | 小学 | — | ▲ | — |
| | 4 | 中学 | ▲ | — | — |
| 医疗卫生 | 5 | 医院（200~300床） | ▲ | — | — |
| | 6 | 门诊所 | ▲ | — | — |
| | 7 | 卫生站 | — | ▲ | — |
| | 8 | 护理院 | △ | — | — |
| 文化体育 | 9 | 文化活动中心（含青少年、老年活动中心） | ▲ | — | — |
| | 10 | 文化活动站（含青少年、老年活动站） | — | ▲ | — |
| | 11 | 居民运动场、馆 | △ | — | — |
| | 12 | 居民健身设施（含老年户外活动场地） | — | ▲ | △ |
| 商业服务 | 13 | 综合食品店 | ▲ | ▲ | — |
| | 14 | 综合百货店 | ▲ | ▲ | — |
| | 15 | 餐饮 | ▲ | ▲ | — |
| | 16 | 中西药店 | ▲ | △ | — |
| | 17 | 书店 | ▲ | △ | — |
| | 18 | 市场 | ▲ | △ | — |
| | 19 | 便民店 | — | — | ▲ |
| | 20 | 其他第三产业设施 | ▲ | ▲ | — |
| 金融邮电 | 21 | 银行 | △ | — | — |
| | 22 | 储蓄所 | — | △ | — |
| | 23 | 电信支局 | △ | — | — |
| | 24 | 邮电所 | △ | — | — |
| 社区服务 | 25 | 社区服务中心（含老年人服务中心） | — | ▲ | — |
| | 26 | 养老院 | △ | — | — |
| | 27 | 托老所 | — | △ | — |
| | 28 | 残疾人托养所 | △ | — | — |
| | 29 | 治安联防站 | — | — | ▲ |
| | 30 | 居（里）委会（社区用房） | — | — | ▲ |
| | 31 | 物业管理 | — | ▲ | — |
| 市政公用 | 32 | 供热站或热交换站 | △ | △ | △ |
| | 33 | 变电室 | — | ▲ | — |
| | 34 | 开闭所 | ▲ | — | — |
| | 35 | 路灯配电室 | — | ▲ | — |
| | 36 | 燃气调压站 | △ | △ | — |
| | 37 | 高压水泵房 | — | — | △ |
| | 38 | 公共厕所 | ▲ | ▲ | △ |
| | 39 | 垃圾转运站 | △ | △ | — |
| | 40 | 垃圾收集点 | — | — | ▲ |
| | 41 | 居民存车处 | — | ▲ | ▲ |
| | 42 | 居民停车场（库） | △ | △ | △ |
| | 43 | 公交始末站 | △ | △ | — |
| | 44 | 消防站 | △ | — | — |
| | 45 | 燃料供应站 | △ | △ | — |
| 行政管理及其他 | 46 | 街道办事处 | ▲ | — | — |
| | 47 | 市政管理机构（所） | ▲ | — | — |
| | 48 | 派出所 | ▲ | — | — |
| | 49 | 其他管理用房 | ▲ | △ | — |
| | 50 | 防空地下室* | △ | △ | △ |

注：1. ▲为应配建的项目，△为宜设置的项目。
　　2. *在国家确定的一、二类人防重点城市，应按人防有关规定配建防空地下室。
　　3. 本表摘自《城市居住区规划设计规范》GB 50180—93（2016年版）。

## 配置原则

住区公共服务设施应根据居住人口规模进行分级配套,兼顾满足不同层次居民基本的物质与文化生活需要,同时考虑配套设施的经营和管理的经济合理性。

公共服务设施控制指标（单位: m²/千人） 表1

| 类别 | 居住规模 | 居住区 | | 小区 | | 组团 | |
|---|---|---|---|---|---|---|---|
| | | 建筑面积 | 用地面积 | 建筑面积 | 用地面积 | 建筑面积 | 用地面积 |
| 总指标 | | 1668~3293<br>（2228~4213） | 2172~5559<br>（2762~6329） | 968~2397<br>（1338~2977） | 1091~3835<br>（1491~4585） | 362~856<br>（703~1356） | 488~1058<br>（868~1578） |
| 其中 | 教育 | 600~1200 | 1000~2400 | 330~1200 | 700~2400 | 160~400 | 300~500 |
| | 医疗卫生<br>（含医院） | 78~198<br>（178~398） | 138~378<br>（298~548） | 38~98 | 78~228 | 6~20 | 12~40 |
| | 文体 | 125~245 | 225~645 | 45~75 | 65~105 | 18~24 | 40~60 |
| | 商业服务 | 700~910 | 600~940 | 450~570 | 100~600 | 150~370 | 100~400 |
| | 社区服务 | 59~464 | 76~668 | 59~292 | 76~328 | 19~32 | 16~28 |
| | 金融邮电<br>（含银行、邮电局） | 20~30<br>（60~80） | 25~50 | 16~22 | 22~34 | — | — |
| | 市政公用<br>（含居民存车处） | 40~150<br>（460~820） | 70~360<br>（500~960） | 30~140<br>（400~720） | 50~140<br>（450~760） | 9~10<br>（350~510） | 20~30<br>（400~550） |
| | 行政管理<br>及其他 | 46~96 | 37~72 | — | — | — | — |

注: 1. 居住区级指标含小区和组团级指标,小区级含组团级指标;
    2. 公共服务设施总用地的控制指标应符合《城市居住区规划设计规范》GB 50180-93（2016年版）表3.0.2规定;
    3. 总指标未含其他类,使用时应根据规划设计要求确定本类面积指标;
    4. 小区医疗卫生类未含门诊所;
    5. 市政公用类未含锅炉房,在采暖地区应自选确定;
    6. 本表摘自《城市居住区规划设计规范》GB 50180-93（2016年版）。

## 配置的定额指标

住区公共服务设施的用地和建筑面积计算,一般以"千人指标"（每千居民为计算单位）为主要标准。

可根据住区规划布局方式和规划用地四周的设施条件,对配建项目进行合理的归并、调整,但不应少于与其居住人口规模相对应的应配建项目与千人总指标。

当规划用地内的居住人口规模界于组团和小区之间或小区和居住区之间时,除配建下一级应配建的项目外,还应根据所增人数及规划用地周围的设施条件,增配高一级的有关项目及增加有关指标。

旧区改建和城市边缘的住区,其配建项目与千人总指标可酌情增减,但应符合当地城市规划行政主管部门的有关规定。

## 设置规定

住区公共服务设施的设置,应遵循现行国家标准《城市居住区规划设计规范》GB 50180-93（2016年版）,以及当地城市规划行政主管部门出台的有关规定。

公共服务设施各项目的设置规定 表2

| 设施名称 | 编号 | 项目名称 | 服务内容 | 设置规定 | 每处规模 | |
|---|---|---|---|---|---|---|
| | | | | | 建筑面积（m²） | 用地面积（m²） |
| 教育 | 1 | 托儿所 | 保教<3周岁儿童 | 1.设于阳光充足,接近公共绿地,便于家长接送的地段;<br>2.托儿所每班按25座计,幼儿园每班按30座计;<br>3.服务半径不宜大于300m,层数不宜高于3层; | — | 4班≥1200<br>6班≥1400<br>8班≥1600 |
| | 2 | 幼儿园 | 保教学龄前儿童 | 4.3个班和3个班以下的托、幼园可混合设置,也可附设于其他建筑,但应有独立院落和出入口,4个班和4个班以上的托、幼园所均应独立设置;<br>5.8班和8班以上的托、幼园,其用地应分别按每座不小于7m²或9m²计;<br>6.托、幼建筑宜布置于可挡寒风的建筑物的背风面,但其生活用房应满足底层满窗冬至日不小于3h的日照标准;<br>7.活动场地应有不少于1/2的活动面积在标准的建筑日照阴影线之外 | — | 4班≥1500<br>6班≥2000<br>8班≥2400 |
| | 3 | 小学 | 6~12周岁儿童入学 | 1.学生上下学穿越城市道路时,应有相应的安全措施;<br>2.服务半径不宜大于500m;<br>3.教学楼应满足冬至日不小于2h的日照标准 | — | 12班≥6000<br>18班≥7000<br>24班≥8000 |
| | 4 | 中学 | 12~18周岁青少年入学 | 1.在拥有3所或3所以上中学的居住区内,应有一所设置400m环形跑道的运动场;<br>2.服务半径不宜大于1000m;<br>3.教学楼应满足冬至日不小于2h的日照标准 | — | 18班≥11000<br>24班≥12000<br>30班≥14000 |
| 医疗卫生 | 5 | 医院<br>（200~300床） | 含社区卫生服务中心 | 1.宜设于交通方便、环境较安静地段;<br>2.10万人左右则应设一所300~400床医院;<br>3.病房楼应满足冬至日不小于2h的日照标准 | 12000~18000 | 15000~25000 |
| | 6 | 门诊所 | 或社区卫生服务中心 | 1.一般3万~5万人设一处,设医院的居住区不再设独立门诊;<br>2.设于交通便捷、服务距离适中的地段 | 2000~3000 | 3000~5000 |
| | 7 | 卫生站 | 社区卫生服务站 | 1万~1.5万人设一处 | 300 | 500 |
| | 8 | 护理院 | 健康状况较差或恢复期老年人日常护理 | 1.最佳规模为100~150床位;<br>2.每床位建筑面积≥30m²;<br>3.可与社区卫生服务中心合设 | 3000~4500 | — |

公共服务设施各项目的设置规定 续表

| 设施名称 | 编号 | 项目名称 | 服务内容 | 设置规定 | 每处规模 | |
|---|---|---|---|---|---|---|
| | | | | | 建筑面积（m²） | 用地面积（m²） |
| 文化体育 | 9 | 文化活动中心 | 小型图书馆，科普知识宣传与教育，影视厅、舞厅，游艺厅、球类、棋类活动室，科技活动，各类艺术训练班及青少年和老年人学习活动场地、用房等 | 宜结合或靠近同级中心绿地安排 | 4000~6000 | 8000~12000 |
| | 10 | 文化活动站 | 书报阅览、书画、文娱、健身、音乐欣赏、茶座等主要供青少年和老年人活动 | 1.宜结合或靠近同级中心绿地安排；2.独立性组团也应设置本站 | 400~600 | 400~600 |
| | 11 | 居民运动场、馆 | 健身场地 | 宜设置60~100m直跑道和200m环形跑道及简单的运动设施 | — | 10000~15000 |
| | 12 | 居民健身设施 | 篮、排球及小型球类场地，儿童及老年人活动场地和其他简单运动设施等 | 宜结合绿地安排 | — | — |
| 商业服务 | 13 | 综合食品店 | 粮油、副食、糕点、干鲜果品等 | 1.服务半径：居住区不宜大于500m，居住小区不宜大于300m；2.地处山坡地的居住区，其商业服务设施的布点，除满足服务半径的要求外，还应考虑上坡空手、下坡负重的原则 | 居住区：1500~2500 小区：800~1500 | — |
| | 14 | 综合百货店 | 日用百货、鞋帽、服装、布匹、五金及家用电器等 | | 居住区：2000~3000 小区：400~600 | — |
| | 15 | 餐饮 | 主食、早点、快餐、正餐等 | | — | — |
| | 16 | 中西药店 | 汤药、中成药及西药等 | | 200~500 | — |
| | 17 | 书店 | 书刊及音像制品 | | 300~1000 | — |
| | 18 | 市场 | 以销售农副产品和小商品为主 | 设置方式应根据气候特点与当地传统的集市要求而定 | 居住区：1000~1200 小区：500~1000 | 居住区：1500~2000 小区：800~1500 |
| | 19 | 便民店 | 小百货、小日杂 | 宜设于组团的出入口附近 | — | — |
| | 20 | 其他第三产业设施 | 零售、洗染、美容美发、照相、影视文化、休闲娱乐、洗浴、旅店、综合修理以及辅助就业设施等 | 具体项目、规模不限 | — | — |
| 金融邮电 | 21 | 银行 | 分理处 | 宜与商业服务中心结合或邻近设置 | 800~1000 | 400~500 |
| | 22 | 储蓄所 | 储蓄为主 | | 100~150 | |
| | 23 | 电信支局 | 电话及相关业务等 | 根据专业规划需要设置 | 1000~2500 | 600~1500 |
| | 24 | 邮电所 | 邮电综合业务，包括电报、电话、信函、包裹、兑汇和报刊零售等 | 宜与商业服务中心结合或邻近设置 | 100~150 | |
| 社区服务 | 25 | 社区服务中心 | 家政服务、就业指导、中介、咨询服务、代客订票、部分老年人服务设施等 | 每小区设置一处，居住区也可合并设置 | 200~300 | 300~500 |
| | 26 | 养老院 | 老年人全托式护理服务 | 1.一般规模为150~200床位；2.每床位建筑面积大于或等于40m² | — | — |
| | 27 | 托老所 | 老年人日托（餐饮、文娱、健身、医疗保健等） | 1.一般规模为30~50床位；2.每床位建筑面积20m²；3宜靠近集中绿地安排，可与老年活动中心合并设置 | — | — |
| | 28 | 残疾人托养所 | 残疾人全托式护理 | — | — | — |
| | 29 | 治安联防站 | — | 可与居（里）委会合设 | 18~30 | 12~20 |
| | 30 | 居（里）委会（社区用房） | — | 300~1000户设一处 | 30~50 | — |
| | 31 | 物业管理 | 建筑与设备维修、保安、绿化、环卫管理等 | — | 300~500 | 300 |
| 市政公用 | 32 | 供热站或热交换站 | — | — | 根据采暖方式确定 | |
| | 33 | 变电室 | — | 每个变电室负荷半径不应大于250m，尽可能设于其他建筑内 | 30~50 | |
| | 34 | 开闭所 | — | 1.2万~2.0万户设一所，独立设置 | 200~300 | ≥500 |
| | 35 | 路灯配电室 | — | 可与变电室合设于其他建筑内 | 20~40 | |
| | 36 | 燃气调压站 | — | 按每个中低调压站负荷半径500m设置，无管道燃气地区不设 | 50 | 100~120 |
| | 37 | 高压水泵房 | — | 一般为低水压区住宅加压供水附属工程 | 40~60 | |
| | 38 | 公共厕所 | — | 每1000~1500户设一处，宜设于人流集中处 | 30~60 | 60~100 |
| | 39 | 垃圾转运站 | — | 应采用封闭式设施，力求垃圾存放和转运不外露，当地规模为0.7~1km²设一处，每处面积不应小于100m²，与周围建筑物的间隔不应小于5m | — | — |
| | 40 | 垃圾收集点 | — | 服务半径不应大于70m，宜采用分类收集 | — | — |
| | 41 | 居民存车处 | 存放自行车、摩托车 | 宜设于组团内或靠近组团设置，可与居（里）委会合设于组团的入口处 | 1~2辆/户；地上：0.8~1.2m²/辆；地下：1.5~1.8m²/辆 | — |
| | 42 | 居民停车场、库 | 存放机动车 | 1.停车率不应小于10%，地面停车率不宜超过10%；2.服务半径不宜大于150m；3.布置应留有必要的发展余地；4.新建居民区配建停车位应预留充电基础设施安装条件 | — | — |
| | 43 | 公交始末站 | — | 可根据具体情况设置 | — | — |
| | 44 | 消防站 | — | 可根据具体情况设置 | — | — |
| | 45 | 燃料供应站 | 煤或罐装燃气 | 可根据具体情况设置 | — | — |
| 行政管理 | 46 | 街道办事处 | — | 3万~5万人设一处 | 700~1200 | 300~500 |
| | 47 | 市政管理机构（所） | 供电、供水、雨污水、绿化、环卫等管理与维修 | 宜合并设置 | — | — |
| | 48 | 派出所 | 户籍治安管理 | 3万~5万人设一处，应有独立院落 | 700~1000 | 600 |
| | 49 | 其他管理用房 | 市场、工商税务、粮食管理等 | 3万~5万人设一处，可结合市场或街道办事处设置 | 100 | — |
| | 50 | 防空地下室 | 掩蔽体、救护站、指挥所等 | 在国家确定的一、二类人防重点城市中，凡高层建筑下设满堂人防，另以地面建筑面积2%配建。出入口宜设于交通方便的地段，考虑平战结合 | — | — |

## 规划布局

住区公共服务设施应与住区同步规划、同步建设和同时投入使用。

各级公共服务设施应有合理的服务半径：

居住区级公共服务设施服务半径不大于800~1000m；

居住小区级公共服务设施服务半径不大于400~500m；

居住组团级公共服务设施服务半径不大于150~200m。

商业服务与金融邮电、文化体育和社区管理服务等有关项目宜集中布置，形成住区各级公共活动中心。

在便于使用、综合经营、互不干扰、节约用地的前提下，宜将有关项目相对集中设置形成综合楼或组合体。

公共服务设施应结合居民上下班流向、公共交通站点布置，方便居民使用。

## 教育设施

居住区教育设施包括中学（居住区级）、小学、幼儿园（居住小区级）和托儿所（组团级）。

中小学校选址应便于学生就近上学。不宜紧靠住宅，减少对居住的干扰。

学校基地应有良好的日照、通风条件，并远离铁路、城市交通干道，以避免噪声的干扰。

基地形状应有利于校舍、校园及运动场地的布置，地势高爽、干燥。

学校与住区应通过步行道和绿地系统相连，方便学生步行和骑自行车上下学。

a 临近道路布置在凹入地段上　　b 布置在拐角处

c 布置在中央单独地段上　　d 布置在小区之间供两个小区使用

**1** 学校选址示意图

**2** 杭州嘉绿苑幼托及中小学校布置

**3** 北京澳林春天幼托及中小学校布置

## 文化体育设施

文化体育设施包括文化活动中心、文化活动站、居民运动场（馆）和居民健身设施（含户外活动场地）。

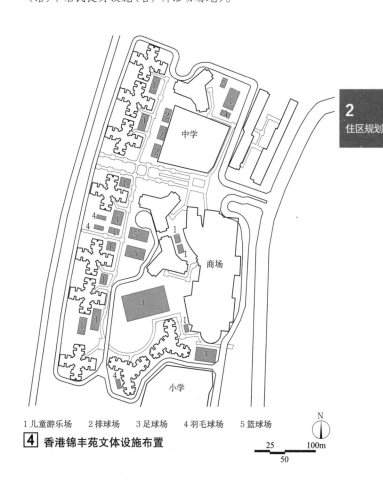

1 儿童游乐场　2 排球场　3 足球场　4 羽毛球场　5 篮球场

**4** 香港锦丰苑文体设施布置

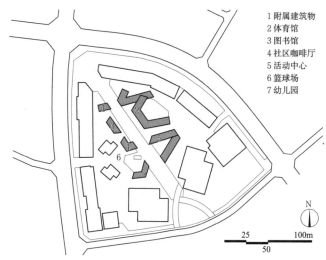

1 附属建筑物
2 体育馆
3 图书馆
4 社区咖啡厅
5 活动中心
6 篮球场
7 幼儿园

**5** 日本柏之叶文体设施及社区服务设施布置

## 商业服务设施

商业服务设施的布局在满足其服务半径的同时, 宜相对集中布置, 形成各级服务中心。

居住区级商业服务中心宜设在居住区入口处, 居住小区级商业服务中心为便于居民途经使用, 可布置在小区中心地段或小区主要出入口处, 其建筑可设于住宅底层, 或在独立地段设置。

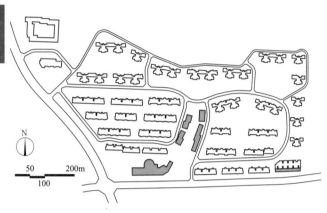

**1** 沿住区主要出入口:
南宁中铁·凤岭山语城商业服务设施布置

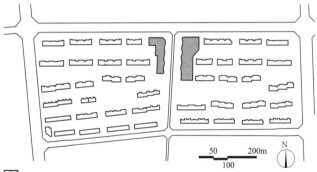

**2** 沿住区主要道路:
北京国奥村商业服务设施布置

**3** 位于住区中心:
天津武清龙湾城商业服务设施布置

## 社会福利设施

社会福利设施包括老年人生活服务设施和残疾人服务设施。

老年人设施应选择在地形平坦、自然环境较好、阳光充足、通风良好的地段布置, 避开对外公路、快速路及交通量大的交叉路口等地段, 同时远离污染源、噪声源及危险品的生产储运等用地。

在满足老年人设施的一些特殊要求如安静、安全、避免干扰等条件的前提下, 可以与其他的公共设施相对集中, 方便使用, 但应保证老年人设施具有一定的独立性。老年人设施场地内建筑密度不应大于30%, 容积率不宜大于0.8。建筑宜以低层或多层为主。

老年人设施分级配建表           表1

| 项目 | 市(地区)级 | 居住区(镇)级 | 小区级 |
|---|---|---|---|
| 老年公寓 | ▲ | △ | — |
| 养老院 | ▲ | ▲ | — |
| 老人护理院 | ▲ | — | — |
| 老年学校(大学) | ▲ | △ | — |
| 老年活动中心 | ▲ | ▲ | ▲ |
| 老年服务中心(站) | — | ▲ | ▲ |
| 托老所 | — | △ | ▲ |

注: 1. ▲为应配建, △为宜配建;
2. 老年人设施配建项目可根据城镇社会发展进行适当调整;
3. 各级老年人设施配建数量、服务半径应根据各城镇的具体情况确定;
4. 居住区(镇)级以下的老年活动中心和老年服务中心(站), 可合并设置;
5. 本表参照《城镇老年人设施规划规范》GB 50437-2007。

## 市政公用设施

市政公用设施指标主要用于安排与设施运转直接相关的设备, 均不含管理及附属用房指标, 其管理及用户服务功能应在物业管理用房内安排。

除邮政局所、电话局、密闭式清洁站、公厕和垃圾分类投放站按千人指标设置外, 其他市政设施指标与建筑面积直接相关。

公共活动中心、集贸市场和人流较多的公共建筑, 应按照现行有关规定, 就近配建公共停车场(库), 并宜采用地下或多层车库。

配建公共停车场(库)停车位控制指标      表2

| 名称 | 单位 | 自行车 | 机动车 |
|---|---|---|---|
| 公共中心 | 车位/100m² 建筑面积 | ≥7.5 | ≥0.45 |
| 商业中心 | 车位/100m² 营业面积 | ≥7.5 | ≥0.45 |
| 集贸市场 | 车位/100m² 营业场地 | ≥7.5 | ≥0.30 |
| 饮食店 | 车位/100m² 营业面积 | ≥3.6 | ≥0.30 |
| 医院、门诊所 | 车位/100m² 建筑面积 | ≥1.5 | ≥0.30 |

注: 1. 本表机动车停车车位以小型汽车为标准当量表示;
2. 其他各型车辆停车车位的换算办法, 应符合《城市居住区规划设计规范》GB 50180-93 (2016年版)中有关规定;
3. 本表摘自《城市居住区规划设计规范》GB 50180-93(2016年版)。

## 分类及特点

按各公共服务设施相互之间的空间关系可分为分散式与集中式。

公共服务设施空间组合模式 表1

| | 分散式 | 集中式 |
|---|---|---|
| 空间特点 | 空间布局灵活，空间规模小型化，易于结合地形，缩短服务距离 | 集约用地，综合使用，便于管理，体量整合，形象突出 |
| 适用范围 | 适合建筑容积率较低、用地较为宽松、住区规模较大、地形地貌较为复杂、高差较大的住区，尤其是位于远郊的别墅住区 | 适合建筑容积率较高，住区规模较小，地形较为平整的地块。位于用地较为紧张的城市中心区域的住区一般采取这种布局方式 |

## 分散式

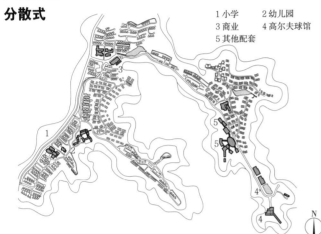

1 小学　　　2 幼儿园
3 商业　　　4 高尔夫球馆
5 其他配套

布局特点：分散布局，主入口布置商业配套，会所及其他配套设施按组团分布，符合山地环境的大社区对公共服务设施布局的空间要求。

**1** 大连万科溪之谷

1 商业
2 会所
3 幼儿园
4 酒店

布局特点：分散式与独立式结合。

**2** 上海新浦江城

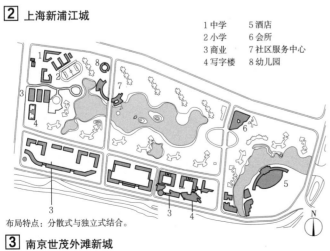

1 中学　　　5 酒店
2 小学　　　6 会所
3 商业　　　7 社区服务中心
4 写字楼　　8 幼儿园

布局特点：分散式与独立式结合。

**3** 南京世茂外滩新城

## 集中式

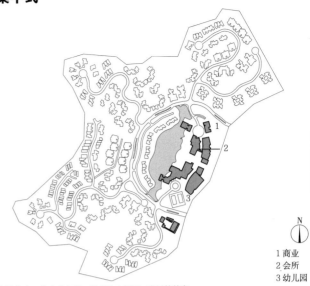

1 商业
2 会所
3 幼儿园

布局特点：集中式布局，形成独立街区，有风情特色。

**4** 深圳万科东海岸

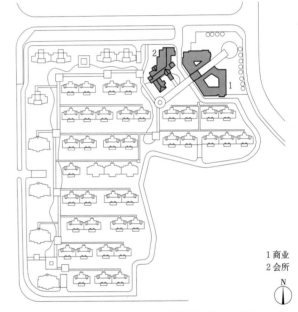

1 商业
2 会所

布局特点：集中分布于小区入口，有利于在社区不大的情况下保持社区的安静；功能灵活，复合性强；有利于营造小区入口的场所感。

**5** 沈阳金地檀郡

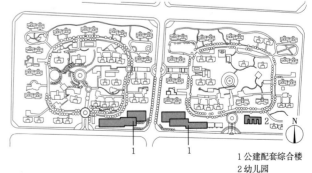

1 公建配套综合楼
2 幼儿园

布局特点：集中式与独立式结合，集约用地，功能使用灵活，社区入口场所感强。

**6** 淄博创业颐丰花园

## 分类及特点

按公共服务设施与住宅之间的空间关系可分为独立式和一体式（可以混合使用）。

公共服务设施空间组合模式　　　　　　　　　　　　表1

| | 独立式 | 一体式 |
|---|---|---|
| 空间特点 | 公共服务设施与住宅分开布置，布局灵活，形象独立，与住宅在功能使用上互不干扰。通常可与社区入口或中心广场等社区空间及绿地景观结合，创造多样的公共空间 | 将公共服务设施与住宅整合在同栋建筑中，建筑空间的复合性强。多层建筑通常是楼住底商的空间模式，多形成传统的街区空间；高层建筑则能将更多的公共服务设施整合到裙楼及塔楼部分 |
| 适用范围 | 适用于用地条件较为宽松的住区，对居住的安静环境要求较高，或者有一定空间及形象设计上的考虑 | 适合用地较为紧张的城市中心区域的住区，尤其是高层住宅社区，但意图打造街区式景观的郊区住宅也常常采取这种空间模式 |

## 独立式

1 商业
2 水上会所
3 娱乐室
4 中学
5 幼儿园

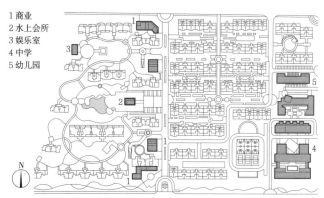

布局特点：集中式与独立式结合。住区主要商业服务设施集中在南北入口的轴线布置，使用便利，生活氛围浓厚；文教设施集中于东南角，采光通风良好，且与居住部分互不干扰。

**1** 北京金地仰山

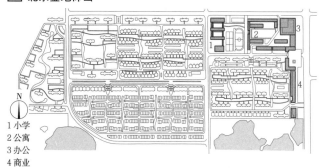

1 小学
2 公寓
3 办公
4 商业

布局特点：独立式与集中式结合，自成一体，减少干扰。

**2** 长春中海国际

1 小学
2 幼儿园
3 体育馆
4 商业

布局特点：以集中、独立、规模化的公共服务街区服务周边低密度大盘。

**3** 重庆蓝湖郡社区

## 一体式

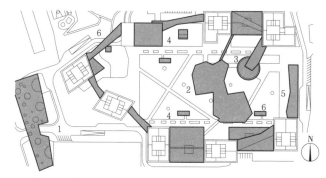

1 幼儿园 2 电影院 3 酒店 4 商业 5 入口门厅 6 空中走廊（健身室、咖啡厅、书店、展廊）
布局特点：独立式与一体式结合。除了独立的酒店、电影院、幼儿园外，住区的其他配套服务集中于将8栋高层公寓联系起来的空中走廊内。

**4** 北京MOMA万国城

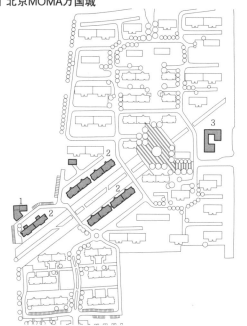

1 会所
2 楼住底商
3 幼儿园

布局特点：底商型的一体式布局，营造社区内部的步行街，集观景、休闲与服务于一体。

**5** 青岛万科四季花城

1 商业
2 会所
3 幼儿园

布局特点：底商型的一体式布局，并沿街线性分布加强社区围合感。

**6** 武汉圆梦城

## 分类及特点

按公共服务设施与周边社区的关系分为内生式与外生式（可以混合使用）：

公共服务设施空间组合模式 表1

| | 内生式 | 外生式 |
|---|---|---|
| 空间特点 | 公共服务设施通常位于住区内部或中心位置，服务内容根据内部居民需求设置，服务对象明确，易于管理 | 将公共服务设施围绕住区周边布置，与所在区域的其他公共服务设施互为补充，利于达到运营规模，提高使用效率；与周边社区居民共享服务，利于社会交往。并易于引导私人投资的商业服务设施，培育配套齐全的成熟的城市街区 |
| 适用范围 | 适合公共服务设施较为稀缺的郊区，或者要求营造某种生活方式的住区 | 适合周边配套较为成熟的城市中心住区 |

## 内生式

1 教堂　2 会所　3 西市（商业街）　4 东市（商业街）　5 文化馆
6 体验馆　7 幼儿园　8 小学　9 底商式步行街

布局特点：公共服务设施集中分布在住区中心的东西与南北轴线上，结合人车分流设计，营造大型社区内部丰富的生活性街道空间。

### ①天津海尔家国天下风尚英伦

1 小学　2 幼儿园
3 预留用地　4 商业
5 会所

布局特点：以区内独立式中心建筑群的模式服务本社区的居住组团。

### ②武汉万科都市花园

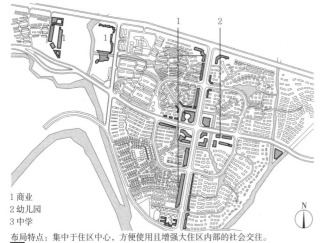

1 商业
2 幼儿园
3 中学

布局特点：集中于住区中心，方便使用且增强大住区内部的社会交往。

### ③昆山绿地21城

## 外生式

1 底商式商业　2 酒店　3 恒温水上乐园
4 中央公园　5 办公　6 酒店式公寓
7 幼儿园　8 电影院　9 镇政府

布局特点：底商式沿街布局营造开放式的城市街区式住区生活空间，辅以独立式布局，结合中央公园布置大住区的科教、文化以及休闲场所。

### ④天津水榭花都

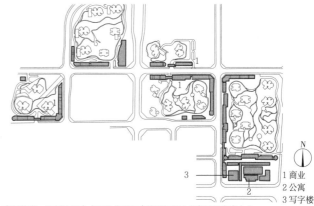

1 商业
2 公寓
3 写字楼

布局特点：以周边围合式的公共服务建筑服务街区内高层低密度大盘。

### ⑤重庆水晶郦城

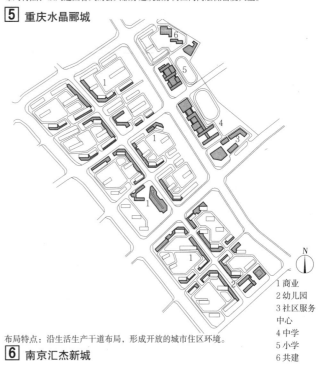

1 商业
2 幼儿园
3 社区服务
中心
4 中学
5 小学
6 共建

布局特点：沿生活生产干道布局，形成开放的城市住区环境。

### ⑥南京汇杰新城

2
住区规划

## 住区外部空间环境

### 1. 广义

住区外部空间是一个多层次、多功能的复合空间，包括住宅建筑以外的所有内容，如住区建筑群体空间形态、道路、景观环境、各类公共服务设施、绿化及环境小品等，与室内环境共同构成人们最基本的居住生活环境。

### 2. 狭义

住区中住宅、公共服务设施、基本市政设施和交通设施建筑以外的户外空间环境，主要内容包括：满足生态、生理以及美观要求的绿化景观环境，满足居民必要、自发和社会活动要求的户外活动场地，以及满足居民日常生活安全、便捷的环境设施。

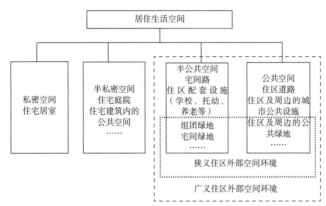

**1** 住区外部空间环境概念图解

住区外部空间设计的影响要素 表1

| 构成要素 | | 要素内容 |
|---|---|---|
| 物质要素 | 自然要素 | 河道、水面、山体、坡地等景观要素<br>树木、花卉、草地等植被要素 |
| | 人工要素 | 建筑、矮墙、院门、台阶、小品等 |
| | 空间要素 | 广场、庭院、活动场地、住区边界、入口等 |
| 非物质要素 | 社区要素 | — |
| | 文化要素 | 地区传统文脉、历史环境要素 |
| | 心理要素 | 如居民对安全、邻里交往等的心理感知 |

## 住区外部空间环境分类

**1. 生理环境**：保证居民能接受充足日照、有良好空气流通、享受安静的居住气氛等最基本生理需求的空间组织和物质环境。

**2. 生态环境**：包括空气、阳光、水体、原有植被等自然生态，以及人对地形、地貌、水体、植被等进行改造的人工生态。

**3. 交通环境**：为满足居民步行、自行车、小汽车以及消防、救护等动态出行和静态停放需求而建立的交通组织和空间安排。

**4. 生活环境**：为满足居民物质生活需要的基本空间和设施，包括游憩健身、日常购物、文化教育和基本市政配套设施。

**5. 社会环境**：在满足居民对居住空间私密性要求之外，能形成良好的社区网络、促进居民交往的空间组织和物质环境。

**6. 心理环境**：以促进住区社会网络、社区文化、邻里关系和生活氛围营造，建立认同感、归属感和家园感的居住环境。

## 住区外部空间环境影响因素

住区中外部空间及绿化环境的空间布局须考虑住区的景观环境资源、周边城市设施以及住区建设强度等条件。

### 1. 景观环境资源

住区用地内及周边如具有良好的景观环境资源，如江、河、湖、海等水景，城市公园、郊野公园、森林等公园、林地、浅丘、坡地等地形资源，以及城市广场、文物或历史街区等人文景观，需要利用现有资源，因地制宜地将内外部资源条件进行整合；如不具备较好的景观资源，则需在住区内部营造有主题、内聚型绿化景观环境空间。

### 2. 周边城市设施

住区在规划布局外部空间及绿化环境时，需考虑周边的城市公共服务设施是否完备、周边是否有城市公共活动空间等。在周边城市设施相对完善的情况下，住区内部的景观布局考虑与外部设施和公共空间的联系；如周边缺少城市设施和公共空间，则住区需要塑造有特色、与住区设置的公共服务设施有空间上联系的住区外部空间及绿化景观。

### 3. 住区建设强度

高层高密度的住区开发与建设，需要营造相对集中、面积较大的住区内活动空间和绿化环境；低密度的住区更需要均质化、线性的、分散的景观环境布局。

住区外部空间规划功能及设计核心内容 表2

| | 活动场地 | 绿地环境 | 环境设施 |
|---|---|---|---|
| 构成 | 住区外部空间中满足居民各种活动的场地，以硬质或软质铺装为主 | 通过在住区用地上栽植的树木、花草所形成的集中公共绿地（包括居住区公园、小区游憩绿地、组团绿地）、宅间绿地、街道绿地以及公共服务设施所属绿地等 | 住区中住宅建筑之外、以满足居民日常休息、健身、娱乐、出行的便捷和安全的建筑和环境设施 |
| 规划功能 | 1.人群集散<br>满足日常生活基本需要的居住活动，如上下班、购物、餐饮等；<br>2.健身游憩<br>满足户外散步、健身、呼吸新鲜空气、晒太阳、驻足观望等自发性活动；<br>3.交流交往<br>满足居民在不同空间领域进行社会交往的要求，如儿童游戏、邻里交往和社区集会、活动等；<br>4.防灾疏散<br>为居民提供避难场所，具有抗震、防火、防空、防御放射性污染等作用 | 1.环境优化<br>住区绿地环境是住区生态系统的重要组成部分，对居住环境质量的改善起重要作用，一般具有遮阳、防尘、降温、防风、防灾、降噪以及调节空气等功能；<br>2.景观美化<br>以住区绿地景观、广场、水系等环境要素为主体的开放空间，是住区居民交流休闲和游憩的场所；<br>3.私密保护<br>可防止视线干扰，满足住区居民居住的私密要求 | 1.安全保障<br>满足住区居住防护、分类出行、活动安全等功能，如道路交通分隔、住宅准入、边界围护、水岸围挡、高差地形帮扶、照明等；<br>2.居住方便<br>满足日常垃圾处置、户外休憩、健身等便捷健康生活；<br>3.标识导引<br>保证住区出入口、交通节点、公共空间具有一定可识别性；<br>4.基本服务<br>为住区必要的市政人防设施提供独立用房、出入口等 |
| 设计内容 | 1.人流集散场地<br>包括住区入口广场，住区主要公共活动设施周边的集散场地，如会所、幼儿园、老年活动站、商店、餐馆等；<br>2.游憩活动场地<br>包括儿童游戏场、青少年和成人运动场、老年活动场地等 | 1.景观环境<br>包括利用或营造地形、地貌，形成山体景观、坡地景观、水景观等；<br>2.植被环境<br>根据植物的形态、色彩、质感和空间构成等进行景园和植物配置 | 1.环境小品<br>包括地面铺装、座椅、花台、雕塑、灯具、栏杆、围墙、水景喷泉、花坛、标志标识、废物收集等；<br>2.建筑小品<br>包括入口大门、门卫室、公共卫生间、配电室等独立市政设施用房 |

## 住区绿地分类

1. 公共绿地：根据住区规划结构形式，公共绿地相应采用三级或二级布置，即居住区公园—居住小区中心游园；居住区公园—居住生活单元组团绿地；居住区公园-居住小区中心游园—居住生活单元组团绿地。

2. 专用绿地：住区内各类公共建筑和公用设施的环境绿地。

3. 道路绿地：居住区各级道路红线以内的绿化用地。

4. 宅旁绿地：居住楼栋周边的绿化用地，是最接近居民的绿地。

## 住区公共绿地分级及配置标准

1. 住区公共绿地设置

住区公共绿地设置根据住区不同的规划组织结构类型，设置相应的中心公共绿地，包括居住区公园（居住区级）、小游园（小区级）和组团绿地（组团级），以及儿童游戏场和其他的块状、带状公共绿地等，并应符合表1规定（表内"设置内容"可根据具体条件选用）。

居住区各级中心公共绿地设置 表1

| 分级 | 居住区级公共绿地（居住区级公园） | 居住小区级公共绿地（居住小区级小游园） | 居住组团级公共绿地（组团绿地） | 其他小型公共绿地（其他具有一定规模的带状和块状公共绿地） |
|---|---|---|---|---|
| 用地规模 | ≥1.0hm² | ≥0.4hm² | ≥0.04hm²，其中院落式组团绿地（住宅日照间距内用地）≥0.05～0.2hm² | 宽度≥8m，面积≥0.04hm² |
| 服务半径 | 800～1000m | 300～500m | 80～200m | |
| 设置内容 | 儿童游戏场、运动场地、老年成年人活动休息地、树木、草地、花卉、水面、凉亭、花架、雕塑、小卖屋、座椅、座凳等 | 儿童游戏场、运动场地、老年成年人活动休息地、树木、草地、花卉、凉亭、花架、雕塑、座椅、座凳等 | 简易儿童游戏健身设施、树木、草地、花卉、座椅、座凳等 | 简易儿童游戏健身设施、树木、草地、花卉、座椅、座凳等 |
| 布局要求 | 有明确的功能划分、完善的游憩活动设施，能容纳相应规模的出游人数 | 有一定的功能划分、一定的游憩活动设施，能容纳相应规模的出游人数 | 可做简易设施的灵活布置 | 一般为开敞式，四邻空间环境较好，可设置少量儿童活动设施，满足基本功能要求 |

注：1. 居住区公共绿地至少有一边与相应级别的道路相邻。
2. 应满足有不少于1/3的绿地面积在标准日照阴影范围之外。
3. 居住区各公共绿地的绿化面积（含水面）不宜小于70%，并使绿地内外通透融为一体。

2. 居住区公共绿地指标及有关技术要求

（1）公共绿地指标应根据居住人口规模分别达到：组团级不少于0.5m²/人；小区级（含组团）不少于1m²/人；居住区级（含小区或组团）不少于1.5m²/人。

（2）绿地率：新区建设应≥30%；旧区改造宜≥25%；种植成活率≥98%。

（3）院落组团绿地见表2。

院落组团绿地设置规定 表2

| 封闭型绿地 | | 开敞型绿地 | |
|---|---|---|---|
| 南侧多层楼 | 南侧高层楼 | 南侧多层楼 | 南侧高层楼 |
| $L≥1.5L_2$ | $L≥1.5L_2$ | $L≥1.5L_2$ | $L≥1.5L_2$ |
| $L≥30m$ | $L≥50m$ | $L≥30m$ | $L≥50m$ |
| $S_1≥800m^2$ | $S_1≥1200m^2$ | $S_1≥800m^2$ | $S_1≥1200m^2$ |
| $S_2≥1000m^2$ | $S_2≥1200m^2$ | $S_2≥1000m^2$ | $S_2≥1200m^2$ |

注：$L$—南北两楼正面间距(m)；$L_2$—当地住宅的标准日照间距(m)；
$S_1$—北侧为多层楼的组团绿地面积(m²)；$S_2$—北侧为高层楼的组团绿地面积(m²)。

居住小区级公园布置位置及形式 表3

| | | | |
|---|---|---|---|
| 居住小区级公园布置位置 | 外向式 | 公园在小区一侧，或建筑群外围 | 1.既为小区居民服务，也面向市民开放，利用率高；2.美化城市，丰富街景；3.降尘降噪，防风调温，使小区形成幽静环境 |
| | 内向式 | 公园设置在小区中心 | 1.各个方向服务距离均匀，便于居民使用；2.受外界人流、交通影响小，增加居民领域感和安全感；3.小区中心的绿化空间与周围建筑群形成"虚"、"实"、"软"、"硬"对比，使小区空间疏密有致，层次丰富 |
| 居住小区级公园布置形式 | 规则式 | 采用几何图形布置方式，有明显的轴线，由园中道路、广场、绿地、小品等组成对称有规律的几何图案 | 整齐、庄重，形式较呆板，不够活泼 |
| | 自由式 | 布局灵活，采用曲折迂回的道路，可结合自然条件，如冲沟、池塘、坡地等进行布置。绿化种植采用自然式 | 自由、活泼，易创造出自然而别致的环境 |
| | 混合式 | 规则式与自由式的结合，可根据地形或功能的特点灵活布局，既能与四周建筑相协调，又能兼顾其空间艺术效果 | 可在整体上产生韵律感和节奏感 |

组团绿地布置类型及基本图示 表4

| 绿地的位置 | 基本图示 | 绿地的位置 | 基本图示 |
|---|---|---|---|
| 周边式住宅组团中间 |  | 住宅组团的一侧 | 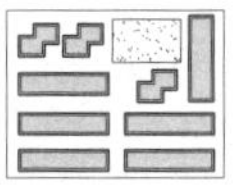 |
| 行列式住宅的山墙之间 | 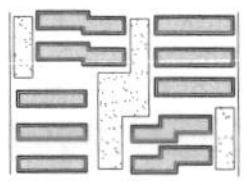 | 住宅组团的一侧 | 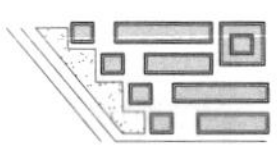 |
| 行列式住宅的山墙之间 | 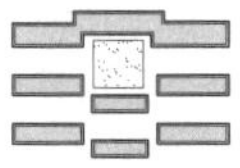 | 住宅组团之间 | 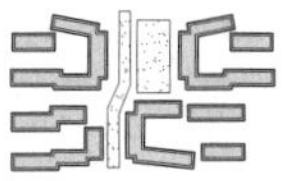 |
| 扩大的住宅间距之间 |  | 临街布置 | 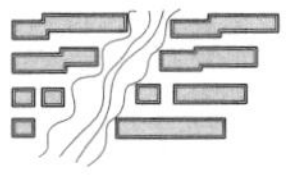 |

居住区道路分级及安全技术规定 表5

| 分级 | 居住区主干道 | 居住小区次级干道 | 组团间支路 | 宅间小路 | 步道 |
|---|---|---|---|---|---|
| 道路宽度 | 不宜小于20m | 6～9m | 3～5m | ≥2.5m | 1～2m |
| 安全技术规定 | 1.住区道路与城市干道相接的间距小于150m应设置右侧单向行驶的出口，也可用平行于城市交通干道的辅道来解决住区通向城市交通干道出口过多的矛盾。2.建筑物外墙面与人行道边缘的距离应不小于1.5m，与车行道边缘的距离不小于3m。3.尽端式道路长度不宜超过120m，在端头处应能便于回车，回车场地不小于12m×12m。沿街建筑物长度超过160m时，应设4m×4m的消防车通道。人行出口间距不宜超过80m，当建筑物长度超过80m时，应在底层加设人行通道。4.如车道宽度为单车道时，则每隔150m左右应设置车辆会让处。5.住区内道路与城市道路相接时，其交角不宜小于75° | | | | |

2
住区规划

不同景观环境条件下的住区外部空间规划策略 表1

| 资源条件 | 具体空间表征 | 主要规划设计策略和手法 |
|---|---|---|
| 具有良好的外部景观环境资源 | 1. 紧邻城市广场、博物馆、文化馆等大型文化设施；<br>2. 紧邻城市绿化带、城市公园、江河水系、海岸、山体等 | 1. 简化内部景观环境，以利用外部资源为主，结合建筑布局的开合和建筑体量选择，充分展示景观优势，提供良好观景视线；<br>2. 营造与外部资源风格和特色不同的内部景观环境；<br>3. 结合引入的景观环境资源，在住区形成居住区级和住宅组团级多空间层级绿化空间，满足居民休闲娱乐需求 |
| 用地内具有一定景观环境资源 | 1. 住区内有历史遗存等人文资源；<br>2. 住区内有微地形变化、水面、河道等特色景观资源；<br>3. 住区内林荫道、古树等有较好的植被基础和特色生态资源 | 1. 结合资源，突出住区外部空间的环境特色；<br>2. 以微地形、水体、河道、历史遗存等资源为线索，组织住区活动场地和公共绿地；<br>3. 保护现有乔灌木植被，与住区活动场地和公共绿地结合 |
| 没有可利用的景观环境资源 | — | 1. 结合住区定位主题，营造适宜人群特征的特色环境，比如健身主题、养老主题等；<br>2. 与住区出入口结合，形成集中展示住区品质的景观片区或线性景观带；<br>3. 与住区配套服务设施结合，形成连续的线形景观步行系统，并结合步行系统设置绿化景观设施 |

**2 佛山南海颐景园**

| 名称 | 主要技术指标 | | | |
|---|---|---|---|---|
| | 用地面积 | 建筑面积 | 容积率 | 绿化率 |
| 佛山南海颐景园 | 27hm² | 61万m² | 2.26 | 45% |

1 集中绿地
2 铺装广场
3 配套设施
4 水体景观

住区位于城市东部片区的中心地区，用地整体平缓，局部用地有微小高差，周边可利用的景观资源十分有限。规划设计延续品牌的苏州园林风格，力图在住区内部形成高品质的绿化空间，在住区中心形成约1万m²的景观人工湖，并使水景贯穿整个住区园林中，通过层层叠水、小桥流水、曲径回廊等，蜿蜒流向小区中心景观人工湖，并形成多处组团景点及一个近4万m²的园林生态景观广场，实现了"不出城郭而获山林之怡，身居闹市而有林泉之乐"的美好愿望

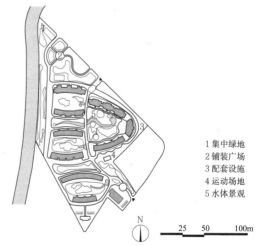

1 集中绿地
2 铺装广场
3 配套设施
4 运动场地
5 水体景观

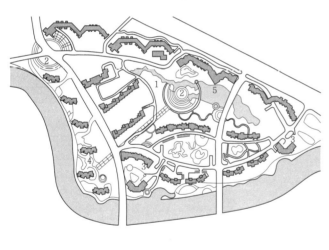

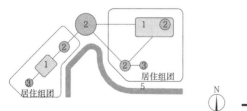

1 集中绿地
2 铺装广场
3 配套设施
4 运动场地
5 水体景观

居住组团

**1 上海中远两湾城**

| 名称 | 主要技术指标 | | | |
|---|---|---|---|---|
| | 用地面积 | 建筑面积 | 容积率 | 绿化率 |
| 上海中远两湾城 | 49.5m² | 160万m² | 3.23 | 45% |

住区充分利用南侧的苏州河景观资源，以绿为主题，以水为线索，将区内33幢百米高层住宅建筑组合，沿东西轴线形成3个主题绿化空间，包括：东部中央公园绿化、中部圆形中心绿化广场和西部的特色绿化空间。在东西轴线上，分别设计有面积为6万m²、1万m²、3万m²的大型绿地，沿苏州河设亲水岸线，与组团绿化形成完整的绿化生态系统。设计尊重现地形，小区通过沿河弧形带状绿带将绿色引入，在小区中央设置绿轴，结合人工湖与滨水绿地公园相连

**3 上海知音**

| 名称 | 主要技术指标 | | | |
|---|---|---|---|---|
| | 用地面积 | 建筑面积 | 容积率 | 绿化率 |
| 上海知音 | 4.9hm² | 17万m² | 3.46 | 45.3% |

住区基地紧邻上海苏州河，呈现不规则的菱形。规划设计利用有利的滨河条件，因地制宜地布置了4组南北向折line住宅；由东向西层层跌落，与苏州河垂直，不仅可以消除板式建筑对苏州河沿岸景观的封闭感，并且让每户住宅都有良好的通风和景观视野。沿苏州河一侧建造有亲水平台广场、沿河绿化步道，而使各类建筑呈现向苏州河开放的姿态。在保护苏州河原生风貌的前提下，将河景引入住区，为住区注入动态景观要素

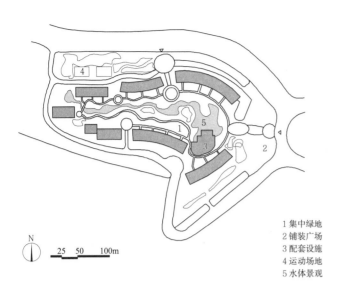

1 集中绿地
2 铺装广场
3 配套设施
4 运动场地
5 水体景观

N 25 50 100m

## 1 大连龙泉华庭

| 名称 | 主要技术指标 | | | |
|---|---|---|---|---|
| | 用地面积 | 建筑面积 | 容积率 | 绿化率 |
| 大连龙泉华庭 | 4.6hm² | 8.6万m² | 1.87 | 46% |

住区紧邻城市立交桥，周边没有可利用的景观资源。规划设计将7栋中高层住宅围合布局，形成小区中心的大型庭院。中心修筑一条自西向东河流，形成多处叠水和瀑布景观，沿水系形成一道道错落有致的绿化景点，保证每户住宅都能获得均好的环境景观。

住区建立水体的生态良性循环，使区内人工河流实现自流，并通过绿化植被的选择，保证在四季分明的北方城市，住区内的植物在四季都具有一定的可观赏性

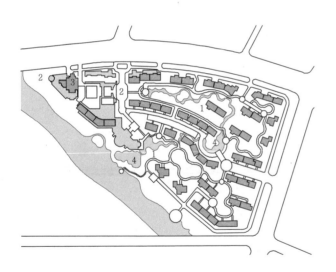

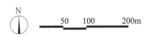

1 集中绿地
2 铺装广场
3 配套设施
4 水体景观

N 50 100 200m

## 2 宁波春江花城

| 名称 | 主要技术指标 | | | |
|---|---|---|---|---|
| | 用地面积 | 建筑面积 | 容积率 | 绿化率 |
| 宁波春江花城 | 13.4hm² | 35万m² | 2.6 | 34% |

住区位于宁波新城区，用地为不规则三角形，西南临大洋江，具有较好的滨河景观资源。

住区着力营造了从北侧住区主入口到住区中央绿地，再到大洋江的公共空间序列，通过起承转合的空间转换，形成自城市到住区又回复城市的空间联系。

住区内部注重营造邻里单元环境的塑造及其相互联系，在邻里单元内部形成具有相对封闭的内院，塑造亲切宜人的环境

1 集中绿地
2 铺装广场
3 配套设施
4 运动场地
5 水体景观

N 50 100 200m

## 3 上海奥林匹克花园

| 名称 | 主要技术指标 | | | |
|---|---|---|---|---|
| | 用地面积 | 建筑面积 | 容积率 | 绿化率 |
| 上海奥林匹克花园 | 67.05hm² | 70.16m² | 1.04 | 45% |

住区以"科学运动，健康生活"和"运动就在家门口"为理念，将奥林匹克文化融入住区景观环境中。

住区以沿较长的南北向的一条贯通蛇形道路与绿色长廊作为外部景观主轴，再以东西向分支将整个住区划分为若干组团，每一部分都以水景、绿化、运动场作为组团中心，从奥运五环的不同寓意体现运动主题。蛇形景观主轴使住区空间变化丰富，实现步移景异的效果。

住区设计了融休息、观赏、活动为一体的特色庭院、植被、休闲步道。集中绿化由中心绿化带及5个椭圆形片区绿化组成。在住区入口设置奥林匹克运动城、奥林匹克广场及绿化体育文化长廊

不同周边城市环境的住区外部空间规划策略 表1

| 资源条件 | 具体空间表征 | 主要规划设计策略和手法 |
| --- | --- | --- |
| 周边有丰富的城市服务和公共活动空间 | 1.多位于城市密集建成区，住区外有商业、餐饮、休闲娱乐、健身等生活服务设施；<br>2.住区外有街心花园等城市绿化空间 | 1.住区内外部空间以服务居住为主，努力营造安静、舒适的户外休息环境；<br>2.与外部商业街、街心花园等建立步行交通联系，并以此为核心，串联内部活动场地与公共绿化 |
| 周边缺少城市服务和公共空间 | 1.住区多位于城市边缘地区或新开发建设区，周边缺少城市活动氛围；<br>2.城市边缘低密度建设区 | 1.与住区内的商业服务、公共配套设施相结合组织外部空间和公共绿化，积极营造城市氛围；<br>2.低密度住区满足绿化均好性要求 |

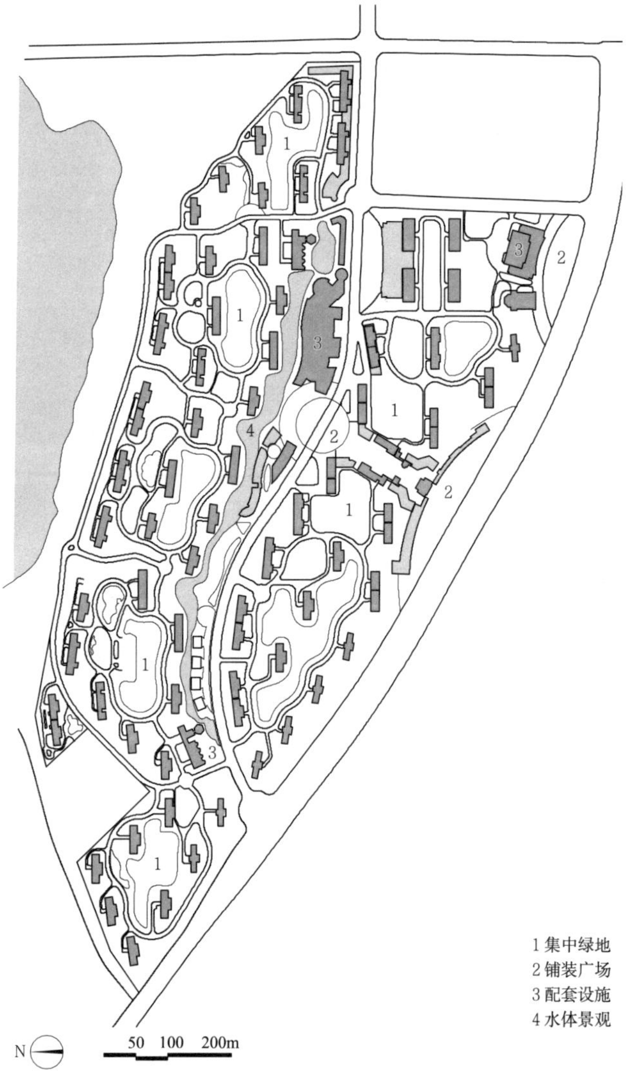

1
1
3
1
4
2
1
2
1
1
3
1
2
3
1 集中绿地
2 铺装广场
3 配套设施
4 水体景观
N
50 100 200m

## 1 福州名城港湾二区

| 名称 | 主要技术指标 | | | |
| --- | --- | --- | --- | --- |
| | 用地面积 | 建筑面积 | 容积率 | 绿化率 |
| 福州名城港湾二区 | $43hm^2$ | $106.5万m^2$ | 1.78 | 35% |

住区位于福州近郊，用地呈不规则三角形，东西长，南北短，沿闽江方向展开，城市道路从中间以弧线形穿过住区，将住区分为两部分，周边城市配套设施不足。
住区沿城市道路布置有主要步行出入口，并沿两条主要道路均设置了长500m和150m的商业街，周边辅以幼儿园等配套设施。结合这些配套公共服务和商业设施，布置了住区的中心景观绿化，中心绿化两侧的低层建筑都采用西班牙风格，创造浓郁的异国风情

1 集中绿地
2 铺装广场
3 配套设施
4 游乐场地
4
4
2
4
1
3
4
4
3
4
1
4
4
4
3
4
N
50 100 200m

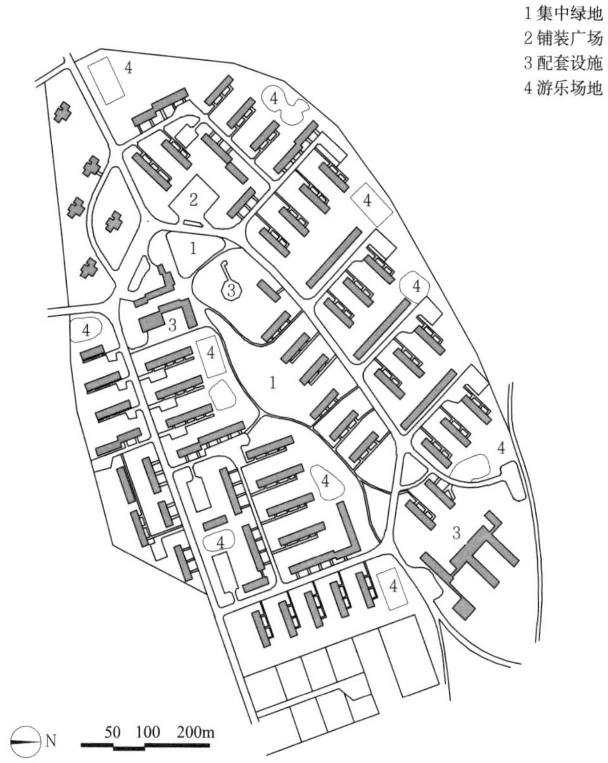

住区位于城市中心区外围，居民使用周边服务设施较为便捷。
住区内贯穿东北至西南方向设置有配套设施与活动场地相结合的公共活动带，并辅以绿化植被。其中，特别布置有多处儿童游戏场地，并配有儿童游戏沙坑、儿童运动器械等设施，方便儿童活动。

## 2 汉诺威东瓦诺恩海德住区

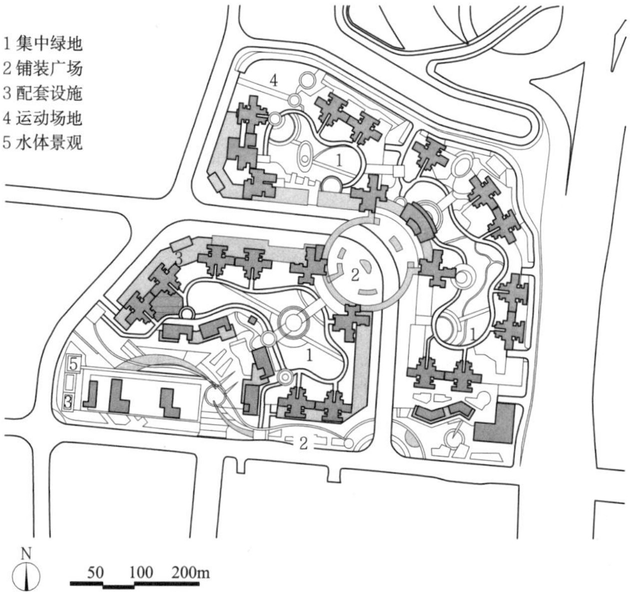

1 集中绿地
2 铺装广场
3 配套设施
4 运动场地
5 水体景观
4
1
3
2
1
1
5
3
2
N
50 100 200m

## 3 重庆华润二十四城

| 名称 | 主要技术指标 | | | |
| --- | --- | --- | --- | --- |
| | 用地面积 | 建筑面积 | 容积率 | 绿化率 |
| 重庆华润二十四城 | $46.7hm^2$ | $59.99万m^2$ | 4.1 | 40% |

住区邻近城市环路与快速路立体交叉口，周边与城市服务设施和城市公共空间有一定隔离，且缺乏步行联系。住区结合配套商业和服务设施的布局，布置有便捷的步行通道，形成连接商业设施出入口的线性活动空间和景观环境，并结合用地内高差，串接住宅组团内活动绿化场地

不同开发强度条件下的住区外部空间规划策略　　　表1

| 资源条件 | 具体空间表征 | 规划策略和设计手法 |
|---|---|---|
| 高强度开发建设 | 住区内住宅建筑多为高层或中高层，建设密度高，容积率超过2以上 | 1.营造集中开敞活动空间和公共绿地；<br>2.除满足健身、休闲、活动使用外，还要满足高层观景需求 |
| 中低强度开发建设 | 1.住区以低层建筑为主，容积率低于1；<br>2.住区以多层建筑为主，容积率1.5左右 | 1.在满足日照、节地要求的基础上，营造分片区、小规模的居住景观环境，强调景观的均好性；<br>2.以景观绿化带串接分散的绿化景观空间 |

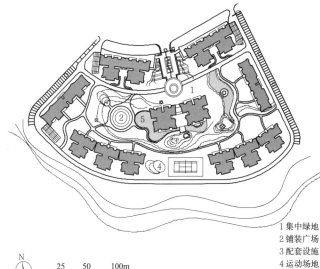

25　50　100m

1 集中绿地
2 铺装广场
3 配套设施
4 运动场地
5 水体景观

**2 成都西城映画**

| 名称 | 主要技术指标 | | | |
|---|---|---|---|---|
| | 用地面积 | 建筑面积 | 容积率 | 绿化率 |
| 成都西城映画 | 3.5hm² | 15.79万m² | 4.5 | 41.5% |

住区地处城市主干道交叉口边，南向邻近50m城市绿化带。住区周边环境十分优越，住区内地势平缓，没有自然和历史文化遗存。
住区采用了围合式的规划布局和以高层建筑为主的高强度开发建设模式。在保证每户都有通透良好景观、住区内部具有特色外部空间环境的前提下，塑造了具有个性化的城市景观形象。住区的外部空间环境设计着力将自然生态环境引入小区内部，增加小区的生态氛围，同时方便居民民日常使用中心景园进行健身、休闲活动

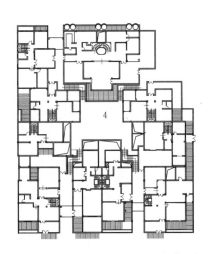

1 住区配套设施
2 住区外部河流
3 住区内部水景
4 组团内部庭院

2　4　10m

**1 上海龙湖兰湖郡**

| 名称 | 主要技术指标 | | | |
|---|---|---|---|---|
| | 用地面积 | 建筑面积 | 容积率 | 绿化率 |
| 上海龙湖兰湖郡 | 12hm² | 27.5万m² | 1.45 | 35% |

住区以低层花园洋房和高层公寓居住产品为主，总体建设强度不高。规划设计将低层住宅与高层住宅交错布置，合理利用日照条件，以实现观景和避开噪声之间的平衡。
规划布局以邻里生活中心为核心，充分利用用地内的水系，布局并形成两个高层公寓居住产品片区，确保最多的户享受到河景资源。南部以低层为主，利用基地上原有的小河或采用人工挖掘，实现用地内线形集中绿化和水景。低层区院落生长在线形景观两侧，每个院落中营造供居民共享的休闲场所

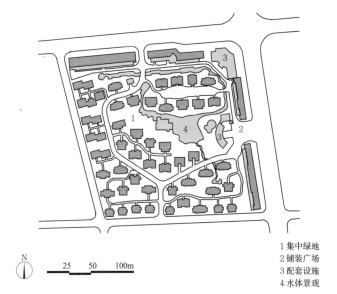

25　50　100m

1 集中绿地
2 铺装广场
3 配套设施
4 水体景观

**3 杭州颐景园**

| 名称 | 主要技术指标 | | | |
|---|---|---|---|---|
| | 用地面积 | 建筑面积 | 容积率 | 绿化率 |
| 杭州颐景园 | 9.2hm² | 33.58万m² | 3.65 | 42% |

住区紧邻近邻西溪风景旅游园区，有山水景观资源及便利的居住配套服务设施。周边就业及旅游文化资源得天独厚。
住区内有多层、中高层和低层别墅等产品类型，建设强度适中。其中多层、中高层建筑沿北侧和东侧城市道路布置，内向布置别墅。住区建筑以现代的、色彩明快的欧式风格为主，绿化环境运用江南园林手法，将民族建筑小品融入古典园林环境中，与住区外的风景区环境相呼应。
住区外部空间中营造有6000m²的湖面，水系景观包括有瀑布、叠泉、小溪、湖石，辅以各式桥涵；山石景观包括各种奇石，更将传统形式的"亭台榭廊"融入住区的水系和山石景观中

**2**
住区规划

## 住区户外儿童游戏场地的规模与构成要素

户外儿童游戏场地的规模通常可以用占地面积及户数来进行衡量，可根据住区规模进行控制。

住区户外儿童游戏场地实例参考 表1

| 小区名称 | 占地面积（m²） | 建筑面积（m²） | 总户数（户） | 游戏场地面积（m²） | 占地面积比 | 户均面积（m²） |
|---|---|---|---|---|---|---|
| 北京钓鱼台7号院 | 16667 | 43383 | 106 | 120 | 0.7% | 1.13 |
| 广州博雅首府 | 18586 | 178310 | 128 | 140 | 0.7% | 1.09 |
| 深圳京基天涛轩 | 20004 | 64087 | 116 | 120 | 0.6% | 1.03 |
| 天津佳怡公寓 | 63000 | 85000 | 520 | 250 | 0.4% | 0.5 |
| 上海海珀旭晖 | 45837 | 171382 | 432 | 280 | 0.6% | 0.6 |
| 青岛万丽海景 | 21748 | 143000 | 439 | 500 | 2.2% | 1.13 |
| 上海万科花园小城 | 140000 | 240000 | 2500 | 1900 | 1.3% | 0.76 |
| 北京万科青青家园 | 251600 | 315900 | 1899 | 2200 | 0.8% | 1.16 |

注：儿童游戏场地占住区用地面积的比例为1%左右，户均面积为1~1.5m²。

住区户外儿童游戏场地构成要素 表2

| 要素名称 | 婴幼儿区（1~3岁） | 低龄儿童区（4~6岁） | 高龄儿童区（7~12岁） |
|---|---|---|---|
| 沙坑 | ▲ | ▲ | ▲ |
| 草坪 | — | △ | △ |
| 水池 | — | △ | △ |
| 滑板场 | — | — | △ |
| 小型足球场 | — | — | △ |
| 游乐设施 | △ | △ | △ |
| 家长休息设施 | ▲ | ▲ | ▲ |
| 冲洗设施 | — | △ | △ |
| 迷宫 | — | △ | △ |
| 大树 | — | △ | △ |
| 土丘 | — | — | △ |
| 绿化隔离带 | ▲ | ▲ | ▲ |
| 表演场地及舞台 | — | △ | △ |

注："▲"—基本要素；"△"—建议设置要素；"—"—不设

## 儿童游戏场地规划布局

1. 游戏场地由自由活动区、游戏器械区、家长守候区及中心公共区组成，见 1。

2. 游戏场地规划布局依据不同年龄特征，可分为婴幼儿区（1~3岁）、低龄儿童区（4~6岁）、高龄儿童区（7~12岁），不同游戏区之间应进行有效划分，并采取适当的隔离措施或设置缓冲空间防止造成冲撞及伤害，见 2。

3. 游戏场地应设置在日照充足、夏季通风良好、冬季有效隔离寒风的位置。

4. 儿童游戏场地应保证其在视野上的通透性，并保证其声音的可传达性。

5. 游戏场地宜布置于住区人流易于到达的位置，如住区出入口、中心广场、公共活动场地附近等，但同时应避免进出场地的路线与机动车道交叉。

6. 低龄儿童游戏场地宜设置于住宅的房前屋后，适于家长就近照顾。

7. 游戏场地选址应充分考虑噪声对附近居民的影响，采取绿化、矮墙等声音屏障措施。除低龄儿童游戏场地外，游戏场地应与住宅主要房间的外窗保持一定距离。

8. 儿童游戏场地宜与老人活动场地相邻，以满足老人的心理需求，并方便老人在活动同时对儿童进行监护。

9. 儿童游戏场地宜靠近宠物活动场所，满足儿童对宠物的好奇心，但必须设置有效隔离措施，以防止宠物对儿童造成伤害（婴幼儿活动场地不宜与宠物活动场地相邻）。

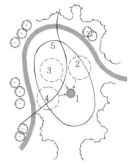

1 中心公共区 2 自由活动区 3 游戏器械区
4 家长守候区 5 绿化隔离区

1 中心公共区 2 婴幼儿区 3 低龄儿童区
4 高龄儿童区 5 绿化隔离带

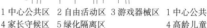

**1** 儿童游戏场地组成示意图　**2** 儿童游戏场地划分示意图

## 场地设计要点

**1. 功能**

（1）儿童游戏场地应考虑无障碍设计中道路的连续性、通用性和安全性。

（2）应考虑在场地附近设置座椅，方便家长就近照看儿童并促进交流，有条件的场地宜设置成人休息区，并留出适当空间放置儿童车及其他物品。

（3）游戏场地边缘宜设置自来水龙头和冲洗池，便于儿童进行与水有关的游戏及游戏后进行冲洗。

（4）建议小区游戏场设置专用轮滑场地和小型足球场。

（5）景观植物宜多采用落叶乔木形式，应考虑夏季遮阳及冬季日照效果，宜种植季节性植物（如可开花结果类）以便儿童了解自然变化，见 3。

（6）儿童游戏场地宜利用景观隔离的手法产生一定的围合性，同时应保证视线通透便于家长监护。

（7）建议充分利用大树、绿篱、小溪流、小丘等绿化景观，以实现游戏场地的趣味性游戏功能。

（8）有条件的住区游戏场宜设置小型水池，驳岸设计应充分考虑儿童方便接近水面，同时保证儿童不致滑入水中。

（9）应注意禁止宠物进入沙坑，并在沙坑旁设置垃圾桶，以防止儿童将果皮丢入沙坑，保持沙坑清洁。

**2. 形态**

（1）游戏场地形态宜采用自然曲线，可因地制宜结合自然地形和景观设计，亦可塑造微地形，以增强其趣味性。

（2）游戏场地内交通流线设计宜考虑不同年龄段儿童进行互动游戏的同游性，并宜具有回游性和多重选择性。

（3）游戏场地设计宜采取具有原型特征的几何形态，如方形、圆形、三角形、六边形等形状。

（4）游戏场地细部设计应注意转角和边缘的圆滑处理，以防止对儿童造成伤害；增加自由活动场地的柔软性；设施设置应考虑儿童肢体的最小尺度，防止卡住和夹伤。

**3** 儿童游戏场地景观设计要点示意图

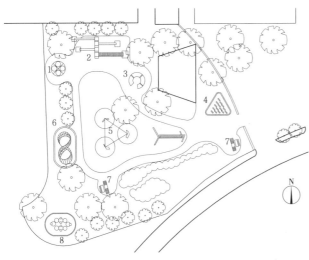

1 转椅　2 滑梯　3 休息区　4 木桩　5 沙坑　6 攀爬架　7 座椅　8 婴儿区

该项目是一个具有回游性的儿童游戏场，以中央沙坑区为中心，各活动区域围绕沙坑布置，相对独立且具有一定的隐蔽性。

**1** 某小区儿童游戏场：回游性儿童游戏场（占地面积：240m²）

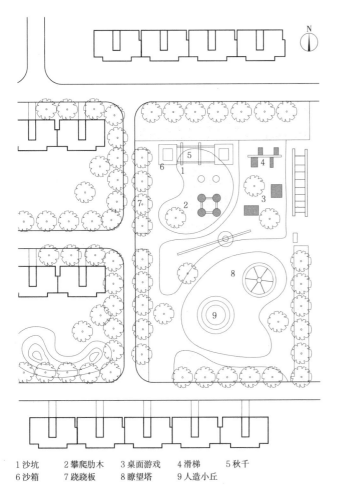

1 沙坑　　2 攀爬肋木　　3 桌面游戏　　4 滑梯　　5 秋千
6 沙箱　　7 跷跷板　　8 瞭望塔　　9 人造小丘

该儿童游戏场位于建筑组团中心，场地临近住宅楼布置，充分利用宅前空地及组团中心区域。整个游戏区分为三个部分：中心区域设置跷跷板、滑梯、小桌椅等游戏设施；北侧设置沙坑及攀爬肋木，并在边缘处设置秋千及沙箱；南部设置小丘、瞭望塔，并保留较大空地以便儿童进行自由活动。

**2** 中国某小区儿童游戏场：组团级儿童游戏场（占地面积：1700m²）

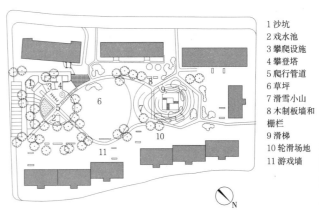

1 沙坑
2 戏水池
3 攀爬设施
4 攀登塔
5 爬行管道
6 草坪
7 滑雪小山
8 木制板墙和
栅栏
9 滑梯
10 轮滑场地
11 游戏墙

该儿童游戏场为较大的组团级儿童游戏场，场地中营造微地形，以滑雪小山为制高点并建立其中心性，围绕小山设置沙坑、草坪、滑梯等设施，分区合理并有效隔离。

**3** 瑞士苏黎世斯特图布鲁克住宅区儿童游戏场：组团级综合性儿童游戏场（占地面积：3000m²）

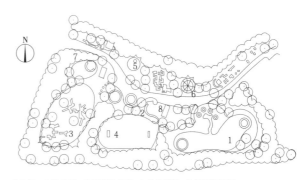

1 戏水池　2 游戏场　3 建筑游戏场　4 小足球场　5 冒险游戏区
6 帐篷　7 露天表演场　8 管理用房

该儿童游戏场是一个以自由形态为设计理念的游戏场，充分利用景观现状形成自身特征，北部利用原有树林形成冒险游戏区，设置帐篷、树丛等游乐设施，南部较为平整，设置戏水池、小型足球场等。

**4** 德国布莱德哈芬·雷赫尔海德儿童游戏场：自由形态儿童游戏场（占地面积：400m²）

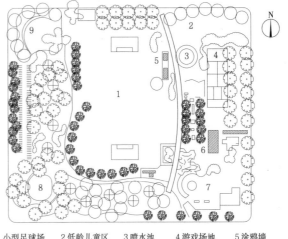

1 小型足球场　2 低龄儿童区　3 喷水池　4 游戏场地　5 涂鸦墙
6 文娱室　7 舞台　8 婴幼儿区　9 休息区

该儿童游戏场以较大的足球场地和自由活动场地为中心，并通过各种景观设施和绿篱、涂鸦墙等设施进行有效隔离。婴幼儿区、休息区和低龄儿童区设置在中央足球场周围，保证其私密性与安全性。

**5** 某小区儿童游戏场：年龄分区儿童游戏场（占地面积：5000m²）

## 场地规划布局

1. 老年人活动场地应设置在日照充足且通风良好的位置，北方地区应避免冬季风侵袭，南方地区应避免夏季阳光直射。

2. 老年人活动场地分为：

（1）静态活动场地，如休憩场地、棋牌场地及交往场地等，该场地具有停留性，宜布置在房前屋后等住宅附近位置。

（2）动态活动场地，如健身场地、舞蹈场地等，该场地宜布置在住区中心及出入口附近。动态活动场地与静态活动场地应有适当的距离，但亦能相互观望。

（3）散步道路，宜具有循环性并应经过小区中心广场、单元门口、商业服务设施附近等小区主要公共活动空间，见 1 。

3. 老年人活动场地中动态活动场地宜与儿童游戏场地相邻；静态活动场地宜与儿童活动场地有一定距离，并具可观望性；散步路线宜路过儿童游戏场。

4. 场地布局应将男性老年人与女性老年人分别设置，但同时应考虑其交往需求。

5. 老年人活动场地应尽量避免受到机动车噪声及尾气干扰，并且进出活动路线严禁与机动车道交叉，亦可利用停车场的停车时间差将停车场作为临时跳舞场地。

6. 动态活动场地应与住宅窗户有一定距离，并通过绿化隔离阻挡噪声。

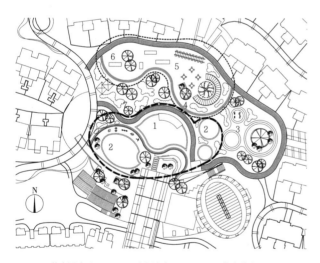

-------- 静态活动区　---- 动态活动区　—— 散步道路
1 跳舞场地　2 健身场地　3 儿童游戏场地　4 休憩场地　5 棋牌场地　6 交往场地

1 老年活动场地布局示意图

## 场地设计要点

1. 老年活动场地应保证无障碍设计。尽可能采用坡道，避免使用台阶，应尽量采用软质、防滑地面，避免使用水泥等硬质易滑的地面。

2. 老年活动场地附近应考虑设置路灯，以防止出现暗区。

3. 老年活动场地应设置足够的休息座椅，并考虑设置轮椅停放空间及放置物品的台面（如花坛等）。

## 静态活动场地

1. 停留场地宜设置在路边或小区入口附近，并有绿化进行视线遮挡或隔离。

2. 停留场地中应设置固定桌椅，并设置可供人围观和轮椅停放空间及放置物品的台面。

## 动态活动场地

1. 跳舞及健身场地宜进行分组，中央应有不小于 $100m^2$ 的大面积场地，周边应有较小场地以进行小规模集体活动。

2. 在活动区外围应有树荫及休息场地，并设置相应的休息设施，以利于老年人活动后休息。

## 散步道路

1. 散步道路应有一定长度且具有回游性，宜根据老人的年龄差异设置不同循环长度，并应设置捷径，见 2 、 3 。

2. 散步路线宜经过交通要道、小区中心及住区主要出入口。

3. 散步道路宜路过生活设施，沿途应设置路灯、座椅和停留场地。

4. 场地中应有足够的空间放置轮椅，并设置可放置衣物的台面。

5. 散步道路的铺装材料种类不宜过多。其形式及色彩搭配应具有一定的图案感，宜采用暖色，以调动人的活动欲望和激情。应注意平坦、防滑，严禁使用光滑地砖，避免出现较大缝隙，以防止拐杖插入造成老人摔倒，以及造成轮椅的颠簸感。

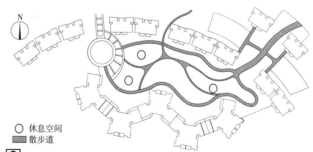

○ 休息空间
■ 散步道

2 组团级散步道路示意图

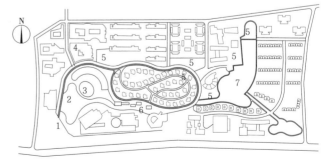

1 小区入口　2 入口广场　3 老年人活动场地　4 儿童活动场地
5 休息空间　6 商业网点　7 中心广场

3 小区级散步道路示意图

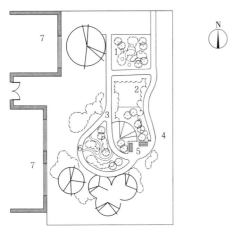

1 小花园　2 活动场地　3 自然小道　4 座椅　5 退让空间　6 步石　7 住宅

该活动场地为紧邻住宅的小型老年人活动庭院，具有就近、易于到达等特点，且具有室内外景观与视线相融合的特征。

**1** 某老年人活动场地：房前屋后型老年人活动场地（占地面积：50m²）

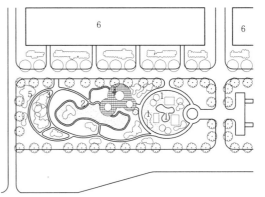

1 棋牌区　2 开放草坪　3 散步道路　4 健身场地　5 景观植物　6 住宅

该活动场地为组团级老年人活动场地，健身场地、草坪及花园、棋牌场地都通过散步道路串联起来，具有回游性。场地临近单元出入口及小区道路，具有良好的可达性。

**3** 中国某小区老年人活动场地：组团级老年人活动场地（占地面积：1200m²）

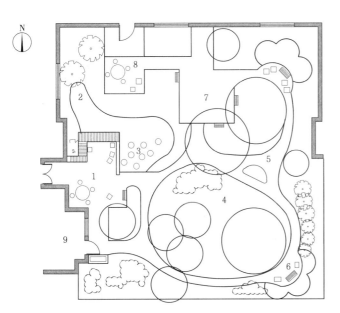

1 阳光庭院　2 藤架屏风　3 玫瑰花园　4 开放草坪　5 步行道
6 闲坐区　7 中心庭院　8 上层露台　9 活动室

该活动场地以三颗大树为视觉中心，结合步道、花园及草坪设计，形成良好的室外空间效果。场地内步行道路经过开放草坪、闲坐区、玫瑰花园等区域，具有回游性。场地北面和西面为住宅，南面和东面种植雪松树篱，减少干扰，使庭院具有一定的私密性与安全性。

**2** 美国伊利诺伊州厄巴那市尚佩恩县老年人活动场地：封闭庭院型老年人活动场地（占地面积：900m²）

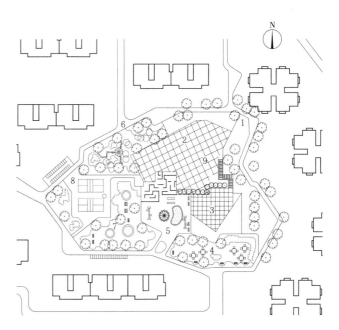

1 散步道路　2 大型活动场地　3 小型活动场地　4 棋牌区　5 儿童游乐场
6 景观区　7 休闲区　8 运动场地　9 廊架

该项目为综合型老年人活动场地，以儿童活动场地为中心，北侧、东侧为大型老年人舞蹈场地及小型健身场地；西侧为运动场地；南侧为绿化休闲区。整个场地被回游性散步道路包围。儿童活动场临近老年人休息区，便于老人进行看护；老人健身场地与青少年运动场地通过绿植有效隔离，避免相互干扰。

**4** 中国某小区老年人活动场地：综合型老年人活动场地（占地面积：7800m²）

## 场地规划布局

1. 健身活动场地由健身器械区、舞蹈区、乒乓球场地、羽毛球场地、健身步道、休息区等组成，各区域之间宜进行分组，并采取有效绿化隔离，见［1］。

2. 健身活动场地应设置在日照充足且通风良好的位置，北方地区应避免冬季风侵袭，南方地区应避免夏季阳光直射。

3. 乒乓球、羽毛球场地等专用运动场地宜布置在组团级以上的公共绿地之中。健身器械活动场地应分散在住区里既方便居民就近使用又不扰民的区域，且宜分组设置，可灵活设于宅旁绿地之中。

4. 健身场地选址应充分考虑噪声对附近居民的影响，场地距离住宅楼外窗应有一定距离，并采取适当的声音屏障措施，如绿化、矮墙等。

5. 健身活动场地应与儿童游戏场地保持适当距离，并设置有效隔离措施以防止成年人在运动中对儿童造成伤害。

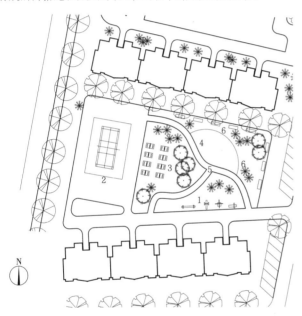

1健身器械区 2羽毛球场地 3乒乓球场地 4舞蹈场地 5健身步道 6休息区

［1］ 健身场地划分示意图

## 场地设计要点

1. 健身活动场地周围应设置足够的休息座椅，以供健身运动的居民休息以及观看人群使用，有条件的场地宜设置休息区，并留出适当空间放置衣物等随身物品。

2. 活动场地中及周围应考虑设置路灯，以保证活动者进行夜间健身、舞蹈等活动，并防止天黑后对活动者造成伤害。

3. 场地边缘宜设置自来水龙头和冲洗池，便于活动者运动后进行冲洗。

4. 健身器械场地宜选用平整防滑适于运动的铺装材料，专用运动场地宜采用塑胶地面，同时满足易清洗、耐磨、耐腐蚀、防冻的要求。

## 实例

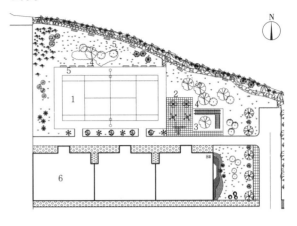

1羽毛球场地　2健身器械区　3休息区　4绿化景观区　5座椅　6住宅

该项目为宅前健身活动场地，场地临近住宅出入口，便于居民就近进行健身活动。该场地与宅前绿化景观结合布置，既保证了居民在健身中的视觉享受，又使得健身场地与住宅之间形成有效隔离。

［2］ 某小区健身活动场地：宅前活动场地（占地面积：1100m²）

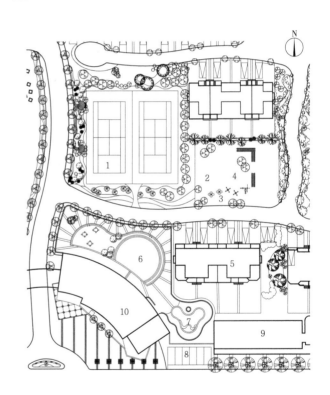

1羽毛球活动场地　2舞蹈场地　3健身器械区　4休息区　5住宅　6老年人活动场地
7儿童游戏场地　8停车位　9商业　10会所

该项目为综合型健身活动场地，各年龄阶段活动场地集中布置。以小区内道路为分界线，道路北侧为成年人健身场地；南侧为老年人活动场地及儿童游戏场地。南北两个区域通过道路及绿化进行有效分隔，避免相互干扰。

［3］ 某小区健身活动场地：住区中心综合型活动场地（占地面积：3250m²）

## 植物配置

1. 植物是居住环境中丰富多彩的"活"的有生命的因素，具有季相变化，依赖于特定的自然和生态环境条件。

2. 植物在居住环境设计中的功能包括空间营造功能、视线调控功能、美学观赏功能和优化生态环境功能。

3. 植物的大小、形态、色彩、质地、特性等特征，是居住环境设计中可以利用的要素。设计应充分利用各类植物生长特性，乔、灌、草结合发挥其不同的功能价值。

4. 植物配置应遵从环境设计的总体构思，按照设计的功能要求和科学合理的种植环境条件，选取恰当的植物种类和种植方式。

5. 植物配置的一般原则包括：设计宜按植株成熟程度75%～100%来考虑；群植植株间的重叠搭接在1/4～1/3，要相互渗透以消除群与群之间的"废"空间；对树冠覆盖的空间宜作充分的竖向上的考虑；通常会以一种中性树种的植物（中间绿色、中间质地、圆形等）作为绿化基质树种；树种的选择要符合自然生态条件，并应以本土树种为主。

### 环境设计常用植物类别、特征与应用　　表1

| 种类 | 特征 | 按大小分类及应用 | |
|---|---|---|---|
| 乔木 | 体型较大，主干明显，分枝点高，寿命长 | 大中型乔木：大乔木成熟期高度>12m，中乔木成熟期高度9～12m | 空间构成的骨架，影响整体结构和外观，在环境中居于突出醒目的地位；有可被利用的枝下空间；提供荫凉 |
| | | 小乔木：最大高度4.5～6m | 运用于小空间或要求较精细的地方；作为观赏中心和视觉焦点（春花、夏叶、秋色、冬枝） |
| 灌木 | 没有明显的主干，叶丛贴地而长，呈丛生状态 | 高灌木：高3～4.5m | 封闭空间，阻挡视线和寒风；作为背景 |
| | | 中灌木：高1～2m | 空间围合；应用于小乔木和高灌木间可增加视线层次 |
| | | 矮灌木：高0.3～1m | 限制和分隔空间而不遮挡视线；与较高植被搭配种植，降低一级尺度，小巧亲密；联系其他植被和要素 |
| 地被 | 株丛密集、低矮，包括多年生低矮草本植物和一些低矮、匍匐型的灌木和藤本植物 | 高15～30cm | 暗示空间边缘；划分不同形态的地表面，形成图案，增加观赏情趣；作为背景；联系其他植被和要素；稳定土壤（斜坡绿化） |
| 藤本 | 依靠特殊器官（吸盘或卷须）或靠蔓延作用依附其他植物或支持物生长 | | 应用于垂直绿化；与支持物配合可实现观赏性、空间建造、视线控制、提供荫凉等 |
| 花卉 | 多指有观赏价值的草本植物 | | 观赏性；大面积使用时同地被植物 |
| 草皮 | 低矮的草本植物 | | 覆盖地面；暗示空间边缘；作为背景；联系其他植被和要素 |

### 植物的形态特征分类与应用　　表2

| 形态 | | 特征 | 应用 |
|---|---|---|---|
| 纺锤形 |  | 形似纺锤，顶尖 | 向上引导视线，形成空间垂直面，与圆球形或展开形搭配则对比强烈 |
| 圆柱形 | | 类似纺锤形，顶圆 | 与纺锤形相似 |
| 水平展开形 | | 水平生长，高宽几乎相等 | 设计构图产生宽阔感和外延感；水平方向引导视线；联系其他植物形态 |
| 圆球形 | | 明显的球形形状，为数量最多的种类之一 | 在引导视线上无方向性、无倾向性，外形柔和，易与其他要素协调 |
| 圆锥形 | | 圆锥状，形体从底部向上收缩 | 总体轮廓分明，作为视觉焦点与圆球形搭配，尤为醒目 |
| 垂枝形 | | 明显悬垂下弯的枝条 | 将视线引导向地面 |
| 特殊形 | | 不规则、多瘤节、扭曲 | 单株植物可作为视觉焦点存在 |

### 植物的质地特征分类与应用　　表3

| 质地 | 特征 | 应用 |
|---|---|---|
| 粗壮型 | 大叶片，浓密而粗壮的枝干以及疏松的生长习性 | 观赏价值高，可作为设计的焦点；因吸引视线而"收缩"空间，趋向观赏者；对于要求整洁的形式和鲜明轮廓的规则景观不适合 |
| 中粗型 | 具有中等大小叶片、枝干以及适度密度，占质地类别中的比例较大 | 轮廓较明显，透光性差，作为过渡成分统一整体 |
| 细小型 | 小叶片和微小脆弱的小枝，齐整密集 | 柔软纤细，不醒目，充当重要成分的中性背景；"扩展"空间，感觉远离观赏者，应用于狭小空间；易修剪出清晰轮廓 |

a 低矮的灌木和地被植物形成开敞空间

b 半开敞空间视线朝向敞面

c 封闭垂直面，开敞顶平面的垂直空间

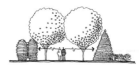

d 处于地面和林冠下的覆盖空间

e 完全封闭空间

**1** 植物建构的空间类型

a 从大乔木到草花的多层次配植

b 不同形态灌木组合的样式

c 疏密搭配的层次配植，局部留出草坪

**2** 植物配置示例

## 水景

1. 水景是变化较大的环境设计要素，也是最具吸引力和最能激发人们兴趣的环境要素之一。水景设置和规模、大小，应据当地气候条件和水资源条件经济合理地确定。干旱地区城市应严禁利用自来水与地下水作为水景补充水源。

2. 水资源具有提供生活、灌溉、动植物生境、调节小气候控制、控制噪声和创造娱乐环境等用途，最重要的是可以在环境设计中利用水的美学观赏功能（对应于水的可塑性、水声、水的状态和水的倒影等特性）创造出丰富多彩的水景空间。

3. 住区环境中水景的应用应根据多种环境的协调性与其对整体布局的作用，选取恰当的尺度和设计形式。

水的美学观赏特性及应用　　表1

| 水的状态 | 美学观赏特性 | 应用 | | 种类 |
|---|---|---|---|---|
| 静水 | 平和；<br>水面如镜；<br>可塑性；<br>倒影 | 1.以容体的特性影响水的观赏特性，包括容体的形态、尺度，池底、池壁的色彩、图案、材料等；<br>2.丰富视觉层次，用倒影提供一个新的透视点（与天光、池底、水深、观赏角度等有关）；<br>3.水面的展form能在视觉上联系其他不同的因素；<br>4.以水面的展引导视线 | | 人工湖<br>泳池<br>戏水池<br>造景水池<br>水生物种植池<br>…… |
| 动水 | 动态因素；<br>具运动性和方向性；<br>水声 | 流水 | 1.流水的特征取决于水的流量、河床大小、坡度、河床和驳岸的性质；<br>2.朝向水流方向的引导性 | 溪<br>渠<br>涧<br>…… |
| | | 瀑布 | 1.形态与水的流量、流速、高差、瀑布边口的情况有关；<br>2.水落于不同表面有不同效果；<br>3.水声起到屏蔽噪声的作用 | 自由落水瀑布<br>叠落瀑布<br>滑落瀑布<br>…… |
| | | 喷泉 | 1.以不同喷头的形式、喷射的方式和多样化的组合带来丰富的视觉效果；<br>2.可以结合灯光、音乐以及其他景观要素 | 仿自然型<br>人工水能造景型<br>雕塑装饰型<br>音乐喷泉型<br>…… |

1 喷泉

2 造景水池

3 滑落瀑布

4 溪流

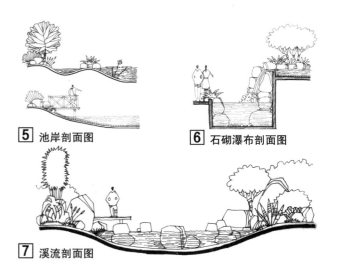

5 池岸剖面图　　6 石砌瀑布剖面图

7 溪流剖面图

## 地形塑造

1. 地形是外部环境的重要地表要素，可以通过对地形的塑造形成景观的基本结构，甚至能够支配其他要素。

2. 地形塑造具有对居住环境空间形态、空间构成和空间审美感受、居民运动频率、地表排水、环境小气候和土地的使用功能等产生多种环境影响的作用。

3. 在环境设计中进行地形塑造既要充分利用场地地形特征，因地制宜，又应能主动地将地形塑造作为重要设计手段，以满足丰富多样的环境需求。

地形的类型、特征与应用　　表2

| 类型 | 特征 | 应用 |
|---|---|---|
| 平坦地形 | 基面在视觉上与水平面平行，最简明、最稳定的地形，但缺少空间感 | 1.水平线和水平造型成为协调要素，垂直要素易成为突出物和视觉焦点；<br>2.水平地形的视觉中和和宁静的特点，宜成为引人注目的物体的背景；<br>3.多方向带来设计更多的选择性 |
| 凸地形 | 正向的实体，带有动态感和进行感的地形，负空间建立了空间范围的边界 | 1.景观的正向点，是作为焦点物和其支配地位的要素，空间上作为景观标志或视觉导向；<br>2.外向性，视线外向和鸟瞰，提供观察周围环境更广泛的视野；<br>3.成就水的动力，形成瀑布；<br>4.调节小气候 |
| 山脊 | 近似凸地形的线形形态，多视点且视野效果更好 | 1.导向性和动势感，引导视线；<br>2.充当分隔物，作为空间边缘自然限定领域 |
| 凹地形 | 碗状洼地，空间感取决于周围坡度和高度 | 1.内向性、分割感、封闭感和私密感；<br>2.太阳取暖器，避风沙，有良好的小气候，但潮湿，有排水问题 |
| 谷地 | 凹地形的线形形态 | 1.线形和方向性；<br>2.兼具凹地形和脊地的特点 |

8 地形塑造可限定空间走向　　9 地形塑造有助建立空间序列

10 地形塑造可控制视线

快行　慢行　快行　慢行　快行

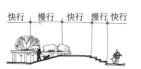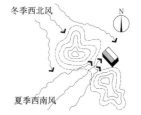

11 地形塑造可影响运动频率　　12 地形塑造有助创造环境小气候

冬季西北风　　夏季西南风

## 景观小品

1. 景观小品是住区环境设计中规模较小的设计要素，是具有三维尺度的构筑要素，具有坚固性、稳定性和相对长久性，用以增加和完善室外环境中的细节处理，增强室外环境的空间特征和审美价值，满足人性化的综合环境需求。

2. 景观小品的设置要服从环境设计的总体构思，在形式、风格、材质、色彩等特征上应与其他环境空间要素协调统一，保证环境的整体性。

3. 景观小品的配置和设计应以恰当的功能定位满足居民基本的行为、心理和审美需求，力求表现形式的多样性与功能的合理性的有机统一。

居住区景观小品的分类 表1

| 标准 | 内容 | | | 特征 |
|---|---|---|---|---|
| 按功能性质 | 设施小品 | 交通设施 | 自行车停靠点、小桥等 | 为满足居民休息、娱乐、赏景、健身、科普宣传、卫生管理及安全防护等使用功能需要而设置 |
| | | 公用设施 | 路灯、公厕等 | |
| | | 休息设施 | 休息亭、廊、座椅等 | |
| | | 游憩设施 | 儿童游戏、健身器械等 | |
| | | 卫生设施 | 烟蒂桶、垃圾箱等 | |
| | | 服务设施 | 饮水器、电话亭、标识指示牌等 | |
| | 观赏小品 | 雕塑小品 | 小型雕塑（具象或抽象） | 丰富空间层次，满足审美需求，烘托环境氛围，发挥艺术造景功能 |
| | | 照明小品 | 照明灯具 | |
| | | 山石小品 | 假山、置石等 | |
| | | 植物小品 | 植物造型、花坛、种植器等 | |
| | | 水景小品 | 水池、瀑布、流水、喷泉等 | |
| 按工程性质 | 建筑小品 | | 入口大门、围墙、亭、廊、榭、花架等 | 有建筑物性质的小品，体量相对较大，结构和建造方式相对复杂 |
| | 环境小品 | | 雕塑、水景、汀步、座椅、山石、灯具、花坛、树池、游戏器械等 | 小型构筑物、空间艺术品、设施、器具等 |
| 按建造材料 | 混凝土、砖石小品 | | 混凝土、砖石建造的花架、亭廊、石桌凳等 | 取材方便，坚固持久，造价相对较低 |
| | 竹木小品 | | 木桥、木构凉亭、竹亭、竹木桌凳等 | 质感朴素、自然，易与环境和谐统一 |
| | 金属小品 | | 金属护栏、园灯、游戏设施等 | 精致美观，持久耐用，造价高 |
| | 其他小品 | | 塑料、玻璃、玻璃钢、纤维及其他混合材料做成的雕塑、棚架、游戏小品等 | 带来多样性的感官体验和丰富的细节 |

常用景观小品的设计要点　表2

| 种类 | 特征 | 设计要点 |
|---|---|---|
| 凉亭 | 满足户外的休憩、停歇、纳凉、避雨、观景之需 | 1.多设置于景观良好、视线开阔处；<br>2.形式风格上与主体建筑和其他景观要素一致；<br>3.恰当的尺度 |
| 廊架 | 通道式建筑小品，有顶或顶部分格空透 | 1.多设置于庭园或活动空间周边或顺应步道走向；<br>2.线性空间形态和连续的立面的推敲；<br>3.空透的廊架常配置以攀援蔓生植物作为主景 |
| 围栏、围墙 | 围合界面，起着围合与隔离的作用 | 1.满足安全防护、限定界面的要求；<br>2.注意与建筑主体和入口大门的关系，在体量、尺度、色彩、风格上相协调；<br>3.具备自身的形象特色，能起到美化环境的效果 |
| 景桥 | 跨越水流、溪谷，联络道路交通 | 1.与水流成直角相交为宜；<br>2.尺度须与跨越的河流溪谷大小相调和，并与所联络的道路样式及路幅一致；<br>3.形式与环境协调；<br>4.对倒影的研究 |
| 照明 | 提升夜晚景观质量 | 1.区分不同使用功能；<br>2.恰当的灯具布置位置和布置方式；<br>3.和其他要素的整体协调关系；<br>4.光源的特点与环境氛围和被烘托对象的一致性；<br>5.避免眩光 |
| 雕塑 | 造型艺术的一种，用竹木、玉石、金属、石膏、泥土等材料雕刻或塑造各种艺术形象 | 1.形式、材料、尺度上要与整体景观协调；<br>2.从平面、剖面分析雕塑在环境上形成的各种观赏效果；<br>3.理想的位置和理想的观赏位置；<br>4.尺度较大时的透视变形矫正 |
| 座凳 | 坐憩设施，影响室外空间给人的舒适和愉悦感 | 1.安置在场地或道路边等便于就座的地方；<br>2.面向景点，勿背靠空旷空间；<br>3.位置与布置形式与其他要素协调；<br>4.恰当的尺度（高46~51cm，宽30.5~46cm，背高38cm，扶手高于座面15~23cm）；<br>5.灵活性多样化的就座方式 |
| 垃圾桶、饮水器、标识指示牌等 | 提供便利和公益服务 | 1.布置时考虑与场所和使用者的关系，便于寻找，易于识别；<br>2.形式要结合环境特征；<br>3.功能完善，方便使用 |

1 凉亭

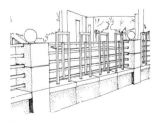
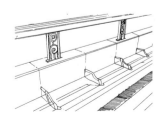

2 围栏、围墙

2
住区规划

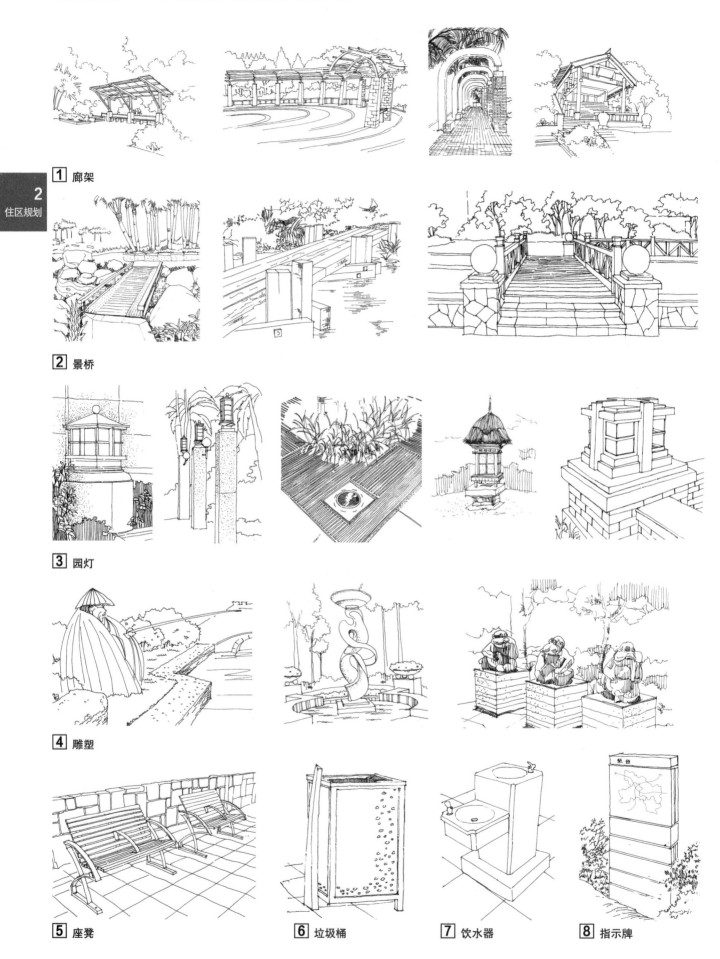

1 廊架

2 景桥

3 园灯

4 雕塑

5 座凳　　　6 垃圾桶　　　7 饮水器　　　8 指示牌

## 交通系统组成

住区交通系统由人流、机动车流、非机动车流和供其通行的道路设施共同组成。

## 交通系统功能

住区交通系统具有以下功能：

1. 交通流通功能：组织住区对外交通与内部交通；
2. 用地划分与组织规划布局功能：划分住区内各类用地，组织住区规划结构及建筑空间布置；
3. 防灾减灾功能：提供住区救护、消防和安全疏散场所与设施；
4. 社会与文化功能：创造住区居民交流空间；
5. 服务功能：协同住区公共服务设施设置与工程管线敷设。

## 交通系统类型

交通系统及道路设施类型　　　　　　　　　　　　表1

| 类型 | | 概述 | 组织方式 |
|---|---|---|---|
| 动态交通 | 车行交通 | 车辆通行的交通系统，包括机动车流、非机动车流及相关道路 | 1.人车分行；2.人车混行；3.分行与混行结合 |
| | 人行交通 | 行人通行的交通系统，包括专用人行步道、机动车道与非机动车道边缘的人行道及供人休闲的游憩设施 | |
| 静态交通 | 车辆停放 | 机动车或非机动车的停泊，以方便、经济、安全为原则 | 1.集中、分散停放，或二者结合；2.室外、室内、半地下或地下停放 |
| 道路交通设施 | 道路通行设施 | 住区内的各级车行道路及步行道路 | — |
| | 道路附属设施 | 住区内道路雨水口、路缘等 | — |
| | 交通标识设施 | 用文字或符号传递引导、限制、警告或指示信息的交通标志，分为主标志和辅助标志两大类，常立于道路两侧或道路上方 | — |
| | 交通标线设施 | 由标划于路面上的各种线条、箭头、文字、立面标记、突起路标和轮廓标等所构成的交通设施。它的作用是管制和引导交通。可与标识配合使用，也可单独使用 | — |
| | 交通管理设施 | 保障车辆、行人安全通行的设施，包括指挥设施、监控设施、隔离设施等 | — |

## 交通系统分级

根据功能要求和住区空间结构分级，住区交通系统一般分为：居住区级交通、小区级交通、组团级交通及入户交通四级。

住区交通系统分级　　　　　　　　　　　　　　表2

| 分级 | 功能与要求 |
|---|---|
| 居住区级交通 | 居住区的内外联系交通，以机动车车行交通为主，可通行小客车及中小型货车，应限制大型货车及过境车辆通行。居住区级道路可直接与城市次干路相接，城市支路可直接作为居住区级道路 |
| 小区级交通 | 以居住的内部交通为主，可以通行小客车，通而不畅，避免外部车辆穿行，但应保障对外联系安全便捷。小区级道路同时要满足消防车、救护车、搬家货运车辆以及行人通行 |
| 组团级交通 | 以居住小区的内部交通为主，包括步行交通、非机动车交通，以及少量车行交通。组团级道路应考虑消防车、救护车、小轿车、搬家货运车辆以及行人通行 |
| 入户交通 | 住户在组团道路与住宅入户道路之间的交通，以步行交通为主，同时也应考虑少量必要的机动车的进入 |

## 交通组织

住区交通组织一般采用人车分行、人车混行、人车分行与混行结合三种形式。

1. 人车分行：由车行和步行两套独立的道路交通系统所组成。一般适用于小客车密度较高的住区，见 [1]。
2. 人车混行：当住区内小客车密度较低的情况下可以采用，见 [2]。
3. 分行与混行结合：在人车混行的交通系统基础上，另设置联系住区内各级公共服务设施的专用步行道，见 [3]。

—— 车行
------ 人行

a 重庆阳光100国际新城

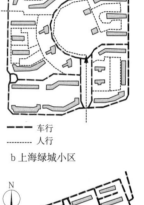

—— 车行
------ 人行

b 上海绿城小区

**[1]** 采用人车分行的住区

—— 人车混行

a 重庆国奥村

—— 人车混行

b 天津市新都庄园一期

**[2]** 采用人车混行的住区

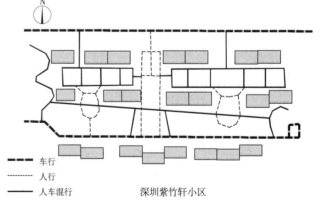

—— 车行
------ 人行
—— 人车混行

深圳紫竹轩小区

**[3]** 采用人车分行与混行结合的住区

## 交通系统规划设计原则

1. 住区对外交通应便捷顺畅，有利于车辆、人流与周边道路及公交车站的联系。

2. 住区的路网设置应考虑与城市道路网络形成系统。当住区沿街的界面总长超过500m时，中间应设置城市道路（次干路或支路），用以加密城市路网，确保城市交通通畅和方便居民出行。

3. 住区的内部交通应以人为本，创造宜人的交通环境，满足居民日常生活出行，以及住区内的商店货运、消防车、救护车、垃圾车和市政工程车辆的通行要求，尽量实现人车分流、动静分流。

4. 住区交通应充分考虑居民私人小客车不断增加的影响。在交通组织、路网布置及停车设施规划设计中，应妥善解决小客车交通流线、停车空间与居民步行活动之间的相互冲突与干扰。

5. 住区内道路应分级设置并形成统一系统，以满足住区内不同的交通功能要求；道路布置应便捷、安全，并有利于住宅的通风、日照和环境卫生。

6. 住区交通应充分保障住户步行和自行车出行者的安全与安心，应专供供居民健身休闲的步行道系统，路线的设置应不受机动车流干扰，且环境友好。

## 交通系统设计要求

常见设计要求 表1

| 名称 | 类型 | 基本要求 |
|------|------|----------|
| 出入口 | 车行出入口<br>人行出入口<br>人车混行出入口 | 1.出入口设置应考虑内外交通的衔接与转换，在内部车行道路、步行道路与外部城市道路之间建立便捷的联系。<br>2.住区宜设置多个出入口；车行出入口设置应避开公交车站及城市道路交叉口，与城市道路垂直或接近垂直相交；人行出入口设置应便于居民上下班，主入口与最近的公共交通站之间的距离不宜大于200m。<br>3.车行出入口与人行出入口宜分开布置，混合设置时人车宜从不同位置进出 |
| 车行交通 | 小客车交通<br>应急交通<br>货运与工程交通 | 1.机动车交通宜尽量减少对住区内部居住环境造成干扰。<br>2.住区内机动车道与非机动车道、人行道宜分离布置；混合设置时应确保自行车及行人的安全，设置相应的防护隔离设施。<br>3.应急交通包括消防、急救、救护、防灾疏散交通等，可结合住区交通设置，大型住区、高层住宅密集区设置专用道路与独立出入口。<br>4.货运交通可结合住区小客车交通设置，大型住区、高层住宅密集区可设置专用道路与独立出入口 |
| 慢行交通 | 自行车交通<br>步行交通 | 1.应与住区的商业、广场、绿化相关设施紧密结合，并构成系统。<br>2.慢行交通应安全、连续、舒适，不宜中断或缩减人行道及非机动车道的有效通行宽度。<br>3.行人交通系统应设置无障碍设施 |
| 静态交通 | 机动车停放<br>非机动车停放 | 1.应避免机动车、非机动车停放对住区交通及居住环境的影响。<br>2.在住区入口、广场附近应布置适当容量的公共停车场（库）。<br>3.停车场（库）的规模应按服务对象、交通特征等因素确定 |

机动车设计车辆及其外廓尺寸（单位：m） 表2

| 车辆类型 | 总长 | 总宽 | 总高 | 前悬 | 轴距 | 后悬 |
|----------|------|------|------|------|------|------|
| 小客车 | 6.0 | 1.8 | 2.0 | 0.8 | 3.8 | 1.4 |
| 大型车 | 12 | 2.5 | 4.0 | 1.5 | 6.5 | 4.0 |

注：1. 总长：车辆前保险杠至后保险杠的距离；
2. 总宽：车厢宽度（不包括后视镜）；
3. 总高：车厢顶或装载顶至地面的高度；
4. 前悬：车辆前保险杠至前轴轴中线的距离；
5. 轴距：双轴车时，为从前轴轴中线至后轴轴中线的距离；铰接车时分别为前轴轴中线至中轴轴中线、中轴轴中线至后轴轴中线的距离；
6. 后悬：车辆后保险杠至后轴轴中线的距离。

非机动车设计车辆及其外廓尺寸（单位：m） 表3

| 车辆类型 | 总长 | 总宽 | 总高 |
|----------|------|------|------|
| 自行车 | 1.9 | 0.6 | 2.25 |
| 三轮车 | 3.4 | 1.25 | 2.25 |

注：1. 总长：自行车为前轮前缘至后轮后缘的距离；三轮车为前轮前缘至车厢后缘的距离；
2. 总宽：自行车为车把宽度；三轮车为车厢宽度；
3. 总高：自行车为骑车人骑在车上时，头顶至地面的高度；三轮车为载物顶至地面的高度。

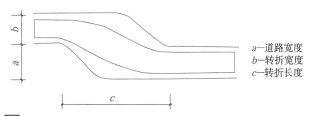

a—道路宽度
b—转折宽度
c—转折长度

**1** 道路转折示意图

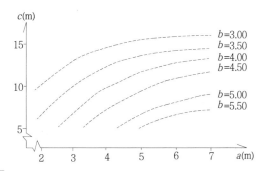

**2** 道路转折系数示意图

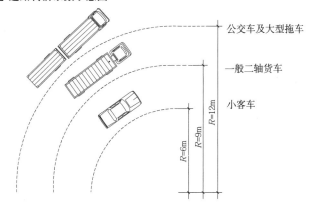

公交车及大型拖车
一般二轴货车
小客车

**3** 常见车辆转弯半径R

## 道路系统规划要求

住区道路系统规划应遵循下列原则：

1. 应根据地形、气候、用地规模、建筑特点、环境条件、原有交通设施以及居民的出行特征来确定经济、便捷的道路网体系和道路断面形式。

2. 居住小区内应避免过境车辆穿行，同时也应避免本地车辆过度绕行，并保障消防车、救护车、小型货车和垃圾车等车辆的通行。

3. 有利于住区内各类用地功能的划分和有机联系，促进建筑布局的多样化。

4. 在地震烈度不低于6度的地区，应考虑道路空间的防灾减灾要求。

5. 应满足住区的公共服务设施配置和地下工程管线埋设要求。

6. 城市旧区改建时，其道路系统应充分考虑原有道路系统的特点，重视保留和利用有历史文化价值的老街道。

7. 为同时保证人、骑车人的安全便利，应采取相应管理和技术措施，使得住区内机动车减速慢行。

## 道路网密度

住区内路网密度是影响住区内交通服务设施水平的重要因素。住区路网密度受用地规模、建筑总量以及停车位数量的影响，与用地规模成反比，与建筑总量和停车位数量成正比。

1. 在以多层住宅为主的中低密度住区内，路网密度在8~10km/km²左右为适宜，最低不宜低于6km/km²；

2. 对于以高层住宅为主的高容积率住区，路网密度应随小区容积率的提高而作相应的增加，但不宜超过12km/km²。

## 道路边缘至建筑物、构筑物的最小距离

道路边缘至建筑物、构筑物的最小距离（单位：m）        表1

| 道路类型 | | | 集散型道路 | 宅间路 |
|---|---|---|---|---|
| 道路与建筑关系 | 建筑物面向道路 | 无出入口 | 3 | 2 |
| | | 有出入口 | 5 | 3 |
| | 建筑物山墙面向道路 | | 2 | 1.5 |
| | 围墙面向道路 | | 15 | 1.5 |

## 道路等级和车速

住区的道路包括市政道路和内部道路。住区中的市政道路，一般不应有双向6车道及更宽的主干路穿过。有双向4车道及以上道路时建议设置绿化隔离带，并考虑行人过街设施，建议设计车速在30km/h以上；有双向2车道的市政道路时，建议设计车速不超过30km/h。

居住小区应为市政道路所围合。小区内部道路系统按交通功能可以分为集散型道路和宅间路两类，前者承担小区内部各组团之间联系和对外交通的功能，后者是指通向各建筑单元出入口，供行人使用，也兼顾货运和应急车辆抵达的道路，一般不允许车辆穿行。

住区内双向4车道以上道路须纳入城市道路系统，居住小区内部道路设计车速在20km/h以下，原则上不设信号控制，不设

物理隔离带（栏），植被和绿化宜置于道路外侧，通常为双向2车道，无论单双向道路均不应超过2车道。

道路路面宽度控制见表2。

道路路面宽度控制（单位：m）        表2

| 道路类型 | | 车行道面宽度 | 人行路面宽度（单侧） |
|---|---|---|---|
| 集散型道路 | 小区级 | 6~9 | ≥2 |
| | 组团级 | 3~5 | ≥1.5 |
| 宅间路 | | ≥2.5 | 可不设 |

## 典型横断面

住区对绿化、景观以及慢行交通要求较高，因此住区道路横断面设计应突出生活性和景观性。

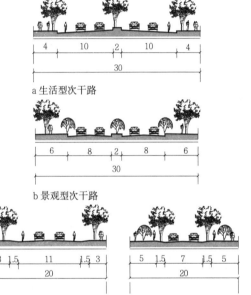

a 生活型次干路

b 景观型次干路

c 生活型支路        d 景观型支路

1 住区内市政道路参考横断面示意图（单位：m）

## 路面结构和材料

1. 住区道路路面应考虑降噪需求，推荐使用沥青凝土路面。

2. 住区道路路面应考虑货运车辆及消防、救护等特殊车辆的行驶要求，选取合适的路基路面结构与材料。

## 住区交通管理概述

交通管理是住区物业管理的重要组成部分，应与道路系统相匹配，实现住区内交通的安全和效率。

1. 设置门禁系统，控制居住小区内的车辆进出，必要时对小区内车辆交通进行疏导。

2. 控制住区内车辆速度，设置交通标识及警告标识，在路口及长直线路段合理设置减速装置，在视距受限处合理设置反光镜等改善视距装置。

3. 合理安排住区内车辆有序停放，重视停车场地的日常维护与管理。

4. 按照消防管理要求，保证住区内消防通道的畅通。

## 道路平面线型设计

1. 线型控制

小区内道路一般不宜设置过长的直线道路，以免造成过快的车速和不必要的穿行交通，但也不适宜出现连续弯道，增加行车不安全性。建议直线段长度保持在50~200m之间。道路平曲线参照城市道路设计标准，取设计车速20km/h为宜，曲线道路弯道半径在20~30m左右。

2. 交叉口转弯半径

住区内不宜设置过大的转弯半径，各级道路交叉口转弯半径设置见表1。

各级道路相交的转弯半径（单位：m）                表1

| 道路相交类型 | 转弯半径 |
|---|---|
| 集散型道路与城市道路相交 | 10~20（交角不宜小于75°） |
| 集散型道路之间相交 | |
| 集散型道路与宅间路相交 | 5~10 |

## 纵坡控制

道路纵坡控制要求见表2，特殊地形情况下，可以允许最大纵坡达到12%，但应注意控制坡长。

道路纵坡控制                                表2

| 道路类型 | 最小纵坡 | 最大纵坡 | 多雨雪地区 |
|---|---|---|---|
| 机动车道 | ≥0.3% | ≤8.0% | ≤6.0% |
| 自行车道 | ≥0.2% | ≤3.5%（坡长≤150m） | ≤2.0%（坡长≤100m） |
| 步行道 | ≥0.2% | ≤8.0%（坡长≤200m） | ≤4.0% |

## 机动车出入口设置

1. 小区出入口设计应满足小区内交通量的要求，并与小区规模和外部道路等级相适应。集散型道路至少要有两个方向与外围道路相连，机动车出入口间距应在150~400m之间。非机动车出入口间距应在50~200m之间，道路交角不宜小于75°。

2. 沿街建筑物长度超过80m时需设人行出入通道，超过160m时，需设洞口尺寸不小于4m×4m的消防车通道。

3. 设置出入口时应以支路为优先，需要与城市干路直接相接的，应设信号控制，与辅路相接的，需考虑左转绕行距离不宜超过400m。

4. 出入口如设置在支路上，则距支路与干路交叉口距离不宜小于50m，距行人过街设施不宜小于20m。

5. 出入口两侧各30m距离内严禁停车，50m以内不宜设公交车站。

6. 出入口不宜采取拓宽做法，与出入口相衔接的内部道路直线长度不宜小于20m。

7. 出入口及交叉口的通视三角区内需保持视线通畅，障碍物遮挡高度不应超过50cm。

## 交叉口视距计算

$$S_S = \frac{v}{3.6}t + \frac{v^2}{26a}$$

$S_S$—交叉口视距（m）

$v$—路段计算车速，取20~40km/h

$a$—减速度，取2m/s

$t$—识别时间，取0.1~0.5s

**1** 交叉口通视三角区范围示意图

## 小区内部交叉口设计要求

集散型道路之间的交叉口间距不宜小于50m，50m范围内宅间路数量不宜超过一条，同侧宅间路与集散型道路的交叉口之间间距不宜小于30m。

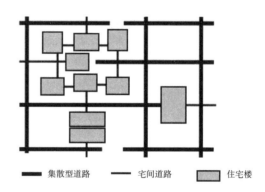

━━ 集散型道路 ── 宅间道路 ▨ 住宅楼

**2** 小区内部路网衔接关系示意图

## 回车场设置

小区内尽端道路长度不宜大于80m，并应根据路网形式在尽端设置不小于12m×12m的回车场，见**3**。

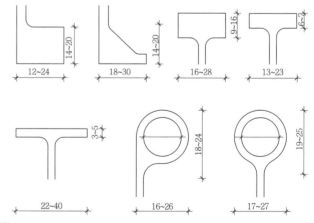

**3** 回车场平面形式参考（单位：m）

## 交通稳静化（Traffic Calming）设计概述

交通稳静化是道路设计中减速技术的总称，即通过道路系统的硬设施（如物理措施等）及软措施（如法规和技术标准等）降低机动车对居民生活质量及环境造成的负效应，以改变鲁莽驾驶行为，引导人性化驾驶环境，达到提升交通安全性改善步行及非机动车交通环境的目标。

住区交通稳静化设计可以有效地提高住区的安全性和宜居性，增加社区亲和力。主要的交通稳静化的管理措施如表1所示。

交通稳静化管理措施 表1

| 管理措施 | 内容 |
| --- | --- |
| 路网结构调整 | 避免居住小区内部的穿行交通，并将小区内道路空间更多地考虑成绿化、行人或静态交通使用，以保证居民步行安全 |
| 住区入口控制 | 利用视觉感受改变或控制驾驶行为，让车辆进入社区时减速慢行 |
| 人车交通冲突处的处理 | 设置降速措施，保证人行道宽度，信号标志必须从保障行人安全的角度布置 |
| 景观与人行道 | 按景观要求配合交通功能改建道路空间，并借助调整道路空间及信号标识来提高行人、公共交通的优先权 |
| 水平速度控制 | 改变传统的直线行驶方式以降低车速，典型的措施包括设置交通花坛、交通环岛、曲折车行道、变形交叉口 |
| 垂直速度控制 | 把车行道的其中一段提高，以降低车速，典型的措施包括设置减速丘、减速台、凸起的人行横道、凸起的交叉口等 |
| 交叉口瓶颈化 | 交叉口瓶颈化是指交叉处两侧路缘向中间延伸，从而减少进口宽度。凸起的交通岛不仅容易引起机动车的注意，还能缩短行人穿越交叉口的距离。其优点是缩短了行人穿越交叉口的时间，提高了行人安全；大型车可以较容易地直行和左转；能够保护路面停车区 |
| 路面窄化 | 路面窄化是指通过拓宽人行道或绿化带延伸路缘，以窄化道路断面的一种方式，如果配有人行横道标线，则就是所谓的"安全人行横道"，其优点是提高了人行交通安全性 |
| 停车规划 | 路外停车空间需要留有余地，区分不同的停车收费措施，配合小区整体规划，合理引导小区停车需求 |

在我国，交通稳静化措施主要应用于经过住区的市政道路和居住小区级别的道路。

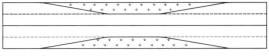

b 狭窄车道

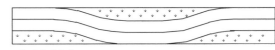

c 水平波形车道

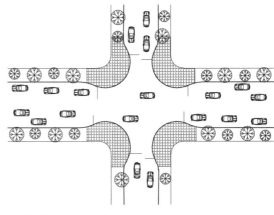

d 道路瓶颈（交叉口缩小）

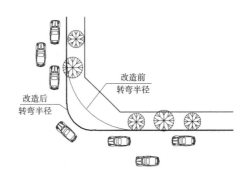

e 减小转弯半径

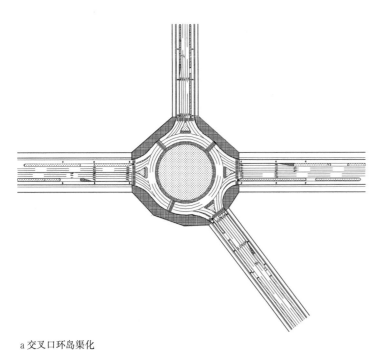

a 交叉口环岛渠化

**1** 交通稳静化的工程措施

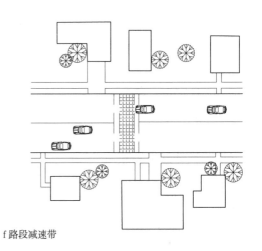

f 路段减速带

## 停车系统概述

住区机动车停车系统主要服务于居民的日常停车，也包括部分的外来临时停车，应以小型车辆为主。

### 停车设施的基本类型

按设施类型可以分为地面停车场、地下车库和停车楼。具体类型见 ①、②。

1. 地面停车场进出车便捷、建设成本低，适用于低密度住区和访客临时停车。

2. 地下车库用地经济，对住区景观和绿化影响较小，适用于大多数住区。

3. 停车楼用地经济，但需占用住区地面空间，对景观影响较大，通常少用于住区；停车位严重不足的老旧小区进行改造时可考虑采用停车楼。

### 停车系统配建指标

1. 停车场（库）停车位数大于50个时，需设2个出入口，大于500个时应设3~4个出入口，出入口之间的距离须大于10m。

2. 双向行驶的出入口宽度不得小于7m，单向行驶不得小于5m，且应有良好的通视条件；停车库出入口应后退道路缘石，且不应小于10m；停车场内部主要通道，车辆双向行驶宽度应不小于6m，单向行驶宽度不小于4m。

3. 停车设施的出入口与城市道路交叉口距离不小于80m，与行人过街设施距离应不小于50m。停车设施出入口与小区出入口之间的连接道路应尽可能短。

4. 停车设施内部交通组织应尽量简单明确，避免复杂的动线。

5. 停车设施设计必须综合考虑消防、人防、绿化、照明、排水及停车管理设施。

### 停车设施布置的基本原则

1. 地面停车系统设计应采用路外集中停放方式，划定明确的地面停车范围，以利于后期统一管理。

2. 车行动线应尽可能避免与人行动线的交织，尤其应使车行动线与人行主通道分离，提高居住小区人行安全性。

3. 住区地面停车设施出入口应尽量靠近小区周边道路，方便车辆进出；同时小区车行出入口与人行出入口应分离设置。设计实例如 ③。

4. 应对地面停车场进行合理绿化。停车场绿化可提高小区绿化率，夏天可有效降低停车场和车内温度，提升停车舒适度。一般使用乔木绿化。

### 地面停车系统设计注意事项

1. 居住小区机动车出入口应预留收费岗亭设置空间，以便于后期运营管理。

2. 对于地面、地下停车场（库）综合设置的小区，应将固定车位（出售车位）设于地下，非固定车位（访客车位、出租车位）设于地面。

3. 停车位紧张的小区可在保证消防救护等市政车辆通道畅通的情况下，因地制宜布置停车位。其中小区住户车位（出售车位、出租车位）应尽可能在路外集中设置，小区路侧停车位应仅作为临时停车位。

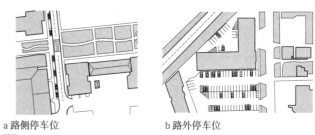

a 路侧停车位　　　　b 路外停车位

① 地面停车场

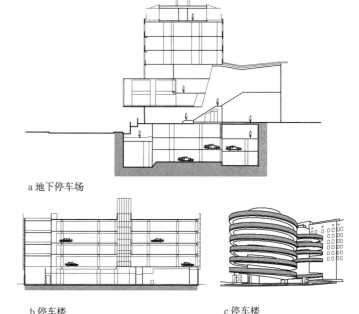

a 地下停车场

b 停车楼　　　　c 停车楼

② 地下车库、停车楼

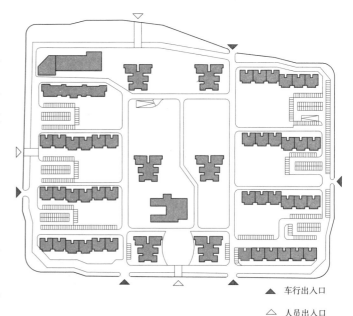

▲ 车行出入口

△ 人员出入口

③ 北京世纪华侨城地面停车布置

## 地面停车场车辆停放方式

车辆停放除需考虑车辆自身各项尺寸之外，还需考虑进出转弯及排队等候等情况。根据不同的进出方式，可以将停放方式基本分为平行停车方式、垂直停车方式、斜向停车方式三种，具体类型见 1~4。

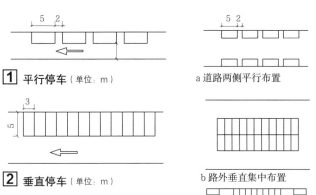

1 平行停车（单位：m）

a 道路两侧平行布置

2 垂直停车（单位：m）

b 路外垂直集中布置

3 斜向停车（单位：m）

c 大型停车设施布置

4 停车组合布置形式（单位：m）

## 地下车库及停车楼设计

《车库建筑设计规范》JGJ 100-2015中，对车库的坡道宽度、坡度、转弯半径和净空高度都规定了设计标准。根据设计规范值，结合设计经验，坡道设计参数如下：

立体停车设施坡道参数建议值　　　　　表1

| 坡道参数 | 单车道 | 双车道 |
| --- | --- | --- |
| 直线坡道净宽度 | ≥3.5m | ≥7.0m |
| 曲线坡道净宽度 | ≥5.0m | ≥10.0m |
| 直线坡道最大坡度 | ≤15% | ≤15% |
| 曲线坡道最大坡度 | ≤12% | ≤12% |
| 净空高度 | ≥2.5m | ≥2.5m |
| 转弯半径（内径） | ≥4m（$a \leq 90°$） | ≥4m（$a \leq 90°$） |

汽车坡道按平面形式可分为直线坡道、曲线坡道、直线曲线混合坡道、螺旋坡道(二层以上)等，见 5、6。

5 直线坡道

6 曲线坡道

## 地下车库（含停车楼）收费系统设计

1. 收费岗亭和道闸应设置于起坡点之前的水平地面。通常设置于停车库内部，且道闸的后方应预留不小于15m的水平通道，如 7。

2. 居住小区停车场出入口通常只设置收费闸口，不设收费岗亭。如需设置时，收费岗亭通常与收费闸口结合设置。收费岗亭窗口底边高度距离地面1.2m，结构以断桥铝或不锈钢材质为宜。

3. 连通停车库出入口坡道的通道两侧，起坡点前7.5~15m（或一到两跨柱网）的范围内不得设置停车位，可设置设备房等固定设施，如 8。

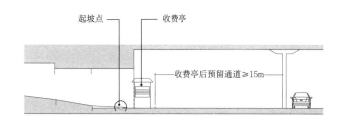

7 收费岗亭与起坡点关系

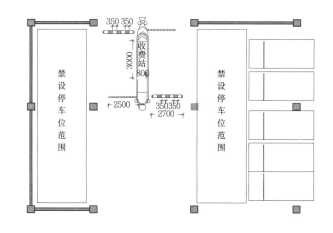

8 禁设停车位范围

## 地下车库车位布置

地下车库的车位通常采用垂直停车形式，部分较宽的通道可布置平行停车位。地下车库车位布置应注意与建筑柱网间的关系，停车位柱距最小尺寸见 9：

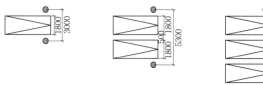

9 停车位柱距最小尺寸

## 自行车停车设施

1. 居住小区应设置自行车集中停放区，便于统一管理。规模较大的小区可分散设置多处自行车集中停放区。

2. 一般自行车停放规模不宜过大，服务半径一般不超过100m，以50m内为宜。居民存取车辆流线应与日常活动流线相一致，不宜迂回。

3. 小区自行车停车系统应设于地面或地下建筑夹层。

4. 自行车地下停车场需设置独立出入口和自行车专用坡道，不可与机动车地下停车场混用。

5. 自行车地面停车场应设置挡雨棚，同时综合考虑绿化、照明及排水设施。

## 自行车停放方式

自行车平面停放的排列方式包括垂直式、斜列式、单排停放及双排停放等，具体类型见 ①。

自行车停放的规范化、现代化逐渐形成趋势，且自行车立体停放方式用地更为经济，建议住宅自行车停车系统采用立体停放，见 ②。

自行车停车带之间通道的宽度，按取车人推车行走所需宽度而定。停车带宽度与排列方式有关。大量的自行车停放时，应成行、成组布置。

自行车停车区建议设置雨棚。

自行车停车带宽度及通道宽度 表1

| 停放方式 | | 停车带宽度（m） | | 停车车辆间距 $S_车$ | 通道宽度（m） | |
| --- | --- | --- | --- | --- | --- | --- |
| | | 单排停车 $W_{车1}$ | 双排停车 $W_{车2}$ | | 一侧停车 $W_{道1}$ | 两侧停车 $W_{道2}$ |
| 斜列式 | 30° | 1.00 | 1.60 | 0.35 | 1.20 | 2.00 |
| | 45° | 1.40 | 2.26 | 0.35 | 1.20 | 2.00 |
| | 60° | 1.70 | 2.77 | 0.35 | 1.50 | 2.00 |
| 垂直式 | | 2.00 | 3.20 | 0.40 | 1.50 | 2.00 |

## 电动自行车停车设施

1. 对于电动车出行比例较高的城市，可在中高层住宅小区设置电动车停车场。

2. 电动车停车场应在地面集中设置，有条件时考虑配置充电设施。电动车通常采用垂直、斜列停放方式。

3. 电动车停车场一般应与自行车停车场分别设置，如果两者结合设置，则停车场内部须划分自行车停车区和电动车停车区，同时各自拥有独立的出入口。

4. 考虑到遮阳和保温需求，电动车停车场建议设置为室内停车场，同时综合考虑照明及排水设施。

5. 电动车的停放管理应优先采用与机动车类似的停放管理方式，并考虑配备专属充电设施。

电动车垂直停放指标 表2

| 停放方式 | 停车带宽度（m） | | 停车车辆间距 | 通道宽度（m） | |
| --- | --- | --- | --- | --- | --- |
| | 单排停车 | 双排停车 | | 一侧停车 | 两侧停车 |
| 垂直停放 | 2.00 | 3.20 | 0.6 | 1.8 | 2.2 |
| 斜列式 | 1.70 | 2.80 | 0.6 | 1.8 | 2.2 |

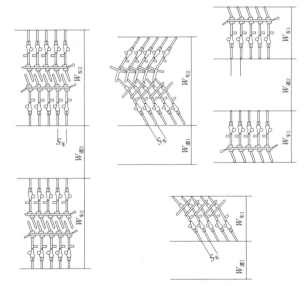

① 自行车和电动车平面停放方式

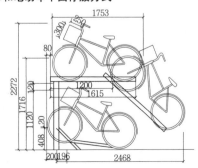

② 自行车立体停放方式

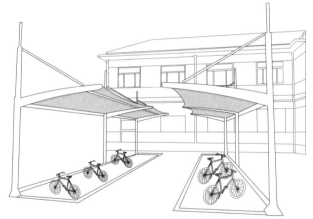

a 电动车停车库

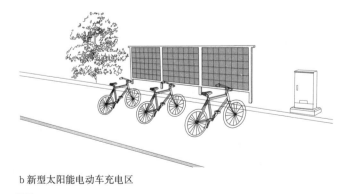

b 新型太阳能电动车充电区

③ 电动车停放

## 休闲游憩交通设计概述

住区休闲游憩交通包括步行交通与自行车交通。

休闲游憩交通组织　　　　　　　　　　　表1

| 组织方式 | 布置特点 | 适应条件 |
|---|---|---|
| 独立步行系统 | 步行交通自成系统，与自行车道、机动车道分开设置 | 大、中型住区，条件受限的山地住区 |
| 独立自行车系统 | 自行车交通自成系统，与机动车道、步行道路分开设置 | 自行车较多的大、中型住区 |
| 行人与自行车混行 | 步行道与自行车道混设，组成慢行路道系统，与机动车道分开设置 | 中、小型住区 |
| 行人与自行车、机动车混行 | 人行道与自行车道、机动车道混设，在道路断面上区分 | 小型住区，条件受限的山地住区 |

## 设计要求

建设相对独立、完整的住区慢行系统，与机动车交通有方便的联系但互不干扰。

与住区出入口、住区中心及广场绿地有便捷的联系，方便居民出行与各种活动的开展。有利于住区景观组织与环境塑造。

## 步行交通设施

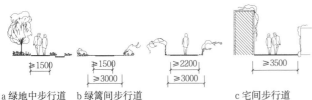

a 绿地中步行道　　b 绿篱间步行道　　c 宅间步行道

**1** 步行道基本尺寸

步行道允许坡度　　　　　　　　　　　表2

| 要求类型 | 要求条件 | |
|---|---|---|
| 坡度 | 步行道限制坡度≤8% | 当6%<坡度≤8%时　须铺设防滑设施 |
| | | 当坡度>8%时　一般应设台阶 |
| 无障碍 | 步行阶梯一侧或双侧应设婴儿车、非机动车等上下推行所用坡道，推行坡道每段坡长不宜超过6m，坡度不宜大于1:5 | |
| 排水 | 为保证排水顺畅，应保证最小排水坡度，一般采用0.2%~0.5% | |

**2** 步行道坡度要求

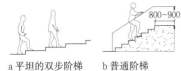 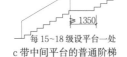

a 平坦的双步阶梯　　b 普通阶梯　　c 带中间平台的普通阶梯

**3** 步行阶梯形式

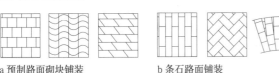

a 预制路面砌块铺装　　　　b 条石路面铺装

**4** 步行道路面铺装

人行过街设施设置要求　　　　　　　　　表3

| 要求类型 | 要求条件 |
|---|---|
| 设置 | 机动车道交叉口处应设人行横道；路段人行横道应布设在人流集中、通视良好的地点 |
| 宽度 | 人行横道宽度根据过街行人数量及信号控制方案确定，住区道路人行横道宽度不宜小于3m，并采用1m为单位增减 |

a Y形路口　　　　b T形路口　　　　c 十字形路口

**5** 路口人行横道设置

## 自行车交通设施

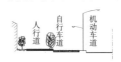 

a 独立于机动车道和人行道之外的专用自行车道　　b 位于机动车道与人行道之间　　c 位于人行道与建筑红线之间

**6** 自行车道位置

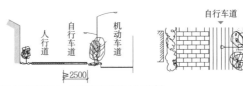

a 与人行道等高：自行车流量较小时采用

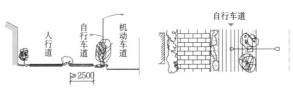

b 与人行道等高：自行车流量较大时采用

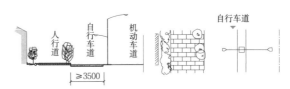

c 与机动车道等高：自行车流量很大时采用

**7** 自行车道基本尺寸

自行车道坡度　　　　　　　　　　　　　表4

| 适宜坡度 | 最小纵坡≥0.3%，最大纵坡<2.5% | |
|---|---|---|
| 特殊情况 | 纵坡<0.3%时，应设置锯齿形边沟或采取其他排水设施 | |
| | 纵坡≥2.5%时 | 坡度（%）　最大坡长（m） |
| | | 2.5　　300 |
| | | 3.0　　200 |
| | | 3.5　　150 |

自行车道宽度　　　　　　　　　　　　　表5

| 每条自行车道宽度为1m | |
|---|---|
| 自行车道与机动车道合并设置时 | 单向车道数≥2，宽度≥2.5m |
| 自行车道专用时（包括自行车道宽度及两侧路缘带宽度） | 单向宽度≥3.5m，双向宽度≥4.5m |

## 无障碍通行设计概述

住区规划人行系统中的无障碍通行,涉及人行道、人行横道等,主要内容包括缘石坡道、轮椅坡道、盲道等。

住区无障碍设施与设计要求　　　　　　　　　　　　　表1

| 设施类别 | 设计要求 |
|---|---|
| 缘石坡道 | 住区道路中的人行步道,在边缘设置路缘石后,各路口地面出现高差,需要在设有路缘石的各路口设置缘石坡道,同时在公共建筑入口、公共绿地入口设置缘石坡道 |
| 轮椅坡道、梯道与扶手 | 住区的人行天桥和人行地道,应设轮椅坡道和安全梯道,在坡道和梯道两侧应设扶手。住区各级公共绿地的入口与通路及休息凉亭等设施的平面应平缓防滑;地面有高差时,应设轮椅坡道和扶手 |
| 盲道 | 住区级和小区级公共绿地入口地段应设盲道,绿地内的台阶、坡道和其他无障碍设施的位置应设提示盲道。组团级绿地和儿童活动场的入口应设提示盲道 |

## 坡道

1. 住区无障碍通行道路坡道,包括路缘石轮椅坡道和独立轮椅坡道。纵坡坡道不宜大于2.5%。在人行步道中设台阶,应同时设轮椅坡道和扶手。

2. 缘石坡道应设在人行道的范围内,并应与人行横道相对应;缘石坡道可分为单面缘石坡道和三面缘石坡道;缘石坡道的坡面应平整,且不应光滑;缘石坡道下口高出车行道的地面不得大于20mm。

3. 单面坡缘石坡道可采用方形、长方形或扇形;方形、长方形单面缘石坡道应与人行道的宽度相对应,见 1 ~ 3 ;扇形单面缘石坡道下口宽度不应小于1.50m,见 4 ;设在道路转角处的单面缘石坡道上口宽度不宜小于2.0m,见 5 ;单面缘石坡道的坡度不应大于1:20;三面坡缘石坡道的正面的宽度不应小于1.2m,正面及侧面的坡度不应大于1:12,见 6 。

4. 室外轮椅坡道最小宽度,根据轮椅尺度及乘坐者自行操作所需空间,坡道最小宽度为1.5m,见 7 。

5. 坡道一般形式,有单坡段型和多坡段型之分,见 8 。可用坡段高度和水平长度的关系表述,见表2。

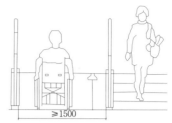

7 室外轮椅坡道最小宽度

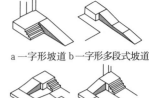

a 一字形坡道　b 一字形多段式坡道

c U字形坡道　　d L形坡道

8 坡道的一般类型

每段坡道的坡度、坡段高度和水平长度的最大允许值　表2

| 坡度 | 1/20 | 1/16 | 1/12 | 1/10 | 1/8 |
|---|---|---|---|---|---|
| 地段最大高度（m） | 1.20 | 0.90 | 0.75 | 0.60 | 0.30 |
| 地段水平长度（m） | 24.00 | 14.40 | 9.00 | 6.00 | 2.40 |

注:本表摘自《无障碍设计规范》GB 50763-2012。

## 盲道

1. 盲道应保持连续,盲道上不得有电线杆、拉线、地下检查井、树木等障碍物,并与周边的公交车站、过街天桥、地下通道、公共建筑的无障碍设施相连。

2. 公共建筑的玻璃门、玻璃墙、楼梯口、通道等处,设置警示性标识或者提示性设施。步行道、公共建筑的地面平整、防滑。

3. 在盲人活动地段的住区主要道路及其交叉口、尽端以及建筑入口等部位设置盲人引导设施。

(1) 地面提示块材:有行进块材与停步块材两种,见 9 和表3。前者提示安全行进,后者提示停步辨别方向、建筑入口、障碍或警告易出事故地段等。

(2) 盲人引导板:有盲文说明牌和触摸引导图置于专用台面或悬挂墙面上,供盲人触摸,见 10 。

地面提示块材尺寸和类别　　　　　　　　　　　　　　表3

| | 规格（mm） | | | | | 备注 |
|---|---|---|---|---|---|---|
| 行进块材 | 150 | 200 | 250 | 300 | 400 | 方形 |
| 提示块材 | 150 | 200 | 250 | 300 | 400 | 方形 |
| 厚度 | 2~10 | 2~20 | 2~50 | 2~50 | 2~50 | — |

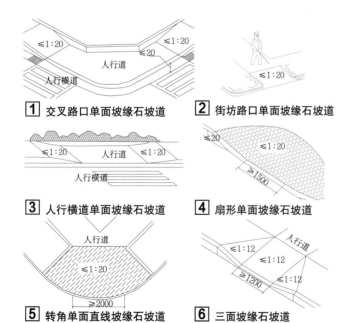

1 交叉路口单面坡缘石坡道　　2 街坊路口单面坡缘石坡道

3 人行横道单面坡缘石坡道　　4 扇形单面坡缘石坡道

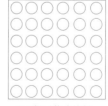

5 转角单面直线坡缘石坡道　　6 三面坡缘石坡道

a 地面提示停步块材　　　　b 地面提示行进块材

9 盲人地面提示块材

a 盲人壁式引导板道　　　b 盲人台式引导板道

10 盲人引导板道

## 应急交通系统概述

住区应急交通包括消防、急救、避险等，是发生紧急情况时实施救护及安全避让的交通保障。

## 设计要求

1. 平急结合要求：一方面，应急交通不仅满足紧急情况时使用，同时也为住区日常交通活动提供空间；另一方面，满足日常交通需求的住区各种交通设施，要确保紧急情况下的使用要求。

2. 应急车辆可达性要求：应将水平交通距离控制在20m以内。

3. 设施系统性要求：住区内各种应急交通设施应形成系统，有利于节约资源、提高使用效率。

4. 设置经济性要求：应急交通使用频率相对较低，在保证合理性、安全性的前提下，其设置应突出经济性。

## 消防通道

消防通道可结合住区各级道路布置，但应考虑消防车道下的管沟和管道等能承受大型消防车的压力。

## 急救通道

人员密集的公共场所的室外疏散小巷，其宽度不应小于4.0m。

供急救车通行的道路净高应充分考虑救护车的高度，包括急救车的天线，净高宜大于4.0m。

## 货运通道

住区内货车主要为满足日常生活需要的中小型货车。大中型商店基地内，在建筑物背面或侧面，应设置净宽度不小于4m的运输道路（可与消防车道结合设置）。

## 避险场地

住区避险场地应能保障居民在发生地震、火灾等情况下的生命财产安全。应充分利用道路、绿地、广场等形成避险疏散场地。

住区道路应与外部城市道路有方便的联系，确保紧急情况发生时的逃生疏散与避险。道路线形、宽度等几何尺寸应确保紧急情况发生时车辆、人流的快速通过。

住区出入口应有足够宽度，并与住区内部道路及外部道路直接相接。

应急避难场所应有方向不同的两条以上与外界相通的疏散道路，作为避难、救援通道路面宽度宜大于4m。

常见应急及货运车辆技术参数　　　　　　　表1

| 车辆类型 | 长度（mm） | 宽度（mm） | 高度（mm） |
|---|---|---|---|
| 某水罐消防车（轻型） | 6000 | 1900 | 2140 |
| 某水罐消防车（中型） | 7550 | 2330 | 3200 |
| 某登高平台消防车（重型） | 11850 | 2500 | 3900 |
| 某救护车 | 5380 | 1880 | 2285 |
| 某救护车 | 4910 | 2000 | 2695 |
| 某微型货车 | 3880 | 1458 | 1810 |
| 某双排货车（中型） | 5955 | 1920 | 2750 |
| 某中型货车 | 6667 | 2490 | 2840 |

消防车道设置要求　　　　　　　　　　　　表2

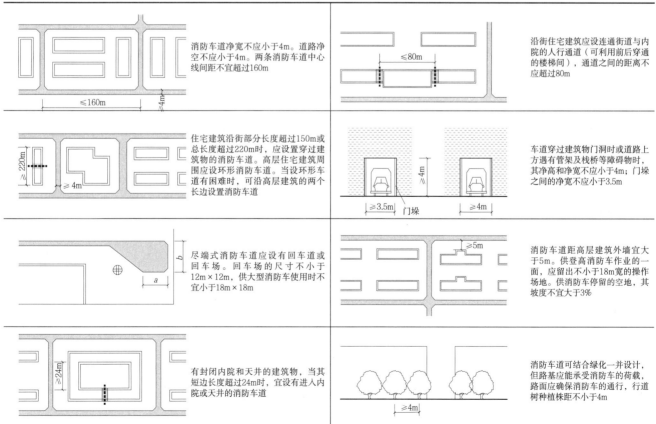

消防车道净宽不应小于4m。道路净空不应小于4m。两条消防车道中心线间距不宜超过160m

沿街住宅建筑应设连通街道与内院的人行通道（可利用前后穿通的楼梯间），通道之间的距离不应超过80m

住宅建筑沿街部分长度超过150m或总长度超过220m时，应设置穿过建筑物的消防车道。高层住宅建筑周围应设环形消防车道。当设环形车道有困难时，可沿高层建筑的两个长边设置消防车道

车道穿过建筑物门洞时或道路上方遇有管架及栈桥等障碍物时，其净高和净宽不应小于4m；门垛之间的净宽不应小于3.5m

尽端式消防车道应设有回车道或回车场。回车场的尺寸不小于12m×12m，供大型消防车使用时不宜小于18m×18m

消防车道距高层建筑外墙宜大于5m，供登高消防车作业的一面，应留出不小于18m宽的操作场地。供消防车停留的空地，其坡度不宜大于3%

有封闭内院和天井的建筑物，当其短边长度超过24m时，宜设有进入内院或天井的消防车道

消防车道可结合绿化一并设计，但路基应能承受消防车的荷载，路面应确保消防车的通行，行道树种植株距不小于4m

## 分类

住区市政工程分类　　　　　　　　　　表1

| 项目 | | 内容 |
|---|---|---|
| 给水工程 | | 住区内供配水管网以及给水增压泵站等设施 |
| 排水工程 | 雨水 | 雨水管渠、雨水提升泵站、排涝泵站、雨水排放口等设施 |
| | 污水 | 污水管道、污水提升泵站、污水处理站等设施 |
| | 中水 | 中水管道、中水处理站等设施 |
| 供电工程 | | 高压配电网、低压配电网、变配电站、开闭所等设施 |
| 通信工程 | | 计算机网络、电信、有线电视等3个分项工程设施 |
| 燃气工程 | | 不同压力等级的燃气输配管道、燃气调压站、液化天然气(瓶组)气化站、压缩天然气(瓶)供气站、液化石油气气化站(混气站)、液化石油气瓶装供应站、人工煤气气源厂等设施 |
| 供热工程 | | 供热管道、锅炉房、热力泵站、热力调压站、换热站等设施 |
| 环卫工程 | | 废物箱、垃圾箱、垃圾收集和转运点(站)、公厕和环卫管理机构等 |

## 规划内容

　　根据各种市政公用设施的现状情况和城市对住区市政公用设施发展的要求,对住区的水、电、气、热、通信和环卫等进行容量或用量的预测和计算,确定住区市政公用设施各系统组构方式,布局各种地上地下市政公用设施,协调它们之间以及住区内部市政系统与城市市政系统之间的关系。

## 给水量预测

　　住区用水量计算,应结合当地供水设施条件,参照国家有关规范确定。进行管网管径计算时,住区用水量需考虑适当的用水量小时变化系数。

住区用水分类　　　　　　　　　　表2

| 用水类型 | 计算方法 |
|---|---|
| 居民生活用水 | 根据相应用水定额指标进行设计 |
| 公建生活用水 | |
| 消防用水 | |
| 市政用水 | 根据实际情况,采用比例估算方法计算 |
| 管网漏损水量 | |
| 其他未预见水量 | |

## 给水系统规划要点

　　1. 住区给水系统的水源优先选用市政供水管网作为给水水源,也可自备水源,当自备水源时,住区给水系统严禁与市政给水管道直接连接。

　　2. 住区给水方式主要有直接给水方式和组合给水方式两种。当市政给水系统的水量和水压能够满足住区的用水需要时,采用由给水管网直接给水方式;当市政给水系统的水量和水压不能完全满足住区的用水需要时,需采用设置增压泵房的二次加压供水方式与直接供水方式相结合的组合式给水方式。

　　3. 住区给水管网由小区给水引入管、管网、加压设施、调节与贮水构筑物(水池、水箱等)、阀门井、室外消火栓、室外消防水泵接合器、洒水栓、室外集中饮(取)用水点等组成。

　　4. 住区的给水管网宜布置成环状,或与城镇给水管道连成环网。

　　5. 住区的室外给水干管应沿区内道路敷设,支管宜平行于建筑物,敷设在绿地、人行道或慢车道下。

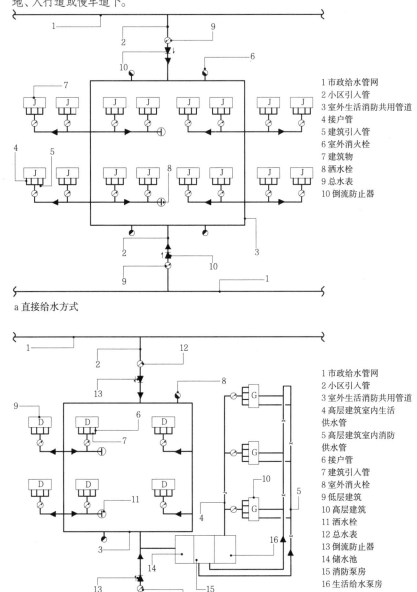

1 市政给水管网
2 小区引入管
3 室外生活消防共用管道
4 接户管
5 建筑引入管
6 室外消火栓
7 建筑物
8 洒水栓
9 总水表
10 倒流防止器

a 直接给水方式

1 市政给水管网
2 小区引入管
3 室外生活消防共用管道
4 高层建筑室内生活供水管
5 高层建筑室内消防供水管
6 接户管
7 建筑引入管
8 室外消火栓
9 低层建筑
10 高层建筑
11 洒水栓
12 总水表
13 倒流防止器
14 储水池
15 消防泵房
16 生活给水泵房

b 组合式给水方式

**1** 给水管网布置形式

住宅最高日生活用水定额及小时变化系数　　　　　　　　　　表3

| 住宅类别 | | 卫生器具设置标准 | 用水定额<br>(L/人·天) | 小时变化系数<br>$K_h$ |
|---|---|---|---|---|
| 普通住宅 | I | 有大便器、洗涤盆 | 85~150 | 3.0~2.5 |
| | II | 有大便器、洗脸盆、洗涤盆、洗衣机、热水器和沐浴设备 | 130~300 | 2.8~2.3 |
| | III | 有大便器、洗脸盆、洗涤盆、洗衣机、集中热水供应(或家用热水机组)和沐浴设备 | 180~320 | 2.5~2.0 |
| 别墅 | | 有大便器、洗脸盆、洗涤盆、洗衣机、洒水栓、家用热水机组和沐浴设备 | 200~350 | 2.3~1.8 |

## 排水体制选择

住区排水体制分为分流制与合流制,新建住区应采用雨污分流制。住区的排水需要进行中水回用、雨水利用时,应设分质、分流排水系统。

## 污水量预测

住区生活污水量计算公式:

$$Q_1=(n\times N\times K_z)/(24\times3600)$$

式中:$n$—生活污水定额(L/人·日)

$N$—设计人口数

$K_z$—生活污水总变化系数

住区排水系统的排水定额是其相应生活给水系统的用水定额的80%~90%。住区生活排水管道的设计流量按住区住宅与公建的生活排水最大小时流量之和确定。

## 雨水量预测

住区雨水量计算公式:

$$Q=\Psi\times F\times q$$

式中:$\Psi$—径流系数

$F$—设计管段汇水面积(hm²)

$q$—设计降雨强度(L/s·hm²)

降雨强度按当地降雨强度公式计算。

## 污水系统规划要点

污水系统规划要点                表1

| 序号 | 要点 | 解释说明 |
|---|---|---|
| 1 | 组成 | 建筑接户管、检查井、排水支管、排水干管、雨水口、小型处理构筑物等 |
| 2 | 布置形式 | 污水干管布置形式分为平行式、正交式;污水支管布置形式分为低边式、围坊式、穿坊式 |
| 3 | 布置原则 | 应根据住区总体规划、道路和建筑物布置、地形等情况,遵循管线短、埋深小、尽量重力流排水的原则 |
| 4 | 敷设原则 | 位于住区干道和组团道路下方时,覆土厚度>0.7m;位于人行道下方时,覆土厚度>0.6m;处于冻土地区时,接户管埋深不高于土壤冰冻线以上0.15m,覆土厚度>0.3m |

## 中水系统规划要点

中水系统规划要点                表2

| 序号 | 要点 | 解释说明 |
|---|---|---|
| 1 | 中水水源选择 | 可选择的种类和选取顺序为:区内的雨水;卫生间、公共浴室的盆浴和淋浴等的排水;盥洗排水;空调循环冷却系统排污水;冷凝水;游泳池排污水;洗衣排水;厨房排水;冲厕排水 |
| 2 | 中水水源水量 | 为中水回用水量的110%~115% |
| 3 | 处理站布置原则 | 中水处理站位置应根据住区规划布局、中水原水的产生、中水用水的位置、环境卫生和管理维护要求等因素确定 |
| | | 以生活污水为原水的地面处理站与公共建筑和住宅的距离不宜小于15m |
| | | 建筑群(组团)的中水处理站宜设在其中心建筑的地下室或裙房内,住区中水处理站按规划要求独立设置,有利于原水收集,处理构筑物宜为地下式或封闭式 |

## 雨水系统规划要点

雨水系统规划要点                表3

| 序号 | 要点 | 解释说明 |
|---|---|---|
| 1 | 布置原则 | 符合低影响开发建设要求,利用河湖水域,促进雨水的自然积存、自然渗透、自然净化 |
| | | 首先按地形规划排水区域,再进行管线布置 |
| | | 根据地面标高和河道水位,划分自排区和强排区。自排区利用重力流自行将雨水排入河道;强排区需设雨水泵站提升排入河道,同时将经过泵站排泄的雨水径流量减少到最小限度 |
| | | 当地形坡度较大时,雨水干管宜布置在地形低处或溪谷线上;当地形平坦时,雨水干管应布置在排水流域的中间,以便尽可能地扩大重力流排水范围 |
| 2 | 结合城市竖向规划 | 城市竖向规划时,应充分考虑排水的要求,以便能合理利用自然地形就近排放雨水,满足管道最不利点和最小敷设要求 |
| 3 | 调蓄水体布置原则 | 充分利用地形,选择适当的河湖水面和洼地作为调蓄池,存储雨水以调节洪峰 |
| | | 降低沟道设计流量,减少泵站设置数量。其布置应与景观规划、消防规划相结合,起到游览、休闲、娱乐、消防贮备用水、市政用水的作用 |
| 4 | 雨水口布置原则 | 一般应在街道交叉路口的汇水点、低洼处 |
| | | 不宜设在对行人不便的地方。街道两旁雨水口的间距一般为25~50m |
| 5 | 排洪沟设置原则 | 靠近山麓建设的住区应考虑在规划周围或超过规划区设置排洪沟,以拦截分水岭以内排泄下来的洪水,保证用地安全 |
| 6 | 雨水利用 | 住区雨水利用包括雨水入渗、雨水收集利用、雨水调蓄排放等内容 |

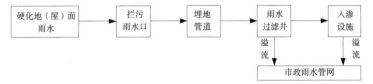

a 埋地入渗系统

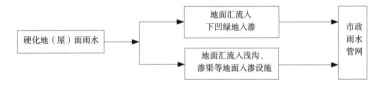

b 地面入渗系统

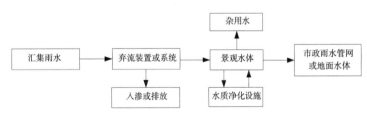

c 景观水体雨水收集利用系统

**1** 住区雨水收集利用系统的典型构成

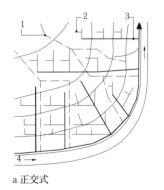 

a 正交式                b 平行式

1 排水流域分界线  2 支管  3 干管  4 河流

**2** 污水干管布置形式

## 电力工程规划要点

住区电力工程规划设计一般属于修建性详细规划的层面，应根据工程的电力负荷级别和容量大小确定电源的供电方式；确定住区内开闭所的数量、规模和位置；对住区内电力线路做统一规划，并协调电信、给排水、供热及燃气等管线做管线综合设计。

## 供电电源规划

### 1. 负荷分级

（1）根据住区内建筑物及配套设施性质的不同将用电负荷分为一、二、三级。

（2）根据《建筑设计防火规范》GB 50016、《民用建筑电气设计规范》JGJ 16、《住宅建筑电气设计规范》JGJ 242等现行规范，住区内主要用电负荷的分级详见表1。其他未列入表中的用电负荷为三级。

（3）不同负荷的供电应符合现行国家标准《供配电系统设计规范》GB 50052的有关规定。

住区内主要用电负荷的分级　　　　　　　　　　表1

| 住区建筑 | | 主要用电负荷名称 | 主要用电负荷等级 |
|---|---|---|---|
| 建筑高度100m或35层及以上的住宅建筑 | | 消防设备、应急照明、障碍照明、避难层用电、客梯 | 一级 |
| | | 走道照明、值班照明、安防系统、电子信息设备机房、排污泵、生活水泵 | 一级 |
| 19层及以上且建筑高度小于100m的一类高层住宅建筑 | | 消防设备、应急照明、客梯 | 一级 |
| | | 走道照明、值班照明、障碍照明、安防系统、客梯、排污泵、生活水泵 | 一级 |
| 10~18层的二类高层住宅建筑 | | 消防设备、应急照明、客梯 | 二级 |
| | | 障碍照明、走道照明、值班照明、安防系统、客梯、排污泵、生活水泵 | 二级 |
| 市政设施 | | 区域性生活水泵、锅炉房、换热站、智能化系统网络中心等 | 二级 |
| 人防工程 | 建筑面积大于5000m² | 风机、水泵、应急照明、通信、报警等消防负荷 | 一级 |
| | 建筑面积小于或等于5000m² | 风机、水泵、应急照明、通信、报警等消防负荷 | 二级 |
| 汽车库、修车库、停车场 | | Ⅰ类汽车库、机械停车设备以及采用升降梯作车辆疏散出口的升降梯用电；消防用电 | 一级 |
| | | Ⅱ、Ⅲ类汽车库和Ⅰ类修车库、机械停车设备和采用升降梯作车辆疏散出口的升降梯用电；消防用电 | 二级 |
| 其他公共建筑 | | 执行国家、行业和地方现行标准 | — |

### 2. 用电负荷估算

（1）在控制性详细规划阶段多采用单位建设用地负荷指标法或建筑面积负荷指标法进行估算。可参考表2。

（2）在修建性详细规划阶段通常将用电负荷进行细致分类后采用单位容量法进行估算。可参考表3。

（3）住区的用电负荷应考虑用电的同时系数，同时系数应根据当地的用电习惯和经济水平确定，一般为0.6~0.8。

（4）在确定住区变压器容量时，应根据负荷的实际情况，选取适当的经济负载率，通常为75%~80%。变压器的最大负载率不大于85%。

（5）电力系统的无功补偿通常采用在变压器低压母线上做集中补偿的方式。补偿后，变压器一次侧的功率因数控制在0.9~0.95。

单位负荷指标　　　　　　　　　　　　　　　表2

| 单位建设用地负荷指标 | | 单位建筑面积负荷指标 | |
|---|---|---|---|
| 城市建设用地用电类别 | 单位建设用地负荷指标（kW/hm²） | 建筑用电类别 | 单位建筑面积负荷指标（W/m²） |
| 居住用地用电 | 100~400 | 居住建筑用电 | 20~60 |
| 公共设施用地用电 | 300~1200 | 公共建筑用电 | 30~120 |

各类建筑物的单位建筑面积用电指标　　　　　　表3

| 功能分类 | 建筑类别 | 用电指标（W/m²） |
|---|---|---|
| 居住建筑 | 公寓 | 30~40 |
| | 普通住宅 | 20~35 |
| | 高级住宅（别墅） | 20~40 |
| 公共建筑 | 旅馆、饭店 | 40~70 |
| | 办公楼 | 30~70 |
| | 大型商业建筑 | 80~120 |
| | 中型商业建筑 | 60~100 |
| | 小型商业建筑 | 40~80 |
| | 体育场馆 | 40~70 |
| | 银行 | 60~100 |
| | 剧场、展览馆、博物馆 | 50~80 |
| | 医院 | 40~80 |
| | 学校 | 20~50 |
| | 汽车库 | 5~15 |

### 3. 供电电源选择

（1）供电电源的选择应根据负荷的性质和容量，结合当地的城市电力规划以及当地供电主管部门的要求，按照安全、可靠、经济、节能的原则来确定。

（2）主要的供电方案见表4。

住区主要供电方案　　　　　　　　　　　　　表4

| 用电负荷等级 | 配变容量（kVA） | 应急容量（kVA） | 供电方式 | | | 备注 |
|---|---|---|---|---|---|---|
| | | | 主用电源 | 备用电源 | 应急电源 | |
| 特别重要负荷 | ≥5000 | ≥2000 | 独立市政10kV电源 | 独立市政10kV电源 | 自备柴油发电机 | 双电源互为备用 |
| | <5000 | <2000 | 一回10kV电源 | 自备柴油发电机 | UPS、EPS或蓄电池 | 禁止并网运行 |
| 一级负荷 | ≥5000 | ≥2000 | 独立市政10kV电源 | 独立市政10kV电源 | — | 双电源互为备用 |
| | <5000 | <2000 | 独立10kV电源 | 自备柴油发电机 | — | 禁止并网运行 |
| 二级负荷 | ≥5000 | ≥2000 | 市政10kV电源 | 市政10kV电源 | — | 双回路互为备用 |
| | <5000 | <2000 | 独立10kV电源 | 自备柴油发电机 | — | 禁止并网运行 |
| 三级负荷 | ≥5000 | — | 市政10kV电源 | — | — | 不少于一回 |
| | <5000 | — | 市政10kV电源 | — | — | 一回 |

## 开闭所规划

1. 开闭所的规划应符合当地城市建设及城市供电规划。

2. 开闭所应深入负荷中心，根据供电容量的大小，按照组团和区域设置；开闭所的转供容量不宜超过15000kVA。见表1。

开闭所规划表  表1

| | 配变容量S（kVA） | 规模 | 数量 | 面积（m²） | 备注 |
|---|---|---|---|---|---|
| 开闭所 | $S < 2000$ | 1进2~4出 | 1 | 约40 | 可不设置开闭所，直接采用配变电所供电 |
| | $2000 \leq S < 5000$ | 1进4~6出 | 1 | 约50 | — |
| | $5000 \leq S < 10000$ | 2进6~8出 | 1 | 约80 | — |
| | $10000 \leq S < 30000$ | 2进8~14出 | 1~2 | 约100 | 一个开闭所的转供容量不宜大于15000kVA |
| | $S > 30000$ | — | — | — | 宜规划35kV或110kV变电站及高压线路通道 |

## 电力线路规划

1. 在新建住区内，电力线缆宜避免明敷。

2. 电力线缆暗敷时，可按不同情况采取以下敷设方式：

（1）直埋敷设适用于住区人行道、公园绿地及公共建筑间的边缘地带。

（2）电缆沟敷设适用于电缆较多，不能直接埋入地下且无机动负载的通道，如人行道、配变电所内以及河边等场所。

（3）排管敷设适用于不能直接埋入地下且有机动车负载的通道，如住区道路中央及穿越小型建筑等。

（4）可在大面积联通的地下室内采用电缆托盘或桥架敷设方式。

3. 住区若有高压架空线路通过时，应满足有关规范对高压走廊的防护要求。

## 通信工程规划要点

1. 住区通信工程规划设计一般属于修建性详细规划的层面，应根据工程的具体情况计算通信容量；确定通信设施的数量、规模和位置；对住区内通信线路做统一规划，并协调电力、给排水、供热及燃气等管线做管线综合设计。

2. 住区和住宅建筑内光纤到户通信设施工程的设计，必须满足至少3家电信业务经营者平等接入、用户可自由选择电信业务经营者的要求。

3. 在公用电信网络已实现光纤传输的县级及以上城区，新建住区和住宅建筑的通信设施应采用光纤到户的方式建设。

## 通信容量规划

1. 光纤和光缆的数量应根据每户的配置等级确定。

2. 有线电视端口的数量不宜小于表3所列标准；商业有线电视用户的建筑物最终需求不宜小于表4所列标准。

每户的光纤/光缆配置  表2

| 配置 | 光纤（芯） | 光缆（条） | 备注 |
|---|---|---|---|
| 高配置 | 2 | 1 | 高配置采用2芯光纤，其中1芯作为备用 |
| 低配置 | 1 | 1 | — |

有线电视用户最终需求表（户内终端点数）  表3

| 住宅分类 | 二、三、四类居住用地 | 一类居住用地 |
|---|---|---|
| 有线电视终端需求 | 2~3 | 4~5 |

商业有线电视用户服务建筑面积表（单位：m²/线）  表4

| 商业用户分类 | 酒店 | 餐饮 | 商场 | 娱乐 | 其他商业场所 |
|---|---|---|---|---|---|
| 一个终端服务建筑面积 | 20 | 80 | 200 | 40 | 150 |

## 通信机房规划

1. 光纤到户工程一个配线区所辖住户数量不宜超过300户，光缆交接箱形成的一个配线区所辖住户不宜超过120户。

2. 通信机房宜设置在布线中心，且设置在建筑物内。

3. 设备间和电信间的最小建筑面积参考表5和表6。

设备间最小面积  表5

| 住区规模 | 配线区数 | 机柜数量 | 机柜型式 | 设备间面积（m²） | 设备间尺寸（m） | 备注 |
|---|---|---|---|---|---|---|
| 普通住宅300户和别墅120户及以下 | 1个 | 4个 | 采用600×600型机柜 | 10 | 4×2.5 | 设备间直接作为用户接入点 |
| | | | 采用800×800型机柜 | 15 | 5×3 | |
| 普通住宅300户和别墅120户以上 | 2~14个 | 4个 | 采用600×600型机柜 | 10 | 4×2.5 | 设备间仅作为光缆汇聚点 |

电信间最小面积  表6

| 配线区户数 | 配线区数 | 机柜数量 | 机柜型式 | 设备间面积（m²） | 设备间尺寸（m） | 备注 |
|---|---|---|---|---|---|---|
| 普通住宅300户和别墅120户及以下 | 1个 | 4个 | 采用600×600型机柜 | 10 | 4×2.5 | 可容纳3家不同的运营商 |
| | | | 采用800×800型机柜 | 15 | 5×3 | |

## 通信管道规划

1. 电信线路在经济、技术许可的情况下，应首先使用通信光缆，提高线路的安全性和道路的利用率。

2. 电信线路多采用多孔电信管道的敷设方式，电信管道的管孔数，应根据终期容量设置，管孔数不宜少于六孔。另可根据情况采用电缆沟的敷设方式。在大面积联通的地下室内可采用电缆托盘或桥架敷设。

3. 住区内的电信通道系统建设应符合：

（1）具备与多个通信运营商连通的能力，能满足用户选择通信运营商的需要。

（2）宜以主设备/交接间为中心辐射。

（3）应选择地下、地上障碍物较少且易于维护的路由。

（4）不应选在易遭到强烈振动的地段。

（5）应远离电蚀和化学腐蚀地带，尽量避免与燃气管、电力管、热力管在同侧建设，不可避免时需控制与其他管线的最小安全净距，详见P81"住区规划[75]市政工程规划/管线综合"的相关内容。

## 燃气工程概述

住区燃气输配系统是指自住区燃气气源至住区用户的全部燃气设施构成的系统，包括燃气气源、调压装置、输配管道、燃气计量装置、用户燃气用具等。

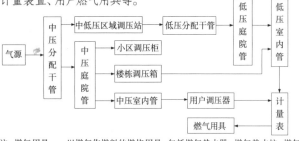

注：燃气用具——以燃气作燃料的燃烧用具，包括燃气热水器、燃气热水炉、燃气灶具、燃气烘烤器具、燃气取暖器具等。

**1** 住区燃气输配系统组成图

## 燃气用气量计算

### 住区用气分类 表1

| 用气类型 | 用气量计算方法 |
| --- | --- |
| 居民生活用气 | 根据居民用气量指标计算 |
| 商业用气 | 根据商业用气量指标法或采用比例估算方法 |
| 未预见用气 | 采用比例估算方法计算（按总用气量的5%计） |

### 北京燃气集团负荷调查课题组推荐的居民年负荷指标 表2

| 用户类型 | 燃气用途 | MJ/（户·年） | MJ/（m²·年） | MJ/（人·年） |
| --- | --- | --- | --- | --- |
| 别墅（中央空调） | 炊事、生活热水、采暖 | 213684 | 712 | 67667 |
| 别墅（壁挂炉） | 炊事、生活热水、采暖 | 106842 | 534 | 32053 |
| 高级公寓（集中采暖） | 炊事、生活热水 | 28491 | 534 | 9260 |
| 普通住宅（集中采暖） | 炊事、生活热水 | 8547 | 427 | 2849 |

### 北京燃气集团负荷调查课题组推荐的商业年负荷指标 表3

| 用户类型 | 燃气用途 | MJ/（m²·年） | MJ/（人·年） | MJ/（床、座·年） |
| --- | --- | --- | --- | --- |
| 托儿所、幼儿园（日托） | 餐饮、热水 | 534 | 1781 | — |
| 中、小学 | 餐饮、生活热水 | 534 | 1425 | — |
| 办公（写字）楼 | 餐饮、生活供暖 | 534 | 1425 | — |
| 综合商场 | 餐饮、生活热水、供暖 | 1603 | — | — |
| 高档宾馆 | 餐饮、生活热水、供暖 | 1068 | — | 106842 |
| 大饭店、酒楼 | 餐饮、生活热水 | 890 | — | 19588 |
| 旅馆、招待所 | 供暖、生活热水、餐饮 | 890 | — | 28491 |
| 饭馆、小吃、餐饮业 | 餐饮 | 890 | — | 10684 |
| 医院、疗养院 | 餐饮、供暖、生活热水 | 890 | — | 21368 |
| 科研、大专院校 | 供暖、生活热水、餐饮 | 356 | 1781 | — |

### 典型城市居民用户用气量指标 表4

| 城市名 | 居民年用气量指标 | 单位 |
| --- | --- | --- |
| 杭州 | 1881~2299 | MJ/（人·年） |
| 富阳 | 2367~2715 | MJ/（人·年） |
| 长春 | 918~1098 | MJ/（人·年） |
| 郑州 | 1637~1694 | MJ/（人·年） |
| 武汉 | 4734~7040 | MJ/（户·年） |
| 深圳 | 2045~2306 | MJ/（人·年） |
| 厦门 | 1052~1093 | MJ/（人·年） |

### 商业用户用气量指标 表5

| 类别 | 用气量指标 | 单位 |
| --- | --- | --- |
| 职工食堂 | 1884~2303（45~55） | MJ/人·年（10⁴kcal/人·年） |
| 饮食业 | 7955~9211（190~220） | MJ/座·年（10⁴kcal/座·年） |
| 托儿所全托 | 1884~2512（45~60） | MJ/人·年（10⁴kcal/人·年） |
| 幼儿园半托 | 1256~1675（30~40） | MJ/人·年（10⁴kcal/人·年） |
| 医院 | 2931~4187（70~100） | MJ/床位·年（10⁴Kcal/（床位·年） |
| 旅馆有餐厅 | 3350~5024（80~120） | MJ/床位·年（10⁴kcal/（床位·年） |
| 招待所无餐厅 | 670~1047（16~25） | MJ/床位·年（10⁴kcal/（床位·年） |
| 高级宾馆 | 8374~10467（200~250） | MJ/床位·年（10⁴kcal/（床位·年） |

城镇燃气分配管道的计算流量按下表公式计算。独立居民小区和庭院燃气支管的计算流量按同时工作系数法计算。

城镇燃气分配管道流量计算：

$$Q_h=(Q_a\times K_m^{max}\times K_d^{max}\times K_h^{max})/(365\times 24)$$

式中：$Q_h$—燃气小时计算流量(Nm³/h)
$Q_a$—年用气量(Nm³/a)
$K_m^{max}$—月高峰系数(1.1~1.3)
$K_d^{max}$—日高峰系数(1.1~1.3)
$K_h^{max}$—小时高峰系数(2.2~3.2)

独立居民小区和庭院燃气管道流量计算：

$$Q_h=K\times N\times Q_n$$

式中：$K$—燃具同时工作系数
$N$—同种燃具或成组燃具的数目
$Q_n$—燃具的额定流量(Nm³/h)

### 居民生活用燃具同时工作系数K 表6

| 同类型燃具数目N | 燃气双眼灶和快速热水器K | 同类型燃具数目N | 燃气双眼灶和快速热水器K |
| --- | --- | --- | --- |
| 1 | 1.000 | 40 | 0.180 |
| 2 | 0.560 | 50 | 0.178 |
| 3 | 0.440 | 60 | 0.176 |
| 4 | 0.380 | 70 | 0.174 |
| 5 | 0.350 | 80 | 0.172 |
| 6 | 0.310 | 90 | 0.171 |
| 7 | 0.290 | 100 | 0.170 |
| 8 | 0.270 | 200 | 0.160 |
| 9 | 0.260 | 300 | 0.150 |
| 10 | 0.250 | 400 | 0.140 |
| 15 | 0.220 | 500 | 0.138 |
| 20 | 0.210 | 700 | 0.134 |
| 25 | 0.200 | 1000 | 0.130 |
| 30 | 0.190 | 2000 | 0.120 |

## 燃气工程规划要点

**1.** 气源选择：可作为住区燃气供应的气源种类主要为天然气、人工煤气和液化石油气。人工煤气、液化石油气将逐步被天然气取代。其中燃气气源有市政中压燃气干管、液化天然气(LNG)气化站、液化天然气(LNG)瓶组气化站、压缩天然气(CNG)供气站、压缩天然气(CNG)瓶组供气站等类型。

**2.** 压力级制：住区燃气管网压力级制一般为中压一级或中压、低压两级系统。

**3.** 管网布置：住区燃气管网的布置形式主要有环状网和枝状网两种。住区主干管沿住区内道路敷设成环状，支管宜平行于建筑物敷设在绿地、人行道或慢车道下，布置成枝状。

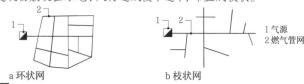

**2** 燃气管网布置形式

## 供热工程概述

供热系统是指自热源至用户的全部设施构成的系统,包括热源(热电厂、区域锅炉房、核供热站、地热、工业余热、热力站)、供热管道设施组成。

## 热负荷计算

进行住区热负荷计算时,应考虑建筑供暖空调热负荷和生活热水热负荷两类热负荷,采用相应的单位热指标进行计算。

在进行生活热水管网计算时,应根据情况选取时变化系数。

热水供热指标　　　　　　　　　　　　　　　表1

| 用水设备情况 | | 单位热指标 |
|---|---|---|
| 住宅无生活热水设备,只对公共建筑供应热水 | | 2.0~3.0 (W/m²) |
| 全部住宅有淋浴设备,并供给生活热水 | | 5~15 (W/m²) |
| 集体宿舍旅馆 | 有盥洗室 | 4.2~5.9 (W/m²) |
| | 有盥洗室和浴室 | 5.9~7.6 (W/m²) |
| | 有盥洗室 | 4.2~8.4 (W/m²) |
| | 有盥洗室和浴室 | 8.4~10.1 (W/m²) |
| | 25%及以下的房号内设有浴盆 | 10.1~13.5 (W/m²) |
| | 26%~75%的房号内设有浴盆 | 15.2~20.3 (W/m²) |
| | 76%~100%的房号内设有浴盆 | 20.2~25.3 (W/m²) |
| 医院疗养院 | 有盥洗室 | 168.6~337.2 (W/床位) |
| | 有盥洗室和浴室、部分房号内有浴盆 | 337.2~421.6 (W/床位) |
| | 全部房号内有浴盆 | 421.6~562 (W/床位) |
| | 有泥疗、水疗设备及浴盆 | 562~843 (W/床位) |
| | 门诊所、诊疗所 | 14.1~22.5 (W/床位) |
| 公共浴室,设有淋浴器、浴盆、浴池 | | 140.5~281 (W/人·次) |
| 理发室 | | 14.1~33.7 (W/人·次) |
| 洗衣房 | | 42.2~70.3 (W/kg干衣) |
| 公共食堂 | 营业食堂 | 11.2~16.9 (W/人·次) |
| | 机关、学校、居民食堂 | 8.4~14.1 (W/人·次) |
| 幼儿园托儿所 | 有住宿 | 42.2~84.3 (W/人·次) |
| | 无住宿 | 22.5~42.2 (W/人·次) |
| 体育场、运动员淋浴 | | 70.3 (W/人·次) |

注:医院、疗养院的每一病房每日热水量标准均包括食堂、洗衣房的用水量。

供暖面积热指标[●]　　　　　　　　　　　　表2

| 建筑类型 | $q_{n·m}$ (w/m²) | 建筑类型 | $q_{n·m}$ (w/m²) |
|---|---|---|---|
| 住宅 | 45~50 | 商店 | 65~75 |
| 节能住宅 | 30~45 | 单层住宅 | 80~105 |
| 办公楼 | 60~80 | 一、二层别墅 | 100~125 |
| 医院幼儿园 | 65~80 | 食堂、餐厅 | 115~140 |
| 旅馆 | 60~70 | 影剧院 | 90~115 |
| 图书馆 | 45~75 | 大礼堂、体育馆 | 115~160 |

注:影剧院、大礼堂、体育馆有楼座时,堂座与楼座面积叠加。

## 供热工程规划要点

**1.** 供热设施规划时,应首先考虑区域周边天然能源利用及废热利用,在负荷不满足要求或安全得不到保障时,可合理配置区域锅炉房进行补充。一般在某个区域可考虑多热源的供热系统。

**2. 锅炉房**

(1)锅炉房燃料宜优先选用清洁能源;设在民用建筑物内的锅炉房,应选用燃油或燃气作为燃料;对于要求常年供热的用户,以城市集中供热为主热源时,宜建辅助锅炉房。

---
❶ 汤蕙芬,范季贤主编.城市供热手册.天津:天津科学技术出版社,1992.

(2)锅炉房宜为独立的建筑物,在受条件限制时可与主体建筑物贴邻或设置在主体建筑的首层或地下一层,也可设置在住区绿地的地下;住宅建筑物内不宜设置锅炉房;集中供热区域锅炉房宜设置在地上独立的建筑物内。

**1** 多热源供热系统示意图

热水锅炉房的用地面积参考[●]　　　　　　表3

| 锅炉房总容量(MW) | 用地面积(×10⁴m²) |
|---|---|
| 5.8~11.6 | 0.3~0.5 |
| 11.6~35.0 | 0.6~1.0 |
| 35.0~58.0 | 1.1~1.5 |
| 58.0~116 | 1.6~2.5 |
| 116~232 | 2.6~3.5 |
| 232~350 | 4~5 |

蒸汽锅炉房用地面积参考[●]　　　　　　　表4

| 额定蒸汽出力(kW) | 是否有汽—水换热站 | 用地面积(×10⁴m²) |
|---|---|---|
| 698~1396 | 无 | 0.25~0.45 |
| | 有 | 0.3~0.5 |
| 1396~4186 | 无 | 0.5~0.8 |
| | 有 | 0.6~1.0 |

**3. 热力站**

热力站可采用单设式或附设式布置,向少量用户供热的热力站,多采用附设方式,设于建筑物地沟入口处或其底层和地下室。

热力站的位置最好位于热负荷中心,在住区改建中,应利用原有锅炉房的用地。对于住区来说,一个小区一般设置一个热力站。

热力站建筑面积参考[●]　　　　　　　　表5

| 规模类型 | 供热建筑面积(×10⁴m²) | 热力站建筑面积(m²) |
|---|---|---|
| I | <2 | <200 |
| II | 3 | <280 |
| III | 5 | <330 |
| IV | 8 | <380 |
| V | 12 | <400 |
| VI | 16 | ≤400 |

**4. 供热管网规划**

供热管网规划设计要点　　　　　　　　　表6

| 项目 | 设计要点 |
|---|---|
| 供热介质 | 民用建筑应采用水作为供热介质 |
| 敷设方式 | 1.室外供热管道宜采用地下敷设。当热水管道地下敷设时,宜采用直埋敷设;蒸汽管道地下敷设时,可采用直埋敷设。当地下敷设困难时,可采用地上敷设。<br>2.管道敷设时,热力管道可与自来水管道、电压10kV以下的电力电缆、通信线路、压缩空气管道、压力排水管道和重油管道一起敷设在综合管沟内。严禁与输送易挥发、易爆、有害、有腐蚀性介质的管道和输送易燃液体、可燃气体、惰性气体的管道敷设在同一管沟内。在综合管沟布置时,热力管道应高于冷水、自来水管道和重油管道 |
| 管线布置 | 1.地下敷设的管道和管沟坡度不宜小于0.2%。<br>2.热水、凝结水管道的高点应安装放气装置,低点宜安装放水装置 |

## 环卫设施规划概述

1. 住区环卫设施规划主要包括：公共厕所、垃圾收集点、废物箱、垃圾收集站、垃圾转运站等公共设施，以及基层环卫机构用地、环卫车辆停车场、环卫工人作息场所、车辆清洗站等环卫附属设施的规划。

2. 垃圾处理设施(填埋场、堆肥厂和焚烧厂)、垃圾/粪便码头、贮粪池等应规划在住区外，并应按相关规范标准要求与住区保持一定间距。

3. 住区环卫设施规划一般包括确定各类环卫设施种类、等级、数量、定点位置、用地和建筑面积等内容。

## 公共厕所

1. 新建与改扩建住区、旧城住区、商业文化街、步行街、交通道路、长途汽车站(多路公交始末站)、大型社会停车场、轨道交通站点、客运码头、公园、广场、大型公共绿地、体育场(馆)、影剧院、菜场、集贸市场等人流集散场所附近，应建造公共厕所。

2. 住区公共厕所建设应以独立式和附建式公共厕所为主，附建式公厕宜设立单独的对外通道；在人员流动密集、用地紧张或近期拟实施旧城改造的地段，宜设置环保型的活动式公共厕所。

公共厕所设置间距和规划建筑面积指标　表1

| 用地性质 | 繁华街道 | 一般街道 | 未改造旧城区 | 新建居住区 | 人员流动密集场所 |
|---|---|---|---|---|---|
| 间距或服务范围(m) | 300~500 | 750~1000 | 100~150 | 300~500 | — |
| 建筑面积(m²/千人) | 5~15 | 2~10 | 20~30 | 5~10 | 15~30 |

注：1. 人员流动密集场所是指如广场、体育场(馆)、长途汽车站、菜场、集贸市场和客运码头等场所。
2. 人均规划建设用地指标偏高、公共设施用地指标偏高的城市、非旅游城市及小城市宜按表中下限选取。

固定式公厕建筑标准设置规定　表2

| 建筑类别 | 独立式 | 附建式 |
|---|---|---|
| 一类公厕 | 商业区、重要公共设施、重要交通客运设施、公共绿地及环境要求高区域 | 大型商场、饭店、展览馆、影剧院、大型体育场馆、综合性商业大楼和省市级医院 |
| 二类公厕 | 城市主、次干路及行人交通量较大道路沿线 | 一般商场(含超市)、专业性服务机关单位、体育场馆、餐饮店、招待所和区县级医院 |
| 三类公厕 | 其他街道和区域 | — |

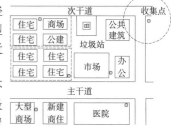

［1］固定式公厕的设置形式

## 垃圾收运设施

1. 住区垃圾产量一般采用人均指标法计算，若无当地实际资料时，一般采用0.8~1.8kg/人·天。

2. 在道路两侧或路口以及各类交通客运设施、公共设施、社会停车场等出入口附近应设置废物箱。

废物箱设置间隔　表3

| 城市街道类型 | 商业、金融业街道 | 主干路、次干路、有辅道快速路 | 支路、有人行道快速路 |
|---|---|---|---|
| 间距(m) | 50~100 | 100~200 | 200~400 |

3. 垃圾收集点服务半径不超过70m，市场、医院、大型商场等垃圾量大的场所附近应单独设置垃圾收集点。

4. 垃圾站的服务半径不超过0.8km，规模按服务区最大月平均日产量确定，应设置一定宽度的绿化带。

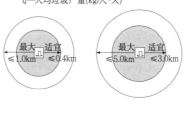

［2］垃圾收集点、垃圾站的布局

垃圾转运站类型及用地标准　表4

| 转运量(t/天) | 用地面积(m²) | 与相邻建筑间距(m) | 绿化隔离带宽度(m) |
|---|---|---|---|
| ≤50 | 500~1000 | ≥8 | ≥3 |
| 50~150 | 1000~4000 | ≥10 | ≥5 |
| 150~450 | 4000~10000 | ≥15 | ≥8 |
| ≥450 | ≤15000 | ≥30 | ≥15 |

注：用地面积不包括垃圾分类和堆放作业用地。

5. 生活垃圾转运站设置数量按服务半径可参考［3］的范围；若按服务人口转运量确定时，转运量小于50t/天的转运站每2~3km²设置一座，面积不低于800m²。垃圾运输距离超过20km时，应设置大、中型转运站。转运量可按下列公式计算：

$$Q = \frac{\delta \times n \times q}{1000}$$

式中：$Q$—转运站规模(t/d)
$\delta$—垃圾产量变化系数，一般取1.13~1.40
$n$—服务区域内人口数
$q$—人均垃圾产量(kg/人·天)

a 人力收集　　b 小型机动车收集　　c 中型机动车收集

［3］垃圾转运站的服务半径

## 环境卫生附属设施

1. 基层环境卫生机构用地指标按表5确定。

2. 环卫车辆停车场可按2.5辆/万人规划设置，每辆大型车辆用地面积按不超过150m²计算。

3. 车辆清洗站服务半径宜为0.9~1.2km，宜与加油(气)站、停车场等合并设置。

基层环境卫生机构用地指标　表5

| 基层机构设置数(个/万人) | 万人指标(m²/万人) | | |
|---|---|---|---|
| | 用地规模 | 建筑面积 | 修理工棚面积 |
| 1/1~5 | 310~470 | 160~240 | 120~170 |

## 管线综合布置原则

1. 住区内应设置给水、污水、雨水和电力管线，在采用集中供热的住区内还应设置供热管线，同时还应考虑燃气、通信、电视公用天线、闭路电视、智能化等管线的设置或预留埋设位置。

2. 住区内各类管线的设置必须与城市管线衔接。

3. 宜采用地下敷设的方式。地下管线的走向宜沿道路或与主体建筑平行布置，并力求线型顺直、短捷和适当集中，尽量减少转弯，并应使管线之间及管线与道路之间尽量减少交叉。

4. 各种管线离建筑物的水平排序，由近及远宜为：电力管线或电信管线、燃气管、热力管、给水管、雨水管、污水管。

5. 各类管线的垂直排序，由浅入深宜为：电信管线、热力管、小于10kV电力电缆、大于10kV电力电缆、燃气管、给水管、雨水管、污水管。

6. 电力电缆与电信管缆宜远离，并按照电力电缆在道路东侧或南侧、电信管缆在道路西侧或北侧的原则布置。

7. 管线之间遇到矛盾时，一般应按以下原则处理：临时管线避让永久管线；小管线避让大管线；压力管线避让重力自流管线；可弯曲管线避让不可弯曲管线。

## 管线综合技术规定

1. 地下管线不宜横穿公共绿地和庭院绿地，与绿化树种间的最小水平净距宜符合表1中的规定。

2. 应根据各类管线的不同特性和设置要求综合布置。各类管线相互间的水平与垂直净距，宜符合表2和表3的规定。

**管线与绿化树种间的最小水平净距**　　表1

| 管线名称 | 最小水平净距（m） | |
| --- | --- | --- |
| | 乔木（至中心） | 灌木 |
| 给水管闸井 | 1.5 | 1.5 |
| 污水管雨水管探井 | 1.5 | 1.5 |
| 煤气管探井 | 1.2 | 1.2 |
| 电力电缆电信电缆 | 1.0 | 1.0 |
| 电信管道 | 1.5 | 1.5 |
| 热力管 | 1.5 | 1.5 |
| 地上杆柱（中心） | 2.0 | 2.0 |
| 消防龙头 | 1.5 | 1.2 |
| 道路侧石边缘 | 0.5 | 0.5 |

3. 应考虑不影响建筑物安全和防止管线受腐蚀、沉陷、震动及重压。各种管线与建筑物和构筑物之间的最小水平间距应符合表4规定。

**各种地下管线之间最小水平净距**（单位：m）　　表2

| 管线名称 | | 给水管 | 排水管 | 燃气管 | | | 热力管 | 电力电缆 | 电信电缆 | 电信管道 |
| --- | --- | --- | --- | --- | --- | --- | --- | --- | --- | --- |
| | | | | 低压 | 中压 | 高压 | | | | |
| 给水管 | | 1.5 | 1.5 | — | — | — | — | — | — | — |
| 燃气管 | 低压 | 0.5 | 1.0 | — | — | — | — | — | — | — |
| | 中压 | 1.0 | 1.5 | — | — | — | — | — | — | — |
| | 高压 | 1.5 | 2.0 | — | — | — | — | — | — | — |
| 热力管 | | 1.5 | 1.5 | 1.0 | 1.5 | 2.0 | — | — | — | — |
| 电力电缆 | | 0.5 | 0.5 | 0.5 | 1.0 | 1.5 | 2.0 | — | — | — |
| 电信电缆 | | 1.0 | 1.0 | 0.5 | 1.0 | 1.5 | 1.0 | 0.5 | — | — |
| 电信管道 | | 1.0 | 1.0 | 0.5 | 1.0 | 2.0 | 1.0 | 1.2 | 0.2 | — |

注：1. 表中给水管与排水管之间的净距适用于管径小于或等于200mm时，当管径大于200mm时，应大于或等于3.0m。
2. 大于或等于10kV的电力电缆与其他任何电力电缆之间应大于或等于0.25m，如加管套，净距可减至0.1m；小于10kV电力电缆之间应大于或等于0.1m。
3. 低压燃气管的压力为小于或等于0.005MPa，中压为0.005~0.3MPa，高压为0.3~0.8MPa。

**各种地下管线之间最小垂直净距**（单位：m）　　表3

| 管线名称 | 给水管 | 排水管 | 燃气管 | 热力管 | 电力电缆 | 电信电缆 | 电信管道 |
| --- | --- | --- | --- | --- | --- | --- | --- |
| 给水管 | 0.15 | — | — | — | — | — | — |
| 排水管 | 0.4 | 0.15 | — | — | — | — | — |
| 燃气管 | 0.15 | 0.15 | 0.15 | — | — | — | — |
| 热力管 | 0.15 | 0.15 | 0.15 | 0.15 | — | — | — |
| 电力电缆 | 0.15 | 0.5 | 0.5 | 0.5 | 0.5 | — | — |
| 电信电缆 | 0.2 | 0.5 | 0.5 | 0.15 | 0.5 | 0.25 | 0.25 |
| 电信管道 | 0.1 | 0.15 | 0.15 | 0.15 | 0.5 | 0.25 | 0.25 |
| 明沟沟底 | 0.5 | 0.5 | 0.5 | 0.5 | 0.5 | 0.5 | 0.5 |
| 涵洞基底 | 0.15 | 0.15 | 0.15 | 0.15 | 0.5 | 0.2 | 0.25 |
| 铁路轨底 | 1.0 | 1.2 | 1.0 | 1.2 | 1.0 | 1.0 | 1.0 |

**各种管线与建、构筑物之间的最小水平间距**（单位：m）　　表4

| 管线名称 | | 建筑物基础 | 地上杆柱（中心） | | | 铁路（中心） | 城市道路侧石边缘 | 公路边缘 |
| --- | --- | --- | --- | --- | --- | --- | --- | --- |
| | | | 通信照明及<10kV | ≤35kV | >35kV | | | |
| 给水管 | | 3.0 | 0.5 | 3.0 | | 5.0 | 1.5 | 1.0 |
| 排水管 | | 2.5 | 0.5 | 1.5 | | 5.0 | 1.5 | 1.0 |
| 燃气管 | 低压 | 1.5 | 1.0 | 1.0 | 5.0 | 3.75 | 1.5 | 1.0 |
| | 中压 | 2.0 | | | | 3.75 | 1.5 | 1.0 |
| | 高压 | 4.0 | | | | 5.0 | 2.5 | 1.0 |
| 热力管 | | 直埋2.5 | 1.0 | 2.0 | 3.0 | 3.75 | 1.5 | 1.0 |
| | | 地沟0.5 | | | | | | |
| 电力电缆 | | 0.6 | 0.6 | 0.6 | 0.6 | 3.75 | 1.5 | 1.0 |
| 电信电缆 | | 0.6 | 0.5 | 0.6 | 0.6 | 3.75 | 1.5 | 1.0 |
| 电信管道 | | 1.5 | 1.0 | 1.0 | 1.0 | 3.75 | 1.5 | 1.0 |

注：1. 表中给水管与城市道路侧石边缘的水平间距1.0m适用于管径小于或等于200mm时，当管径大于200mm时，应大于或等于1.5m。
2. 排水管与建筑物基础的水平间距，当埋深浅于建筑物基础时应大于或等于2.5m。
3. 表中热力管与建筑物基础的最小水平间距对于管沟敷设的热力管道为0.5m，对于直埋闭式热力管道管径小于或等于250mm时为2.5m，管径大于或等于300mm时为3.0m，对于直埋开式热力管道为5.0m。

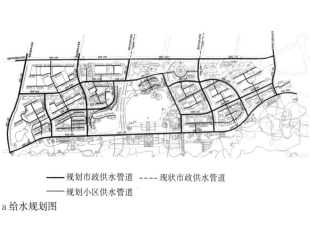

a 给水规划图

——规划市政供水管道　----现状市政供水管道
——规划小区供水管道

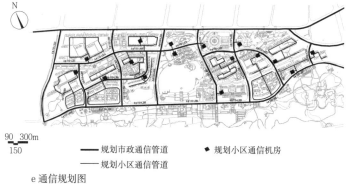

N

90　300m
150

——规划市政通信管道　◆规划小区通信机房
——规划小区通信管道

e 通信规划图

b 污水规划图

——规划市政污水管道 —·—现状市政污水管道----规划污水压力管道
——规划小区污水管道　◈规划污水泵站

f 燃气规划图

——规划市政中压燃气管道　◆规划小区调压钻
——规划小区低压燃气管道　◉规划三联供设备间

c 雨水规划图

——规划市政雨水管道　----规划雨水边沟
——规划小区供水管道　◄规划雨水排放口

g 供热规划图

——规划市政供热管道　◆规划小区供热站
——规划小区供热管道　▨规划三联供热范围

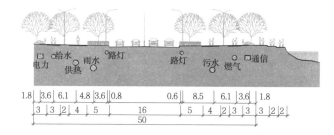

d 供电规划图

——规划市政电力排管　——规划小区电力排管　▨规划中压配电室
----现状高压架空线　▣规划10kV开闭站　◎规划10kV变电站

h 道路断面管线综合图（单位：m）

### 1　新疆维吾尔自治区伊宁市庆华佳苑修建性详细规划市政工程

| 名称 | 主要技术指标 | 设计时间 | 设计单位 |
|---|---|---|---|
| 伊宁市庆华佳苑修建性详细规划市政工程 | 人口3.8万人，面积252hm² | 2011 | 中国城市规划设计研究院 |

规划编制以上位规划为依据，充分考虑与外部设施的衔接和小区市政设施保障的需求，完成了给水、污水、雨水、供电、通信、燃气、供热、环卫、管线综合共9项专业设施配置。规划意图明确，方案合理，内容全面，数据详细，表现清晰

### 1 太原市富力城一期工程给水规划

| 名称 | 主要技术指标 | 设计时间 | 设计单位 |
|---|---|---|---|
| 太原市富力城一期工程给水规划 | 面积26.1hm² | 2009 | 太原市城市规划设计研究院 |

规划清晰表示了供水管道走向和规格。规划区水源从外部干管接入，经过泵站加压，送达每一个楼栋，道路下管径300~400mm，小区内部管道管径100~200mm

### 3 天津市京津小区污水规划

| 名称 | 主要技术指标 | 设计时间 | 设计单位 |
|---|---|---|---|
| 天津市京津小区污水规划 | 面积51.1hm² | 2007 | 中国城市规划设计研究院 |

规划注重建立完善的小区污水收集排放系统，将小区污水集中到污水处理站处理后排放。规划表现了污水管道走向、规格、标高和坡度，污水设施的种类和位置。污水管沿路敷设，管径300~400mm

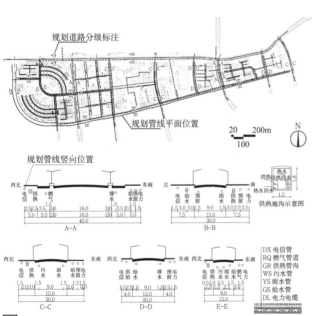

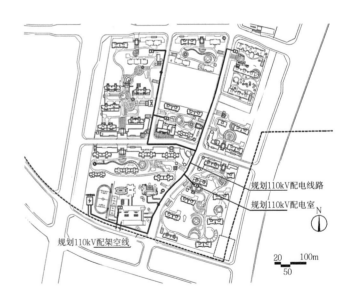

### 2 绥芬河市铁西区沿河地带管线综合规划

| 名称 | 主要技术指标 | 设计时间 | 设计单位 |
|---|---|---|---|
| 绥芬河市铁西区沿河地带管线综合规划 | 面积92.6hm² | 2002 | 中国城市规划设计研究院 |

规划安排了供水、污水、雨水、10kV供电、通信、燃气、供热及路灯电缆共8种地下管线，并将管线的平面位置和竖向位置表现在同一图上。规划统一将通信、燃气、污水管道位置预留在道路东侧或北侧，供水、雨水、供电、供热管道预留在道路的西侧或南侧，使管线位置有规律可循

### 4 太原市绿地世纪城供电规划

| 名称 | 主要技术指标 | 设计时间 | 设计单位 |
|---|---|---|---|
| 太原市绿地世纪城供电规划 | 面积38.5hm² | 2010 | 太原市城市规划设计研究院 |

规划小区供电系统简明实用，结合110kV变电站，设置若干10kV配电所，10kV线路顺畅延伸至各配电所，为楼栋提供低压用电保障。规划表示了供电线路的走向和数量，变配电设施的种类、等级、位置和用地面积

2
住区规划

管底标高、地面标高标注

管径、坡度、管长标注

规划雨水管道

50  200m
100

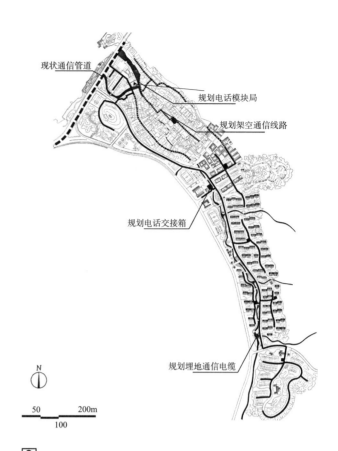

现状通信管道

规划电话模块局

规划架空通信线路

规划电话交接箱

规划埋地通信电缆

N

50  200m
100

### 1 厦门大嶝对台小商品市场雨水规划

| 名称 | 主要技术指标 | 设计时间 | 设计单位 |
|---|---|---|---|
| 厦门大嶝对台小商品市场雨水规划 | 面积112hm² | 2010 | 厦门市城市规划设计研究院 |

规划充分利用地形地貌，沿道路铺设DN600~1350的雨水管，将小区内的雨水收集后排入河道。方案简洁明了，表示了雨水管沟的走向、规格、标高和坡度，雨水排出顺畅

### 3 宁波市东钱湖旅游度假区韩岭村电信规划

| 名称 | 主要技术指标 | 设计时间 | 设计单位 |
|---|---|---|---|
| 宁波市东钱湖旅游度假区韩岭村电信规划 | 面积49hm² | 2004 | 中国城市规划设计研究院 |

规划方案体现了旧村与新城的电信设施配置需求，设有电信模块局和电话交接箱，通信管道连接外部管道，表示了通信管道的走向和规格，需要建设的通信设施种类和位置

规划小区中压燃气管道

规划小区低压燃气管道

规划小区中压燃气管道

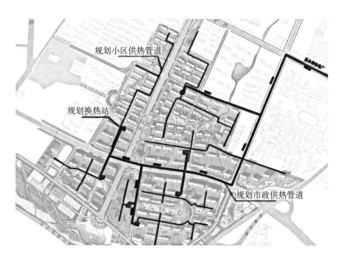

规划小区供热管道

规划换热站

规划市政供热管道

### 2 伊宁市滨河家园燃气规划

| 名称 | 主要技术指标 | 设计时间 | 设计单位 |
|---|---|---|---|
| 伊宁市滨河家园燃气规划 | 面积30hm² | 2012 | 中国城市规划设计研究院 |

规划结合周边气源条件建立小区供气系统，天然气供气系统由中压接入管、中低压调压柜及低压管道组成，设置中低压调压柜3座，表示了天然气管道的走向、规格，燃气设施的种类、面积，中压管道管径DN200~300

### 4 新泰市华新世纪城供热规划

| 名称 | 主要技术指标 | 设计时间 | 设计单位 |
|---|---|---|---|
| 新泰市华新世纪城供热规划 | 面积88.7hm² | 2012 | 中国城市规划设计研究院 |

规划供热系统层次清晰，热电厂至小区换热站为一级供热系统，换热站至楼栋为二级供热系统，小区内供热由接入管、换热站及二级供热管网组成。规划表现了供热管道的走向、规格，供热设施的种类和位置，供热干管管径为DN400~500

## 概念

住区保护与更新是指对于历史形成的既有老旧住区，在延续其人文历史和空间特征的基础上，对住区的环境品质和居住功能进行提升和改善。

更新的方式通常有保护、修缮、整治、改造、加建、重建等，对象是住区物质空间环境和非物质空间环境中的相关要素，目标是使其能够满足不断变化的居住生活需求，实现可持续发展。

需要强调的是，对于已经划定为历史文化街区的住区的保护与更新，必须首先遵循历史文化街区保护规划的要求。

## 原则

### 1. 因地制宜

由于老旧住区各有特点，保护与更新应立足于城市环境特色，不能千篇一律；需要根据不同的住区状况、不同的改造目的等制定合理的保护与更新方案。

### 2. 整体发展

确定老旧住区的保护与更新方案，应有长远和宏观的视野，从城市整体发展的角度考虑决策的合理性；加强老旧住区保护与更新的宏观控制，强调规划设计的科学性及实施操作的计划性。

### 3. 改善条件

不断满足居民的实际生活需求，切实改善居民的居住条件，包括公共配套条件与居住空间条件。通过对老旧住区在基础设施、交通环境、绿化景观等方面的改造，以及对生活服务、医疗卫生、文娱活动等配套设施的完善，把居住环境美化和居住品质提升有机结合起来。同时，提升住宅室内舒适度，降低居住建筑的运行能耗。

### 4. 保护历史

继承和发扬城市的优秀历史传统，重视老旧住区历史文脉的延续，对历史地段中的文化资源、肌理风貌、传统习俗进行综合价值的评估，保护真实的文化遗存、完整的传统建筑风貌、地方特色的传统生活。

### 5. 更新功能

合理利用城市住区的土地资源，根据城市发展的需要、住区周边环境的特点，对住区功能进行综合价值的评估，采取适宜的方式，进行居住功能的完善及其适宜功能的更新、转化。

### 6. 经济适用

在改善住宅建筑设施条件、提升环境品质时，注意采用经济适用的技术手段与方法。在有限资源条件下，鼓励通过新的技术方法解决好老旧住区中的建筑与环境问题。

### 7. 公众参与

在老旧住区保护与更新决策实施过程中，应充分听取当地居民对于保护与更新规划的意见和建议，充分调动居民参与的积极性，充分尊重既有人文环境，延续既有住区的居住生活形态，维系家庭、邻里、社区、城市所构成的多层次社会网络，同时满足现代社会精神生活的需求。

住区保护与更新的主要内容　表1

| 物质空间环境 | | | 非物质环境 | | |
|---|---|---|---|---|---|
| 居住环境改善 | 功能设施完善 | 建筑性能提升 | 社区文化继承 | 邻里关系改善 | 物业管理提升 |

住区保护更新空间层次　表2

| 城市街区 | 居住小区 | 建筑单体 | 细部构造 |
|---|---|---|---|
| 功能组织完善 居住空间形态优化 | 基础设施更新 居住空间品质优化 | 结构设备改善 居住空间功能优化 | 舒适性能改善 居住空间环境优化 |

住区改建的指标规定　表3

| 项目 | 指标 |
|---|---|
| 住宅设计 | 旧区改建的项目内新建住宅，日照标准不应低于大寒日日照1小时的标准 |
| 公共服务设施 | 旧区改建和城市边缘的住区，其配建项目与千人总指标可酌情增减，但应符合当地城市规划行政主管部门的有关规定 |
| 绿地 | 旧区改建绿地率不宜低于25%。组团不少于0.5m²/人，小区（含组团）不少于1m²/人，居住区（含小区与组团）不少于1.5m²/人，并应根据居住区规划布局形式统一安排、灵活使用。旧区改建可酌情降低，但不得低于相应指标的70% |
| 道路 | 城市旧城区改造，其道路系统应充分考虑原有道路特点，保留和利用有历史文化价值的街道 |

注：此表根据《城市居住区规划设计规范》GB 50180-93（2016年版）编制。

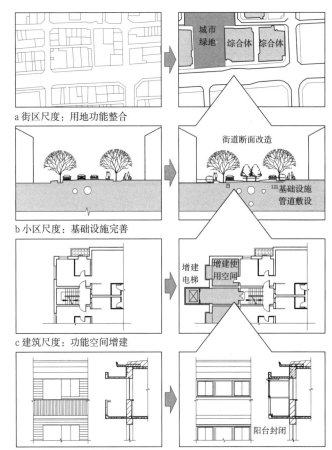

a 街区尺度：用地功能整合

b 小区尺度：基础设施完善

c 建筑尺度：功能空间增建

d 构造尺度：建筑性能提升

**1** 住区更新的不同尺度示意

## 旧住区类型

旧住区承载着当地的发展历史，维系着丰富的社群网络，有的还保留着大量的文物古迹，呈现出复杂的物质结构形态和社会结构形态。大拆大建并不适合目前旧住区改造与更新，必须在对旧住区进行科学分类与评价的基础上，针对各类型的特征，因地制宜地进行更新改造。

可根据旧住区结构形态形成机制的不同、历史文化价值的不同划分旧住区类型。

### 按结构形态形成机制分类

1. 有机构成型住区

有机构成型住区多依据一定的形制、礼俗、观念、规划等营建而成，通常为在礼制、法式、强权影响下形成的里坊、坊巷等历史传统住区，以及近代以来在西方居住文化影响下产生的居住街坊、邻里单位和居住小区。

2. 自然衍生型住区

城市发展进程中自发形成的住区，它们一般是经济规律、价值观、社会心理等社会深层的支配力和自然因素影响下的功能需求，通常为城郊或乡村自然形成的聚落，以及城区内由外来人口自发聚集形成的住区。

3. 混合生长型住区

混合生长型住区既不是由目标取向，也不是由过程取向的单独作用，而是在两种机制共同作用下形成的，是我国旧住区最常见的一种类型，也是最复杂的一种类型，其复杂性表现于结构形态的各方面。

a 有机构成型住区：福州三坊七巷（局部）

b 自然衍生型住区:北京小后仓胡同（局部）

c 混合生长型住区:上海多伦路旧住区

**1** 按结构形态形成机制分类的旧住区

按结构形态形成机制分类 表1

| 类型 | 总体特征 | 物质结构形态特征 | 社会结构形态特征 |
| --- | --- | --- | --- |
| 有机构成型 | 系统稳定整体有序 | 1.序列性和有机性强，形式统一、整体性强；2.住宅形式、材料、规模、尺度和装饰均有统一标准；3.有一定的基础设施和公共服务设施，但已不能满足现代居住的需求 | 1.居住人群具有同质性，整体性的特点，生活习俗和价值观念较为一致；2.居民间熟识度高，归属感较强，有共同的社会生活 |
| 自然衍生型 | 自然随机相对稳定 | 1.空间组织方式较为自然、随机；2.人口密度和建筑密度大；3.缺乏必要的基础设施和公共服务设施 | 1.居住人群有较为一致的生活背景，有一定内在凝聚力；2.公共空间缺乏，居民日常交往不多，人际关系较复杂 |
| 混合生长型 | 混杂性差异性 | 1.不同功能混杂，新旧质地掺杂；2.建筑质量、形式、风格、体量、结构、单体布局，呈现较大差异；3.有一定的基础设施和公共服务设施，但远不能满足现代居住的需求 | 1.居民来源不一，职业、文化水准、生活习俗、价值观念不同；2.居住环境差别大，居民多在各阶层范围内交往 |

### 按历史文化价值分类

1. 一般老旧住区

（1）历史文化价值较低的老旧住区

建筑简陋或建筑已超过使用年限、年久失修、威胁居民安全，基础设施十分落后，形态格局和建筑风貌价值较低的老旧住区，通常为混合生长型和自然衍生型住区。

（2）具有一定历史文化价值的老旧住区

居住环境较差，基础设施不完善，但是保留有一定的历史遗存，具有一定历史时期传统风貌或民族、地方特色的老旧住区，通常为有机构成型和自然衍生型住区。

2. 历史文化街区

在城镇化进程中传统环境遭到破坏，但是保留遗存较为丰富，能够比较完整、真实地反映一定历史时期传统风貌或民族、地方特色，存有较多文物古迹、近现代史迹和历史建筑的历史住区，被省、自治区、直辖市人民政府核定公布为保护对象。

a 一般老旧住区:
上海苏家屯路旧住区

b 历史文化街区:
西安北院门历史街区

**2** 按历史文化价值分类的旧住区

按历史文化价值分类 表2

| 类型 | | 特征 |
| --- | --- | --- |
| 一般老旧住区 | 历史文化价值较低的老旧住区 | 1.居住环境较差，基础设施十分落后；2.建筑风格不明显，建筑风貌价值较低；3.历史文化价值不高，但具有一定时代特征 |
| | 具有一定历史文化价值的老旧住区 | 1.居住环境差，严重缺乏基础设施；2.建筑风格具有传统风貌或民族、地方特色；3.具有一定历史价值，所属地块具有商业价值 |
| 历史文化街区 | 具有重要历史文化价值的住区 | 1.居住环境一般，基础设施不适应现代生活；2.建筑风格明显，具有传统空间肌理；3.历史文化价值较高 |

## 保护更新方法一：拆除重建

拆除重建更新方法（Redevelopment） 表1

| 更新手段 | 拆除重建措施 |
|---|---|
| 更新方法 | 比较完整地剔除现有住区环境中的某些方面，开拓空间，增加新的内容以提高环境质量 |
| 适用情况 | 1.适用于历史文化价值不高且风貌破碎的一般老旧住区，多为自然衍生型和混合型住区；<br>2.大片建筑老化，结构严重破损，设施简陋缺乏，环境质量差；<br>3.社会结构形态复杂、松散，缺乏社会内聚力；<br>4.居住环境完全不适应现代生活要求，居民对住区改造愿望非常强烈，原住民回迁要求不明显；<br>5.区位条件优越，处于城市中心地段，土地价值高；<br>6.拆除重建后，土地价值明显提升，同时带动周边用地发展，城市的功能结构更趋完善 |
| 发展定位 | 1.根据城市规划要求调整用地功能，由单一居住功能向居住、商业商务、文化等多功能发展，并带动周边地区的发展；<br>2.结合区位条件充分发挥土地价值，采取较高强度开发的方式；<br>3.原住民部分迁走，居住人群多样性，社会结构形态重构 |
| 更新思路 | 1.按照城市规划要求，配套完善市政公用设施、公共服务设施，合理组织区内交通及其与城市交通的联系；<br>2.根据发展定位确定新建建筑的性质、规模、布局、形式等，住区空间结构和肌理应与城市空间结构和肌理相协调，新建建筑风格应与周边城市风貌相协调；<br>3.根据用地条件和规划用地功能，合理组织住区绿地系统，保护生态环境，重塑住区环境景观；<br>4.重新定位居住人群类型和构成，居民外迁比例根据功能需要，创造新的社区生活，营造良好的社区邻里关系 |
| 模式特征 | 1.大规模改建或再开发；<br>2.住区面貌焕然一新，居住品质显著提升，城市功能更趋完善；<br>3.重塑社会结构，创造新的人文环境，激发多样社会生活 |
| 运营途径 | 1.主要采取市场化运作方式，力求实现社会经济效益平衡；<br>2.开发商为主体，政府进行调控和引导，并给予政策支持，快速实现旧城更新改造；<br>3.对于无法实现资金就地平衡的旧住区改造，政府给予适当的经济支持和政策倾斜，如采取减免税收、异地开发平衡等方式 |

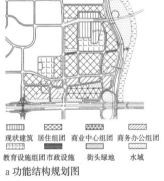

现状建筑　居住组团　商业中心组团　商务办公组团
教育设施组团 市政设施　街头绿地　水域

a 功能结构规划图

保留古树
郑氏宗祠
大王古庙

建筑功能区　购物广场　带状开放空间　主要开敞空间
步行开放空间　交通广场　邻里广场　现状建筑

b 开放空间规划图

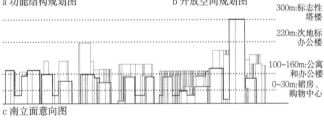

300m:标志性塔楼
220m:次地标办公楼
100~160m:公寓和办公楼
0~30m:裙房、购物中心

c 南立面意向图

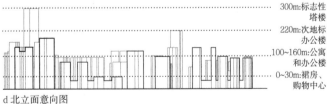

300m:标志性塔楼
220m:次地标办公楼
100~160m:公寓和办公楼
0~30m:裙房、购物中心

d 北立面意向图

N
25　100
50　200m
大冲一道
莱茵达用地
大冲村
深南大道
沙河西路

e 现状图

N
25　100
50　200m
深南大道
沙河西路

f 规划总平面图

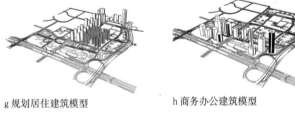

g 规划居住建筑模型　　　h 商务办公建筑模型

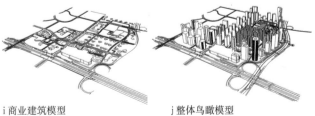

i 商业建筑模型　　　j 整体鸟瞰模型

**［1］深圳南山区大冲村更新规划**

| 名称 | 主要技术指标 | 设计时间 | 设计单位 | 在文脉肌理丰富的区域以更新住区功能为主，原址保护大王古庙文化遗产，保留商业布局模式，赋予新功能；其余地段重组住区结构，新建不同住宅产业类型，形成历史文脉传承与现代城市风貌协调的新型住区 |
|---|---|---|---|---|
| 深圳市南山区大冲村更新规划 | 人口2.9万人，面积68.4hm² | 2004 | 深圳市城市规划设计研究院 | |

## 保护更新方法二：整治改造

整治改造更新方法（Rehabilitation）　　　　　　　　表1

| | 整治改造措施 |
|---|---|
| 更新方法 | 对现有住区环境进行合理的调节利用，作部分的调整或局部的改动，以提升居住环境质量 |
| 适用情况 | 1.适用于有一定历史文化价值或历史文化价值不高但是风貌较完整的一般老旧住区；<br>2.部分建筑质量低劣，结构破损，设施短缺，环境质量较差；<br>3.社会结构形态比较完整，社会内聚力较强；<br>4.居住环境不能完全适应现代生活要求，居民有对住区改造的愿望，原居民保留要求较高；<br>5.区位条件一般，处于城市中心区边缘，土地价值一般；<br>6.经过整治改造，建筑质量提高，设施完善，居住环境品质得到提升，社会结构更加稳定和谐 |
| 发展定位 | 1.保留居住功能为主，区位条件较好的住区可以适当增加商业、商务、文化等功能，保持住区结构形态，完全满足现代居住需求；<br>2.保持原有地段的建筑空间肌理，通过完善设施适应现代生活；<br>3.居住人群以原居民为主，保持原有社会结构形态和社会内聚力 |
| 更新思路 | 1.根据现代居住生活的要求，完善市政公用设施、公共服务设施，改善区内交通条件，增加停车设施；<br>2.建筑改造或功能调整应符合消防安全、环境保护、建筑节能等规范要求；鼓励利用建筑功能调整消除安全隐患、增加公共配套设施；新建环境和建筑应与住区整体风貌相协调；<br>3.增加街头绿地、宅旁绿地等，开辟活动空间，增加景观设施，改善住区生态环境；<br>4.居住人群以原居民为主，为减少居住密度居民部分外迁，保持原有社会结构，延续原有社会生活 |
| 模式特征 | 1.小规模逐步整治改造；<br>2.居民居住水平显著改善，物质空间环境品质明显提升；<br>3.社会结构网络和社会生活得到维护和延续 |
| 运营途径 | 1.政府、市场、居民协同运作，追求社会经济效益平衡；<br>2.政府或开发商为主体，居民积极参与，政府组织和调控，逐步整治改造居住环境和居住品质；<br>3.在土地盘整、居民外迁安置、公共设施建设、居民自有房屋修缮等方面，政府进行必要的资金投入和政策倾斜，引导住区更新的顺利开展 |

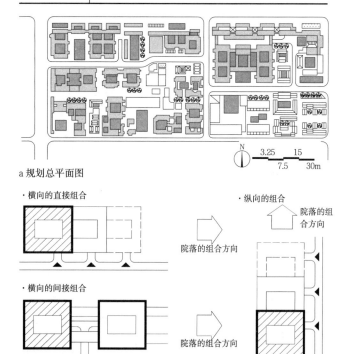

a 规划总平面图

·横向的直接组合

·横向的间接组合

·纵向的组合

　院落的组合方向

b 新四合院体系的模式研究

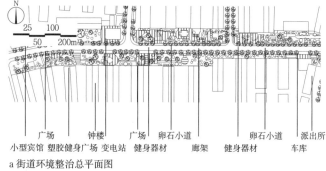

a 街道环境整治总平面图

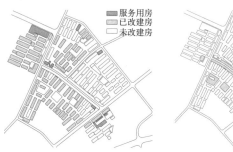

b 建筑改造分析图　　　　　　c 空间整治分析图

整体改造框架　　　　　　　　　　　　　　　　　表2

| | 改造范围 | 改造措施 | 改造内容 |
|---|---|---|---|
| 社区改造 | 小区（院墙）以内 | 各居住小区旧公房综合改造 | 环境整治<br>房屋整修<br>配套设施完善 |
| | 小区（院墙）以外 | 苏家屯路改造 | 环境景观设计<br>设施补充<br>基础设施改造 |

### ① 上海苏家屯路旧住区改造规划

| 名称 | 主要技术指标 | 设计时间 | 设计单位 |
|---|---|---|---|
| 上海苏家屯路旧住区改造规划 | 人口1.6万人，面积14hm² | 2003~2007 | 上海市城市规划设计研究院 |

主要通过房屋修缮、环境整治和完善配套设施，实现现代化住区居住功能的目的；住区外的改造在保持原有地段建筑肌理不变、延续原有住区风貌的基础上，通过市政、道路设施的改造提升住区环境质量

c 第三期庚院剖面图

d 第三期庚院东立面图

### ② 北京菊儿胡同住宅改造规划

| 名称 | 主要技术指标 | 设计时间 | 设计单位 |
|---|---|---|---|
| 北京菊儿胡同住宅改造规划 | 人口700余人，面积8.82hm² | 1987~1994 | 清华大学建筑设计研究院有限公司 |

采用"有机更新"理念，保持原有住区结构不变，完善内部居住功能，延续住区建筑风格，维系住区人文精神；按照"新四合院"模式设计，高度为2~3层，适当提高土地使用强度，维持了原有的胡同院落体系

2
住区规划

## 保护更新方法三:保护维修

保护维修更新方法(Conservation)　　　　　　　　表1

| | 保护维修措施 |
|---|---|
| 更新方法 | 保持现有住区的环境、格局和形式并加以维护,延续住区历史文化风貌并改善住区环境质量 |
| 适用情况 | 1.适用于历史文化价值较高、风貌较完整的一般老旧住区,或城市中的历史文化街区;<br>2.建筑质量较好,结构基本完好,设施比较齐全,环境质量较好;<br>3.社会结构形态比较完整,社会内聚力较强;<br>4.居住环境不能完全适应现代生活要求,居民有对住区改造的愿望,原住民保留要求较高;<br>5.区位条件优越或一般,处于城市中心区或其边缘,部分住区土地价值高;<br>6.经过保护维修,建筑质量提高。设施完善,居住环境品质提升,住区风貌更加完整,特色鲜明 |
| 发展定位 | 1.延续居住功能,既保持历史风貌特征,又适应现代居住生活,根据需要可以适当增加商业、文化、旅游等功能,带动周边地区的发展;<br>2.保留住区的物质结构形态及历史文化内涵,体现城市的风貌特色;<br>3.居住人群以原住民为主,居民部分外迁,尽量延续原有的社会生活 |
| 更新思路 | 1.根据现代居住生活的要求,完善市政公用设施、公共服务设施,改善区内交通条件,增加停车设施;<br>2.对于文物建筑和有价值历史建筑应遵循"原真性"原则采取"修旧如旧"的方式,建筑的维护和改造或功能调整应符合消防安全、环境保护、建筑节能等规范要求,严禁大拆大建;<br>3.增加街头绿地、宅旁绿地,开辟活动空间,根据新的功能发展需要增加必要的设施和空间;<br>4.居住人群以原住民为主,为降低居住密度居民部分外迁,保持原有社区结构,延续原有社会生活 |
| 模式特征 | 1.小规模逐步整治改造;<br>2.居民居住水平显著改善,历史环境风貌得到有效保护,历史文化价值保存延续;<br>3.社会结构网络和社会生活得到维护和延续 |
| 运营途径 | 1.政府、居民协同运作为主,市场介入为辅,追求社会经济效益平衡;<br>2.政府、居民为主体,开发商部分参与,政府组织和引导,逐步维修改善居住生活环境;<br>3.在历史遗产保护、居民外迁安置、公共设施建设、居民自有房屋修缮等方面,政府进行必要的资金投入和政策倾斜,引导住区的保护和更新 |

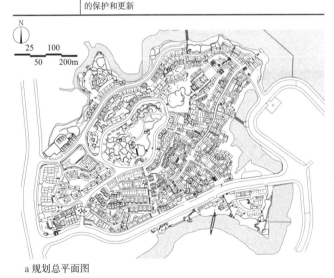

a 规划总平面图

### ② 重庆磁器口历史文化街区保护更新规划

| 名称 | 主要技术指标 | 设计时间 | 设计单位 |
|---|---|---|---|
| 重庆磁器口历史文化街区保护更新规划 | 人口7000万人,面积32.5hm² | 2001 | 重庆大学规划设计研究院有限公司 |

采取"整体控制、重点保护、统一协调"的原则,通过划分核心区、建控区及协调区,完全保持原有空间尺度和格局,按原真性原则保护文物建筑和历史建筑,完善和更新住宅功能,通过增设绿地、广场等活动场所完善使用功能,改造后形成适应现代居住和商业需求、新旧有机融合的历史文化住区

a 规划总平面图

b 林觉民故居立面图

c 林觉民故居剖面图　　　　　　　d 林觉民故居平面图

### ① 福州"三坊七巷"历史文化街区保护规划

| 名称 | 主要技术指标 | 设计时间 | 设计单位 |
|---|---|---|---|
| 福州"三坊七巷"历史文化街区保护规划 | 人口1.4万人,面积38.35hm² | 2007 | 北京清华同衡规划设计研究院、福州市规划设计研究院 |

三坊七巷更新采用"镶牙式、微循环、渐进式、小规模、不间断"的保护更新模式,达到还原住区结构、内部功能局部置换的目的。改造中对建筑内部进行必要的功能调整,恢复建筑的使用功能,保留建筑外观和外部环境,保护传统住区风貌

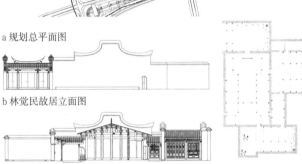

b 磁正街东立面设计图

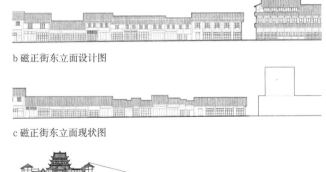

c 磁正街东立面现状图

d 金蓉桥—宝轮寺剖面视线分析图

e 磁正街西立面修复设计图

## 交通环境现状主要问题

住区道路交通包括车行交通、步行交通和静态交通。

既有老旧住区包括传统历史文化街区和20世纪中期后规划建设的老旧住区，二者的道路交通问题有一定区别。前者主要是保护传统街巷肌理对交通组织的影响，后者是道路及停车设施的老化所产生的问题。

老旧住区与历史文化街区交通问题区别　　　　　　　表1

| 住区类型 | 车行交通 | 步行交通 | 静态交通 |
|---|---|---|---|
| 老旧住区 | 车行交通主要满足自行车和一般性的机动车交通通行组织的需要；路面宽度、断面设计、人车分流组织等与实际使用的矛盾不断增加 | 机动车交通的增加逐渐打破了老旧住区中慢行交通和步行交通的交通组织体系。应进一步改善车行交通和步行交通的组织，提高步行环境的安全性和舒适性 | 机动车停车空间严重不足，自行车停车受到忽视，占用道路、绿地停车现象严重 |
| 历史文化街区 | 传统的街巷肌理不适应现代机动车交通组织的需要，道路狭窄，使用中机动车和行人混杂的问题 | 以传统步行化为主导的交通环境逐渐受到机动车交通的影响。应当进一步优化交通组织，最大限度保持好传统街巷中宜人的步行环境 | 机动车停车空间需求与历史文化街区空间条件相矛盾，占用道路、绿化停车现象逐渐增多 |

## 更新改造内容与措施

### 1. 道路系统梳理

改善原有车行道路系统，住区级和小区级道路应与城市道路进行合理衔接；局部路段依据条件可增设临时机动车停车，并与原有组团级道路、组团间绿化以及新辟、新建的停车场地设施等统筹进行规划设计。

### 2. 道路断面改造

拓宽车行道路，保证路面宽度满足车流通行和临时机动车停靠的需要；保持和改善住区级和小区级道路沿线步行系统的安全性和舒适性；并通过道路两侧的园林植物的合理配置，提升景观质量。

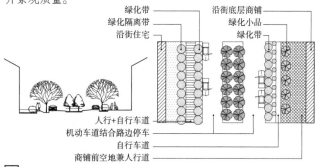

**1** 典型住区道路断面示意

### 3. 停车功能改善

错时停车：可利用住区居民机动车停车与住区周边公共建筑的机动车停车使用时间段的互补关系，统筹利用周边公共建筑的停车资源，有偿提供给居民夜间错峰使用。

地下停车：充分利用老旧住区内的活动广场、学校操场等空间资源，以及建筑更新重建过程中地下空间的再利用，采用合适的技术手段，保证原有地上设施使用不变的情况下，建设地下停车场。

立体机械停车：在住区内部合理利用用地建设小型多层机械车库。

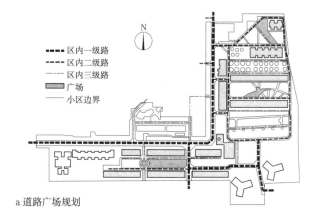

a 道路广场规划

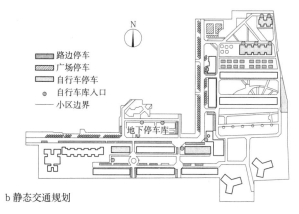

b 静态交通规划

农展南里小区是自20世纪70、80年代以来逐渐建成的住区，存在各小地块道路不成体系、机动车道与步行道路混杂等交通问题。
改造中拓宽东西走向主路，疏通环路，加强各小地块联系，完善小区道路系统；并在车行道两侧布置步行空间；合理利用空地设置停车场地。

**2** 北京农展南里小区交通环境改造

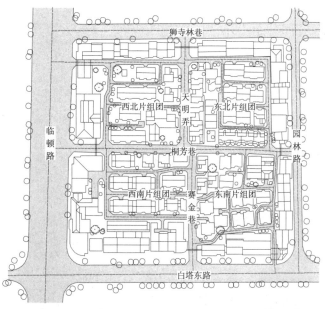

桐芳巷街坊的街巷系统改造规划中，沿用了苏州传统的"方形网络"、"田字形"格局，保留了桐芳巷、赛金巷、天明弄、张菜园弄等古巷旧址，配以保存有历史价值的古迹、古宅、古树，以保持历史文脉的流传和延续。街—巷—弄—庭院或住宅道路骨架清晰、分级明确、功能合理，主巷路宽7~10m，小弄路宽2.5~4m。

**3** 苏州桐芳巷小区交通环境改造

## 市政设施现状主要问题

老旧住区内的市政基础设施存在的主要问题包括市政基础设施水平不能满足居民日常生活的需要，与城市发展的整体水平不相适应；市政基础设施的标准不能满足节约能源、保护环境以及防灾减灾的要求；市政基础设施的管理不能满足科学维护和计量管理的要求。

## 更新改造内容与措施

1. 供暖通风系统：老旧住区根据不同的地区条件，在合理选择采暖方式、确定供热区划的同时，改善建筑围护结构性能，改善采暖通风系统。大部分老旧住区主要采用城市热力集中供热方式，历史文化街区还可灵活采用天然气户内采暖、电蓄热采暖以及地源热泵采暖等多种方式。

2. 供水排水系统：充分利用现有的供水管线，增补必要的供水管线，使老旧住区供水的可靠性得到提高；加强老旧住区节水改造，大力发展建筑内部的中水再利用；进一步加强老旧住区的排水系统与城市排水体系的合理衔接，并注意雨水的收集和利用。

3. 电力电信系统：科学预测老旧住区中居住生活方式转变带来的用电需求增长，在提高总体电力负荷水平的同时，改进计量管理方式，改进加强电力设备，提升能效水平；结合新技术的应用，不断提高老旧住区的信息化水平。

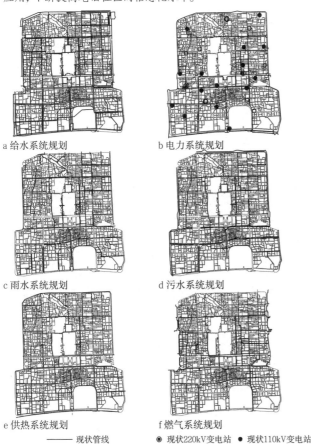

a 给水系统规划　　　　　b 电力系统规划

c 雨水系统规划　　　　　d 污水系统规划

e 供热系统规划　　　　　f 燃气系统规划

―――― 现状管线　　　⊚ 现状220kV变电站　　● 现状110kV变电站
- - - - - 规划管线　　　○ 规划220kV变电站　　○ 规划110kV变电站

以北京旧城控制性详细规划为例，历史街区改造规划应涉及相关市政基础设施规划，包括供水、电力、雨水、污水、供热、燃气等系统。

**1 北京旧城控制性详细规划：市政基础设施规划**

## 历史文化街区综合管线改造

由于历史文化街区内道路一般较窄，如果完全按照规范要求，街巷胡同中能够安排的管线种类和数量较少，无法满足居民生活的需求。安排各类管线位置时，需要根据不同情况针对给水、雨水、污水、电力、电信管线，采取不同的道路断面设计形式。并可借鉴城市综合管廊的概念，在历史文化街区内部探索简单、小型化的综合管沟模式，既高效集约化利用街道下的空间资源，又合理解决历史文化街区的市政基础设施问题。

2
住区规划

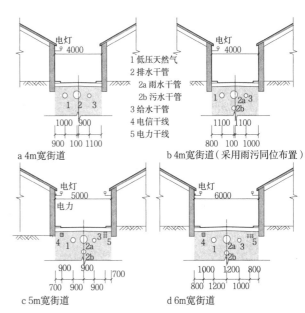

1 低压天然气
2 排水干管
2a 雨水干管
2b 污水干管
3 给水干管
4 电信干线
5 电力干线

a 4m宽街道　　　　　b 4m宽街道（采用雨污同位布置）

c 5m宽街道　　　　　d 6m宽街道

**2 历史街区各类街道市政管线横断面布置图**

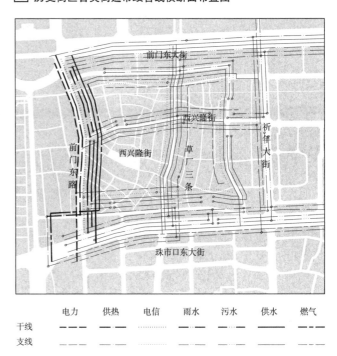

| | 电力 | 供热 | 电信 | 雨水 | 污水 | 供水 | 燃气 |
|---|---|---|---|---|---|---|---|
| 干线 | | | | | | | |
| 支线 | | | | | | | |

由于北京旧城内道路胡同狭窄，地下空间十分有限，进行市政基础设施综合规划，采取"先骨架、后支线"的实施方式；在市政工程设计综合中，采用了分段和区域互补的方式，满足最基本的市政设施需求。

**3 北京前门地区市政工程改造**

## 服务设施现状主要问题

老旧住区的公共服务设施受环境条件的制约,配置标准大多无法满足现代居住生活的需要。可根据条件,通过多种方式增设公共服务设施,改善住区外部公共空间的景观环境。

住区配套设施增设主要方式　　　　　　　　　　　　表1

| 增设方式 | 图示 |
|---|---|
| 原有街道的商业形式为底层;改建为"前店后居"模式,以及临时的地摊模式(图中黑色部分示意商业空间) | |
| 将沿街住宅的底部全部改建,布置商业和各类公共设施,必要时可以后退形成"骑楼"空间,让出足够的人行道空间,并设置休闲、景观的设施,以提高商业氛围,促进居民交往(图中黑色部分示意商业空间) | |

## 更新改造内容与措施

1. 改善景观环境:完善修补老旧住区原有绿地景观,对宅间绿地进行整饬和梳理,通过乔、灌、草合理配置,形成宜人的庭院绿化景观。对原有户外开放空间的场地设施、地面铺装等进行更新置换,为邻里交往创造良好的户外公共活动空间。

2. 增设游憩设施:在住区道路两旁、宅间和小区公共绿地、活动广场等场所,根据居民活动需要,增设必要的休憩设施、健身设施、雕塑小品以及公告栏等,促进居民的户外活动和交流,丰富居民的精神生活。

3. 增设公共设施:按照住区公共服务设施配套标准增设老旧住区的公共服务设施。增设方式有:违建拆除后空地可依据规划再利用,原有住宅底层商业空间功能置换等;根据住区需求,增设教育、医疗、商业服务、金融邮电等公共服务设施。

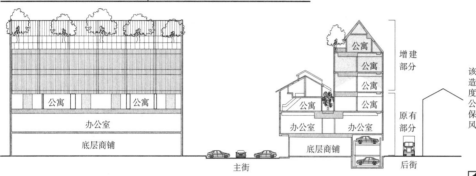

a 建筑立面图　　　　　　　　b 建筑剖面图

该街区始建于二战前,改造前为2层联排住宅。改造根据规划批准,在后街可加高体块,增加建筑密度。经过重新开发,首层为餐馆和商铺,二层为办公室,三层以上为公寓。历史建筑的木制百叶立面保留下来,增建的部分则采用了金属百叶的现代风格。

**1** 新加坡历史街区联排住宅改造

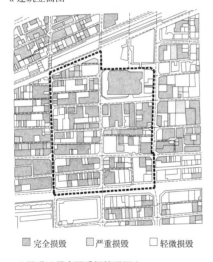

a 六甲道地震房屋受损情况调查　　　b 六甲道站南地区新区规划

1995年阪神大地震的灾后重建,神户市开展建筑物毁坏程度评估,并颁布相关条例,提供指导性框架与法律依据。六甲道站南地区总面积为5.9hm²,位于JR神户线六甲车站以南,在神户市的城市规划中被定位为"城市东部副中心"。震前大部分地区处于已老化的木结构住宅、公寓、商业等设施混杂地区。按照规划,该地区建设14栋建筑物,包括住宅、商业、商务、政府机构停车场等,总建筑面积约为18.3万m²,建筑物中央围合出一个面积约为1hm²的城市防灾公园。

**2** 日本神户六甲道站南地区震灾复兴城市改造

a 改造前公寓首层平面　　　　　b 改造后公寓首层平面

该住区自二战后至1964年进行原地改造,随后在1966~1986年进行新建开发,更新的服务设施的改造工作包括公共空间的环境改造、停车设施的改造以及建筑底层和入口区域的更新,并提供集中供暖。其改造与新建的目标是,为4万居民提供具备舒适供暖设施的公租房,其中多数提供给年轻夫妇带孩子的家庭。

**3** 德国耶拿市Lobeda西区住区改造

## 居住空间改、扩建

1. 合并居住单元：通常适用于原有居住标准较低的住宅，通过户型之间的合并以及户型内部的非承重墙体改变，对旧宅的原有户型进行扩大与调整，满足当前居住需求。

2. 顶层加建：在原有住宅结构上进行加层改造，向上加建跃层、阁楼等，从而获得额外建筑空间。

3. 外部贴建：在结构条件允许的情况下，贴邻原有住宅结构，通过加建独立结构，扩大使用空间；对于自身无阳台或可拆除破旧现有阳台的老旧住宅，可扩建或增建阳台。

4. 交通空间与电梯设备增建：多层住宅增设电梯逐渐成为老旧住宅改造的重要需求，加建电梯的改造应根据原有住宅的结构特点，采取合理的平面形式和结构方式。

国内城市老旧住宅多以多层砖混承重墙结构为主，空间灵活度低。空间改扩建要严格论证老旧住宅的结构承受力和加建方案的可行性，注意保护和加固承重墙；新旧结构之间需做不均匀沉降处理。

## 建筑设备更新改造

老旧住宅管线设备陈旧，且多数超过使用年限，空间位置不尽合理，是更新改造的重点部位。通常需要重新设计所有管线的空间位置，并考虑节能、节材、节水技术的应用。

1. 水电气管线综合：应在规范允许条件下，尽量将竖向管道置于公共空间中。户内管线综合在有限的空间和面积条件下，综合考虑厨房、卫生间等空间的居住生活操作轨迹、内外流线、设备配置、管线排布、通风排气等要求。

2. 运用节能节水设备：改善旧住宅的节能节水方法主要包括太阳能利用、中水循环利用等。太阳能可以通过外墙附加太阳能光电板、太阳能热水器等措施加以利用。中水循环需建立雨水利用、中水系统，用于厕所冲洗，植物灌溉，路面清洗。

3. 利用预制构件进行更新改造：带有管道设备等的预制构件模块在厨卫、阳台等改造加建中，对减小施工影响、提高工作效率有较好的作用。

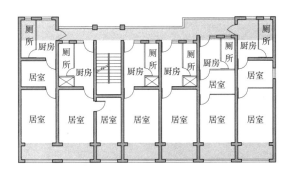

针对"筒子楼"的现状条件，在原有楼房北侧加建框架结构，将原有的楼梯外移；同时，在楼房南侧立面加建，扩大房间面积；拆分原有的厨卫空间给中间两户，并利用加建结构提供的空间为端部的两户住宅设置厨卫设施，从而使每一户均实现了厨卫配套。

1 上海鞍山四村住区改造

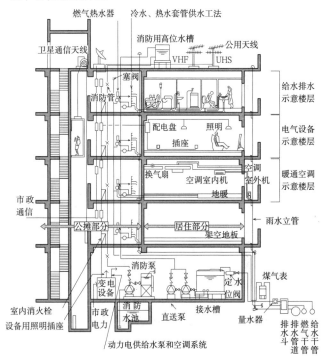

3 日本公寓改造管线综合示意

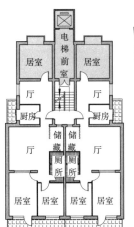

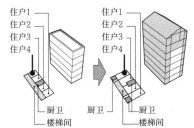

该建筑原为一栋跃廊式高层住宅，地上12层，地下2层，整栋楼仅设两部电梯作为垂直交通工具。改造后每个单元均有电梯，每户均增加面积，且户型南北通透，提升了居住品质。

2 北京市中国铁道建筑总公司住宅小区18号楼综合改造工程

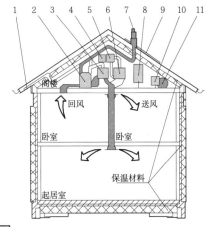

1 新风进风口
2 热回收机
3 排风收集箱
4 新风过滤器
5 空气预热器
6 新风分配箱
7 排风烟囱
8 燃气炉
9 太阳能集热板
10 蓄热罐
11 储水罐

4 荷兰罗森达尔"被动房"改造中可持续暖通空调技术示意

## 外围护结构更新改造

老旧住宅外围护结构改造主要以建筑性能提升为目的,如保温、隔热、防水等。另外,外围护结构改造通常与室内给排水、暖通空调等设施改造一并考虑。

外围护结构改造部位、目标、措施 　　　　　　表1

| 措施部位 目标 | 保温 | 隔热 | 防水 |
|---|---|---|---|
| 屋顶 | 倒置式保温屋面 | 平改坡,顶层加建水平通风道 | 平改坡,防水卷材更新 |
| 外墙 | 外墙外保温 | 东西立面(外墙、外窗)安装遮阳板 | 采用内浇外挂体系住宅,应注意外挂墙板的缝隙修补 |
| 外窗/阳台 | 封闭阳台,更换保温节能外窗 | 南立面(外窗)安装遮阳板 | 更换气密水密外窗,窗楣增加滴水,窗台增加披水板 |
| 楼地面 | 增加冷桥部位外保温 | — | 卫生间、厨房更换防水层 |

### 1. 屋面改造

根据满足功能和改善城市景观的需要对平屋顶进行改造过程中,可采用倒置式保温屋面、平改坡、顶层加建等;夏热冬冷地区平屋面通过"平改坡",可以在改善城市景观面貌的同时改善顶层住户的舒适度。此外,还可结合屋顶绿化、太阳能设备安放等进行屋面改造。

### 2. 外墙改造

外墙的更新:以修补外墙防水材料、墙面粉刷、改变饰面材料等方法改进外墙防水、提升建筑外观形象;采取外墙保温、双层外墙等技术提高老旧住宅的建筑节能标准。采用外墙外保温改造时,应注意勒脚、女儿墙、窗台等位置的细部处理,并使用挤塑聚苯板等防潮材料,保证耐久性;窗楣上方、各层层间、女儿墙压顶处应使用岩棉等不燃材料,保证防火性能。

门窗的更新:保证门窗基本功能前提下,改进冬季保温与夏季隔热性能,达到节能目的。注意门窗与洞口交接的细部处理,保证门窗的气密性、水密性良好;注意窗台披水、窗楣滴水等构造应完整有效,保证良好的防水排水性能。

阳台封闭:老旧住宅的开敞式阳台也可依据气候条件采用统一封闭阳台的方法来扩大居室使用面积。

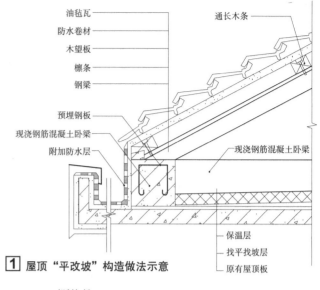

**1** 屋顶"平改坡"构造做法示意

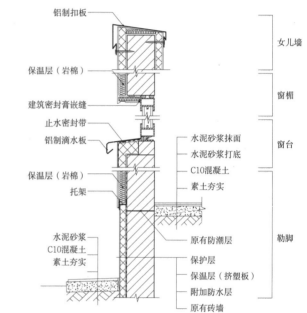

**2** 外墙外保温相关节点构造做法示意

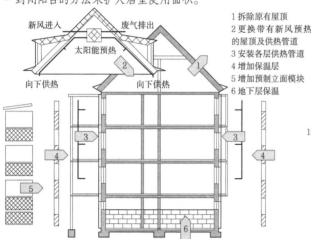

1 拆除原有屋顶
2 更换带有新风预热的屋顶及供热管道
3 安装各层供热管道
4 增加保温层
5 增加预制立面模块
6 地下层保温

**3** 欧洲Annex 50计划:预制构件系统应用于住宅节能改造

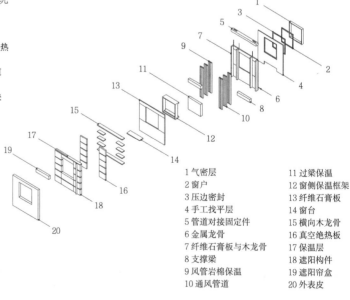

1 气密层
2 窗户
3 压边密封
4 手工找平层
5 管道对接固定件
6 金属龙骨
7 纤维石膏板与木龙骨
8 支撑梁
9 风管岩棉保温
10 通风管道
11 过梁保温
12 窗侧保温框架
13 纤维石膏板
14 窗台
15 横向木龙骨
16 真空绝热板
17 保温层
18 遮阳构件
19 遮阳帘盒
20 外表皮

## 定义

**1.** 住宅：供家庭居住使用的建筑。

**2.** 套型：由居住空间和厨房、卫生间等共同组成的基本住宅单位。

住宅是供家庭日常居住使用的建筑物，是人们为满足家庭生活需要，利用所掌握的物质技术手段创造的家居生活空间。因此，设计人员应首先掌握居住对象的家庭结构、生活方式、生活习惯及地方特点，以便通过多种多样的空间组合方式设计出满足不同生活要求的住宅。

## 设计要点

**1.** 以当地的城市规划和建设条件、居住对象及家庭结构情况作为设计依据，并要符合有关套型、套型比、建筑面积标准的要求和设计规范。

**2.** 住宅各房间的平面组合关系要合理舒适，主要居室应满足居住者所需的日照、天然采光、自然通风和隔声的要求，避免居室的穿套和视线干扰。

**3.** 住宅套型设计需考虑公私分区、动静分区、洁污分区、干湿分区。房间设计应考虑家具尺寸，符合人体工程学要求，合理预留电源插座、开关及上下水接口等。

**4.** 住宅设计需考虑细部构造处理，如出入口安防、电表、空调室外机位置、阳台晒衣等。

**5.** 住宅结构选型要遵循安全、适用和耐久的原则。

**6.** 住宅设计要考虑标准化、模数化、集成化及多样化等原则，积极采用新技术、新材料、新产品，以利于不断提高建筑工业化和施工机械化的水平。

**7.** 住宅设计宜考虑大空间的灵活设计方法，为今后的空间更新、设备改造、家庭人口结构变化留有余地，为住宅使用的多样性和适用性提供可能。

**8.** 住宅节能设计需结合当地条件综合利用能源，并注重开发利用新能源和可再生能源。按照不同地区的建筑气候区划，依据现行国家及地方能耗基准水平进行设计。

**9.** 住宅设计所选用的建筑材料和配套设备设施宜为绿色环保、低污染、低能耗、高性能、高耐久性的产品。这些产品需符合国家和行业的产品质量标准，以及设计、施工的相应标准。

**10.** 住宅设计应符合现行国家、地方及行业相关规范及标准。

## 术语

住宅术语、定义、图例　　　　　　　　　　　　　表1

| 术语 | 定义 | 图例 |
|---|---|---|
| 卧室 | 供居住者睡眠、休息的空间 | |
| 起居室（厅） | 供居住者会客、娱乐、团聚等活动的空间 | |
| 餐厅 | 供居住者就餐的活动空间 | |
| 厨房 | 供居住者进行炊事活动的空间 | |
| 卫生间 | 供居住者进行便溺、洗浴、盥洗等活动的空间 | |
| 阳台 | 附设于建筑物外墙设有栏杆或栏板，可供人活动的空间 | |

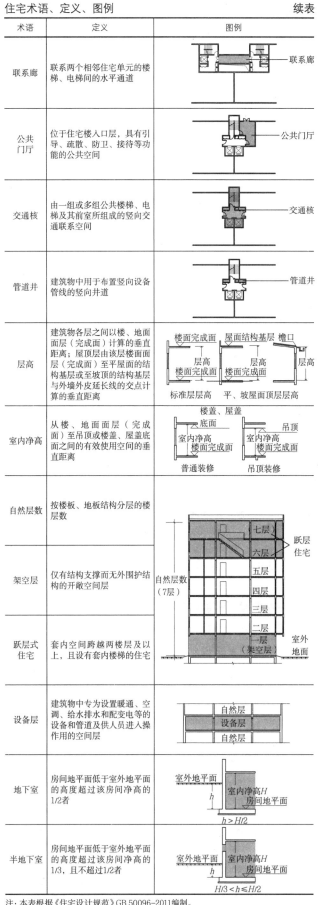

住宅术语、定义、图例　　　　　　　　　　　　　续表

| 术语 | 定义 | 图例 |
|---|---|---|
| 联系廊 | 联系两个相邻住宅单元的楼梯、电梯间的水平通道 | 联系廊 |
| 公共门厅 | 位于住宅楼入口层，具有引导、疏散、防卫、接待等功能的公共空间 | 公共门厅 |
| 交通核 | 由一组或多组公共楼梯、电梯及其前室所组成的竖向交通联系空间 | 交通核 |
| 管道井 | 建筑物中用于布置竖向设备管线的竖向井道 | 管道井 |
| 层高 | 建筑物各层之间以楼、地面面层（完成面）计算的垂直距离；屋顶层由该层楼面面层（完成面）至平屋面的结构基层或至坡顶的结构基层与外墙外皮延长线的交点计算的垂直距离 | |
| 室内净高 | 从楼、地面面层（完成面）至吊顶或楼盖、屋盖底面之间的有效使用空间的垂直距离 | |
| 自然层数 | 按楼板、地板结构分层的楼层数 | |
| 架空层 | 仅有结构支撑而无外围护结构的开敞空间层 | |
| 跃层式住宅 | 套内空间跨越两楼层及以上，且设有套内楼梯的住宅 | |
| 设备层 | 建筑物中专为设置暖通、空调、给水排水和配变电等的设备和管道及供人员进入操作用的空间层 | |
| 地下室 | 房间地平面低于室外地平面的高度超过该房间净高的1/2者 | |
| 半地下室 | 房间地平面低于室外地平面的高度超过该房间净高的1/3，且不超过1/2者 | |

注：本表根据《住宅设计规范》GB 50096-2011编制。

## 分类

住宅可按层数、防火、结构、公用交通方式进行分类。

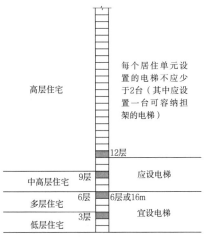

高层住宅

每个居住单元设置的电梯不应少于2台（其中应设置一台可容纳担架的电梯）

12层

中高层住宅　9层　应设电梯

多层住宅　6层　6层或16m

低层住宅　3层　宜设电梯

注：1. 本图根据《民用建筑设计通则》GB 50352-2005、《住宅设计规范》GB 50096-2011编制。
2. 建筑高度大于100m的住宅为超高层住宅。

一类高层住宅　54m

防烟楼梯间

二类高层住宅

33m

27m　封闭楼梯间　户门为乙级防火门时可采用敞开楼梯间

21m

单、多层住宅　敞开楼梯间与电梯井相邻时采用封闭楼梯间或户门为乙级防火门

注：1. 本图根据《建筑设计防火规范》GB 50016-2014编制。
2. 建筑高度大于33m的住宅建筑，应设置消防电梯。

**按结构分类**　　　　　　　　　　表1

| 名称 | | 适用范围 |
|---|---|---|
| 砖木结构 | | 低层 |
| 砖混结构 | | 低层、多层 |
| 混凝土结构 | 框架结构 | 多层、中高层 |
| | 剪力墙结构 | 多层、高层 |
| | 框架—剪力墙 | 多层、高层 |
| | 筒体结构 | 高层 |
| 钢结构 | | 各种住宅 |

**集合住宅按公用交通方式分类**　表2

| 名称 | 特点 |
|---|---|
| 单元式住宅 | 由几个住宅单元组合而成，每单元均设有楼梯或楼梯与电梯的住宅 |
| 塔式住宅 | 以共用楼梯或共用楼梯、电梯为核心布置多套住房，且其主要朝向建筑长度与次要朝向建筑长度之比小于2的住宅 |
| 通廊式住宅 | 以共用楼梯或共用楼梯、电梯通过内、外廊进入各套住房的住宅 |

注：本表根据《民用建筑设计术语标准规范》GB/T 50504-2009编制。

## 典型实例

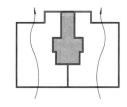

**1** 典型单元住宅

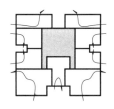

**2** 塔式住宅（北方）

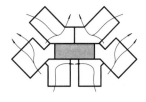

**3** 塔式住宅（南方）

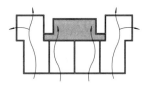

**4** 通廊式住宅

## 朝向

　　住宅建筑的朝向对其内部房间的采光、通风、得热有很大的影响。在我国，人们在选择住宅时非常重视其朝向，认为朝向直接决定了居住生活的舒适度。因此在住宅建筑的规划设计当中，应尽可能争取让主要房间（如起居室、主卧室、老人卧室等）具有较好的朝向。通常情况下，我国大部分地区住宅建筑的最佳布置方向多是南北向或接近南北向；少数用地位于太阳高度角较高地区，或受到地形、气候等因素制约，或用地周边有较好的景观资源，或考虑集约用地的需求时，住宅建筑的朝向可根据需要综合考虑，灵活应对。

## 日照

　　对于住宅建筑而言，充足的日照有助于提高室内环境的舒适度，也有益于人的身心健康。我国各地对住宅建筑的日照标准有较为严格的规定，建筑师在规划设计时，应努力为房间争取良好的日照条件。套型中的主要房间，如起居室、主卧室、老人卧室等，应优先考虑布置在日照充足的位置，并应结合日照情况的地域性特点和季节性变化考虑房间的进深尺寸。对于我国西北高寒地区的住宅，日照还可作为房间蓄热取暖的手段之一。

## 通风

　　在我国住宅当中，自然通风一直是人们最喜爱的通风方式。住宅的平面空间组织、剖面设计、门窗位置、方向和开启方式，应有利于组织室内自然通风。我国不同地区的气候条件差异较大，居民对住宅通风的需求也有所不同。南方空气较为潮湿，夏季气温较高，可考虑适当减小房间进深，扩大开窗面积，加强自然通风，卫生间也力求直接对外开窗；而北方住宅为维持室温，其外窗在冬季往往处于长期关闭的状态，因此北方住宅的自然通风量略低于南方。对于卫生间，宜设置排风扇，以确保冬季关窗时卫生间可以换气。

## 保温隔热

　　为了保证室内的热环境质量，住宅建筑应采取冬季保温和夏季隔热的措施，其外围护结构应设置保温隔热层，以节约空调和采暖设备的能耗。位于严寒和寒冷地区的住宅，整体上需要严格控制建筑的体形系数，当外墙和屋顶有出挑构件、附墙部件和突出物时，应采取隔断热桥和保温措施。而在夏热冬冷、夏热冬暖和温和地区，对屋顶和外墙采取隔热措施更为重要，且均应注意对住宅建筑的东西向外窗采取遮阳措施。

**3**
住宅建筑

## 住宅面积计算

### 住宅设计规范技术经济指标计算 　　　表1

| 名称 | 计算内容 | 计算方法 |
|---|---|---|
| 各功能空间使用面积（m²） | 各功能空间墙体内表面所围合的水平投影面积 | |
| 套型总建筑面积（m²/套） | 套内使用面积（m²/套）<br>1.卧室、起居室（厅）、餐厅、厨房、卫生间、过厅、过道、贮藏室、壁柜等使用面积的总和。<br>2.利用坡屋顶内的空间时，屋面板下表面与楼板地面的净高低于1.20m的空间不应计算使用面积。<br>3.烟囱、通风道、管井等不应计入套内使用面积。 | 1.应等于套内各功能空间使用面积之和。<br>2.按结构墙体表面尺寸计算；有复合保温层时，应按复合保温层表面尺寸计算。<br>净高在1.20～2.10m的空间应按1/2计算使用面积；净高超过2.10m的空间应全部计入套内使用面积；无结构顶层楼板，不能利用坡屋顶空间时不应计算其使用面积。<br>4.坡屋顶内的使用面积应列入套内使用面积 |
| | 相应的建筑面积（m²/套） | |
| | 套型阳台面积（m²/套） | 套内各阳台的面积之和 | 按照结构底板投影净面积的1/2计算 |
| 住宅楼总建筑面积（m²） | 应等于全楼各套型总建筑面积之和 | |

注: 1. 本表根据《住宅设计规范》GB 50096-2011编制。
　　2. 住宅设计应计算下列技术经济指标：各功能空间使用面积（m²）、套内使用面积（m²/套）、套型阳台面积（m²/套）、套型总建筑面积（m²/套）、住宅楼总建筑面积（m²）。
　　3. 住宅楼的层数计算规定：当住宅楼的所有楼层的层高不大于3.00m时，层数应按自然层数计。当住宅和其他功能空间处于同一建筑物内时，应将住宅部分的层数与其他功能空间的层数叠加计算建筑层数。当建筑中有一层或若干层的层高>3.00m时，应对>3.00m的所有楼层按其高度总和除以3.00m进行层数折算，余数<1.50m时，多出部分不应计入建筑层数，余数≥1.50m时，多出部分应按1层计算。层高小于2.20m的架空层和设备层不应计入自然层数。高出室外设计地面小于2.20m的半地下室不应计入地上自然层数。

### 房产测量规范面积计算 　　　表2

| 名称 | | 计算内容 | 计算方法 |
|---|---|---|---|
| 成套房屋的建筑面积 | 套内房屋的使用面积 | 1.套内卧室、起居室、过厅、过道、厨房、卫生间、储藏室、壁柜等空间面积的总和；<br>2.套内楼梯按自然层数的面积总和；<br>3.不包括在结构面积内的烟囱通风道、管道井；<br>4.内墙面装饰厚度 | 以水平投影面积计入使用面积 |
| | 套内墙体面积 | 各套之间的分隔墙、套与公共建筑空间的分隔墙以及外墙（包括山墙）等共有墙 | 按水平投影面积的一半计入套内墙体面积 |
| | | 套内自有墙体 | 按水平投影面积全部计入套内墙体面积 |
| | 套内阳台建筑面积 | 封闭的阳台 | 按水平投影面积全部计算建筑面积 |
| | | 未封闭的阳台 | 按水平投影面积的一半计算建筑面积 |
| 共有共用面积 | 共有的房屋建筑面积 | 电梯井、管道井、楼梯间、垃圾道、变电室、设备间、公共门厅、过道、地下室、值班警卫室等，以及为整幢服务的公共用房和管理用房的建筑面积 | 以水平投影面积计算 |
| | | 套与公共建筑之间的分隔墙，外墙（包括山墙） | 按水平投影面积的一半计算建筑面积 |
| | | 独立使用的地下室、车棚、车库、为多幢服务的警卫室、管理用房，作为人防工程的地下室 | 不计入共有建筑面积 |
| | 共用的房屋用地面积 | | |

注: 1. 本表依据《房产测量规范》GB/T 17986.1-2000编制。
　　2. 共有共用面积按比例分摊的计算公式。
　　按相关建筑面积进行共有或共用面积分摊，按下式计算：
$$\delta S_i = K \cdot S_i \quad K = \sum \delta S_i / \sum S_i$$
式中：$K$—面积的分摊系数；$S_i$—各单元参加分摊的建筑面积（m²）；$\delta S_i$—各单元参加分摊所得的分摊面积（m²）；$\sum \delta S_i$—需要分摊的分摊面积之和（m²）；$\sum S_i$—参加分摊的各单元建筑面积总和（m²）

### 建筑工程建筑面积计算与房产测量面积计算对照表 　　　表3

| 名称 | 建筑工程建筑面积计算规则 | | 房产测量计算规则 |
|---|---|---|---|
| 通则 | 1.结构层高2.20m及以上计算全面积；结构层高2.20m以下计算1/2面积；<br>2.坡屋顶结构净高在2.10m及以上计算全面积；净高在1.20m以上至2.10m以下计算1/2面积；<br>3.结构净高1.20m以下不计算面积 | | 1.永久性结构的单层房屋，按一层计算建筑面积；<br>2.多层房屋按各层建筑面积的总和计算 |
| 地下室、半地下室 | 按其结构外围水平面积计算 | 结构层高2.20m及以上计算全面积；结构层高2.20m以下计算1/2面积 | 1.层高在2.20m以上的，按其外墙（不包括采光井、防潮层及保护墙）外围水平投影面积计算；<br>2.层高小于2.20m不计算建筑面积 |
| 架空层、吊脚架空层 | 按其顶板水平投影计算建筑面积 | | 依坡地建筑的房屋，利用吊脚做架空层，有围护结构的，按其高度在2.20m以上的部位的外围水平面积计算 |
| 门厅、大厅 | 1.按一层计算建筑面积；<br>2.门厅、大厅内设置的走廊，按走廊结构底板水平投影面积计算建筑面积 | | 1.穿过房屋的通道，房屋内的门厅、大厅均按一层计算面积；<br>2.门厅、大厅内的回廊部分，层高在2.20m以上的，按其水平投影面积计算 |
| 楼梯间、水箱间、电梯机房等 | 设在建筑物顶部的、有围护结构的楼梯间、水箱间、电梯机房等 | | 房屋天面上，属永久性建筑，层高在2.20m以上的楼梯间、水箱间、电梯机房及斜面结构屋顶在2.20m以上的部位，按其外围水平投影面积计算 |
| 室内楼梯、电梯（观光梯）井、提物井、管道井、通气排风竖井、烟道 | 1.并入建筑物的自然层计算建筑面积；<br>2.无围护结构的观光电梯不计算建筑面积 | | 按房屋自然层计算面积 |
| 走廊、挑廊、檐廊 | 1.有围护设施的室外走廊（挑廊），按其结构底板水平投影面积计算1/2面积；<br>2.有围护设施（或柱）的檐廊，按其围护设施（或柱）外围水平面积计算1/2面积 | | 与房屋相连有上盖无柱的走廊、檐廊，未封闭的挑廊，按其围护结构外围水平投影面积的1/2计算 |
| 雨篷 | 1.有柱雨篷按其结构板水平投影面积的1/2计算建筑面积；<br>2.无柱雨篷结构外边线至外墙结构外边线在2.10m及以上的，按雨篷结构板的水平投影面积的1/2计算建筑面积；<br>3.挑出宽度在2.10m以下的无柱雨篷和顶盖高度达到或超过两个楼层的无柱雨篷不计算建筑面积 | | 无柱雨篷不计算建筑面积 |
| 室外楼梯 | 1.室外楼梯应并入所依附建筑物自然层，按其水平投影面积的1/2计算面积；<br>2.室外爬梯、室外专用消防楼梯，不计算面积 | | 1.永久性结构有上盖的室外楼梯，按各层水平投影面积计算；<br>2.无顶盖的室外楼梯按各层水平投影面积的1/2计算 |
| 阳台 | 1.在主体结构内的阳台，按其结构外围水平面积计算全面积；<br>2.在主体结构外的阳台，按其结构底板水平投影面积计算1/2面积 | | 1.挑楼、全封闭阳台，按其外围水平投影面积计算；<br>2.未封闭的阳台、挑廊，按其结构外围水平投影面积1/2计算 |
| 变形缝 | 1.与室内相通的变形缝，按自然层合并在建筑物建筑面积内计算；<br>2.对于高低跨的建筑物，高低跨内部连通时，变形缝应计算在低跨面积内 | | 1.有伸缩缝的房屋，若与室内连通的，计算建筑面积；<br>2.与房屋室内不相通的房屋间伸缩缝，不计算建筑面积 |
| 凸（飘）窗 | 1.窗台与室内地面高差在0.45m以下且结构净高在2.10m及以上的凸（飘）窗，按其围护结构外围水平面积计算1/2面积；<br>2.窗台与室内地面高差在0.45m以下且结构净高在2.10m以下的凸（飘）窗，窗台与室内楼地面高差在0.45m以上的凸（飘）窗不计算建筑面积 | | — |
| 设备层、管道层、避难层、夹层、插层、技术层 | 1.结构层高2.20m及以上计算全面积；<br>2.结构层高2.20m以下计算1/2面积 | | 1.房屋的夹层、插层、技术层2.20m以上部位计算面积；<br>2.层高小于2.20m以下的夹层、插层、技术层不计算建筑面积 |
| 外保温 | 按其保温材料的水平截面积计算，并计入自然层建筑面积 | | |

注: 本表根据《建筑工程建筑面积计算规范》GB/T 50353-2013和《房产测量规范》GB/T 17986.1-2000编制，总结了住宅常用的面积计算规则，未涉及的条文参见以上规范。

**3 住宅建筑**

## 基本功能空间的划分

1. 根据现行规范要求，每套住宅必须设置卧室、起居室（厅）、厨房和卫生间等基本功能空间。

2. 住宅的分户界限应明确，必须独门独户，应将基本功能空间设计于户门之内，不得与其他套型共用或合用。

3. 基本功能空间不等于房间，不一定要独立封闭，不同的功能空间有可能部分重合或相互"借用"。比如在极小套型中，起居功能空间就可与卧室功能空间合用。

基本功能空间划分 表1

| 生活空间 | | | | 储藏空间 |
|---|---|---|---|---|
| 居室空间 | 公共空间 | 功能空间 | | |
| | | 厨房 | 卫生间 | |
| 主卧室<br>次卧室<br>书房<br>阳台 | 门厅<br>起居室（厅）<br>餐厅<br>走道<br>套内楼梯<br>阳台 | 台面<br>灶台<br>水盆<br>冰箱<br>服务阳台 | 水盆<br>淋浴<br>浴缸<br>坐便器 | 储藏间<br>步入式衣帽间<br>门厅柜 |
| | 洗衣机位 | | | |

## 基本功能空间的连接关系

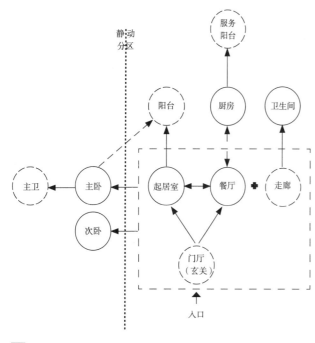

**[1] 基本功能空间连接关系**

## 基本功能空间的组合原则

1. 公私分区：来客可能使用的空间（起居室、餐厅、公用卫生间）与家庭成员私有空间（卧室、主卫）分区设置；

2. 动静分区：需要安静的空间（卧室、书房）与较吵闹的空间（起居室、餐厅、厨房）分区设置；

3. 洁污分区：需要运菜和清运垃圾的厨房临近入口设置，与其他空间分区；

4. 管线集中：用水房间（厨房、卫生间、洗衣机位）相近设置，使管线集中布置。

## 基本功能空间的尺度

规范对基本功能空间最小使用面积的要求 表2

| 基本功能空间 | | 最小使用面积（m²） |
|---|---|---|
| 卧室 | 双人卧室 | 9.0 |
| | 单人卧室 | 5.0 |
| | 兼起居的卧室 | 12.0 |
| 起居室（厅） | | 10.0 |
| 厨房 | 由卧室、起居室（厅）、厨房和卫生间等组成的住宅套型 | 4.0 |
| | 由兼起居的卧室、厨房和卫生间等组成的住宅最小套型 | 3.5 |
| 卫生间 | 设便器、洗浴器、洗面器时 | 2.5 |
| | 设便器、洗面器时 | 1.8 |
| | 设便器、洗浴器时 | 2.0 |
| | 设洗浴器、洗面器时 | 2.0 |
| | 设洗面器、洗衣机时 | 1.8 |
| | 单设便器时 | 1.1 |

注：使用面积按结构墙体表面尺寸计算；有复合保温层时，应按复合保温层表面尺寸计算；烟道、通风道、管井等不计入使用面积。

**[2] 基本功能空间最小使用面积示意**

基本功能空间使用面积和面宽的适宜范围值 表3

| 基本功能空间 | 基本功能空间使用面积（m²） | | 基本功能空间面宽（m） | 基本功能空间进深（m） |
|---|---|---|---|---|
| | 套内使用面积<br>40~90 | 套内使用面积<br>90~150 | | |
| 起居室（厅） | 16.0~24.0 | 20.0~35.0 | 3.6~4.8 | 3.5~6.2 |
| 餐厅 | 6.0~9.0 | 9.0~15.0 | 2.6~3.6 | 2.6~4.2 |
| 主卧室 | 12.0~16.0 | 15.0~25.0 | 3.3~4.5 | 3.8~5.2 |
| 次卧室 | 8.5~11.0 | 10.0~13.0 | 2.8~3.6 | 3.4~4.0 |
| 书房 | 8.5~11.0 | 10.0~13.0 | 2.8~3.6 | — |
| 门厅 | 0.0~2.0 | 2.0~4.0 | 1.2~2.4 | — |
| 厨房 | 4.5~8.0 | 6.0~9.0 | 1.8~3.0 | — |
| 卫生间 | 2.0~2.5 | 4.0~7.0 | 1.8~2.4 | — |
| 主卫生间 | 3.5~5.5 | 5.0~8.0 | 1.8~2.4 | — |
| 储藏间 | 0.0~2.0 | 2.0~4.0 | 1.5~3.0 | — |
| 阳台 | 4.5~6.5 | 5.0~8.0 | — | 1.2~1.8 |
| 生活阳台 | 2.0~3.5 | 3.0~5.0 | — | 0.9~1.5 |

# 起居室（厅）

起居室(厅)是供居住者会客、娱乐、团聚等活动的空间。既是家庭内部活动的地方，又是与外界交往的场所，它兼顾内外两方面的职能。

起居室（厅）活动需求　　　　　　　　　　　　　表1

| 家庭活动 | 休闲健身 | 家务劳动 | 家居美化 | 社交会客 |
|---|---|---|---|---|
| 家庭聊天、观看电视、欣赏音乐、打牌下棋、演奏钢琴、接打电话、网上漫游等 | 使用健身器材、跳健身操、打太极拳、做瑜珈等 | 熨烫、折叠衣服等 | 摆放花草、设置鱼缸、侍弄植物、欣赏艺术品等 | 招待亲朋、品茗喝茶、促膝而谈、留宿访客等 |

## 起居室（厅）空间需求

1. 不希望起居室(厅)与其他空间穿套，避免各种行为相互干扰，频繁走动打扰其他家庭成员看电视。起居室(厅)位于整个套型空间的一侧时，空间相对稳定。

2. 空间可以适应家具的摆放和变换，如把沙发进行多种组合，使沙发与电视柜有多种位置关系。

3. 套型设计时应减少直接开向起居厅的门的数量。起居室(厅)内布置家具的墙面直线长度宜大于3m。

起居室（厅）家具类型　　　　　　　　　　　　　表2

| 主要家具 | 其他家具、设备 |
|---|---|
| 沙发、茶几、电视柜 | 组合柜、博古架、躺椅、钢琴、鱼缸、大型盆栽、雕塑、落地灯等 |

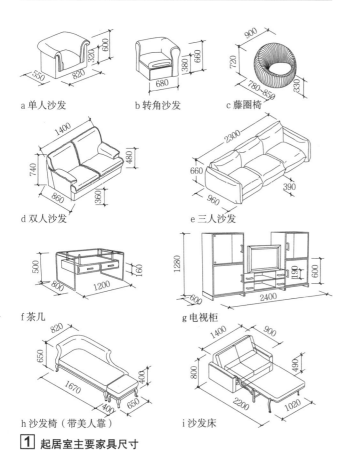

a 单人沙发　　　b 转角沙发　　　c 藤圈椅

d 双人沙发　　　　　　e 三人沙发

f 茶几　　　　　　g 电视柜

h 沙发椅（带美人靠）　　　i 沙发床

**1** 起居室主要家具尺寸

## 起居室（厅）面积

起居室的面积主要由家庭人口数的多少、待客活动的频率以及视觉层面等需求确定。在不同平面布局的套型中，起居室面积变化幅度较大。

1. 起居室相对独立时，其使用面积一般在15m²以上。

2. 当起居室与餐厅合而为一时，两者的使用面积一般在20~25m²，共同占套内使用面积的25%~30%左右。

3. 当起居室与餐厅由门厅过道分成两边时，两者加上过道的面积一般在30~40m²，适合进深较大的大套型。

## 起居室（厅）面宽

起居室面宽的主要制约因素是人坐在沙发上看电视的距离。沙发的宽度、电视机的厚度和屏幕的大小是影响起居室面宽的可变因素，起居室面宽具有较大弹性。

1. 110~150m²的套型，起居室面宽一般为3.9~4.5m。

2. 当面宽条件或套型面积受限时，面宽可以压缩至3.6m。

3. 在豪华套型中，起居室面宽可以在6.0m以上。

16：9电视机的最佳视距　　　　　　　　　　　　表3

| 电视机尺寸（英寸） | 19 | 26 | 32 | 40 | 46 |
|---|---|---|---|---|---|
| 最佳观看距离（m） | 0.70~1.20 | 1.00~1.60 | 1.20~2.00 | 1.50~2.50 | 1.70~2.90 |
| 电视机尺寸（英寸） | 52 | 63 | 80 | 96 | 112 |
| 最佳观看距离（m） | 1.90~3.20 | 2.40~3.90 | 3.00~5.00 | 3.60~6.00 | 4.20~7.00 |

## 起居室（厅）进深

1. 独立的起居室，深宽比值一般在5：4~3：2的范围内。

2. 与餐厅连通的起居室，两者的深宽比一般为3：2~2：1。

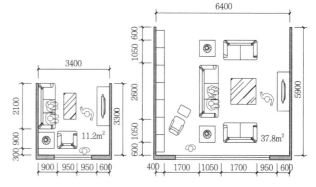

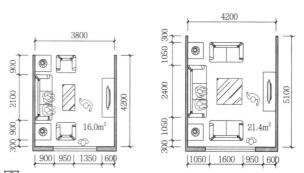

**2** 不同面积的起居室典型平面布置

## 餐厅

　　餐厅是家居生活中的进餐场所，与起居室一样作为家居生活中重要的公共活动空间。

餐厅活动需求　　　　　　　　　　　　　　　　　　表1

| 日常进餐 | 招待聚会 | 全家做饭 | 食品加工 | 娱乐活动 |
|---|---|---|---|---|
| 一日三餐、午茶夜宵等 | 家庭团聚、宴请宾客等 | 包饺子、团汤圆等 | 调拌凉菜、摘理蔬菜、削切水果、沏茶倒水等 | 观看电视、欣赏音乐、读书看报、棋牌游戏、接打电话等 |

### 餐厅空间需求

　　1. 餐桌尽量在L形墙角处或贴邻一面墙布置，空间相对稳定。

　　2. 餐桌椅布置时，应满足就座方便和不影响正常通行的要求。

　　3. 餐厅空间要具备灵活性，能够适当"延伸"，以满足节假日客人与家人共同就餐增加座位的可能。

餐厅家具类型　　　　　　　　　　　　　　　　　　表2

| 主要家具 | 其他家具、设备 |
|---|---|
| 餐桌、餐椅 | 餐具柜、冰箱、电视、饮水机等 |

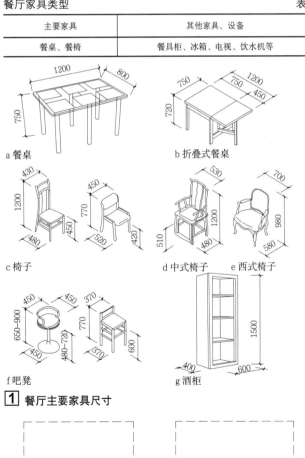

1 餐厅主要家具尺寸

2 餐桌椅与墙面及其他家具的距离关系

## 餐厅空间尺度

　　餐厅应根据家庭人口的数量采用不同的餐桌椅组合方式。餐桌椅与墙面或高家具间留有通行过道时，间距不宜小于0.60m。当餐桌椅一侧为低矮的家具时，通行过道的宽度可以适当减小，但不宜小于0.45m。

　　1. 供3~4人就餐的餐厅，其面宽不宜小于2.7m，使用面积不宜小于10m$^2$。

　　2. 供6~8人就餐的餐厅，其面宽不宜小于3.0m，使用面积不宜小于12m$^2$。

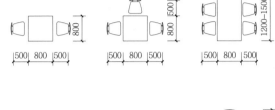

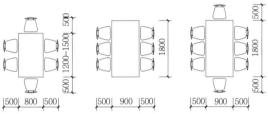

3 餐桌椅的组合方式及相应尺寸

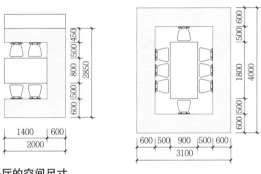

4 餐厅的空间尺寸

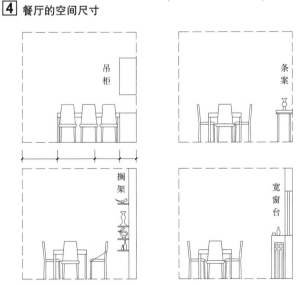

5 餐具柜与餐桌的常见组合关系

## 主卧室

主卧室主要是供主人睡眠、休息的空间，同时还包括储藏、更衣、休憩、工作等功能。作为个人活动空间，主卧室对私密性的要求较高。

主卧室活动需求　　　　　　　　　　　　　　　　表1

| 睡眠休息 | 休闲娱乐 | 工作学习 | 梳妆打扮 |
|---|---|---|---|
| 睡眠休息 | 观看电视、欣赏音乐、接打电话、网上漫游等 | 读书看报、电脑办公、接发传真等 | 护肤化妆、佩戴穿衣等 |

### 主卧室空间需求

1. 充分考虑空间的私密性要求，设法使其免受外界和其他房间的噪声、视线和活动等干扰，一般将主卧室布置在套型入口的远端。

2. 主卧室空间要能够方便完成上下床、整理被褥、伸展穿衣等动作，并有足够的空间储藏被褥、衣服、个人用品及待洗衣服。

3. 家庭成员结构复杂时，主卧将承担一部分起居功能，供主人独立使用，比如看电视、上网、看书、办公等。

4. 主卧室最好预留一部分富余空间，以满足住户不同的额外需求，如布置梳妆台、手工台、缝纫机、婴儿床等。

主卧室家具类型　　　　　　　　　　　　　　　　表2

| 主要家具 | 其他家具、设备 |
|---|---|
| 双人床、床头柜、储衣柜等 | 电视柜、梳妆台、写字台、座椅、躺椅、沙发、穿衣镜、衣帽架、空气加湿器、电暖气、音响设备等 |

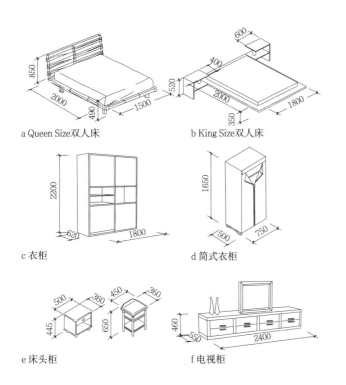

a Queen Size双人床　　　b King Size双人床

c 衣柜　　　　　　　　　d 简式衣柜

e 床头柜　　　　　　f 电视柜

[1] 主卧室主要家具尺寸

### 主卧室空间尺度

主卧室的布置中，应首先满足床的各项使用功能。双人床一般居中布置，满足两侧上下床的方便。床的边缘与墙或其他障碍物之间的通行距离不宜小于0.5m；整理被褥侧以及衣柜开门侧该距离不宜小于0.6m；如考虑弯腰、伸臂等动作，其距离不宜小于0.9m。

1. 一般情况下，双人卧室的使用面积不宜小于12m²。

2. 舒适型套型的主卧室宜控制在15~20m²。

### 主卧室面宽及进深

1. 主卧室的面宽考虑多数人有躺在床上看电视的需求，面宽尺寸一般为：双人床长度+通行宽度+电视柜宽度或挂墙电视厚度。主卧室的面宽以3.1~3.8m为宜。

2. 主卧室的进深尺寸一般为：衣柜厚度+整理衣物被褥的过道宽度+双人床宽度+方便上下床的过道宽度。

（1）主卧室的进深以3.8~4.5m为宜。

（2）当考虑摆放婴儿床等其他家具时，主卧室进深应尽量达到4.5~5.0m。

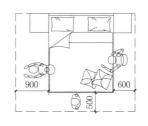

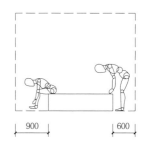

[2] 床的边缘与墙或其他障碍物之间的距离

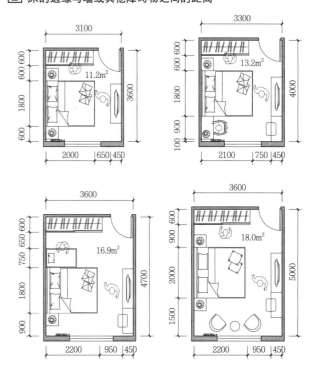

[3] 不同面积的主卧室典型平面布置

## 次卧室

1. 由于家庭结构、生活习惯的多样性，据调查，次卧室主要作为子女用房，其次为老人用房，再次为客房。

2. 次卧室放置双人床时的活动需求、空间需求与主卧类似。

3. 次卧室作为子女用房、老人用房时，较多会放置单人床，其活动需求、空间需求上又有自己的特点：

（1）子女用房既是他们的卧室，也是书房，同时还充当起居室，接待前来串门的同学朋友。还要考虑在书桌旁安放椅子的空间，方便父母辅导作业或与孩子交流。

（2）老人用房要考虑老人看电视时间较长，应设置专门看电视的座位。当两位老人同时居住时，要考虑分别设置两张单人床，让老人可以分床就寝，避免相互的干扰。

次卧室家具类型　　　　　　　　　　　　　　　　　表1

| 主要家具 | 其他家具、设备 |
| --- | --- |
| 单人床、床头柜、书桌、座椅、衣柜等 | 电视机、座椅、书柜、计算机、钢琴、穿衣镜、衣帽架、空气加湿器、电暖气、音响设备等 |

a Twin Size单人床　　　b Double Size单人床

**1** 次卧室主要家具尺寸

4. 次卧室的空间尺度

次卧室的功能比主卧室更具多样性，设计时应充分考虑多种家具的组合方式和布置形式。

（1）一般情况下，次卧室的使用面积不宜小于9m²，面宽不宜小于2.7m。

（2）当次卧室有两位老人共同居住时，房间使用面积不宜小于12m²，面宽不宜小于3.0m。

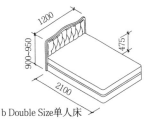
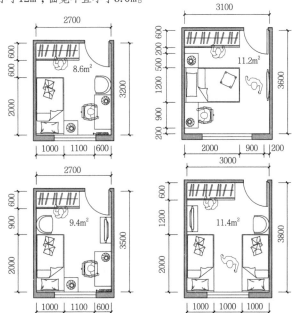

**2** 不同面积的次卧室典型平面布置

## 书房

1. 书房是办公、学习、会客的空间。

（1）书房应具备书写、阅读、待客谈话、书籍陈列等功能。

（2）书房宜考虑夫妇两人同时办公、上网的需求。

（3）书房可考虑布置沙发床，兼作客房。

书房家具类型　　　　　　　　　　　　　　　　　表2

| 主要家具 | 其他家具、设备 |
| --- | --- |
| 书桌、座椅、书柜、书架、电脑等 | 沙发、沙发床、传真机、打印机、音响设备、钢琴、绿植、博古架等 |

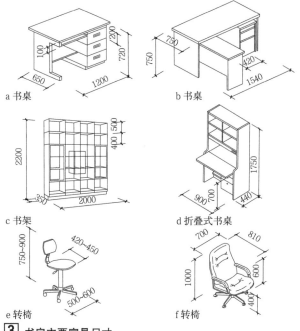

a 书桌　　　　　　　　　b 书桌

c 书架　　　　　　　　　d 折叠式书桌

e 转椅　　　　　　　　　f 转椅

**3** 书房主要家具尺寸

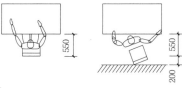
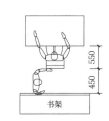

**4** 书桌与座椅的平面尺寸

2. 书房的空间尺度

书房座椅活动区的深度不宜小于0.55m，座椅后方不需要通道时，书桌与家具或墙的距离不宜小于0.75m，需要通道时，不宜小于1.00m。书房的面宽不宜小于2.6m。

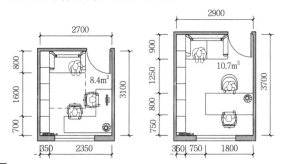

**5** 不同面积的书房典型平面布置

## 厨房

厨房是供居住者进行炊事活动的空间。厨房布置对炊事流程和人体工程学方面的要求比其他套内空间要高。

**厨房活动需求** 表1

| 备餐 | 烹调 | 餐后整理 |
|---|---|---|
| 择菜、洗、切、包饺子、拌凉菜等 | 蒸、煮、煎、炸、炒、烤、烙等 | 处理剩饭、蔬果洗碗、餐具消毒、擦拭台面等 |

## 厨房空间需求

1. 厨房在套型中的位置应考虑洁污分区的要求，为了方便运送鲜活食品、清运厨余垃圾，一般将厨房布置在套型入口附近。

2. 厨房的空间安排应符合操作者的作业顺序与操作习惯，按照"贮、洗、切、炒"的顺序组织操作流线，避免作业动线交叉。

3. 厨房空间应与其他空间，尤其是餐厅空间有视觉上的联系，视线覆盖区域及视野开阔程度对厨房空间的感受及与家人的交流有很大影响。

**厨房烹调操作空间需求** 表2

| 厨房空间 | 主要使用需求 |
|---|---|
| 烹调空间 | 进行烹调操作活动的空间，主要集中在灶台前 |
| 清洗空间 | 进行蔬菜、餐具等的洗涤及家务清洗等活动的空间，主要为洗涤池前 |
| 准备空间 | 进行烹调准备、餐前准备、餐后整理及凉菜制作等活动的空间，主要集中在操作台及备餐台前 |
| 储藏空间 | 用于摆放、整理食品原料、饮食器具、炊事用具，对食品进行冷冻、冷藏的空间 |
| 设备空间 | 炉灶、洗涤池、吸油烟机、上下水管线、燃气管线及燃气表、排风道以及安装热水器等设备所需的空间 |
| 通行空间 | 为不影响厨房操作活动而必需的通道等 |

**厨房家具、设备类型** 表3

| 主要厨具、设备 | 其他设备 |
|---|---|
| 操作台、储物柜、洗涤池、炉灶、吸油烟机、冰箱、微波炉、电饭煲等 | 冰柜、烤箱、洗碗机、消毒碗柜、食品加工机、榨汁机、热水器、厨宝、碎骨机、净水器、软水机等 |

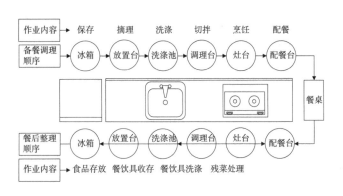

**1** 厨房的操作流程

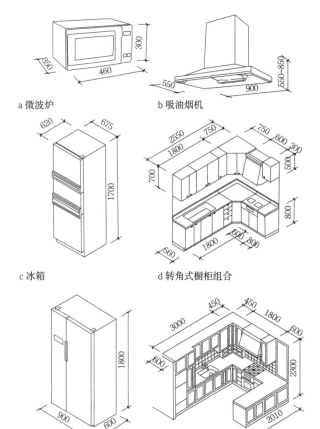

a 微波炉　　b 吸油烟机

c 冰箱　　d 转角式橱柜组合

e 对开门冰箱　　f U形橱柜组合

**2** 厨房主要设备尺寸

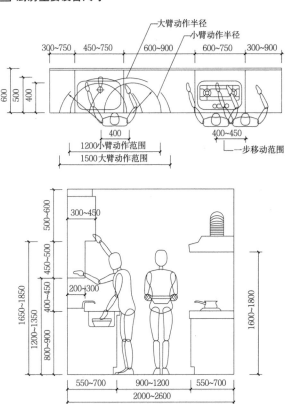

**3** 厨房中的人体活动尺寸

## 厨具布置形式

厨具布置形式 表1

| 名称 | 图示 | 适用范围 | 优点 | 缺点 |
|---|---|---|---|---|
| 单列形布置 | 5.9m² （340 2700 760 / 3800 / 640 960 1600） | 采用此种布置的厨房，其开间净空一般在1.6~2.0m之间，适用于与厨房相对的一边嵌套服务阳台而无法采用L形布置的，只能单面布置橱柜设备的狭长形厨房 | 1.橱柜布置简单；2.立管和风道集中布置，节约设备空间 | 1.操作中必须沿台面方向走动，运动路线长、工作效率降低；2.通道单侧使用，难以重复利用空间，降低了空间利用的效率 |
| 双列形布置 | 6.2m² （2140 760 / 2900 / 640 920 640 2200） | 采用此种布置的厨房，其开间净空一般不小于2.2m，适用于与厨房入口相对的一边嵌套服务阳台而无法采用U形布置的，但可以沿两个长边布置橱柜设备的方形厨房 | 1.可以重复利用厨房的走道空间，提高空间的使用效率，较为经济；2.水盆台面和灶台台面可以设置成不同高度，更符合人体工程学 | 1.不能按炊事流程连续操作，需有转身动作；2.不利于管线的集中布置，需双侧设置竖向管线；3.占用面宽过大 |
| L形布置 | 4.9m² （640 1800 760 / 3200 / 640 960 1600） | 采用此种布置的厨房，其开间净空一般在1.6~2.0m之间，适用于厨房入口在短边且没有嵌套服务阳台，或者入口在长边但在短边嵌套服务阳台的狭长形厨房 | 1.较为符合厨房操作流程，在转角处工作时移动较少；2.在一定程度上节省空间；3.立管和风道集中布置，节约设备空间 | L形橱柜转角处如果不布置竖向管线，角部空间则不易利用 |
| 宽U形短边开窗布置 | 4.9m² （640 1920 640 / 3200 / 760 200 640 1600） | 采用此种布置的厨房，其开间净空一般在1.6~2.0m之间，适用于厨房入口在长边，没有嵌套服务阳台且窗户在短边的狭长形厨房 | 1.较为符合厨房操作流程，在转角处工作时移动较少；2.在一定程度上节省空间；3.厨柜整体性强、美观 | 橱柜转角处的空间不易利用 |
| 宽U形长边开窗布置 | 4.9m² （640 1920 640 / 3200 / 760 200 640 1600） | 采用此种布置的厨房，其开间净空一般在3.0m以上，适用于厨房入口在长边，没有嵌套服务阳台且窗户在长边的狭长形厨房 | 1.十分符合厨房操作流程，从冰箱到水池到灶台的操作面连续；2.厨房长边设窗视野采光好 | 1.橱柜转角处的空间不易利用；2.窗户占用墙面的长度较大，影响吊柜，吊柜只能与窗户上下叠合布置 |
| 窄U形布置 | 6.2m² （640 1500 760 / 2900 / 640 920 640 2200） | 采用此种布置的厨房，其开间净空一般不小于2.2m，适用于厨房入口在短边且有嵌套服务阳台的方形厨房，面积使用效率较高 | 1.十分符合厨房操作流程，从冰箱到水池到灶台的操作面连续；2.操作面长，储藏空间充分；3.设备布置较为灵活 | 1.面积较大；2.消耗面宽资源较多；3.橱柜转角处的空间不易利用 |
| 岛式布置 | 8.4m² （640 910 1750 / 3300 / 640 910 1050 2600） | 岛式平面布局在中小套型厨房中较少见，多用于大套型的厨房中，且多在DK型厨房（餐厨合一的厨房）和开敞厨房的平面设计中采用 | 1.适合多人参与厨房操作，有利于做饭主妇与家庭成员或客人之间的互动，厨房的气氛活跃；2.空间效果开敞 | 1.占用空间较多；2.开放式布局如果进行中式烹饪，尤其川菜，油烟气味散溢会污染到其他房间 |

## 厨房中人体活动尺寸

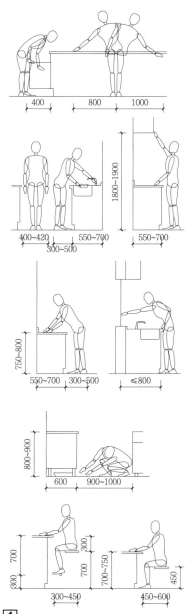

**1** 厨房中人体活动尺寸

## 厨房空间尺度

1. 一般小套型厨房的使用面积宜为4~6m²，操作台总长不宜小于2.4m，面宽1.5~2.2m，冰箱可在厨房内布置，也可在厨房附近的过道或餐厅布置。

2. 中等面积套型厨房的使用面积宜为6~8m²，操作台总长不宜小于2.7m，面宽1.6~2.2m，冰箱应在厨房内布置。

3. 大套型厨房的使用面积宜为8~12m²，操作台总长不宜小于3.0m，面宽1.8~2.6m，冰箱应在厨房内布置，并考虑放置对开门冰箱的空间。

3 住宅建筑

## 卫生间

卫生间是供居住者进行便溺、洗浴、盥洗等活动的空间。

卫生间活动需求　表1

| 便溺 | 洗浴 | 盥洗 | 家务 | 娱乐健身 |
|---|---|---|---|---|
| 大便、小便、清洗下身、有可能设置宠物便溺的场所等 | 洗澡、洗发、更衣等 | 洗手、洗脸、刷牙漱口、化妆梳头、剃须等 | 清洁卫生、清洗抹布、清洗拖把、洗涤衣物、晾挂衣服等 | 健身、敷药、称体重、听音乐、看电视等 |

## 卫生间空间需求

如厕空间、沐浴空间、洗脸化妆空间等功能空间是卫生间的基本组成部分。另外，储藏空间、家务空间也是卫生间主要功能的扩展。

卫生间中储藏的物品　表2

| 卫生用品 | 洗涤用品 | 清洁用品 | 衣物 |
|---|---|---|---|
| 成捆卫生纸、纸巾、卫生巾等 | 洗衣粉、柔顺剂、肥皂、消毒液、去污粉、洁厕剂、洁领剂、洗发液、沐浴液、护肤品等 | 脸盆、脚盆、拖把、扫帚、刷子、抹布、污水桶等 | 衣服、毛巾、浴巾等干净物品、待洗衣物等 |

a 柜式洗面器

b 立式洗面器

c 坐便器

d 电热水器

e 洗衣机

f 淋浴间

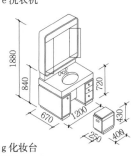

g 化妆台

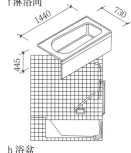

h 浴盆

**1** 卫生间主要设备尺寸

卫生间设备类型　表3

| 基本设备 | 其他设备 |
|---|---|
| 便器、洗面器（独立式、台面式）、浴盆、淋浴器、排气扇等 | 电热水器、即热式热水器、浴霸、洗衣机、污水池、蹲便器、小便器、洁身器、蒸汽浴室、桑拿浴房等 |

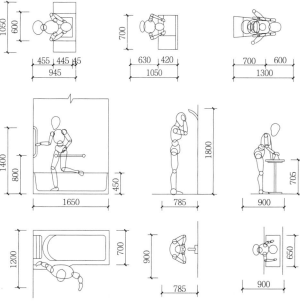

**2** 卫生间中的人体活动尺寸

**3** 便器、洗面器布置的尺寸要求

## 卫生间空间尺度

1. 坐便器和蹲便器前端到障碍物的距离应大于0.45m，以方便站立、坐下等动作。

2. 左右两肘撑开的宽度为0.76m，因此坐便器、蹲便器、洗面器中心线到障碍物的距离不应小于0.40m。

3. 坐便器和蹲便器所需最小空间为0.8m×1.2m。

4. 淋浴间的最小尺寸为0.8m×0.8m，一般以0.9m×1.1m为宜，并应考虑门开启的空间。设置浴盆时，要考虑住户有可能将浴盆改为淋浴间，但是淋浴间的宽度大于浴盆宽度，因此，设计浴盆时最好按照淋浴间的宽度来预留宽度。

5. 三件套卫生间的使用面积一般为3.0~5.0m²。

6. 四件套卫生间的使用面积一般为4.0~6.0m²。

## 卫生间平面布置

卫生间平面布置形式 表1

| 名称 | 图示 | 定义 | 优点 | 缺点 |
|---|---|---|---|---|
| 集中型 | 4.2m² | 集中型卫生间是将卫生空间的各种功能集中在一起，即把洗脸盆、淋浴间、坐便器等卫生设备布置在同一空间内 | 1.节省空间；2.管线集中，较为经济 | 1.当一个人占用卫生间时，会影响家庭其他成员的使用，因此不适合人口较多的家庭；2.集中型卫生间适于在多卫生间套型中采用 |
| 前室型 | 5.8m² | 前室型卫生间是将卫生空间的基本设备根据需要，部分独立设置，部分合为一室，且空间之间进行穿套而形成前室的布局形式，一般用于住宅的公用卫生间 | 1.功能使用分区在一定程度上能够解决卫生空间不能同时使用的矛盾；2.较为经济，仅增加一道墙和一道门，面积没有增加很多 | 1.卫生设备集中于一室，嵌套的前室有一定相互干扰；2.如厕后需开门再洗手，不卫生 |
| 分设型 | 4.7m² | 分设型卫生间是将卫生空间中的厕所、浴室、洗漱和洗衣间等空间各自独立设置 | 1.各空间可同时使用，特别是在使用的高峰期可减少彼此之间的干扰；2.各空间功能明确，干湿分离，适合家庭人口较多的单卫生间套型 | 1.各空间均划分得较小，视觉效果稍差；2.较多的墙面面积和门增加建造成本；3.较难做到空间借用；4.使用面积较大 |

**1** 卫生间典型平面布置

# 门厅

1. 门厅是从户外进入室内的过渡空间，是联系户内外空间的缓冲区域。

门厅（玄关）功能需求                           表1

| 活动 | 接待 | 过渡空间 | 储藏 | 装饰门面 |
|------|------|---------|------|---------|
| 换鞋更衣、整理衣装、暂存物品、鞋具护理、衣物清扫等 | 迎送客人、主客寒暄、递送礼物、快递接受、抄表签字等 | 避免公共走道对户内一览无余、避免起居餐厅看到杂乱的鞋子等 | 鞋、衣物、运动用品、鞋拔子、鞋油、鞋刷、书包、童车、钥匙、雨伞、雨衣等 | 展示主人情趣个性、品位、审美修养等 |

2. 门厅空间需求

门厅应有足够的空间用以弯腰或坐下换鞋和伸展更衣，保证有合适的视距以便居住者照镜整理服装，并应有足够的储藏空间。

小套型的门厅可与起居室、餐厅合并，达到空间互借的效果；大套型的门厅应独立，更好地起到过渡、缓冲的作用，并考虑美学效果。

门厅家具类型                                 表2

| 主要家具 | 其他家具 |
|---------|---------|
| 鞋柜、衣柜、挂衣钩、坐凳等 | 穿衣镜、伞立、屏风、装饰架等 |

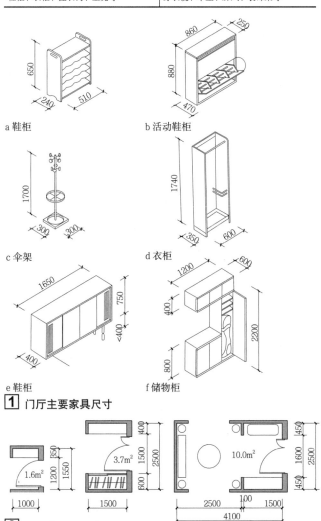

a 鞋柜　　　　　　b 活动鞋柜
c 伞架　　　　　　d 衣柜
e 鞋柜　　　　　　f 储物柜

1 门厅主要家具尺寸

2 门厅典型平面布置

# 过道

过道是指住宅套内使用的水平通道。过道的功能是避免房间嵌套而造成各空间之间的穿插与干扰。

规范对过道净宽的要求                          表3

| 套内入口过道 | 通往卧室、起居室的过道 | 通往厨房、卫生间、储藏室的过道 |
|------------|------------------|-------------------------|
| 宜≥1.20m | 应≥1.00m | 应≥0.90m |

# 储藏间

住宅套内应分类设置不同的储藏空间。

家庭储藏物品种类                              表4

| 日常杂品 | 季节性物品 | 暂存物品 |
|---------|----------|---------|
| 清扫工具：吸尘器、拖布、扫帚等维修工具：锯、改锥、钳子、锤子、电钻等；旅行用品：旅行箱、行李架等；爱好用品：渔具、露营设备等；其他：折叠床、梯子等 | 床上用品：换季被褥、凉席、电热毯等；电器：电扇、电暖器、空气加湿器等 | 淘汰家用电器、外包装纸箱、装修剩余材料等 |

注：储藏间家具尺寸可参见门厅。

# 阳台

阳台是附设于建筑外墙设有栏杆或栏板，可供人活动的空间。

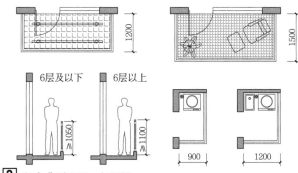

3 阳台典型平面、剖面图

# 套内楼梯

套内楼梯是套型内上下层之间的垂直交通空间。

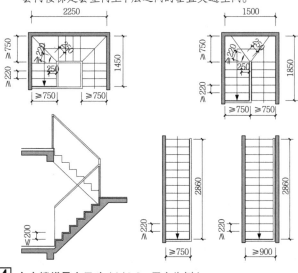

4 套内楼梯最小尺寸（以2.8m层高为例）

## 主要功能空间组合关系

### 餐厅、起居室常见组合关系　　　　　　　　　　　　　　　　　　　　　　　　　　　　　　　　　　　　　　　　表1

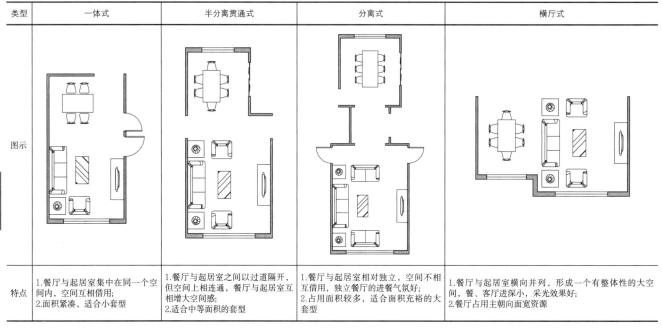

| 类型 | 一体式 | 半分离贯通式 | 分离式 | 横厅式 |
|---|---|---|---|---|
| 特点 | 1.餐厅与起居室集中在同一个空间内，空间互相借用；<br>2.面积紧凑，适合小套型 | 1.餐厅与起居室之间以过道隔开，但空间上相连通，餐厅与起居室互相增大空间感；<br>2.适合中等面积的套型 | 1.餐厅与起居室相对独立，空间不相互借用，独立餐厅的进餐气氛好；<br>2.占用面积较多，适合面积充裕的大套型 | 1.餐厅与起居室横向并列，形成一个有整体性的大空间，餐、客厅进深小，采光效果好；<br>2.餐厅占用主朝向面宽资源 |

### 餐厅、厨房常见组合关系　　　　　　　　　　　　　　　　　　　　　　　　　　　　　　　　　　　　　　　　表2

| 类型 | 非紧密联接式 | 并联式 | 串联式 | 餐厨合一式（DK式） |
|---|---|---|---|---|
| 特点 | 1.适用于小套型，面积紧凑；<br>2.占用面宽资源少 | 1.厨房、餐厅均有直接通风采光，条件优越；<br>2.占用面宽资源较多 | 1.餐厅空间的稳定性不如并联式，餐厅要通过厨房间接通风采光；<br>2.较为节约面宽资源 | 1.适合以西式烹调为主的家庭，有利于做饭的主妇与家庭成员互动；<br>2.中式烹饪，油烟气味散溢会污染到其他房间 |

### 主卧套房常见组合关系　　　　　　　　　　　　　　　　　　　　　　　　　　　　　　　　　　　　　　　　　表3

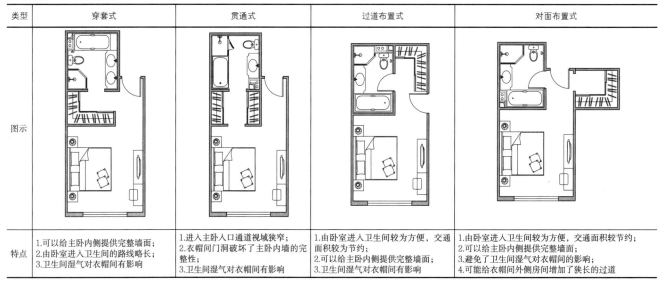

| 类型 | 穿套式 | 贯通式 | 过道布置式 | 对面布置式 |
|---|---|---|---|---|
| 特点 | 1.可以给主卧内侧提供完整墙面；<br>2.由卧室进入卫生间的路线略长；<br>3.卫生间湿气对衣帽间有影响 | 1.进入主卧入口通道视域狭窄；<br>2.衣帽间门洞破坏了主卧内墙的完整性；<br>3.卫生间湿气对衣帽间有影响 | 1.由卧室进入卫生间较方便，交通面积较为节约；<br>2.可以给主卧内侧提供完整墙面；<br>3.卫生间湿气对衣帽间有影响 | 1.由卧室进入卫生间较为方便，交通面积较节约；<br>2.可以给主卧内侧提供完整墙面；<br>3.避免了卫生间湿气对衣帽间的影响；<br>4.可能给衣帽间外侧房间增加了狭长的过道 |

## 定义

住宅按层数划分,1~3层的住宅为低层住宅,有以下3个基本特征:

1. 建筑层数少,住宅上下层之间联系方便,私密性强。

2. 平面布置紧凑,组合灵活,结构简单,拥有独立或半独立院落。

3. 既能满足大套型、高标准的要求,又能适应一般或较低标准等不同的生活需求。

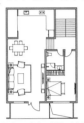

a 平面灵活,适应不同面积需求　　b 住宅垂直交通便捷

**1** 低层住宅的特征

## 设计要点

低层住宅布局时应合理利用地形地势条件,创造优良的室内外空间环境。低层住宅在设计时应注意:

1. 合理利用土地,节约土地资源。

2. 创造层次丰富的室外空间,优化居住环境景观,营造家园氛围。

3. 合理组织室内功能空间,保证住宅单元有良好私密性。

4. 合理组织交通,满足汽车停放的需求,同时确保步行空间的安全性。

低层住宅的特色辅助空间设计　　　　　　　　　　　　表1

| 设计要素 | 设计特点 |
|---|---|
| 院落 | 可分为前院、后院和侧院。应具有较明确的空间边界,并且积极实现住宅室内空间和外部环境之间的过渡 |
| 独立车库或车位 | 车库是独立住宅必备的辅助空间,可以与建筑主体合并设置,也可以在用地内单独设置,车库(车位)设计应统筹考虑住宅的人车流线设计。一般设计在底层、半地下或建筑一侧 |
| 露台(平台) | 供居住者进行室外活动的上人屋面或室外平台 |

## 基本特点

1. 一般有独用院落,使室内外空间互相延伸渗透,扩大生活空间,接近绿化,创造更好的居住环境。

2. 低层住宅体量小、层数少,建筑结构简单,可以因地制宜,就地取材。

3. 占地面积比较大,容积率较低,道路、管网以及其他市政设施的投资较高。

低层住宅常见的优点和不足　　　　　　　　　　　　表2

| | |
|---|---|
| 优点 | 住户独门独院,接近自然 |
| | 建筑与自然环境协调性较好,在适应特殊地形(如山地、滨水地区等)方面具有优势 |
| | 空间尺度亲切宜人,居民的归属感和领地感较强 |
| | 建筑结构自重较轻,利于地基处理和结构设计,施工简单 |
| 不足 | 建筑容积率低,不利于节约建设用地 |
| | 相对于多层、高层住宅,其建筑屋顶与基础等的建造费用比例较高 |
| | 由于小区建筑容积率低和布局较分散的原因,小区的公共服务设施利用率低 |

## 功能空间组成

**2** 功能空间组合关系图

低层住宅空间组成　　　　　　　　　　　　　　表3

| 空间类型 | 空间名称 |
|---|---|
| 社交空间 | 门厅、客厅、餐厅等 |
| 家庭活动空间 | 起居室、家庭活动室、娱乐室、露台、花园等 |
| 私密空间 | 卧室、书房、工作间等 |
| 交通空间 | 楼梯、走道等 |
| 服务空间 | 厨房、卫生间、洗衣房、车库、储藏室等 |

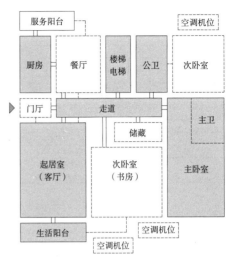

a 首层平面图　　　　　　　　b 地下一层平面图

1 门厅　2 客厅　3 厨房　4 餐厅　5 卫生间
6 辅助用房　7 卧室　8 车库　9 储藏室　10 家庭活动室

**3** 低层住宅空间组成

## 分类

低层住宅的常见类型　　　　　　　　　　　　　　表4

| 类型 | 独立式住宅 | 联排住宅 | 双拼住宅 | 合院式住宅 |
|---|---|---|---|---|
| 图示 | 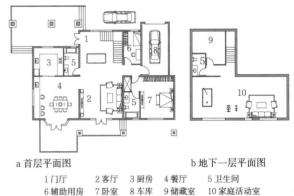 | | | |
| 空间特征 | 单独建造的独立住宅,平面布置自由,套内空间宽敞,私密性强 | 住宅套型在水平方向上由3个及以上的住宅单元拼联组成,平面布局表现为大进深、小面宽 | 住宅套型在水平方向上由2个住宅单元拼接组成,一般呈对称关系 | 多栋住宅围绕合中心院落进行群体组合 |
| 适用范围 | 住宅定位为高端产品。私密性较强,房屋周围有独立绿地、院落空间 | 住宅定位为高端产品。私密性较强,房屋周围有独立绿地、院落空间住宅定位为高端产品。住区环境可以增加住户交往的机会,拥有较宽阔的室外空间 | 每套住宅的通风采光和景观条件较好,兼顾邻里交流和私密性 | 群体规划有利于节约用地,同时兼顾住户的独享空间 |

## 低层住宅布置特点

低层住宅布置特点 表1

| 功能空间 | 基本要求 |
|---|---|
| 客厅 | 空间完整，有直接的采光和自然通风 |
| 主卧室 | 布局合理（采光），极具私密性 |
| 次卧室 | 兼作书房、客房等 |
| 餐厅 | 相对独立，通风采光良好 |
| 厨房 | 通风良好，宽敞实用，宜有服务阳台 |
| 卫生间 | 便利性，私密性，宜有良好通风 |
| 书房 | 相对安静私密 |
| 阳台 | 生活性阳台的实用，观赏性阳台的休闲 |
| 门厅 | 联系主入口（次入口） |
| 套内楼梯 | 垂直联系各层空间 |
| 辅助用房 | 洗衣房、储藏室、车库、设备用房等辅助日常生活的空间 |

## 垂直组合

低层住宅多为从地面道路直接入户的模式，也可竖向叠拼形成低层高密度住宅。

灵活处理低层住宅的垂直组合，既可丰富住宅的造型，还可以形成平台花园，使上层住户也能亲近自然。

垂直交通处理上，一般采用楼梯，少数采用坡道，楼梯的服务层数少，因此在形式上也较灵活。部分高标准低层住宅可设置电梯或预留条件。

楼梯在低层住宅中，不仅有组织垂直交通的作用，还可发挥空间连接、视觉造型等作用。

**1** 室内竖向交通关系

低层住宅的垂直组合方式 表2

| 组合方式 | 特点 | 图示 |
|---|---|---|
| 全部叠加式 | 上下两套住宅在垂直方向进行相同或相似的重复叠加 | |
| 部分叠加式 | 上下两套住宅采用退阶或悬挑的方式部分叠加 | |
| 互补式组合 | 两套或三套在垂直方向上空间交叉组合交错叠拼，共同形成一个住宅单元，一般为3层 | |

## 水平组合

低层住宅套与套水平组合方式 表3

| 组合方式 | 基本特点 |
|---|---|
| 独立式 | 设计上受限制较少，平面功能组合多样，四周开窗自由，通风采光条件好，私密性强；用地面积较大 |
| 双拼式 | 即两套住宅在平面上组合，形成一栋建筑。三边开窗自由，建筑通风采光较好 |
| 联排式 | 由3个或3个以上的住宅单元组成，用地比较节约。联排住宅长度一般以30m左右为宜，注意避免住户之间的干扰 |
| 合院式 | 有利于促进邻里交往。应注意单元之间的间距，防止通风采光死角，保证私密性 |

## 节约用地设计手法

在低层住宅设计中应扬长避短，充分发挥其居住环境的优越性，克服其不利于节地节能的缺点。对于低层住宅，有以下两种设计手法可充分提高土地利用率。

1. 减小面宽：减小低层住宅每户面宽对节约用地有较大的作用。

2. 加大进深：

（1）利用天井：利用天井作为中部房间的采光口，使住宅在进深方向增加更多功能空间。

（2）进深方向错位叠加：把面宽不同的房间在进深上进行错位叠加。

（3）逐层退台及坡屋顶：在房间底层安排较多的房间，使底层进深加大，楼层做退台处理，缩短房屋间距。

（4）剖面上的高低错落：通过剖面上的灵活处理，使住宅进深加大，平面紧凑。

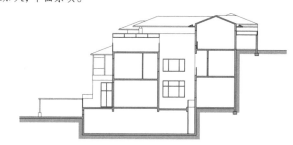

a 利用天井

b 进深方向错位叠加　　c 逐层退台及坡屋顶

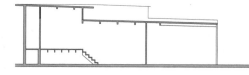

d 剖面上的高低错落

**2** 低层住宅加大进深的主要方法

## 定义

独立式住宅是指独门、独户、独院，不与其他建筑相连建造，并有独立院子的低层住宅。又称为独栋住宅。

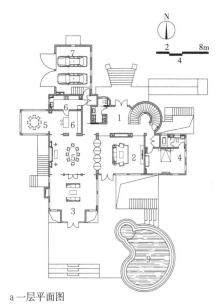

a 一层平面图

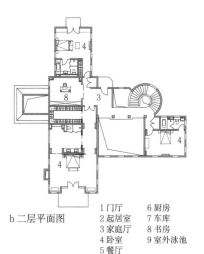

b 二层平面图

1 门厅　　6 厨房
2 起居室　7 车库
3 家庭厅　8 书房
4 卧室　　9 室外泳池
5 餐厅

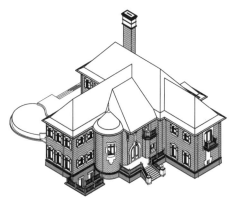

c 透视图

**1** 天津某小区独栋住宅

## 特征

1. 住宅周围一般有面积不等的花园或院落，社区有较大的中心绿地，环境较好。建筑品质相对其他类型住宅较高，建筑的房间一般都能拥有良好的日照、采光和自然通风。

2. 独立式住宅的小区由于建筑布局较分散，住户之间距离较大，每户到公共服务配套设施的距离也较大，出行方式主要依靠汽车。

3. 独立式住宅面积一般较大，要求私密性较强。

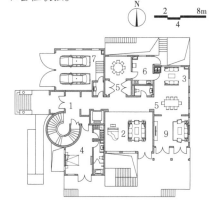

a 一层平面图

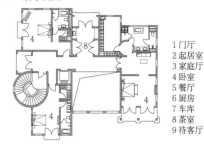

b 二层平面图

1 门厅
2 起居室
3 家庭厅
4 卧室
5 餐厅
6 厨房
7 车库
8 茶室
9 待客厅

c 南立面图

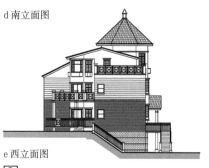

d 西立面图

**2** 天津某小区独栋住宅

4. 与普通住宅相比，独立式住宅除了具有一般住宅的基本功能外，细化了空间分工，一般设有门厅、车库、阁楼、露台及私家花园等，各辅助服务空间的配置标准和舒适度也明显提高。

5. 设计时，应注意主要居室朝向与室外景观的视线联系。

a 一层平面图

b 二层平面图

c 三层平面图

1 门厅
2 起居室
3 家庭厅
4 卧室
5 餐厅
6 厨房
7 书房
8 辅助用房
9 家政间

d 南立面图

e 西立面图

**3** 广东某小区独栋住宅

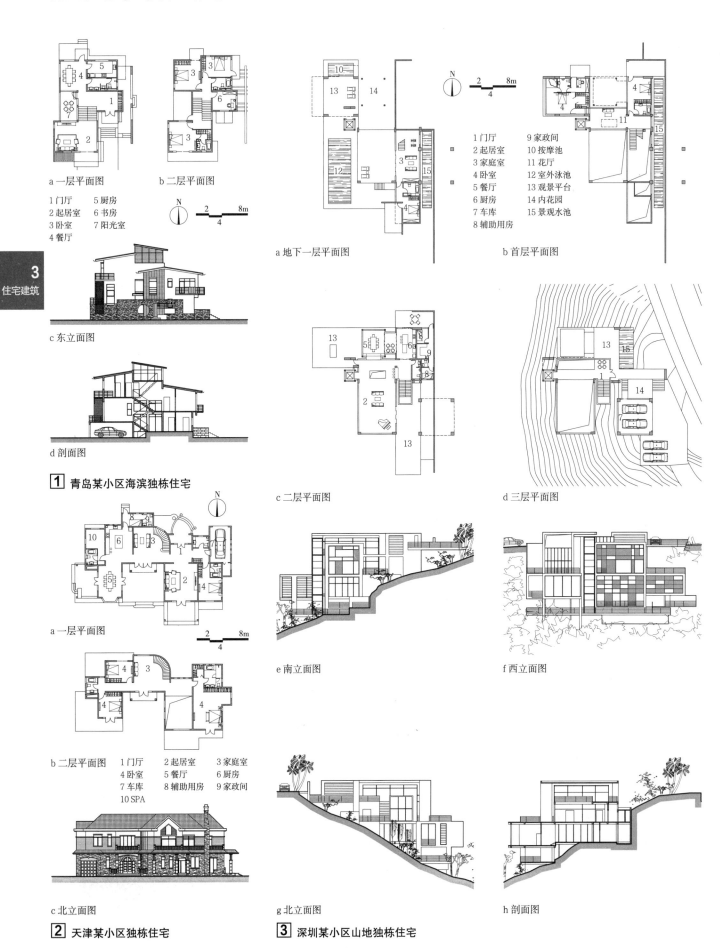

a 一层平面图　　b 二层平面图

1 门厅　　5 厨房
2 起居室　6 书房
3 卧室　　7 阳光室
4 餐厅

c 东立面图

d 剖面图

**1** 青岛某小区海滨独栋住宅

a 一层平面图

b 二层平面图

1 门厅　　2 起居室　3 家庭室
4 卧室　　5 餐厅　　6 厨房
7 车库　　8 辅助用房　9 家政间
10 SPA

c 北立面图

**2** 天津某小区独栋住宅

a 地下一层平面图　　b 首层平面图

1 门厅　　　9 家政间
2 起居室　　10 按摩池
3 家庭室　　11 花厅
4 卧室　　　12 室外泳池
5 餐厅　　　13 观景平台
6 厨房　　　14 内花园
7 车库　　　15 景观水池
8 辅助用房

c 二层平面图　　d 三层平面图

e 南立面图　　f 西立面图

g 北立面图　　h 剖面图

**3** 深圳某小区山地独栋住宅

## 定义

一般由3~6个住宅单元拼联组成，每个单元为一户，每套地上2~3层，两套之间共用分户墙。每套独门独院，设有1~2个车位，一般设有地下室。

## 特征

1. 联排式住宅多建在城市郊区，居住环境更加贴近自然，小区绿地率较高，景观比较优美。

2. 联排式住宅一般宜采用大进深、小面宽的套型平面组合形式。

3. 联排式住宅一般除比普通住宅享有更为完善的居住功能外，常可拥有独立车库、私家庭院、露台、休闲阳台等辅助空间。

4. 平面组合比较灵活，拼接方式可采用平接式、错接式及U形连接形式。

## 设计要点

1. 建筑规模控制在每户300m²以下，建筑层数控制在地上2~3层之间。

2. 在套型设计方面，起居、会客、餐厅、卧室等功能空间都有相对独立的区域，主辅流线清晰，互不干扰。具有独栋住宅的功能特征，并可满足经济型要求。

3. 室内空间设计力求丰富，可利用阳光中庭增加采光与通风面，并通过客厅或餐厅、下沉庭院、错层处理等手法，提升套型品质。

4. 室外空间设计注重美观与功能相结合。设置入户花园和独立庭院，结合起居厅及卧室的屋面设置露台。

5. 每套设置独立车位或车库，人车分流。

## 平面组合

联排式住宅不宜少于4个一组，也不宜过长。可采用平接、错接、U形接等组合方式，形成丰富的空间形态。

| 联排别墅组合方式 | | 表1 |
|---|---|---|
| 组合方式 | 图示 | 设计特征 |
| 平接 | | 经济性强，以4至6户拼接为主 |
| 错接 | | 顺应地形，灵活布局 |
| U形接 | | 便于形成院落空间 |

**3**
住宅建筑

1 起居室　6 衣帽间
2 餐厅　　7 书房
3 厨房　　8 家庭活动室
4 卧室　　9 下沉庭院
5 卫生间　10 车库

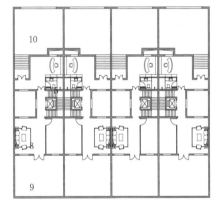

a 地下一层平面图

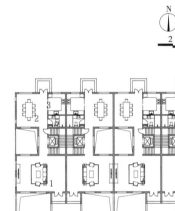

b 首层平面图

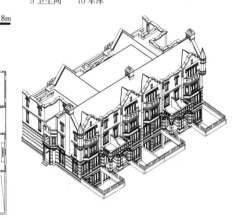

c 南向透视图

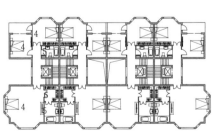

d 二层平面图

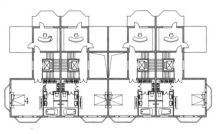
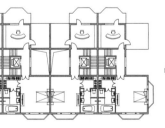
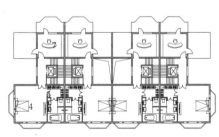

e 三层平面图

f 北向透视图

 **1** 北京某联排住宅

# 低层住宅 [6] 联排住宅 / 套型实例

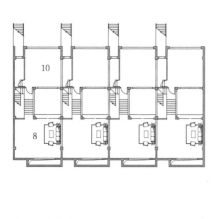

a 地下一层平面图

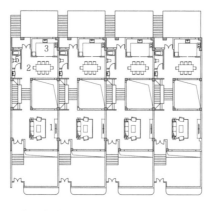

b 首层平面图

c 南立面图

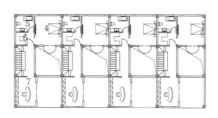

d 二层平面图

e 三层平面图

f 北立面图

**1 宁波某联排住宅**

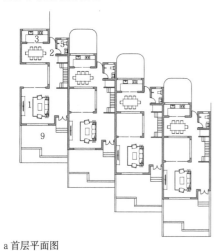

a 首层平面图

b 二层平面图

c 三层平面图

1 起居室　　6 衣帽间
2 餐厅　　　7 书房
3 厨房　　　8 家庭活动室
4 卧室　　　9 庭院
5 卫生间　　10 车库

**2 上海某联排住宅**

N

2　　8m
4

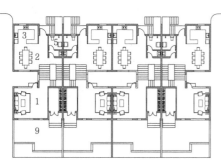

a 首层平面图

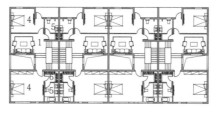

b 二层平面图

c 三层平面图

**3 天津某联排住宅**

## 定义

　　双拼住宅比联排住宅用地面积大，由两个单元并联组成，每个单元为一套，两套之间共用分户墙，一般采取两套成对称布局。

## 特征

　　1. 相较联排住宅，双拼住宅一般拥有三个采光面，套型品质与景观条件优越，室内空间面积利用充分。

　　2. 双拼住宅建筑密度相对较低，每套拥有较宽阔的室外空间。

　　3. 住宅单体布局兼顾邻里交流和独立私密性。

## 设计要点

　　1. 双拼住宅建筑规模一般每套为200~400m²，建筑层数一般为2层或3层。

　　2. 在套型设计方面，应以联排住宅的设计要点为基础，并充分利用三个采光面的优势条件，合理组织套型的采光通风，靠外侧的居室可布置两个方向的外窗。

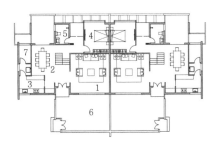

a 首层平面图

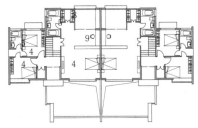

b 二层平面图

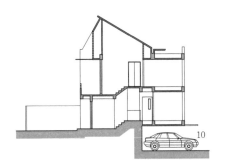

c 剖面图

1 深圳某双拼住宅

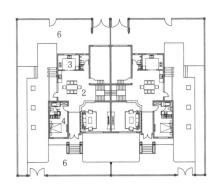

a 首层平面图

3 天津某双拼住宅

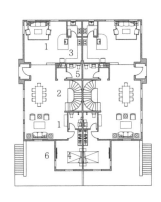

a 首层平面图

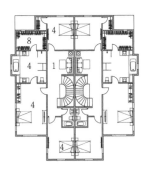

b 二层平面图

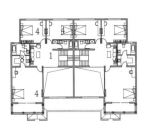

b 二层平面图

2 北京某双拼住宅

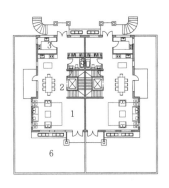

a 首层平面图

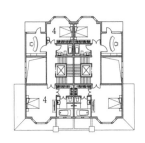

b 二层平面图

1 起居室　　6 庭院
2 餐厅　　　7 辅助用房
3 厨房　　　8 衣帽间
4 卧室　　　9 书房
5 卫生间　　10 车库

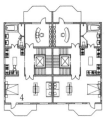

c 三层平面图

4 哈尔滨某双拼住宅

## 低层住宅［8］合院式住宅

### 定义

一般由4~6户低层住宅共同围合成院落空间的组成形式，称为合院式住宅。

### 优点

1. 可共享层次丰富、富于变化的院落空间。
2. 有利提高居住密度,节约用地。
3. 可兼顾密切邻里关系和各户生活的私密性。
4. 同一院落中不同住户间容易交往,关系较为紧密。

### 设计要点

1. 应注意避免套型之间的视线和噪声干扰。
2. 应注意各户日照、采光和通风的均好性处理。
3. 应加强建筑及院落空间的排水设计和消防疏散设计。
4. 应加强共用公共入口及公共院落的景观设计。
5. 宜设计地下车库,实现人车分流,从车库直接入户。

### 平面组合

合院式住宅可采用四套式合院、六套式合院等组合方式。

a 四套式合院          b 六套式合院

**1** 合院式住宅组合方式

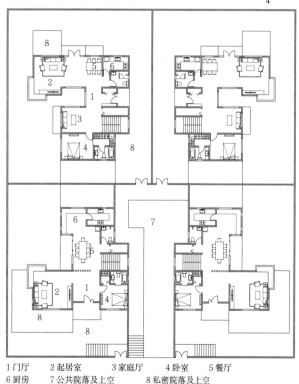

1 门厅     2 起居室     3 家庭厅     4 卧室     5 餐厅
6 厨房     7 公共院落及上空     8 私密院落及上空

**2** 宁夏某合院式住宅

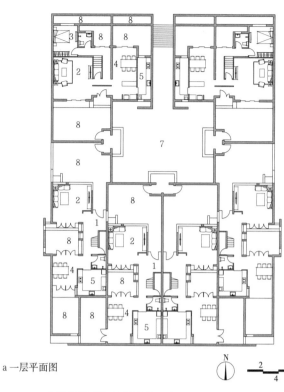

a 一层平面图

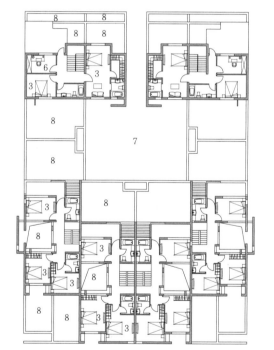

b 二层平面图

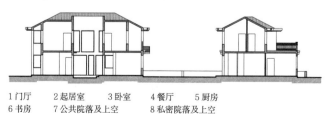

1 门厅     2 起居室     3 卧室     4 餐厅     5 厨房
6 书房     7 公共院落及上空     8 私密院落及上空

c 剖面图

**3** 宁夏某合院式住宅

3
住宅建筑

## 概述

多层住宅指4～6层住宅。划分的依据主要是垂直交通和防火要求的不同，一般情况下1～3层住宅套内自用楼梯，4～6层住宅共用楼梯，7层及7层住宅以上应设电梯。

我国现行《住宅设计规范》GB 50096-2011第6.4.1条规定，7层及7层以上住宅或住户入口层楼面距室外设计地面的高度超过16m时必须设置电梯，如果顶层为跃层式套型则住宅可以设为7层。条件允许时，4层亦可设电梯。

## 分类

多层住宅类型较多，按公共交通空间的组织可分为梯间式、外廊式、内廊式、跃廊式；按楼梯间的布局可分为外楼梯、内楼梯、横楼梯、直上式、错层式；按拼联与否可分为拼联式与独立单元式（常称点式）；按天井围合形式可分为天井式、开口天井式、院落式等；按剖面组合形式可分为台阶式、跃层式、复式、套内变层高式等。

## 基本设计要求

多层住宅基本设计要求                                    表1

| | |
|---|---|
| 套型恰当 | 按照国家规定的住宅标准和市场需求，恰当地安排套型，应具有组合成不同套型比的灵活性，满足居住者的实际需要 |
| 使用方便 | 平面功能合理，动静分区明确，并满足各户的日照、朝向、采光、通风、隔声、隔热等要求 |
| 交通便捷 | 压缩户外公共交通面积，避免公共交通对套内的干扰，入口的位置要便于组织套内平面 |
| 经济合理 | 提高面积使用率，充分利用空间，结构方案合理，构件类型少 |
| 造型美观 | 能满足城市规划的要求，立面新颖美观，造型丰富多样 |
| 环境优美 | 考虑住宅环境邻里交往、居民游憩、儿童游戏及物业管理等需求 |

## 组合方式

1. 住宅单元：为了适应住宅建筑的大规模建设，简化、加快设计工作，统一结构、构造和方便施工，常将一栋住宅建筑分为几个标准段，称为住宅单元。

2. 单元设计法：以一种或数种住宅单元拼接成长短不一、体形多样的住宅建筑组合体的设计方法称为单元设计法。

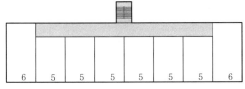

a 以套划分

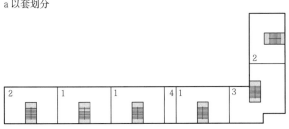

b 围绕楼梯间划分

1 中间单元  2 尽端单元  3 转角单元  4 插入单元  5 中间套单元  6 尽端套单元

**［1］** 单元的划分

---

3. 单元的划分可大可小，多层住宅一般以数套围绕一个楼梯间来划分单元，保证各套有较好的使用条件。单元之间可以咬接，也可以楼梯间为界限来划分。

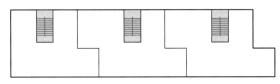

**［2］** 单元咬接

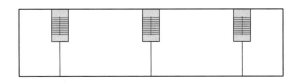

**［3］** 以楼梯间为界划分单元

4. 单元组合体的设计要求：

（1）满足建设规模及规划要求

组合体与建筑群布置密切相关，应按规划要求的层数、高度、体形等进行设计，并相应考虑对总建筑面积与套型等的要求。

（2）适应基地特点

组合体应与基地的大小、形状、朝向、道路、出入口等地段环境相适应。

不同单元组合体设计要求                                    表2

| | |
|---|---|
| 平直组合 | 体形简洁、施工方便，但不宜组合过长 |
| 错位组合 | 适应地形、朝向、道路或规划的要求，但要注意外墙周长与用地的经济性，可用平直单元错拼，或加错接的插入单元 |
| 转角组合 | 按规划要求，要注意朝向，可用平直单元直接拼接，也可增加插入单元或采用特别设计的转角单元 |
| 多向组合 | 按规划考虑，要注意朝向及用地的经济性。可用具有多方向性的一种单元组成，还可以套型为单位，利用交通联系组成多方向性的组合体 |

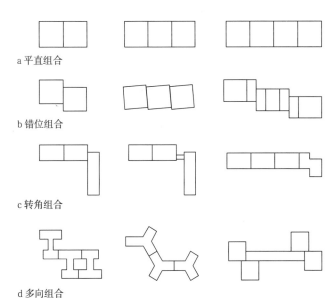

a 平直组合

b 错位组合

c 转角组合

d 多向组合

**［4］** 单元组合

## 交通组织

　　多层住宅以垂直交通的楼梯间为枢纽，必要时以水平的公共走廊来组织各套。由于楼梯和走廊组织交通及进入各套方式的不同，可以形成各种平面类型的住宅 1 。

　　1. 围绕楼梯间组织各套入口

　　这种平面类型不需公共走廊，称为无廊式或梯间式，其布置套型数有限。

　　2. 以廊组织各套入口

　　布置套型数较多，各套入口在走廊单面布置，形成外廊式；在走廊双面布置形成内廊式。根据走廊的长短又有长外廊、短外廊、长内廊和短内廊之分。

　　3. 以梯廊间层结合组织各套入口

　　隔层设廊，再由小梯通至另一层就形成跃廊式。

　　楼梯服务套数的多少对适用、经济有一定影响。服务套数少时较安静，但不便于邻里交往。服务套数增加则交往方便，干扰增大。为节省公共交通面积可适当增加服务套数，但如因增加套数而过多增长公共走廊，虽有利于邻里交往，但不够经济 2 。

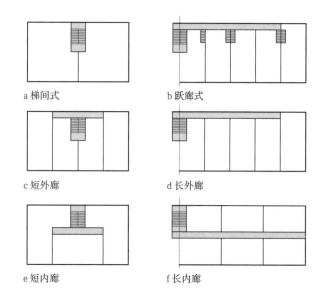

a 梯间式　　　　　b 跃廊式

c 短外廊　　　　　d 长外廊

e 短内廊　　　　　f 长内廊

1 不同交通组织形成的平面类型

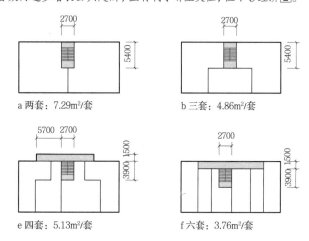

a 两套：7.29m²/套　　　　b 三套：4.86m²/套

c 四套：3.64m²/套　　　　d 四套：5.90m²/套

e 四套：5.13m²/套　　　　f 六套：3.76m²/套

g 八套：8.82m²/套

2 每套平均公共交通面积比较

## 楼梯设计

　　多层住宅常用的楼梯形式是双跑楼梯和单跑楼梯。单跑楼梯连续步数多，回转路线长，便于组织进户入口，常用于一梯多户的住宅。双跑楼梯面积较省，构造简单，施工方便，采用较广。三跑楼梯最节省面积，进深浅，利于纵向墙体对直拉通，但构造较复杂，平台多，中间有梯井时，易发生小孩坠落事故，应按规范采取安全措施。国外还有采用弧形单跑或双跑楼梯的，国内较少采用。

　　楼梯梯段净宽一般不小于1100mm，考虑到方便搬运家具及大件物品，楼梯平台宽度除不应小于梯段宽度外，且不得少于1200mm。楼梯坡度比低层住宅平缓而较公共建筑为陡，常用的踏步高宽范围155~175mm×260~280mm。

　　当多层住宅楼梯间垂直于外墙布置、楼梯休息平台下的高度不足以供人通行时（按规范规定净高不得低于2000mm），常见的处理方式见 3 。

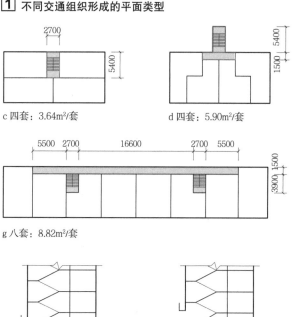

a 提高勒脚　　　　　b 底层作单跑

c 底层打通一个房间　　d 底层作长短跑

e 楼梯反向布置　　　　f 利用地形降低入口

3 双跑楼梯底层入口处理方式

## 梯间式住宅

通过多个单元拼接形成楼栋，每个单元以楼梯为中心布置住户，由楼梯平台直接进分户门，具有以下特点：

1. 单元拼接组合较为灵活，适用范围较广；

2. 平面布置紧凑，公共交通面积较少；

3. 套间干扰小，套内较安静，一梯两套的单元通风、采光较好。

一梯两套、一梯三套和一梯四套布局特点如下。

## 一梯两套式布局特点

一梯两套平面布局是应用最为普遍的一种布局方式。一梯两套在套型选择上可以随意组合，适用于有不同需求的住户类型。相比于一梯一套可以减少各套的辅助交通面积，每套有朝南的主要居室，各套之间无干扰，视野开阔。套内布局可以灵活多变，适应性强。一梯两套的结构形式接近对称，受力合理，较早的住宅多采用砖混结构，现多为剪力墙结构和框架结构，或使用混凝土空心砌块的砌体结构。

## 一梯三套式布局特点

一梯三套与一梯两套相比，较充分地利用了楼梯间，更为节地。但是容易造成进深较大的情况，且出现了单朝向套型，通透性变差。在套型上方便拼接，可随意组合，在外形上也较一梯两套丰富。

## 一梯四套式布局特点

一梯四套式住宅多以独栋形式存在且进深相对增大。它较充分地利用了各向采光面和楼梯走道，但是楼梯间廊道也会相应拉长。此外，一梯四套的多层住宅在楼梯间内会有较大干扰，在视线上套间也存在干扰。

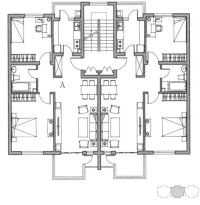

**1** 云南 一梯两套　2　4　8m

| 套型 | 套内使用面积 | 套型阳台面积 |
| --- | --- | --- |
| A | 69.2m² | 4.7m² |

**4** 福建 一梯两套　2　4　8m

| 套型 | 套内使用面积 | 套型阳台面积 |
| --- | --- | --- |
| A | 75.7m² | 5.2m² |
| B | 58.6m² | 3.5m² |

**2** 上海 一梯两套　2　4　8m

| 套型 | 套内使用面积 | 套型阳台面积 |
| --- | --- | --- |
| A | 44.0m² | 2.8m² |
| B | 68.6m² | 4.2m² |

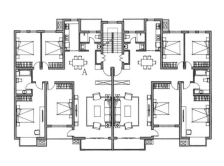

**5** 山东 一梯两套　2　4　8m

| 套型 | 套内使用面积 | 套型阳台面积 |
| --- | --- | --- |
| A | 151.6m² | 7.2m² |

**3** 南京 一梯两套　2　4　8m

| 套型 | 套内使用面积 | 套型阳台面积 |
| --- | --- | --- |
| A | 37.2m² | 2.7m² |
| B | 77.7m² | 3.4m² |

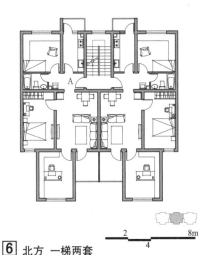

**6** 北方 一梯两套　2　4　8m

| 套型 | 套内使用面积 | 套型阳台面积 |
| --- | --- | --- |
| A | 72.5m² | 3.7m² |

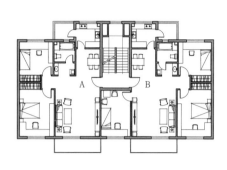

**1** 广州 一梯两套　　2　　8m
　　　　　　　　　　　4

| 套型 | 套内使用面积 | 套型阳台面积 |
|---|---|---|
| A | 80.8m² | 5.2m² |
| B | 95.0m² | 5.2m² |

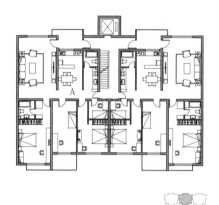

**4** 北京 一梯两套　　2　　8m
　　　　　　　　　　　4

| 套型 | 套内使用面积 | 套型阳台面积 |
|---|---|---|
| A | 134.3m² | 4.8m² |

**7** 沈阳 一梯两套　　2　　8m
　　　　　　　　　　　4

| 套型 | 套内使用面积 | 套型阳台面积 |
|---|---|---|
| A | 68.5m² | 4.2m² |

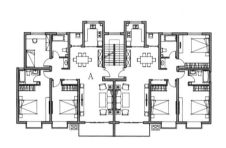

**2** 安徽 一梯两套　　2　　8m
　　　　　　　　　　　4

| 套型 | 套内使用面积 | 套型阳台面积 |
|---|---|---|
| A | 110.6m² | 4.5m² |

**5** 福建 一梯两套　　2　　8m
　　　　　　　　　　　4

| 套型 | 套内使用面积 | 套型阳台面积 |
|---|---|---|
| A | 115.3m² | 8.6m² |
| B | 84.7m² | 4.0m² |

**8** 山东 一梯两套　　2　　8m
　　　　　　　　　　　4

| 套型 | 套内使用面积 | 套型阳台面积 |
|---|---|---|
| A | 67.1m² | 3.9m² |

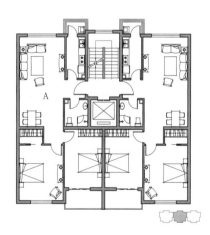

**3** 云南 一梯两套　　2　　8m
　　　　　　　　　　　4

| 套型 | 套内使用面积 | 套型阳台面积 |
|---|---|---|
| A | 78.5m² | 3.5m² |

**6** 南京 一梯两套　　2　　8m
　　　　　　　　　　　4

| 套型 | 套内使用面积 | 套型阳台面积 |
|---|---|---|
| A | 82.9m² | 6.0m² |
| B | 77.9m² | 4.2m² |

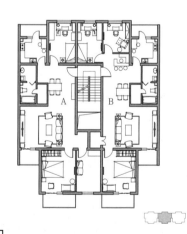

**9** 北方 一梯两套　　2　　8m
　　　　　　　　　　　4

| 套型 | 套内使用面积 | 套型阳台面积 |
|---|---|---|
| A | 98.7m² | 4.2m² |
| B | 97.9m² | 4.2m² |

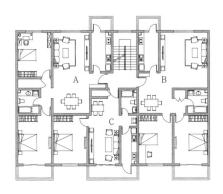

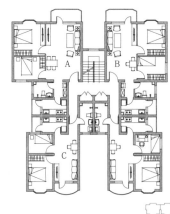

## 1 北方 一梯三套

| 套型 | 套内使用面积 | 套型阳台面积 |
|---|---|---|
| A | 93.2m² | 3.1m² |
| B | 100.1m² | 3.1m² |
| C | 57.7m² | 4.3m² |

## 4 南方 一梯三套

| 套型 | 套内使用面积 | 套型阳台面积 |
|---|---|---|
| A | 86.4m² | 2.5m² |
| B | 72.0m² | 4.5m² |
| C | 85.2m² | 2.5m² |

## 6 南方 一梯四套

| 套型 | 套内使用面积 | 套型阳台面积 |
|---|---|---|
| A | 50.4m² | 2.4m² |
| B | 49.6m² | 2.4m² |
| C | 40.4m² | 2.0m² |

**3 住宅建筑**

## 2 广西 一梯三套

| 套型 | 套内使用面积 | 套型阳台面积 |
|---|---|---|
| A | 84.4m² | 4.9m² |
| B | 95.6m² | 6.2m² |

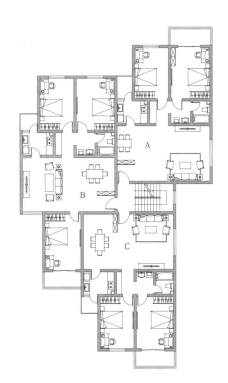

## 7 北方 一梯四套

| 套型 | 套内使用面积 | 套型阳台面积 |
|---|---|---|
| A | 65.6m² | 3.0m² |
| B | 51.4m² | 3.4m² |

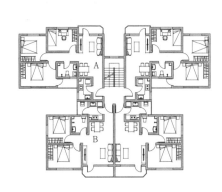

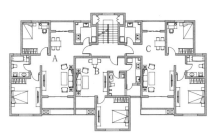

## 3 上海 一梯三套

| 套型 | 套内使用面积 | 套型阳台面积 |
|---|---|---|
| A | 72.3m² | 4.6m² |
| B | 52.8m² | 3.1m² |
| C | 72.3m² | 4.2m² |

## 5 福建 一梯三套

| 套型 | 套内使用面积 | 套型阳台面积 |
|---|---|---|
| A | 89.7m² | 4.9m² |
| B | 100.6m² | 3.7m² |
| C | 88.3m² | 4.4m² |

## 8 广州 一梯四套

| 套型 | 套内使用面积 | 套型阳台面积 |
|---|---|---|
| A | 60.5m² | 3.4m² |
| B | 50.5m² | 3.4m² |

## 通廊式住宅

通廊式住宅是指由共用楼梯、电梯，通过内、外廊进入各套住房的住宅。

通廊式住宅的特点是沿着公共走廊布置套型，一般分为内廊与外廊式两种。与梯间式住宅相比，通廊式住宅每层公共交通空间服务的套型更多，户均楼梯数量较少，土地利用率较高。

通廊式住宅各套间既有联系，也存在不可避免的噪声与私密性的干扰。由于通廊式住宅的走廊空间占据了一侧的采光面，所以其套内采光、通风会受到一定的影响。

通廊式住宅比较适用于南方地区，可设计为开敞式通廊，这样可尽量减少对套内采光通风的影响。此外，通廊式住宅也常用于集合住宅及中小套型住宅的设计。

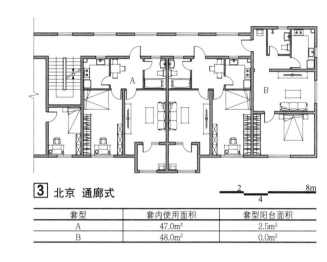

**3** 北京 通廊式

| 套型 | 套内使用面积 | 套型阳台面积 |
|---|---|---|
| A | 47.0m² | 2.5m² |
| B | 48.0m² | 0.0m² |

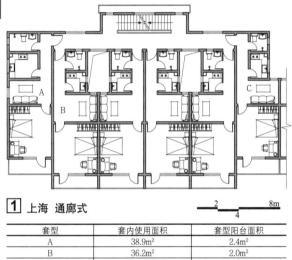

**1** 上海 通廊式

| 套型 | 套内使用面积 | 套型阳台面积 |
|---|---|---|
| A | 38.9m² | 2.4m² |
| B | 36.2m² | 2.0m² |
| C | 34.9m² | 2.3m² |

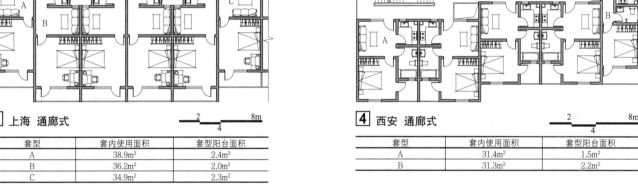

**4** 西安 通廊式

| 套型 | 套内使用面积 | 套型阳台面积 |
|---|---|---|
| A | 31.4m² | 1.5m² |
| B | 31.3m² | 2.2m² |

**2** 南京 通廊式

| 套型 | 套内使用面积 | 套型阳台面积 |
|---|---|---|
| A | 54.9m² | 0.0m² |
| B | 33.2m² | 0.0m² |
| C | 47.9m² | 0.0m² |

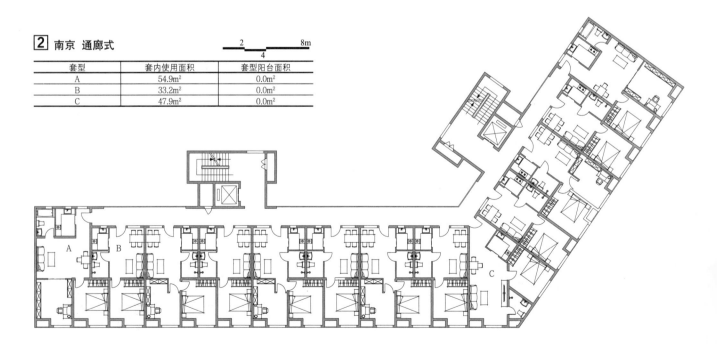

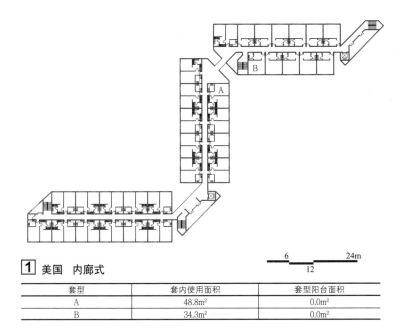

**1** 美国 内廊式

| 套型 | 套内使用面积 | 套型阳台面积 |
|---|---|---|
| A | 48.8m² | 0.0m² |
| B | 34.3m² | 0.0m² |

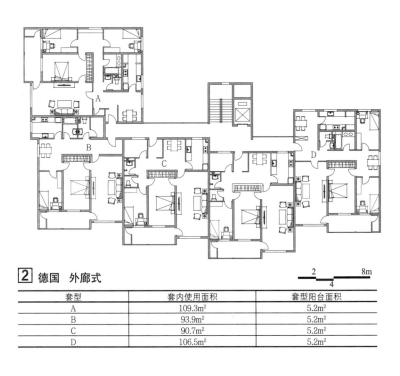

**2** 德国 外廊式

| 套型 | 套内使用面积 | 套型阳台面积 |
|---|---|---|
| A | 109.3m² | 5.2m² |
| B | 93.9m² | 5.2m² |
| C | 90.7m² | 5.2m² |
| D | 106.5m² | 5.2m² |

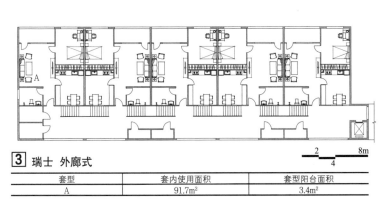

**3** 瑞士 外廊式

| 套型 | 套内使用面积 | 套型阳台面积 |
|---|---|---|
| A | 91.7m² | 3.4m² |

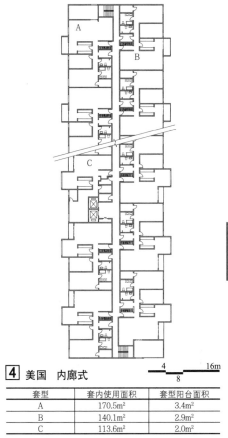

**4** 美国 内廊式

| 套型 | 套内使用面积 | 套型阳台面积 |
|---|---|---|
| A | 170.5m² | 3.4m² |
| B | 140.1m² | 2.9m² |
| C | 113.6m² | 2.0m² |

**3**
住宅建筑

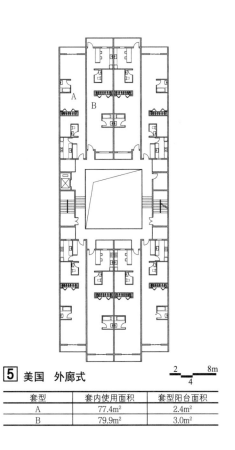

**5** 美国 外廊式

| 套型 | 套内使用面积 | 套型阳台面积 |
|---|---|---|
| A | 77.4m² | 2.4m² |
| B | 79.9m² | 3.0m² |

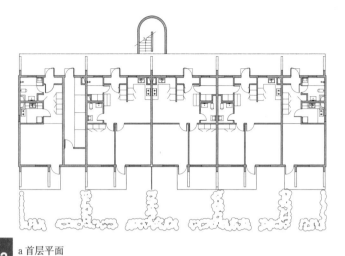

a 首层平面

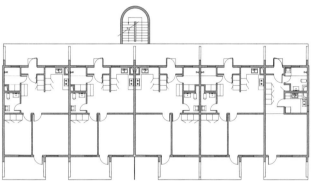

b 二层平面

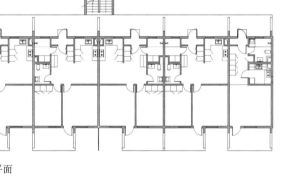

c 三层平面

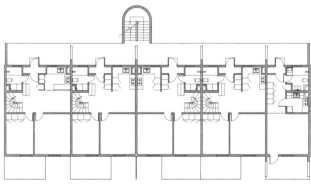

d 四层平面

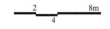

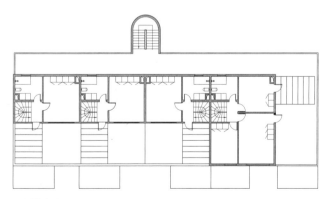

e 总平面

f 东北立面

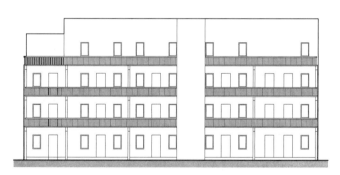

g 西南立面

### 1 芬兰 通廊式

| 名称 | 地点 | 类型 |
| --- | --- | --- |
| 芬兰通廊式住宅 | 芬兰 | 通廊式住宅 |

该外廊住宅的居住空间与类型较丰富，首层的两居室户型自带了私家庭院，在该层还专门设置了公共的储藏空间以及小卖部；二层是典型的两居室居住空间，布局紧凑实用；三层、四层则为跃层式住宅，而且部分户型还设有屋顶花园，居住环境良好

## 独立单元式住宅概述

多层独立单元式住宅，又称点式住宅，是多套围绕一个楼梯枢纽布置的单元式独立形式的多层住宅建筑。

多层独立单元式住宅因体量小、造型别致，多利用住区内边角或零散用地布置，或在住区绿地和景观周边布置，可以根据需要选择是否配置电梯。

## 独立单元式住宅特点

1. 以楼梯（或含电梯）为核心组织建筑空间；
2. 有利于提供更好的采光、通风条件；
3. 平面布置灵活，建筑外廊自由，体形活泼；
4. 建筑占地面积小，便于利用零散用地；
5. 有利于形成丰富的住宅群体空间。

独立单元式住宅建筑形体主要类型及设计特点    表1

| 平面分类 | 风车形 | 工字形 | 方形 | T形 | 东西向 | 蝶形 | Y形 | 其他 |
|---|---|---|---|---|---|---|---|---|
| 适用环境 | 1.无南向日照要求的地区；<br>2.有较高通风要求的地区 | 有较高南向日照要求的地区 | 1.寒冷和严寒地区；<br>2.多与板式住宅并置 | 1.有南向日照要求的地区；<br>2.有较高通风要求的地区 | 受地段环境限制适于东西向布局的用地 | 1.有南向日照要求的地区；<br>2.有较高通风要求的地区 | 有较高通风要求的地区 | 1.对南向日照要求不高的地区；<br>2.多布置在集中户外绿地和景观空间的周边 |
| 设计特点 | 1.以楼梯、厨房、卫生间为核心空间；<br>2.采光通风条件好，朝向均好性差；<br>3.不同套型之间会有一定视线干扰 | 1.楼梯作为空间组织核心，数层高，有直接通风采光；<br>2.既可独立，又可拼连；<br>3.每套平均面宽小，节约用地 | 1.布局紧凑，外墙系数高，有利于防寒保温；<br>2.墙体结构整齐，有利于抗震设防；<br>3.以厨房、卫生间为核心不变体，起居室、卧室、书房等则为可变体，有利于管线集中布置；<br>4.内部功能关系分区明确，空间配置合理 | 1.布局紧凑；<br>2.每套有南向采光、日照均好性强 | 1.布局紧凑；<br>2.虽没有南向日照采光，但日照均好性强 | 1.建筑造型活泼；<br>2.通风均好性强；<br>3.在一定程度上避免套间视线干扰 | 1.采光通风良好；<br>2.布局紧凑，造型活泼；<br>3.兼顾多方向景观朝向；<br>4.日照均好性强 | 1.建筑造型别致；<br>2.布局紧凑；<br>3.采光均好性好 |
| 可能变形 | | 楔形<br>蛙形 | | 长方形 | 交叉形 | | | 多边形 |

## 风车形独立单元式住宅

① 广东 一梯四套

| 套型 | 套内使用面积 | 套型阳台面积 |
|---|---|---|
| A | 74m² | 4m² |
| B | 69m² | 5.4m² |

② 意大利 一梯四套

| 套型 | 套内使用面积 | 套型阳台面积 |
|---|---|---|
| A | 66m² | 5.3m² |

③ 法国 一梯四套

| 套型 | 套型使用面积 | 套型阳台面积 |
|---|---|---|
| A | 96m² | 18m² |
| B | 114m² | 18m² |
| C | 98m² | 18m² |
| D | 83m² | 18m² |

**3**
住宅建筑

## 工字形独立单元式住宅

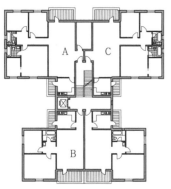

### 1 长沙 一梯四套

| 套型 | 套内使用面积 | 套型阳台面积 |
|---|---|---|
| A | 109m² | 11m² |
| B | 79m² | 11m² |
| C | 107m² | 11m² |

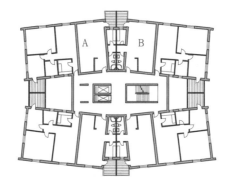

### 2 意大利 一梯八套

| 套型 | 套内使用面积 | 套型阳台面积 |
|---|---|---|
| A | 57m² | 4.5m² |
| B | 41m² | 4m² |

## 东西向独立单元式住宅

### 7 上海 一梯四套

| 套型 | 套内使用面积 | 套型阳台面积 |
|---|---|---|
| A | 55m² | 8.8m² |
| B | 55m² | 7m² |
| C | 54m² | 2m² |
| D | 42m² | 3.6m² |

## 方形独立单元式住宅

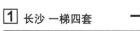

### 3 北京 一梯五套

| 套型 | 套内使用面积 | 套型阳台面积 |
|---|---|---|
| A | 58m² | 3m² |
| B | 55m² | 4m² |
| C | 39m² | 4m² |
| D | 76m² | 4m² |

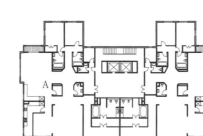

### 4 北京 一梯两套

| 套型 | 套内使用面积 | 套型阳台面积 |
|---|---|---|
| A | 320m² | 17m² |

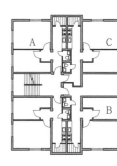

### 8 沈阳 一梯四套

| 套型 | 套内使用面积 | 套型阳台面积 |
|---|---|---|
| A | 38m² | 1.7m² |
| B | 53m² | 1.7m² |
| C | 41m² | 1.7m² |

## T形独立单元式住宅

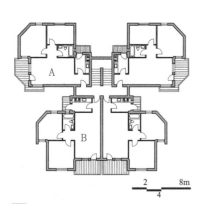

### 5 厦门 一梯四套

| 套型 | 套内使用面积 | 套型阳台面积 |
|---|---|---|
| A | 68m² | 10m² |
| B | 66m² | 9m² |

### 6 陕西 一梯三套

| 套型 | 套内使用面积 | 套型阳台面积 |
|---|---|---|
| A | 63m² | 10m² |
| B | 63m² | 10m² |

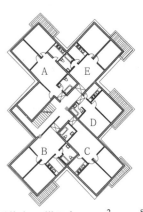

### 9 交叉形住宅 一梯五套

| 套型 | 套内使用面积 | 套型阳台面积 |
|---|---|---|
| A | 77m² | 6m² |
| B | 60m² | 6.8m² |
| C | 60m² | 5m² |
| D | 45m² | 9m² |
| E | 58m² | 7m² |

3
住宅建筑

**蝶形独立单元式住宅**

**其他独立单元式住宅**

 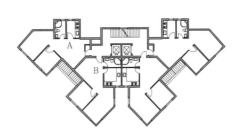 

1 上海 一梯四套　　　2 ─── 8m
　　　　　　　　　　　 4

| 套型 | 套内使用面积 | 套型阳台面积 |
|---|---|---|
| A | 40m² | 3.4m² |
| B | 43m² | 4.8m² |

2 上海 一梯四套　　　2 ─── 8m
　　　　　　　　　　　 4

| 套型 | 套内使用面积 | 套型阳台面积 |
|---|---|---|
| A | 41m² | 2.2m² |
| B | 41m² | 2.2m² |

7 瑞典 一梯六套　　　2 ─── 8m
　　　　　　　　　　　 4

| 套型 | 套内使用面积 | 套型阳台面积 |
|---|---|---|
| A | 30m² | 0m² |

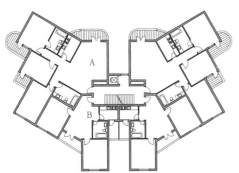 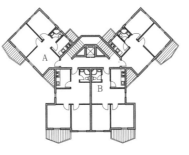 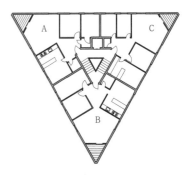

3 上海 一梯四套　　　2 ─── 8m
　　　　　　　　　　　 4

| 套型 | 套内使用面积 | 套型阳台面积 |
|---|---|---|
| A | 115m² | 15.5m² |
| B | 62m² | 7.8m² |

4 江苏 一梯四套　　　2 ─── 8m
　　　　　　　　　　　 4

| 套型 | 套内使用面积 | 套型阳台面积 |
|---|---|---|
| A | 42m² | 4.5m² |
| B | 46m² | 7.6m² |

8 瑞典 一梯三套　　　2 ─── 8m
　　　　　　　　　　　 4

| 套型 | 套内使用面积 | 套型阳台面积 |
|---|---|---|
| A | 63m² | 3.2m² |
| B | 66m² | 3.2m² |
| C | 62m² | 3.2m² |

**Y形独立单元式住宅**

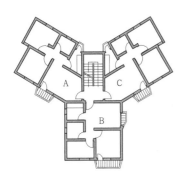  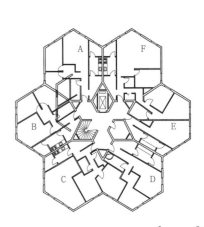

5 广州 一梯三套　　　2 ─── 8m
　　　　　　　　　　　 4

| 套型 | 套内使用面积 | 套型阳台面积 |
|---|---|---|
| A | 41m² | 2.2m² |
| B | 36m² | 2.2m² |
| C | 41m² | 2.2m² |

6 北京 一梯七套　　　2 ─── 8m
　　　　　　　　　　　 4

| 套型 | 使用面积 | 阳台面积 | 套型 | 使用面积 | 阳台面积 |
|---|---|---|---|---|---|
| A | 41m² | 6m² | E | 18m² | 2.2m² |
| B | 34m² | 4m² | F | 33m² | 4m² |
| C | 34m² | 4m² | G | 42m² | 6m² |
| D | 32m² | 6m² | | | |

9 法国 一梯六套　　　2 ─── 8m
　　　　　　　　　　　 4

| 套型 | 套内使用面积 | 套型 | 套内使用面积 |
|---|---|---|---|
| A | 37m² | D | 30m² |
| B | 37m² | E | 18m² |
| C | 43m² | F | 55m² |

## 台阶式住宅

台阶式住宅设计的出发点是要打破一般住宅行列式、建筑外形千篇一律的单调局面。该设计的特点:

1. 只用少量参数(面宽3.3~3.6m)设计成套单元系列,单元组合灵活,建筑外形丰富,无论在平面上、立体上和色彩上均能变化自如。

2. 仅以厨卫及居室两种基本间组成大、中、小各种套型。居室布置采用中国传统住宅以隔扇分割空间的方法,房间可大可小,使用灵活,能适应不同家庭组成及远近期变化。

3. 大天井、大进深、前后左右错台,既能满足规划高密度要求,又能保证居民足够的户外活动空间。多层住宅多层绿化,绿化覆盖率大,且接近住户。每套享有一个10~12m²的屋顶或地面花园。

4. 楼栋的外墙与屋顶面积增加,体形系数变大。

a 透视图

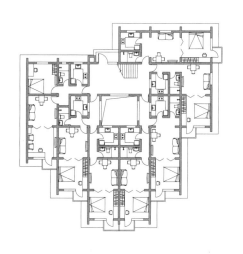

b 一层平面

c 二层平面

d 三层平面

e 四层平面

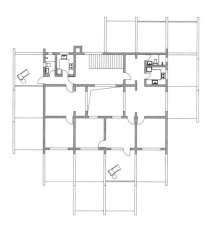

f 五层平面

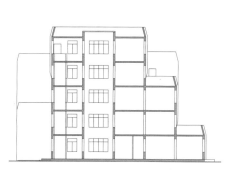

g 剖面图

1 北京 台阶式住宅

## 错层式住宅

　　错层式住宅主要指的是一个套型不处于同一平面,即房内的厅、卧、卫、厨、阳台处于几个高度不同的平面上。

　　错层式住宅可以是各套型在楼梯间错层,或者是套内空间存在错层。

　　在楼梯间错层的住宅可减少入户时的邻里干扰,也适合于在坡地上建造;套内错层式住宅使动静空间分区更为明确,有丰富的空间感,但是也造成了老人、小孩的行动不便。

## 跃层式住宅

　　跃层式住宅是指每个套型占有上下两层或更多层楼面,卧室、起居室、客厅、厨房及其他辅助用房可以分层布置,上下层之间的交通通过套内独用的楼梯或电梯连接。

　　跃层式住宅采光、通风较好,套内居住面积和辅助面积较大,布局较紧凑,功能分区较明确,相互干扰较小。

　　但是由于跃层式住宅上下层只有一个出口。套内楼梯窄小,如果发生火灾,人员不易疏散,消防人员也不易迅速进入。

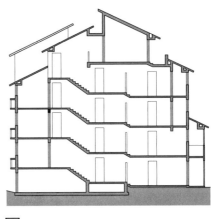

**1** 错层式住宅剖面图

**3**
住宅建筑

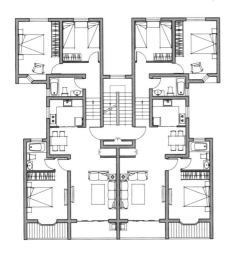

a 错层式住宅下层平面

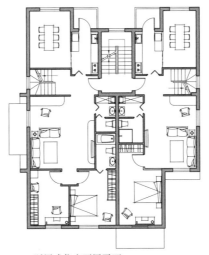

a 跃层式住宅下层平面

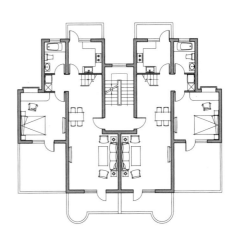

a 跃层式住宅下层平面

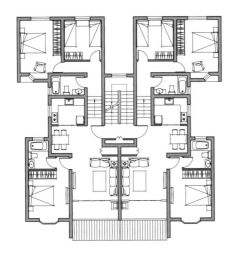

b 错层式住宅上层平面

**2** 杭州 错层式住宅

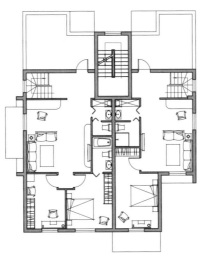

b 跃层式住宅上层平面

**3** 北京 跃层式住宅

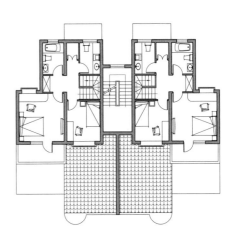

b 跃层式住宅上层平面

**4** 广州 跃层式住宅

## 井字形住宅

井字形住宅克服了一般大进深住宅易出现的黑方厅与黑厨卫的弊端，各个房间通常都有较好的采光和通风。楼梯通过内天井的走廊相互连通形成住宅的交通核心，同时为各住户提供了交往场所。开敞的楼梯间有利于住户间的治安联防。内天井又为日后增设电梯预留了可能的位置。但存在各套日照、采光、通风的均质性差，且面向围廊的套型有噪声干扰及私密性差。

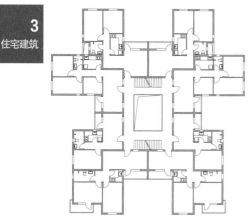

**1** 浙江 井字形住宅 　　2　　8m
　　　　　　　　　　　4

## 内天井住宅

内天井住宅在住宅内部设置天井，内天井的井壁实际是内向的外墙。这种住宅可以利用天井解决辅助用房的采光、通风问题，并能加大建筑的进深，节约用地。天井可以设置在单元中间，也可以设置在单元与单元之间或将天井扩大成院。但内天井住宅私密性差，相邻住户干扰较大，一、二层采光较差。

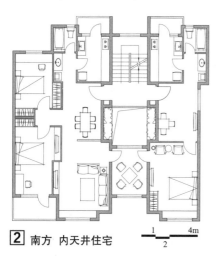

**2** 南方 内天井住宅 　　1　　4m
　　　　　　　　　　　2

## 跃层式与错层式结合住宅

跃层式与错层式结合住宅会形成三个高差，使得套内空间利用充分，功能分区动静合理。一般入户为中间层布置客厅，向上可达卧室，向下可达厨房、卫生间等。但套型由于高差较多，使用不便，不利于老年人居住。

a 下层平面　　　　　　　　　　　b 上层平面

**3** 广州 错跃式住宅 　　1　　4m
　　　　　　　　　　　2

## 山地合院住宅

山地合院住宅配合应用自然地理环境，不挖或少挖山体，形成有一定坡向的住宅院落群组，以求住宅上山上坡，融合于自然环境之中，不占耕地。合院型的布局借鉴了传统民居，并促进了邻里交往。

a 坡下首层平面

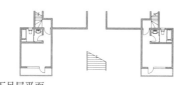

b 坡下吊层平面

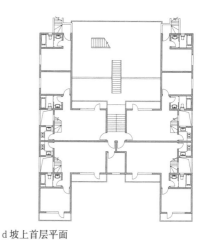

d 坡上首层平面

c 剖面图

e 坡上三层平面

**4** 重庆 山地合院 　　1　　4m
　　　　　　　　　　　2

## 基本特点

高层住宅是指建筑高度大于27m的住宅建筑。高层住宅可以在首层或二层设置商业服务网点。相对于多层或低层住宅,高层住宅有如下特点:

**1. 交通** 高层住宅以电梯作为竖向交通工具,通过竖向与水平交通体系联系多套住宅,不同交通组织方式对建筑平面与竖向空间组合有显著的影响。

**2. 设备** 高层住宅给排水系统和强弱电系统复杂,管井集中,需按规范与实际需求配置电梯。

**3. 消防** 高层住宅在消防扑救、防火分区、安全疏散、防排烟设计、耐火构造等方面具有更严格的要求。

**4. 结构** 高层住宅的垂直荷载和水平荷载皆较大,结构复杂,通常采用框架、剪力墙、框架+剪力墙、框架+核心筒等相应适用结构体系。

**5. 节能** 高层住宅建筑能耗相对较大,需要在规划布局、建筑体形、平面形式、立面设计等多个层面注重节能措施。

**6. 形象** 高层住宅通常对居住区乃至城市形象有明显影响,必须高度重视高层住宅的形象设计。

高层住宅的分类及定义 表1

| 分类标准 | 分类情形 | 定义及适用范围 |
| --- | --- | --- |
| 高度 | 二类 | 27m < 建筑高度H≤54m |
| | 一类① | 54m < 建筑高度H≤100m |
| 形态 | 塔式 | 也可称点式高层住宅或独立单元式高层住宅,通常由一个住宅单元②形成 |
| | 单元式 | 也称单元组合式高层住宅,通常由多个住宅单元②组合而成 |
| | 通廊式 | 由廊道联系多组竖向交通核组成公共交通系统,多套住宅沿共用廊道布置,通常表现为板式高层住宅。廊道形式包括内廊、外廊和跃廊 |
| 功能 | 住宅 | 仅含居住功能的高层住宅 |
| | | 底部设置商业服务网点③的高层住宅 |

注:①建筑高度超过100m的超高层住宅不属于一类高层住宅建筑;
　　②住宅单元:多套住宅围绕共用一组竖向交通核的建筑单位;
　　③商业服务网点:设置在住宅建筑的首层或首层及二层的百货店、副食店、粮店、邮政所、储蓄所、理发店等小型商业服务用房。该房间数不超过2层、建筑面积不超过300m²,并采用防火措施与住宅和其他用房完全分隔。该用房和住宅的疏散楼梯与安全出口应分别独立设置。

### 高层住宅的综合比较 表2

| 类型 | 塔式 | 单元式 | 通廊式 |
| --- | --- | --- | --- |
| 图示 | | | |
| 特点 | 地形适应性强。平面形式丰富多样,内部空间紧凑,套型变化多,采光面多,公摊面积较小。与其他几种高层住宅类型相比,对其北面建筑的日照影响相对较小 | 平面紧凑,可用相同或不同的单元组合。套间干扰小,平面布置灵活,日照采光、通风良好。但多个单元组合后建筑面宽较大,产生较大阴影面,北面楼栋宜避开布置 | 建筑平面基本成矩形(或折线形),面宽较大而进深受限。水平联系方便,交通简洁,但走廊面积较多,对住宅的采光、视线、私密性影响较大 |
| 设计要点 | | | 外廊式<br>内廊式<br>跃廊式<br> |
| | | | |
| | ① 为了各套住宅获得较好的自然通风,常采用蝶形、十字形、工字形、井字形等平面形式。注意避免形成仅有北向外墙的套型,可采取"南窄北宽"的平面形式,为北侧的套型争取南向日照采光。东、西两侧外墙也可作为辅助的日照采光面,但需注意采取遮阳措施。<br>② 注意控制建筑体形系数,平面布置宜紧凑,尽量减少开槽口的数量和尺寸,以免外墙表面积过大 | ① 处理尽端单元套型时,因其日照、通风条件好,可改变尽端单元套型和增加户数。但需注意解决好开窗时与近处楼栋之间的对视问题。<br>② 转角单元拼接时,内侧转角处容易出现对视问题,不应设置私密性强的空间 | ① 可将通廊设于住宅楼的不利朝向一侧。<br>② 可通过合理设计通廊层与入户层的高差,减少通廊对住户的干扰。<br>③ 为了减小对居室的干扰,可把辅助用房如厨房、卫生间、浴室布置在靠通廊一侧。<br>④ 若为跃廊式通廊,跃层相对安静,通廊层受干扰程度较大,则应根据动静分区原则布置住宅相关空间 |

## 服务筒的空间组成

服务筒由竖向交通空间（楼梯间、电梯间及前室）、设备空间、管道井、服务空间等构成，因形成筒体而具有结构意义。当服务筒布置在建筑平面中央位置时，常称为核心筒。

垂直及水平交通空间设计，包括以下内容：

**1.** 电梯（客梯、货梯、消防电梯）及电梯厅（可兼作水平通道及前室）、楼梯间及前室、走道等，承担平时交通功能及紧急时期疏散功能。楼梯、电梯的布置应安全可靠、入户方便、紧凑经济、避免干扰。除此之外，还必须满足建筑防火要求。

**2.** 设备空间及管道井

包括水、电、暖通等各种设备用房及竖向管井，设备空间的设置应能确保建筑空间满足使用功能要求。

**3.** 服务空间及管道井

除1、2类空间以外的其他空间，如垃圾间、排烟（气）道、送风井等。

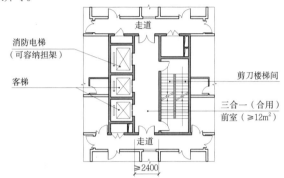

候梯厅深度宜≥最大轿厢深度，且宜≥1.5m。

**1** 高层住宅服务筒（三合一前室）的基本组成示意

塔式、单元式高层住宅服务筒的交通空间组织　　　　表1

| | | |
|---|---|---|
| 环形走道 | 门形走道 | T形走道 |
| H形走道 | 一字形走道 | 异形走道 |

## 服务筒的平面布置

高层住宅的结构安全除了要考虑建筑自重产生的竖向荷载外，还要考虑水平风荷载及地震作用力。服务筒的刚度较大，对结构整体刚度影响也较大，其平面位置应有利于平衡建筑的各向刚度。

服务筒的平面分布　　　　表2

| 形式 | 说明 | 图示 |
|---|---|---|
| 单核<br>（塔式、单元式） | 服务筒体居中对结构平面刚度最有利；服务筒居边时，常常需要增加剪力墙来平衡平面刚度 | |
| 多核<br>（通廊式） | 平面布置两个或者三个筒体时，相互之间应尽量呈中心对称，通过走廊将各筒体串联起来 | |

服务筒平面布局方案比较　　　　表3

| 比较内容 ＼ 方案 | 中心筒 | 偏心筒 |
|---|---|---|
| 图示 | | |
| 结构 | 整体布局均衡，结构水平刚度均衡 | 结构中心与刚度中心保持一致比较困难，需在相对部位增设剪力墙 |
| 户型朝向 | 部分户型面向不利朝向 | 各住户易于获得较好的朝向 |
| 服务筒空间 | 采光通风效果较差 | 利于服务筒组织自然采光、通风 |
| 公摊面积 | 服务筒高效、紧凑，交通短捷，公摊面积较小 | 和中心筒相比，实用性较低，公摊面积较大 |
| 户间干扰 | 视线相互遮挡，干扰较大 | 可以避免视线干扰 |
| 交往空间 | 空间狭小，不利于交往 | 可形成一定形式的交往空间 |

高层住宅的结构体系　　　　表4

| 结构体系 | 框架结构 | 框架剪力墙结构 | 短肢剪力墙结构 | 剪力墙结构 | 框筒结构 |
|---|---|---|---|---|---|
| 图示 | | | | | |
| 特点 | 户内空间划分灵活，利于底部形成大空间，但室内空间有凸出的梁和柱子，适用于≤15F | 兼有框架结构和剪力墙结构的受力特点，能获得大空间，造价相对较高，适用于15~30F | 结构平面布置灵活，能基本保证空间的完整性，不利于地下车库布置，适用于≤20F | 整体刚度好，侧向位移小，结构墙体多，刚度和自重较大，适用于30~40F | 辅助功能集中于核心筒，建筑沿周边布置框架柱，兼具框架结构和筒体结构的受力特点，适用于30~50F |

**3**
住宅建筑

## 高层住宅单元套型组合分析　　表1

| 类型 | 简述 | 图示 |
|---|---|---|
| 朝向 | 一梯两套时每户有三个可利用朝向,一梯四套时每户有两个可利用朝向,随着户数的继续增加可利用朝向进一步减少 | 一梯2套　一梯3套 |
| 通风 | 一梯两套时每户可形成穿堂风,一梯四套时可利用形体凹槽组织通风。随着户数的继续增加,自然通风越来越困难 | 一梯4套　一梯5套 |
| 走道长度 | 一梯两套时走道可结合电梯厅布置,随着户数的增加走道长度也相应增加 | 一梯6套　一梯7套 |
| 平面紧凑度 | 一梯两套时平面较松散,形体组合较随意,一梯六套时平面较紧凑,随着户数的继续增加,平面紧凑程度也增加 | |
| 平面灵活性 | 一梯两套时平面组合关系不强,平面灵活性很高。一梯六套时为了每户的采光通风,平面布置灵活性降低,随着户数的继续增加,平面布置的灵活性进一步降低 | 一梯8套　一梯8套以上 |
| 干扰程度 | 户型之间的干扰程度随平面的紧凑程度变化,套数越多相互间干扰程度越大 | |

## 高层住宅公共空间的利用　　表2

| 类型 | 说明 | 图示 |
|---|---|---|
| 接地层公共空间 | ① 架空层公共空间:可使楼梯空间开敞,内外景色融为一体,具有良好的通风效果;<br>② 公共入口空间:考虑人性化设计,提供公共服务设施(如座椅、书报等),应考虑无障碍设计和信报箱的设置;<br>③ 辅助空间:消防控制室、物业管理等 | ③①① |
| 各楼层公共空间 | ① 候梯厅公共空间:宜适当扩大面积,自然采光,设置座椅、绿化等;<br>② 走道公共空间:要求足够的宽度和自然采光;<br>③ 两套入户门前公共缓冲空间:入户门与走道之间交接的扩大空间 | ③②① |
| 空中庭院交通空间 | ① 空中庭院:可以改善住宅的采光和通风,形成交往及观景空间,可结合布置绿化 | ① |
| 屋顶公共空间 | ① 屋顶花园:除供人休闲活动,可以丰富城市的俯视景观,形成屋顶绿化 | ①① |

**3 住宅建筑**

## 高层住宅走道与楼梯、电梯组合关系　　表3

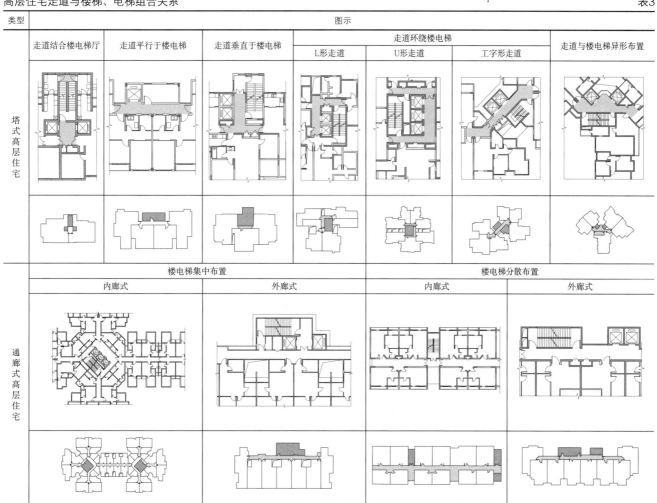

| 类型 | 图示 | | | | | | |
|---|---|---|---|---|---|---|---|
| | 走道结合楼电梯厅 | 走道平行于楼电梯 | 走道垂直于楼电梯 | 走道环绕楼电梯 L形走道 | U形走道 | 工字形走道 | 走道与楼电梯异形布置 |
| 塔式高层住宅 | | | | | | | |
| | 楼电梯集中布置 | | | | 楼电梯分散布置 | | |
| | 内廊式 | | 外廊式 | | 内廊式 | | 外廊式 |
| 通廊式高层住宅 | | | | | | | |

## 竖向空间组成

高层住宅竖向空间从上至下主要由屋顶部分、地上部分和地下部分三部分组成。设计应注意处理好各部分间的联系和有效利用。

屋顶部分
地上部分
地下部分

**1** 竖向空间组合图

## 屋顶部分

屋顶部分通常由楼梯间、电梯机房、屋顶水箱等功能空间组成。

楼梯间　　电梯机房　　屋顶水箱

**2** 典型屋顶剖面示意图

屋顶形态处理　　　　　　　　　　　　　　　　表1

| 类别 | 简述 | 图例 |
|---|---|---|
| 高低组合 | 建筑顶部错落有致，有助于形成生动的城市天际轮廓线 | |
| 空间利用 | 沿屋顶平面外轮廓用墙体或构架遮挡屋顶部分，围合的屋顶空间可利用作公共空间 | |

## 地下部分

高层住宅位于地面以下的可使用空间为其地下部分，通常由地下车库、设备用房、管理用房、辅助用房等组成，其大小可根据配套要求和相应规范要求确定。可利用挡土墙脱离建筑地下部分外墙的处理手法，创造出可局部自然采光或通风的地下空间。

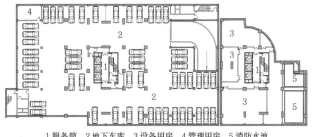

1 服务筒　2 地下车库　3 设备用房　4 管理用房　5 消防水池

**3** 某高层住宅地下三层平面图

## 地上部分

**1. 接地部分**

高层住宅地上部分与地面相接的空间称为接地部分。居住者可通过接地空间与住宅外部地面空间联系。

建筑接地的方式包括直接接地和架空接地。高层住宅的接地部分可以布置门厅空间、商业空间、休闲空间和辅助空间（配套用房、停车库）。

在山地环境中，同一栋高层住宅的不同楼层可与标高不同的地面相接，形成一种特殊的接地空间——吊层空间。

接地空间功能及处理形式　　　　　　　　　　表2

| 接地功能 | 处理形式 | 图例 |
|---|---|---|
| 入口空间 | 住宅底层用突出、凹进、增加层高、两层上下贯通等手法来处理入口空间。门厅应开敞通透，可视性、可达性强，并结合便民服务设施引导居民之间交往 | |
| 商业空间 | 利用住宅的下部沿街面一层或一、二层做商业网点，扩展居住的配套服务功能。需处理好对住宅的噪声、交通流线干扰 | |
| 休闲空间 | 利用接地空间作休闲空间，可促进住户之间的社会交往。底层架空可以创造有利于户外活动和可绿化的灰空间，有效改善住户通风条件，提高环境品质 | 底层架空 |
| 辅助空间 | 利用接地空间设置半地下停车库。还可形成廊道，创造适应不同气候的步行空间 | 沿街廊道 |

**2. 居住部分**

高层住宅居住部分通常以"层"为单位进行竖向空间叠加，通过"层"平面轮廓的变化和顶部处理，形成不同的建筑形态。

居住部分还可结合环境、造型需要及交通方式，形成空中花园和退台等形态。

住宅套内竖向空间组合是指套内各功能空间不局限在同一水平面中布置，而是根据需要进行立体空间设计，通过套内的专用楼梯或踏步进行联系。

套型竖向组合形式　　　　　　　　　　　　　表3

| 类别 | 简述 | 图例 |
|---|---|---|
| 空中花园 | 建筑局部形成贯穿多层的绿化、休闲、交往空间，也有利于其周边住宅的采光通风 | |
| 立体组合 | 套内房间按使用要求设置于高度不同的水平面上，内部功能分区明确，空间层次丰富；也可在层高较高的套型内局部形成夹层，以套内专用楼梯联系上下 | 起居室　卧室 / 卧室　起居室 |

## 安全出口设置

**1. 一般规定**

每个住宅单元均作一个防火分区设计。安全出口应分散设置，每个防火分区的安全出口、每个单元每层的安全出口不应少于2个，且2个安全出口之间的水平距离应≥5m。扑救面范围内应设置直通室外的楼梯或出口。每个住宅单元的疏散楼梯，均宜通过屋面连通。

**2. 住宅单元每层设置一个安全出口的情形**

建筑高度≤27m时，每一住宅单元任一层建筑面积≤650m²，且任一户至安全出口的距离≤15m，每个住宅单元设置一座通向屋顶的疏散楼梯，单元之间的楼梯通过屋顶连通。

27m<建筑高度≤54m时，每一住宅单元任一层建筑面积≤650m²，且任一户门至安全出口距离≤10m，每个住宅单元设置一座通向屋顶的疏散楼梯，单元之间的楼梯间通过屋顶连通。

## 疏散距离及避难（层）

**1. 标准层疏散距离**

塔式和单元式住宅：户门至最近安全出口的距离应≤10m。通廊式住宅：当每一住宅单元设有≥2个安全出口时，户门至最近安全出口的直线距离位于两个安全出口之间≤40m，位于袋形走道两侧或尽端≤20m。户内任一点至其直通疏散走道的户门的距离≤20m。跃廊式住宅户门至最近安全出口的距离应从户门算起，小楼梯的一段距离按其1.50倍水平投影计算。

**2. 首层疏散距离**

楼梯间首层应设置直接对外的出口，或将对外出口设置在距离楼梯间≤15m处。消防电梯前室在首层应直通室外的出口，或经过长度≤30m的通道通向室外。

**3. 特殊的户内房间**

54m<建筑高度≤100m的住宅建筑，每户应有一间房间满足：靠外墙设置，并设置可开启外窗，且内、外墙体的耐火极限不应低于1.00h，该房间的门宜采用乙级防火门，外窗的耐火完整性不宜低于1.00h。

**4. 避难层**

建筑高度超过100m的住宅建筑，应设置避难层。

高层住宅的分类、耐火等级和防火分区的面积要求　表1

| 高层住宅 | | 建筑分类 | 允许建筑高度H（m） | 耐火等级 | 每防火分区允许最大建筑面积（m²） |
|---|---|---|---|---|---|
| 地上部分 | | 一类 | 54<H≤100 | 一级 | 1500 |
| | | 二类 | 27<H≤54 | ≥二级 | |
| 地下部分 | （半）地下室 | — | 宜≤3层 | 一级 | 500 |
| | （地下）设备用房 | — | 宜≤3层 | 一级 | 1000 |
| | 地下车库 | — | — | 一级 | 2000 |

注：1. 设有自动灭火系统的防火分区，其允许最大面积可按本表增加1倍，局部设置自动灭火系统时，增加建筑面积可按该局部面积的1倍计算（设备用房除外）。
　2. 本表数据摘自《建筑设计防火规范》GB 50016-2014、《汽车库、修车库、停车场设计防火规范》GB 50067-2014。

高层住宅疏散（外）门、走道、楼梯间、
安全出口门净宽（单位：m）　表2

| 高层住宅 | 疏散走道 | | 疏散楼梯间/首层疏散外门/安全出口门 | 楼梯间平台深度 | |
|---|---|---|---|---|---|
| | 单面布房 | 双面布房 | | 一般楼梯 | 剪刀楼梯 |
| | ≥1.20 | ≥1.30 | ≥1.10 | 1.2 | 1.3 |

注：本表数据摘自《建筑设计防火规范》GB 50016-2014、《住宅设计规范》GB 50096-2011。

## 楼梯、电梯配置的相关规定

**1. 电梯设置**

电梯应在设有户门和公共走廊的每层设站，且宜成组集中布置。候梯厅深度不应小于多台电梯中最大轿厢的深度，且宜≥1.50m。电梯不应紧邻卧室布置，当不得不紧邻兼起居的卧室布置时，应采取隔声、减振的构造措施。

**2. 电梯台数**

建筑高度>33m的住宅建筑，每一住宅单元设置电梯不应少于2台，其中一台按消防电梯设置，且能够容纳担架。消防电梯应分设于不同防火分区，每防火分区≥1台。

**3. 剪刀楼梯间**

住宅单元的疏散楼梯分散设置确有困难时，且从任意一户门至最近安全出口的距离≤10m时，可采用剪刀楼梯，但应符合：楼梯间为防烟楼梯间；梯段之间采用耐火极限≥1.00h的不燃烧体实体墙分隔；两楼梯间的前室不宜共用，共用时合用前室的使用面积应≥6.0m²；楼梯间前室或合用前室不宜与消防电梯前室合用，合用时合用前室的使用面积应≥12.0m²，且短边应≥2.4m；楼梯间内的加压送风系统不宜合用。

高层住宅疏散楼梯间和消防电梯设置的要求　表3

| 高度H（m） | 27<H≤33 | H>33 | |
|---|---|---|---|
| 平面图示 | | 前室≥4.5m² | 合用前室≥6.0m² |
| 疏散楼梯间 | 封闭楼梯间① | 防烟楼梯间 | |
| 开向前室的户门数② | | ≤3樘 | |
| 消防电梯 | 不设置 | 设置 | |

注：①当户门采用为乙级防火门时，楼梯间可不封闭；
　②户门应为乙级防火门。

高层住宅设备用房的设置要求　表4

| 设备用房 | 设置楼层 | 安全疏散 | 空间要求 |
|---|---|---|---|
| 锅炉房 | 首层或地下一层 | 直通室外或安全出口 | 不应布置在人员密集场所的上一层、下一层或贴邻，且宜靠外墙部位设置 |
| 变配电室 | 首层或地下一层 | 直通室外或安全出口 | |
| 柴油发电机房 | 首层或地下一、二层 | — | |
| 消防控制室 | 首层或地下一层 | 直通室外 | 靠外墙、防水淹 |
| 消防水泵房 | 首层或地下一、二层，或与室外地坪高差≤10m的地下楼层 | 直通室外或安全出口 | 防水淹 |

## 消防给水系统

**1. 消防水池**

总容量>500m³时应分成2个能独立使用的消防水池。住宅群体同一时间内只考虑一处火灾可能时，可共用消防水池、消防泵房、高位消防水箱，其消防水池、高位消防水箱容量按消防用水量最大的一幢建筑计算。

**2. 高位水箱**

可设在住宅群体内最高一幢的屋顶最高处，其消防储水量应满足：一类住宅≥12m³；二类住宅≥6m³。

**3. 室内消火栓**

设于走道、楼梯附近等明显易于取用之处，间距应保证同层任何部位有两个消火栓的水枪充实水柱同时到达。高层住宅内两个消火栓间距应≤30m，离地面高度宜为1.10m。消防电梯间前室应设消火栓。住宅建筑高度≥21m应设室内消火栓。

# 高层住宅 [6] 塔式住宅实例

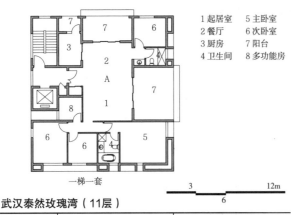

1 起居室　5 主卧室
2 餐厅　　6 次卧室
3 厨房　　7 阳台
4 卫生间　8 多功能房

一梯一套

## 1 武汉泰然玫瑰湾（11层）

| 套型 | 套内使用面积 | 套型阳台面积 |
|---|---|---|
| A | 128.6m² | 34.0m² |

设计单位：筑博设计（集团）股份有限公司

1 起居室　　2 餐厅　　　3 厨房　　4 卫生间　5 主卧室
6 次卧室　　7 多功能房　8 书房　　9 储藏间

一梯两套

## 2 北京北四环远洋万和城（18层）

| 套型 | 套内使用面积 | 套型阳台面积 |
|---|---|---|
| A | 232.9m² | 9.5m² |

设计单位：北京市建筑设计研究院有限公司

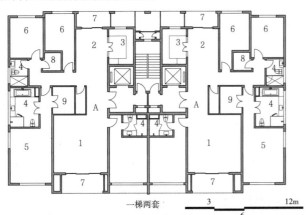

一梯两套

1 起居室　2 餐厅　3 厨房　　4 卫生间　5 主卧室　6 次卧室　7 阳台　8 洗衣间　9 储藏间

## 3 杭州西溪诚园小区（13层）

| 套型 | 套内使用面积 | 套型阳台面积 |
|---|---|---|
| A | 183.6m² | 11.9m² |

设计单位：筑博设计（集团）股份有限公司

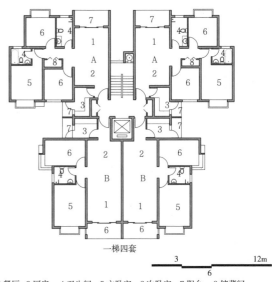

一梯四套

1 起居室　2 餐厅　3 厨房　4 卫生间　5 主卧室　6 次卧室　7 阳台　8 储藏间

## 4 广州金沙洲新社区XGa（11层）

| 套型 | 套内使用面积 | 套型阳台面积 |
|---|---|---|
| A | 71.5m² | 6.6m² |
| B | 64.1m² | 7.1m² |

设计单位：中国建筑上海设计研究院有限公司

一梯六套

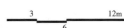

1 起居室　2 餐厅　3 厨房　4 卫生间　5 卧室　6 阳台

## 5 广州金沙洲新社区Ga（18层）

| 套型 | 套内使用面积 | 套型阳台面积 |
|---|---|---|
| A | 33.1m² | 6.4m² |
| B | 47.9m² | 4.0m² |
| C | 47.6m² | 6.1m² |

设计单位：中国建筑上海设计研究院有限公司

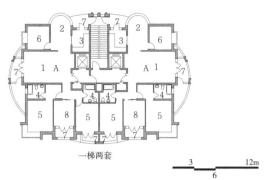

一梯两套

3　　　　12m
6

1 起居室　2 餐厅　3 厨房　4 卫生间　5 主卧室　6 次卧室　7 阳台　8 书房

**1** 哈尔滨哈西悦城（32层）

| 套型 | 套内使用面积 | 套型阳台面积 |
|---|---|---|
| A | 123.0m² | 15.6m² |

设计单位：哈尔滨工业大学建筑设计研究院

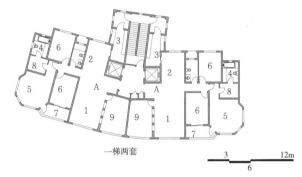

一梯两套

3　　　　12m
6

1 起居室　2 餐厅　3 厨房　4 卫生间　5 主卧室　6 次卧室　7 阳台　8 衣帽间　9 书房

**2** 苏州都市花园住宅小区八期工程（28层）

| 套型 | 套内使用面积 | 套型阳台面积 |
|---|---|---|
| A | 151.2m² | 6.0m² |

设计单位：中衡设计集团股份有限公司

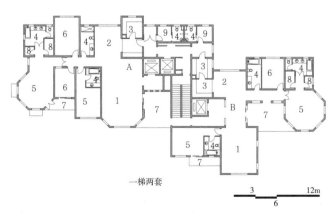

一梯两套

3　　　　12m
6

1 起居室　2 餐厅　3 厨房　4 卫生间　5 主卧室　6 次卧室　7 阳台　8 储藏间　9 多功能房

**3** 苏州都市花园住宅小区八期工程（24层）

| 套型 | 套内使用面积 | 套型阳台面积 |
|---|---|---|
| A | 220.5m² | 24.5m² |
| B | 186.9m² | 25.4m² |

设计单位：中衡设计集团股份有限公司

一梯三套

3　　　　12m
6

1 起居室　2 餐厅　3 厨房　4 卫生间　5 主卧室　6 次卧室　7 阳台　8 书房

**4** 苏州玲珑湾小区项目八期（31层）

| 套型 | 套内使用面积 | 套型阳台面积 |
|---|---|---|
| A | 125.3m² | 11.7m² |
| B | 96.9m² | 13.3m² |

设计单位：南京长江都市建筑设计股份有限公司

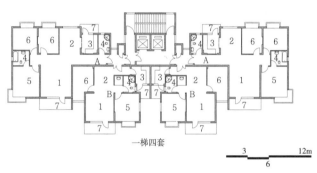

一梯四套

3　　　　12m
6

1 起居室　2 餐厅　3 厨房　4 卫生间　5 主卧室　6 次卧室　7 阳台

**5** 武汉常青花园11号小区（20层）

| 套型 | 套内使用面积 | 套型阳台面积 |
|---|---|---|
| A | 99.5m² | 9.6m² |
| B | 68.3m² | 9.5m² |

设计单位：中南建筑设计院股份有限公司

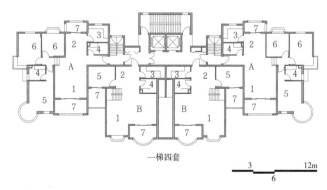

一梯四套

3　　　　12m
6

1 起居室　2 餐厅　3 厨房　4 卫生间　5 主卧室　6 次卧室　7 阳台

**6** 福建名城港湾二区（22层）

| 套型 | 套内使用面积 | 套型阳台面积 |
|---|---|---|
| A | 103.9m² | 12.4m² |
| B | 69.8m² | 14.2m² |

设计单位：中国建筑上海设计研究院有限公司

**3**
住宅建筑

# 高层住宅［8］塔式住宅实例

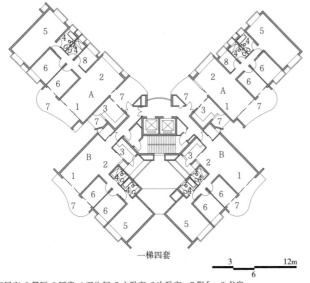

一梯四套

3 —— 12m
6

1 起居室 2 餐厅 3 厨房 4 卫生间 5 主卧室 6 次卧室 7 阳台 8 书房

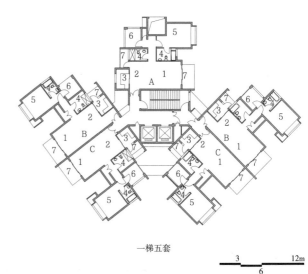

一梯五套

3 —— 12m
6

1 起居室 2 餐厅 3 厨房 4 卫生间 5 主卧室 6 次卧室 7 阳台

**1 深圳星河国际花城C栋（29层）**

| 套型 | 套内使用面积 | 套型阳台面积 |
|---|---|---|
| A | 122.8m² | 13.7m² |
| B | 96.8m² | 5.8m² |

设计单位：香港华艺设计顾问（深圳）有限公司

**3 深圳星河时代花园（31层）**

| 套型 | 套内使用面积 | 套型阳台面积 |
|---|---|---|
| A | 69.0m² | 5.5m² |
| B | 62.8m² | 7.7m² |
| C | 66.8m² | 7.7m² |

设计单位：香港华艺设计顾问（深圳）有限公司

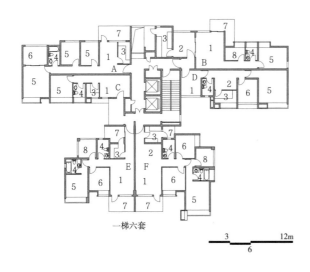

一梯六套

3 —— 12m
6

1 起居室 2 餐厅 3 厨房 4 卫生间 5 主卧室 6 次卧室 7 阳台 8 书房

一梯六套

3 —— 12m
6

1 起居室 2 餐厅 3 厨房 4 卫生间 5 主卧室 6 次卧室 7 阳台 8 衣帽间 9 书房

**2 深圳龙华水榭春天花园（33层）**

| 套型 | 套内使用面积 | 套型阳台面积 |
|---|---|---|
| A | 75.1m² | 9.0m² |
| B | 67.0m² | 12.9m² |
| C | 34.5m² | 0m² |
| D | 63.5m² | 0m² |
| E | 68.6m² | 13.2m² |
| F | 92.8m² | 10.8m² |

设计单位：香港华艺设计顾问（深圳）有限公司

**4 深圳星河时代花园（31层）**

| 套型 | 套内使用面积 | 套型阳台面积 |
|---|---|---|
| A | 66.6m² | 8.3m² |
| B | 64.6m² | 8.2m² |
| C | 41.7m² | 11.6m² |
| D | 51.1m² | 12.0m² |
| E | 32.2m² | 4.0m² |
| F | 59.7m² | 14.3m² |

设计单位：香港华艺设计顾问（深圳）有限公司

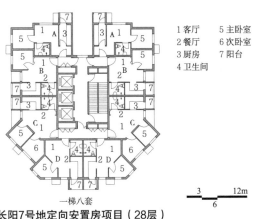

1 客厅　5 主卧室
2 餐厅　6 次卧室
3 厨房　7 阳台
4 卫生间

一梯八套

**1** 北京长阳7号地定向安置房项目（28层）

| 套型 | 套内使用面积 | 套型阳台面积 |
|---|---|---|
| A | 26.0m² | 1.8m² |
| B | 26.8m² | 1.6m² |
| C | 34.6m² | 1.6m² |
| D | 26.5m² | 2.0m² |

设计单位：北京市建筑设计研究院有限公司

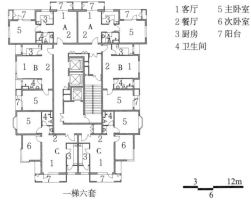

1 客厅　5 主卧室
2 餐厅　6 次卧室
3 厨房　7 阳台
4 卫生间

一梯六套

**2** 烟台龙湖养马岛葡醍海湾小区（20层）

| 套型 | 套内使用面积 | 套型阳台面积 |
|---|---|---|
| A | 45.3m² | 8.5m² |
| B | 51.0m² | 2.6m² |
| C | 61.7m² | 7.1m² |

设计单位：清华大学建筑设计研究院有限公司

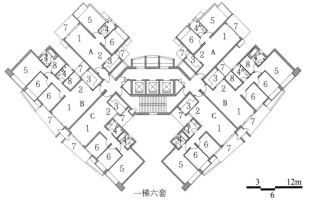

一梯六套

1 客厅　2 餐厅　3 厨房　4 卫生间　5 主卧室　6 次卧室　7 阳

**3** 深圳南海益田半岛城邦一期（27层）

| 套型 | 套内使用面积 | 套型阳台面积 |
|---|---|---|
| A | 64.4m² | 9.1m² |
| B | 104.0m² | 11.9m² |
| C | 89.6m² | 13.4m² |

设计单位：深圳市欧博工程设计顾问有限公司

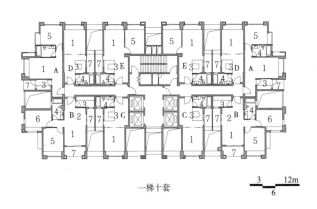

一梯十套

1 客厅　2 餐厅　3 厨房　4 卫生间　5 主卧室　6 次卧室　7 阳台

**4** 东莞 长安沃多夫公馆（35层）

| 套型 | 套内使用面积 | 套型阳台面积 |
|---|---|---|
| A | 43.7m² | 2.5m² |
| B | 57.9m² | 4.6m² |
| C | 30.7m² | 3.2m² |
| D | 29.9m² | 3.2m² |
| E | 42.9m² | 3.2m² |

设计单位：筑博设计（集团）股份有限公司

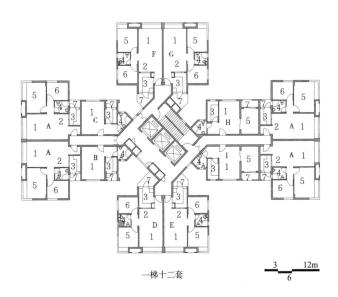

一梯十二套

1 客厅　2 餐厅　3 厨房　4 卫生间　5 主卧室　6 次卧室　7 阳台

**5** 深圳华强广场公寓（29层）

| 套型 | 套内使用面积 | 套型阳台面积 |
|---|---|---|
| A | 56.8m² | 1.8m² |
| B | 24.7m² | 1.7m² |
| C | 25.4m² | 1.7m² |
| D | 49.8m² | 3.9m² |
| E | 49.8m² | 3.0m² |
| F | 54.3m² | 3.0m² |
| G | 54.3m² | 3.8m² |
| H | 34.4m² | 2.6m² |
| I | 34.9m² | 2.6m² |

设计单位：筑博设计（集团）股份有限公司

**3**
住宅建筑

139

# 高层住宅［10］单元式住宅实例

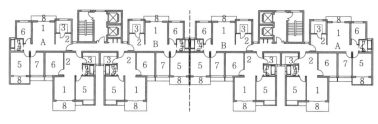

组合模式 A+A

| 1 客厅 | 5 主卧室 |
| 2 餐厅 | 6 次卧室 |
| 3 厨房 | 7 书房 |
| 4 卫生间 | 8 阳台 |

**1** 宁波银亿上尚城（11层）

| 套型 | A | B |
| --- | --- | --- |
| 套内使用面积 | 61.8m² | 55.6m² |
| 套型阳台面积 | 3.5m² | 2.7m² |

设计单位：北京市建筑设计研究院有限公司

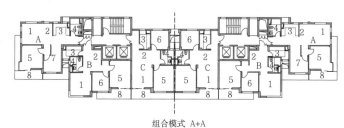

组合模式 A+A

| 1 客厅 | 5 主卧室 |
| 2 餐厅 | 6 次卧室 |
| 3 厨房 | 7 书房 |
| 4 卫生间 | 8 阳台 |

**2** 杭州蔚蓝公寓（18层）

| 套型 | A | B | C |
| --- | --- | --- | --- |
| 套内使用面积 | 60.0m² | 60.0m² | 60.0m² |
| 套型阳台面积 | 3.1m² | 3.9m² | 4.6m² |

设计单位：gad浙江绿城建筑设计有限公司

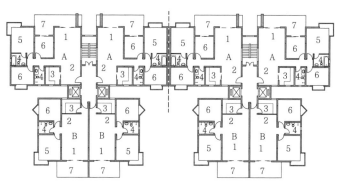

组合模式 A+A

| 1 客厅 | 5 主卧室 |
| 2 餐厅 | 6 次卧室 |
| 3 厨房 | 7 阳台 |
| 4 卫生间 | |

**3** 成都西城映画（18层）

| 套型 | A | B |
| --- | --- | --- |
| 套内使用面积 | 95.7m² | 76.1m² |
| 套型阳台面积 | 8.4m² | 3.2m² |

设计单位：中国建筑西南设计研究院有限公司

组合模式 A+B

| 1 客厅 | 5 主卧室 |
| 2 餐厅 | 6 次卧室 |
| 3 厨房 | 7 书房 |
| 4 卫生间 | 8 阳台 |

**4** 长春月伴林湾居住小区（25层）

| 套型 | A | B | C | D | E | F | G | H |
| --- | --- | --- | --- | --- | --- | --- | --- | --- |
| 套内使用面积 | 76.3m² | 58.0m² | 34.0m² | 70.0m² | 78.1m² | 72.0m² | 60.0m² | 53.7m² |
| 套型阳台面积 | 1.3m² | 0 | 0 | 1.1m² | 1.3m² | 0 | 0 | 0 |

设计单位：哈尔滨工业大学建筑学院、哈尔滨工业大学设计研究院

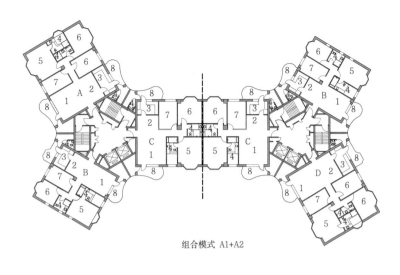

组合模式 A1+A2

| | 1 客厅 | 5 主卧室 |
| --- | --- | --- |
| | 2 餐厅 | 6 次卧室 |
| | 3 厨房 | 7 书房 |
| | 4 卫生间 | 8 阳台 |

3 ⊢ 12m
6

**1 大连星海国宝（32层）**

| 套型 | A | B | C | D |
| --- | --- | --- | --- | --- |
| 套内使用面积 | 126.0m² | 94.4m² | 107.4m² | 124.4m² |
| 套型阳台面积 | 11.8m² | 10.2m² | 11.2m² | 10.2m² |

设计单位：台湾张文明建筑师事务所、大连市建筑设计研究院有限公司

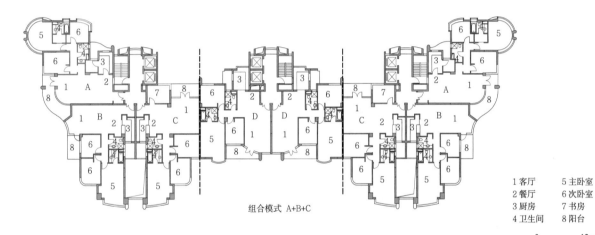

组合模式 A+B+C

| | 1 客厅 | 5 主卧室 |
| --- | --- | --- |
| | 2 餐厅 | 6 次卧室 |
| | 3 厨房 | 7 书房 |
| | 4 卫生间 | 8 阳台 |

3 ⊢ 12m
6

**2 杭州绿园小区（18层）**

| 套型 | A | B | C | D |
| --- | --- | --- | --- | --- |
| 套内使用面积 | 122.4m² | 114.5m² | 133.8m² | 113.0m² |
| 套型阳台面积 | 8.2m² | 3.8m² | 4.8m² | 4.5m² |

设计单位：gad浙江绿城建筑设计有限公司

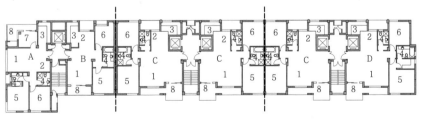

组合模式 A+B1+B2

| | 1 客厅 | 5 主卧室 |
| --- | --- | --- |
| | 2 餐厅 | 6 次卧室 |
| | 3 厨房 | 7 书房 |
| | 4 卫生间 | 8 阳台 |

3 ⊢ 12m
6

**3 湖州德清绿城西子百合公寓二期（16层）**

| 套型 | A | B | C | D |
| --- | --- | --- | --- | --- |
| 套内使用面积 | 81.3m² | 71.4m² | 95.3m² | 100.8m² |
| 套型阳台面积 | 4.3m² | 2.7m² | 5.9m² | 5.9m² |

设计单位：gad浙江绿城建筑设计有限公司

# 高层住宅［12］单元式住宅实例

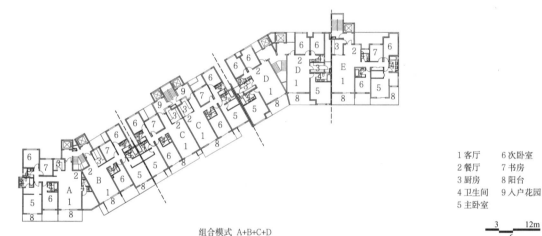

组合模式 A+B+C

**1** 深圳万科金域蓝湾（33层）

| 套型 | A | B | C | D | E | F | G |
|---|---|---|---|---|---|---|---|
| 套内使用面积 | 128.5m² | 62.5m² | 119.6m² | 75.6m² | 50.0m² | 108.2m² | 149.0m² |
| 套型阳台面积 | 9.0m² | 4.0m² | 4.8m² | 8.3m² | 5.0m² | 5.8m² | 6.9m² |

设计单位：筑博设计（集团）股份有限公司

1 客厅　6 次卧室
2 餐厅　7 书房
3 厨房　8 阳台
4 卫生间　9 入户花园
5 主卧室

组合模式 A+B+C+D

**2** 南京金地所街项目（金地·名京）（13层）

| 套型 | A | B | C | D | E |
|---|---|---|---|---|---|
| 套内使用面积 | 147.2m² | 128.8m² | 135.2m² | 102.8m² | 152.3m² |
| 套型阳台面积 | 9.4m² | 8.3m² | 7.3m² | 5.5m² | 12.6m² |

设计单位：南京长江都市建筑设计股份有限公司

1 客厅　6 次卧室
2 餐厅　7 书房
3 厨房　8 阳台
4 卫生间　9 入户花园
5 主卧室

组合模式 A+B+A

**3** 广州万科金域蓝湾（18层）

| 套型 | A | B | C | D |
|---|---|---|---|---|
| 套内使用面积 | 61.0m² | 67.5m² | 76.6m² | 76.0m² |
| 套型阳台面积 | 2.0m² | 2.0m² | 2.5m² | 2.9m² |

设计单位：广东省建筑设计研究院

1 客厅　6 次卧室
2 餐厅　7 书房
3 厨房　8 阳台
4 卫生间　9 入户花园
5 主卧室

3
住宅建筑

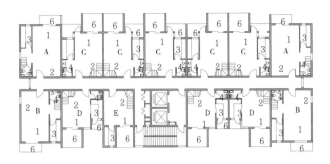

a 奇数层平面图

尽端内廊式

b 偶数层平面图

1 客厅 2 餐厅 3 厨房 4 卫生间 5 主卧室 6 阳台 7 贮藏室

**1 重庆金科米兰大道（26层）**

| 套型 | 套内使用面积 | 套型阳台面积 |
|---|---|---|
| A | 60.7m² | 2.6m² |
| B | 60.7m² | 2.6m² |
| C | 49.2m² | 9.3m² |
| D | 41.7m² | 7.3m² |
| E | 38.9m² | 5.6m² |

设计单位：金科集团产品研发中心、重庆卓创建筑设计院

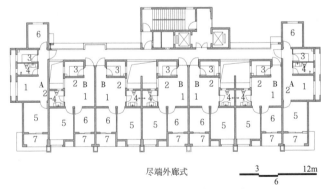

尽端外廊式

1 客厅 2 餐厅 3 厨房 4 卫生间 5 主卧室 6 次卧室 7 阳台

**2 南京汇杰新城（24层）**

| 套型 | 套内使用面积 | 套型阳台面积 |
|---|---|---|
| A | 45.1m² | 4.7m² |
| B | 46.8m² | 3.9m² |

设计单位：南京长江都市建筑设计股份有限公司

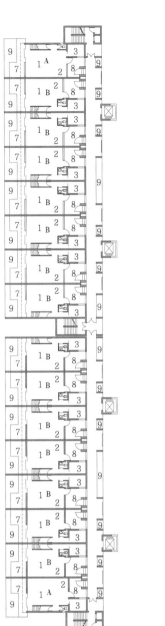

双向外廊式

a 奇数层平面图　　　　b 偶数层平面图

1 客厅　　　　2 餐厅　　　　3 厨房
4 卫生间　　　5 主卧室　　　6 次卧室
7 阳台　　　　8 庭院　　　　9 花池

**3 重庆海悦蓝庭（18层）**

| 套型 | 套内使用面积 | 套型庭院面积 | 套型阳台面积 |
|---|---|---|---|
| A | 75.1m² | 7.3m² | 10.0m² |
| B | 73.1m² | 9.1m² | 9.0m² |

设计单位：重庆合信建筑设计院有限公司

**3**
住宅建筑

# 超高层住宅［1］概述

## 超高层住宅概述

超高层住宅是建筑高度大于100m、具有居住功能的建筑。

超高层住宅的常见分类　　　　　　　　　　　　　　　　　　　表1

| 分类方式 | 类别 | | | |
|---|---|---|---|---|
| 功能构成 | 纯住宅 | | 综合类住宅<br>与商业、酒店、办公等多功能组合，综合管理 | |
| 常见结构选型 | <br>剪力墙<br>结构整体性强，侧向刚度大，抗侧性能好，结构变形呈弯曲型 | <br>框架—剪力墙<br>承载能力较大，框架和剪力墙协同工作，框架主要承受竖向荷载，剪力墙承受水平荷载，结构变形呈复合型 | <br>框架—核心筒<br>受力特点类似于框架剪力墙结构，利用核心筒的抗侧刚度来提高抗震性能。结构变形类似框架剪力墙结构，但其抗侧刚度远大于框架剪力墙结构 | <br>筒中筒<br>结构水平位移曲线呈弯剪型，抗侧刚度大于框架核心筒结构体系 |
| 组合方式 | <br>塔式<br>建筑独立成栋 | <br>单元式<br>建筑通过单元组合在一起成为一栋楼 | <br>通廊式<br>各户通过廊道相通，并通向楼梯、电梯 | |

结构选型与建筑高度对照表（单位：m）　　　　　　　　表2

| 结构类型 | | 抗震设防烈度（地震加速度） | | | | | |
|---|---|---|---|---|---|---|---|
| | | 6度 | 7度<br>（0.1g） | 7度<br>（0.15g） | 8度<br>（0.20g） | 8度<br>（0.30g） | 9度 |
| 混凝土结构 | 框架 | 60 | 50 | 50 | 40 | 35 | 24 |
| | 框架—抗震墙 | 130 | 120 | 120 | 100 | 80 | 50 |
| | 抗震墙 | 140 | 120 | 120 | 100 | 80 | 60 |
| | 部分框支抗震墙 | 120 | 100 | 100 | 80 | 50 | 不应采用 |
| | 框架—核心筒 | 150 | 130 | 130 | 100 | 90 | 70 |
| | 筒中筒 | 180 | 150 | 150 | 120 | 100 | 80 |
| | 板柱—抗震墙 | 80 | 70 | 70 | 55 | 40 | 不应采用 |
| | 较多短肢墙 | 140 | 100 | 100 | 80 | 60 | 不应采用 |
| | 错层的抗震墙 | 140 | 80 | 80 | 60 | 60 | 不应采用 |
| | 错层的框架—抗震墙 | 130 | 80 | 80 | 60 | 60 | 不应采用 |
| 混合结构 | 钢框架—钢筋混凝土筒 | 200 | 160 | 160 | 120 | 100 | 70 |
| | 型钢（钢管）混凝土框架—钢筋混凝土筒 | 220 | 190 | 190 | 150 | 130 | 70 |
| | 钢外筒—钢筋混凝土内筒 | 260 | 210 | 210 | 160 | 140 | 80 |
| | 型钢（钢管）混凝土外筒—钢筋混凝土内筒 | 280 | 230 | 230 | 170 | 150 | 90 |
| 钢结构 | 框架 | 110 | 110 | 110 | 90 | 70 | 50 |
| | 框架—中心支撑 | 220 | 220 | 200 | 180 | 150 | 120 |
| | 框架—偏心支撑（延性墙板） | 240 | 240 | 220 | 200 | 180 | 160 |
| | 各类筒体和巨型结构 | 300 | 300 | 280 | 260 | 240 | 180 |

注：1. 本表摘自《超限高层建筑工程抗震设防专项审查技术要点》（2015）。
　　2. 平面和竖向均不规则（部分框支结构指框支层以上的楼层不规则）时，其高度应比表内数值降低至少10%。

## 结构特点

超高层住宅的结构荷载大，结构的竖向构件截面尺寸相对较大，对住宅的电梯厅、走道、卫生间、厨房、卧室等室内空间布局有一定影响；同时，超高层住宅需要适当增加连梁高度，尽量对齐剪力墙，提高剪力墙抗震效率，因此对住宅的净高和布局有一定影响。综合上述原因，超高层住宅设计中应提前考虑结构选型与平面尺度及层高的关系，合理进行平面布局。

## 核心筒设计要点

核心筒是超高层住宅竖向联系的重要部分，也是机电设备集中的核心区域。

核心筒设计要点　　　　　　　　　　　　　　　　　　　表3

| 平面布置模式 | 中心集中式 | 偏心集中式 | 分散式<br>（此为简化基本模式，形体可多样） | |
|---|---|---|---|---|
| | 集中式 | | | |
| | | | | |

竖向分区方式

| 竖向交通模式① | | | <br>转换层（空中门厅） |
|---|---|---|---|
| | 隔层停靠方式 | 分区停靠方式 | 设转换厅方式 |

| 电梯基本设置② | 数量 | 1.电梯数量的设置与服务的户数及设计功能定位标准有关。<br>2.较高档住宅常采用一梯一套，对于一梯多套住宅，当每层居住25人，层数35层以上时，应设不少于4台电梯③。<br>3.公寓客梯数量可按1台额定载重量1000kg的电梯服务6000~10000m²确定④ | |
|---|---|---|---|
| | 速度 | 消防电梯 | 行驶速度应从首层到顶层的运行时间不超过60s |
| | | 一般电梯 | 一般建筑规模越大、层数越高采用速度越快的电梯 |
| | | 竖向分区电梯 | 电梯宜以建筑高度50m或10~12个电梯停站为一个区。第一个50m采用1.75m/s常规速度，每隔50m速度增加一级（1.0~1.5m/s），以此类推 |

电梯数量、速度、载重量是相关联的因素，应与电梯顾问公司沟通，通过科学分析计算确定，进而与相应电梯厂家确定井道尺寸。每栋楼应设置一台可容纳担架的电梯⑤。

| 候梯厅最小深度⑥ | 布置方式 | 候梯厅最小深度 |
|---|---|---|
| | 单台 | ≥B，不小于1.5m |
| | | 老年居住建筑≥1.8m⑦ |
| | 多台单侧排列 | ≥B*，不小于1.5m |
| | 多台双侧排列 | ≥相对电梯B*之和并＜3.5m |

B为轿厢深度，B*为电梯群中最大轿厢深度

注：①~⑥摘自《全国民用建筑工程设计技术措施：规划·建筑·景观》2009JSCS-1；
　　⑦摘自《老年人居住建筑设计规范》GB 50340-2016。

## 套型适应性设计策略

超高层住宅套型适应性设计策略　　　　　　　　　　　　表4

| 住户抗性 | 消除抗性策略 |
|---|---|
| 高密度居住模式带来的人与自然的疏远和近邻关系的淡化 | 适当设置屋顶绿化、顶部中庭、空中花园、裙房屋顶绿化、地面绿化等绿色交往空间，积极增进人文、自然交流 |
| 远地居住模式带来的不方便和对电梯的依赖性 | 合理制定电梯布置、运行方案 |
| 密集性心理不安感 | 加强对景观资源的利用，做到景观最大化 |
| 对高度的不安全感 | 加强窗户、阳台的安全性设计和处理，降低住户对高度的不安全感 |
| 室内风环境不稳定、不均匀 | 利用平面布局以及开窗位置、开启方式、窗户构造等方式，调节超高层住宅的室内风环境，减少室内空气流分布的不均匀 |
| 地震、强风所引起的摆动带来的不适感，避难、消防活动的困难性 | 严格按照规范制定抗震、避难体系 |

## 防火设计要点

超高层住宅防火设计要点　　　　　　　　　　　表1

| 防火等级 | 防火一类建筑，耐火等级不应小于一级 |
|---|---|
| 总体防火 | 超高层住宅外围应设置环形消防车道，设环形车道有困难时，可沿超高层建筑一个长边设置消防车道，但该长边所在建筑立面应为消防登高操作面 |
| 防火分区 | 防火分区的最大允许建筑面积为1500m²，当建筑内设置自动灭火系统时，可增加1.0倍；局部设置时，防火分区的增加面积可按该局部面积的1.0倍计算 |
| 安全出口 | 每个防火分区的安全出口不应少于2个；每个单元每层的安全出口不应少于2个 |
| 双向疏散 | 可以利用超高层住宅的主辅分区、"U"形或环形走道形成双向疏散①② |
| 走道净宽 | 疏散走道净宽经计算确定且不应小于1.2m |
| 疏散距离 | 户门至安全出口或楼梯间最大距离：户门位于两个安全出口之间时，不大于40m；户门位于袋形走道两侧或尽端时，不大于20m |
| 楼梯电梯 | 应设置防烟楼梯间和消防电梯 |
| 前室设置 | 2个安全出口宜分开设置前室。独立前室面积不应小于4.50m²；与消防电梯合用前室不应小于6.00m² |
| 楼梯宽度 | 应按其通过人数每100人不小于1m计算，各层人数不相等时，其总宽度可分段计算，下层疏散楼梯总宽度应按其上层人数最多的一层计算。疏散楼梯的最小净宽1.1m，平台最小净宽1.2m，剪刀梯平台最小净宽1.3m |
| 自动喷水 | 应设自动喷水灭火系统 |
| 防烟排烟 | 防烟楼梯间及其前室、消防电梯间前室或合用前室、避难走道的前室、避难层应设置防烟设施；建筑内长度大于20m的疏散走道应设置排烟设施 |
| 火灾报警 | 应设火灾自动报警系统 |
| 应急照明 | 防烟楼梯间及其前室、消防电梯间前室或合用前室、避难走道的前室、避难层应设置疏散照明 |
| 疏散指示 | 疏散走道和安全出口处应设灯光疏散指示标志 |
| 防雷措施 | 墙身应有防侧击雷电措施 |
| 避难层间 | 每个避难层之间高度不应大于50m |

注：根据《建筑设计防火规范》GB 50016-2014的有关条款，综合整理而成。

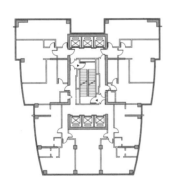

① 青岛凯悦国际大厦公寓：环廊走道形成双向疏散

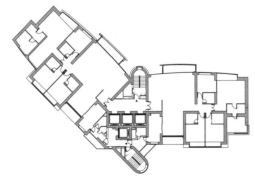

② 上海鹏利海景公寓：主辅分区形成前后双向疏散

## 避难层（间）设计要点

根据《建筑设计防火规范》GB 50016-2014，要求如下：

1. 建筑高度超过100m的住宅，应设置避难层（间）。

2. 避难层（间）的设置应符合下列规定：

（1）第一个避难层（间）的楼地面至灭火救援场地地面的高度不应大于50m，两个避难层（间）之间的高度不宜大于50m。

（2）通向避难层（间）的疏散楼梯应在避难层分隔、同层错位或上下层断开。

（3）避难层（间）的净面积应能满足设计避难人数避难的要求，并宜按5.0人/m²计算。

（4）避难层可兼作设备层。设备管道宜集中布置，其中的易燃、可燃液体或气体管道应集中布置，设备管道区应采用耐火极限不低于3.00h的防火隔墙与避难区分隔。管道井和设备间应采用耐火极限不低于2.00h的防火隔墙与避难区分隔，管道井和设备间的门不应直接开向避难区；确需直接开向避难区时，与避难层出入口的距离不应小于5m，且应采用甲级防火门。

避难间内不应设置易燃、可燃液体或气体管道，不应开设除外窗、疏散门之外的其他开口。

（5）避难层应设置消防电梯出口。

（6）应设置消火栓和消防软管卷盘。

（7）应设置消防专线电话和应急广播。

（8）在避难层（间）进入楼梯间的入口处和疏散楼梯通向避难层（间）的出口处，应设置明显的指示标志。

（9）应设置直接对外的可开启窗口或独立的机械排烟设施，外窗应采用乙级防火窗。

a 防烟楼梯在避难层上下层断开平面示意图

b 防烟楼梯在避难层分隔平面示意图

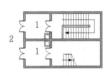
c 防烟楼梯在避难层同层错位平面示意图

③ 防烟楼梯避难层平面示意图一

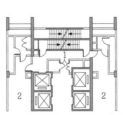
a 上下层隔断，非强制进入避难间

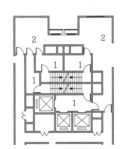

1 前室
2 避难间

b 上下层隔断，强制进入避难间

④ 防烟楼梯避难层平面示意图二

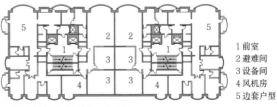

1 前室
2 避难间
3 设备间
4 风机房
5 边套户型

上下层隔断，非强制进入避难间

⑤ 避难层（间）平面设计示意图

# 超高层住宅［3］实例

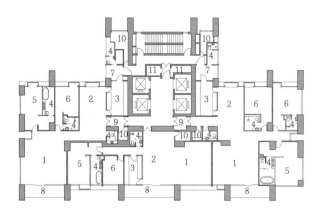

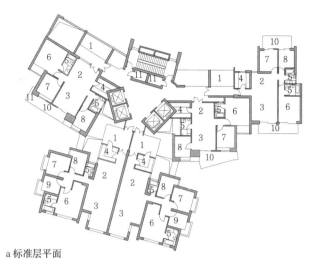

a 标准层平面

**3**
**住宅建筑**

1 起居厅　2 餐厅　3 厨房　4 卫生间　5 主卧室　6 卧室　7 保姆间
8 阳台　9 入户门厅　10 辅助功能空间　11 设备、管道及其他

a 标准层平面

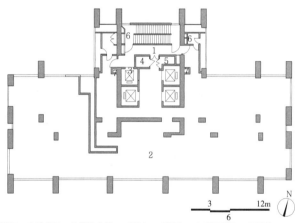

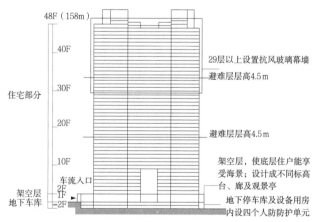

1 前室　2 避难区　3 消防电梯　4 强电　5 弱电　6 正压送风　7 烟道
b 避难层平面（标高48.750m）

b 标准层平面

1 入户花园　2 餐厅　3 起居厅　4 厨房　5 卫生间　6 主卧室　7 卧室
8 书房　9 工作室　10 阳台　11 设备、管道及其他

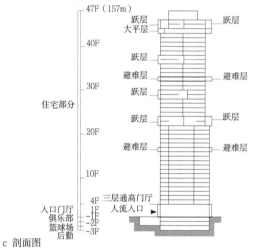

47F（157m）
跃层　大平层　跃层
40F
跃层
避难层　　　避难层
30F
跃层　　　　跃层

住宅部分

跃层　　　　跃层
20F
避难层　　　避难层

10F

4F　三层通高门厅
人流入口
入口门厅
1F
俱乐部
2F
篮球场
后勤
3F

c 剖面图

48F（158m）

40F
29层以上设置抗风玻璃幕墙
避难层层高4.5m
30F

住宅部分

20F
避难层层高4.5m

10F
架空层，使底层住户能享
受海景；设计成不同标高
台、廊及观景亭
车流入口
1F
架空层
地下停车库及设备用房
地下车库
2F
内设四个人防护单元

c 剖面图

**1** 上海苏河湾1街坊

| 名称 | 建筑面积 | 设计时间 | 设计单位 |
|---|---|---|---|
| 苏河湾1街坊 | 234091m² | 2010~2015 | 华东建筑集团股份有限公司华东都市建筑设计研究总院、Foster+Partners |

项目位于上海市苏州河老仓库街"苏河湾"的最东端。项目南部的住宅小区人车分流，机动车均直入地下车库。2幢46层150m高的超高层住宅，高区可远眺黄浦江景，低区可观苏州河岸绿化。房型南北通风、动静分流；精装修并配置中央空调、新风、热水、吸尘、地暖、智能光控、垃圾粉碎、纯净水等先进的装置

**2** 深圳万科金域蓝湾三期

| 名称 | 建筑面积 | 设计时间 | 设计单位 |
|---|---|---|---|
| 万科金域蓝湾三期 | 81147m² | 2000 | 深圳大学建筑设计研究院 |

项目位于深圳市福田区，南面俯瞰深圳湾全景和红树林鸟类自然保护区，拥有丰富的景观资源。项目包括2栋总高度150.7m的48层连体超高层住宅，双蝶形连体塔楼形成自由舒展的空间形态。建筑体量上有3处开洞，住宅楼主人口通高8层，每4层设置北向空中花园；17层、33层为避难层，29层以上设置抗风玻璃幕墙

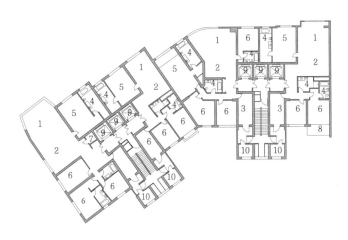

a 标准层平面图

1 商业　2 住宅　3 酒店

a 总平面图

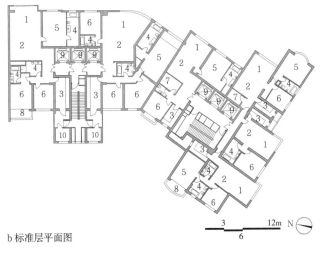

b 标准层平面图

1 起居厅　2 餐厅　3 厨房　4 卫生间　5 主卧室　6 卧室　7 储藏室　8 阳台
9 电梯　10 设备、管道及其他

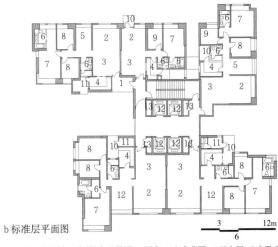

b 标准层平面图

1 入户花园　2 起居厅　3 餐厅　4 厨房　5 空中花园　6 卫生间　7 主卧室
8 次卧室　9 书房　10 阳台　11 工人房　12 电梯　13 设备、管道及其他

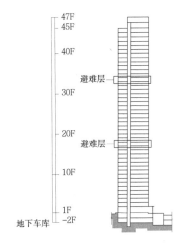

c 剖面图

**1** 上海世茂滨江花园

| 名称 | 建筑面积 | 设计时间 | 设计单位 |
|---|---|---|---|
| 世茂滨江花园 | 700000m² | 2000 | 华东建筑集团股份有限公司上海建筑设计研究院有限公司、马梁建筑师事务所（香港）有限公司 |

项目位于上海市黄浦江东岸，面对繁华外滩沿江扩展近1km，由7栋49~59层超高层高档公寓组成。主体建筑沿江弧形排列，前后错落有致，视线互不遮挡，"前观江景，后拥园景"，布局同时兼顾通风性。外立面以淡绿色玻璃幕墙与色彩淡雅的暖色墙体相配合，每栋楼结合一个主题花园

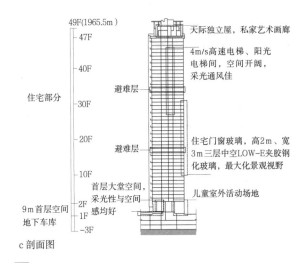

c 剖面图

**2** 深圳华润中心二期（幸福里）

| 名称 | 建筑面积 | 设计时间 | 设计单位 |
|---|---|---|---|
| 华润中心二期（幸福里） | 143912m² | 2004 | 悉地国际设计顾问有限公司 |

华润中心位于深圳市罗湖区，是集酒店、办公、娱乐、商业和豪华公寓式住宅为一体的居住综合体。其中幸福里由3幢49层的塔楼组成，总高度162.6m，分为经济型、舒适型、豪华型3种套型。外立面采用2层的横向分隔与竖向的短支柱形成简洁的几何网络，线条流畅，棱角分明

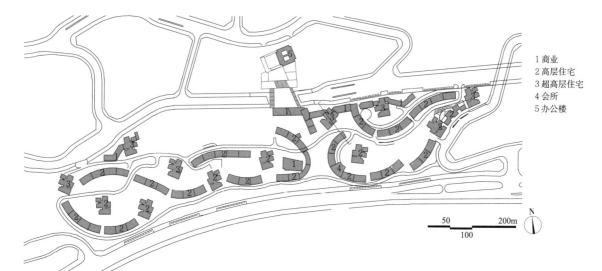

1 商业
2 高层住宅
3 超高层住宅
4 会所
5 办公楼

50   200m
100

N

a 龙湖春森彼岸总平面图

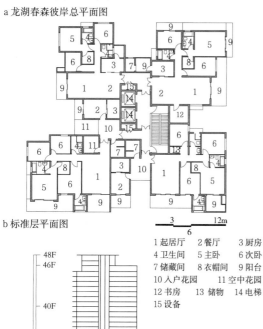

b 标准层平面图

3   12m
6

1 起居厅　2 餐厅　3 厨房
4 卫生间　5 主卧　6 次卧
7 储藏间　8 衣帽间　9 阳台
10 入户花园　11 空中花园
12 书房　13 储物　14 电梯
15 设备

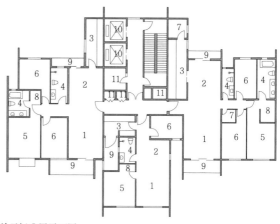

a 单元标准层平面图

1 起居厅　2 餐厅　3 厨房　4 卫生间　5 主卧　6 次卧　7 储藏间
8 衣帽间　9 阳台　10 电梯　11 设备

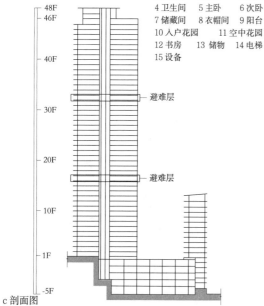

c 剖面图

### 1 重庆龙湖春森彼岸

| 名称 | 建筑面积 | 设计时间 | 设计单位 |
|---|---|---|---|
| 龙湖春森彼岸 | 445000m² | 2005 | 美国M·R·Y·建筑事务所、重庆市设计院 |

项目位于重庆市江北区陈家馆片区，近观嘉陵江水，远眺渝中半岛。社区由多层、中高层板式住宅，高层、超高层塔楼按点式和线性穿插布置，随地形蜿蜒展开。基地内从北向南落差达70余米，主体结构采用退台放阶的方式消化地形高差；边坡采用锚杆或钢筋混凝土挡墙支护；为增强吊层刚度，在吊层范围内将上部落下的剪力墙合成两个筒体，并设置转换层进行梁式结构转换。同时，在桩顶设置与吊层楼板相连的现浇板，吊层与基岩形成整体以减小竖向剪力墙的水平剪力

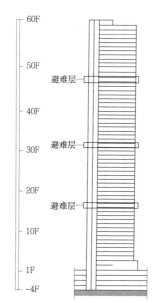

b 剖面图

### 2 沈阳世贸五里河

| 名称 | 建筑面积 | 设计时间 | 设计单位 |
|---|---|---|---|
| 沈阳世贸五里河 | 134769m² | 2008 | 北京市建筑设计研究院有限公司 |

项目位于沈阳市和平区，原址为五里河体育场。项目居住建筑部分由12幢超高层住宅和会所组成，环绕在中心绿地周边，远离交通主干道，减少噪声干扰。每幢住宅由两个单元拼接而成。所有套型均有两个以上的房间朝南。每单元入口设两层通高大堂。户型设计格局方正

## 按材料体系分类

住宅建筑结构类型按材料不同可分为：木结构、砌体结构、混凝土结构和钢结构。

1. 木结构住宅：只由木材或主要由木材承受荷载的住宅，一般可以分为传统木框架结构住宅和装配式木骨架住宅。

2. 砌体结构住宅：以砖砌体、石砌体或混合砌体建造，并作为主要承重构件的住宅。

3. 混凝土结构住宅：以混凝土为主制作的住宅建筑，可分为钢筋混凝土结构和预应力混凝土结构。

4. 钢结构住宅：以钢材作为建筑承重梁柱的住宅建筑，包括钢框架、板式和箱式三种结构。

不同材料住宅的特性    表1

| | 结构特点 | | 适用范围 |
|---|---|---|---|
| | 优点 | 缺点 | |
| 木结构 | 节能、环保、工期短、抗震性强 | 防火、隔声和耐久不及其他材料 | 低层住宅 |
| 砌体结构 | 容易取材、施工简单 | 施工强度大、抗拉、抗剪强度低 | 低层、多层住宅 |
| 混凝土结构 普通钢筋混凝土结构 | 强度高、可模性好、整体性好、耐久性好、耐火性好 | 自重大、抗裂性差、性质脆 | 多层、高层住宅 |
| 混凝土结构 预应力钢筋混凝土结构 | 具有更好的刚度、强度、抗剪能力和抗疲劳能力 | 成本比普通钢筋混凝土结构更高 | 高层住宅 |
| 钢结构 | 重量轻、强度高、抗震性强、工期短、可回收 | 防火性差，成本高 | 多层、高层住宅 |

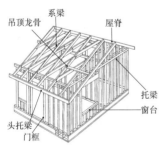

a 木骨架结构住宅

b 现代砌体结构住宅

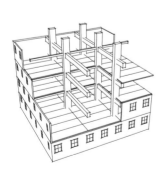

c 钢筋混凝土结构住宅

d 钢框架结构住宅

**［1］** 常见几种材料修建住宅断面

住宅建筑结构体系适用范围    表2

| 结构体系 | | | 适用范围 | 最大建筑高度（m/层） | | | | | 备注 |
|---|---|---|---|---|---|---|---|---|---|
| 材料 | 类别 | 尺寸（m） | | 非抗震区 | 抗震设防烈度 | | | | |
| | | | | | 6度 | 7度 | 8度 | 9度 | |
| 木结构 | 穿斗木构架 | | 低层住宅 | 9/3 | 9/3 | 6/2 | 6/2 | 6/2 | 层高≤3m |
| | 木桩木梁 | | | | | | | | |
| | 木屋架 | | | | | | | | |
| 砌体结构 | 标准砖 | 0.24 | 低、多层住宅 | | 24/8 | 21/7 | 18/6 | 12/4 | 层高≤4m |
| | 混凝土小砌块 | 0.19 | | | 21/7 | 18/6 | 15/5 | | 层高≤3.6m |
| | 混凝土中砌块 | 0.20 | | | 18/6 | 15/5 | 9/3 | | |
| | 粉煤灰砌块 | 0.24 | | | 18/6 | 15/5 | 9/3 | | |
| | 细、半细料石砌体 | | 低层住宅 | 16/5 | 16/5 | 13/4 | 10/3 | | 层高≤3m |
| | 粗料、毛料石砌体 | | | 13/4 | 13/4 | 10/3 | 7/2 | | |
| 钢筋混凝土结构 | 框架 | 现浇 | 多、高层住宅 | 60 | 60 | 55 | 45 | 25 | 位于Ⅳ类场地的建筑或不规则建筑，表中高度数值应适当降低 |
| | | 装配整体 | | 50 | 50 | 30 | 25 | | |
| | 框剪框筒 | 现浇 | | 130 | 130 | 120 | 100 | 50 | |
| | | 装配整体 | | 100 | 100 | 90 | 70 | | |
| | 现浇剪力墙 | 无框支 | | 140 | 140 | 120 | 100 | 60 | |
| | | 部分框支 | | 120 | 120 | 100 | 60 | | |
| | 筒中筒、成束筒 | | | 180 | 180 | 150 | 120 | 70 | |
| 钢结构 | 框架 | | 高层住宅 | 110 | 110 | 110 | 90 | | |
| | 框架支撑 | | | 240 | 200 | 200 | 180 | 140 | |
| | 各类筒体 | | | 400 | 350 | 350 | 300 | 250 | |
| 混凝土钢结构 | 钢框架—混凝土剪力墙 | | | 220 | 180 | 180 | | | |
| | 钢框架—混凝土核心筒 | | | 220 | 220 | 220 | 150 | | |
| 型钢混凝土结构 | 框架 | | | 110 | 110 | 110 | 90 | 70 | |
| | 框架—剪力墙 | | | 180 | 150 | 150 | 100 | | |
| | 各类筒体 | | | 200 | 180 | 180 | 150 | 120 | |

## 按承重体系分类

住宅建筑结构类型按承重体系不同可分为：框架结构、剪力墙结构、框架剪力墙结构、筒体结构和混合结构。

不同承重体系住宅的空间特点    表3

| 体系名称 | 框架 | 框架—剪力墙 | 剪力墙 | 框架—核心筒 | 框架—核心筒—伸臂 | 筒中筒 |
|---|---|---|---|---|---|---|
| 典型平面 | | | | | | |
| 典型立面 | | | | | | |
| 适宜范围 | 多层~20层 60m | 8~20层 80m | 10~40层 120m | 30~50层 200m | 50~100层 400m | 50~100层 400m |
| 适宜高宽比 | ≤4 | ≤5 | ≤6 | ≤6 | ≤8 | ≤7 |

## 围护结构体系

住宅围护结构是指墙体、屋顶、门窗、楼地面,按所处位置可分为外围护结构和内围护结构。

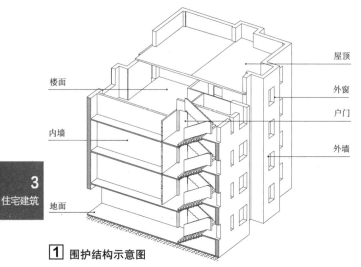

**1 围护结构示意图**

围护结构设计要点 表1

| 围护结构 | | 结构安全 | 保温隔热 | 防水防潮 | 隔声 |
|---|---|---|---|---|---|
| 外围护结构 | 外墙 | ● | ● | ● | ● |
| | 屋顶 | ● | ● | ● | ○ |
| | 门窗 | ○ | ● | ● | ● |
| 内围护结构 | 地面 | ○ | ● | ● | — |
| | 内墙 | ● | ○ | ● | ● |
| | 楼面 | ● | ● | ● | ● |

注: ● 应着重考虑, ○ 需要考虑, — 一般可不考虑。

## 外墙设计要点

### 1. 外墙结构安全设计

外墙结构安全是指用建筑构造措施保证外墙在风荷载、地震作用下的安全可靠。通常应设置构造柱、圈梁、扶壁柱、芯柱,并加强墙体间的锚固连接。

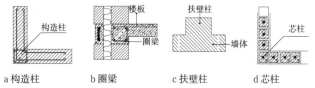

a 构造柱  b 圈梁  c 扶壁柱  d 芯柱

**2 墙体抗震设计**

### 2. 外墙防水防潮设计

在位于室内地面垫层处设置连续的水平防潮层,室内相邻地面有高差时,应在高差处墙身侧面加设防潮层,湿度大的房间的外墙内应设隔汽层,外墙迎水面均做防水处理。

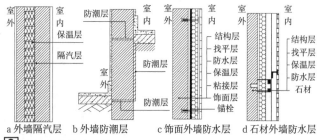

a 外墙隔汽层  b 外墙防潮层  c 饰面外墙防水层  d 石材外墙防水层

**3 外墙防潮防水设计**

### 3. 外墙保温隔热设计

外墙保温分为单设保温层、封闭空气间层、保温与承重结合、混合型保温、热桥防治、墙角处理等。

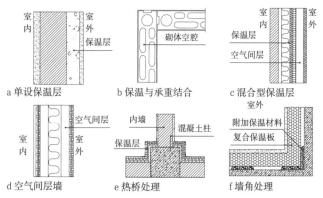

a 单设保温层  b 保温与承重结合  c 混合型保温层
d 空气间层墙  e 热桥处理  f 墙角处理

**4 外墙保温设计**

外墙隔热分为空心砌块墙、钢筋混凝土空心大板墙、轻骨料混凝土砌块墙、复合墙、浅色涂料、浅色饰面砖等。

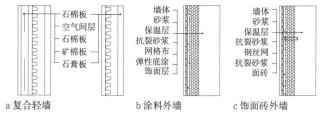

a 复合轻墙  b 涂料外墙  c 饰面砖外墙

**5 外墙隔热设计**

### 4. 外墙隔声设计

采用增强墙体质量或复合墙体来隔声,并注意声桥。

## 门窗设计要点

### 1. 门窗结构安全设计

应防止窗户玻璃在形变下的破损和脱落,设计的窗框间隙应确保玻璃在窗框内旋转或移动方便,不受外力影响。

### 2. 门窗保温隔热设计

门窗的保温设计应考虑提高气密性,减少冷风渗透;提高门窗框保温性能;改善门窗扇保温能力。

### 3. 门窗隔声设计

门窗隔声设计:增加门窗扇质量和减少缝隙透声。对于隔声要求较高的门,可以设置双道门以及声闸来加强隔声。对隔声要求较高的窗,可采用双层或多层玻璃,但注意各层玻璃不应平行,厚度也不应相同。

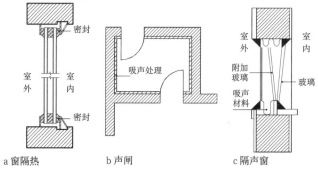

a 窗隔热  b 声闸  c 隔声窗

**6 门窗隔热、隔声设计**

3 住宅建筑

## 屋顶设计要点

1. 屋顶保温隔热设计

屋顶保温是在屋顶结构层上设置保温层。

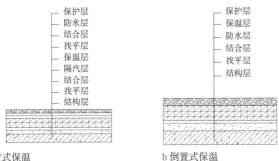

a 正置式保温          b 倒置式保温

**1** 屋顶保温设计

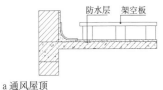

a 通风屋顶          b 反射屋顶

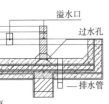

c 蓄水屋顶          d 种植屋顶

**2** 屋顶隔热设计

2. 屋顶防排水设计

屋顶防水分类                                              表1

| 名称 | 基本层次 | 特点 |
|---|---|---|
| 卷材防水屋面 | 保护层—防水层—结合层—找平层—结构层—顶棚层 | 较能适应温度、振动、不均匀沉降，能适应一定的水压，整体性好，不易渗漏。但施工操作较为复杂，技术要求较高 |
| 刚性防水屋面 | 防水层—隔离层—找平层—结构层 | 构造简单，造价较低，但是易开裂，温度适应性差，常用于南方地区 |
| 涂膜防水屋面 | 面层—中涂层—底涂层—找平层—结构层 | 具有防水、抗渗粘接力强、耐腐蚀、耐老化、延伸率大、弹性好、不延燃、无毒、施工方便等诸多优点 |

屋顶排水分类                                              表2

| 排水分类 | 排水方式 | 常用方案 | 适用范围 |
|---|---|---|---|
| 无组织排水 | 雨水自由地从檐口落至室外地面 | — | 适用于3层及3层以下或檐高≤10m的中小型建筑或少雨地区建筑，标准较高的低层建筑或临街建筑不宜采用 |
| 有组织排水 | 通过排水系统，将屋顶雨水有组织地排至地面 | 檐沟外排水 | 年降雨量＞900mm地区，当檐口高度＞8m时，或年降雨量＜900mm地区，檐口高度＞10m时，应采用有组织排水 |
| | | 女儿墙外排水 | |
| | | 内排水 | |

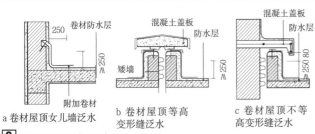

a 卷材屋顶女儿墙泛水    b 卷材屋顶等高变形缝泛水    c 卷材屋顶不等高变形缝泛水

**3** 防水屋顶细部设计

## 内墙设计要点

1. 内墙防水防潮设计

内墙在有室内用水需求的空间内，应设置≥1.5m的防水墙裙，并且在内墙和楼地面连接处用细石混凝土堵严，并设置混凝土或砌块条基。

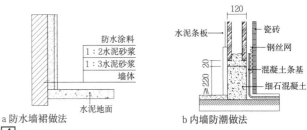

a 防水墙裙做法          b 内墙防潮做法

**4** 内墙防水防潮设计

2. 内墙隔声设计

内墙隔声设计：内墙隔声遵循"质量定理"，可采用空心混凝土砌块墙，当采用轻型板材时，应填充吸声材料。

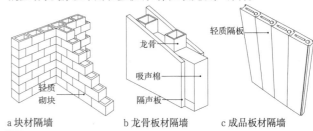

a 块材隔墙          b 龙骨板材隔墙          c 成品板材隔墙

**5** 内墙隔声构造

## 楼地面设计要点

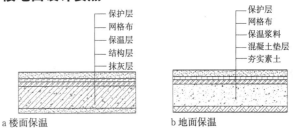

a 楼面保温          b 地面保温

**6** 楼地面保温设计

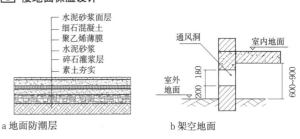

a 地面防潮层          b 架空地面

**7** 楼地面防潮设计

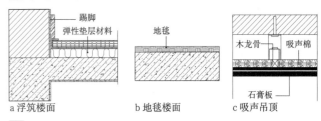

a 浮筑楼面          b 地毯楼面          c 吸声吊顶

**8** 楼面隔声设计

## 家居智能化技术

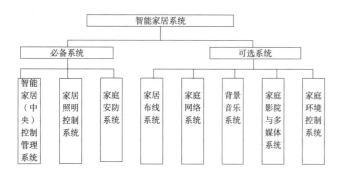

**1** 智能家居系统子系统图

利用先进的计算机技术、网络通信技术、综合布线技术，依照人体工程学原理，融合个性需求，将与家居生活有关的各个子系统有机地结合在一起，通过网络化综合智能控制和管理，实现全新家居生活体验。

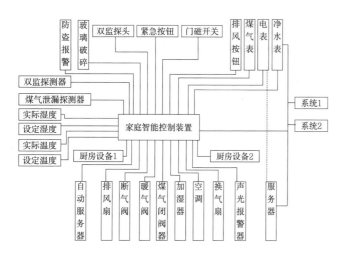

**2** 家居智能技术系统图

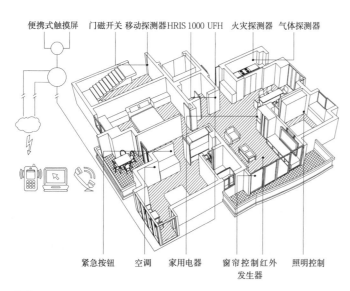

**3** 家居智能技术示意图

## 地源热泵

地源热泵是一种利用浅层地热能源的既可供热又可制冷的高效节能系统，其工作原理是利用水与地能进行冷热交换作为地源热泵的冷热源，冬季把地能中的热量取出来，供室内采暖；夏季把室内热量取出来，释放到地下水、土壤或地表水中。

热源：目前主要有地下水、江河湖水、水库水、海水、城市中水、工业尾水、坑道水等各类水资源以及土壤源。

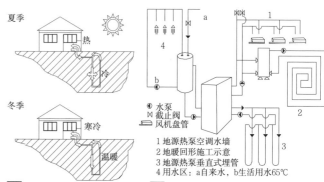

1 地源热泵空调水墙
2 地暖回形施工示意
3 地源热泵垂直式埋管
4 用水区：a自来水，b生活用水65℃

**4** 地源热泵原理示意图　　**5** 地源热泵系统示意图

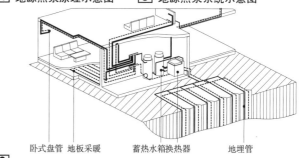

卧式盘管　地板采暖　　蓄热水箱换热器　　地埋管

**6** 地源热泵系统终端利用示意图

**土壤源热泵系统的特点**　　　　　　　　　　　　　　　表1

| 优缺点 | 特点 | 说明 |
|---|---|---|
| 优点 | 可再生性 | 地源热泵利用地球表层作为冷热源，夏季蓄热，冬季蓄冷，属可再生能源 |
| | 系统COP值高，节能性好 | 1.地层温度稳定，夏季地温比大气温度低，冬季地温比大气温度高，供冷供热成本低，在寒冷地区和严寒地区供热时优势更明显；<br>2.末端如果采用辐射供暖（冷）系统，夏天较高的供水温度和冬季较低的供水温度可提高系统的COP值 |
| | 环保 | 与地层只有能量交换，没有质量交换，对环境没有污染 |
| | 系统寿命长 | 地埋管寿命可达12年 |
| 缺点 | 占地面积大 | 无论采用何种形式，地源热泵系统均需要有可能利用的埋设地下换热器的空间，如道路、绿化地带、基础等 |
| | 初投资较高 | 上方开挖，钻孔以及地下埋设的塑料管管材和管件，专用回填料等费用较高 |

**水源热泵系统的特点**　　　　　　　　　　　　　　　表2

| 优缺点 | 特点 | 说明 |
|---|---|---|
| 优点 | 节能 | 能效比高，可以充分利用地下水、地表水、海水、城市污水等低品位能源 |
| | 环保 | 不向空气排放热量，缓解城市热岛效应；无污染物排放 |
| | 多功能 | 制冷，制热，制取生活热水，可按需要设计 |
| | 系统运行稳定 | 系统运行时，主机运行工况变化较小 |
| | 运行费用低 | 耗电量少，运行费用可大大降低 |
| | 投资适中 | 在水源容易获取、取水构筑物投资不突出的情况下，空调系统的初投资适中 |
| 缺点 | 水质需处理 | 当水源水质较差时，水质处理比较复杂 |
| | 取水构筑物繁琐 | 地下水打井、地表水取水构筑物受地质条件约束较大，施工比较繁琐 |
| | 使用地下水时，很难确保回灌 | 地下水回灌需要针对不同的地质情况，采用相应的保证回灌的措施 |

## 住宅太阳能设备系统

太阳能利用在住宅中主要体现在太阳能光伏系统、太阳能热水系统和被动式太阳房。

### 1. 被动式太阳房

被动式太阳房不需要专门的太阳能集热器等太阳能设备，而是通过建筑的朝向和周围环境的合理布置、内部空间和外部形体的巧妙处理，以及建筑材料和结构构造的恰当选择，使建筑物在冬季能充分地收集、储存和分配太阳能辐射热，因而建筑物室内可以维持一定的温度，达到一定的取暖效果。

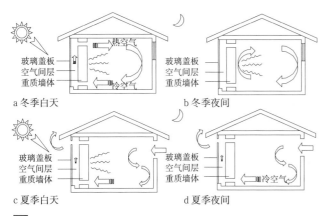

a 冬季白天　　　　b 冬季夜间

c 夏季白天　　　　d 夏季夜间

**1** 被动式太阳房示意图

### 2. 太阳能光伏发电系统

太阳能光伏系统按照其系统配置可以分为独立式和并网式两种。主要用于居民独立用电、公共照明用电及监控设备用电。系统构成包含太阳能光伏板、太阳能控制器、太阳能蓄电池、逆变器及用电设备。

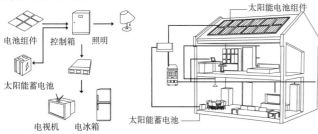

**2** 独立式太阳能光伏系统原理图

### 3. 太阳能热水系统

太阳能热水系统包含太阳能集热器、储热桶、锅炉、太阳能接收站和热水消费设备。布置太阳能集热器和光伏板不仅与高度角、坡度有关，还与建筑所处经纬度有关。

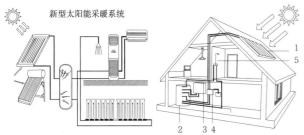

1 太阳能集热器　2 太阳能储热桶　3 锅炉　4 太阳能接收站　5 热水消费

**3** 太阳能热水系统常用盘管换热系统原理图

## 住宅太阳能系统一体化设计

1. 概念：太阳能与建筑一体化是将太阳能利用设施与建筑有机结合，利用太阳能集热器替代屋顶覆盖层或替代屋顶保温层，既消除了太阳能对建筑物形象的影响，又避免了重复投资，降低了成本。

2. 太阳能系统一体化实施方式包括以下四个方面：太阳墙、光伏组件与建筑墙体一体化；光伏组件与市政供电系统并网；太阳能热泵集热装置与建筑屋顶一体化；太阳能一体化设计中与之相配合的建筑保温设计。

3. 太阳能光伏板及集热器的安装方式：坡屋顶式、平屋顶式、女儿墙式、墙面式、阳台栏板式及遮阳式。

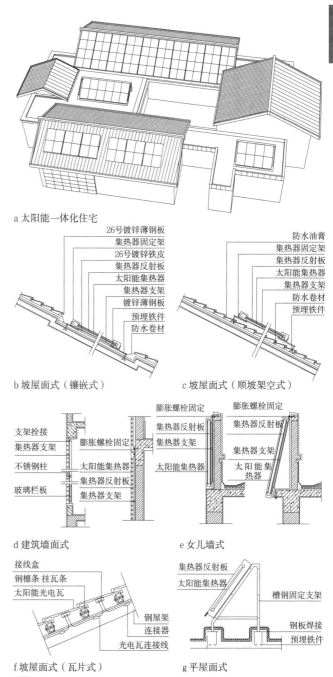

**4** 住宅太阳能一体化系统示意图

**3**
住宅建筑

建筑给排水系统分为给水系统、热水系统、排水系统。

## 给水系统

建筑给水系统是将城镇给水管网或自备水源给水管网的水引入室内，经配水管送至生活、生产和消防用水设备，以满足各用水点对水量、水压和水质要求的冷水供应系统。

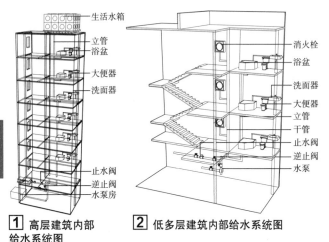

【1】高层建筑内部给水系统图　【2】低多层建筑内部给水系统图

### 给水设备与设备用房

给水设备　　　　　　　　　　　　　　　　表1

| 引入管 | 联络室内外管网之间的管段 |
|---|---|
| 给水附件 | 闸阀、止回阀等控制附件；水嘴、水表等，见【3】a |
| 管道系统 | 由水平干管、立管、支管等组成，见【3】b |
| 水表节点 | 水表装置设置的总称（水表设置在引入管上，在其前后分设闸门和泄水装置） |
| 室内消防设备 | 消火栓、自动喷水系统或水箱灭火设备等 |
| 升压贮水设备 | 常用的有贮水池、高位水箱、水泵和气压给水装置等，见【3】e |

设备用房包括水泵房、消防水池、生活水箱和水井。水泵房和水箱间地面应低于同层地面或楼面，并在门口设150～200mm高的防水门坎，水箱底距屋面应有不小于0.8m的净空，以便安装与检修，水箱间净高不得小于2.2m。

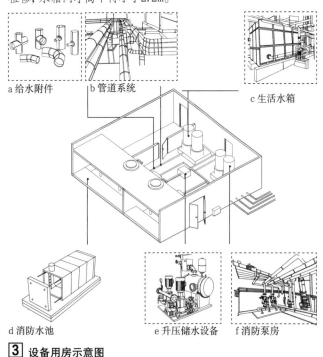

a 给水附件　　b 管道系统　　c 生活水箱

d 消防水池　　e 升压储水设备　　f 消防泵房

【3】设备用房示意图

## 热水系统

1. 热水系统由水加热器、热水管网及附属设备等组成。

2. 热水供水系统的分类：局部热水供水系统、集中热水供水系统、区域热水供水系统。

3. 热水供水系统的组成：供热水系统一般都由热源、加热设备或换热器、热水管网、配水设施，以及系统所需的水箱、阀门和专业附件等组成。

4. 住宅家庭主要采用局部热水供水系统，包括家用型热水器（燃气热水器，电热水器）与太阳能热水器。

【4】太阳能热水器　【5】燃气热水器　【6】电热水器

## 排水系统

建筑排水系统的任务是把生活过程中所产生的污废水及房屋顶的雨雪水，用经济合理的方式迅速排到室外。

【7】建筑内部排水系统图

## 排水设备

排水设备　　　　　　　　　　　　　　　　表2

| 卫生器具 | 排泄污水的大小便器，沐浴用的浴盆、洗涤用的洗面器 | 卫生洁具的布置间距，必须满足配管的要求，卫生间应考虑洗衣机的布置，尽可能地靠近厨房，尽可能避开与卧室相连 |
|---|---|---|
| 排水管道 | 卫生洁具的排水管、排水立管、排水支管、干管、总排水管等 | 卫生器具到排水管道最短，尽可能减少转弯，立管位置宜靠近外墙；生活排水管道不宜穿过卧室、橱窗 |
| 通气管 | 伸顶通气管、专用通气管、环形通气管、器具通气管等 | 通气管高出屋面不得小于0.3m，在通气管口周围4m以内有门窗时，通气管口应高出窗顶0.6m |
| 地漏 | 地漏通常装在淋浴间、水泵房、盥洗间、卫生间等装有卫生器具处 | 地漏的选择应优先选择直通式地漏，一般要求其箅子顶面低于地面5～10mm |

当室内污水未经处理不允许直接排入城市排水系统或水体时，需设置局部水处理构筑物。

## 建筑雨水排放系统

雨水管道系统 → 居住小区雨水管渠系统 → 雨水管渠系统 → 排泄沟 → 出水口

【8】雨水排放系统图

屋面雨水排放　　　　　　　　　　　　　　表3

| 外排水系统 | 1.普通外排水（檐沟外排水）雨水管间距一般为8～12m，见【9】；<br>2.天沟外排水：由天沟，雨水斗和排水立管组成，见【10】 |
|---|---|
| 内排水系统 | 内排水系统由雨水口、连接管、水平悬吊管、立管、排出管等组成，见【11】 |

【9】普通外排水　【10】天沟外排水　【11】内排水

3　住宅建筑

## 电气系统

按照电气系统的功能、设计与施工分工的习惯,电气系统分为强电系统、弱电系统[1]。

1. 强电系统包括供配电系统、电气照明系统、建筑物防雷接地系统[2]。

2. 弱电系统分类见表1,系统图见[3]。

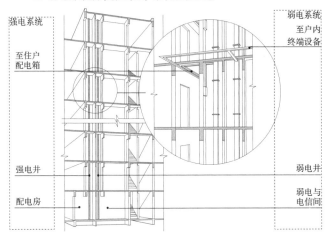

[1] 住宅电气系统

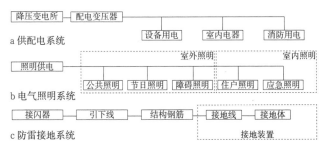

a 供配电系统

b 电气照明系统

c 防雷接地系统

[2] 强电系统图

弱电系统分类　　　　　　　　　　　　　　　表1

| | | |
|---|---|---|
| 弱电系统分类 | 安全监控 | 火灾自动报警及联动系统 |
| | | 安全防范系统 |
| | | 建筑设备监控系统 |
| | 信号通信 | 通信网络系统 |
| | | 信息网络系统 |
| | | 公共广播系统 |
| | | 有线电视系统 |
| | 建筑管理 | 综合布线系统 |
| | | 自动控制系统 |
| | | 机房工程 |

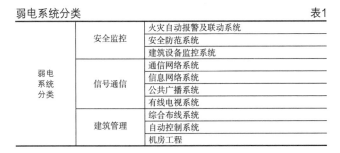

[3] 弱电系统图

## 设备用房

1. 强电系统设备用房,见[4]。

供配电系统设备用房:变配电室、高压开关室、变压器室、低压配电室、发电机房。

防雷接地系统设备:

(1)防雷装置:接闪器(接闪杆、接闪带、接闪线、接闪网)、引下线、接地装置。

(2)接地装置:接地体(人工接地体、自然接地体)、接地线。

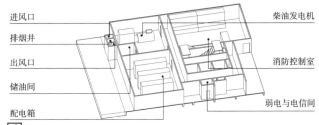

[4] 电气设备用房

2. 弱电设备用房

弱电间:多层住宅弱电系统集中设置在一层或地下一层弱电间(电信间)内,其面积≥6m²。

智能化系统设备用房主要有消防控制室、安防监控中心、电信机房、卫星接收及有线电视机房、计算机机房、建筑设备监控机房、有线广播及扩声机房等。

## 管道井

电气竖井、智能化系统竖井应符合下列要求:

1. 高层建筑电气竖井在利用通道作为检修面积时,竖井的净宽度≥0.8m。

2. 高层建筑智能化系统竖井在利用通道作为检修面积时,竖井的净宽度≥0.6m;多层建筑智能化系统竖井在利用通道作为检修面积时,竖井的净宽度≥0.35m。

3. 电气竖井、智能化系统竖井内宜预留电源插座,应设应急照明灯,控制开关宜安装在竖井外。

4. 智能化系统竖井宜与电气竖井分别设置,其地坪或门槛宜高出本层地坪0.15~0.30m。

5. 电气竖井、智能化系统竖井井壁应为耐火极限不低于1h的不燃烧体,检修门应采用不低于丙级的防火门。

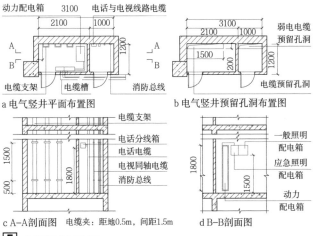

a 电气竖井平面布置图　　　b 电气竖井预留孔洞布置图

c A-A剖面图　电缆夹:距离0.5m,间距1.5m　　d B-B剖面图

[5] 电气竖井示意图

## 消防系统

消防系统是指根据住宅的规模及火灾出现时的状况,需要采用相应消防设备的系统,可分为消防电气系统、防排烟系统及消防水系统。

消防系统及其组成设备 表1

| 消防电气系统 | 火灾报警及消防联动控制系统、消防控制室、消防广播系统、消防电话系统、消防照明系统 |
|---|---|
| 防排烟系统 | 自然排烟、机械防烟、机械排烟 |
| 消防水系统 | 消火栓给水系统、自动喷水消防系统 |

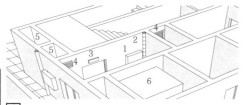

1 消火栓箱
2 消防竖管
3 消防指示灯
4 送风口
5 送风道
6 消防电梯

**1** 高层住宅主要防火设备布置图

## 消防电气系统

1. 火灾报警与消防联动控制

建筑高度大于54m的住宅建筑应设置疏散照明和灯光疏散指示标识。

疏散走道设置灯光疏散指示标识,并符合如下要求:应设置在疏散走道及其转角处距地面高度1.0m的墙面上;灯光疏散指示标识的设置间距不应大于20m,对于袋形走道不应大于10m,在走道的转角区,不应大于1m;沿疏散走道和在安全出口、人员密集场所的疏散门正上方设置灯光疏散指示标识。

2. 消防控制室

设有火灾自动报警系统和自动灭火系统或设有火灾自动报警系统和机械防(排)烟设施的建筑,应设置消防控制室。消防控制室面积大小应满足消防设备设置要求。

设置火灾自动报警系统的场所 表2

| 高层住宅建筑设置部位及要求 | 建筑高度超过100m的住宅建筑 |
|---|---|
| | 建筑高度不大于54m的高层住宅建筑,宜设置火灾自动报警系统 |
| | 建筑高度大于54m、不大于100m的住宅建筑,其公共部位应设置火灾自动报警系统,套内宜设置火灾探测器 |

火灾报警系统及其组成设备 表3

| 触发器件 | 火灾探测器(感烟探测器、感温探测器、可燃气体探测器、火焰探测器等)和手动火灾报警按钮 |
|---|---|
| 火灾报警装置 | 火灾报警控制器 |
| 火灾警报装置 | 声光讯响器、警铃以及火灾显示盘、消防广播等 |
| 辅助装置 | CRT图形显示器 |

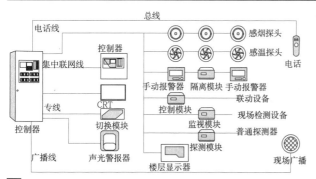

**2** 火灾报警与其消防联动控制系统

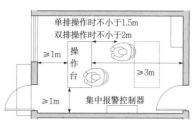

**3** 消防控制室平面示意图

3. 消防电梯

消防电梯应能每层停靠;电梯的载重量不应小于800kg;电梯从首层至顶层的运行时间不宜大于60s;电梯的动力与控制电缆、电线、控制面板应采取防水措施;在首层的消防电梯入口处应设置供消防队员专用的操作按钮;电梯轿厢的内部装修应采用不燃材料;电梯轿厢内部应设置专用消防对讲电话。

消防电梯设置范围及设计要点 表4

| 设置范围 | 设置数量 | 前室要求 |
|---|---|---|
| 建筑高度大于33m的住宅建筑 | 消防电梯应分别设置在不同防火分区内,且每个防火分区不应少于1台 | 1.前室宜靠外墙设置,并应在首层直通室外或经由长度不大于30m的通道通向室外。2.前室的使用面积不应小于6m²,与防烟楼梯间合用的前室,对于住宅建筑,其面积不应小于6m²,与住宅剪刀梯烟楼梯间共用时,其前室使用面积不应小于12m²,且短边不应小于2.4m。3.前室内不应开设其他门、窗、洞口。4.前室或合用前室的门应采用乙级防火门,不应设置卷帘。 |

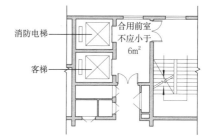

**4** 高层住宅核心筒布置图

消防电梯井、机房与相邻电梯井、机房之间,应设置耐火极限不低于2.00h的防火隔墙,隔墙上的门应采用甲级防火门。同时,消防电梯间前室门口宜设置挡水设施,消防电梯井底应设置排水设施。

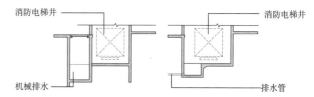

**5** 消防电梯井排水设置图

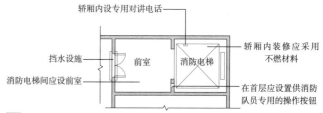

**6** 消防电梯平面防火布置图

## 防排烟系统

排烟系统分为自然排烟和机械排烟两种方式，防烟分区不应跨越防火分区。

防烟系统方式选择                                                 表1

| 建筑高度（m） | 各部位通风方式 | | | 设置要求 |
|---|---|---|---|---|
| | 前室（合用前室） | 消防电梯前室 | 防烟楼梯间 | |
| h≤50 | 敞开阳台或凹廊 | 自然通风 | 自然通风 | 可开启外窗或开口有效面积：1.楼梯间每5层不应小于2.0m²；2.前室不应小于2.0m²；3.合用前室不应小于3.0m² |
| | 设有不同朝向的可开启外窗 | 可自然通风 | 自然通风 | |
| | 机械加压送风系统 | 机械加压送风系统 | 自然通风（如前室机械送风口不满足要求，则应设机械加压送风系统） | 加压送风口应设在前室顶部或正对前室入口的墙面上 |
| h＞50 | 1.前室可不设机械加压送风系统；2.合用前室应设机械加压送风系统 | 机械加压送风系统 | 机械加压送风系统 | 1.与火灾自动报警系统连锁；2.防烟楼梯间与合用前室应分别设置机械加压送风系统 |

排烟系统分类及设计要点                                         表2

| 分类 | 设置要求 | 设计要点 |
|---|---|---|
| 自然排烟 | 除建筑高度超过100m的居住建筑外，靠外墙的防烟楼梯间及其前室、消防电梯间前室或合用前室、内走道等宜采用自然排烟 | 排烟窗设置在外墙上时，应在室内净高度的1/2以上，并沿火灾烟气的气流方向开启；宜分散均匀布置，每组排烟窗的长度不宜大于3m；设置在防火墙两侧的排烟窗之间的水平距离不应小于2.0m |
| 机械排烟 | 高度大于100m的住宅建筑，排烟系统应竖向分段设计 | 排烟口宜设置在防烟分区中心部位，必须距顶棚高度800mm以内 |

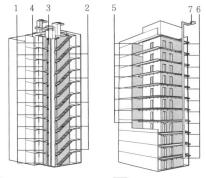

① 机械加压送风系统  ② 机械排烟系统

1 前室的送风口
2 封闭楼梯间的送风口
3 送风道
4 加压送风机
5 排烟口
6 排烟管道
7 排烟风机及排烟出口

## 消防水系统

1. 住宅建筑应设置室内消火栓系统的范围：
（1）建筑高度大于21m的住宅建筑应设置；
（2）住宅部分和非住宅部分合建时，其防火设计可根据各自功能区所处高度，分别按照住宅和公共建筑的有关要求进行设置；
（3）当住宅建筑高度不大于27m，设置室内消火栓确有困难时，可只设置干式消防竖管和不带消火栓箱的DN65的室内消火栓。

2. 自动喷水灭火系统宜设置在高层民用建筑的如下场所：
建筑高度大于27m，小于等于54m的住宅建筑的公共部位；建筑高度大于100m的住宅建筑。

除要求应设置自动喷水灭火系统外的高层住宅，宜设置自动喷水局部应用系统。

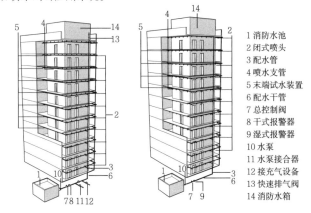

1 消防水池
2 闭式喷头
3 配水管
4 喷水支管
5 末端试水装置
6 配水干管
7 总控制阀
8 干式报警器
9 湿式报警器
10 水泵
11 水泵接合器
12 接充气设备
13 快速排气阀
14 消防水箱

③ 干式自动喷水灭火系统  ④ 湿式自动喷水灭火系统

消防给水系统分类及其组成设备                                   表3

| 分类 | 主要组成设备 | 给水方式 |
|---|---|---|
| 消火栓给水系统 | 消防龙头、水带、水枪、消防箱、消防水箱、消防水池等 | 临时高压供水消火栓系统常高压消火栓系统 |
| 自动喷水灭火系统 | 喷头、报警阀、水流指示器、末端试水装置、火灾探测器 | 干式自动喷水灭火系统湿式自动喷水灭火系统 |

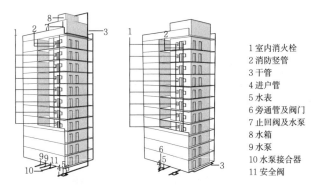

1 室内消火栓
2 消防竖管
3 干管
4 进户管
5 水表
6 旁通管及阀门
7 止回阀及水泵
8 水箱
9 水泵
10 水泵接合器
11 安全阀

⑤ 临时高压消火栓系统  ⑥ 常高压消火栓系统

3. 消防水泵房建筑要求
（1）单独建造的消防水泵房，其耐火等级不应低于二级。
（2）附设在建筑内的消防水泵房，不应设在地下三层及以下或室内地面与室外入口地坪高差大于10m的地下楼层。
（3）疏散门宜直通室外或安全出口，见⑤。

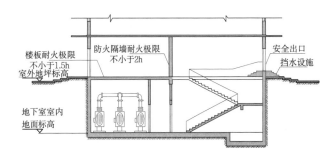

⑦ 地下消防水泵房设置示意图

3
住宅建筑

住宅设计和建设要符合健康、舒适、节能的品质标准，需要在建筑热工、自然通风、光学、声学等方面进行全面的优化设计，实现居住物理环境的高舒适度。

## 自然通风

建筑自然通风是指利用建筑物室内外空气的温差引起的热压或密度差而产生的风压来促进室内外空气流动，达到通风换气的作用。它不消耗机械动力，并且在适宜的条件下能够产生良好的通风换气量。在住宅设计中合理运用自然通风技术，有利于节约能源，提高室内舒适度，改善室内生态环境。

建筑通风类型及原理　　　　　　　　　　　　　　表1

| 通风类型 | 原理 | 形式 |
|---|---|---|
| 热压通风 | 由于温差，室内外产生密度差，沿着建筑物墙面的垂直方向出现压力梯度，即利用室内外空气温差所导致的空气密度差和进出风口的高度差来实现通风，也即通常所说的"烟囱效应"。 | |
| 风压通风 | 当风吹向建筑时，因受到建筑的阻挡，会在建筑的迎风面产生正压力；气流绕过建筑的各个侧面及背面，会在相应位置产生负压力。气流从迎风面流向室内，再从室内流至背风面，形成通风。 | |
| 混合式通风 | 在建筑进深较小的部位多利用风压来直接通风，而进深较大的部位则多利用热压来达到通风效果 | |

## 住宅通风设计要求

### 1. 住宅通风设计要求

每套住宅的通风开口面积不应小于地面面积的5%，同时住宅内不同房间通风口设计应满足以下要求，见表2。

住宅通风设计要求　　　　　　　　　　　　　　表2

| 房间类型 | 通风口设计要求 |
|---|---|
| 卧室、起居室、明卫生间 | 不应小于该房间地板面积的1/20 |
| 厨房 | 不应小于该房间地板面积的1/10，且不得小于0.6m² |

### 2. 建筑单体体形与通风关系

建筑的三维比例对背风涡流区及风压分布有着较大影响，迎风面面积越大，背风涡流区范围越大，风速越低。

体形与通风　　　　　　　　　　　　　　　　　表3

| | | |
|---|---|---|
| L=H，D/H 很小 | L=H，D/H>1 | D=H，L 很宽 |
| L=D，H 很高 | L=H，D/H>10 | |

### 3. 空间与通风

空间与通风　　　　　　　　　　　　　　　　　表4

| 建筑物高度与气流漩涡区 | | |
|---|---|---|
| 建筑物长度与气流漩涡区 | | |
| 建筑物深度与气流漩涡区 | | |

### 4. 建筑的平面布置与剖面设计

建筑平面与剖面设计，应尽量做到有较好的自然通风。基本原则如下：

（1）主要使用房间应布置在夏季迎风面，辅助用房布置在背风面；

（2）开口布置应使室内气流场分布均匀，并力求风吹过房间主要使用部位，避免室内通风死角，窗与门形成对角布置为宜；

（3）炎热期较长地区的开口面积宜大，以争取自然通风；

（4）门、窗相对位置最好贯通，以减少气流的迂回和阻力；

（5）增加建筑物内部的开口面积，组织自然通风，如：屋顶开口获得良好的竖向通风，或利用烟囱和屋顶开口组织通风。

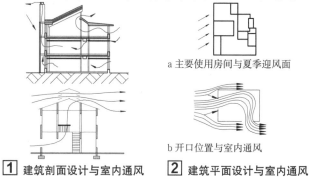

a 主要使用房间与夏季迎风面

b 开口位置与室内通风

**1** 建筑剖面设计与室内通风　　**2** 建筑平面设计与室内通风

## 房间开口与气流流场

房间开口尺寸的大小，直接影响风速及进风量。据测定，当开口为开间宽度的1/3~2/3、开口面积为地板面积的15%~25%时，通风效率最佳。如想要加大室内风速，应加大排气面积。

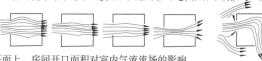

a 平面上，房间开口面积对室内气流流场的影响

b 平面上，开口在两堵相对墙壁上的窗户之间形成穿堂风效果较好，相邻墙面开口通风效果取决于风向

c 平面上使用鳍版使气流偏转，让风从室内中央穿过

d 剖面上，使用实心挑檐，气流向上偏转，使用百叶式挑檐，气流沿笔直路线通过

**3** 房间开口对室内气流流场影响

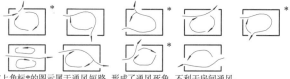

右上角标*的图示属于通风短路，形成了通风死角，不利于房间通风。

**4** 房间开口与气流路线平面示意图

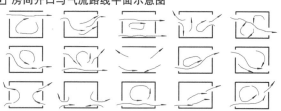

**5** 房间开口与气流路线剖面示意图

## 建筑构造通风技术

### 1. 构件导风

在住宅建筑中，可设计专门导风构件引导室内通风。

a 迎风口进风帽　　b 十字板进风板　　c 百叶窗进风帽　　d 风向标进风帽

**［1］进风帽型导风构件示意图**

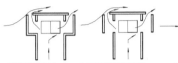

a 桶形排风帽　　b 四周型排风帽　　c 百叶窗排风帽　　d 风向标排风帽

e 三叉管排风帽　f 四周漏斗型排风帽　g 集热排风帽　　h 蓄热排风帽

**［2］排风帽型导风构件示意图**

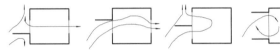

**［3］导风板通风**

### 2. 双层墙导风

利用太阳辐射蓄热形成的热压引导通风，主要有以下几种方式：

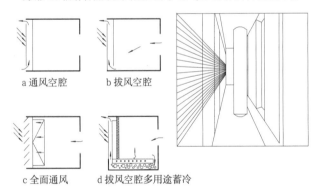

a 通风空腔　　　　　b 拔风空腔

c 全面通风　　　　　d 拔风空腔多用途蓄冷

**［4］双层墙导风示意图**

### 3. 双层楼板、吊顶通风

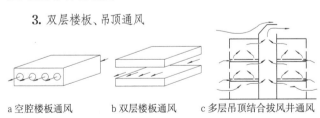

a 空腔楼板通风　　b 双层楼板通风　　c 多层吊顶结合拔风井通风

**［5］双层楼板吊顶通风**

### 4. 屋顶通风

a 山墙对开口通风　b 屋顶风斗通风　c 屋面天窗通风　d 屋顶架空层通风

**［6］利用山墙、屋面、屋脊开口或屋顶架空层进行通风**

## 空气质量控制

室内空气质量(IAQ)即一定时间和一定区域内，空气中所含有的各项检测物达到一个恒定不变的检测值，是用来指示环境健康和适宜居住的重要指标。主要的标准有含氧量、甲醛、水汽含量、颗粒物等，是一套综合数据，能充分反映一地的空气状况。

### 1. 室内主要污染来源

人体的新陈代谢、厨房油烟、电器污染、装修污染、吸烟污染、室外污染气体进入、颗粒物。

### 2. 室内空气质量控制

室内空气质量控制参数　　　　　　　　　　　　　　　　　　表1

| 序号 | 参数类别 | 参数 | 单位 | 标准值 | 备注 |
|---|---|---|---|---|---|
| 1 | 物理性 | 温度 | ℃ | 22~28 | 夏季空调 |
| | | | | 16~24 | 冬季采暖 |
| 2 | | 相对湿度 | % | 40~80 | 夏季空调 |
| | | | | 30~60 | 冬季采暖 |
| 3 | | 空气流速 | m/s | 0.3 | 夏季空调 |
| | | | | 0.2 | 冬季采暖 |
| 4 | | 新风量 | m³/(h·人) | 30 | |
| 5 | | 换气次数 | 次/h | 1 | |
| 6 | 污染物控制 | 氨 $NH_3$ | mg/m³ | ≤ 0.20 | 1小时均值 |
| 7 | | 甲醛 HCHO | mg/m³ | ≤ 0.08 | 1小时均值 |
| 8 | | 苯 $C_6H_6$ | mg/m³ | ≤ 0.09 | 1小时均值 |
| 9 | | 总挥发性有机物 | mg/m³ | ≤ 0.50 | 8小时均值 |
| 10 | | 氡 222Rn | Bq/m³ | ≤ 200 | 依据仪器定 |
| 11 | | 一氧化碳 CO | mg/m³ | ≤ 10 | 1小时均值 |
| 12 | | PM10(可吸入颗粒) | mg/m³ | ≤ 0.15 | 日均值 |
| 13 | | PM2.5(细颗粒物) | mg/m³ | ≤ 0.075 | 日均值 |

注：1. 本表系根据《住宅设计规范》GB 50096-2011、《老年人居住建筑设计规范》GB 50340-2016、《室内空气质量标准》GB/T 18883-2002、《民用建筑工程室内环境污染控制规范》GB 50325-2010进行综合分析后编制，各标准在具体标准值或限值上略有不同，本表取最常用值。

2. 污染物控制中6~10项为我国现行住宅标准中强制要求的检测项目，11~13项非我国住宅建筑标准强制检测项目，但属于世界卫生组织《室内空气质量指南》报告中近年来室内环境中危害较大的空气污染物。

### 3. 改善室内空气质量的途径

(1)选用绿色环保材料；

(2)增强室内通风换气；

(3)空气净化：吸附技术，过滤技术，低温等离子体、纳米材料、膜分离、高压静电装置等技术；

(4)新风装置，新风装置是指在不开启门窗换气的情况下，将室外的新鲜空气经过过滤、净化，通过管道系统输送至室内，同时排除室内浑浊有害空气的一套独立空气处理系统。它可以有效净化室外空气中的颗粒物(PM2.5、PM10)，避免室内气流紊乱；

(5)室内种植绿色植物。

a 常用室内空气净化吸附材料：活性炭　　b 常用过滤装置：金属过滤网

c 各种室内空气净化器　　　　　d 室内绿色植物：兰草、芦荟

**［7］住宅室内空气净化材料及装置**

**3**
**住宅建筑**

## 住宅噪声源

住宅噪声源种类与特点 表1

| | 住宅噪声分类 | 特点 |
|---|---|---|
| 按噪声表现分类 | 过响声 | 指很响的声音，如汽车喇叭声、汽笛排气声、材料切割声、喷气飞机发动机声等 |
| | 妨碍声 | 妨碍正常交谈、学习、思考或休息的噪声 |
| | 不愉快声 | 突发性的噪声，具有强烈的心理刺激作用 |
| | 其他噪声 | 日常生活中其他不需要、无意义的声音 |
| 按噪声来源分类 | 交通噪声 | 住宅区内道路及紧邻住宅区的城市道路上各种交通工具发出的噪声 |
| | 生产噪声 | 包括工业生产噪声和建筑施工噪声，生产噪声往往属于过响声 |
| | 社会噪声 | 居民日常的社会活动和生活活动产生的噪声，如电视、音响、空调设备以及谈话声等 |
| | 设备噪声 | 由建筑物内的机房设备运行、电梯运行、电梯井道、水管等产生的振动噪声和空气传播噪声 |

## 住宅噪声控制参数

住宅噪声控制参数 表2

| 房间名称 | 高要求（A声级，dB） | 低限要求（A声级，dB） |
|---|---|---|
| 卧室、书房（或者卧室兼起居室） | ≤ 40（昼间） | ≤ 45（昼间） |
| | ≤ 30（夜间） | ≤ 37（夜间） |
| 起居室 | ≤ 40（昼夜间） | ≤ 45（昼夜间） |

注：本表根据《民用建筑隔声设计规范》GB 50118-2010和《住宅设计规范》GB 50096-2011编制。

住宅设计依据的相关噪声控制标准 表3

| 噪声控制区域 | 相关标准依据 |
|---|---|
| 噪声源控制 | 《汽车加速行驶车外噪声限值及测量方法》《家用和类似用途电器噪声限值》GB 19606 |
| 环境噪声控制 | 《中华人民共和国环境噪声污染防治法》《社会生活环境噪声排放标准》GB 22337《声环境质量标准》GB 3096 |
| 噪声传播控制 | 《建筑隔声评价标准》GB/T 50121《民用建筑隔声设计规范》GB 50118《住宅设计规范》GB 50096 |

## 住宅噪声控制参数

**1. 外部噪声源对住区影响控制**

（1）总体布局：住宅或小区应该尽量避开噪声源，主要交通道路两侧宜布置防噪居住建筑或公共建筑，从而起声屏障作用，阻挡交通噪声影响住宅区内部声环境。

（2）绿化隔声：在住区内，应多种植树木、花草，绿色植物可有效地成为小区隔声与空气净化的屏障。

（3）限制车辆进入：住区应尽量减少地上车辆进入，机动车道路采用曲线形，应尽量避免住区内道路成为车辆过境要道；

（4）隔声沟：对有强烈振动的地区（如有火车、载重车经过），路边需设800mm×800mm的隔声沟，消除地面传播的低频噪声。

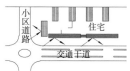

a 良好的防噪声格局　　b 不良的防噪声格局

**1** 小区总体布局防噪声

a 植物隔声　　b 住区规划采用人车分流

**2** 小区噪声控制方法

**2. 住宅内部噪声控制**

噪声传播途径：空气传声；固体声传声。

空气传声隔声：墙体空气声隔声；门窗隔声。

（1）单层密实墙隔声

单层密实墙隔声 表4

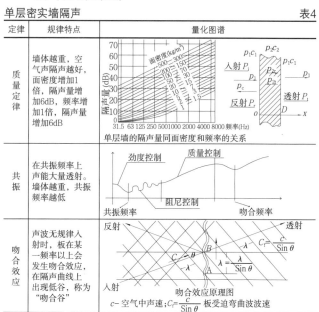

| 定律 | 规律特点 | 量化图谱 |
|---|---|---|
| 质量定律 | 墙体越重，空气声隔声越好，面密度增加1倍，隔声量增加6dB，频率增加1倍，隔声量增加6dB | 单层墙的隔声量同面密度和频率的关系 |
| 共振 | 在共振频率上声能大量透射。墙体越重，共振频率越低 | |
| 吻合效应 | 声波无规律入射时，板在某一频率以上会发生吻合效应，在隔声曲线上出现低谷，称为"吻合谷" | 吻合效应原理图　$c-$空气中声速；$C_f = \dfrac{c}{\sin\theta}$ 板受迫弯曲波波速 |

（2）复合墙的空气声隔声

复合墙空气声隔声可通过中空构造或填充隔声材料达到较好的隔声效果。另外两层墙之间应尽量避免出现刚性连接，形成声桥，降低附加隔声量。

**3** 复合墙隔声特性

（3）门窗隔声

门窗隔声是室内隔声的薄弱环节，可通过增加门窗密度、厚度，采用多层和密封缝隙等方式增加门窗隔声。

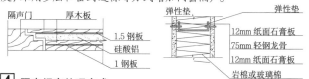

**4** 隔声门窗处理方式

（4）固体传声隔声

通常是指楼板隔声，改善楼板隔绝撞击声性能的主要措施见 5 。

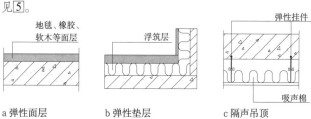

a 弹性面层　　b 弹性垫层　　c 隔声吊顶

**5** 楼板隔声处理方式

## 住宅自然采光

1. 住宅布局：在住宅进行群体规划布置时充分考虑每栋住宅的采光，控制每栋住宅建筑的高度、容积率以及建筑之间的间距以符合采光要求，每户的主要采光面应具有良好的采光朝向。

2. 窗地比：根据《建筑采光设计标准》GB 50033-2013，住宅内窗地比应满足表1要求

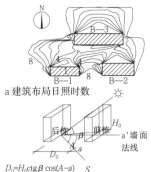

a 建筑布局日照时数

$D_0 = H_0 ctg\beta \cdot cos(A-a)$

b 采光间距与采光系数

**1** 住宅建筑布局与采光计算

住宅内窗地比最小值　　表1

| 房间名称 | 窗地比最小值 |
|---|---|
| 卧室、起居室 | 1/6 |
| 卫生间、过厅楼梯间 | 1/10 |

**2** 卧室内窗地比计算示意

3. 侧窗设计：住宅采光口通常为侧窗，需通过采光标准与各项参数设计。

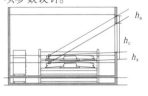
a 单侧窗采光系数最小值

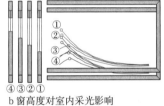
b 窗高度对室内采光影响

c 窗宽度对室内采光影响　　d 横向采光均匀性　e 侧窗形式与光线分布

**3** 侧窗设计要点

## 住宅照明

1. 住宅照明设计要点

住宅照明设计应遵循：（1）室内照度分布均匀；（2）室内照度的控制适当；（3）适当的亮度对比；（4）绿色照明等原则。

住宅照明设计要点　　表2

| 室内房间 | 照明设计要点 |
|---|---|
| 入口门厅 | 照明光源宜明亮，灯具位置考虑安装在进门处与深入室内的交界处，柜上或墙上设灯，使门厅产生宽阔感 |
| 客厅 | 考虑多功能使用要求，设置一般照明、装饰照明、落地灯等，有时可设置调光装置，以满足不同功能需要 |
| 卧室 | 主照明的控制，最好选择双控开关，或者是带遥控的灯具。梳妆台或写字台摆放的位置，应该预留插座。可选择一些色彩偏暖的光源。为保证光线柔和，避免刺眼的光线直接刺激人的眼睛，可考虑安装一些通过墙面反射进行的灯具 |
| 厨房 | 应选用易于清洁的类型，如玻璃或搪瓷制品灯罩配以防潮灯口，并宜与餐厅用的照明光源显色性相一致或近似 |
| 餐厅 | 局部照明宜选用悬挂式灯具，以突出餐桌的效果为目的，同时也应设置一般照明，显示出清洁感 |
| 卫生间 | 选用节能灯作光源较适宜。灯具位置应避免安装在便器或浴盆的上面及其背后。开关如为跷板式时宜设于卫生间门外，否则应采用防潮防水型面板或使用绝缘绳操作的拉线开关 |
| 走廊 | 照明应安置在房间的出入口、壁橱，特别是楼梯起步和方向性的位置，设置吊灯要使照明下端距地面1.9m以上，楼梯照明要明亮，避免危险 |

2. 住宅常用照明光源及特点

住宅常用照明光源及特点　　表3

| 光源名称 | 节能灯 | 卤钨灯 | 荧光灯 | 荧光高压汞灯 | 管型氙灯 | 金属卤化物灯 |
|---|---|---|---|---|---|---|
| 额定功率范围（W） | — | 500~2000 | 6~125 | 50~1000 | 1500~100000 | 400~1000 |
| 光效（lm/W） | — | 19.5~21 | 25~67 | 30~50 | 20~37 | 60~80 |
| 平均寿命（h） | 8000 | 1500 | 2000~3000 | 2500~5000 | 500~1000 | 2000 |
| 一般显色指数Ra | ≥ 80 | 95~99 | 70~80 | 30~40 | 90~94 | 65~85 |

## 住宅遮阳

常用住宅遮阳类型及特点　　表4

| 遮阳分类 | 遮阳类型 | 特性 |
|---|---|---|
| 内遮阳 | — | 有百叶帘、卷帘、垂直帘、风帘等，浅色的窗帘比深色遮阳效果更好 |
| 外遮阳 | 固定遮阳 | 主要有水平遮阳、垂直遮阳、挡板遮阳和综合遮阳等 |
| | 遮阳百叶 | 能可调遮阳，还具有通风、透气、采光等功能 |
| | 遮阳篷 | 增强对室外空间的利用，还能遮雨防紫外线，塑造立面 |
| | 遮阳纱幕 | 安装上与防虫纱窗类似，紧贴着窗户外侧，可兼作防虫纱窗。材料主要是玻璃纤维，耐火防腐，坚固耐久。同时它极易清洗，遮阳效果良好 |
| | 玻璃镀膜 | 用在建筑窗户上来改变远红外线与可见光的数量和减少紫外线的透过。利用玻璃镀膜进行遮阳，是唯一不涉及建筑外形的遮阳方式 |
| | 热反射玻璃 | 玻璃表面镀上金属、非金属及氧化物薄膜使其具有一定的反射能力，也称作阳光控制玻璃，对太阳光中的热辐射有较高的反射作用 |
| | Low-E玻璃 | 镀膜层具有对可见光高透过及对中远红外线高反射的特性，使其与普通玻璃及传统建筑用镀膜玻璃相比，具有优异的隔热效果和良好的透光性 |

a 雨篷　　b 百叶板　　c 水平百叶板　　d 遮阳板

e 帆布篷　　f 遮阳帘　　g 外侧水平百叶　h 遮阳板+百叶板

i 垂直百叶板　j 百叶帘　　k 纵型百叶帘　l 滑动遮阳板

m 可动垂直百叶板 n 格子百叶板　o 水厚墙深窗　p 反射玻璃

q 玻璃砖　　r 内装百叶帘　s 雨篷遮阳

**4** 各种遮阳形式

## 传统住宅结构类型

中国传统住宅有许多分类方法，按照结构类型，传统住宅可分为：土造、木结构、混合承重结构、毡包。

中国传统住宅类型分布与特征 表1

| 住宅类型<br>（按结构类型） | 常见住宅样式 | | 民族和地区分布 | 气候 | 地貌 | 主要结构 | 平面与外观主要特征 |
|---|---|---|---|---|---|---|---|
| 土造住宅 | 窑洞住宅<br>（覆土式） | | 汉族，西北<br>地区 | 干燥、寒冷 | 黄土高原 | 生土拱券结构 | 平面内部深厚，构造简单，靠崖或下挖筑成。外观<br>拱券门窗，厚实简朴 |
| 木结构住宅 | 井干式住宅<br>（木楞房） | | 汉族，深山区，<br>云南宁蒗摩梭人 | 高原气候，山<br>区气候变化大 | 深山林区 | 木柱、木架、木板屋面，<br>四周原木或楞木叠筑墙 | 平面方形、单间，外观朴实。木楞房为院落式民居<br>形式，主屋为2层 |
| 木结构住宅 | 干阑式<br>住宅 | 干阑 | 傣、德昂族 | 南方湿热多雨<br>地区 | 平原 | 竹、木支柱和构架 | 独院竹楼、平面开敞通透，敞廊、敞梯 |
| 木结构住宅 | 干阑式<br>住宅 | 麻栏 | 壮族 | 南方湿热多雨<br>地区 | 山地 | 竹、木支柱和构架 | 平面多开间，厅堂大开间，有火塘，底层杂用，<br>二三层生活住人。外观轻盈简朴 |
| 木结构住宅 | 干阑式<br>住宅 | 吊脚楼 | 侗、苗族 | 南方湿热多雨<br>地区 | 山地 | 竹、木支柱和构架 | |
| 木结构住宅 | 干阑式<br>住宅 | 矮屋<br>（船屋） | 黎族 | 南方湿热多雨<br>地区 | 山区平地 | 矮柱，支柱用绑扎式固<br>定，茅草顶 | 平面直筒形，前厅后房，厅厨合一。外观似船，圆<br>拱形茅屋面 |
| 混合承重结构住宅 | 砖木混<br>合结构<br>住宅 | 院落式<br>住宅 | 北方<br>合院式 | 汗、满、回族 | 寒冷、干燥、<br>日照少 | 平原 | 木构架、砖墙或土墙，<br>坡屋顶 | 平面前堂后寝，中轴对称，内部院落（天井）相<br>通。外观青砖灰瓦，稳重朴实，室内装饰丰富 |
| 混合承重结构住宅 | 砖木混<br>合结构<br>住宅 | 院落式<br>住宅 | 南方<br>天井式 | 汗、白、纳西族 | 湿热、多雨、<br>日照长 | 平原 | 木构架、砖墙或土墙，<br>坡屋顶 | 平面前堂后寝，中轴对称，内部院落（天井）相<br>通。白族民居大门照壁雕饰华丽 |
| 混合承重结构住宅 | 砖木混<br>合结构<br>住宅 | 山地住宅（穿斗式） | | 汉族，浙闽沿海<br>及川贵地区 | 多台风及地震<br>地区 | 多山和丘<br>陵地带 | 穿斗式木构架为主 | 平面灵活自由，建筑依地形而建，错落有致，有错<br>层、掉层和吊脚等处理形式 |
| 混合承重结构住宅 | 砖木混<br>合结构<br>住宅 | 客家住宅（防御式） | | 汉族，粤闽赣及<br>川、台等省 | 南方山区 | 山区 | 外厚土墙，内木构架 | 平面有圆形、方形、五凤楼等形式，住户绕院落而<br>建，有单围、二围，甚至三、四围者。外墙夯筑厚筑，高达<br>3、4层。仅小窗透气采光，封闭性防御性强 |
| 混合承重结构住宅 | 砖石混<br>合结构<br>住宅 | 碉房住宅（台阶式） | | 藏族 | 高山寒冷地<br>区，少雨，日<br>照短 | 高原山区 | 石条密肋，石楼板，石<br>屋面，石墙，独木柱 | 平面方形，正中为木柱，柱上部替木承石板。外观<br>垒石厚壁，稳重朴实，梯形窗，布帷幕雕窗<br>楣，体形浑厚壮实 |
| 混合承重结构住宅 | 砖石混<br>合结构<br>住宅 | 高台<br>住宅 | 阿以旺 | 维吾尔族 | 大陆性干寒地<br>区，炎热少雨 | 平原 | 石条密肋，石楼板，石<br>屋面，石墙，独木柱 | 封闭式院落住宅，拱廊内院，前室带天窗。外观<br>高台起伏，体形错落，堡式围墙，严整朴实，内尖拱 |
| 混合承重结构住宅 | 砖石混<br>合结构<br>住宅 | 高台<br>住宅 | 土掌房 | 彝族 | 亚热带炎热、<br>少雨地区 | 坡地 | 土墙承重，墙上密排木<br>楞，上铺柴草抹泥平顶面 | 平面有内院式和无内院式两种。住宅建于山坡，外<br>观层叠，错落，立体轮廓丰富 |
| 毡包式住宅 | 游牧式<br>住宅 | 蒙古包 | | 蒙古族 | 北方寒冷地<br>区，少雨 | 平地草<br>原地带 | 木骨架，羊毛作毡覆盖<br>于圆顶上 | 以圆形为风格，无棱无角，呈流线形。包顶为拱<br>形，包身近似圆柱形，上下形成整体 |
| 毡包式住宅 | 游牧式<br>住宅 | 毡房 | | 哈萨克族等 | 北方寒冷地<br>区，少雨 | 平地草<br>原地带 | 木骨架，羊毛作毡覆盖<br>于圆顶上 | 分冬、夏帐篷两种。冬帐篷，由牦牛毛编织而成，<br>形状有长方、正方、六角、多角等形；帐篷留有天<br>窗，可通风、采光、出烟，雨天可以遮雨；四周常<br>用草皮或石块垒砌矮墙。夏帐篷，由白帆布藏布织<br>成，有正方形、长方形，四周饰黝黑褐或者蓝色边 |
| 毡包式住宅 | 游牧式<br>住宅 | 帐篷民居 | | 藏族 | 干燥寒冷，昼<br>夜温差大 | 高山草<br>原地带 | 木柱骨架，外拉帐幕用<br>绳索固定 | |

中国传统住宅示例及特征 表2

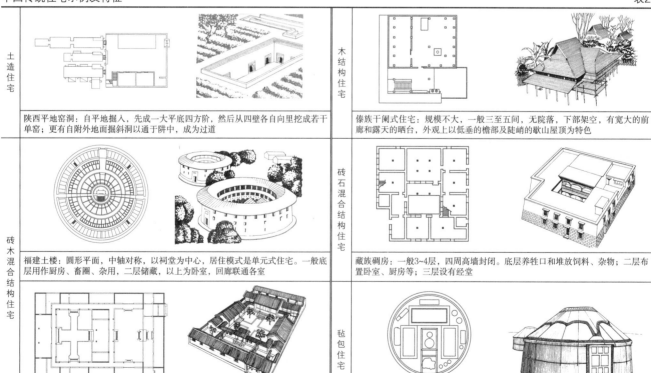

土造住宅

陕西平地窑洞：自平地掘入，先成一大平底四方阶，然后从四壁各自向里挖成若干单窑；更有自附外地面掘斜洞以通于阱中，成为过道

木结构住宅

傣族干阑式住宅：规模不大，一般三至五间，无院落，下部架空，有宽大的前廊和露天的晒台，外观上以低垂的檐部及陡峭的歇山屋顶为特色

砖木混合结构住宅

福建土楼：圆形平面，中轴对称，以祠堂为中心，居住模式是单元式住宅。一般底层用作厨房、畜圈、杂用，二层储藏，以上为卧室，回廊联通各室

砖石混合结构住宅

藏族碉房：一般3~4层，四周高墙封闭。底层养牲口和堆放饲料、杂物；二层布置卧室、厨房等；三层设有经堂

砖木混合结构住宅

北京四合院：外观规矩，中线对称，大体分布为大门、庭院、大堂、书屋、住房等，两侧有厢房，各房有走廊，隔扇门相连接

毡包住宅

蒙古包：外观呈圆形，顶为圆锥形，围墙为圆柱形，四周侧壁分成数块，每块高160cm左右，用条木编围砌盖

3
住宅建筑

## 传统住宅的材料

传统住宅常用材料包括木材、竹材、天然石材、土及气硬性胶凝材料。

## 传统住宅的建造技术

传统住宅的建造技术主要包含承重结构和围护结构两个方面。

1. 承重结构体系分为：梁柱承重体系、墙承重体系、混合承重体系，见表2。

2. 围护结构体系主要包含：墙体、屋面、门窗。

（1）作为围护结构的墙体可分为：山墙、檐墙、扇面墙和隔断墙、槛墙等。根据材料分为：土墙、土整墙、砖墙、木板墙、编竹夹泥墙和石墙，见 。

（2）传统住宅的屋顶形式主要有：硬山顶、悬山顶，北方及少数民族地区还有单坡顶、平顶、囤顶、拱顶等。

悬山顶屋面有前后两坡，而且两山屋面悬于山墙或山面屋架之外，可分为大屋脊悬山和卷棚悬山两种；硬山顶前后两坡，屋顶两端与山墙齐平，见 。

（3）门和窗是传统住宅围护结构系统中重要的组成部分。

大门根据形制不同有多种形式，内门一般为隔扇门，整排使用，通常为四扇、六扇和八扇；隔扇主要由隔心、绦环板、裙板三部分组成。

窗户主要有隔扇窗、槛窗两种形式，其技艺主要体现在精美繁复的雕刻装饰上，见 。

**传统住宅的材料** 表1

| 材料种类 | | 特点 | 主要用途 | 分布范围 |
|---|---|---|---|---|
| 木材 | | 质地轻巧、强度高、弹性韧性好、纹理美丽、易于着色和油漆、热工性能好、易加工等 | 屋架、桁条、梁、柱、以及室内各部位装修材料 | 广泛存在于全国各地传统住宅中 |
| 竹材 | | 生长快、产量高、取材方便、吸湿吸热性能高、抗拉、抗压、抗弯强度高 | 屋架、楼板、柱，以及墙面和骨料 | 西南山区及长江流域地区 |
| 草秸、树皮 | | 易于取材，便于搭建 | 屋顶、墙面 | 南方气候温和地区 |
| 天然石材 | 块状石材 | 质地坚硬、耐酸、耐久、耐磨。外观稳重大方，分布广泛，易开采 | 砌筑墙体、基础、勒脚、台阶、栏杆、渠道、护坡等 | 分布广泛，全国各地均有产出 |
| | 片状石材 | | 石板可用作外墙的贴面、地面，叶片状的石材可用作屋面材料 | |
| 土 | 黏土制品 黏土砖瓦 | 来源广、易生产、价格低 | 墙体、基础、屋顶 | 应用广泛，为传统住宅的主要建材 |
| | 黏土制品 建筑陶瓷 | 质地均匀，有较高强度和硬度，耐水、耐磨、耐化学腐蚀，耐久性好 | 内墙面砖、外墙面砖、铺地砖、陶瓷锦砖、卫生陶瓷等 | |
| | 生土制品 土坯 | 历史悠久，制作简单，就地取材 | 砌筑墙体 | 主要在西北黄土地区 |
| 气硬性胶凝材料 | 建筑石灰 | 来源广、易生产、成本低、工艺简单 | 砌筑和抹灰、地基基础和各种垫层 | 分布广泛，全国各地均有产出 |
| | 石膏 | | 室内装修、抹灰、粉刷等 | |

**传统住宅的建造技术** 表2

| 承重结构类型 | | 构架方式 | 特点 | 主要分布 |
|---|---|---|---|---|
| 梁柱承重结构 | 抬梁式 | 柱上搁置梁头，梁头上搁置檩条，梁上再用矮柱支起较短的梁，如此层叠而上，梁的总数可达3~5根；当柱上采用斗栱时，则梁头搁置在斗栱上 | 可采用跨度较大的梁，以减少柱子的数量，取得室内较大的空间 | 传统官式住宅 |
| | 穿斗式 | 用穿枋把柱子串联起来，形成一榀榀房架；檩条直接搁置在柱头上；在沿檩条方向，再用斗枋把柱子串联起来。从而形成了一个整体框架 | 房架用料小，整体性强，但柱子排列密，只有当室内空间尺度不大时采用 | 多见于南方地区 |
| | 干阑式 | 先用柱子在底层做一高架，在架上面放梁、铺板，做成一个平台形式，然后再在这个平台上建构 | 上层住人，下面的空间存放柴草或圈养牲畜 | 南方少数民族地区 |
| 墙体承重结构 | 井干式 | 以圆木或矩形、六角形木料平行向上层层叠置，在转角处木料端部交叉咬合，形成房屋四壁，再在左右两侧壁上立矮柱承脊檩构成房屋 | 耗材量大，建筑的面阔和进深又受木材长度的限制，外观也比较厚重，一般仅见于产木丰盛的林区 | 东北林区、西南山区 |
| | 窑洞 | 有靠崖式、下沉式、独立式等形式 | 因地制宜，冬暖夏凉 | 西北黄土高原地区 |
| 混合承重结构 | | 土楼、碉房、阿以旺、毡包等 | 多为墙体与梁柱混合承重，具有鲜明地方特色 | 北方地区、南方地区、西部地区 |

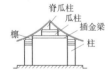

① 抬梁式屋架及剖透视

② 穿斗式屋架剖面及剖透视

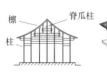

③ 井干式屋架和干阑式屋架

a 砖墙　　　b 土墙　　　c 竹编夹泥墙　　　d 石墙

④ 墙体

a 悬山顶　　　b 硬山顶　　　c 囤顶　　　d 平顶

⑤ 屋顶

a 广亮大门　　　b 隔扇门　　　c 直棂窗　　　d 隔扇窗

⑥ 门窗

# 宿舍 [1] 基本内容

## 概述

宿舍通常指由各类学校、企事业单位等机构免费提供或出租给本机构所属学生、职工等单身成员集体居住、有集中管理的非住宅类居住建筑。宿舍居住单元一般不包含独立的炊厨空间，设施多为公用。

## 分类

1. 按建筑层数：多层宿舍（6层及6层以下宿舍）、高层宿舍（7层及7层以上宿舍）。

2. 按交通组织形式：通廊式宿舍、单元式宿舍、塔式宿舍。

3. 按服务对象：中小学宿舍、高校宿舍、工厂宿舍、企事业单位宿舍、特殊类型宿舍（如残疾人宿舍）等。

4. 按建筑功能与空间的组合关系：单建式宿舍、混合餐饮服务功能的宿舍、综合楼中的宿舍空间等。

### 各类型宿舍形式与特征比较　　表1

| 类型 | 图示 | 空间特征 | 适用建筑 |
|---|---|---|---|
| 内廊式 | | 平面通常为长条状，纵向中间设公共走廊，居室布置在两侧并毗邻排列 | 多、高层 |
| 外廊式 | | 平面通常为长条状，一侧设公共走廊，走廊连通竖向交通系统 | 多、高层 |
| 内外廊结合式 | | 内廊式与外廊式相结合的形式，兼有两者的特点 | 多、高层 |
| 单元式 | | 居室以交通核为中心组合为一个单元，若干单元平面拼接而成 | 多、高层 |
| 塔式 | | 居室以交通核为中心组合而成的平面形式 | 高层 |

## 设计要点

1. 宿舍用地宜选择有日照条件、通风良好、有利排水的场地，不应选择有噪声和各种污染源、易发生地质灾害的场地。

2. 宿舍宜接近工作和学习地点，并宜靠近公用食堂、公共浴室、商业网点和其他服务配套设施。

3. 宿舍附近应有活动场地、集中绿地、自行车存放处，宿舍区内宜设机动车停车位。

4. 宿舍建筑宜集中设置地下或半地下自行车库。

5. 宿舍内居室宜集中布置，水平交通流线不宜过长。每栋宿舍应设置管理室、公共活动室和晾晒空间，有条件时设自动投币洗衣房。宿舍内应设置盥洗室和卫生间。公共用房的设置应防止对居室产生干扰。

6. 每栋宿舍应有半数以上居室拥有良好朝向，并应具有与住宅居室相同的日照标准，见 [3]。居室不应布置在地下室，不宜布置在半地下室。

7. 宿舍的安全疏散应符合现行国家有关防火规范的规定，满足对安全出口、疏散楼梯形式、防火门窗等的要求。宿舍建筑一般每层不少于两个安全出口，通廊式宿舍、单元式宿舍的每个单元在满足各自特定的耐火等级、层数、每层最大建筑面积、人数等的限制下可设一个安全出口。

8. 6层及6层以上宿舍或居室最高入口层楼面距室外设计地面的高度大于19m时，应设置电梯。

9. 设置或预留非集中式空调设备的宿舍建筑，应对空调室外机的位置统一设计、安排，避免影响立面效果。

10. 宿舍建筑宜积极营造室内外休憩空间，满足居住者交流交往需求。

11. 宿舍单元内卫生间和公共卫生间、盥洗室、浴室等的下方不应布置厨房、卧室、起居室、餐厅、食品储存、变配电所等有严格卫生或防潮要求的用房，否则应采取相应技术措施。

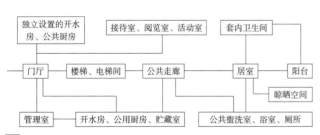

**[1] 宿舍平面关系图**

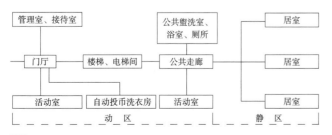

**[2] 宿舍平面的动静分区图**

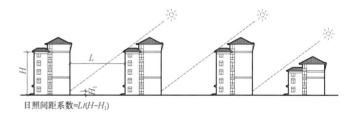

日照间距系数=$L/(H-H_1)$

**[3] 日照间距分析示例图**

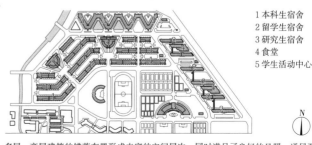

1 本科生宿舍
2 留学生宿舍
3 研究生宿舍
4 食堂
5 学生活动中心

多层、高层建筑的错落布置形成丰富的空间层次，同时满足了良好的日照、通风要求；宿舍建筑群三面围合出运动场地，形成大尺度的室外开敞空间；食堂分区设置，方便就近服务。

**[4] 普通高校宿舍建筑群布置示例图**

## 宿舍生活区

　　宿舍生活区是聚集了一定规模的单身居住人口，并有基本的生活服务配套设施的居住组团，一般多为高校学生生活区、中小学校学生生活区。大型企事业单位的职工生活区根据职工年龄构成和单位条件，一般是宿舍和住宅混合的生活区，也有一些是独立的单身宿舍生活区。

### 宿舍生活区总平面的布局要点

　　1. 妥善处理宿舍生活区与学校教学区、企业生产区或事业单位办公区的相互关系，形成功能相对独立、有较便捷联系而又避免相互干扰的整体，见1。

　　2. 宿舍建筑群和单栋建筑应满足日照标准，争取良好日照通风和景观朝向，避免和降低噪声干扰以及不良空气对下风向宿舍的影响。

　　3. 宿舍生活区的主要生活配套设施中，食堂通常是最基本内容，另外根据实际情况配置公共浴室、洗衣房、开水房、超市、银行等商业网点。应根据实际情况和建筑空间效果，规划宿舍楼与独立生活设施、宿舍底层商业网点、宿舍服务综合楼等空间关系不同的建设方案。

　　4. 确保人员疏散方便、安全的交通环境。

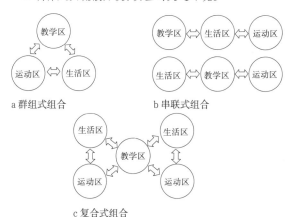

1 学校宿舍生活区与其他区域的组合关系示例图

学生宿舍建筑面积参考指标（单位：m²/生）　　　表1

| 学生类别 | 本科生 | 研究生补助指标 | |
| --- | --- | --- | --- |
| | | 硕士生 | 博士生 |
| 各类院校 | 10 | 5 | 14 |

注：1. 使用面积系数K值（建筑物中使用面积与建筑面积之比）按0.6计。
　　2. 本科生4人1间，生均建筑面积10m²。硕士生2人1间，生均建筑面积15m²。博士生1人1间，生均建筑面积24m²。
　　3. 各地根据情况可适当调整，但本科生生均建筑面积不低于8m²，硕士生生均建筑面积应不低于12m²。

教工单身宿舍建筑面积参考指标（单位：m²/生）　　表2

| 办学规模 | ≤5000 | 8000 | ≥10000 |
| --- | --- | --- | --- |
| 各类院校 | 0.50 | 0.45 | 0.40 |

注：1. 使用面积系数K值（建筑物中使用面积与建筑面积之比）按0.6计。
　　2. 教工单身宿舍（公寓）配置的比例，大学、专门学院5000人规模的按教职工编制数的15%，10000人及以上规模的按教职工编制数的12%，每人建筑面积24m²。

留学生生活用房建筑面积参考指标（单位：m²/生）　表3

| 留学生（人数） | 100 | 200 | 300 | 400 | 500 | ≥1000 |
| --- | --- | --- | --- | --- | --- | --- |
| 留学生用房指标 | 31.66 | 30.00 | 29.17 | 28.90 | 28.70 | 28.50 |

注：留学生不足100人时，其建筑面积指标可在100人的指标的基础上提高10%。

### 中小学宿舍生活区示例

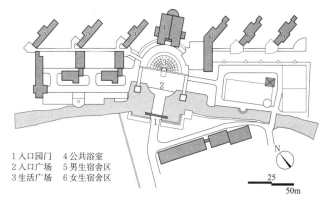

1 入口园门　　4 公共浴室
2 入口广场　　5 男生宿舍区
3 生活广场　　6 女生宿舍区

宿舍生活区分三部分：男生区、女生区和生活服务区。生活广场由小卖部、小吃店、书店等围合而成，外设环形敞廊，它既是服务设施，又是宿舍生活区的主要公共交往场所。

2 江苏武进市前黄中学宿舍生活区

### 高校宿舍生活区示例

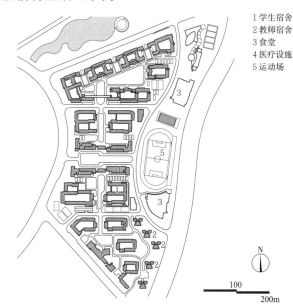

1 学生宿舍
2 教师宿舍
3 食堂
4 医疗设施
5 运动场

3 华南理工大学南校区宿舍生活区

### 企业宿舍生活区示例

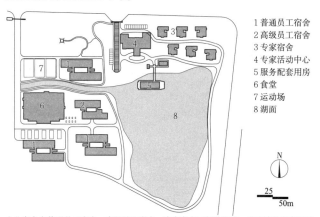

1 普通员工宿舍
2 高级员工宿舍
3 专家宿舍
4 专家活动中心
5 服务配套用房
6 食堂
7 运动场
8 湖面

企业宿舍由普通员工宿舍、高级员工宿舍、专家宿舍三部分组成；宿舍建筑沿湖岸线布置，生活区环境优美；食堂、生活区服务配套用房、运动场地等就近布置，为员工生活提供了便利性。

4 广东富华重工制造有限公司职工生活区

## 内廊式宿舍

　　内廊式宿舍具有建筑平面紧凑、走廊利用率高、结构抗风抗地震性能强、适宜于建高层、占地少、造价低、能耗低等优点；其缺点是建筑物内使用干扰大、北向房间少阳光或无阳光、通风和卫生条件差等。内廊式宿舍在寒冷，特别是严寒地区较常见。

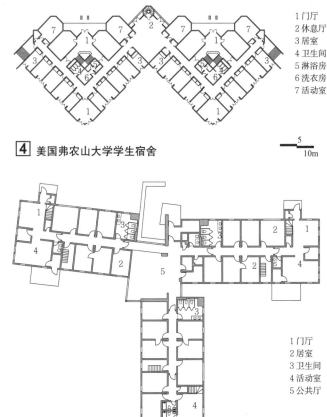

1 门厅
2 休息厅
3 居室
4 卫生间
5 淋浴房
6 洗衣房
7 活动室

**4** 美国弗农山大学学生宿舍

5
10m

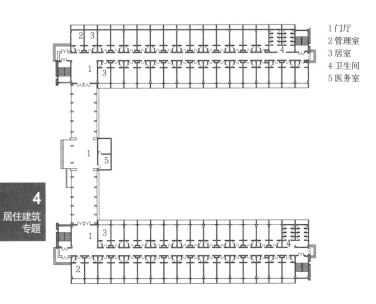

1 门厅
2 管理室
3 居室
4 卫生间
5 医务室

**1** 江苏常州高级中学学生宿舍

10
20m

1 门厅
2 居室
3 卫生间
4 活动室
5 公共厅

**5** 美国巴夏克学校学生宿舍

5
10m

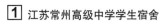

1 电梯厅
2 居室
3 卫生间
4 活动室
5 中庭

**2** 北京师范大学学生宿舍

5
10m

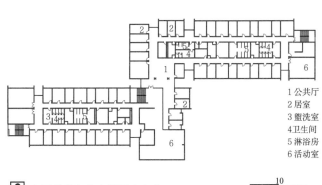

1 公共厅
2 居室
3 盥洗室
4 卫生间
5 淋浴房
6 活动室

**6** 土耳其比尔肯大学学生宿舍

10
20m

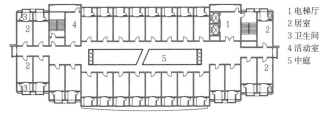

1 门厅
2 宿管办
3 居室
4 公共卫生间
5 居室卫生间
6 洗衣房
7 活动室
8 开水间
9 总务仓库
10 配电间
11 报警阀间

**3** 河北廊坊富士康员工宿舍

5
10m

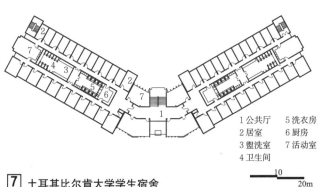

1 公共厅　　5 洗衣房
2 居室　　　6 厨房
3 盥洗室　　7 活动室
4 卫生间

**7** 土耳其比尔肯大学学生宿舍

10
20m

## 外廊式宿舍

外廊式宿舍具有使用干扰相对较小、通风好、向阳走廊夏季可遮阳、适宜晾晒衣物、适宜结合外廊营造楼层公共活动场所等优点；其缺点是平面欠紧凑、行走路线长、占地多、造价高等。居室一般设在向阳一侧，外廊一般在背阳面。开敞式外廊宿舍适合于对通风要求高的夏热冬暖地区，封闭式外廊宿舍适合于对保温要求较高的寒冷地区。

## 内外廊结合式宿舍

内外廊相结合宿舍可适应不同用地、功能需要和建筑空间处理，突出内廊式和外廊式宿舍各自的优点，消减其缺点。

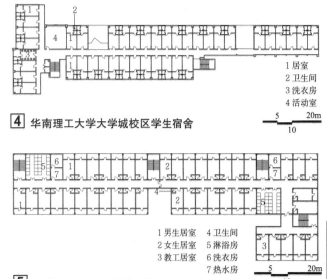

1 居室
2 卫生间
3 洗衣房
4 活动室

④ 华南理工大学大学城校区学生宿舍

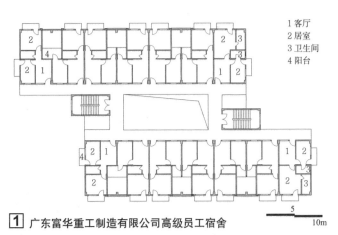

1 客厅
2 居室
3 卫生间
4 阳台

① 广东富华重工制造有限公司高级员工宿舍

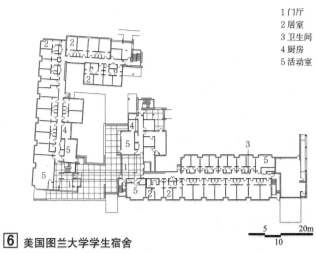

1 男生居室
2 女生居室
3 教工居室
4 卫生间
5 淋浴房
6 洗衣房
7 热水房

⑤ 江苏常州田家炳中学宿舍

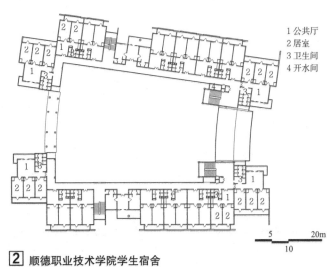

1 公共厅
2 居室
3 卫生间
4 开水间

② 顺德职业技术学院学生宿舍

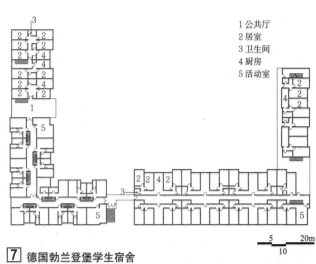

1 门厅
2 居室
3 卫生间
4 厨房
5 活动室

⑥ 美国图兰大学学生宿舍

1 居室
2 卫生间
3 洗衣房
4 活动室

③ 华南理工大学大学城校区学生宿舍

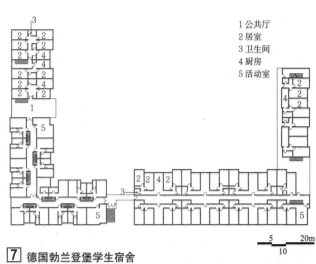

1 公共厅
2 居室
3 卫生间
4 厨房
5 活动室

⑦ 德国勃兰登堡学生宿舍

**4**
居住建筑
专题

**167**

# 宿舍［5］单元式、塔式宿舍

## 单元式宿舍

单元式宿舍是以楼梯、电梯为竖向交通枢纽,组织若干居室(或若干套成组居室,类似若干套住宅),并以多单元平面拼接的宿舍类型。很多单元式宿舍案例与单元式住宅接近,便于相互转换功能,适应需要灵活使用的情况。

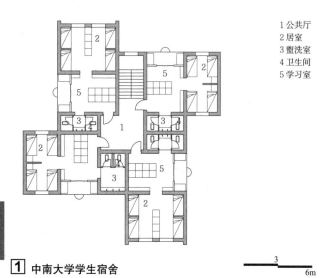

1 公共厅
2 居室
3 盥洗室
4 卫生间
5 学习室

**1** 中南大学学生宿舍

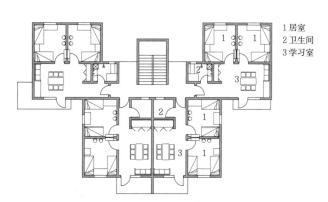

1 居室
2 卫生间
3 学习室

**2** 武汉大学学生宿舍

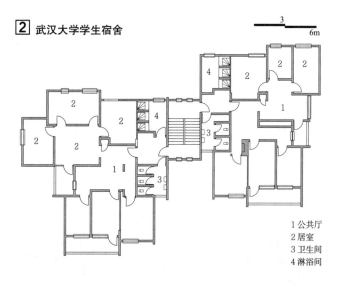

1 公共厅
2 居室
3 卫生间
4 淋浴间

**3** 土耳其比尔肯大学学生宿舍

## 塔式宿舍

塔式宿舍是以楼梯、电梯组成的单一竖向交通枢纽,组织若干居室(或若干套成组居室,类似若干套住宅)的宿舍类型。相对于单元式宿舍以多层建筑居多,塔式宿舍多为高层。

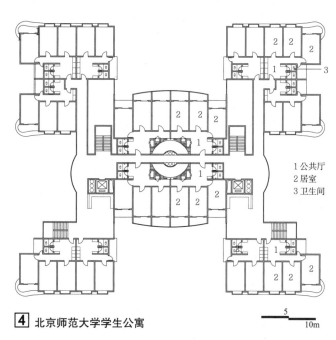

1 公共厅
2 居室
3 卫生间

**4** 北京师范大学学生公寓

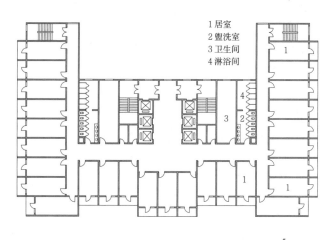

1 居室
2 盥洗室
3 卫生间
4 淋浴间

**5** 北京某大学高层学生宿舍

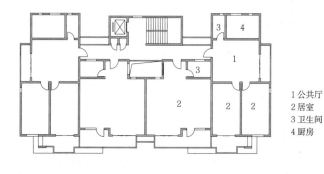

1 公共厅
2 居室
3 卫生间
4 厨房

**6** 广东东莞华为员工宿舍

## 单元内空间布置

1. 开间:家具双侧布置时,居室的开间不宜小于3.3m,以3.6m较为适宜;当单侧布置时,居室的开间不宜小于2.4m,一般为3m左右。

2. 进深:带储藏空间不带卫生间的寝室,一般以5.4m为宜;带储藏空间及独立卫生间,加大的进深尺寸根据布置的方式而定。

3. 层高:居室采用单层床时,层高不宜低于2.8m,净高不应低于2.6m;采用双层床或高架床时,层高不宜低于3.6m,净高不应低于3.4m。

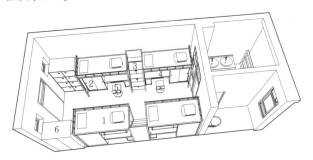

1 高架床
2 衣橱
3 床梯
4 书桌
5 座椅
6 储物柜

**1** 单元典型布置示例

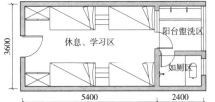

a 家具双侧布置　　b 家具单侧布置

**2** 单元开间示例图

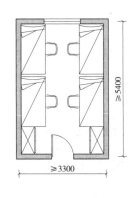

**3** 单元开间与进深示例图

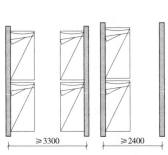

a 采用单层床层高

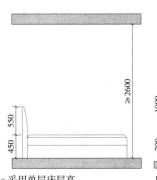

b 采用高架床层高

**4** 单元层高示例图

## 单元内卫生间布置

居室套内附设卫生间,其使用面积不应小于2m$^2$,设有淋浴设备或2个坐(蹲)便器的附设卫生间,其使用面积不宜小于3.5m$^2$。附设卫生间内的厕位和淋浴宜设隔断。

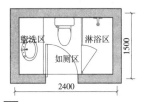

**5** 卫生间典型布置示例

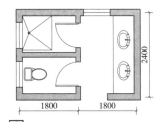

**6** 盥洗、卫、浴分离布置示例

1 盥洗镜　5 淋浴器
2 盥洗台　6 置物架
3 坐便器　7 浴缸
4 排气扇

**7** 单人套间示例

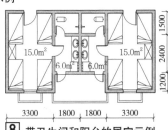

**8** 带卫生间和阳台的居室示例

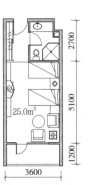

**9** 双人套间示例

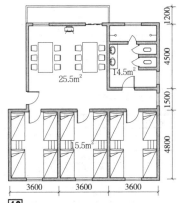

**10** 带公共小厅的居室示例

套内空间功能需求类型　　　　　　　　　　　　　　　　表1

| 套内空间功能 | 高校宿舍 | 中小学宿舍 | 企事业单位 |
|---|---|---|---|
| 睡眠 | ● | ● | ● |
| 学习 | ● | ○ | ○ |
| 储藏 | ● | ● | ● |
| 便溺 | ○ | ○ | ○ |
| 冷水洗浴 | ○ | ○ | ○ |
| 阳台及晾晒 | ○ | ○ | ○ |
| 热水洗浴 | ★ | ★ | ★ |
| 烹饪 | — | — | ★ |
| 洗衣机位 | ★ | ★ | ★ |
| 交流会客 | ★ | ★ | ★ |

注:●基本功能,○扩展功能,—禁止功能,★较高标准功能。

4 居住建筑专题

## 居室设计要点

**1.** 居室的床位布置尺寸不应小于下列规定：

(1) 两个单床长边之间的距离0.60m；

(2) 两床床头之间的距离0.10m，中间设搁板；

(3) 两排床或床与墙之间的走道宽度≥1.20m。

**2.** 居室内宜设有桌椅和书架，并应有便于存衣物的储藏空间，每人净储藏空间不宜小于0.5m³；严寒、寒冷和夏热冬冷地区可适当放大。储藏空间包括壁柜、搁板、吊柜和箱架等，目前书架一般组合在家具内。

**3.** 储藏空间的净空深不应小于0.55m。设固定箱子架时，每格净空长度不宜小于0.80m，宽度不宜小于0.60m，高度不宜小于0.45m。书架的尺寸，其净深不应小于0.25m，每格净高不应小于0.35m。

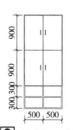
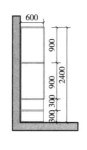

1 高架床　5 座椅
2 衣橱　　6 书架
3 床梯　　7 电脑
4 书桌

**2** 储藏柜示例

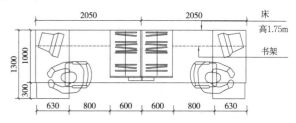
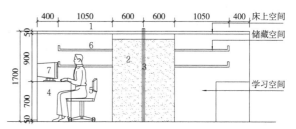

**3** 组合家具布置示例

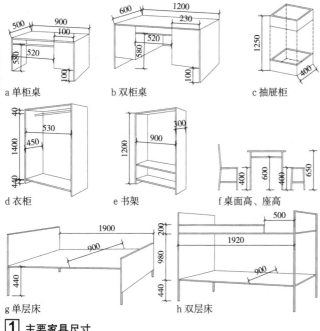

**1** 主要家具尺寸

a 单柜桌　　b 双柜桌　　c 抽屉柜
d 衣柜　　　e 书架　　　f 桌面高、座高
g 单层床　　h 双层床

居室类型与人均使用面积　　　　表1

| 项目＼人数＼类型 | | 1类 | 2类 | 3类 | 4类 | |
| --- | --- | --- | --- | --- | --- | --- |
| 每室居住人数 | | 1 | 2 | 3~4 | 6 | 8 |
| 人均使用面积（m²/人） | 单层床、高架床 | 16 | 8 | 5 | — | — |
| | 双层床 | — | — | — | 4 | 3 |
| 储藏空间 | | 壁柜、吊柜、书架 | | | | |

注：1. 本表摘自《宿舍建筑设计规范》JGJ 36-2015。
　　2. 表中面积不含室内附设卫生间和阳台面积。

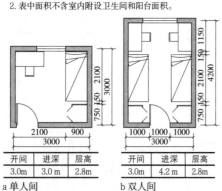
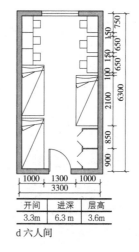
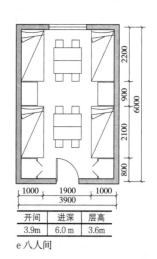

| 开间 | 进深 | 层高 |
| --- | --- | --- |
| 3.0m | 3.0 m | 2.8m |

a 单人间

| 开间 | 进深 | 层高 |
| --- | --- | --- |
| 3.0m | 4.2 m | 2.8m |

b 双人间

| 开间 | 进深 | 层高 |
| --- | --- | --- |
| 3.6m | 5.1 m | 2.8m |

c 四人间

| 开间 | 进深 | 层高 |
| --- | --- | --- |
| 3.3m | 6.3 m | 3.6m |

d 六人间

| 开间 | 进深 | 层高 |
| --- | --- | --- |
| 3.9m | 6.0 m | 3.6m |

e 八人间

**4** 居室家具布置示例

## 公共卫生间布置

公共卫生间宜设置前室或经盥洗空间进入,前室或盥洗空间的门不宜与居室门相对;公共卫生间内宜有自然采光和自然通风,必要时需增设机械通风换气设施;公共盥洗间内产生噪声的设备(如水箱、水管等),不宜安装在与宿舍居室相邻的墙上,否则应有隔噪声措施。公共厕所及公共盥洗室与不带卫生间的居室的最远距离不应大于25m。

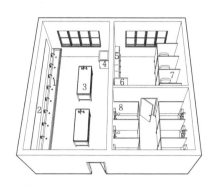

1 盥洗槽　5 小便槽
2 水嘴　6 污水池
3 盥洗台　7 蹲位
4 洗衣机　8 淋浴间

**1** 公共卫生间布置示例

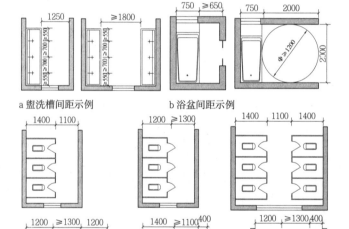

a 盥洗槽间距示例　　　b 浴盆间距示例

c 厕所隔间与小便器间距示例

**2** 卫生设备间距示例

## 卫生设备间距规定

1. 洗脸盆或洗槽水嘴中心与侧墙面净距不宜小于0.55m。

2. 并列洗脸盆或洗槽水嘴中心间距不应小于0.70m。

3. 单侧并列洗脸盆或盥洗槽外沿至对面墙的净距不应小于1.25m。

4. 双侧并列洗脸盆或盥洗槽外沿之间的净距不应小于1.80m。

5. 浴盆长边至对面墙面的净距不应小于0.65m;无障碍盆浴间短边净宽度不应小于2m。

6. 单侧厕所隔间至对面墙面的净距:当采用内开门时,不应小于1.10m;当采用外开门时不应小于1.30m;双侧厕所隔间之间的净距:当采用内开门时,不应小于1.10m;当采用外开门时不应小于1.30m。

7. 并列小便器的中心距离不应小于0.65m。

8. 单侧厕所隔间至对面小便器或小便槽外沿的净距:当采用内开门时,不应小于1.10m;当采用外开门时,不应小于1.30m。

厕所和浴室隔间平面尺寸(单位:m)　　　表1

| 类别 | 平面尺寸(宽度×深度) |
| --- | --- |
| 外开门的厕所隔间 | 0.90×1.20 |
| 内开门的厕所隔间 | 0.90×1.40 |
| 无障碍厕所隔间 | 1.40×1.80(改建用1.00×2.00) |
| 外开门淋浴隔间 | 1.00×1.20 |
| 内设更衣凳的厕所隔间 | 1.00×(1.00+0.6) |
| 无障碍专用浴室隔间 | 盆浴(门扇向外开启)2.00×2.25<br>淋浴(门扇向外开启)1.50×2.35 |

注:本表摘自《民用建筑设计通则》GB 50352—2015。

公共厕所、公共盥洗室内卫生设备数量　　　表2

| 项目 | 设备种类 | 卫生设备数量 |
| --- | --- | --- |
| 男厕所 | 大便器 | 8人以下设一个,超过8人时,每增加15人或不足15人增加一个 |
| | 小便器或槽位 | 每15人或不足15人增加一个 |
| | 洗手盆 | 与盥洗室分设的厕所至少设一个 |
| | 污水池 | 公共卫生间或盥洗室设一个 |
| 女厕所 | 大便器 | 6人以下设一个;超过6人时,每增加12人或不足12人增加一个 |
| | 洗手盆 | 与盥洗室分设的厕所至少设一个 |
| | 污水池 | 公共卫生间或盥洗室设一个 |
| 盥洗室(男、女) | 洗手盆或盥洗槽龙头 | 5人以下设一个;超过5人时,每增加10人或不足10人增加一个 |

注:1. 本表摘自《宿舍建筑设计规范》JGJ 36—2015。
　　2. 盥洗室不应男女合用。

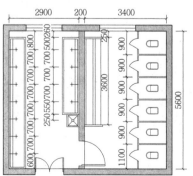

**3** 盥洗、厕所合并布置示例

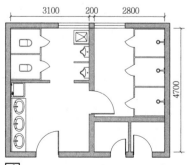

**4** 盥洗、厕所、淋浴合并布置示例

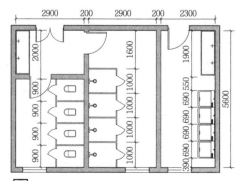

**5** 盥洗、厕所、淋浴合并布置示例

## 公用洗衣设施

宿舍建筑内宜在底层入口门厅附近设公共洗衣房，也可在盥洗室内设洗衣机位。

## 公共活动室、会客室

宿舍建筑内的公共活动室（空间）宜每层设置，100人以下，人均使用面积0.30m²；101人以上，人均使用面积0.20m²；其最小使用面积不宜小于30m²。

宿舍建筑内宜在主要出入口设置会客空间，其使用面积不宜小于12m²。

## 其他辅助用房

厨房：宿舍建筑内设有公共厨房时，其使用面积不应小于6m²。公共厨房应有直接采光、通风的外窗和排油烟设施。

清洁间与垃圾收集间：设有公共厕所、盥洗室的宿舍建筑内宜在每层设置卫生清洁间。宿舍建筑宜在底层设置集中垃圾收集间。

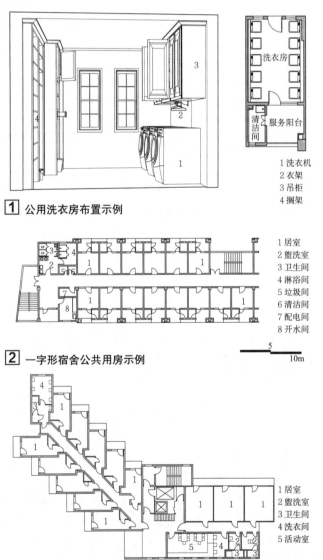

1 洗衣机
2 衣架
3 吊柜
4 搁架

**1** 公用洗衣房布置示例

1 居室
2 盥洗室
3 卫生间
4 淋浴间
5 垃圾间
6 清洁间
7 配电间
8 开水间

**2** 一字形宿舍公共用房示例

1 居室
2 盥洗室
3 卫生间
4 洗衣间
5 活动室

**3** 折角形宿舍公共用房示例

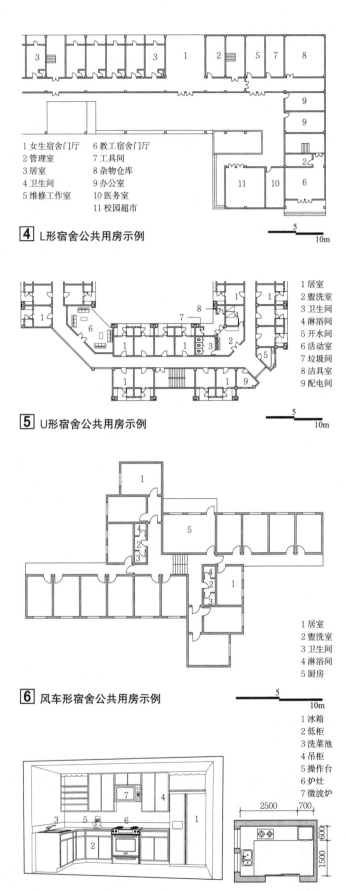

1 女生宿舍门厅
2 管理室
3 居室
4 卫生间
5 维修工作室
6 教工宿舍门厅
7 工具间
8 杂物仓库
9 办公室
10 医务室
11 校园超市

**4** L形宿舍公共用房示例

1 居室
2 盥洗室
3 卫生间
4 淋浴间
5 开水间
6 活动室
7 垃圾间
8 洁具室
9 配电间

**5** U形宿舍公共用房示例

1 居室
2 盥洗室
3 卫生间
4 淋浴间
5 厨房

**6** 风车形宿舍公共用房示例

1 冰箱
2 低柜
3 洗菜池
4 吊柜
5 操作台
6 炉灶
7 微波炉

**7** 公用厨房布置示例

172

## 自然通风与采光

宿舍内的居室、公共盥洗室、公共厕所、公共浴室和公共活动室应直接自然通风和采光，走廊宜有自然通风和采光。采用自然通风的居室，其通风开口面积不应小于该居室地板面积的1/20。

室内采光标准    表1

| 房间名称 | 侧面采光 | |
|---|---|---|
| | 采光系数最低值（%） | 窗地面积比最低值（Ac/Ad） |
| 居室 | 2 | 1/6 |
| 楼梯间 | 1 | 1/10 |
| 公共厕所、公共浴室 | 1 | 1/10 |

注：本表摘自《建筑采光设计标准》GB 50033—2013。

公共厕所、盥洗间、浴室室内换气次数或换气量    表2

| 房间名称 | 每小时换气次数或换气量 |
|---|---|
| 公共厕所 | 每个大便器40m³，每个小便器20m³ |
| 公共盥洗室 | 0.5~1次 |
| 公共浴室 | 1~3次 |

注：每小时换气次数=换气量（m³/h）/房间面积（m²）；当自然通风不能满足通风要求时应采用机械通风。

## 噪声控制

1. 宿舍居室内的允许噪声级（A声级），昼间应≤45dB，夜间应≤37dB，分室墙与楼板的空气声的计权隔声量应≥45dB，楼板的设计标准化撞击声压级宜≤75dB。

2. 居室不应与电梯、设备机房紧邻布置；居室与公共楼梯间、公共盥洗室等有噪声的房间紧邻布置时，应采取隔声减振措施，其隔声量应达到国家相关规范要求。

a 外观图
山东建筑大学生态学生公寓通过引进国外先进的节能技术，达到对太阳能多途径的利用，提高室内空气品质的目的。

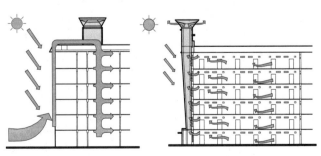

b 太阳墙系统供暖示意图    c 太阳能烟囱通风示意图

**1** 山东建筑大学生态学生公寓

## 暖通空调与节能

1. 宿舍应符合国家现行有关居住建筑节能设计标准。

2. 宿舍应保证室内基本的热环境质量，采取冬季保温、夏季隔热及节约采暖和空调能耗的措施。

3. 严寒和寒冷地区宿舍不应设置开敞的楼梯间和外廊，其入口应设门斗或采取其他防寒措施。

4. 夏热冬冷和夏热冬暖地区居室的东西向外窗应采取外遮阳措施。采暖地区的宿舍宜采用集中采暖系统，采暖热媒应采用热水。条件不许可时，也可采用分散式采暖方式。

5. 集中采暖系统中，用于总体调节和检修的设施，不应设置于居室内。

6. 以煤、燃油、燃气等为燃料，采用分散式采暖的宿舍应设烟囱，上下层或毗连居室不得共用单孔烟道。

7. 宿舍公共浴室、公共厨房、公共开水间、无外窗的卫生间，应设置有防回流构造的排气通风竖井，并安装机械排气装置。

8. 卫生间的门宜在门下部设进风固定百叶，或门下留有进风缝隙。

9. 宿舍每间居室宜安装可变风向且有防护网的吸顶式电风扇。

10. 最热月平均室外气温大于和等于25℃的地区，可设置空调设备或预留安装空调设备的相关条件。

11. 设置非集中空调设备的宿舍建筑，应对空调室外机的位置统一设计、安排。空调设备的冷凝水应有组织排放。

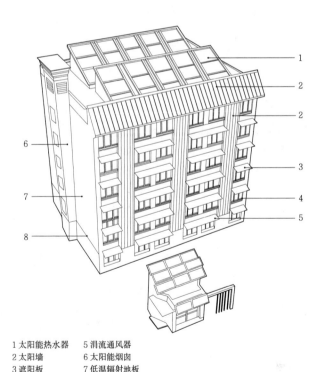

| 1 太阳能热水器 | 5 涡流通风器 |
|---|---|
| 2 太阳墙 | 6 太阳能烟囱 |
| 3 遮阳板 | 7 低温辐射地板 |
| 4 节能窗 | 8 高效外墙外保温 |

d 生态公寓综合技术示意图

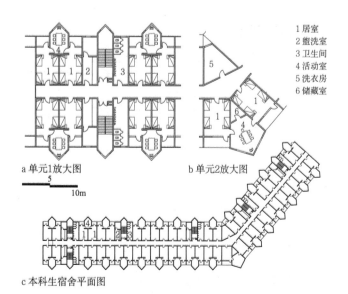

1 居室
2 盥洗室
3 卫生间
4 活动室
5 洗衣房
6 储藏室

a 单元1放大图　　b 单元2放大图

c 本科生宿舍平面图

d 留学生及继续教育学员宿舍平面图

**1 清华大学大石桥学生宿舍**

| 名称 | 主要技术指标 | 设计时间 | 设计单位 |
|---|---|---|---|
| 清华大学大石桥学生宿舍 | 建筑面积360000m², 居住人数22400人 | 2000 | 同济大学建筑设计研究院（集团）有限公司 |

宿舍区由本科生、研究生、留学生及继续教育学员宿舍组成。本科生宿舍平面采用折线布局，相邻两个居室单元共用活动室；留学生及继续教育学员宿舍平面采用一字形布局，每层设公共活动室增强了学生之间的沟通与交流

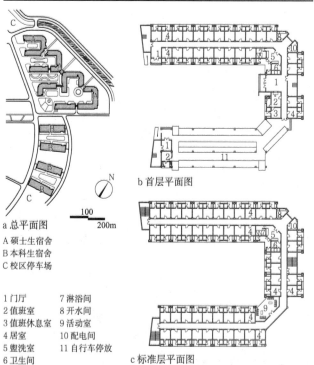

a 总平面图

A 硕士生宿舍
B 本科生宿舍
C 校区停车场

1 门厅　　7 淋浴间
2 值班室　8 开水间
3 值班休息室　9 活动室
4 居室　　10 配电间
5 盥洗室　11 自行车停放
6 卫生间

b 首层平面图

c 标准层平面图

**2 成都电子科技大学学生宿舍**

| 名称 | 主要技术指标 | 设计时间 | 设计单位 |
|---|---|---|---|
| 成都电子科技大学学生宿舍 | 建筑面积61739m², 总间数1955间 | 2007 | 四川省建筑设计研究院 |

宿舍采用U形内廊式布局，地上层数为6层。首层局部架空为自行车停放处，二至六层在U形转折处设公共活动室及公共服务用房

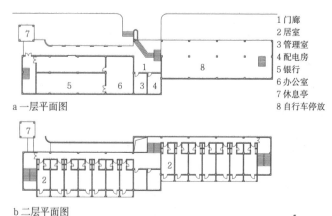

1 门廊
2 居室
3 管理室
4 配电房
5 银行
6 办公室
7 休息亭
8 自行车停放

a 一层平面图

b 二层平面图

**3 厦门大学芙蓉六学生公寓**

| 名称 | 主要技术指标 | 设计时间 | 设计单位 |
|---|---|---|---|
| 厦门大学芙蓉六学生公寓 | 建筑面积5000m², 总间数77间 | 1998 | 厦门大学建筑设计研究院 |

根据地形高差采用对折一字式外廊式宿舍，底层架空部分作为自行车库，部分为活动室和银行服务机构；每层中间位置设公共活动室

1 门厅
2 居室
3 盥洗室
4 卫生间
5 淋浴间
6 庭院

首层平面图

**4 同济大学留学生宿舍**

| 名称 | 主要技术指标 | 设计时间 | 设计单位 |
|---|---|---|---|
| 同济大学留学生宿舍 | 建筑面积10944m², 总间数290间 | 1983 | 同济大学建筑设计研究院（集团）有限公司 |

宿舍地上12层，局部15层，地下2层，由居住部分（居室、盥洗室等）、公共部分（大厅、文娱室、食堂等）、服务部分（锅炉房、泵房等）三部分组成。居住部分设在高层主楼，底部为公共用房，服务用房单独设置

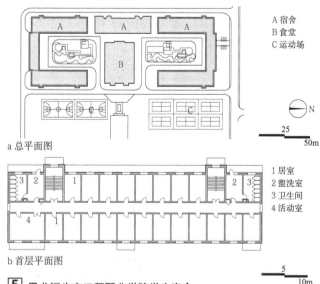

A 宿舍
B 食堂
C 运动场

a 总平面图

1 居室
2 盥洗室
3 卫生间
4 活动室

b 首层平面图

**5 黑龙江生态工程职业学院学生宿舍**

| 名称 | 主要技术指标 | 设计时间 | 设计单位 |
|---|---|---|---|
| 黑龙江生态工程职业学院学生宿舍 | 建筑面积5190m², 总间数100间 | 2011 | 哈尔滨工业大学建筑设计研究院 |

宿舍采用一字形内廊式，地上层数为6层。首层设门厅及管理用房等；二至六层为居室、盥洗室、淋浴间及活动室，位于一字形平面两端

**4**
**居住建筑专题**

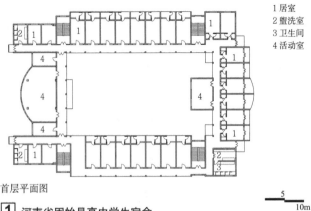

首层平面图

1 居室
2 盥洗室
3 卫生间
4 活动室

**1 河南省固始县高中学生宿舍**

| 名称 | 主要技术指标 |
|---|---|
| 河南省固始县高中学生宿舍 | 建筑面积8894m²，居住间数162间 |

宿舍采用围合型外廊式平面布局，多数居室单元南北向布置，淋浴室、盥洗室设于建筑转折处，公共活动室设于两排居室单元连接处。

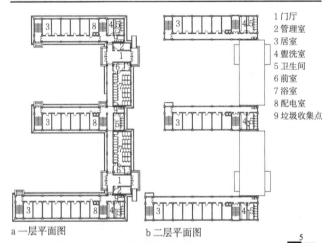

1 门厅
2 管理室
3 居室
4 盥洗室
5 卫生间
6 前室
7 浴室
8 配电室
9 垃圾收集点

a 一层平面图　　b 二层平面图

**2 四川省都江堰市天马镇天马九年制学校学生宿舍**

| 名称 | 主要技术指标 | 设计时间 | 设计单位 |
|---|---|---|---|
| 四川省都江堰市天马镇天马九年制学校学生宿舍 | 建筑面积4361m²，居住间数77间 | 2008 | 上海市城市建设设计研究总院（集团）有限公司 |

宿舍采用E型外廊式平面布局，居室单元南北向布置，淋浴室、盥洗室及管理用房设于相邻两排居室单元连接处，呈东西向布置

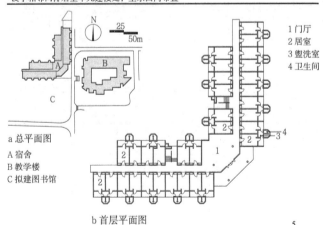

1 门厅
2 居室
3 盥洗室
4 卫生间

a 总平面图
A 宿舍
B 教学楼
C 拟建图书馆

b 首层平面图

**3 重庆市第一中学女生宿舍**

| 名称 | 主要技术指标 | 设计时间 | 设计单位 |
|---|---|---|---|
| 重庆市第一中学女生宿舍 | 建筑面积6174m²，居住间数192间 | 1998 | 重庆大学建筑城规学院 |

宿舍采用L形的平面布局，沿三角形用地的两直角边布置，建筑转角处设入口门厅，正对校园道路交叉口，形成入口小广场，而建筑后面则形成一块三角形的内庭院

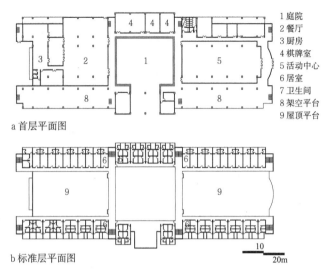

1 庭院
2 餐厅
3 厨房
4 棋牌室
5 活动中心
6 居室
7 卫生间
8 架空平台
9 屋顶平台

a 首层平面图

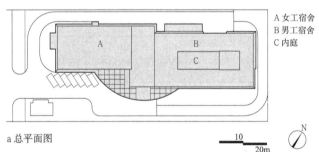

b 标准层平面图

公共空间集中布置在一层和屋顶。一层入口庭院连接着餐厅和活动中心，活动中心两侧的小隔间为棋牌室。一层的屋顶结合绿化铺地，是员工休憩、活动的场地。员工宿舍采用"二房一厅"、"一房一厅"、"两房无厅"等多种套型。

**4 深圳市华粤五金员工宿舍**

A 女工宿舍
B 男工宿舍
C 内庭

a 总平面图

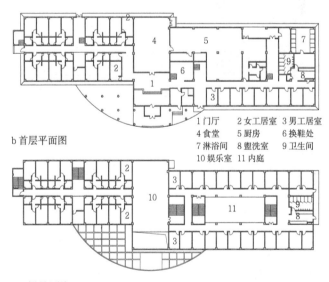

b 首层平面图

1 门厅　2 女工居室　3 男工居室
4 食堂　5 厨房　6 换鞋室
7 淋浴间　8 盥洗室　9 卫生间
10 娱乐室　11 内庭

c 二层平面图

**5 北京SMC中国有限公司职工宿舍**

| 名称 | 主要技术指标 | 设计时间 | 设计单位 |
|---|---|---|---|
| 北京SMC中国有限公司职工宿舍 | 建筑面积27580m²，居住人数1350人 | 2008 | 广州翰华建筑设计有限公司 |

通过两栋相对独立的宿舍楼在平面上的错位，留出入口广场和后勤用地。公共活动场所设在中间，男女宿舍分体中有合。女工宿舍为单元式，男工宿舍为通廊式

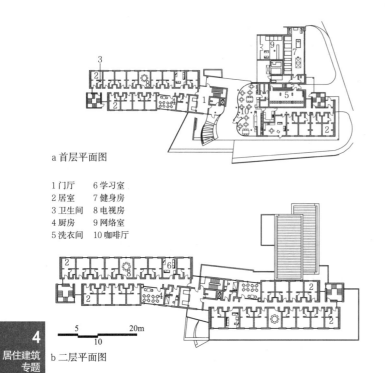

a 首层平面图

1 门厅　　6 学习室
2 居室　　7 健身房
3 卫生间　8 电视房
4 厨房　　9 网络室
5 洗衣间　10 咖啡厅

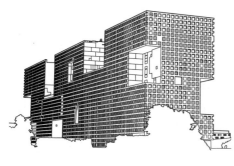

b 二层平面图

1 门道
2 居室
3 卫生间
4 交流室
5 平台

a 首层平面图　　　　b 二层平面图

4
居住建筑
专题

## 1 爱尔兰罗巴克城堡学生宿舍

| 名称 | 主要技术指标 | 设计时间 | 设计单位 |
|---|---|---|---|
| 爱尔兰罗巴克城堡学生宿舍 | 建筑面积4300m², 居住间数134间 | 2010 | Kavanagh Tuite Architects建筑事务所 |
| 宿舍建筑包括厨房、起居室、学习室及居室单元，各功能用房混合排列在中心走廊的两侧 | | | |

## 2 美国纽约布鲁克林普拉特学院斯塔比尔学生宿舍

| 名称 | 主要技术指标 | 设计时间 | 设计师 |
|---|---|---|---|
| 美国纽约布鲁克林普拉特学院斯塔比尔学生宿舍 | 居住人数240人 | 1999 | 帕撒内拉·克莱恩、施托尔茨曼·贝格 |
| 作为艺术系学生的宿舍，综合了居住和制作艺术作品两方面的日常活动。渗透到整个居住体中，为类似于"家庭作业空间"的工作室提供了制作大尺度作品时工作与合作的场所 | | | |

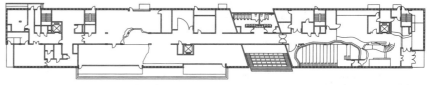

b 首层平面图

c 二层平面图

a 外观效果图

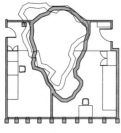

d 宿舍单元平面放大图

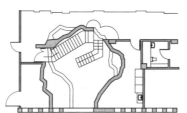

e 共用休息厅平面放大图

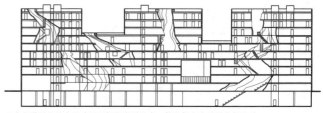

5个充满活力的大尺寸洞口把阳光引进来，使空气在大楼的内部流动。

f 剖面图

## 3 美国麻省理工学院宿舍

| 名称 | 主要技术指标 | 设计时间 | 设计单位 | |
|---|---|---|---|---|
| 美国麻省理工学院宿舍 | 建筑面积18116m², 居住人数350人 | 2002 | 斯蒂文·霍尔建筑事务所 | 学生公寓高10层，长100m，提倡了一个"多孔结构"的设计理念，整栋建筑有5个大尺寸的洞口，包括主入口、视觉走廊以及与体操房等功能相连的主要室外活动平台，这些洞口在建筑内部形成了竖向的多孔结构，使空间富有趣味。都市化的设计理念给居住在这个公寓里面的学生提供了舒适的空间 |

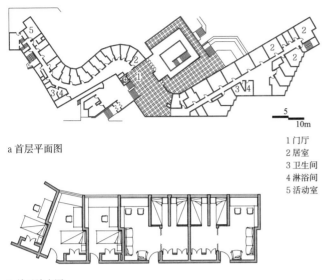

a 首层平面图

1 门厅
2 居室
3 卫生间
4 淋浴间
5 活动室

b 单元放大图

**1 美国麻省理工学院学生宿舍贝克大楼**

| 名称 | 设计时间 | 设计师 |
|---|---|---|
| 美国麻省理工学院学生宿舍贝克大楼 | 1948 | 阿尔瓦·阿尔托 |

宿舍用地临近查尔斯河繁华的岸线，考虑使尽可能多的房间面向河流和争取阳光，宿舍楼设计成蜿蜒曲折的形式，形成流动的风景。所有房间的窗户都是斜对着往来行驶的车辆，房间里的学生从视觉和心理上获得一种安静的环境

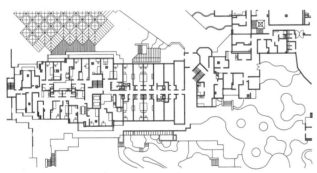

a 一层平面图

b 二层平面图

**2 比利时加索利科大学医学院学生宿舍**

| 名称 | 设计时间 | 设计师 |
|---|---|---|
| 比利时加索利科大学医学院学生宿舍 | 1969 | Lucien Kroll |

学生宿舍的立面由框格和木材进行丰富多彩的组合，而平面则脱离采用无梁楼盖结构的规则柱列方式，室内由学生参与进行自由布置

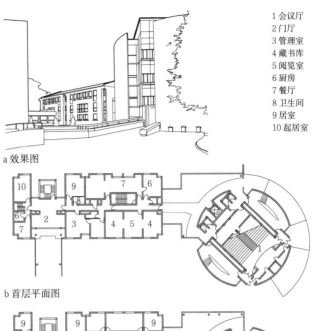

a 效果图

1 会议厅
2 门厅
3 管理室
4 藏书库
5 阅览室
6 厨房
7 餐厅
8 卫生间
9 居室
10 起居室

b 首层平面图

c 二层平面图

**3 英国剑桥大学纽霍尔学院和加悦基金会学生宿舍**

| 名称 | 设计时间 | 设计单位 |
|---|---|---|
| 英国剑桥大学纽霍尔学院和加悦基金会学生宿舍 | 1996 | ASL建筑师事务所 |

由学生宿舍和会议厅组成，宿舍标准为单人间，人均面积15m²。部分宿舍空间可改造为图书馆、厨房、小餐厅等功能空间，使得宿舍设施更加齐全

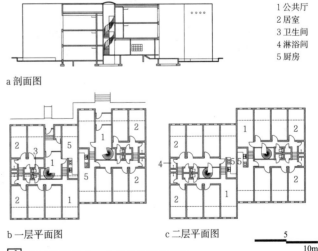

a 剖面图

1 公共厅
2 居室
3 卫生间
4 淋浴间
5 厨房

b 一层平面图

c 二层平面图

**4 荷兰德温特理工大学学生宿舍改造**

| 名称 | 改造时间 | 设计师 |
|---|---|---|
| 荷兰德温特理工大学学生宿舍 | 1997 | Felix Claus Kees Kaan |

通过改造将建筑物的正面和背面同时外扩2m，扩大了单间面积，各个单元按5~6室一套分层布置，每层增加厨房、客厅、浴室等公用设施。此外，将位于单元中心的吹拔空间改造成楼梯间，以便穿行各层之间

**4**
居住建筑专题

**177**

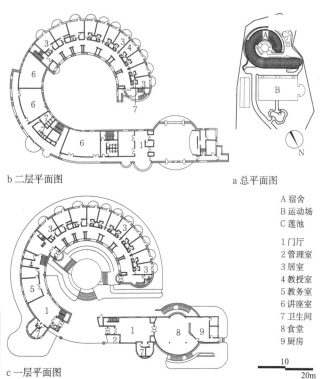

b 二层平面图

a 总平面图

a 鸟瞰图

| | |
|---|---|
| 1 门厅 | 6 淋浴室 |
| 2 管理 | 7 更衣室 |
| 3 休息室 | 8 居室 |
| 4 起居室 | 9 客房 |
| 5 卫生间 | 10 阳台 |

A 宿舍
B 运动场
C 莲池

1 门厅
2 管理室
3 居室
4 教授室
5 教务室
6 讲座室
7 卫生间
8 食堂
9 厨房

c 一层平面图

b 二层平面图

**1 韩国MAC人力开发中心宿舍**

| 名称 | 主要技术指标 | 设计单位 |
|---|---|---|
| 韩国MAC人力开发中心宿舍 | 建筑面积16661m²，居住间数22间 | Kim Kee Woong综合建筑师事务所 |

建筑形态围绕内部景观形成半围合的环形，规模为地下1层，地上2层。地下层设展厅、机器室、电力室等；首层设宿舍单元及食堂、厨房；二层为宿舍单元及讲座室

c 一层平面图

d 剖面图

**3 日本熊本市再春馆制药厂女子宿舍**

| 名称 | 主要技术指标 | 设计时间 | 设计单位 |
|---|---|---|---|
| 日本再春馆制药厂女子宿舍 | 建筑面积1255m²，居住人数80人 | 1991 | 妹岛和世建筑设计事务所 |

在长方形建筑用地内，首层沿纵向两侧布置了两排宿舍单元，共计容纳80人。二层设淋浴间、管理用房和公共活动用房。宿舍楼的设计旨在使其向室内设施和室外阳台两个方向敞开

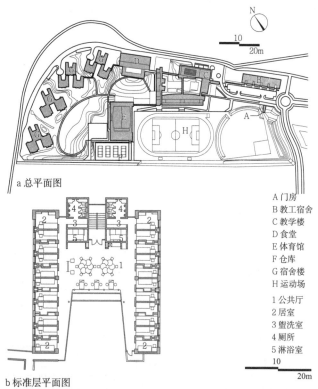

a 总平面图

A 门房
B 教工宿舍
C 教学楼
D 食堂
E 体育馆
F 仓库
G 宿舍楼
H 运动场

1 公共厅
2 居室
3 盥洗室
4 厕所
5 淋浴室

1 单人间居室
2 双人间居室
3 三人间居室
4 教师居室
5 教师起居室
6 储藏室
7 残疾人卫生间
8 盥洗室
9 厨房
10 公共活动室

b 标准层平面图

校园东侧为宿舍区，布置4栋U形学生公寓楼。每栋公寓楼设独立的小庭院，由管理人员工作室、娱乐休息室和学生单间宿舍组成。首层不设房间，仅有支撑立柱，形成多用途半室外空间。

**2 日本海阳中学学生宿舍**

首层平面图

单层的宿舍建筑包含单人房、双人房、公共活动室及盥洗室，主要提供给11、12岁的学生居住。

**4 英国圣比兹学校宿舍**

4
居住建筑专题

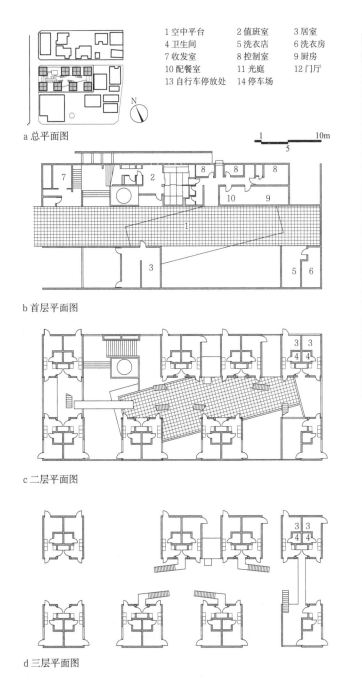

1 空中平台　　2 值班室　　3 居室
4 卫生间　　5 洗衣店　　6 洗衣房
7 收发室　　8 控制室　　9 厨房
10 配餐室　　11 光庭　　12 门厅
13 自行车停放处　　14 停车场

a 总平面图

1 　 10m
5

b 首层平面图

c 二层平面图

d 三层平面图

13

14

e 地下层平面图

11
12
13

f 剖面图

5
10m

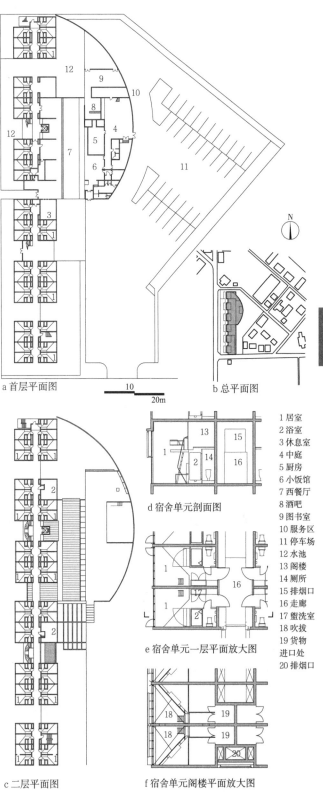

12

9
10
8
4
5
12
7
6
11

3

a 首层平面图

10
20m

b 总平面图

c 二层平面图

13
1
2　14
15
16

d 宿舍单元剖面图

1

1
16
2

e 宿舍单元一层平面放大图

18
18
20
19
19

f 宿舍单元阁楼平面放大图

1 居室
2 浴室
3 休息室
4 中庭
5 厨房
6 小饭馆
7 西餐厅
8 酒吧
9 图书室
10 服务区
11 停车场
12 水池
13 阁楼
14 厕所
15 排烟室
16 走廊
17 盥洗室
18 吹拔
19 货物
进口处
20 排烟口

---

**1 日本东京都八王子市亚库鲁特本部八王子宿舍**

| 名称 | 主要技术指标 | 设计时间 | 设计单位 |
|---|---|---|---|
| 日本东京都八王子市亚库鲁特本部八王子宿舍 | 建筑面积1969m²，居住间数32间 | 1995 | 秋元敏雄建筑设计工作室 |

该单身职工公寓建筑沿建筑用地边界修建，内侧设天井和空中平台。地下一层是可停泊30辆车的停车场。一层以用餐中心和大厅为主，并配有正门、接待室、休息室、厨房等。二、三层为居住空间，由4个单间构成一个单元，归在一个边长为6m的立方体区域内。通过空中平台可进入每间公寓

---

**2 日本富山县黑部市YKK黑部宿舍**

| 名称 | 主要技术指标 | 设计时间 | 设计单位 |
|---|---|---|---|
| 日本富山县黑部市YKK黑部宿舍 | 建筑面积4282m²，总间数100间 | 1998 | 阿尔希特库、德鲁斯托德、黑尔曼、黑尔兹贝鲁昭+小泽丈夫+鸿池组一级建筑师事务所 |

该职工宿舍平面分为6个模块，每个模块由8个宿舍单元组成，模块之间以天桥连接。在每个模块适当的位置设有公共浴室、洗衣房、屋顶阳台。所有的单间带有阁楼，顶棚高达4.7m，可分成两室

# 保障性住宅［1］概述

## 定义

保障性住宅是指政府为中低收入住房困难家庭所提供的限定标准、限定价格或租金的住房。保障性住宅建设是我国城镇住宅建设的重要组成部分，对于解决城镇居民基本住房问题和农民工困难群众住房问题具有重要意义。

## 类型

保障性住宅是保障性住房体系下多种住宅类型的统称，其主要类型包括廉租住房、公共租赁住房、经济适用住房和两限商品住房等。

保障性住宅的主要类型 表1

| 主要类型 | 定义 |
| --- | --- |
| 廉租住房 | 政府以租金补贴或实物配租的方式，向符合城镇居民最低生活保障标准且住房困难的家庭提供社会保障性质的住房 |
| 公共租赁住房 | 指由政府主导投资、建设、管理，或由政府提供政策支持，其他各类主体投资建设，限定建设标准和租金水平，面向符合条件的城市中等偏下收入住房困难家庭、新就业无房职工和在城镇稳定就业的外来务工人员出租的保障性住房 |
| 经济适用住房 | 政府提供政策优惠，限定套型面积和销售价格，按照合理标准建设，面向城市低收入住房困难家庭供应的具有保障性质的政策性住房 |
| 两限商品住房 | 经政府批准，在限制套型、限定销售价格的基础上，以竞地价、竞房价的方式，招标确定住宅项目开发建设单位，由中标单位按照约定标准建设，按照约定价位面向符合条件的居民销售的中低价位、中小套型普通商品住房 |

## 设计要求

1. 保障性住宅的建设形式和具体要求各地有所不同，需根据各地相关政策及规范标准进行设计。

2. 保障性住宅的选址布局应与城市产业布局、公共服务设施发展、轨道交通发展以及基础设施建设相协调。坚持"大分散、小集中"的布局模式，集中建设与配建相结合，适度加强配建。

3. 保障性住宅的住区配套设施应根据不同群体的居住和生活需要进行合理配置。例如，廉租住房住区可考虑增设小型底层商铺，为低收入家庭创造更多就业机会；公共租赁住房住区应根据老年人、青年群体等的使用需求，充分考虑养老服务设施、幼儿园等的配置要求。

4. 除按各地规范要求设置相应的机动车、非机动车停车场外，保障性住宅还应妥善安排电动车、自行车、三轮车等非机动车辆的地上停放位置。

5. 保障性住宅应重视建筑形体与空间的整体环境效果，营造亲切的住区环境。住区内的道路系统及楼栋单元出入口、公共空间等应满足无障碍设计要求。

6. 保障性住宅套型面积有限，设计应注意提高内部空间使用效率，加强住宅套内空间的精细化设计，实现良好的居住舒适度。同时应考虑设置一定比例的无障碍套型，以满足老年人及残障人的居住需求。

7. 保障性住房应注重全生命周期的可持续发展，加强标准化、系列化设计，并融入住宅工业化和绿色节能设计的先进技术理念，实现建造及维护成本的节约。

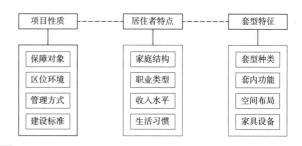

**1** 保障性住宅设计应考虑的因素

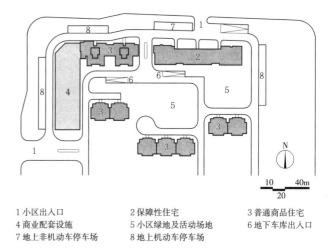

1 小区出入口　　　　　2 保障性住宅　　　　　3 普通商品住宅
4 商业配套设施　　　　5 小区绿地及活动场地　6 地下车库出入口
7 地上非机动车停车场　8 地上机动车停车场

**2** 配建型保障性住宅的规划布局示例

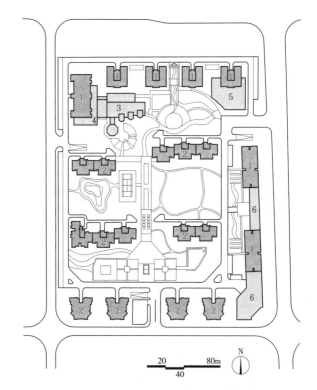

1 公共租赁住房　　　　2 两限商品住房　　　　3 幼儿园
4 老年人日间照料中心　5 住区会所及活动中心　6 商业配套设施
（位于公共租赁住房底层）

**3** 保障性住宅住区配套设施类型及规划布局示例

## 楼栋单体设计要点

1. 保障性住宅楼栋应采用规整的结构形体，并应提倡套型单元的标准化、系列化设计，通过不同的套型组合方式形成多样化的楼栋单体，以利于施工建造，见[1]。

2. 保障性住宅楼栋单体形式应有利于节地。为提高土地使用效率，每层往往会布置较多户，电梯数量应根据楼栋户数合理确定，既要充分利用电梯交通负荷，又要避免造成使用高峰期人员长时等待。

3. 公共交通空间设计应注意集约、紧凑，以减小公摊和物业费用。前室及公共走廊应确保满足消防疏散要求，并满足轮椅通行和担架转弯通过等无障碍设计需求，见[2]、[3]。

4. 楼栋单体形式应结合气候条件考虑。北方地区应减少楼栋体形凹凸变化，合理控制楼栋体形系数，以达到保温节能的要求；南方地区则可充分利用楼栋凹凸变化为尽可能多的空间提供自然通风采光，见[4]。

5. 应重视楼栋公共空间的自然通风、采光设计。尤其是公共走廊空间，宜尽可能开设窗户，实现公共空间的自然通风、采光，并起到促进楼栋中部套型空气流通的作用，见[5]。

6. 同一项目或同一楼栋内，厨房和卫生间应采用模块化、标准化设计，并将管线管井在楼栋的公共空间集中布置，以利于实现建筑、结构、设备的整合设计，促进工业化生产和建造，见[6]。

[1] 楼栋结构规整化设计示例

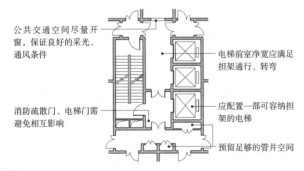

公共交通空间尽量开窗，保证良好的采光、通风条件

电梯前室净宽应满足担架通行、转弯

消防疏散门、电梯门需避免相互影响

应配置一部可容纳担架的电梯

预留足够的管井空间

[2] 公共交通空间设计示例

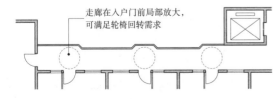

走廊在入户门前局部放大，可满足轮椅回转需求

[3] 公共走廊满足轮椅通行需求的设计示例

## 楼栋单体常见形式

保障性住宅的楼栋单体平面布局形式应与场地形态相适应，常见的楼栋平面形式有廊式、塔式、单元式几类，见表1。

保障性住宅常见的单体形式　　　　　　　　　　表1

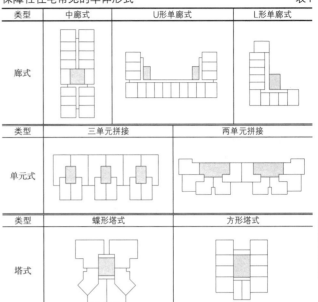

| 类型 | 中廊式 | U形单廊式 | L形单廊式 |
|---|---|---|---|
| 廊式 | | | |

| 类型 | 三单元拼接 | 两单元拼接 |
|---|---|---|
| 单元式 | | |

| 类型 | 蝶形塔式 | 方形塔式 |
|---|---|---|
| 塔式 | | |

厨房和卫生间利用楼栋凹缝获取自然采光

光线

[4] 利用楼栋凹凸变化提供采光的示例

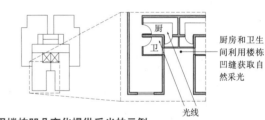

风

中部套型可通过公共空间形成对流通风

[5] 促进公共空间与套型的通风示例

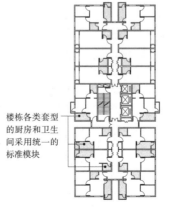

楼栋各类套型的厨房和卫生间采用统一的标准模块

a 卫生间模块

b 厨房模块

c 厨房模块（带阳台）

[6] 厨卫模块化设计示例

# 保障性住宅［3］楼栋单体实例

## 廊式楼栋单体设计实例

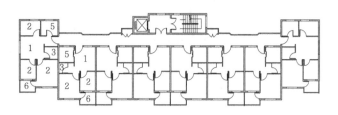

**1** 华东地区，外廊式楼栋，8户/层

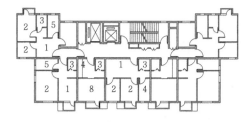

**2** 华北地区，内廊式楼栋，6户/层

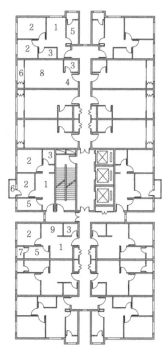

**3** 华北地区，内廊式楼栋，16户/层

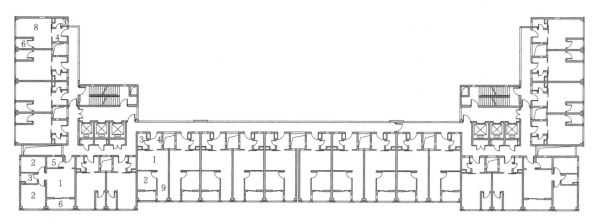

**4** 华南地区，外廊式楼栋，24户/层

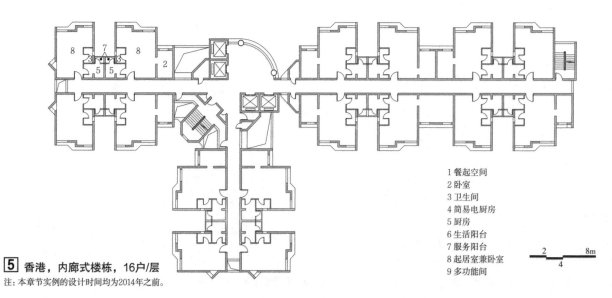

**5** 香港，内廊式楼栋，16户/层

注：本章节实例的设计时间均为2014年之前。

1 餐起空间
2 卧室
3 卫生间
4 简易电厨房
5 厨房
6 生活阳台
7 服务阳台
8 起居室兼卧室
9 多功能间

## 单元式楼栋单体设计实例

1 华北地区，单元式楼栋，4户/层

2 华北地区，单元式楼栋，4户/层

3 东北地区，单元式楼栋，4户/层

## 塔式楼栋单体设计实例

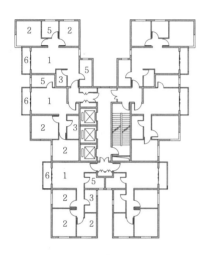

4 华北地区，塔式楼栋，6户/层

5 华北地区，塔式楼栋，10户/层

6 华中地区，塔式楼栋，8户/层

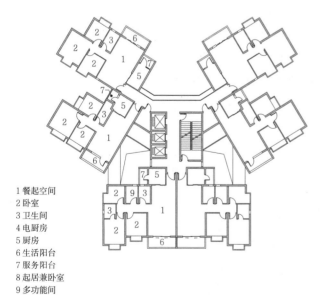

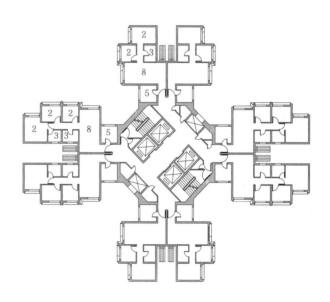

1 餐起空间
2 卧室
3 卫生间
4 电厨房
5 厨房
6 生活阳台
7 服务阳台
8 起居兼卧室
9 多功能间

7 华南地区，塔式楼栋，6户/层

8 香港，塔式楼栋，8户/层

注：本章节实例的设计时间均为2014年之前。

## 套型设计要点

1. 保障性住宅的套型面积应符合国家及地方相关政策及规范要求。

2. 保障性住宅套型面积有限，设计时要充分协调室内各功能空间的布局关系，注重空间的相互借用，细致考虑各类家具、设施设备的布置位置，使套型空间紧凑实用。

3. 套型设计应重视标准化、模数化、定型化，以满足住宅工业化、集成化要求，提高建设速度和建设质量，降低建造成本。同类套型的开间、进深宜尽可能统一，便于在楼栋建筑平面中灵活拼接组合，见 1 。

4. 保障性住宅应增加套型空间的灵活性、适应性，套型内部宜采用轻质隔墙，以便更新改造，满足不同时期住户的居住需求，见 2 。

5. 保障性住宅中可根据实际需求配置一定比例的老年人套型和无障碍套型。套型空间（特别是厨房、卫生间部分）应考虑适老化和无障碍的设计要求。

6. 套型应具备较好的采光、通风条件。当套内出现无直接采光的中部空间时，可将其设置为多功能半开敞空间，用作临时卧室、书房、储藏、儿童游戏等功能区，见 3 。

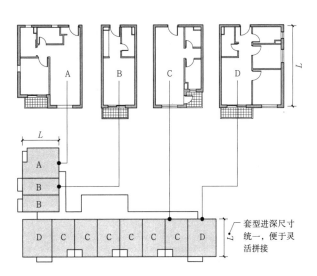

1 套型便于灵活拼接组合的设计示例

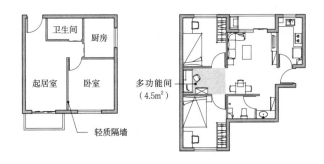

2 套型内部采用轻质隔墙示例　3 套型中部空间处理示例

## 套型灵活性设计

套型设计应满足空间分隔及家具摆放形式多样性的要求，以提高套内空间使用的灵活性。例如：部分家庭居住人口较多，或一时间居住人口较多，套型空间要为多种方式布置床等家具留有可能，以满足其居住需求，见 4 。

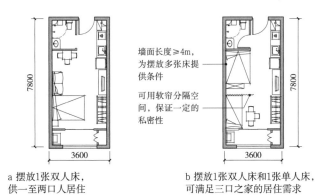

a 摆放1张双人床，供一至两口人居住

b 摆放1张双人床和1张单人床，可满足三口之家的居住需求

4 套型可满足多种方式摆放床的设计示例

## 套型采光优化设计

部分保障性住宅受套型面积和楼栋形式所限，往往只有单侧对外采光。设计时可通过设置高窗，将隔墙改为玻璃隔断等方式，实现套内空间的间接采光，见 5 。

5 套型采光优化设计示例

## 套型适老化及无障碍设计

套内各空间地面应保证无高差，方便轮椅通行。厨房、卫生间空间应满足轮椅使用的需求。卫生间如厕区、淋浴区应配置扶手等无障碍设施，见 6 。

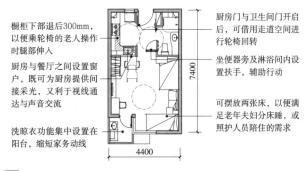

6 适老化套型设计示例

## 单居室套型设计实例

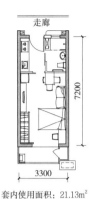

套内使用面积：21.13m²

1 单居室套型实例一

套内使用面积：24.86m²

2 单居室套型实例二

套内使用面积：27.00m²

3 单居室套型实例三

套内使用面积：21.79m²

4 单居室套型实例四

## 一居室套型设计实例

套内使用面积：28.37m²

5 一居室套型实例一

套内使用面积：34.74m²

6 一居室套型实例二

套内使用面积：31.93m²

7 一居室+半间房套型实例

套内使用面积：35.96m²

8 一居室无障碍套型实例

## 二居室套型设计实例

套内使用面积：38.41m²

9 两居室套型实例一

套内使用面积：39.19m²

10 两居室套型实例二

套内使用面积：30.67m²

11 两居室套型实例三

套内使用面积：41.86m²

12 两居室套型实例四

## 三居室套型设计实例

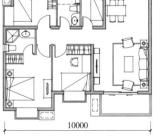

三居室套型可见于部分地区的安居型商品房，其套内面积比廉租住房、公共租赁住房等类型保障性住宅更大，与普通商品住宅相似。

套内使用面积：44.76m²

13 三居室套型实例一

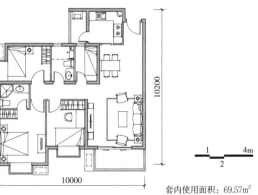

套内使用面积：69.57m²

14 三居室套型实例二

**4**
居住建筑专题

**185**

## 日本公共住宅

日本的公共住宅包含公营住宅和公团住宅等类型。1951年日本颁布《公营住宅法》，开始进行公营住宅的建设，以帮助低收入阶层解决居住难题。在农村劳动力大量涌入城市的经济高速增长时期，公营住宅的建设也达到高峰，最多时达到每年10万套以上。1955年，日本开始建设公团住宅，主要提供给大城市的中等收入群体。

日本公共住宅的建设发展具有以下特征：

**1. 标准化设计：** 公共住宅的设计经历了多次变革之后，在套型、建设技术、内部配套设施、运营管理等方面逐渐形成了标准化的体系。

**2. 工业化建造：** 当前日本公共住宅的建设完全采用工业化的建造技术，通过优良住宅部品 (BL) 认定制度，实现系列化供应、集成化施工，使住宅的品质得到了很大提高。

**3. 适老化设计：** 日本的老龄化程度日趋升高，公共住宅中往往在首层设置老年住宅。同时楼栋和住区环境也十分重视无障碍设计。

**4. 旧住宅改造：** 近年来，新建公营住宅和公团住宅已经大量减少。很多早期的公共住宅正在经历更新、改造的过程，以适应新时代的需求。

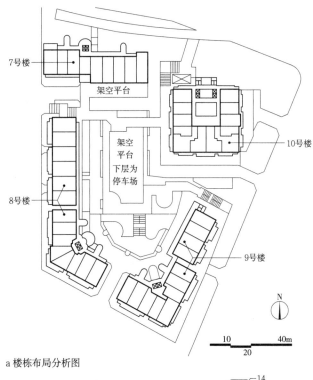

a 楼栋布局分析图

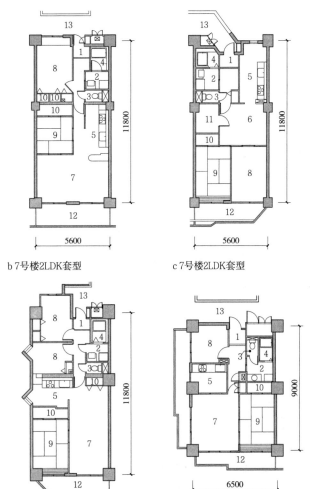

b 7号楼2LDK套型　　　c 7号楼2LDK套型　　　d 9号楼2LDK套型　　　e 9号楼2DK套型

| | | | |
|---|---|---|---|
| 1 玄关（门厅） | 2 盥洗室 | 3 厕所 | 4 浴室 | 5 厨房 |
| 6 餐厅 | 7 餐起空间 | 8 卧室 | 9 和室 | 10 壁柜 |
| 11 储藏间 | 12 阳台 | 13 公共走廊 | 14 花台 | |

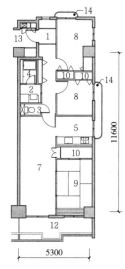

f 9号楼3LDK套型　　　g 8号楼2LDK套型

该项目位于东京都江户川区，是20世纪90年代左右建设的较大型公营住宅和公团住宅小区。虽然离市区较远，但小区紧邻地铁，交通便利，配套设施完善。除商业设施外，还配备了老年人日间照料中心、幼儿园等服务设施。小区内的住宅以中高层外廊式板楼为主，也有部分单元式板楼以及塔式楼栋。套型种类多样，可以满足不同类型家庭的居住需求。

住宅套型通常只设置一套卫生间，但划分为盥洗、如厕、洗浴等2~3个功能空间，既便于干湿分区，又便于多人同时使用。每个套型入户门前的公共走廊区域适当放大，可放置伞立、婴儿车等物品，还可布置花台等装饰品。

**1** **日本小松川一丁目5番住宅区**
注：日本住宅套型以"数字+LDK"来标示。数字代表卧室的数量，L代表起居室，D代表餐厅，K代表厨房。

## 香港公共房屋

　　香港的公共房屋计划始于20世纪50年代，其目的是为低收入家庭解决住屋问题。公共房屋的类型既有租住型的，也有出售型的。由于香港土地资源较为稀缺，公共房屋在规划上大多采取高层高密度的形式，住区的设施完善、管理到位、配套齐全。公屋外观较少装饰，风格朴实无华。

　　在半个多世纪的发展历程中，香港公共房屋的建设标准也随着人们对居住环境要求的提升而不断提高。早期的部分公共房屋进行了改建或重建。新建的公共房屋中每层户数相较之前有所减少，而套型面积也在逐渐增加。与此同时，香港公共房屋逐渐采用模块化、标准化的设计方法，通过系列化、多样化的套型，组合为十字形、Y字形或板形等多样化的楼栋。

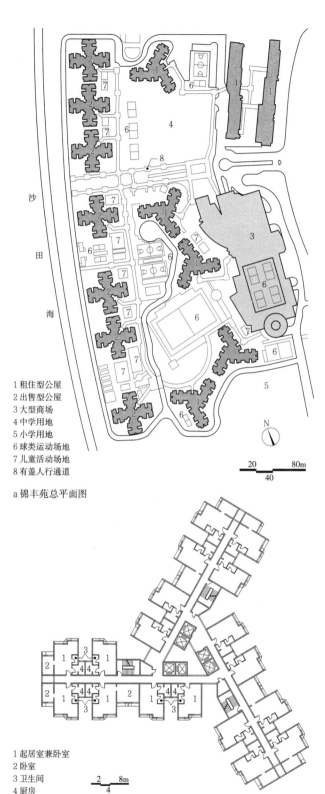

1 租住型公屋
2 出售型公屋
3 大型商场
4 中学用地
5 小学用地
6 球类运动场地
7 儿童活动场地
8 有盖人行通道

20 80m
40

a 锦丰苑总平面图

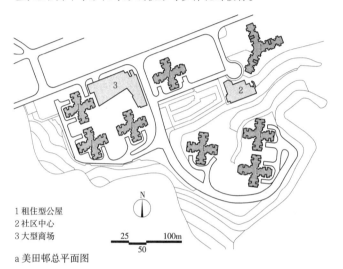

1 租住型公屋
2 社区中心
3 大型商场

25 100m
50

a 美田邨总平面图

1 起居室兼卧室
2 卧室
3 卫生间
4 厨房

2 8m
4

b 十字形楼栋平面图（18户/层）

1 起居室兼卧室
2 卧室
3 卫生间
4 厨房

2 8m
4

b Y字形楼栋平面图（16户/层）

美田邨公屋位于香港新界沙田，小区共有8座楼栋，总共可提供6700个租住房屋。项目分四期兴建，其中第一期及第二期建于2006年，第三期建于2008年，第四期建于2012~2013年。小区楼栋根据山地地形错落布置，主要采用四向展开的"新和谐式一型"十字形塔楼形式。套型主要为两室户和三室户。

锦丰苑和颂安邨公屋位于香港沙田马鞍山，均建于1996年。锦丰苑为出售型公屋，共有9座楼栋，提供了3648套房屋，主要楼栋沿海一字排开，具有较好的景观朝向。颂安邨为租住型公屋，共有5座楼栋，可提供2800个租住房屋。小区配套了小学、中学、商场等配套设施，并利用楼间空地、商场顶层空间设置了多样化的活动场地。

⃞1 香港美田邨　　　　　　　　　　⃞2 香港锦丰苑和颂安邨

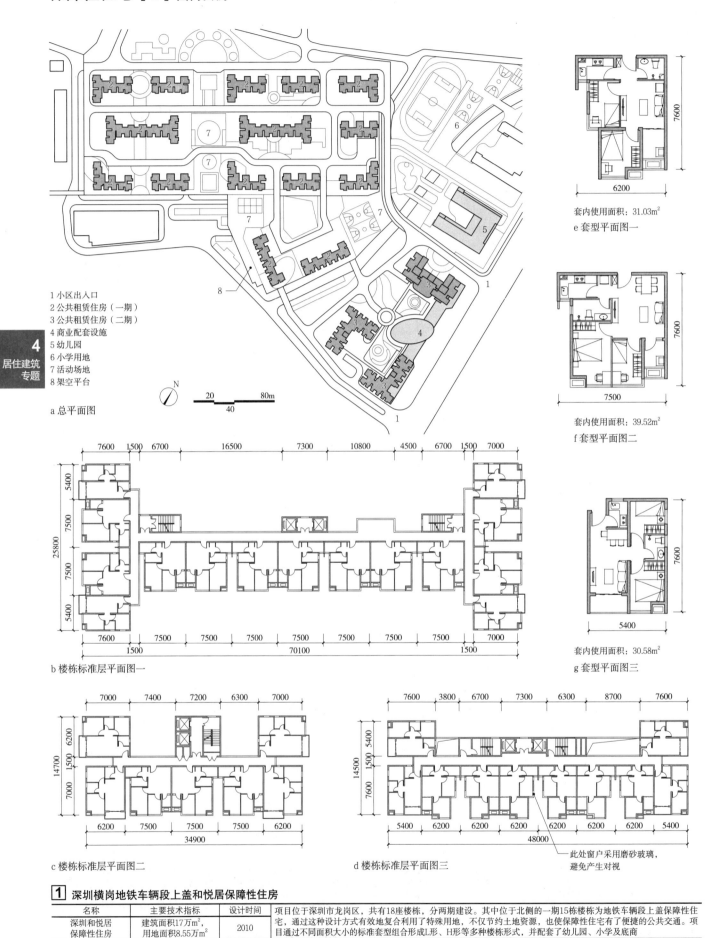

1 小区出入口
2 公共租赁住房（一期）
3 公共租赁住房（二期）
4 商业配套设施
5 幼儿园
6 小学用地
7 活动场地
8 架空平台

a 总平面图

**4**
居住建筑
专题

套内使用面积：31.03m²
e 套型平面图一

套内使用面积：39.52m²
f 套型平面图二

套内使用面积：30.58m²
g 套型平面图三

b 楼栋标准层平面图一

c 楼栋标准层平面图二

d 楼栋标准层平面图三

此处窗户采用磨砂玻璃，避免产生对视

**1** 深圳横岗地铁车辆段上盖和悦居保障性住房

| 名称 | 主要技术指标 | 设计时间 | |
|---|---|---|---|
| 深圳和悦居保障性住房 | 建筑面积17万m²，用地面积8.55万m² | 2010 | 项目位于深圳市龙岗区，共有18座楼栋，分两期建设。其中位于北侧的一期15栋楼栋为地铁车辆段上盖保障性住宅，通过这种设计方式有效地复合利用了特殊用地，不仅节约土地资源，也使保障性住宅有了便捷的公共交通。项目通过不同面积大小的标准套型组合形成L形、H形等多种楼栋形式，并配套了幼儿园、小学及底商 |

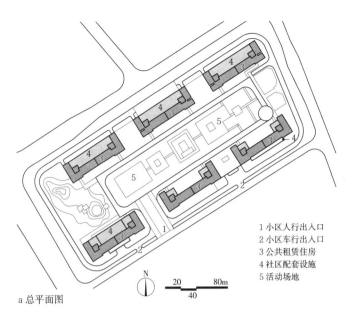

1 小区人行出入口
2 小区车行出入口
3 公共租赁住房
4 社区配套设施
5 活动场地

a 总平面图

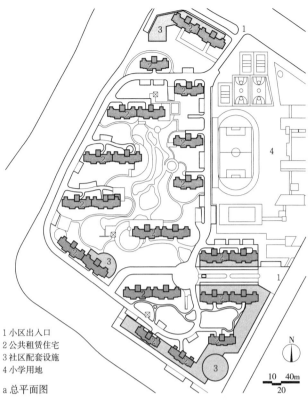

1 小区出入口
2 公共租赁住宅
3 社区配套设施
4 小学用地

a 总平面图

**4**
居住建筑
专题

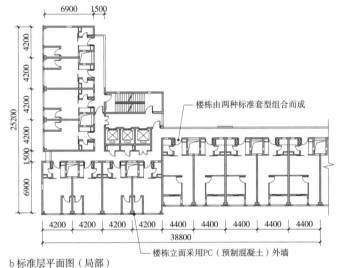

楼栋由两种标准套型组合而成

楼栋立面采用PC（预制混凝土）外墙

b 标准层平面图（局部）

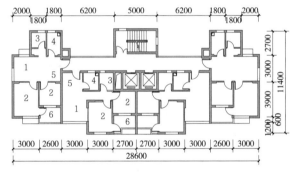

b 标准层平面图一

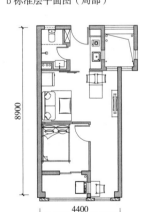

套内使用面积：29.64m²

c 标准套型平面图一
注：厨房采用电磁炉

套内使用面积：20.87m²

d 标准套型平面图二
注：厨房采用电磁炉

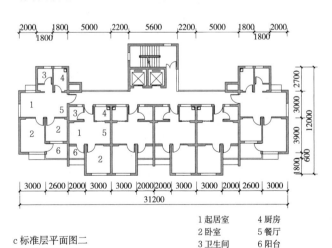

1 起居室　　4 厨房
2 卧室　　　5 餐厅
3 卫生间　　6 阳台

c 标准层平面图二

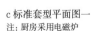

**1 深圳龙华保障性住房龙悦居三期**

| 名称 | 主要技术指标 | 设计时间 | 项目共6座楼栋，建筑层数为26~28层，总计4002套。套型以一室一厅、两室一厅为主 |
|---|---|---|---|
| 深圳龙悦居三期保障性住房 | 建筑面积21.5万m²，用地面积5万m² | 2010 | |

**2 浙江宁波洪塘公共租赁住房和塘雅苑**

| 名称 | 主要技术指标 | 设计时间 | 项目共16座楼栋，总计2101套。楼栋采用外廊式布局，使套型各空间均能够自然通风和采光 |
|---|---|---|---|
| 宁波洪塘公共租赁住房和塘雅苑 | 建筑面积14.5万m²，用地面积7万m² | 2010 | |

4
居住建筑
专题

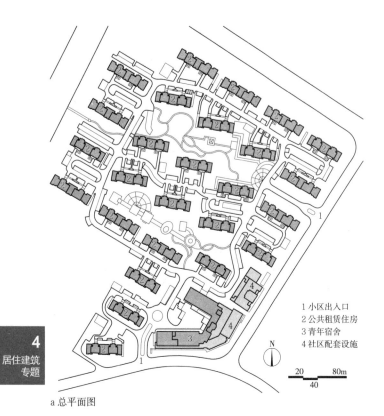

a 总平面图

1 小区出入口
2 公共租赁住房
3 青年宿舍
4 社区配套设施

20　40　80m

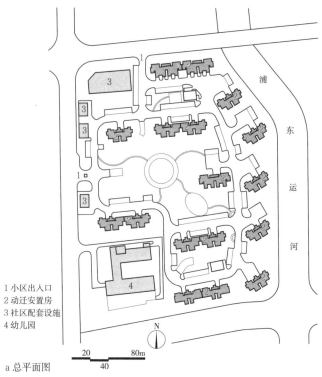

a 总平面图

1 小区出入口
2 动迁安置房
3 社区配套设施
4 幼儿园

20　40　80m

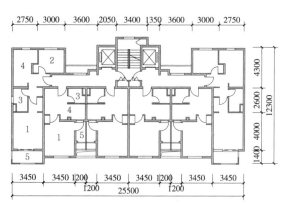

b 标准层平面图一

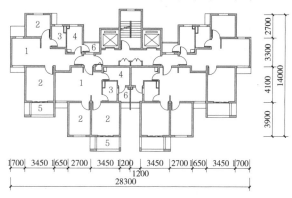

b 标准层平面图一

c 标准层平面图二

1 起居室兼卧室　　4 厨餐空间
2 卧室　　　　　　5 阳台
3 卫生间

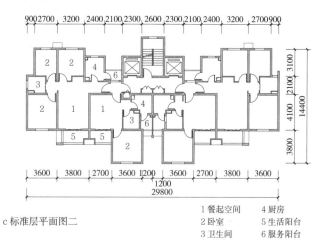

c 标准层平面图二

1 餐起空间　　　　4 厨房
2 卧室　　　　　　5 生活阳台
3 卫生间　　　　　6 服务阳台

**1** 上海普陀馨越公寓公共租赁住房

| 名称 | 主要技术指标 | 设计时间 |
|---|---|---|
| 上海普陀馨越公寓公共租赁住房 | 建筑面积26.2万m²，用地面积9万m² | 2011 |

**2** 上海民乐城惠益新苑北苑动迁安置房

| 名称 | 主要技术指标 | 设计时间 |
|---|---|---|
| 上海民乐城惠益新苑北苑动迁安置房 | 建筑面积9万m²，用地面积4.5万m² | 2011 |

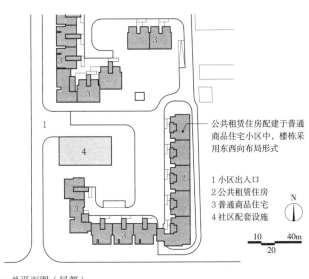

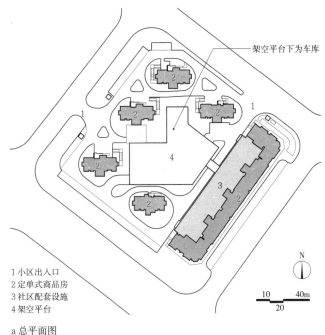

架空平台下为车库

公共租赁住房配建于普通
商品住宅小区中，楼栋采
用东西向布局形式

1 小区出入口
2 公共租赁住房
3 普通商品住宅
4 社区配套设施

a 总平面图（局部）

1 小区出入口
2 定单式商品房
3 社区配套设施
4 架空平台

a 总平面图

4
居住建筑
专题

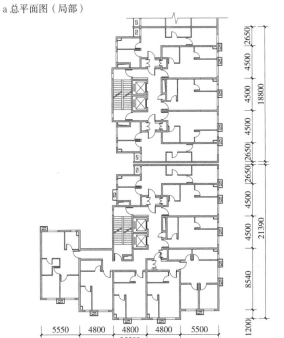

b 楼栋标准层平面图（局部）

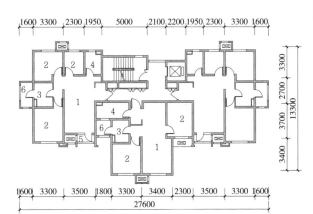

b 楼栋标准层平面图一

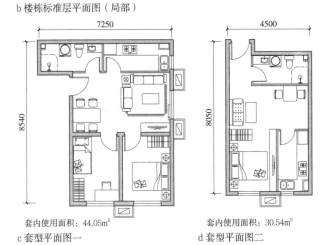

套内使用面积：44.05m²

套内使用面积：30.54m²

c 套型平面图一

d 套型平面图二

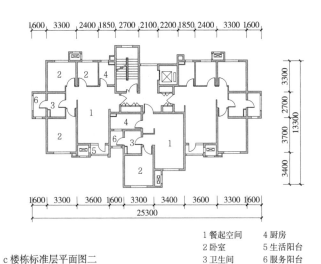

c 楼栋标准层平面图二

1 餐起空间    4 厨房
2 卧室       5 生活阳台
3 卫生间      6 服务阳台

① 北京远洋沁山水公共租赁住房

| 名称 | 主要技术指标 | 设计时间 |
|---|---|---|
| 北京远洋沁山水公共租赁住房 | 建筑面积3万m²，共550套 | 2010 |

② 天津滨海新区佳宁苑定单式商品房

| 名称 | 主要技术指标 | 设计时间 |
|---|---|---|
| 天津滨海新区佳宁苑定单式商品房 | 建筑面积3万m²，用地面积1.7万m² | 2013 |

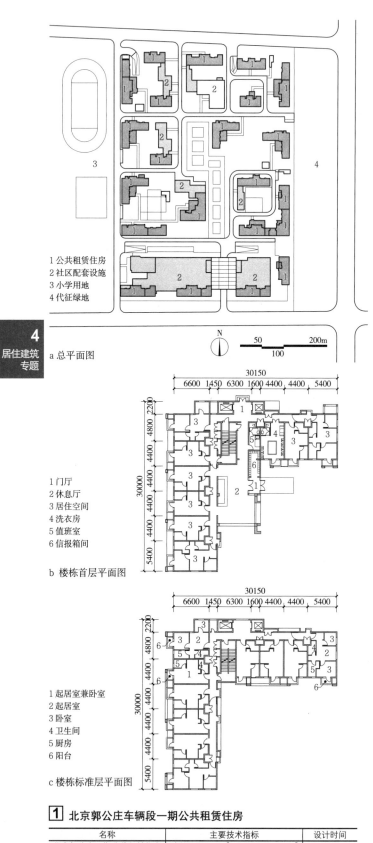

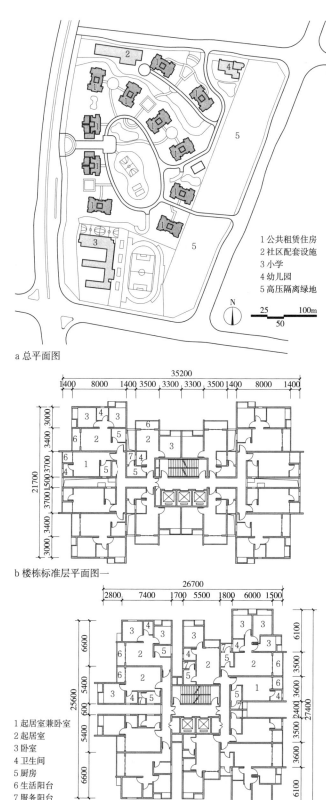

**4**
居住建筑
专题

a 总平面图

1 公共租赁住房
2 社区配套设施
3 小学用地
4 代征绿地

1 门厅
2 休息厅
3 居住空间
4 洗衣房
5 值班室
6 信报箱间

b 楼栋首层平面图

1 起居室兼卧室
2 起居室
3 卧室
4 卫生间
5 厨房
6 阳台

c 楼栋标准层平面图

**1** 北京郭公庄车辆段一期公共租赁住房

| 名称 | 主要技术指标 | 设计时间 |
|---|---|---|
| 北京郭公庄一期公共租赁住房 | 建筑面积21万m²，用地面积5.9万m² | 2013 |

该项目共有3000套住宅，以40m²和60m²的小面积套型为主。在规划层面，项目采用了"开放街区、组团围合、混合功能"的设计理念，将21栋公共租赁住房楼栋分为9个独立组团。组团之外不再设置围墙，通过道路、公共绿地和步行商业街形成开放的公共空间。每个组团利用一栋楼栋首层布置了公共门厅，包含会客、休息、洗衣、儿童活动等功能。在技术层面，项目采用了装配式剪力墙结构和建筑装修一体化技术，有效提高了住宅质量

a 总平面图

1 公共租赁住房
2 社区配套设施
3 小学
4 幼儿园
5 高压隔离绿地

b 楼栋标准层平面图一

1 起居室兼卧室
2 起居室
3 卧室
4 卫生间
5 厨房
6 生活阳台
7 服务阳台

c 楼栋标准层平面图二

注：重庆地区允许出现纯北向套型。

**2** 重庆北部新区康庄美地公共租赁住房A组团

| 名称 | 主要技术指标 | 设计时间 |
|---|---|---|
| 重庆康庄美地公共租赁住房A组团 | 建筑面积21.8万m² | 2010 |

该项目共11座楼栋，以33层的高层住宅为主，总计3803套住宅。地块内配建有小学、幼儿园及商业配套设施等。公共租赁住房套型以一室户和两室户为主

## 中国人口老龄化特征

1999年底，我国60岁及以上的老年人口占总人口的比例达到10%，正式步入了老龄化国家行列。2005~2030年为我国人口老龄化的快速发展时期。预计到2050年左右，我国老年人口数量将达到峰值，60岁及以上老年人口比例将达到31%，并将长期保持在1/3左右。

总体而言，我国的老龄化具有老年人口基数大、老龄化速度快、未富先老、地区差异大等特征。另外，与日本、欧洲等发达国家目前面临的高龄老人为主的深度老龄化状况有所不同，当前我国的老年人口数量虽然在快速增加，然而其中超过1/3的老年人为60~64岁的低龄老人。这些老人大多数身体较为健康，具备生活自理能力，在一定时期内尚不需要入住机构养老设施。我国当前应大力提倡和发展居家和社区养老，加强住宅适老化设计，为其养老生活提供支持。

我国历次人口普查老年人口的比例及分布　　　　表1

| 年份 | 60岁及以上老年人占总人口比例（％） | | | 80岁及以上高龄老人占总人口比例（％） | | | |
| --- | --- | --- | --- | --- | --- | --- | --- |
| | 全国 | 市 | 镇 | 乡村 | 全国 | 市 | 镇 | 乡村 |
| 1953 | 7.32 | — | — | — | — | — | — |
| 1964 | 6.13 | 4.98 | — | — | 3.29 | 3.08 | — |
| 1982 | 7.62 | 7.37 | 6.48 | 7.77 | 6.59 | 7.00 | 7.65 | 6.45 |
| 1990 | 8.57 | 8.58 | 7.07 | 8.73 | 7.92 | 7.83 | 8.43 | 7.90 |
| 2000 | 10.33 | 10.05 | 9.02 | 10.92 | 9.23 | 8.35 | 9.04 | 9.56 |
| 2010 | 13.26 | 11.47 | 12.01 | 14.98 | 11.82 | 11.56 | 11.51 | 12.04 |

注：表中数据根据第一次至第六次全国人口普查数据整理得出。

当前我国不同年龄段老年人的比例分布　　　　表2

| 年龄组（岁） | 60~64 | 65~69 | 70~74 | 75~79 | 80~84 | 85+ | 总计 |
| --- | --- | --- | --- | --- | --- | --- | --- |
| 比例（％） | 35.25 | 23.86 | 16.67 | 12.20 | 7.60 | 4.41 | 100 |

注：表中数据根据2015年《中国统计年鉴》中相关数据整理得出。

## 老年人住宅的定义

老年人住宅（House for the Aged）是指，根据老年人特定的生理特征和心理需求而设计的住宅。我国确立了以"居家养老为基础"的养老居住政策，老年人住宅的建设是保障老年人居住权利，提高老年人生活质量的重要基础，对实现居家养老具有重要意义。

从广义上讲，任何供以老年人为核心的家庭居住使用的住宅均可称为"老年人住宅"。目前大部分老年人住宅都是供具备自理能力的老人以家庭为单位开展独立的居住生活，但也有部分老年人住宅会为居住者提供一些生活照料服务，并配置相应的空间设施，这种介于机构养老设施和老年人住宅之间的建筑类型往往被称为"老年人公寓"。

老年人住宅的常见形式及特征比较　　　　表3

| 形式 | 单元式老年人住宅 | 通廊式老年人住宅 | 独立式老年人住宅 |
| --- | --- | --- | --- |
| 图示 | | | |
| 特征分析 | 以每套住宅为独立的居住单位，适合具备独立生活能力的老年人以家庭为单位的居住生活 | 空间形式有利于开展适当的照料服务，适合具有一定护理需求的老年人开展半家庭半集式的居住生活 | 可满足数位老人共同居住和照料的需求，适合开展小规模的集体式居住生活 |

## 老年人住宅设计要求

老年人住宅设计除应符合国家有关部门颁发的设计标准、规范和规定外，还应注意以下设计要求：

1. 老年人住宅宜与普通住宅居住区配套建设，并布置在对外交通方便、临近相关服务设施和公共绿地的地段，见①。

2. 老年人住宅应布置在日照、通风条件较好的地段。有条件时，老年人住宅楼栋宜采用低层或多层的建筑形式。

3. 老年人住宅设计应与所提供的养老服务和运营模式相适应，为居住者、服务管理者提供良好的使用条件。

4. 老年人住宅设计应保证老年人居住的安全与便利，室内公共空间以及套内空间均须考虑无障碍和适老化设计要求。

5. 老年人住宅应具备灵活性和可变性，以便根据老年人需求的变化或运营模式的调整而进行改造。

1 小区出入口
2 老年人住宅
3 老年人公寓
4 公寓底层配套设施
5 普通住宅
6 老年人日间照料中心
7 幼儿园

**4 居住建筑专题**

① 老年人住宅配建在普通住宅居住小区中的示例

## 国外老年人住宅的发展理念

发达国家大多在19世纪和20世纪相继进入老龄化社会，如法国、德国、英国、日本和美国等。随着对老龄化问题和老年人居住需求认识的逐步深化，发达国家在养老居住模式的探索上经历了从"医院养老"到"设施养老"再到"居家养老"的转变过程，见②，并逐步形成了以下理念：

原居养老（Aging in Place）：提倡让老年人尽可能长时间地居住在自己的家或社区里，借助社区提供的照料服务，安全、舒适地开展养老生活，见③。

普通住宅适老化：随着全社会老龄化程度的加剧，普通住宅也应做到无障碍化、适老化，以方便老年人的生活。

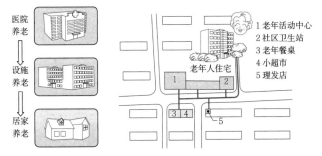

1 老年活动中心
2 社区卫生站
3 老年餐桌
4 小超市
5 理发店

② 养老居住模式转变过程　　③ "原居养老"理念示意图

## 设计要点

1. 老年人住宅套型应为平层,不宜出现室内楼梯或台阶。当套型为跃层或错层时,应将老人的主要活动空间布置在同层。

2. 套型内楼地面不宜有高差,当因结构做法差异或铺装材料不同等原因而产生不可避免的高差时,应通过找坡、倒坡脚等方式实现平滑过渡。

3. 老年人住宅的套内主要空间(如起居室、老年人居住的卧室)应保证有良好的朝向。

4. 套内各空间应保持近便的联系,使动线便捷、顺畅。

5. 卧室、卫生间等重点功能空间应考虑他人护理协助,及轮椅通行、回转的空间需求。

6. 套型设计时须考虑老人在自理、失能等不同身体条件下的居住需求,套型结构形式、空间布局、设备管线设计均应为未来改造预留可能性,或做适当的潜伏设计。

## 门厅

1. 门厅应保证足够的通行净宽,以满足轮椅通行和急救情况下担架出入的需求。

2. 门厅应有更衣、换鞋和存放轮椅等辅具的空间,并宜留出放置坐凳和安装扶手的位置,见 1 。

3. 应保证门厅空间的通达性和适应性,不宜采用承重墙来限定空间,见 2 ;当老人乘坐轮椅时期,可以拆除隔墙,根据实际需求扩大门厅空间,以适应轮椅通行、回转和护理人员辅助操作所需的空间。

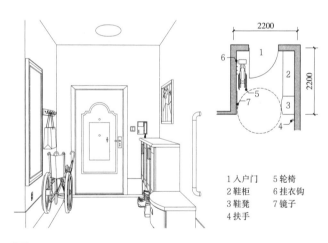

1 入户门　　5 轮椅
2 鞋柜　　　6 挂衣钩
3 鞋凳　　　7 镜子
4 扶手

1 门厅典型布置示例

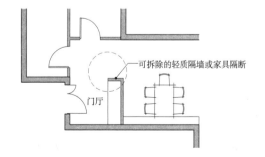

2 门厅可改造性示例

## 起居室

1. 起居空间宜位于住宅套型中部,使老人从起居室到达其他空间都较为近便,从而减少通行距离,方便家居生活。

2. 起居室的开间和进深尺寸应根据家具的摆放形式、轮椅的通行宽度以及老人看电视的适宜视距来综合确定,见 3 ,通常起居室开间宜≥3.3m,进深宜≥3.6m。

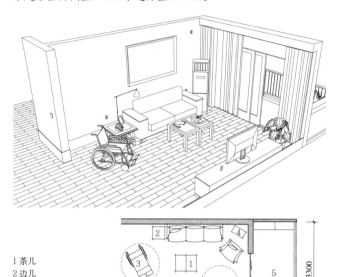

1 茶几
2 边几
3 轮椅
4 空调
5 阳台

3 起居室典型布置示例

## 餐厅

1. 餐厅宜邻近厨房设置,使老人端送饭菜、餐具等活动更为便捷,见 4 。

2. 餐厅空间应有可扩展的余地,以满足子女探望或家庭聚餐时的就坐需求,例如:餐厅可与起居室连通,实现空间的相互借用。

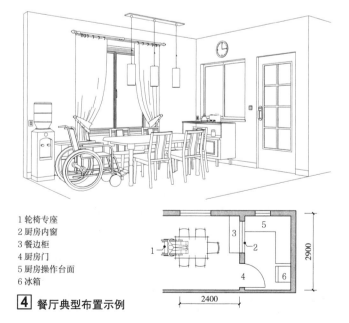

1 轮椅专座
2 厨房内窗
3 餐边柜
4 厨房门
5 厨房操作台面
6 冰箱

4 餐厅典型布置示例

## 厨房

1. 老年人住宅厨房的平面布局应保证合理的操作流线，使各操作流程交接顺畅，互不妨碍。

2. 厨房应有充足的操作台面，洗涤池和炉灶之间宜通过操作台面相连。对于上肢力量较弱的老人，可借助台面传递物品，避免费力。

3. 为轮椅老人设计的厨房，其操作台宜采用U形、L形布局形式，并将洗涤池和炉灶分别布置在操作台转角的两侧，这样可使主要的操作活动都在90°回转范围内完成，避免频繁挪移轮椅，见[1]、[2]。

4. 厨房操作台前的通行及活动净宽应≥0.9m。当考虑轮椅通行及操作时，操作台前宽度宜适当增加，且洗涤池、炉灶下方宜采用局部留空的方式，便于接近使用，通常洗涤池及炉灶下部留空的高度宜≥0.65m，深度宜≥0.3m，见[3]、[4]。

5. 老年人住宅的厨房宜在吊柜与台面之间设置中部柜，以便将常用物品存放在老人（特别是轮椅老人）伸手可及的高度范围内。中部柜宜在距地1.2~1.6m的高度范围内设置，柜体深度宜为0.2~0.25m，避免碰头，见[5]。

6. 厨房除设置整体照明外，还宜在洗切、烹饪操作区设置局部照明，保证老人操作时能够看清，见[6]。

7. 厨房地面材质应防滑、防污且易擦拭。

8. 应对水、电、燃气的使用有安全防范措施。使用燃气灶具时，应采用熄火自动关闭燃气的安全型灶具，并设燃气泄漏报警及自动关闭装置。

9. 厨房的面积大小、家具设备布局会随着老人身体状况的改变而产生新的需求。厨房空间应具备灵活改造的可能性，以在必要时对空间进行拆改，使其符合老人的使用需求，见[7]。

a 厨房操作台前净宽应≥0.9m

b 利用操作台下部局部留空，保证轮椅操作和回转所需空间

**[3]** 厨房操作及通行空间宽度要求

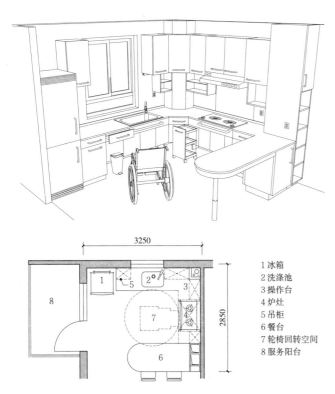

1 冰箱
2 洗涤池
3 操作台
4 炉灶
5 吊柜
6 餐台
7 轮椅回转空间
8 服务阳台

**[1]** 厨房典型布置示例

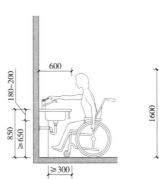

**[4]** 操作台下部留空尺寸示意

**[5]** 中部柜尺寸示意

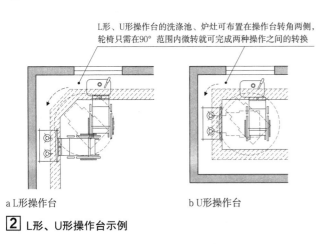

L形、U形操作台的洗涤池、炉灶可布置在操作台转角两侧，轮椅只需在90°范围内微转就可完成两种操作之间的转换

a L形操作台

b U形操作台

**[2]** L形、U形操作台示例

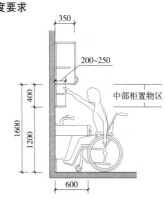

洗涤池和操作台上方设局部照明

整体照明

**[6]** 厨房局部照明灯具设置示例

采用轻质隔墙，空间可外扩

**[7]** 厨房空间改造示例

## 卫生间

1. 卫生间应与老人卧室保持近便的联系，方便老人就近使用，避免因晚间起夜如厕时路线较长或过于曲折而产生危险或不便。

2. 供老年人使用的卫生间应至少配置坐便器、洗浴器、洗面器三件卫生洁具，有条件时，还宜设置专门的更衣、洗衣空间等，见1。

3. 卫生间的空间尺寸除满足卫浴设备的布置需求外，还应考虑他人协助老人如厕、洗浴的操作空间，并应考虑轮椅老人使用的需求，见2、3。

4. 应为老人的洗漱、洗浴、更衣等活动提供坐姿操作的条件，例如在洗浴、更衣区及盥洗台前安排坐凳等，见4。

5. 适合坐姿使用的盥洗台，其台下空间净高宜≥0.65m，净深宜≥0.30m，见5。

6. 相较于盆浴，老年人住宅的卫生间宜优先采用淋浴的形式，以保证老人的使用安全，也便于轮椅老人使用和他人护理协助。

7. 淋浴间隔断宜采用浴帘类的软质隔断，方便轮椅进出和使用，也有助于洗浴时他人协助操作，见6。

8. 坐便器旁及淋浴区、更衣区应设置安全抓杆，辅助老人如厕、洗浴及更衣时起坐、转身等行动，见7、8。

9. 卫生间门应采用可外开的门或推拉门，以利于紧急救助；门的开启净宽应≥800mm，保证轮椅进出方便。

10. 卫生间与邻近空间地面衔接处应平滑过渡，不宜出现门槛或高差。

11. 卫生间应便于灵活改造，以适应老年人不同身体状况时，空间需要灵活扩大、变化等需求。

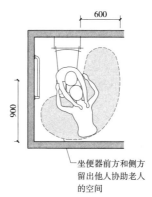

3 坐便器旁护理辅助空间示意

1 卫生间典型布置示例

1 盥洗台
2 镜箱
3 洗衣机
4 更衣坐凳
5 扶手
6 储物柜
7 置物台
8 淋浴器
9 淋浴凳

4 更衣座凳及扶手位置示意

5 盥洗台下部空间尺寸示意

盥洗台下部应当部分留空，供轮椅接近及老人坐姿洗漱时使用。

6 淋浴间尺寸示意

淋浴间尺寸应比一般淋浴间略宽松一些，且宜用软帘，以便轮椅进入和其他人员辅助老人洗浴。

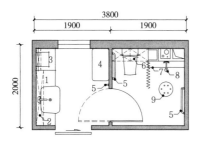

2 适合轮椅老人使用的卫生间设计示例

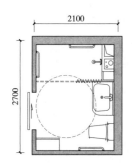

7 淋浴区扶手位置示意

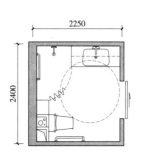

8 坐便器旁L形扶手位置示意

## 卧室

1．老年人住宅的卧室空间应留有轮椅通行、回转及护理所需的空间，并宜考虑摆放两张床的空间，以满足老年夫妇分床睡或护理人员夜间陪同的需求。卧室开间宜≥3.3m，进深宜≥4.0m，见①~③。

2．卧室入口处不宜过于狭窄或曲折，门的开启净宽应≥800mm，以便轮椅进出及紧急救助时担架的出入。

3．卧室与家中主要活动区之间地面不应出现高差，地面材质应防滑耐磨，且便于轮椅推行。

4．卧室与卫生间应保持近便的联系，使老人由卧室去往卫生间的路线便捷；对于长期卧床的老人，宜将其卧室与卫生间相邻布置。

5．注意卧室门及窗开启扇的相对位置关系，组织好室内通风流线，避免室内出现通风死角。

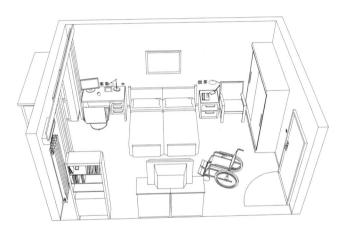

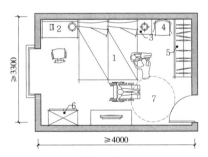

1 两张可分可合的单人床
2 书桌
3 床头柜
4 靠背椅
5 衣柜
6 储物柜
7 轮椅回转空间

① 卧室典型布置示例

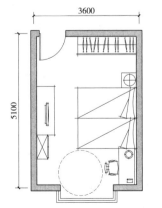
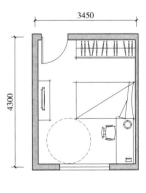

② 双人卧室示例　　③ 单人卧室示例

## 过道

1．室内过道净宽应≥1.0m，且不宜过于曲折，以利于轮椅通行，见④。

2．过道不应设台阶及高差，当过道地面与其他房间门的交接处有材质变化时，应保证平滑衔接。

3．过道墙面距地350mm以下可设置护墙板，避免轮椅脚踏板或其他助行器械通行时磕蹭墙体。

4．过道较长或有转弯时应设置专门照明，保证照度均匀。

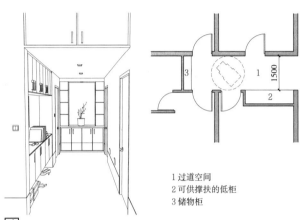

1 过道空间
2 可供撑扶的低柜
3 储物柜

④ 过道典型布置示例

## 阳台

1．老年人住宅应设阳台，以满足老人种植花草、洗晾衣物、休闲健身等多种活动的需求。阳台进深宜≥1.5m，以便各类活动的开展，以及轮椅的停留和回转，见⑤。

2．阳台内应设置洗衣机位和晾衣设施，使洗衣、晾衣功能就近，以缩短家务动线。

3．阳台地坪通常比室内略低，应采取一定措施加以找平、消除高差或做到地面平滑衔接，以方便老人及乘轮椅者进出。

4．应做好安全防护措施，落地窗玻璃内侧应加设防护栏杆，防止老人或轮椅误撞到窗玻璃。

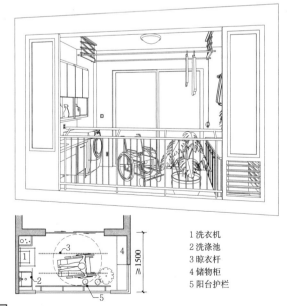

1 洗衣机
2 洗涤池
3 晾衣杆
4 储物柜
5 阳台护栏

⑤ 阳台典型布置示例

4
居住建筑
专题

## 空间组合关系

1. 老年人住宅套型应集中组织功能流线,将经常活动和使用的空间居中布置,见1。

2. 套内各空间的位置应根据生活流程进行布置,例如:卫生间与老人卧室应邻近设置,餐厅与厨房宜就近布置,起居室与餐厅也宜邻近连通等,使动线短捷,见2。

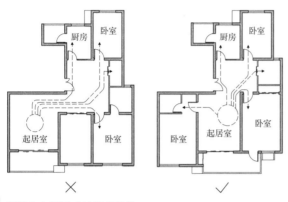

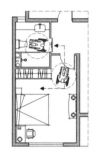
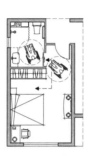
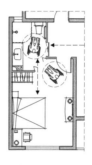

1 起居室布置形式的优劣比较

a 卫生间与老人卧室靠近,使老人的如厕动线短捷

餐厅厨房宜就近布置,缩短老人行走距离

厨房与餐厅隔墙上设置推拉窗,方便将准备好的饭菜推送到餐桌而不必频繁进出

b 餐厅与厨房就近布置,饭菜端送更近便

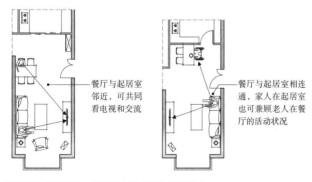
餐厅与起居室邻近,可共同看电视和交流

餐厅与起居室相连通,家人在起居室也可兼顾老人在餐厅的活动状况

c 起居室与餐厅连通,便于家人间交流和相互照应

2 套内空间就近组合安排的示例

## 空间灵活性

老年人住宅的套内空间宜具备一定的灵活可变余地。可以采用框架结构或利用轻质隔墙,便于对套内空间格局进行调整。套型中的管井宜倚靠承重墙布置,以免对轻质隔墙的拆改造成影响,见3。

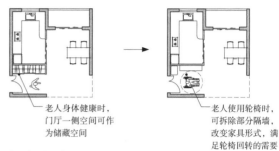
老人身体健康时,门厅一侧空间可作为储藏空间

老人使用轮椅时,可拆除部分隔墙,改变家具形式,满足轮椅回转的需要

a 门厅一侧为轻质隔墙,空间可扩展,以实现轮椅回转

b 设置弹性空间便于改造

老人需要使用轮椅时,储藏间隔墙可部分打通,满足轮椅通行的需要。

3 套型预留改造条件的示例

## 消除地面高差

应消除老年人住宅套型内各空间交接处的高差,见4。例如:不同铺装材料施工时可通过调整厚度进行找平,避免高差的产生;卫生间、厨房与室内其他空间地面交接处的过门石或压条,可通过对其进行抹圆角或八字脚等方法处理好过渡关系。此外,针对套内有高差变化的部位,宜通过设置明显的色彩标识等方式提示老年人注意。

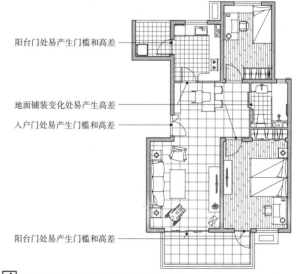
阳台门处易产生门槛和高差

地面铺装变化处易产生高差

入户门处易产生门槛和高差

阳台门处易产生门槛和高差

4 套内地面易产生高差的位置示例

## 朝向、采光与通风

1. 老年人住宅套型应有良好的朝向，老人卧室、起居室宜以南向为主，东西向应采取有效的遮阳手段。

2. 老年人住宅宜采用南北通透的套型，使室内可以获得良好的通风条件。板式或塔式住宅中的纯南向套型或中间套型一般通风条件较差，设计中可通过合理安排户门的位置，利用入户门通风扇开启后与楼栋公共交通部分的窗形成风路，解决套型内部的通风问题，见 1。

老年人住宅朝阳房间数目与房间功能优先顺序　　　　表1

| 朝阳房间数目 | 房间功能优先顺序 |
| --- | --- |
| 一间朝阳 | ①老人卧室 |
| 二间朝阳 | ①老人卧室；②起居室 |
| 三间朝阳 | ①老人卧室；②起居室；③其他卧室 |
| 三间以上朝阳 | 在上述功能外还可安排餐厅或书房等 |

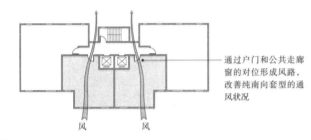

通过户门和公共走廊窗的对位形成风路，改善纯南向套型的通风状况

1 借助公共空间改善纯南向套型通风条件的示例

## 声音与视线

为了方便老年人与家人或护理人员之间的相互照应，老年人住宅套内主要生活区如起居室、餐厅等空间宜采用开敞式设计，或通过设置门洞、窗洞和镜子等手段，加强各空间视线和声音上的沟通，方便家人和护理人员在做其他事情的同时照看老人，见 2。

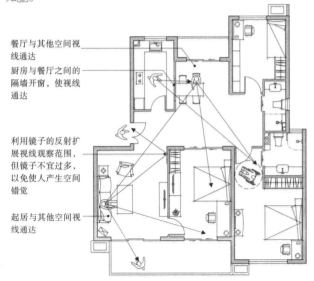

餐厅与其他空间视线通达

厨房与餐厅之间的隔墙开窗，使视线通达

利用镜子的反射扩展视线观察范围，但镜子不宜过多，以免使人产生空间错觉

起居与其他空间视线通达

2 利用门窗洞口及镜子的反射加强视线联系的示例

## 回游动线

"回游动线"是指住宅内各空间之间通过开设门洞等方式形成可以循环往复的动线。在老年人住宅套型设计中设置"回游动线"，不仅有助于加强室内空间的相互联系，为老年人提供了更灵活、丰富的活动动线，同时也对改善套内通风采光，增进视线、声音联系具有重要意义，见 3。

a 阳台与起居室、厨房连通，形成回游动线

b 卧室与起居室形成回游动线，空间联系更近便

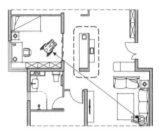

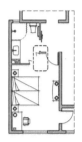

c 套型中部形成回游动线，使动线更灵活，也有利于视线连通

d 卫生间与卧室形成回游动线，轮椅进出和使用卫生间更加便利

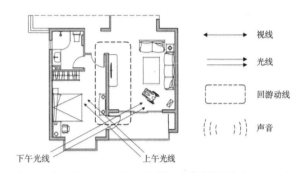

视线

光线

回游动线

声音

下午光线　　　　　　上午光线

e 阳台连通卧室和起居室，形成回游动线，并使光线充分进入室内空间

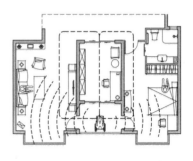

f 各空间之间相互连通，形成多条回游动线，有助于声音通达

3 利用不同的空间条件在套型中形成"回游动线"的示例

套型考虑供一对老年夫妇居住，北向次卧室可作为多功能间，供护理人员或家人陪住。

| 套型 | 套内使用面积 | 套型阳台面积 |
|---|---|---|
| A | 69.42m² | 7.69m² |

**1 两居室套型实例一**

套型中部形成门厅、餐厅、起居室的回游动线，使空间开敞、视线连通，利于老人的通行活动。

| 套型 | 套内使用面积 | 套型阳台面积 |
|---|---|---|
| A | 72.70m² | 5.70m² |

**2 两居室套型实例二**

套型面宽大、进深小，起居室、卧室、厨房采光充足，南向阳台连通后可形成便捷的回游动线。

| 套型 | 套内使用面积 | 套型阳台面积 |
|---|---|---|
| A | 55.14m² | 6.60m² |

**3 一居室套型实例**

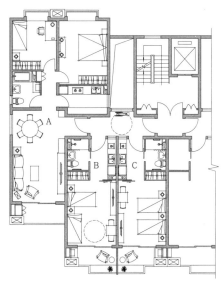

四居室：适合多代人共同居住。

| 套型 | 套内使用面积 | 套型阳台面积 |
|---|---|---|
| A | 64.46m² | 4.78m² |
| B | 25.03m² | 3.86m² |
| C | 24.45m² | 3.86m² |

注：套型B、C的厨房为电厨房。

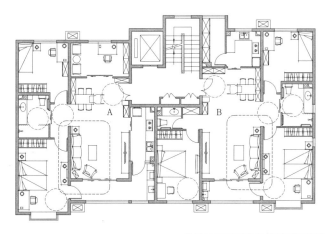

楼栋单元为一梯二户，适合中低层和中高层住宅采用，套型面宽较大、进深较小，采光、通风条件好。

| 套型 | 套内使用面积 | 套型阳台面积 |
|---|---|---|
| A | 83.41m² | 10.77m² |
| B | 95.03m² | 11.50m² |

**5 单元式套型组合实例**

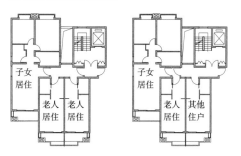

两居室+单居室+单居室：适合子女与老人就近独立居住。

三居室+单居室：适合1~2位老人与子女合住，单居室独立出租。

**4 老少户套型组合实例**

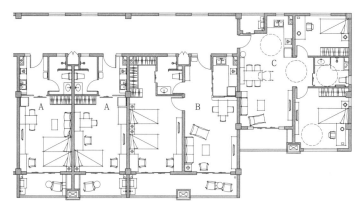

楼栋采用廊式布局，适合自理老人居住，中部单居室套型可灵活合并为一室一厅套型，端部套型为两居户，可供老年夫妇居住。

**6 通廊式套型组合实例**

| 套型 | 套内使用面积 | 套型阳台面积 |
|---|---|---|
| A | 28.27m² | 5.65m² |
| B | 57.76m² | 11.30m² |
| C | 59.02m² | 7.16m² |

注：套型厨房均为电厨房。

## 公共楼梯、电梯

1. 老年人住宅公共楼梯与电梯的尺寸、形式等应符合老年人居住建筑相关规范要求。

2. 公共楼梯宜采用双跑的楼梯形式，不应采用螺旋楼梯，且楼梯休息平台部位不应设置踏步。

3. 公共楼梯段两侧宜设置连续扶手，扶手端部宜水平延伸不小于0.30m。

4. 候梯厅和公共楼梯间应争取对外开窗，从而获得较好的采光、通风条件，保证老人的行动安全，见［1］。

5. 公共楼梯间照明灯具的布置应均匀、充足，并注意消除踏步或人体自身投影对视觉的干扰；有条件时，还宜设置脚灯等低位照明，以利于老人对踏步轮廓的辨识，见［2］。

6. 老年人住宅应配置可容纳担架的电梯。电梯门应有自动感应装置，并宜适当减缓关门速度。电梯轿厢内宜设置扶手、安全镜、低位操作板和防撞板等，见［3］。

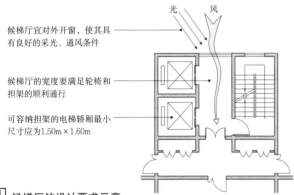

候梯厅宜对外开窗，使其具有良好的采光、通风条件

候梯厅的宽度要满足轮椅和担架的顺利通行

可容纳担架的电梯轿厢最小尺寸应为1.50m×1.60m

［1］ 候梯厅的设计要求示意

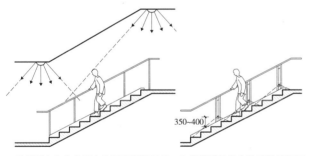

a 楼梯平台和休息平台均设置照明灯具　　b 楼梯梯段结合扶手设置脚灯

［2］ 公共楼梯间照明灯具布置方式示意

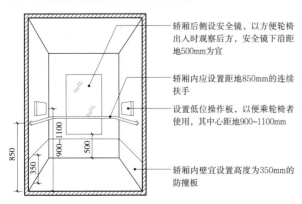

轿厢后侧设安全镜，以方便轮椅出入时观察后方，安全镜下沿距地500mm为宜

轿厢内应设置距地850mm的连续扶手

设置低位操作板，以便乘轮椅者使用，其中心距地900~1100mm

轿厢内壁宜设置高度为350mm的防撞板

［3］ 电梯轿厢的设计要点示意

## 楼栋单元出入口

1. 老年人住宅的楼栋单元出入口应符合无障碍设计要求，出入口平台的尺寸要满足轮椅转圈、多人停留及通行的要求。

2. 楼栋单元出入口内外应设置照度充足的照明灯具，并宜在单元门旁设置局部照明，便于老人看清门禁设备的操作按钮，见［4］。

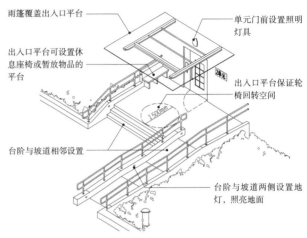

雨篷覆盖出入口平台

出入口平台可设置休息座椅或暂放物品的平台

台阶与坡道相邻设置

单元门前设置照明灯具

出入口平台保证轮椅回转空间

台阶与坡道两侧设置地灯，照亮地面

［4］ 楼栋单元入口平台的设计要点示意

## 公共走廊

老年人住宅公共走廊的有效净宽应符合相关规范要求。可采用将入户门前的走廊局部放大等方式，满足轮椅回转的要求，见［5］。公共走廊的形式宜简短、直接，过于曲折的走廊不利于担架的顺利通行和转弯，见［6］。

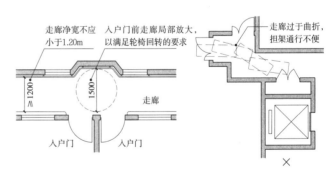

走廊净宽不应小于1.20m

入户门前走廊局部放大，以满足轮椅回转的要求

入户门　　入户门

［5］ 走廊局部放大的设计示例

走廊过于曲折，担架通行不便

走廊

［6］ 走廊应避免过于曲折

## 非机动车停车场

供老年人停放非机动车的场地宜靠近楼栋单元出入口，不应设在地下，见［7］。

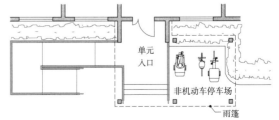

单元入口

非机动车停车场

雨篷

［7］ 非机动车停车场设计示例

# 门

老年人住宅的门首先要保证轮椅通行的有效宽度，门旁应留有便于乘轮椅者开启门扇的空间；门槛、门把手等细节方面还需满足相应的适老化要求，见⊡~⊡。

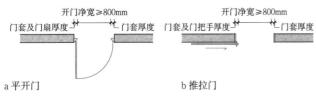

a 平开门　　　　　　　　b 推拉门

**⊡ 轮椅通行的门洞净宽要求示意**

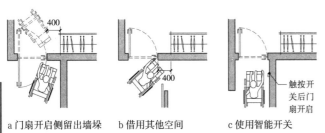

a 门扇开启侧留出墙垛　b 借用其他空间　c 使用智能开关

**⊡ 便于轮椅老人开启门扇的设计示例**

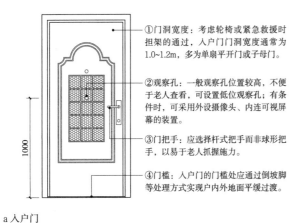

a 入户门

①门洞宽度：考虑轮椅或紧急救援时担架的通过，入户门门洞宽度通常为1.0~1.2m，多为单扇平开门或子母门。

②观察孔：一般观察孔位置较高，不便于老人查看，可设置低位观察孔；有条件时，可采用外设摄像头、内连可视屏幕的装置。

③门把手：应选择杆式把手而非球形把手，以易于老人抓握施力。

④门槛：入户门的门槛处应通过倒坡脚等处理方式实现户内外地面平缓过渡。

b 套内房间门

①门扇：宜根据老人的身体条件，选用轻便、易于开闭的门。一般情况可选用平开门，坐轮椅者可选推拉门。

②门框：门框颜色宜与周边墙面颜色形成一定的对比，便于老人识别。

③玻璃观察窗：卫生间、厨房门宜设置透光窗，在保证私密性的同时，便于了解房间内的使用情况。

④门把手：门把手中心点距地面高度为900~1000mm，应选择易施力的杆式把手，把手末端应回弯，防止钩挂衣袖、书包带等。

⑤防撞板：为防止轮椅脚踏板对门的碰撞，门扇距地350mm以下宜设置防撞板。

**⊡ 门的适老化设计要点示意**

# 窗

老年人住宅内的窗户除了应满足采光、通风的基本要求外，还要考虑为乘坐轮椅及卧床的老人适当降低窗台高度，以保证其视线可看到窗外；落地窗前应设置护栏，防止老人恐高和轮椅碰撞；窗把手的高度应适当降低，易于老人开闭，见⊡、⊡。

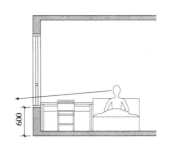

**⊡ 适当降低窗台高度的设计示例**　　**⊡ 窗把手高度的设计示例**

# 灯具

老年人住宅套内灯具除考虑整体照明外，还应设有局部照明，以满足读书、看报等特定活动的更高照度需求。卫生间、走廊等宜设置两组以上的照明灯具，以备其中一组出现故障时，另一组仍可作为备用照明，确保老人活动时的安全，见⊡。

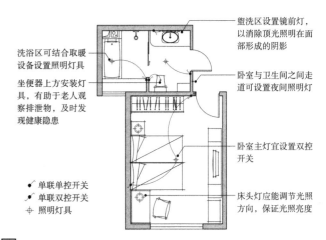

盥洗区设置镜前灯，以消除顶光照明在面部形成的阴影

洗浴区可结合取暖设备设置照明灯具

坐便器上方安装灯具，有助于老人观察排泄物，及时发现健康隐患

卧室与卫生间之间走道可设置夜间照明灯

卧室主灯宜设置双控开关

床头灯应能调节光照方向，保证光照亮度

● 单联单控开关
↗ 单联双控开关
⊕ 照明灯具

**⊡ 卧室、卫生间灯具布置示例**

# 插座、开关

老年人住宅内的照明开关高度宜为1.1~1.2m，兼顾站立者和乘轮椅者的使用需求。常用插座的设置位置宜在老人伸手可及的范围内，避免老人过多够高或弯腰，见⊡。

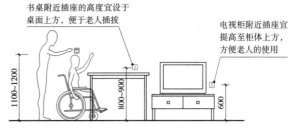

书桌附近插座的高度宜设于桌面上方，便于老人插拔

电视柜附近插座宜提高至柜体上方，方便老人的使用

**⊡ 插座、开关高度要求示意**

居住建筑专题 4

## 智能化系统的组成

老年人住宅智能化系统是指综合运用现代信息技术和智能控制技术等,保证老年人居家生活安全、便捷的智能化设备体系。智能化系统所含内容很多,在老年人住宅中经常应用的主要分为以下三类:

1. 安全监控系统:主要指老年人住宅内的门禁对讲、红外感应器、烟雾报警器等管理、监控设备以及安全防范设备。

2. 紧急呼叫系统:主要指安装在住宅内的固定式紧急呼叫器,以及可随身佩戴的无线呼叫设备等。

3. 智能家居设备及控制系统:主要指智能卫浴设备、家电,以及智能照明控制系统、室内温湿度控制系统等。

老年人住宅内可配置的智能化设备见［1］。

［1］老年人住宅内的智能化设备配置示例

## 安全监控系统

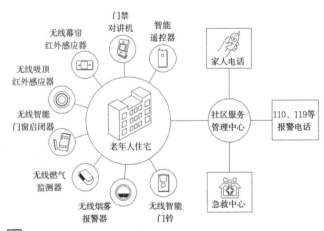

［2］老年人住宅安全监控系统示意图

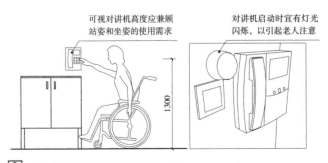

［3］老年人住宅的可视对讲设备示意

## 紧急呼叫系统

紧急呼叫系统的报警设备一般为安装在住宅室内墙面的固定式紧急呼叫器和佩戴在老人身上的无线呼叫设备,见［4］。老人发生意外情况时,可以通过触动按钮向家人或相应的服务管理中心发出报警讯息,以得到及时救助。

固定式紧急呼叫器应安装在老人活动频繁且较易发生意外的区域,如卫生间如厕区、卧室床头附近等。

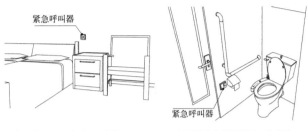

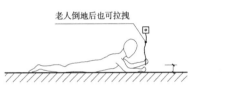

**4**
居住建筑
专题

a 床头附近设置紧急呼叫器　　　　b 坐便器前方设置紧急呼叫器

c 带有拉绳的紧急呼叫器　　　　d 可随身携带的呼叫器

［4］老年人住宅内常见的紧急呼叫设备示意

## 智能化家居设备及控制系统

a 智能便座:操作面板置于坐便器侧墙,便于老人看清和触按　　b 低位操作面板:抽油烟机开关与电炉灶开关整合于橱柜台面前方

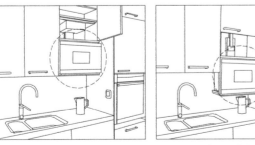

c 可升降式微波炉:通过控制开关调节微波炉搁板高度,使微波炉可上下移动,既方便老人在低处操作使用,又不影响台面的置物收纳空间

［5］老年人住宅内常见的智能化家居设备示意

## 单元式老年人住宅楼栋

1. 单元式老年人住宅适合健康、生活能够自理的老人居住，满足居家养老的需求。

2. 楼栋公共空间应符合无障碍和适老化设计要求。必要处需加设扶手、坡道等设施；应设置至少一部可容纳担架的电梯。

3. 楼栋底层宜设置供老年人开展公共活动的空间或用房，也可配建日间照料中心等小型社区养老服务设施，见 ①。

## 通廊式老年人住宅楼栋

1. 通廊式老年人住宅适合身体条件尚可，需要接受必要的生活照料服务的老年人居住。

2. 老人居室应置于南侧，以获得良好的日照采光。楼栋中部通常布置单居室或一居室等小面积套型，端部可设置两居室等面积较大的套型，见 ②。

3. 楼栋各层应有公共活动厅及配套服务空间。公共活动厅可供老人就餐、聊天，配套服务空间可包含护理服务台或管理值班室，以及公共浴室等。

4. 公共活动厅应有较好的日照条件。护理服务空间可利用楼栋北侧等采光不佳的位置设置，并应邻近楼电梯等交通空间，以便服务人员了解老年人的进出状况。

## 独立式老年人住宅楼栋

独立式老年人住宅通常供多位老年人共同居住，便于集中照料，也利于营造家庭化的居住氛围，见 ③。

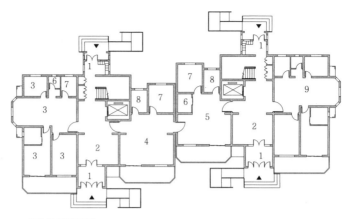

N

2 8m
4

1 单元出入口
2 入口大厅
3 日间照料中心
4 多功能活动厅
5 棋牌室/兴趣室
6 公共卫生间
7 管理用房
8 茶水间
9 老年人住宅套型

a 楼栋首层平面图

1 门厅
2 餐起空间
3 卧室
4 起居室兼卧室
5 厨房
6 卫生间
7 阳台

b 楼栋标准层平面图

**① 单元式老年人住宅楼栋单体设计示例**

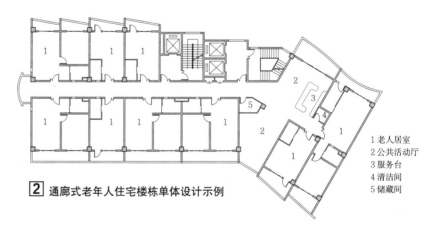

1 老人居室
2 公共活动厅
3 服务台
4 清洁间
5 储藏间

**② 通廊式老年人住宅楼栋单体设计示例**

a 首层平面图

b 二层平面图

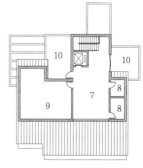

c 三层平面图

1 老人居室
2 居室内卫生间
3 公共起居厅
4 公共卫生间
5 厨房
6 护理员值班室
7 公共活动室
8 储藏间
9 坡屋顶下储藏间
10 室外活动平台

**③ 独立式老年人住宅楼栋设计示例**

4
居住建筑
专题

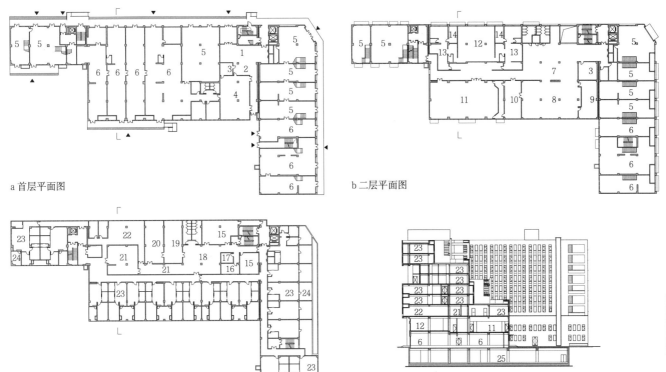

a 首层平面图

b 二层平面图

c 三层平面图

d 剖面图

N

5    20m
10

| 1 老年公寓门厅 | 2 服务台 | 3 管理房 | 4 老人专属接待区 | 5 商铺 |
|---|---|---|---|---|
| 6 餐饮店铺 | 7 上网区 | 8 活动区 | 9 棋牌室 | 10 兵乓球室 |
| 11 多功能厅 | 12 综合活动室 | 13 更衣室 | 14 按摩室 | 15 教室 |
| 16 医务咨询室 | 17 谈心室 | 18 健身区 | 19 视听室 | 20 会议室 |
| 21 展示区 | 22 办公区 | 23 老人居室 | 24 露台 | 25 地下车库 |

**1** 北京房山窦店老年人公寓

| 名称 | 主要技术指标 | 设计时间 | |
|---|---|---|---|
| 北京房山窦店老年人公寓 | 建筑面积1.6万m² | 2013 | 项目配建于普通住宅小区中，建筑共9层，包含约131套老人居室。建筑首层至三层设有餐厅、休闲娱乐空间、多功能厅、康复中心等公共服务设施，既可满足本项目自身的使用需求，也可将部分功能向社区居民开放。首层东侧为商铺，可供对外出租。老人居室以一居室和单居室为主，面积为60m²左右 |

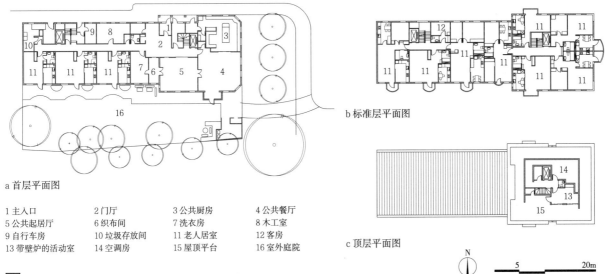

a 首层平面图

b 标准层平面图

c 顶层平面图

N

5    20m
10

| 1 主入口 | 2 门厅 | 3 公共厨房 | 4 公共餐厅 |
|---|---|---|---|
| 5 公共起居厅 | 6 织布间 | 7 洗衣房 | 8 木工室 |
| 9 自行车房 | 10 垃圾存放间 | 11 老人居室 | 12 客房 |
| 13 带壁炉的活动室 | 14 空调房 | 15 屋顶平台 | 16 室外庭院 |

**2** 瑞典Färdknäppen老年人集体住宅

| 名称 | 主要技术指标 | 建成时间 | |
|---|---|---|---|
| 瑞典Färdknäppen老年人集体住宅 | 建筑面积3650m²，用地面积1112m² | 1993 | 项目是一个位于瑞典斯德哥尔摩的老年人集体住宅。在这里，老人们成立了联盟会，形成了自治的社区。从项目的选址、设计、建设，到运营管理、选择住户、制定规章制度，全部都由老人们自己负责。联盟会也由最初的几名核心成员发展为有120名会员的大家族。目前，联盟会中有50名会员住在这里，平日里他们一起生活，享受自己管理自己的美好时光。老人们轮流做饭，维护花园，打扫卫生，互帮互助，形成了良好的社区氛围 |

4
居住建筑专题

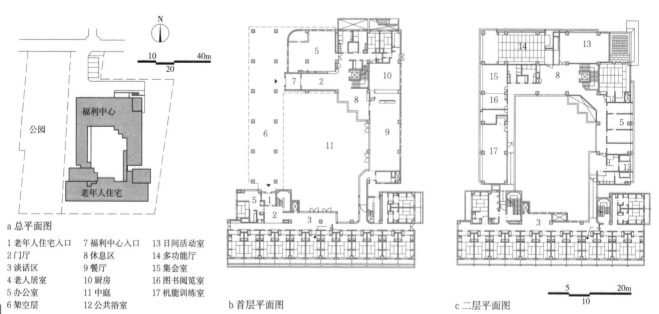

a 总平面图

| 1 老年人住宅入口 | 7 福利中心入口 | 13 日间活动室 |
| --- | --- | --- |
| 2 门厅 | 8 休息区 | 14 多功能厅 |
| 3 谈话区 | 9 餐厅 | 15 集会室 |
| 4 老人居室 | 10 厨房 | 16 图书阅览室 |
| 5 办公室 | 11 中庭 | 17 机能训练室 |
| 6 架空层 | 12 公共浴室 | |

b 首层平面图

c 二层平面图

**1** 日本新树苑老年人住宅

| 名称 | 主要技术指标 | 设计时间 | |
| --- | --- | --- | --- |
| 日本新树苑<br>老年人住宅 | 建筑面积2879m²，<br>用地面积3635m² | 1985 | 该项目包含老年人住宅和为社区提供服务的福利中心两部分。老年人住宅位于基地南侧的楼栋，共包含40套住宅。福利中心位于北侧，设有日间活动室、餐厅、集会室、机能训练室等，可供周边社区居民利用，并向社区老年人的家庭提供服务。建筑中部的中庭成为居住在本项目的老人和周边社区居民的交流场所 |

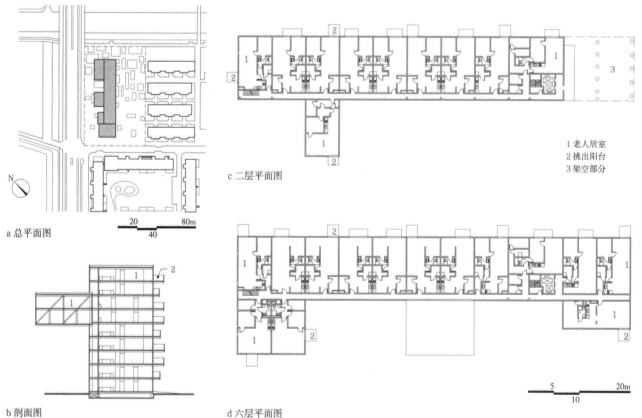

a 总平面图

b 剖面图

c 二层平面图

1 老人居室
2 挑出阳台
3 架空部分

d 六层平面图

**2** 荷兰WOZOCO老年公寓

| 名称 | 主要技术指标 | 建成时间 | |
| --- | --- | --- | --- |
| 荷兰WOZOCO<br>老年公寓 | 建筑面积7500m² | 1997 | 项目提供了100套公寓，共7种套型，分为两居室和三居室，套型使用面积为 70~75m²。由于用地面积有限，设计方采用悬臂结构将部分公寓套型挑出于主体建筑，既增加了公寓套数，同时也留出了更多的底层空间，尽可能地保持了公共绿地的面积，为老年人提供更舒适的居住环境 |

## 综合型老年住区的定义

综合型老年住区是指专为老年人提供的，包含老年人住宅、养老设施等多种居住类型的大型居住社区。社区中除了有为老年人提供的居住建筑之外，还会设有活动中心、康体中心、医疗服务中心等各类公共服务设施。老人在此可获得长期、持续的生活照料、休闲娱乐、护理服务等。

## 综合型老年住区的规模

综合型老年住区的规模通常可以用居住床位数（或套数）、占地面积和总建筑面积等指标进行衡量。社区规模可参照普通居住区的分级规模进行控制。

国内部分综合型老年住区的规模参考　　　　　　表1

| 名称 | 居住床位数或套数 | 占地面积（m²） | 总建筑面积（m²） |
|---|---|---|---|
| 北京太阳城国际老年公寓 | 1300套 | 420000 | 300000 |
| 北京汇晨老年公寓 | 712床 | 78000 | 39000 |
| 北京东方太阳城老年社区 | 4017套 | 2340000 | 700000 |
| 北京曜阳国际老年公寓 | 425套 | 137400 | 67200 |
| 北京将府庄园老年住区 | 589套 | 380000 | 128000 |
| 北京太申祥和山庄 | 1000床 | 100000 | 60000 |
| 上海亲和源老年公寓 | 834套 | 83680 | 100000 |
| 台湾长庚养生文化村 | 3849套 | 343200 | 513692 |

## 综合型老年住区的常见组成内容

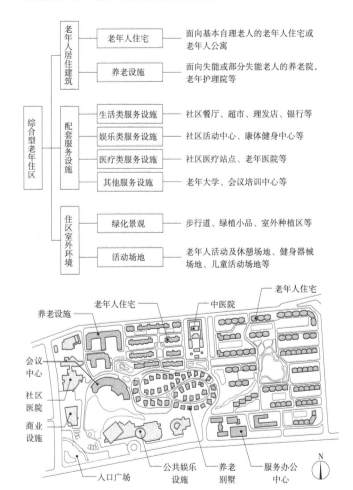

[1] 综合型老年住区常见的组成内容

## 综合型老年住区的规划布局

综合型老年住区规划设计除应符合国家相关标准规范外，还应注意以下设计要点：

1. 综合型老年住区应选择交通方便、基础设施完善、临近医疗设施的地段，通常位于城市郊区，也可选择毗邻城市绿地或具有较好的自然景观资源的地段。

2. 老年住区宜按照不同的居住类型分区布局，以便管理；规划时应考虑分期建设顺序，并预留适当的远期发展用地。

3. 住区内道路既应保证人车分流，又应做到就近停车。社区内住宅楼栋和主要公共服务设施之间宜采用带顶棚的廊道连通，以便雨雪天气时老人仍可安全出行，见[2]。

4. 老年住区宜采用组团式的布局方式，增强居住环境的亲切感，使居住规模控制在一定范围内。

5. 大型、公共的配套服务设施（例如综合服务中心、健身娱乐中心等）宜设置在人流集中、方便到达的位置，如老年住区的主要出入口附近；小型、常用的配套服务设施（例如小超市、理发店、按摩店、医疗服务站等）宜就近、分散地设置在各个居住组团附近，见[3]。

**4**
居住建筑专题

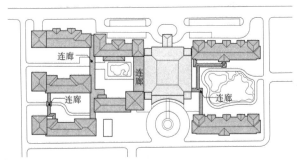

[2] 采用连廊连接老年人住宅及配套服务设施的示意

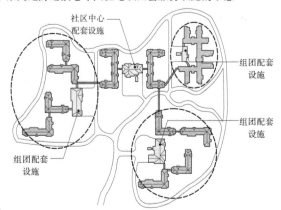

[3] 老年住区公共服务设施"集中—分散式"布局示意

## 持续照料退休社区（CCRC）

持续照料退休社区（CCRC, Continuing Care Retirement Community）起源于美国，是一种复合式的老年住区，通过为老年人提供自理、介助、介护一体化的居住设施和服务，使老年人在健康状况和自理能力变化时，依然可以在熟悉的环境中继续居住，并获得与身体状况相对应的持续照料服务。目前国内一些综合型老年住区由于具有相似的服务定位，也被称为持续照料退休社区（CCRC）。

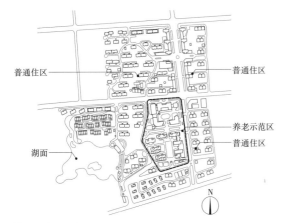

a 总体规划分区示意

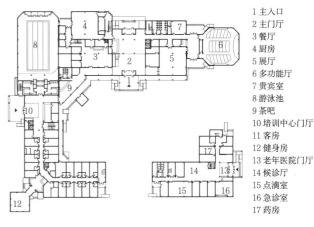

1 主入口
2 主门厅
3 餐厅
4 厨房
5 展厅
6 多功能厅
7 贵宾室
8 游泳池
9 茶吧
10 培训中心门厅
11 客房
12 健身房
13 老年医院门厅
14 候诊厅
15 点滴室
16 急诊室
17 药房

c 综合服务楼一层平面图

**4**<br/>居住建筑<br/>专题

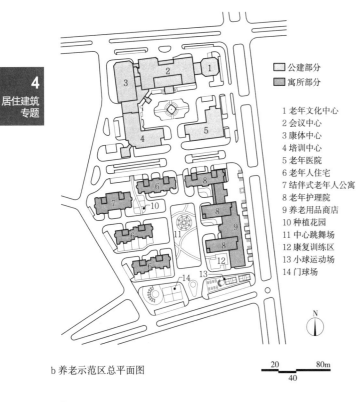

□ 公建部分
■ 寓所部分

1 老年文化中心
2 会议中心
3 康体中心
4 培训中心
5 老年医院
6 老年人住宅
7 结伴式老年人公寓
8 老年护理院
9 养老用品商店
10 种植花园
11 中心跳舞场
12 康复训练区
13 小球运动场
14 门球场

b 养老示范区总平面图

20    80m
40

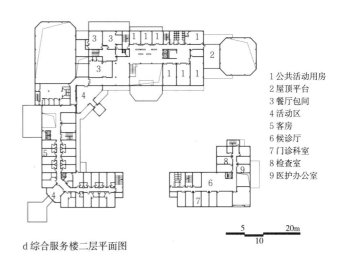

1 公共活动用房
2 屋顶平台
3 餐厅包间
4 活动区
5 客房
6 候诊厅
7 门诊科室
8 检查室
9 医护办公室

d 综合服务楼二层平面图

5      20m
10

**1 天津武清民政部养老示范区**

| 名称 | 主要技术指标 | | 设计时间 |
|---|---|---|---|
| 天津武清民政部养老示范区 | 总用地面积 | 52900m² | 2010 |
| | 总建筑面积 | 31300m² | |
| | 其中 | | |
| | 老年人住宅及公寓建筑面积 | 16900m² | |
| | 综合服务楼（老年文化中心、会议中心、康体中心、培训楼）建筑面积 | 11200m² | |
| | 老年医院建筑面积 | 3200m² | |

项目位于京津之间的天津武清区河西务镇。作为民政部养老示范基地之一，本项目可为京津及周边的老人提供良好的养老、康复、休养处所。本项目启动区包含寓所部分和公建部分。

规划中对公建部分和寓所部分进行了南北分区，公建布置在北侧，寓所（含老年人住宅、老年人公寓）布置在南侧。通过南北分区起到了区分动静和内外的作用。老年护理院及老年医院分布在东侧，便于示范区后期居住人员的就近使用。老年人住宅和公寓共155户，主要临近西南侧湖面布置，居于内部较为安静，又可以获得较好的景观，提升住宅及公寓的品质。

公建部分包括养老培训服务中心、健身活动中心、老年医院、礼堂，以及为前来培训的人员预备的旅馆。各区分别设置出入口，流线不交叉，又共同围合院落，适宜老人的聚集、交流。结伴式度假型老年人公寓可以满足老人与亲属、与朋友结伴出行，养老居住的需求

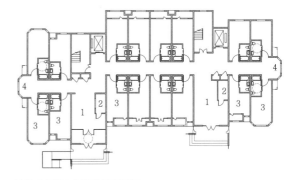

e 结伴式老年人公寓首层平面图

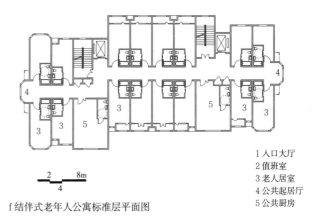

2      8m
4

f 结伴式老年人公寓标准层平面图

1 入口大厅
2 值班室
3 老人居室
4 公共起居厅
5 公共厨房

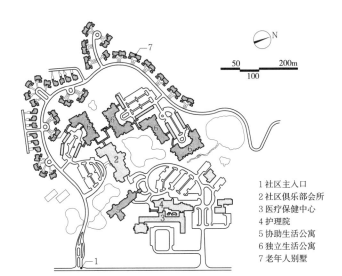

1 社区主入口
2 社区俱乐部会所
3 医疗保健中心
4 护理院
5 协助生活公寓
6 独立生活公寓
7 老年人别墅

a 总平面图

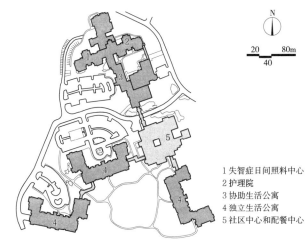

1 失智症日间照料中心
2 护理院
3 协助生活公寓
4 独立生活公寓
5 社区中心和配餐中心

a 局部总平面图（不含老年人别墅部分）

1 老人居室
2 公共活动厅

b 独立生活公寓标准层平面图

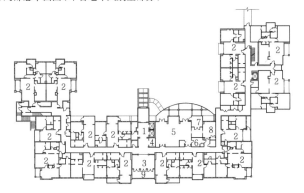

1 门厅       2 老人居室     3 公共起居厅
4 信报箱     5 社区活动室   6 小厨房
7 会议室     8 台球室       9 室外平台

b 独立生活公寓首层平面图

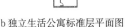

1 门厅
2 公共活动室
3 老人居室

c 协助生活公寓平面图

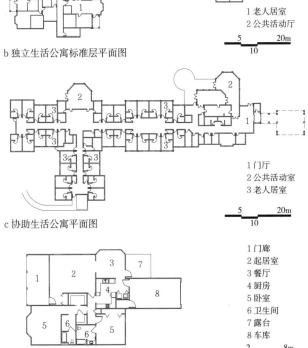

1 门廊
2 起居室
3 餐厅
4 厨房
5 卧室
6 卫生间
7 露台
8 车库

d 老年人别墅平面图

1 门厅       2 图书室     3 起居室
4 餐厅       5 厨房       6 报告厅
7 庭院       8 休息厅     9 办公区

c 社区活动中心平面图

**1 美国Belle Meade持续照料退休社区**

| 名称 | 主要技术指标 | 设计时间 |
|---|---|---|
| 美国Belle Meade持续照料退休社区 | 建筑面积40000m²，用地面积384451m² | 1999 |

项目位于美国北卡罗来纳州南派恩斯，是一个郊区低密度持续照料退休社区（CCRC）。社区包括独立生活公寓（176间）、协助生活公寓（40间）和老年人别墅（48栋），以及提供餐饮、健身、活动等服务的社区会所和医疗保健中心等

**2 美国Deerfield持续照料退休社区**

| 名称 | 主要技术指标 | 设计时间 |
|---|---|---|
| 美国Deerfield持续照料退休社区 | 建筑面积60000m²，用地面积202342m² | 1999 |

项目位于美国北卡罗来纳州阿什维尔，是一个郊区低密度持续照料退休社区（CCRC）。社区包括独立生活公寓（253间）、协助生活公寓（40间）和老年人别墅（54栋），以及4200m²的社区会所

## 乡村住区

### 1. 概念

乡村住区是指建设于农村住房建设用地上,供农村居民居住、生活与生产的区域,是被人工分界线(道路等)或自然分界线(绿化、河流等)所包围,并配建有一定公共服务设施和基础设施的集中式生活聚居地。

### 2. 构成

乡村住区主要由居住区域、生产区域和公共区域三部分构成。

乡村居住区构成 表1

|  | 居住区域 | 生产区域 | 公共区域 |
|---|---|---|---|
| 空间构成 | 住宅、庭院等 | 作坊、晒场、堆场、仓储空间、经营性用房等 | 道路、广场、绿地、公共服务设施等 |
| 功能构成 | 农民日常生活起居所需空间 | 停放农机具、储藏农产品以及进行其他生产经营活动所需空间 | 居住区内部通行、村民娱乐、健身、文化集会和婚丧嫁娶等活动所需空间 |

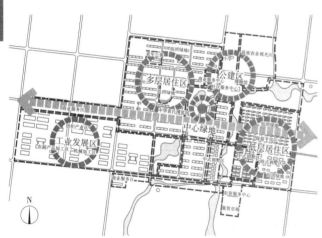

1 乡村住区构成

### 3. 术语

目前村镇住宅设计中比较重要的术语如下表。

术语 表2

| 术语 | 解释 |
|---|---|
| 村镇住宅 | 村镇中以家庭为独立单位,集起居、生活和部分生产活动空间于一体的居住性建筑 |
| 宅基地 | 村镇集体经济组织内部符合规定的成员用于建造自己居住房屋的农村土地 |
| 套型 | 按不同使用面积,由居住空间、厨房和卫生间组成的基本住宅单位 |
| 生活性用房 | 住宅中主要用于家庭居住生活的用房 |
| 生产性用房 | 住户用于家禽家畜饲养、简单加工、经营或储藏农业生产用具的用房,根据不同使用性质分为生产性、经营性、辅助性(储藏)三类 |
| 公共活动中心 | 与人口规模或与住宅规模相对应配套建设的公共建筑 |
| 厅堂 | 设在住宅房屋核心位置,用于起居、会客、就餐、举行家庭祭祀和重大礼仪的空间 |
| 单元式村镇住宅 | 由几个住宅单元组成,每个住宅单元均设有楼梯或楼梯加电梯的住宅 |
| 联排式村镇住宅 | 跃层式住宅套型在毗邻方向上组合而成的低层或多层住宅 |
| 独立式村镇住宅 | 供一户居民单独使用、周围不与其他建筑毗连的单幢低层住宅建筑 |
| 集中停车场 | 集中设置,用于停放机动车和农用机车的场地 |

## 乡村住区规划基本要求

乡村规划的基本要求为"生产发展、生活宽裕、乡风文明、村容整洁、管理民主",因此要科学编制乡村布局规划和整治规划,严格按照规划推进乡村建设。除应遵守表3的基本要求,规划还应符合国家现行的相关规范、标准的强制性条文规定。

乡村住区规划基本要求 表3

| 规划基本要求 | 说明 |
|---|---|
| 适用经济、以人为本 | 1.乡村住区规划应符合适用、安全、卫生、经济等要求,考虑环保和可改造性的要求,满足农村居民的使用要求。<br>2."以人为本"应重视中心村居民的经济状况、人口构成、就业情况、居住习惯、居家养老、邻里交往、子女探亲、婚丧嫁娶等实际需求;"节能省地"的重点是集约建设村镇住宅,合理利用土地,体现住宅建设和使用中的节能减排;"环境友好"的重点是要处理好中心村居民点的小环境与周边大环境的关系,保护水系林木,避免污染环境。<br>3.我国农村的生产和生活方式处于转型期,各村镇之间、户与户之间情况有相当大的差异,农业生产在家庭经济结构中占有的比重差别很大,这些特点必须得到重视,规划中更加需要加强调查研究,对使用要求有深入的认识 |
| 合理布局、节约用地 | 1.乡村住区规划应当坚持合理布局、节约用地的原则,全面规划,正确引导,因地制宜,逐步建设,实现经济效益、社会效益和环境效益的统一。<br>2.村镇作为城乡规划体系的重要组成部分,必须遵循统一规划、合理布局、因地制宜、配套建设的原则。<br>3.村镇住宅设计必须遵照上位规划,避免千篇一律的单调布局,与具体自然条件和社会条件相适应,珍视周围自然环境的多样性,加强配套建设的完整性 |
| 标准多样、因地制宜 | 1.乡村住区规划应推行标准化、多样化,并结合当地特点,因地制宜地积极采用新技术、新工艺、新材料、新产品,促进住宅产业现代化。<br>2.我国村镇住宅建设由于其建造方式的个体性、经济与造价的限制等原因,存在技术与工艺、材料与设备相对落后的现象;新农村建设的逐步开展,为加强住宅设计多样化下的标准化工作提供了条件。<br>3.新农村建设量大面广,应注重对新技术、新材料、新工艺、新产品的推广与应用,进一步提高住宅产业化的水平,以促进村镇住宅建设的现代化。<br>4.由于村镇的住宅建设条件和市政基础设施条件与城市相比存在很大差异,因此乡村住区规划更要从实际出发,注重社会、经济与环境的综合效益,因地制宜 |

## 乡村整治

乡村整治是新农村建设必然面临的问题,包括旧农舍建筑更新和村落公共空间更新。

## 村镇住宅

在我国传统农村中,村庄是不同规模的农民生活聚居地。其中,村镇住宅是构成村庄的基本单元。当前,我国新农村住宅建设主要包括乡村新建住宅区建设和乡村居住环境整治等类型(表4)。

新农村建设分类 表4

| 类型 |  | 特点 |  |
|---|---|---|---|
| 乡村新建住宅区 | 结合土地整理,进行统一规划、统一建设 | 贴近农民实际生活需要,但容易形成住宅单体雷同等现象 | 土地集约化程度较高,有利于节约土地和基础设施建设 |
| 乡村居住环境整治 | 在原有村镇住宅现状基础上进行改扩建和局部新建 | 能较好地延续原有农村聚落空间和环境特征 | 土地集约化程度较低 |

## 乡村住区规划原则

乡村住区规划与城市住区规划虽然在用地、公共服务设施、绿地、道路等方面具有相似性，但仍具有因关注农村居民生活行为方式和生产需求所带来的特定问题（表1）。

乡村住区规划原则 表1

| 项目 | 规划原则 |
| --- | --- |
| 居住区选址 | 1.应符合上位规划要求；<br>2.应尽量减少对农业生产的影响，并考虑农业生产活动的便利性；<br>3.应考虑对现有的公共配套设施与交通系统的充分利用；<br>4.应避开地质条件恶劣、自然灾害多发区域 |
| 规划系统 | 1.符合所在地对宅基地的规定和要求；考虑统一规划、统一建设和统一管理、农民自建两种模式在规划结构方面的不同特点；<br>2.尊重自然地形地貌、水体与动植物条件，因地制宜，合理布局；<br>3.规划布局和建筑设计应体现地方特色，与周围环境相协调，并尊重当地的居住民俗、习惯禁忌，保持乡土特色；<br>4.保留和维护有价值的既有建筑，如宗祠、特色传统公共建筑以及其他有历史价值的建筑等 |
| 公共设施系统 | 1.住区公共服务设施应与居住人口规模相适应，宜与住宅同步规划、同步建设并同时投入使用；应充分考虑规划区内基础设施在防灾减灾、卫生防疫和信息交流方面的需求；<br>2.村民活动中心宜结合中心集中绿地或广场设置，以满足集中活动的人流集散需求。村民活动中心空间宜具有可扩展性，可结合室内外空间采用灵活可变的临时结构，如帐篷等，以满足婚丧嫁娶等地方民俗活动和集体活动的需求；<br>3.公共配套设施建设应充分考虑利用原有公共建筑，在其基础上通过改扩建发挥它们的作用，并对配建项目进行合理的归并、调整；<br>4.公共配套设施的设计应关怀残疾人、儿童及老年人的行为特征，采取针对性的无障碍处理措施；<br>5.配套公建的设计应能反映地方特色，并具有功能上的综合性、多样性和形态上的可识别性 |
| 道路系统 | 1.应兼顾生活车辆和生产车辆的通行要求；<br>2.路网结构应明晰并层次分明；<br>3.宜统一集中规划停车场与库房以利农机具停放，并设管护设施以营造安全舒适的居住环境 |
| 绿地系统 | 1.应尽可能保留区内原有绿化和河道；<br>2.规划区内的绿地规划，应划分等级，形成序列，根据环境特点及用地的具体条件，采用集中与分散相结合的绿地系统；<br>3.规划区绿化应选用适宜当地气候条件、生命力强、维护成本低的树木和花草，并兼顾观赏性和实用性；<br>4.规划区内的公共绿地，应根据住宅的规划布局形式，设置相应的中心绿地，以及老年人、儿童活动场地和其他形态的公共绿地等；<br>5.突出绿地系统的功能性，硬质场地应满足村民室外集体活动需求 |
| 竖向设计 | 1.规划区用地的竖向设计，应与总平面布置同时进行；<br>2.竖向设计应有利于居住区风貌特色的塑造，并与建设用地外现有的规划道路、排水系统、周围地标高等相协调；<br>3.竖向设计应根据建设用地的地形地质复杂程度，合理采用平坡式或阶梯式等处理方式；<br>4.注重规划区建设用地的地面及路面排水的收集利用，应根据地形特点、降水量和汇水面积等因素，划分排水区域，确定坡向、坡度和管沟系统。在山区和丘陵地带宜采用雨洪排水；<br>5.露天堆场、晒场的竖向设计要考虑采用合适的排水措施，并与住区的整体环境协调一致 |
| 能源系统 | 1.优先采用生物质能源、太阳能、风能等可再生能源系统；<br>2.在有条件的情况下，与既有能源网络实现相互对接 |

## 基地与总平面

村镇住宅既可以采取使用自家宅基地统一规划的建设方式，也可以在村镇住区中采取类似于城市住区的规划建设方式，其规划设计应当既能指导宅基地范围内的住宅建设，也能作为村镇住区总平面设计的一部分。规划制定应遵循以下要点（表2）。

基地与总平面规划要点 表2

| 项目 | 规划要点 |
| --- | --- |
| 总平面布局 | 1.总平面布局应挖掘当地文化资源，结合地形地貌、居住习惯、民俗禁忌等特殊要求进行设计，体现出地方特色；<br>2.总平面布局应避免与当地文化、农民生产生活习惯、民俗禁忌等因素相抵触；<br>3.应避免雷同、平淡无味的布局形式，避免影响农民正常的生产生活，努力创造出具有地方特色的布局形式 |
| 日照设计 | 1.住宅与附属建筑的间距，应以满足当地日照要求为基础；<br>2.日照设计应综合考虑采光、通风、消防、防灾、管线埋设、视觉卫生等要求 |
| 卫生设计 | 在独立式、联排式住宅的基地内，宜为牲畜或家禽的饲养预留空间，并符合卫生要求 |
| 流线设计 | 1.合理组织人车流线，并符合防火疏散和无障碍设计的规定；<br>2.车辆停放应满足农业生产、农民生活的基本需求；<br>3.村镇住宅的停车与城市住宅存在差异，既要考虑农业生产时常用的各类机器，如拖拉机、收割机等的室外停放需求，也要考虑农民生活中习惯使用的摩托车、农用车的停放需求 |
| 场地设计 | 1.基地内应有足够活动场地，不宜采用大片集中的绿地；<br>2.应优先配置适合老人、儿童活动的场地；<br>3.村镇住宅周边环境中往往存在较多的树林或绿地，而缺乏一定规模的供农民活动的硬质场地，因此不宜强调参照城市标准配置大片集中的绿化，宜优先考虑增加硬质场地，为农民活动提供充足的自由活动场地 |
| 竖向设计 | 1.进行竖向设计时应避免对原有绿化和水面的破坏；<br>2.有条件的地区宜采用雨水回收利用措施 |
| 环境设计 | 1.露天堆场、晒场周围应采用暗沟（管）排水，并做到与整体环境相协调；<br>2.优先采用暗沟（管）的排水方式，降低雨水、污水对农作物的污染，有效地防止蚊蝇等滋生 |
| 管线设计 | 1.管线宜采用地下敷设的方式，不应影响建筑安全；<br>2.应采取防止管线受腐蚀、沉陷、振动及重压的措施 |
| 景观设计 | 1.村镇住宅的景观设计宜保留和利用已有的植物或绿地，尽可能地利用周围已有的植物和绿地遮阴，有利于节约建造成本，实现环境的可持续发展；<br>2.考虑到居民的经济承受能力和入住后的管理模式特点，景观设计应考虑降低物业管理运行成本，做到可持续发展。为节约景观绿化的养护成本，应选择适宜当地气候条件、生命力强、维护成本低的树木和花草；<br>3.景观设计要充分考虑树木的种植位置，结合住宅和辅助设施布置植物，以免影响到住宅室内的采光通风和其他设施的日常管理维护，达到既不影响室内的采光、通风，又美化环境的目的；<br>4.对于垃圾及集中收集点的周边环境需要进行重点设计，以起到遮挡、隔离的作用；<br>5.应结合住宅周边区域的果蔬种植，形成富有农村特色的景观，在设计景观时要鼓励并引导农民利用房前屋后的果蔬种植来塑造环境，既节约建造成本，也有利于形成富有农村特色的景观 |

**4**
居住建筑
专题

20  80m
40

**1** 汶川县映秀镇新农村总平面图

## 村镇住宅特点

村镇住宅与城镇住宅的最大区别在于除了需要满足日常生活起居的需求之外，还需充分考虑农民特定的生活方式、风俗习惯以及部分与生产活动相关的空间要求。

## 建筑类型

村镇住宅的建筑类型基本可分为单元式、联排式及独立式三类，从节能省地，并兼顾农民日常生活起居需要的角度出发，其居住空间个数和使用面积可参照表1。

村镇住宅建筑类型及设计标准参考　　　　　　　　　　表1

| 类型 | 特点 | 居住空间（个） | 使用面积（m²） |
|---|---|---|---|
| 单元式 | 由多个住宅单元组合而成的住宅楼，每个单元均设有公共楼梯或公共楼梯加电梯 | 2~3 | 70~160 |
| 联排式 | 由跃层式住宅套型相毗邻组合而成的低层或多层住宅 | 3~4 | 120~220 |
| 独立式 | 供一户单独使用，周围不与其他建筑毗邻的单幢低层或多层住宅 | 4~5 | 160~300 |

注：本表摘自《上海市郊区新市镇与中心村规划编制技术标准》DG/TJ 08-2016-2007。

## 生产空间与生活空间

村镇住宅的建筑设计主要包括生活性空间和生产性空间两大部分，其中生活性空间包括套内居住空间、院落及公用空间，生产性空间则包含生产、经营、仓储等空间（表2、表3）。

农户不同的生产类型，其空间功能要求也呈现出多样性。如农业户的生产空间多服务于粮食种植与家禽养殖，而专业户的生产空间则应考虑小型作坊、工作室等工作区域。生产性空间应与生活性空间有效整合，并尽可能避免相互干扰。

农户从业类型与生产空间要求　　　　　　　　表2

| 农户类型 | 主要特征 | 特定功能空间 | 套型的要求 |
|---|---|---|---|
| 农业户 | 种植粮食、蔬菜水果，饲养家畜家禽等 | 小农具储藏，粮仓、微型鸡舍、猪圈等 | 部分家禽饲养要严加管理，确保环境卫生 |
| 专（商）业户 | 竹藤类编织、刺绣、服装、百货等 | 小型作坊、工作室、商店、业务会客厅、小库房等 | 工作区域与生活区域既相互联系又相对独立，避免相互干扰 |
| 综合户 | 从事专（商）业为主，兼种自家的口粮地或自留地 | 兼有一、二类生产空间，但规模小、数量少 | 在经济发达地区此类套型所占比重较大 |
| 职工户 | 在机关、学校或企事业单位工作，以工资收入为主 | 以基本家居功能空间为主，较高经济收入户可增设客厅、书房、阳光室、客卧、家务室、健身房、娱乐活动室等 | 与城镇住宅相似，应重视功能空间的使用要求 |

村镇住宅功能空间组成　　　　　　　　　　　表3

| 功能空间 | 居住部分 | 生产部分 | 辅助部分 |
|---|---|---|---|
| 套内空间 | 起居室（堂屋）、餐厅、书房、卧室、活动室、健身房、阳光房等 | 畜（禽）舍、加工作坊、生产房间 | 门厅、厨房、卫生间、仓储、车库、坡道、连廊、楼梯 |
| 套内空间 | | 菜圃果园、庭院、露台（晒台） | 天井、庭院、露台（晒台） |
| 过渡空间 | | | 凉棚、阳台 |

## 设计要点

1. 以当地农村建设条件、经济发展水平、居住生活习惯和家庭人口结构为设计基本依据，并应满足国家有关村镇住宅设计规范标准的要求。

2. 村镇住宅套型设计应满足生活需求和生产需求。设计时应注意生活空间和生产空间相互整合，并做到洁污分离、动静分区，减少相互干扰。

3. 村镇住宅套型设计中应充分尊重农村地区特殊的生活习惯、传统文化和地方风俗，充分考虑地域特点、民间传统风俗习惯和宗教祭祀礼仪等因素。

4. 村镇住宅应按套型设计，每套住宅的分界线应明确；每套住宅应包含卧室、厅堂、厨房和卫生间等基本生活性用房，生产性用房可以根据需要整合配置。

5. 村镇住宅设计应组织好自然通风及采光，主要居室及厅堂空间宜朝南向布置，朝向应根据各地实际日照及气候情况具体确定。

6. 村镇住宅设计中应统筹考虑院落和住宅布局关系，院落空间应兼顾生活和生产功能需求。

7. 村镇住宅厨房设计应考虑多灶并存、食材加工和餐厨合用等使用特点，并适当扩大厨房所占面积比例。

8. 村镇住宅应注重保温隔热的节能设计，尽量利用太阳能、风能和被动式节能房设计。

## 生活空间与生产空间的关联模式

村镇住宅的居住和生产空间的组合关系分为以下几种模式：H型、V型、V-H型。

生活空间和生产空间关联模式　　　　　　　　表4

| 类型 | 说明 | 图示 |
|---|---|---|
| H型 | 水平维度上的关联，相接、相邻或是相离：相接——生产和居住空间直接贴邻；相邻——生产和居住空间在同一屋顶下，但中间隔着其他用房；相离——生产和居住空间之间隔着无顶的空间 | |
| V型 | 垂直维度上存在关联：底层——生产空间，供圈养畜禽和储藏杂物；上层——居室，常结合地形设置晒台，室内外空间相互渗透；顶层——阁楼，作为储藏之用 | |
| V-H型 | 水平维度和垂直维度同时关联 | |

注：1. □居住，■生产，■辅助。
2. H（Horizontal）代表水平维度，V（Vertical）代表垂直维度。

**4**
居住建筑专题

## 功能空间构成模式

村镇住宅的功能空间构成具有以下特点:

**1.** 村镇住宅的功能空间可分为基本生活空间和生产辅助空间。

**2.** 村镇住宅的设计应满足农民生产、生活的实际需求,并具有灵活应对未来发展的适应性。

**3.** 设计应从家庭结构、生活方式、生产方式出发,并考虑地域特色、气候特征等不同影响因素。

村镇住宅功能空间构成模式　　表1

| 类型 | 生活方式与空间特点 | 模式构成 | 平面示例 |
|---|---|---|---|
| 农业种植 + 庭院经济 模式 | 1.农业种植户,从事农业生产和庭院经济; 2.整体布局以堂屋为中心组织各功能,基本空间和扩充空间分离; 3.独立的扩充空间能适应日后生产方式的变化 | 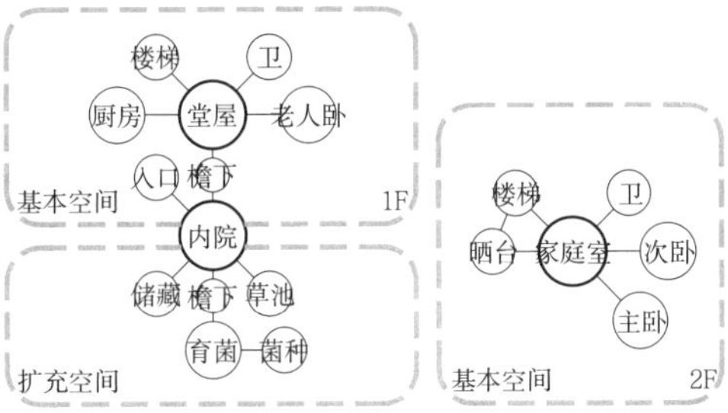 | 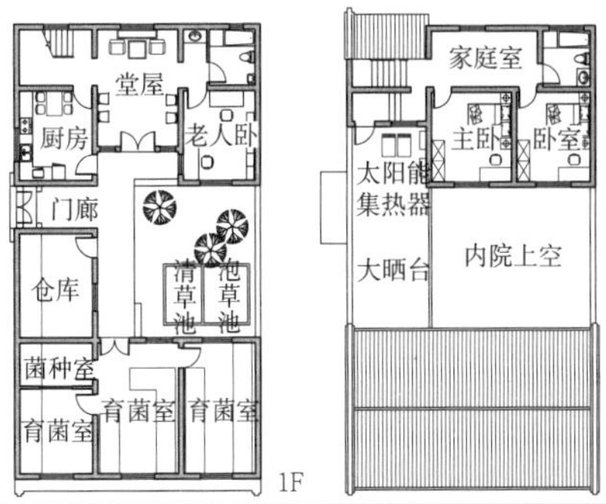 |
| 农业养殖 模式 | 1.农业户,家中生产以养殖为主; 2.整体布局以天井为枢纽组织空间; 3.设置前后堂屋,前堂用于日常待客,后堂用于家庭祭祀及起居、休闲、交流等 | 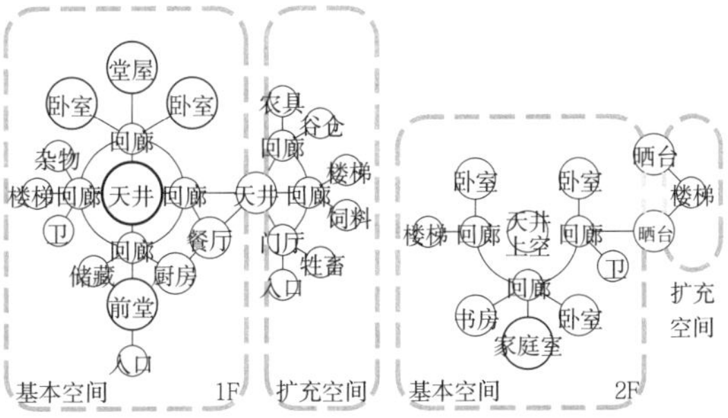 | 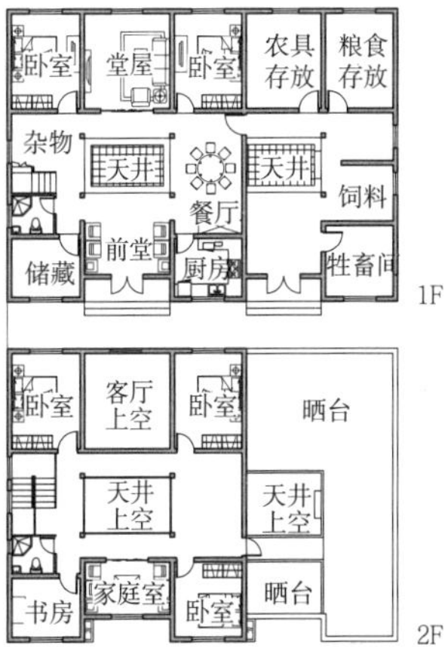 |
| 工薪 + 农业生产 模式 | 1.职工户,以工资为主要收入来源,也从事一些农业生产活动; 2.功能空间采用纵向的串联式布局,小面宽、大进深; 3.生活空间在南北两端,生活辅助空间设在中部,设天井可以改善采光通风条件 | 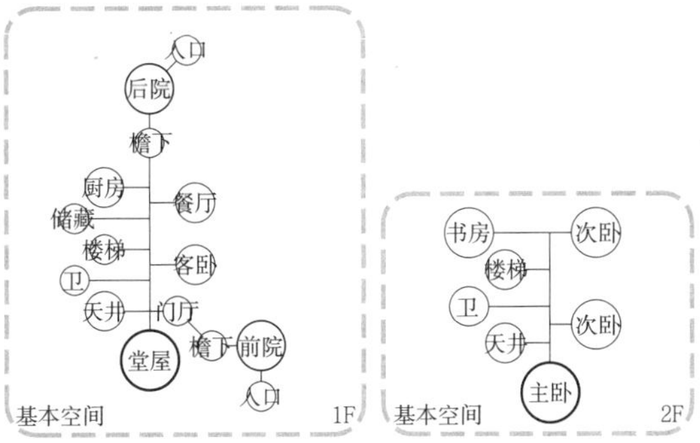 | 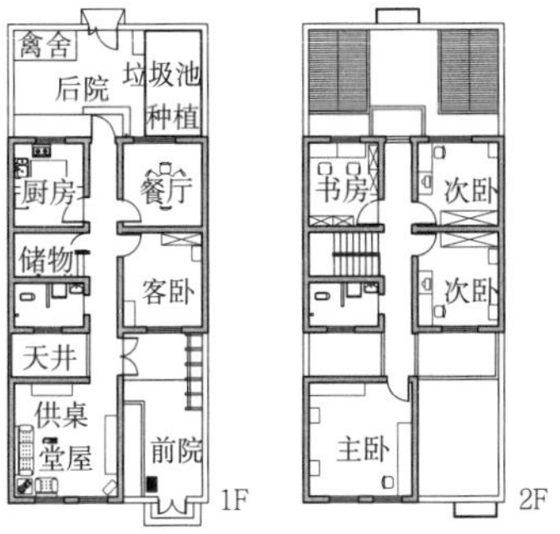 |
| 工薪模式 | 1.职工户,以工资为主要收入来源; 2.功能空间采用纵向走道式串联式布局; 3.设南北两个院落,并结合院落分别设一主一次两个出入口,根据住户从业方式,在后院留有了面积较小的扩充空间 | 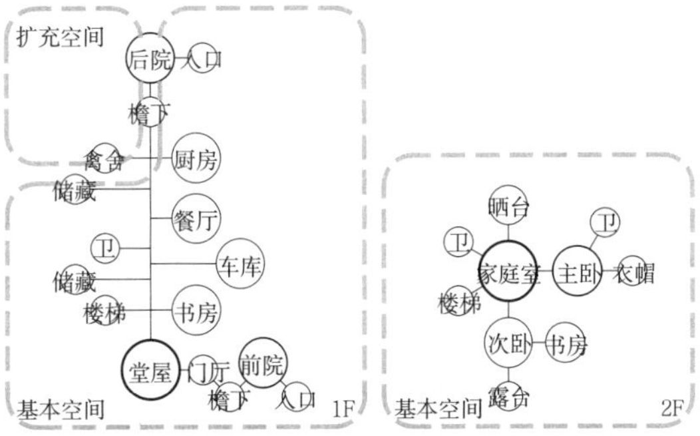 | 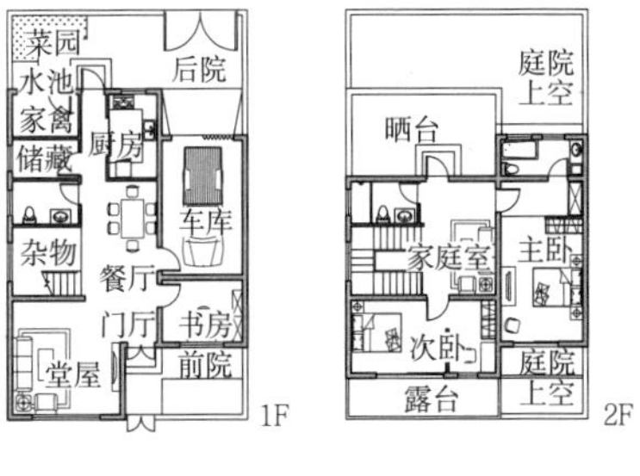 |

4
居住建筑
专题

## 厅堂

1. 厅堂宜朝南布置,并考虑家庭祭祀需求。

2. 厅堂使用面积推荐值:

单元式村镇住宅≥14m²;

联排式及独立式村镇住宅≥24m²。

3. 厅堂内应控制门洞数量,且至少有一侧墙面的连续直线长度大于3m,以利布置家具,开间轴线尺寸不宜小于3.9m。

4. 单元式村镇住宅厅堂空间如与餐厅、起居室结合布置,应合理分区,合用厅堂使用面积不宜小于16m²。

5. 无直接自然采光通风的厅堂面积不宜大于10m²。

## 卧室

1. 村镇住宅设计除了满足基本的使用要求,还应结合自然地理和地方传统,兼顾家庭结构和生活方式的差异性,考虑不同年龄层的使用需求。

2. 卧室短边轴线尺寸及使用面积推荐值见下表:

村镇住宅卧室尺寸及使用面积推荐值　　　表1

| 卧室类型 | 短边轴线尺寸（m） | 卧室使用面积（m²） |
| --- | --- | --- |
| 主卧室 | ≥3.6 | ≥14 |
| 双人卧室 | ≥3.3 | ≥11 |
| 单人卧室 | ≥2.7 | ≥8 |

3. 当卧室有改造为经营性客房的需求时,卧室设计应满足客房的基本功能要求,使其适宜于布置床、衣柜、书桌、床头柜等客房家具,有条件时,宜留有设置客房卫生间的余地。

4. 客房使用面积推荐值:

双人间:≥12m²;单人间:≥8m²。

5. 当卧室和家庭起居室共用,并采用炕居形式时,使用面积不宜小于14m²;炕洞数量根据材料的不同,面积的大小而定,宜采用3~5洞,并采用改进的新型炕居,提升燃料效率,保护环境;炕的宽度不宜小于1.8m,高度宜为0.65~0.70m。

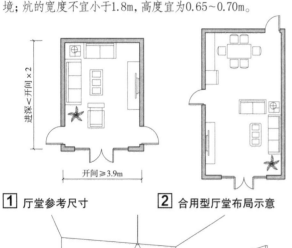

1 厅堂参考尺寸　　　2 合用型厅堂布局示意

3 合用型厅堂室内效果示意

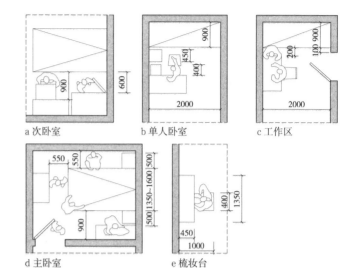

a 次卧室　　　b 单人卧室　　　c 工作区

d 主卧室　　　e 梳妆台

4 卧室平面参考尺寸

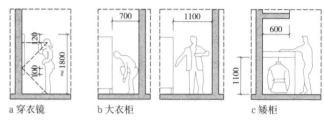

a 穿衣镜　　　b 大衣柜　　　c 矮柜

5 卧室立面参考尺寸

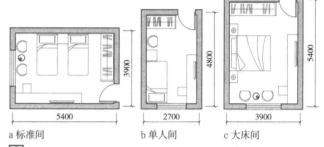

a 标准间　　　b 单人间　　　c 大床间

6 家庭旅馆客房平面布置图

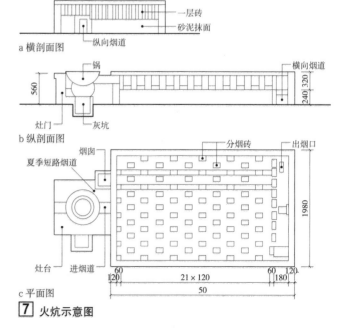

a 横剖面图

b 纵剖面图

c 平面图

7 火炕示意图

4 居住建筑专题

# 厨房

1. 村镇住宅的厨房设计应尊重农民的生活习惯和地理资源特征,并考虑腌制食品的坛器存放空间。

2. 厨房宜布置在套内近入口处,有利于管线布置及垃圾清运,保证洁污分区。

3. 采用沼气燃料时,应将沼气池和厨房就近设置,便于组织沼气管道。鉴于部分农村家庭同时使用液化气、天然气等燃气燃料和煤、柴等传统燃料,村镇住宅厨房设计应考虑两种及以上燃料共存的使用空间,包括灶具、燃料储存空间等。

4. 单元式村镇住宅厨房尺寸推荐值:
单排布置设备的厨房净宽≥1.50m;
双排布置设备的厨房净宽≥2.10m;
两排设备净距≥0.90m;
操作面净长≥2.10m。

5. 厨房中若带有燃煤或燃柴锅灶,宜考虑一定的贮存空间,但应确保炉灶周围1.0m范围内不堆放柴草等可燃物。

6. 村镇住宅厨房使用面积推荐值见下表:

村镇住宅厨房使用面积推荐值　　　　　　　　　　　表1

| 村镇住宅类型 | | | 厨房使用面积（m²） |
|---|---|---|---|
| 单元式 | | | ≥5 |
| 联排式、独立式 | 使用单一燃材 | 燃气类 | ≥7 |
| | | 煤灶 | ≥9 |
| | | 柴灶 | ≥10 |
| | 使用两种或两种以上燃材 | | ≥12 |

7. 厨房设计应整体考虑洗涤池、案台、灶具等设施的布局,操作台面净长应根据布置水槽、灶具、操作台的最小尺寸之和得出,并宜≥2.7m,条件具备时,宜做成套厨房造型。

8. 设计村镇住宅厨房时应考虑预留一定的就餐空间,可结合台面整体设置或单独布置餐桌,经营农家乐的村镇住宅,宜直接对外开设厨房专用后勤入口,保证洁污分区,避免与主入口形成相互干扰;厨房可根据当地生活习惯独立设置。

# 餐厅

1. 村镇住宅单独设置餐厅时,布局应灵活可变,可根据红白喜丧事等特定活动的需要,调整餐桌布置方式。

2. 单元式村镇住宅的餐厅可与厅堂空间合并设置,使用面积不宜小于18m²;大套型单元式村镇住宅和联排式、独立式套型的村镇住宅餐厅宜独立设置,使用面积不宜小于10m²。

3. 餐厅净宽≥2.4m。

# 卫生间

1. 村镇住宅的卫生间至少应有一处配置便器、洗浴器、盥洗台三件套卫生设备,或为其预留位置。

2. 卫生间的使用面积应根据洁具数量不同而定:
设便器、洗浴器、盥洗台三件洁具时≥3.00m²;
设便器、洗浴器两件洁具时≥2.50m²;
设便器、盥洗台两件洁具时≥2.20m²;
设盥洗台、洗浴器时≥2.50m²;
单设便器时≥1.50m²。

3. 村镇住宅设计时套内需设置洗衣机的位置,包括专用排水接口和电插座。

4. 卫生间可根据当地生活习惯独立设置,采用旱厕时,卫生间宜设置在主体建筑之外,并应注意与化粪池等污物收集、处理空间的隔味处理,且应便于检修。

# 储藏空间

1. 每套住宅应设置壁橱或储藏室,壁橱进深不应小于0.6m,储藏室使用面积不应小于2m²。

2. 独立设置的杂物间可根据具体生活习惯及使用需要,与住宅车库或生产空间结合布置。

3. 单元式村镇住宅宜利用底层、地下、半地下空间,集中设置杂物间;联排式、独立式村镇住宅宜独立设置杂物间,使用面积不宜小于4m²。

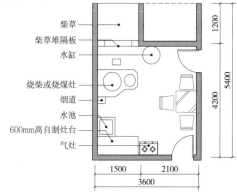

**2** 兼作餐室的烧柴厨房示意

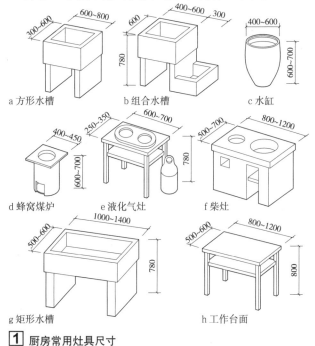

a 方形水槽　　b 组合水槽　　c 水缸

d 蜂窝煤炉　　e 液化气灶　　f 柴灶

g 矩形水槽　　　　h 工作台面

**1** 厨房常用灶具尺寸

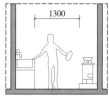
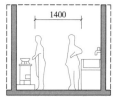

a 单人单排工作区　　b 单人双排工作区　　c 双人双排工作区

**3** 厨房立面参考尺寸

## 建筑选址与布局

1. 村镇住宅的选址与布局应考虑当地的气候特征与地理条件。严寒和寒冷地区村镇住宅宜建在冬季避风的地段，不宜建在洼地、沟底等易形成"霜洞"的凹地处。其布局应有利于冬季日照和冬季防风，同时还应考虑夏季通风；夏热冬冷地区村镇住宅的布局应有利于夏季通风和夏季遮阳，兼顾冬季防风；夏热冬暖地区村镇住宅的布局应有利于自然通风和夏季遮阳。

2. 村镇住宅的间距应满足日照的规定，并综合考虑采光、通风、防灾和视觉等要求。

3. 村镇住宅的主朝向宜采用南北向或接近南北向。

4. 严寒和寒冷地区、夏热冬冷地区的村镇住宅宜采用双拼式、联排式或叠拼式等集中式布局。

## 建筑体形、立面与空间布局

1. 严寒和寒冷地区村镇住宅体形宜简单、规整，不宜出现过多的凹凸变化；夏热冬冷和夏热冬暖地区村镇住宅体形可以错落变化，应有利于夏季遮阳及自然通风。

2. 村镇住宅平面布局应在功能合理的前提下，满足节能的要求。卧室、起居室等主要房间宜布置在南侧；厨房、卫生间、储藏室等辅助房间宜布置在北侧。夏热冬冷和夏热冬暖地区村镇住宅的卧室宜设在通风好、不潮湿的位置。

3. 门窗洞口的位置应有利于天然采光和自然通风。严寒和寒冷地区住宅入口应尽可能避开当地冬季主导风向；夏热冬冷和夏热冬暖地区的住宅入口应尽可能利用当地夏季主导风向，促进室内通风。

4. 严寒和寒冷地区村镇住宅的外窗面积不应过大，南向宜采用大窗，北向宜采用小窗，窗墙面积比应满足下表的规定。

严寒和寒冷地区村镇住宅窗墙面积比限值　　表1

| 朝向 | 窗墙面积比 | |
| --- | --- | --- |
| | 严寒地区 | 寒冷地区 |
| 北 | ≤0.25 | ≤0.30 |
| 东、西 | ≤0.30 | ≤0.35 |
| 南 | ≤0.40 | ≤0.45 |

## 围护结构节能构造设计要点

1. 严寒和寒冷地区村镇住宅宜采用保温性能好的围护结构构造。

2. 夏热冬冷和夏热冬暖地区村镇住宅宜采用隔热性能好的重质围护结构构造。

围护结构节能技术措施　　表2

| 气候区 | 节能技术措施 |
| --- | --- |
| 严寒和寒冷地区 | 1.采用有附加保温层的外墙或自保温外墙；<br>2.屋面设置保温层；<br>3.选择保温性能和密封性能好的门窗；<br>4.地面宜设置保温层 |
| 夏热冬冷和夏热冬暖地区 | 1.采用有附加保温和隔热层的外墙或自保温、隔热墙体；<br>2.建筑外表面采用浅色饰面；<br>3.采用隔热通风屋面或被动蒸发屋面；<br>4.屋面、东西墙面采用水平和垂直绿化等遮阳措施；<br>5.外窗采用遮阳措施 |

## 火炕

火炕是北方村镇住宅中用以满足农民生活起居及采暖需求，而搭建的一种类似于床的取暖设施，具有蓄热量大、放热缓慢等特点，有利于在间歇采暖的情况下维持房间温度的稳定。为充分利用能源，火炕可与炉灶结合形成"灶连炕"。按照炕体与地面相对位置关系，火炕分为架空炕（俗称吊炕）、落地炕和地炕（俗称地火龙）。

火炕分类与特点　　表3

| 类型 | 技术特点 |
| --- | --- |
| 架空炕 | 1.散热快、蓄热量低，供热持续能力较弱，适合在面积较小、耗热量低、供暖间歇较短的房间使用。<br>2.炕的底部空间应保证空气流通良好，宜至少有两面墙不与房间的墙体相连，两者间距不低于500mm。<br>3.炕面板宜采用大块钢筋混凝土板 |
| 落地炕 | 1.蓄热能力强，适合在面积较大、耗热量高、供暖间歇较长的房间使用。<br>2.炕洞底部和靠外墙侧应设置保温层。炕洞底部宜铺设200～300mm厚的干土，外墙侧可选用炉渣等材料进行保温处理 |
| 地炕 | 1.蓄热能力强，适合在面积较大、耗热量高、供暖间歇较长的房间使用。<br>2.室内地面以下为燃烧空间、地面之上设置炕体，燃烧空间与火炕结合在一起 |

## 被动式太阳房

1. 集热面应朝南布置，不宜偏离正南向±30°以上，主要供暖房间宜布置在南向。

2. 建筑间距应满足冬季9：00～15：00期间对集热面的遮挡不超过15%的要求。

3. 应根据房间的使用性质选择适宜的集热方式。以白天使用为主的房间，宜采用直接受益式或附加阳光间式，以夜间使用为主的房间，宜采用具有较强蓄热能力的集热蓄热墙式。

4. 应采用吸热和蓄热性能高、保温效果好的围护结构。

5. 透光部件应表面平整、厚度均匀，透光材料的太阳透射比应大于0.76。

6. 应设置防止夏季室内过热的通风口和遮阳措施。

7. 南向玻璃透光面应设夜间保温装置。

被动式太阳房技术特点　　表4

| 类型 | 简图 | 技术特点 |
| --- | --- | --- |
| 直接受益式 | | 1.南向窗墙面积比不应小于0.5。<br>2.宜采用双层玻璃窗 |
| 集热蓄热墙式 | | 1.集热蓄热墙应采用吸收率高、耐久性好的吸热外饰面材料。透光罩的透光材料、保温装置及边框构造应便于清洗和维护。<br>2.集热蓄热墙宜设置通风口。通风口的位置应保证气流通畅，便于日常维修与管理；通风口处宜设置止回风阀并采取保温措施。<br>3.集热蓄热墙体应有较大的热容量和导热系数。<br>4.当建筑位于严寒地区时，透光罩宜选用双层玻璃；当建筑位于寒冷地区时，透光罩可选用单层玻璃 |
| 附加阳光间式 | | 1.应组织好阳光间内热空气与室内空气的循环，阳光间与供暖房间之间的公共墙宜设置上下通风口。<br>2.阳光间进深不宜过大，单纯作为集热部件的阳光间进深不宜大于0.6m；兼带使用空间时，进深不宜大于1.5m。<br>3.阳光间的玻璃不宜直接落地，宜高出室内地面0.3～0.5m |

注：本表摘自《农村居住建筑节能设计标准》GB/T 50824—2012。

4　居住建筑专题

## 外墙节能做法

外墙节能做法　　　　　　　　　　　　　　　　表1

| 类型 | | 图示 | 构造层次 | 备注 |
|---|---|---|---|---|
| 外保温 | 保温板 | 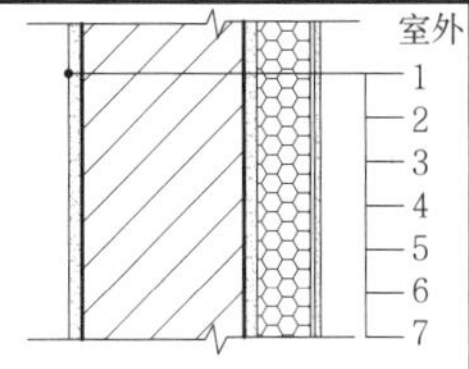 | 1 内饰面<br>2 砌体墙（非黏土实心砖/多孔砖/混凝土空心砌块等）<br>3 找平层<br>4 保温层（EPS保温板等）<br>5 耐碱玻纤网布<br>6 聚合物砂浆<br>7 外饰面 | 适宜严寒和寒冷地区 |
| | 保温浆料 | 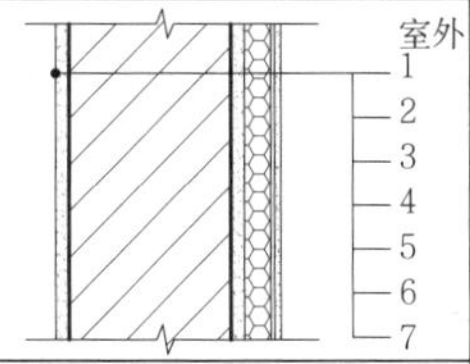 | 1 内饰面<br>2 砌体墙（非黏土实心砖/多孔砖/混凝土空心砌块等）<br>3 找平层<br>4 保温层（保温浆料）<br>5 耐碱玻纤网格布<br>6 聚合物砂浆<br>7 外饰面 | 适宜夏热冬冷和夏热冬暖地区 |
| 内保温 | 保温板 | 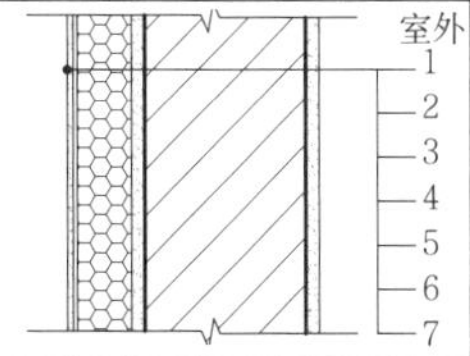 | 1 内饰面<br>2 聚合物砂浆<br>3 耐碱玻纤网格布<br>4 保温层（EPS保温板等）<br>5 找平层<br>6 砌体墙（非黏土实心砖/多孔砖/混凝土空心砌块等）<br>7 外饰面 | 适宜严寒和寒冷地区 |
| | 保温浆料 | 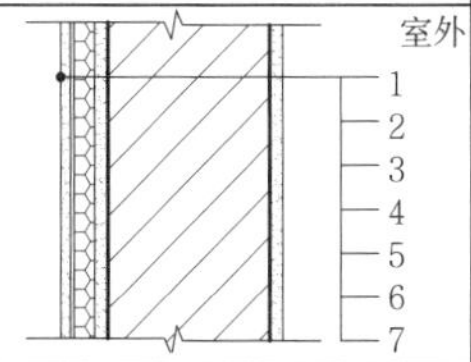 | 1 内饰面<br>2 聚合物砂浆<br>3 耐碱玻纤网格布<br>4 保温层（保温浆料）<br>5 找平层<br>6 砌体墙（非黏土实心砖/多孔砖/混凝土空心砌块等）<br>7 外饰面 | 适宜夏热冬冷和夏热冬暖地区 |
| 夹心保温 | 憎水保温板 | 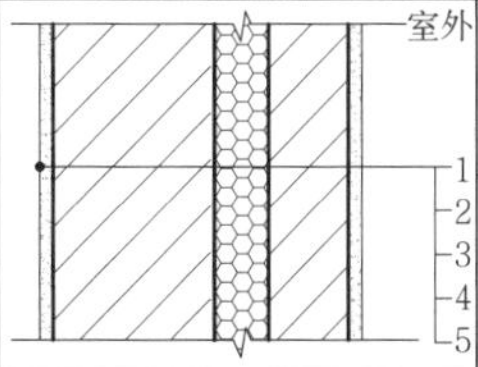 | 1 内饰面<br>2 内叶墙（非黏土实心砖/多孔砖/混凝土空心砌块等）<br>3 保温层（EPS板、XPS板等憎水保温板）<br>4 外叶墙（非黏土实心砖/多孔砖/混凝土空心砌块等）<br>5 外饰面 | 适宜严寒和寒冷地区 |
| | 草板 | 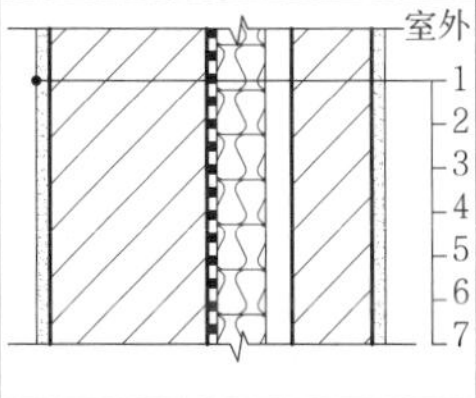 | 1 内饰面<br>2 内叶墙（非黏土实心砖/多孔砖/混凝土空心砌块等）<br>3 隔汽层（塑料薄膜）<br>4 保温层（草板）<br>5 空气层<br>6 外叶墙（非黏土实心砖/多孔砖/混凝土空心砌块等）<br>7 外饰面 | 适宜严寒及寒冷地区 |
| 自保温 | 多孔砖 | 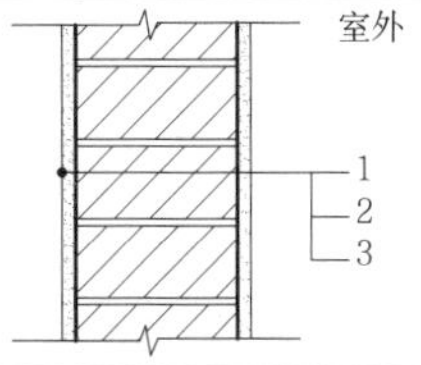 | 1 内饰面<br>2 多孔砖<br>3 外饰面 | 适宜夏热冬冷和夏热冬暖地区 |
| | 草砖 | 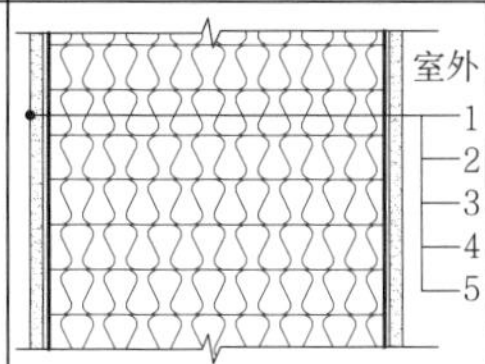 | 1 内饰面<br>2 金属网<br>3 草砖<br>4 金属网<br>5 外饰面 | 适宜严寒及寒冷地区 |

## 地面节能做法

1. 严寒和寒冷地区村镇住宅的地面宜设保温层。

2. 夏热冬冷和夏热冬暖地区村镇住宅地面宜做防潮处理。

## 屋顶节能做法

屋顶节能做法　　　　　　　　　　　　　　　　表2

| 类型 | 图示 | 构造层次 | 备注 |
|---|---|---|---|
| 正铺法 | 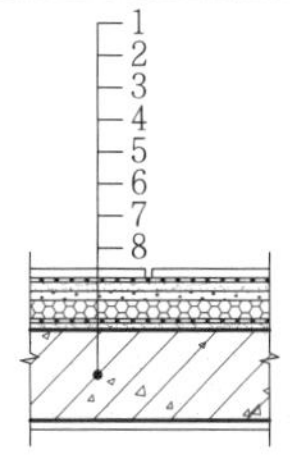 | 1 保护层<br>2 防水层<br>3 找平层<br>4 找坡层<br>5 保温层（憎水珍珠岩板、XPS板等）<br>6 隔汽层<br>7 找平层<br>8 钢筋混凝土屋面板 | 适宜严寒和寒冷地区、夏热冬冷和夏热冬暖地区 |
| 倒铺法 | 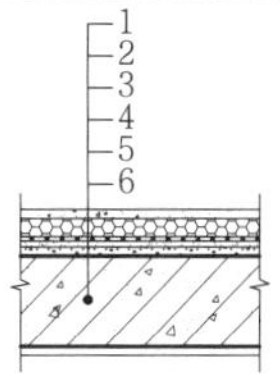 | 1 保护层<br>2 保温层（XPS板）<br>3 防水层<br>4 找平层<br>5 找坡层<br>6 钢筋混凝土屋面板 | 适宜严寒和寒冷地区、夏热冬冷和夏热冬暖地区 |
| 木屋面 | 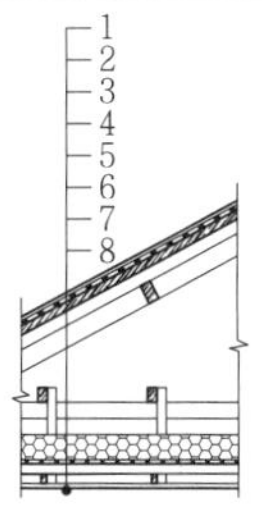 | 1 外饰面（彩钢板/瓦等）<br>2 防水层<br>3 木望板<br>4 木屋架<br>5 保温层（EPS板/稻壳等）<br>6 隔汽层<br>7 棚板层（木板/草板等）<br>8 吊顶层 | 适宜严寒和寒冷地区 |
| 通风隔热屋面 | 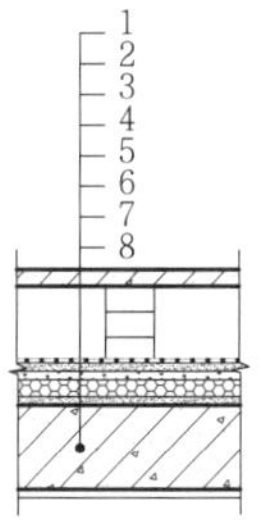 | 1 钢筋混凝土板<br>2 通风空气间层<br>3 防水层<br>4 找平层<br>5 找坡层<br>6 保温层（憎水珍珠岩板/XPS板）<br>7 找平层<br>8 钢筋混凝土屋面板 | 适宜夏热冬冷和夏热冬暖地区 |
| 种植屋面 | 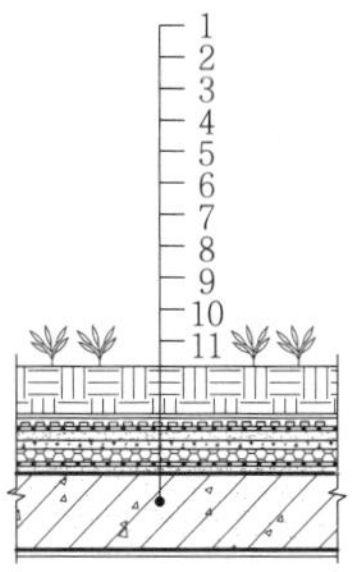 | 1 植被与覆土层<br>2 过滤层<br>3 排（蓄）水板<br>4 隔根层<br>5 防水层<br>6 找平层<br>7 找坡层<br>8 保温层<br>9 隔汽层<br>10 找平层<br>11 钢筋混凝土屋面板 | 适宜夏热冬冷和夏热冬暖地区 |

## 门窗节能做法

1. 村镇住宅应选用保温性能和密闭性能好的门窗，不宜采用推拉窗。

2. 严寒和寒冷地区村镇住宅出入口应采取必要的保温措施，如设置门斗、双层门、保温门帘等。

3. 夏热冬冷和夏热冬暖地区村镇住宅向阳面的外窗及透明玻璃门，应采取遮阳措施。外窗设置外遮阳时，除应遮挡太阳辐射外，还应避免对窗口通风产生不利影响。

**4**
**居住建筑专题**

总平面图

## 1 德国施宛斯多夫村规划

| 名称 | 项目地点 | 设计单位 |
|---|---|---|
| 德国施宛斯多夫村规划 | 德国巴伐利亚州中弗兰肯 | 克拉里工程事务所 |

这是一个针对村落内部住宅问题进行更新的实例。方案针对目前闲置的房屋提出了以强化居住功能为目标的住宅改建、重建策略，重新划分了目前闲置住宅的建筑或其地块，并在空闲用地区域规划了小尺度的新建住宅以满足新的住宅需求

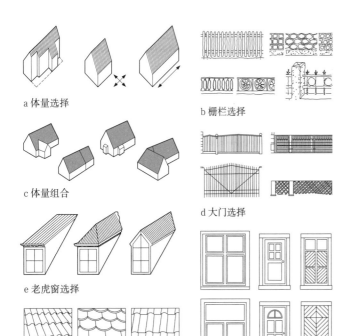

a 体量选择

b 栅栏选择

c 体量组合

d 大门选择

e 老虎窗选择

f 瓦片选择

g 门窗选择

## 2 德国欧巴赫村建筑更新

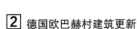

| 名称 | 项目地点 | 设计单位 |
|---|---|---|
| 德国欧巴赫村建筑更新 | 德国巴伐利亚州下弗兰肯 | 莱亨巴赫·科里尼克事务所 |

这是一个针对村落内部建筑风貌进行更新的实例。方案针对普遍存在的住宅破旧的现状，以导则的形式对建筑从形体到细节提出了可供选择的设计建造方式

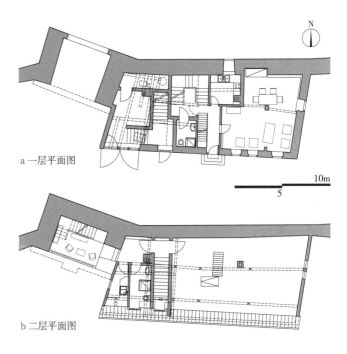

a 一层平面图

b 二层平面图

c 三层平面图

d 四层平面图

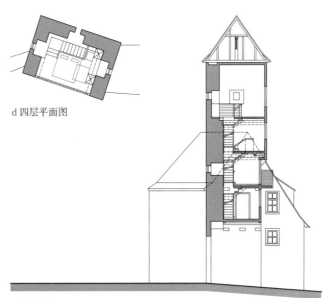

e 剖面图

## 3 德国勒廷根镇共建改造

| 名称 | 项目地点 | 设计单位 |
|---|---|---|
| 德国勒廷根镇共建改造 | 德国巴伐利亚州下弗兰肯 | DAG施罗德事务所 |

这是一个针对镇内公共建筑进行更新的实例。改造将原有城墙和塔的结构进行加固，同时改动了部分内墙和楼梯布局，整幢建筑被划分为两个空间，其一为登塔的楼梯和休憩空间，另一部分为一套可供出租的公寓

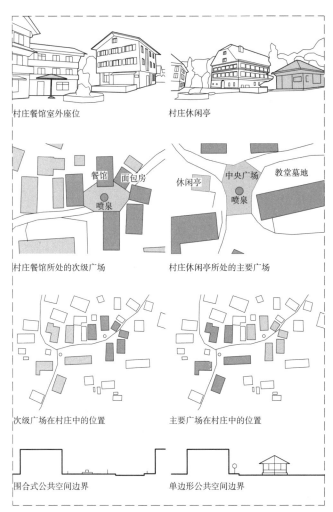

村庄餐馆室外座位　　村庄休闲亭

餐馆　面包房　休闲亭　中央广场　教堂墓地

喷泉　　喷泉

村庄餐馆所处的次级广场　　村庄休闲亭所处的主要广场

次级广场在村庄中的位置　　主要广场在村庄中的位置

围合式公共空间边界　　单边形公共空间边界

a 村庄改造前现状分析

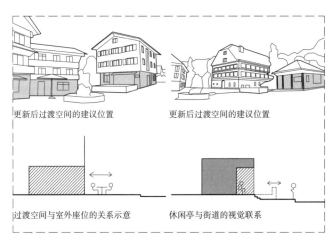

更新后过渡空间的建议位置　　更新后过渡空间的建议位置

过渡空间与室外座位的关系示意　　休闲亭与街道的视觉联系

b 村庄改造后设计分析

**1** 奥地利施瓦岑贝格村公共空间改造

| 名称 | 项目地点 |
| --- | --- |
| 奥地利施瓦岑贝格村公共空间改造 | 奥地利福拉尔贝格州 |

这是一项针对村落内部过渡空间进行更新的研究。过渡空间在更新时与公共空间边缘相辅相成，设计时注意了较建筑设计更宏观的城市设计层面上的空间连贯性。村庄原次级广场由餐馆等公共性空间围合而成，喷泉位于广场中心，餐馆立面封闭，视觉可达性差。更新时采用了大面积开窗，加强了餐馆与广场的联系，增加了空间层次。村庄的主要广场兼具了交通核心的作用，构成公共空间边缘的休闲亭是为村民服务的公共建筑。更新时在其面向公共空间的界面上增加了柱廊，加强了原有覆盖限定的过渡空间

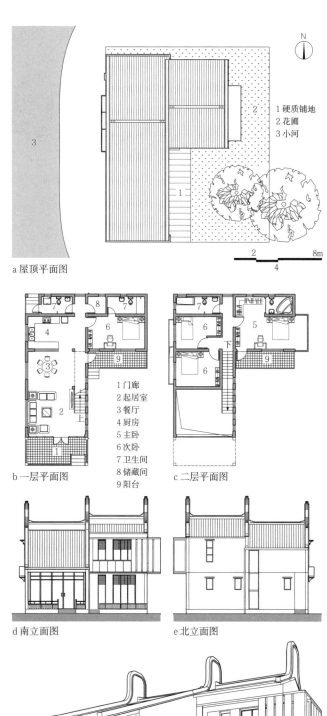

1 硬质铺地
2 花圃
3 小河

a 屋顶平面图

2　8m
4

1 门廊
2 起居室
3 餐厅
4 厨房
5 主卧
6 次卧
7 卫生间
8 储藏间
9 阳台

b 一层平面图　　c 二层平面图

d 南立面图　　e 北立面图

f 透视图

**2** 上海农村某住宅更新改造

| 名称 | 项目地点 | 设计单位 |
| --- | --- | --- |
| 上海农村住宅更新改造 | 上海崇明县堡镇 | 同济大学建筑与城市规划学院 |

在原有90m²宅基地上，根据宅基地平面形状完成了紧凑型布局的设计，住宅采用崇明传统地方民居特色，结合现代混凝土建造技术，既符合农村生活需要，又与周围环境融为一体，并达到了主动通过平面布局强化住宅通风的效果

**4**
居住建筑
专题

a 透视图

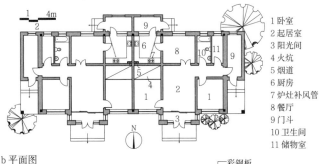

1 卧室
2 起居室
3 阳光间
4 火炕
5 烟道
6 厨房
7 炉灶补风管
8 餐厅
9 门斗
10 卫生间
11 储物室

b 平面图

4
居住建筑
专题

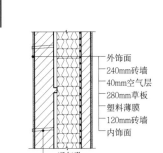

外饰面
240mm砖墙
40mm空气层
280mm草板
塑料薄膜
120mm砖墙
内饰面
通气孔

c 墙体构造图

彩钢板
防水层
木望板
木屋架

70mm稻壳
70mm稻草板
油毡防水层
20mm企口木板
石膏板吊顶

d 屋顶构造图

饰面层
20mm1:3水泥砂浆找平层
60mm细石混凝土,
内配φ4@100钢筋网
100mm挤塑苯板保温层
25mm1:2.5水泥砂浆掺5%
防水剂
80mmC10混凝土
素土夯实

e 地面构造图

### 技术列表                    表1

| 技术名称 | 技术特点 |
|---|---|
| 围护结构保温技术 | 墙体为草板夹心保温墙体;屋顶采用稻草板与稻壳复合保温;南向采用单框三玻塑钢窗,北向采用双框双玻塑钢窗;入户门设置门斗 |
| 被动式太阳能利用技术 | 增加南向卧室窗的尺寸,起居室入口采用大玻璃窗构成阳光间 |
| 通风换气技术 | 设置炉灶补风管提高炉灶燃烧效率,避免炉灶倒烟,并改善空气质量 |

### 1 北方生态草板住宅

| 名称 | 项目地点 | 设计单位 |
|---|---|---|
| 北方生态草板住宅 | 黑龙江省大庆市林甸县胜利村 | 哈尔滨工业大学建筑学院(法国全球基金会资助项目) |

黑龙江省地处严寒地区,冬季气候严寒漫长,夏季凉爽短促。本项目充分考虑当地的施工技术、运输条件、建材资源等,尽可能做到因地制宜,就地取材,采用本土中间技术,降低建造费用。住宅采用当地可再生的草板和稻壳作为围护结构的保温材料,减少了加工运输带来的能耗,同时也为农作物废弃物找到应用的途径,可以减少燃烧农作物废弃物产生的大气污染。经过热工测试,与同等规模的传统民居节能80.8%。在稻草充足的情况下,供暖能源可达到自给自足的状态

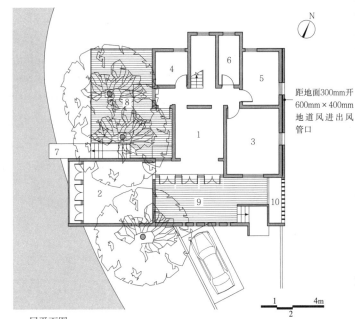

距地面300mm开600mm×400mm地道风进出风管口

1 门厅
2 被动式太阳房
3 地道风应用测试间
4 茶水间
5 设备间
6 卫生间
7 登船栈桥
8 滨水平台
9 前院
10 竹池

a 一层平面图

夹角玻璃栏杆
钢龙骨支架

钢门斗
竹池

b 剖面图

钢丝网立体绿化

50mm×40mm钢管,壁厚1.5mm
12mm厚夹胶钢化玻璃
30mm×30mm钢管,壁厚1.5mm
12mm厚夹胶钢化玻璃

c 北立面图

### 2 上海嘉定实验住宅

| 名称 | 项目地点 | 设计单位 |
|---|---|---|
| 上海嘉定实验住宅 | 上海嘉定区 | 同济大学建筑设计研究院(集团)有限公司 |

本案为同济大学嘉定校区一隅保留的3层农宅的改造。设计首先利用了原有建筑的朝向和区位,增加了滨水空间。其次,设计借鉴了传统江南民居的前后院空间格局,营造了农宅的入口前院和滨水后院。对三层加建部分做了局部拆除和改造。最后,方案在原有建筑东侧设置了传统空斗墙的实验对比墙体,以进行传统空斗墙保温系统和现代外保温系统的比较实验

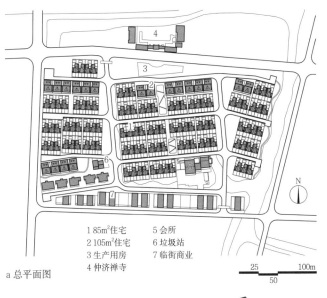

a 总平面图

1 85m²住宅　　5 会所
2 105m²住宅　　6 垃圾站
3 生产用房　　7 临街商业
4 仲济禅寺

25　　100m
50

b 85m²住宅透视图一

c 85m²住宅透视图二

d 105m²住宅透视图

1 厅堂
2 起居室
3 餐厅
4 卧室
5 厨房
6 卫生间
7 天井
8 天井上空
9 前院
10 后院
11 车库
12 阳台
13 洗衣房

e 85m²住宅一层平面图

f 85m²住宅二层平面图

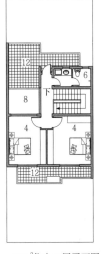

g 85m²住宅三层平面图

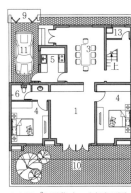

h 105m²A型住宅一层平面图

i 105m²A型住宅二层平面图

2　　8m
4

j 105m²B型住宅一层平面图

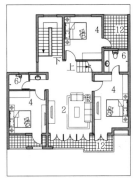

k 105m²B型住宅二层平面图

**4 居住建筑专题**

**1 海宁市斜桥镇斜桥镇路仲村村庄集聚启动地块居住区**

| 名称 | 项目地点 | 设计单位 |
| --- | --- | --- |
| 海宁市斜桥镇斜桥镇路仲村村庄集聚启动地块居住区 | 浙江省海宁市斜桥镇 | 同济大学建筑设计研究院（集团）有限公司 |

地块内建筑尽可能地体现了具有地域特色的传统住宅风貌，同时也积极适应当代生活的需要。住宅特别设计了灵活扩展的空间，日后村民可以根据自己的需要加以改建，如底商、旅游纪念品商店、小餐馆等，为将来创造"农家乐"模式的旅游接待提供了可能。该地块主要包括建筑面积85m²与105m²两种住宅类型，套型可分别满足南入户、北入户的需求。85m²的套型设定为两开间住宅，单元套型采用大进深设计。为避免套型内部出现无自然通风采光的黑房间，套型采用L形平面，北侧自围合北庭院，尺度大小满足北入户时的停车与人行交通需求，尽可能争取南庭院最大进深与面积。105m²套型为三开间住宅，格局中正、规整。立面采用锚顶设计，单元独立屋顶，相邻户屋顶间连接采用木构架，当住户将太阳能作为主要热源时，太阳能板可统一安装在木构架上

a 一层平面图

1 起居室
2 卧室
3 阳光间
4 厨房
5 卫生间
6 储藏间

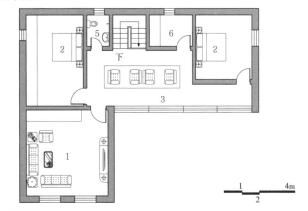

b 二层平面图

1  4m
2

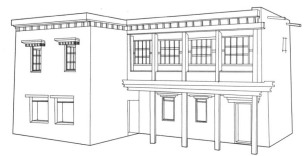

c 透视图一

d 透视图二

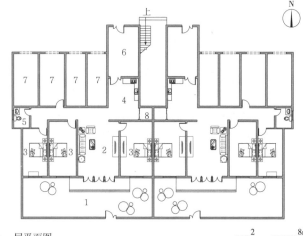

a 一层平面图

2  8m
4

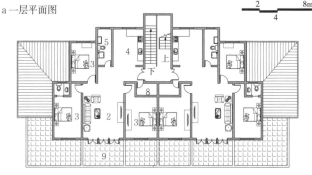

b 二层平面图

1 花园　　　2 起居室　　3 卧室
4 厨房、餐厅　5 卫生间　　6 过厅
7 库房　　　8 储藏室　　9 露台

c 立面图

d 剖面图

### 1 青海玉树新寨新农村住宅

| 名称 | 项目地点 | 设计单位 |
|---|---|---|
| 青海玉树新寨新农村住宅 | 青海省玉树县新寨村 | 北京中联环建文建筑设计有限公司 |

该实例突出展现具有当地特色的玉树康巴民居建筑，每栋建筑从外观到内部都使用玉树地区传统康巴民居建筑的语汇，采用平屋顶，不使用坡屋顶，不出现其他风格的建筑。功能完善，厨房、沐浴间、卫生间独立于室内。临街面体现木、石、土等原材料肌理，窗棂、门楣、檐口等处采用玉树地区康巴民居的装饰构件，配以传统装饰纹理。门窗色彩丰富，借用传统手法进行涂饰

### 2 上海航头镇新农村住宅

| 名称 | 项目地点 | 设计单位 |
|---|---|---|
| 上海航头镇新农村住宅 | 上海浦东新区 | 同济大学建筑设计研究院（集团）有限公司 |

炊事空间与就餐空间依照农村居民的用餐习惯，采用合二为一的空间处理手法。灶间与餐厅一体，强化起居室的活动空间。起居室与露台采用可转动折叠木门，将江南传统园林景观门与现代设计手法相互结合，在某种程度上弱化室内外空间的间隔，创造出更为适宜的居住空间。小区每家每户均拥有院落或院落式平台，可在房前屋后进行种植或绿化活动，体现村镇住宅有别于城市住宅的特点

1 羌族风格住宅
2 川西风格住宅

a 总平面图

1 起居室
2 餐厅
3 厨房
4 卫生间

b 羌族风格住宅一层平面图

c 川西风格住宅一层平面图

d 羌族风格住宅立面图

e 川西风格住宅立面图

**1 汶川县映秀镇新农村住宅**

| 名称 | 项目地点 | 设计单位 |
| --- | --- | --- |
| 汶川县映秀镇新农村住宅 | 四川省汶川县映秀镇 | 同济大学建筑设计研究院（集团）有限公司 |

该实例所在地区在气候上属于夏热冬冷地区，但也有其高原峡谷独特的小气候特征。汶川是羌族的传统栖息地，也是羌族民居最为集中的一个区域。相比川西的汉族建筑，羌族建筑在选址、聚落空间组织、空间形态与建造方式等方面都有许多特色。除了名闻天下的碉楼建筑外，羌族民居的村镇选址与聚落空间组织也是羌族建筑的两大特色，羌寨中呈现出汉羌混合的建筑风貌。羌族风格通过扶壁、小窗和角塔模拟传统羌寨的体量感，并通过一系列传统羌族建筑元素的现代演绎突出羌族建筑特色的传承。在住宅中还特别设计了灵活扩展的空间，日后村民可以根据自己的需要加以改建，为将来创造"农家乐"模式的旅游接待提供了可能。在川西风格住宅中，考虑到映秀镇汉羌杂居的人口结构，在延续前一个方案强调羌族风貌的同时，在建筑的上部楼层与屋面部分突出了汉族川西民居的特点。通过使用坡屋顶和穿斗墙等建筑元素，促成了山地羌族民居与平地汉族民居风格上的和谐过渡

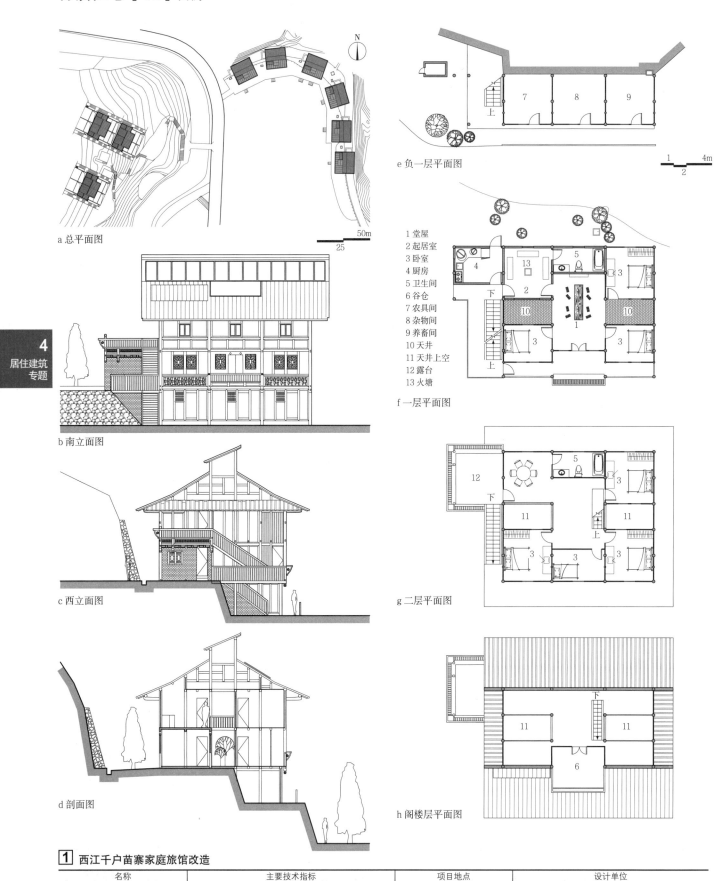

**4**
居住建筑
专题

a 总平面图

b 南立面图

c 西立面图

d 剖面图

e 负一层平面图

1 堂屋
2 起居室
3 卧室
4 厨房
5 卫生间
6 谷仓
7 农具间
8 杂物间
9 养畜间
10 天井
11 天井上空
12 露台
13 火塘

f 一层平面图

g 二层平面图

h 阁楼层平面图

**1** 西江千户苗寨家庭旅馆改造

| 名称 | 主要技术指标 | 项目地点 | 设计单位 |
|---|---|---|---|
| 西江千户苗寨家庭旅馆改造 | 宅基地面积159㎡，建筑占地面积100m²，建筑面积201m² | 贵州省雷山县西江镇 | 同济大学建筑设计研究院（集团）有限公司 |

该实例位于亚热带湿润性季风气候地区，地处云贵高原东部，地形以山地为主。苗族传统干阑式建筑，在我国传统建筑宝库中占有重要地位。其独特的穿斗式结构和特有的上楼下畜居住形式，能够诠释苗族各个发展时期人们的生产生活习俗，具有显著的民族特色。西江千户苗寨由十余个依山而建的自然村寨相连成片，是目前中国最大的苗族聚居村寨。方案结合农家旅馆设计，适应当地生态旅游，融合贵州黔东南苗族民居吊脚楼的建筑特色。平面布局保留当地居民的生产方式和生活习俗，体现少数民族建筑独特的空间序列。结构仍按照当地建造习俗采取木结构

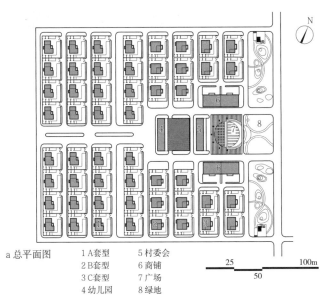

a 总平面图

| 1 A套型 | 5 村委会 |
|---|---|
| 2 B套型 | 6 商铺 |
| 3 C套型 | 7 广场 |
| 4 幼儿园 | 8 绿地 |

25　　50　　100m

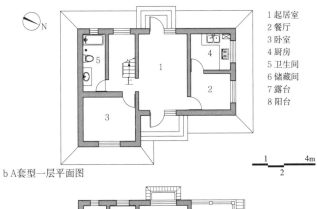

b A套型一层平面图

| 1 起居室 | 5 卫生间 |
|---|---|
| 2 餐厅 | 6 储藏间 |
| 3 卧室 | 7 露台 |
| 4 厨房 | 8 阳台 |

1　2　4m

c A套型二层平面图

白色涂料　红色彩瓦
白色涂料
浅灰色涂料

d A套型北立面图

**1 永登县树屏镇新农村住宅**

| 名称 | 主要技术指标 | 项目地点 | 设计单位 |
|---|---|---|---|
| 永登县树屏镇新农村住宅 | 总居住户数约52户 | 甘肃省永登县树屏镇哈家嘴 | 甘肃省城乡工业设计院有限公司 |

总平面布局采用行列式农宅结合集中式公共服务设施的方式，引入"农家乐"经营模式，统一设计了花池、餐厅等公共经营设施。结合地方传统民俗特色，适应当地传统文脉发展绿色旅游。单体建筑结合上人屋面，采用了适于当地气候条件的"平屋顶+坡屋檐"的手法

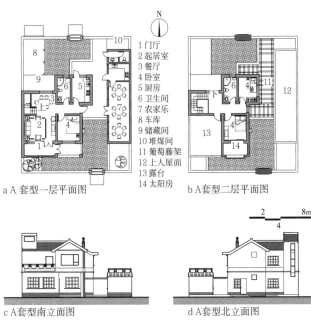

a A套型一层平面图　　　　b A套型二层平面图

| 1 门厅 | 8 车库 |
|---|---|
| 2 起居室 | 9 储藏间 |
| 3 餐厅 | 10 堆煤间 |
| 4 卧室 | 11 葡萄藤架 |
| 5 厨房 | 12 上人屋面 |
| 6 卫生间 | 13 露台 |
| 7 农家乐 | 14 太阳房 |

2　4　8m

c A套型南立面图　　　　d A套型北立面图

| 1 A套型 |
|---|
| 2 B套型 |
| 3 幼儿园 |
| 4 村委会、诊所 |
| 5 多功能活动厅 |
| 6 集中农家乐 |
| 7 健身活动广场 |
| 8 中央广场 |

e 总平面图

25　　50　　100m

**2 武威清源镇新农村住宅**

| 名称 | 主要技术指标 | 项目地点 | 设计单位 |
|---|---|---|---|
| 清源镇新农村住宅 | 总居住户数约50户，人均建设用地240m² | 武威市凉州区清源镇蔡寨村 | 北京城市规划设计研究院 |

总平面采取组团式布局，结合景观小品组织组团绿地，平面设计考虑了家庭商业经营的可能。
村庄总规划用地72500m²；村庄总建设用地54600m²；居住建筑用地13500m²；公共建筑用地2715m²；绿地率45%

**4 居住建筑专题**

225

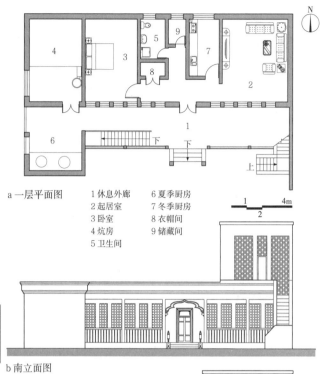

a 一层平面图

| | |
|---|---|
| 1 休息外廊 | 6 夏季厨房 |
| 2 起居室 | 7 冬季厨房 |
| 3 卧室 | 8 衣帽间 |
| 4 炕房 | 9 储藏间 |
| 5 卫生间 | |

b 南立面图

c 东立面图

**1** 新疆吐鲁番地区"阿尔勒克"式新农村住宅

| 名称 | 项目地点 | 设计单位 |
|---|---|---|
| 新疆吐鲁番地区"阿尔勒克"式新农村住宅 | 新疆吐鲁番地区 | 新疆大学建筑与城乡规划系 |

本实例位于新疆维吾尔自治区的吐鲁番地区。当地居民多为葡萄种植户，针对特定的生产与生活方式，本实例采用了下层的"阿尔勒克"与上层的"晾房"相结合的设计手法。"阿尔勒克"除了作为夏季遮阳隔热的过渡空间，也可以在丰收季节时与晾房一起用于晾晒葡萄

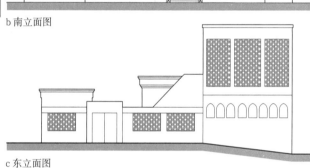

a 一层平面图

| | |
|---|---|
| 1 门厅 | 4 卧室 |
| 2 起居室 | 5 厨房 |
| 3 炕房 | 6 卫生间 |

**3** 新疆伊犁地区新农村住宅

| 名称 | 项目地点 | 设计单位 |
|---|---|---|
| 新疆伊犁地区新农村住宅 | 新疆伊犁地区与城乡规划区 | 新疆大学建筑与城乡规划系 |

本实例适用于新疆维吾尔自治区的伊犁地区。本实例借鉴了传统伊犁民居的集中式建筑布局与传统的建筑元素，并针对现代化的生活方式进行了优化。建筑采用集中式布局，并在南侧增加了外廊作为过渡空间。建筑坡屋顶形式、立面装饰与砖雕做法均取于传统民居

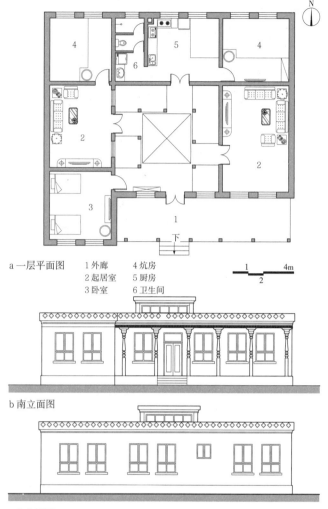

a 一层平面图

| | |
|---|---|
| 1 外廊 | 4 炕房 |
| 2 起居室 | 5 厨房 |
| 3 卧室 | 6 卫生间 |

b 南立面图

c 北立面图

**2** 新疆和田地区新"阿以旺"式新农村住宅

| 名称 | 项目地点 | 设计单位 |
|---|---|---|
| 新疆和田地区新"阿以旺"式新农村住宅 | 新疆和田地区 | 新疆大学建筑与城乡规划系 |

"阿以旺"是维吾尔族民居享有盛名的建筑形式。"阿以旺"作为住宅的中心，同时起到了中庭的作用。本实例是对传统民居的优化，建筑保留了"阿以旺"，尊重当地传统习俗，所有的房间均围绕其布置，并通过外廊紧密相连。建筑外立面适当增加了开窗数量，改善了室内的照明环境

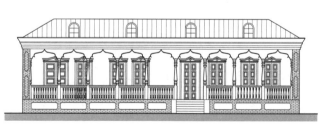

b 南立面图

4
居住建筑
专题

## 住宅产业

住宅产业指进行住宅或住区开发建设、经营管理的综合产业，其最终目标是建造住宅并支撑住宅消费。住宅产业贯穿住宅投资、生产、流通和消费的全过程，是住宅产业化的基本载体。住宅相关产业有：承担居住空间新建和改造的建筑业、改造业、内外装修装饰工程业；提供所需材料与设备的住宅建材业、设备制造业、装修装饰材料业；承担住宅及其建材、设备等的流通产业及相关服务业；为支持居民自己改善居住条件（新建和改造）的相关产业。

## 住宅产业化

住宅产业化是实现住宅供产销一体化的生产经营组织形式。以住宅市场需求为导向，以建材、轻工等行业为依托，以工业化生产各种住宅构配件及部品，以人才、科技为手段，将住宅生命全过程的规划设计、构配件生产、施工建造、销售和售后服务等各环节联结为一个完整的产业系统。

## 建筑工业化

建筑工业化采用现代化的科学技术手段代替过去传统的手工业生产方式，先进、高效、大规模地进行建筑产品生产。建筑工业化主要包括建筑设计标准化、建筑体系工业化、构配件生产工厂化、现场施工机械化、组织管理科学化。

## 住宅工业化

住宅工业化是建筑工业化在住宅建设中的体现，是一种先进的住宅生产方式，其核心是要实现由传统半手工半机械化生产转变成现代住宅工业化生产，以量的规模效应促进建筑技术的革新、住宅与居住质量的提高，从根本上降低资源能源的消耗及对环境的影响。

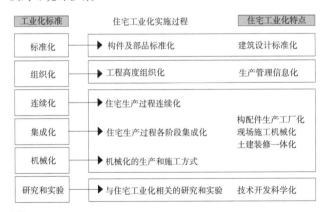

### 1 住宅工业化特点

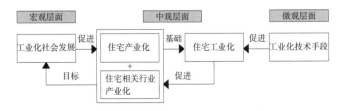

### 2 住宅工业化与住宅产业化关系

## 工业化住宅

采用以设计标准化、部品生产工厂化、现场施工装配化、产品部品模数化、全过程管理信息化、产业链集成现代化为主要特征的工业化生产方式建造的住宅。

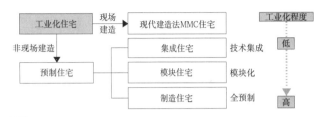

### 3 工业化住宅概念

## SI住宅体系

SI住宅是指支撑体和填充体完全分离的住宅。支撑体S（Skeleton）由住宅的躯体、共用设备空间所组成，具有高耐久性，是住宅长寿化的基础。填充体I（Infill）由各住户的内部空间和设备管线所组成，通过与支撑体分离，实现其灵活性、可变性。SI住宅是以保证住宅全寿命期内质量性能的稳定为基础，通过支撑体和填充体的分离来提高住宅的居住适应性和全寿命期内的综合价值。

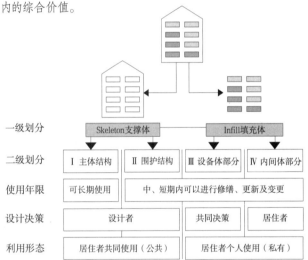

### 4 SI住宅体系概念

## 部品

部品是经工业化生产和现场组装的具有独立功能的住宅产品，具有以下特征：非结构体，可从建筑中独立出来；工厂制造的产品；标准化、系列化，实现商业流通，有品牌型号；具有适合于工业生产与商品流通的附加价值。

住房和城乡建设部住宅产业化促进中心制定的住宅部品体系框架  表1

| 四大体系 | 具体内容 |
|---|---|
| 1.外围护部品（件）体系 | 外墙围护、屋面、门、窗等 |
| 2.内装部品（件）体系 | 隔墙、内门、装饰部件、户内楼梯、壁柜、卫生间、厨房等 |
| 3.设备部品（件）体系 | 暖通与空调系统、给水排水设备系统、燃气设备系统、电气与照明系统、消防系统、电梯系统、新能源系统、智能化系统等 |
| 4.小区配套部品（件）体系 | 室外设施、停车设备、园林绿化、垃圾贮置等 |

4
居住建筑
专题

## 欧洲工业化住宅发展

欧洲各时期工业化住宅发展　　　　　　　　　　表1

| 发展阶段 | 发展方向 | 主要实践 | 实践时间 |
|---|---|---|---|
| 萌芽期<br>1920~1939年 | 将工业模式带入住宅建造中，推动工业化住宅发展 | 举办一系列现代住宅展 | 1927年 |
| | | 现代建筑国际会议(CIAM)的成立 | 1928年 |
| 开端期<br>1940~1969年 | 推动预制技术及模块化发展 | 法国马赛公寓，第一个全部采用预制混凝土外墙板覆面的高层建筑 | 1952年 |
| | 发展轻钢结构住宅 | 英国开展对轻型钢结构体系研究 | 1940~1950年 |
| | 探索工业化住宅的新居住模式 | 可移动的住宅设想（插入城市、生存舱等） | 1950年代中期 |
| | SAR支撑体住宅理论兴起及传播 | 荷兰出版《支撑体——大量性住宅的选择》 | 1961年 |
| | | 荷兰首次提出SAR理论 | 1965年 |
| 发展期<br>1970~1989年 | SAR理论向开放建筑Open Building理论过渡 | 英国伦敦爱德莱德路PSSHAK工程 | 1976年 |
| | | 荷兰莫利维利特住宅 | 1977年 |
| | 开放住宅成为工业化住宅发展方向 | 荷兰克安布尔格住宅 | 1982年 |
| | | 荷兰德布鲁布托住宅 | 1986年 |
| 成熟期<br>1990年至今 | 高科技及生态技术发展 | 德国英国开始绿色工业化住宅实践 | 1990年代起 |
| | 开启工业化住宅信息技术新时代 | 法国研发住宅通用软件 | 1990年代中期 |
| | 发展建筑构件的界面构造技术 | 荷兰IFD建筑体系研发 | 2001年 |

注：1. Open Building广义为开放建筑，在住宅研究层面解释为开放住宅建设或简称开放住宅更为贴切。
　　2. IFD: Industrialization, Flexibility and Dimountability 。

## SAR理论

　　SAR支撑体理论是工业化住宅的第一理论基础，1961年由荷兰学者哈布瑞肯教授（N.John Habraken）提出，首次将住宅设计和建造分为两部分——支撑体（Support）和可分体（Detachable Unit），探讨了新的住宅设计途径。

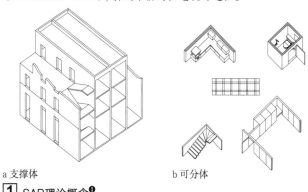

a 支撑体　　　　　　　　　　b 可分体

1 SAR理论概念❶

区：四类

段：两道承重墙之间

界：两区之间

SAR理论利用区（Zone）、界（Band）、段（Sector）概念作为空间表述的基本方法。

γ—私人用的室外空间（阳台）
α—与室外有联系的室内空间（起居室、玄关）
β—与室外无联系的室内空间（厨卫、储藏室）
δ—内部或外部的公共交通空间

2 区界段概念

❶ 鲍家声. 支撑体住宅. 南京：江苏科学技术出版社，1988.
❷ 刘东卫. SI住宅与住房建设模式. 北京：中国建筑工业出版社，2016.

## Open Building开放住宅建设

　　Open Building理论是SAR理论的进一步发展，20世纪70年代主要是发展住宅层级的营建系统，以建筑结构体的设计作为提供个别空间自由变化的手段。

　　Open Building理论在1980年代后进行第二阶段实践，实现了向室内填充系统的发展。以填充系统的部品提供空间变化的自由度，与结构主体不发生关系，且在新建筑和旧建筑改造中都能最大程度发挥其可变性与适应性。

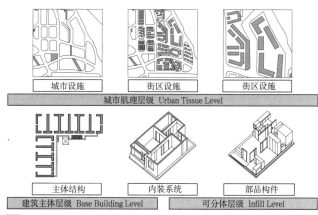

城市设施　　街区设施　　街区设施

城市肌理层级　Urban Tissue Level

主体结构　　内装系统　　部品构件

建筑主体层级　Base Building Level　　可分体层级　Infill Level

3 Open Building住宅营建系统❷

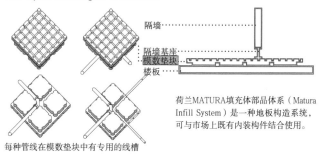

隔墙
隔墙基座
模数垫块
楼板

荷兰MATURA填充体部品体系（Matura Infill System）是一种地板构造系统，可与市场上既有内装构件结合使用。

每种管线在模数垫块中有专用的线槽

4 Open Building室内填充系统

## IFD建筑体系

　　IFD建筑体系理论要点为：工业化建造、弹性设计及可拆卸，包括发展干式拆组的构法与工法，可应用于楼板、内装及外墙。从建筑全寿命期的角度，IFD建筑体系更为全面地阐释了工业化建造对建筑的可持续更新和节约资源、保护环境等方面的重大意义和技术解决方案。

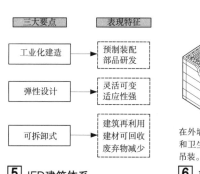

三大要点　　　　表现特征

工业化建造 → 预制装配部品研发

弹性设计 → 灵活可变适应性强

可拆卸式 → 建筑再利用建材可回收废弃物减少

在外墙上加建钢结构预制模块的阳台和卫生间，采用预制的模块进行现场吊装。

5 IFD建筑体系　　　　6 预制构件单元

# 日本工业化住宅发展

日本各时期工业化住宅发展　　　　　　　　　　表1

| 发展阶段 | 发展方向 | 主要实践 | 实践时间 |
|---|---|---|---|
| 开端期<br>1940~1969年 | 推行公共住宅标准设计 | 住宅公团推行1D到3LDK标准套型系列 | 1955年起 |
| | 开发通用化规格型部品 | KJ部品 | 1957年 |
| | 引进PC施工法 | 中层集合住宅实践 | 1960年代中期 |
| 发展期<br>1970~1989年 | 实施住宅部品化 | BL部品取代KJ部品 | 1971年 |
| | 开发HPC施工法 | 高层集合住宅开发 | 1970年代中期 |
| | 健全公共住宅标准设计 | 形成SPH公共住宅标准设计 | 1970年 |
| | | 开发多样化NPS标准设计以取代SPH | 1976年 |
| | 建立住宅部品集成及住宅建设开放体系 | KEP开发及可变居住方式探索 | 1973~1981年 |
| | 开发综合性工业化住宅供给系统 | 基于KEP和NPS，开发耐久性CHS住宅 | 1980年 |
| 成熟期<br>1990年至今 | 建立SI住宅体系及全面实现技术普及 | NEXT-21集合住宅楼实验 | 1993年 |
| | | KSI将SI住宅体系应用于工业化生产实践 | 1996年 |
| | 推进工业化住宅可持续发展 | "环境共生住宅"及"资源循环型住宅" | 1997~2002年 |
| | 建设长效高品质住宅 | 200年住宅构想 | 2007年 |

注：nLDK：n—卧室个数，L—起居室，D—餐厅，K—厨房；
PC—预应力混凝土，HPC—H型钢（工字钢）和PC板，SPH—公共住宅标准设计，
NPS—新型公共住宅设计标准，KEP—公团住宅实验项目，CHS—世纪住宅建设系统，
KSI—都市再生机构SI住宅（前身即为日本公团）。

## KEP住宅

　　KEP住宅由日本公团开发，在使用工业化成套部品（成套收纳、整体厨房和整体卫浴）的基础上建造多样化住宅，并形成了住宅供给与设计的开放建设体系。

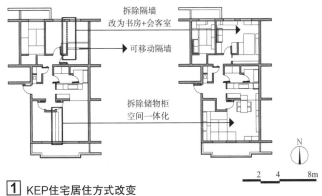

拆除隔墙改为书房+会客室
可移动隔墙
拆除储物柜空间一体化

2　4　　8m

**1** KEP住宅居住方式改变

## CHS百年住宅体系

　　CHS百年住宅体系，是为居住者持续提供舒适居住生活的新住宅建设体系，其意义在于提高住宅的耐久性和社会性。

CHS住宅六要素　　　　　　　　　　表2

| | CHS认定基准六大原则 | | CHS设计六要素 | |
|---|---|---|---|---|
| 出处 | 《日本住宅建设与产业化》 | | 日本UR都市机构资料 | |
| 要点 | ①可变性原则 | ▲ | ①套内空间可以进行任意隔断 | ▲ |
| | ②连接性原则 | △ | ②内装部品尺寸统一 | ▼ |
| | ③分离性原则 | ▽ | ③内装部品便于进行整个部品的更换 | △ |
| | ④耐久性原则 | ◆ | ④配管配线空间独立 | ▽ |
| | ⑤保养与检查原则 | ◇ | ⑤住宅主体结构耐久 | ◆ |
| | ⑥环保原则 | ● | ⑥维修管理体制完善 | ◇ |

注：同一种符号代表同一种性质的要求，例如"CHS认定基准六大原则"中②与"CHS设计六要素"③为同一种性质要求，故用△表示。以此类推。

❶ 刘东卫. SI住宅与住房建设模式. 北京：中国建筑工业出版社，2016.

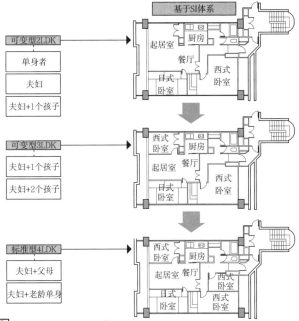

**2** CHS住宅平面变化❶

## SI住宅体系及KSI住宅

　　KSI住宅将SI住宅理论应用于工业化生产实践中，基本技术要素包括：1.高耐久性的结构体，降低混凝土的水灰比；2.无次梁的大型楼板，减少套型设计上的障碍；3.把共用的排水设施设置在住户的外面，以增加改装时的户型空间的可变性；4.电线与结构体分离，有利于以后的修理和改装。

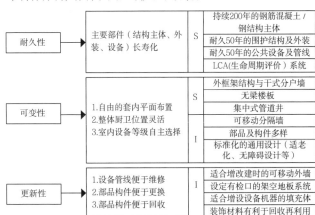

**3** SI住宅体系特点

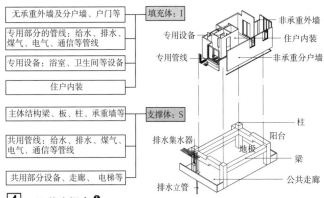

**4** KSI住宅概念❶

4
居住建筑专题

## 我国工业化住宅发展

我国各时期工业化住宅发展　　　　　　　　　　表1

| 发展阶段 | 发展方向 | 主要实践 | 实践时间 |
|---|---|---|---|
| 创建期 1949~1978年 | 推行标准化设计 | 编制了全国6个分区的全套各专业标准设计图 | 1950年代中期 |
| | 初探早期工业化住宅 | 北京洪茂沟住宅大型砖砌块体系应用 | 1957年 |
| | | 北京、天津PC大板住宅建设 | 1960年 |
| | 形成系列化工业化住宅体系：砖混体系、大型砌块体系、大板(装配式)体系、大模板(内浇外挂式)体系和框架轻板体系 | 北京前三门大街最早PC高层住宅建设 | 1973年 |
| 探索期 1979~1998年 | 引入SAR理论 | 江苏无锡的支撑体住宅研究实践 | 1986年 |
| | 推行国内住宅设计的标准化、多样化 | 北京退台式花园住宅 | 1984年 |
| | | 天津"80住"砖混住宅 | 1986年 |
| | 确立模数标准 | 编制及修编了《住宅建筑模数协调标准GB/T 50100-2001》及相关通用设计文件 | 1984年编制 1997年修编 |
| | 建立中国城市小康住宅通用体系（WHOS） | 河北小康住宅实验楼 | 1988年 |
| | 开发"适应型住宅通用填充体"工程 | 北京翠微居住小区适应型住宅 | 1992年 |
| 转变期 1999年至今 | 推行住宅内装工业化推动住宅部品发展 | 厨卫单元一体化 | 2001年起 |
| | 建成首个国家住宅产业化基地 | 天津以"钢—混凝土组合结构工业化住宅体系"为核心技术 | 2002年 |
| | 开发商推动住宅工业化发展 | 远大建成首个国家住宅产业化示范项目——长沙美居荷园小区 | 2007年 |
| | | 万科研发PC综合技术体系——深圳第五寓 | 2008年 |
| | 建立我国SI住宅体系及百年住居LC体系 | 北京住博会"明日之家"概念示范屋 | 2009年 |
| | | 编制了《CSI住宅建设技术导则（试行）》 | 2010年 |
| | 自主研发21世纪新型工业化住宅 | 北京雅世合金公寓 | 2010年 |

注：LC体系—百年住居建设理念，CSI住宅—中国支撑体住宅。

## 模数协调

模数协调应用基本模数或扩大模数的方法实现尺寸协调。住宅建筑设计在满足使用功能的前提下，通过模数协调合理减少预制构配件的种类，达到标准化、系列化、通用化和商品化的目的，以推动建筑工业化发展。

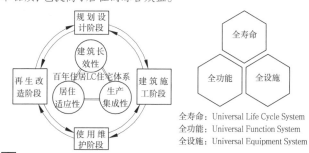

[1] 模数理论在我国的应用❶

❶ 朱昌廉. 住宅建筑设计原理. 北京：中国建筑工业出版社，2011.
❷ 刘东卫，蒋洪彪. 中国住宅工业化发展及其技术演进. 建筑学报，2012（4）：10-18.

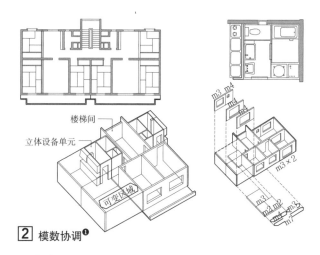

[2] 模数协调❶

## 百年住居LC体系及3U住宅

百年住居LC体系研发是新型工业化集合住宅体系与应用集成技术，以保证住宅性能和品质的规划设计、施工建造、维护使用、再生改建等技术为核心。普适性3U解决方案是对LC体系的实践，以绿色建筑全生命周期的理念为基础，既保证了住宅性能和品质，也提高了居住的综合效益。

全寿命：Universal Life Cycle System
全功能：Universal Function System
全设施：Universal Equipment System

[3] 百年居住LC住宅体系及3U住宅❷

[4] 全寿命系统

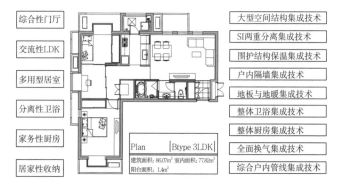

[5] 六大功能系统与集成技术体系

## 工业化住宅主要类型

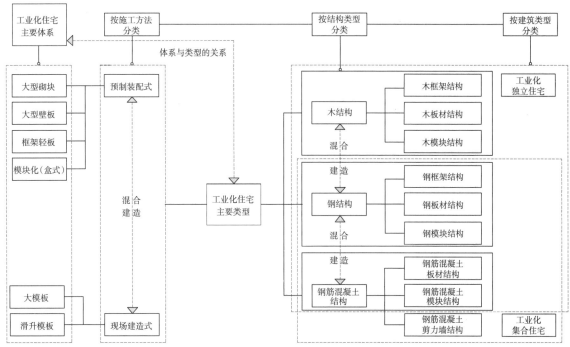

1 工业化住宅主要类型分析

## 工业化住宅各类型示例

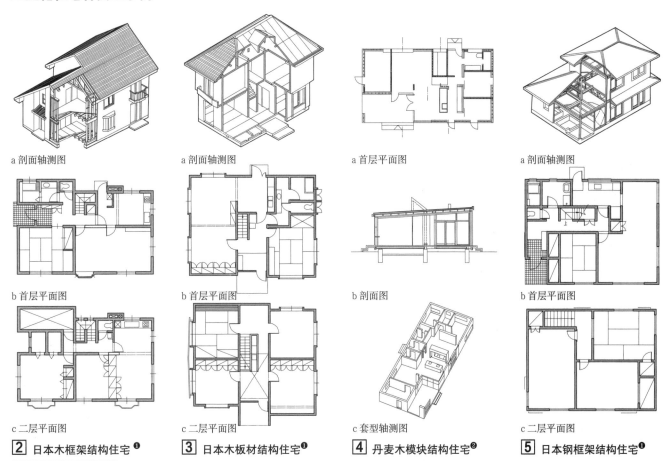

a 剖面轴测图　　　　a 剖面轴测图　　　　a 首层平面图　　　　a 剖面轴测图

b 首层平面图　　　　b 首层平面图　　　　b 剖面图　　　　b 首层平面图

c 二层平面图　　　　c 二层平面图　　　　c 套型轴测图　　　　c 二层平面图

2 日本木框架结构住宅❶　3 日本木板材结构住宅❶　4 丹麦木模块结构住宅❷　5 日本钢框架结构住宅❶

❶ 日本建筑学会. 新版简明住宅设计资料集成. 北京：中国建筑工业出版社，2003.
❷ Jens Abildgard, Hjorring. 丹麦ONV屋预制住宅. 建筑学报, 2012（4）：96-98.

4
居住建筑
专题

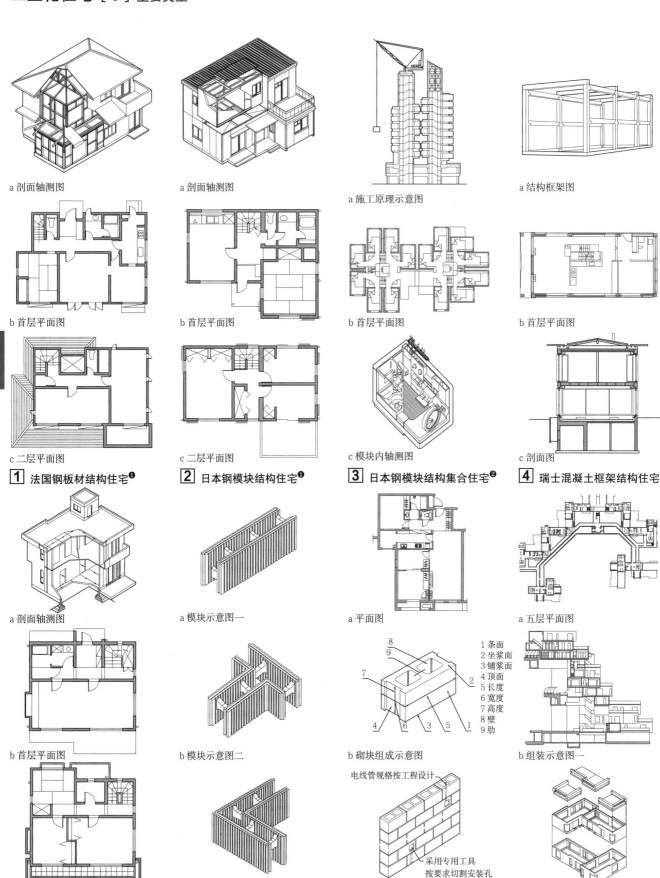

a 剖面轴测图

a 剖面轴测图

a 施工原理示意图

a 结构框架图

b 首层平面图

b 首层平面图

b 首层平面图

b 首层平面图

c 二层平面图

c 二层平面图

c 模块内轴测图

c 剖面图

① 法国钢板材结构住宅❶

② 日本钢模块结构住宅❶

③ 日本钢模块结构集合住宅❷

④ 瑞士混凝土框架结构住宅

a 剖面轴测图

a 模块示意图一

a 平面图

a 五层平面图

b 首层平面图

b 模块示意图二

1 条面
2
3 铺浆面
4 顶面
5 长度
6 宽度
7 高度
8 壁
9 肋

b 砌块组成示意图

b 组装示意图一

c 二层平面图

c 模块示意图三

电线管规格按工程设计

采用专用工具
按要求切割安装孔

c 电气管线示意图

c 组装示意图二

⑤ 日本混凝土板材结构住宅❶

⑥ 哈尔滨绝热模块混凝土剪力
墙结构住宅

⑦ 北京混凝土空心砌块结构
住宅❸

⑧ 加拿大混凝土模块结构
住宅❷

❶ 日本建筑学会. 新版简明住宅设计资料集成. 北京: 中国建筑工业出版社, 2003.
❷ 日本建筑学会. 建筑设计资料集成: 居住篇. 天津: 天津大学出版社, 2006.
❸ 雅世合金公寓. 建筑学报, 2012 (4): 50-54.

## 建筑体系

工业化住宅建筑体系通常分为以下两种：

专用体系：用于一定的使用目的，采用定型化设计或非定型化设计建造的住宅体系。专用体系构件规格少，可快速投产建造，但缺少与其他体系配合的通用性和互换性。

通用体系：将建筑的各种构配件、部品和构造连接技术实行标准化、通用化，使各类建筑所需的构配件和节点构造可互换通用的商品化建筑体系。

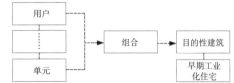

1 专用体系特征分析图

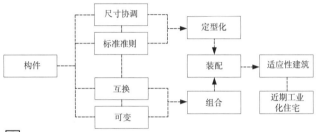

2 通用体系特征分析图

## 砌块体系

砌块体系住宅把砖混结构住宅墙体所用的小型普通标准砖改为大中砌块，以机具吊装，初步实现工业化。但是存在现场湿作业多、抗震性能差、工业化程度较低等局限性。

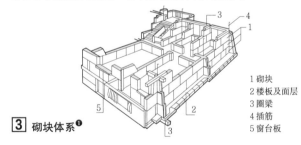

1 砌块
2 楼板及面层
3 圈梁
4 插筋
5 窗台板

3 砌块体系❶

## 装配式大板体系

装配式大板住宅中的墙身、楼板、屋顶等均采用预制板材，机械化方法进行现场装配，提高了工业化程度。但大板住宅对施工及设备要求较高，建筑造价较高，同时构件规格化和建筑多样化之间存在矛盾，属于早期工业化住宅建筑体系。

1 楼板
2 外墙板
3 内墙板
4 山墙板

4 装配式大板体系❶

❶ 朱昌廉. 住宅建筑设计原理. 北京：中国建筑工业出版社，2011.

## 大模板现浇体系

大模板现浇体系住宅采用定型的大面积模板在现场浇筑混凝土墙体，以高度机械化代替手工作业。

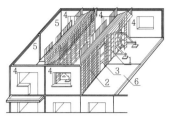

1 工具式大模板
2 钢筋网片
3 门口模板
4 预制外墙板
5 预制山墙板
6 楼板

5 大模板现浇体系❶

## 框架轻板体系

框架轻板体系住宅框架受力，内外墙采用不承重的轻质板材，悬挂或支撑在结构框架或楼板上，仅起围护和分隔作用。

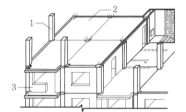

1 柱
2 楼板
3 外墙板

6 框架轻板体系❶

## 滑升模板体系

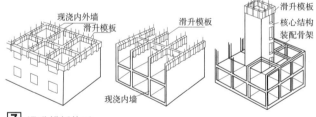

现浇内外墙　滑升模板　滑升模板
核心筒结构
装配骨架
现浇内墙

7 滑升模板体系

## 模块化（盒式）体系

四面墙板与楼板结合的五面盒子构件　横墙板与上下楼板结合的筒形盒子构件　四面墙板结合的竖向筒形盒子构件　三个方向板与楼板合一盒子构件

外墙板与楼板合一Π形构件　单面内外墙板与楼板结合组成的构件　单面墙板与楼板合一L形构件

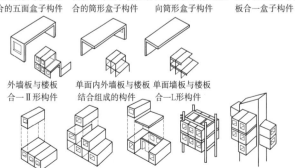

8 模块化（盒子）结构体系

## 住宅内装工业化系统

住宅内装工业化系统基于支撑体和填充体完全分离的SI住宅体系，把组成住宅内装的若干部件简化为若干工业化填充部品。住宅内装工业化是工业化住宅大规模生产与定制的重要组成部分，也是解决标准化、大批量生产和住宅多样化、个性化之间矛盾的重要途径。

内装工业化系统基本原则：(1)采用有利于维护更新的配管形式，不把管线埋入结构体；(2)按优先滞后原则决定内装修的构成顺序；(3)设置专用的管道间，不在套内配公共竖管；(4)采用可拆装的轻质隔墙，不在套内设承重墙；(5)干式工法施工。

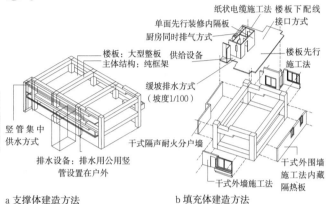

a 支撑体建造方法　　　　b 填充体建造方法

**1** SI住宅体系建造方式

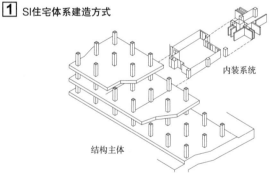

**2** 内装工业化系统与SI住宅体系关系

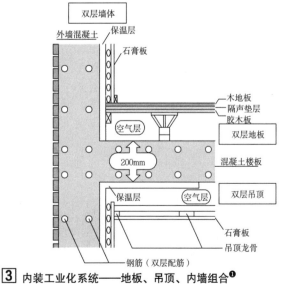

**3** 内装工业化系统——地板、吊顶、内墙组合❶

❶ 吴东航，章林伟. 日本住宅建设与产业化. 北京：中国建筑工业出版社，2009.

## 住宅内装工业化系统构成

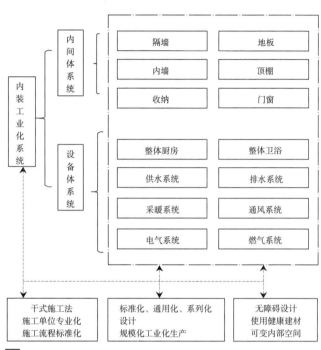

**4** 内装工业化系统构成

内间体各部分性能要求与措施　　　　　　　　　　表1

| | 内间体 | | | | |
|---|---|---|---|---|---|
| | 种类 | 隔声保温 | 适老化无障碍 | 安全性 | 可变性更换性 |
| 顶棚 | 装饰顶棚板 | 吊顶隔声保温材料 | — | 绿色环保不燃材料 | 双层结构 |
| 地板 | 木地板木/塑胶地板砖地毯 | 双层架空地脚螺栓隔声保温夹层 | 无地面高差防滑措施 | 绿色环保不燃材料硬度适中 | 双层结构 |
| 内墙 | 墙纸 | 双层内墙隔声保温夹层 | 避免产生锐角或凸角扶手 | 绿色环保不燃材料硬度适中可设防撞板 | 双层结构 |
| 隔墙 | 墙纸 | 隔声保温夹层 | 避免产生锐角或凸角扶手 | 绿色环保不燃材料硬度适中 | 可移动隔墙不落地隔墙非承重墙 |
| 收纳空间 | 封闭式开敞式步入式 | — | 细化分类就近收纳 | 绿色环保不燃材料硬度适中 | 可拆卸灵活组装 |

注：防撞板选用材料可在使用者摔倒时有效减小冲击力。

设备体各部分性能要求与措施　　　　　　　　　　表2

| | 设备体 | | | |
|---|---|---|---|---|
| | 维护管理 | 适老化无障碍 | 安全性 | 可变性更换性 |
| 供排水系统 | 地板下预留排水检修口分水管给水 | 方便的配套器具 | 一对一配管 | 套外竖管双层套管双层装修的内配管不埋在结构体内 |
| 供电系统 | 一对一配线 | 多插座开关位置高度适中 | 多系统管理一对一配线 | 双层装修的内配管不埋在结构体内 |
| 换气系统 | 新风系统自然通风 | — | 多系统管理 | 设换气扇或通风器 |
| 信息系统 | 一对一配线 | — | 一对一配线 | 预留空管 |

4 居住建筑专题

## 概述

工业化住宅内装修与结构主体完全分离,其可变与易更换的特点是SI住宅思想的具体体现。为满足设备管线的维护、检修要求,实现良好的保温、隔声性能,内间体系统工法基于墙体和管线分离技术,主要涉及架空地面、天花吊顶、双层贴面墙三方面。

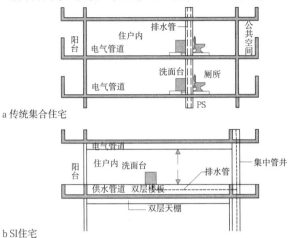

a 传统集合住宅

b SI住宅

**1** 墙体和管线分离技术[1]

## 架空地板

工法要点:地板下面采用树脂或金属地脚螺栓支撑;架空空间内铺设给排水管线;在安装分水器的地板处设置地面检修口,以方便管道检查;在地板和墙体的交界处留出3mm左右缝隙,保证地板下空气流动,以达到隔声效果。

典型特征:架空地板有一定弹性,硬度较小,对老人和孩子起保护作用;与水泥地直铺地板相比,架空地板温湿度更适宜。

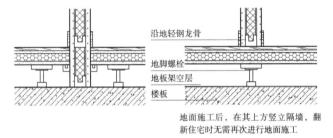

地面施工后,在其上方竖立隔墙,翻新旧住宅时无需再次进行地面施工

a 传统施工方法    b SI住宅体系地面优先施工方法

**2** 架空地板工法[2]

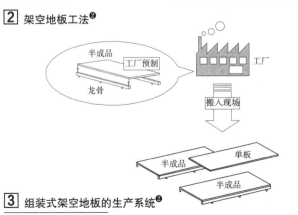

**3** 组装式架空地板的生产系统[2]

## 吊顶

工法要点:(1)采用轻钢龙骨,实现双层顶棚;(2)顶棚内架空空间铺设电气管线、换气管线,安装灯具以及设备。

典型特征:住宅室内管线不再埋设于墙体内,将住宅室内管线完全独立于结构墙体外,施工程序明了,铺设位置明确,施工期间易于管理与操作,完工后易维修,体现了内装部分的可变性与易更换性。

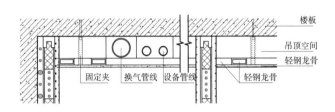

**4** 吊顶工法[2]

## 双层贴面墙

工法要点:墙体表层采用树脂螺栓或木龙骨,外贴石膏板以实现双层贴面;架空空间用来安装铺设电气管线、开关及插座使用;结合内保温工艺,充分利用贴面墙架空空间。

典型特征:与砖墙的水泥找平做法相比,石膏板材的裂痕率较低,粘贴壁纸方便快捷;墙体温度相对较高,冬天室内更加舒适。

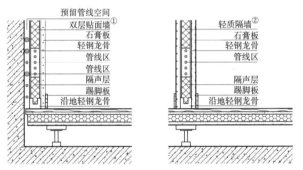

注:① 双层贴面墙:龙骨石膏板双层结构,内设保温夹层,不会因气温变化结露,管线可在夹层中通过。
② 轻质隔墙:中为龙骨,两面为石膏板,管线可设于夹层中,改变户型时方便挪动与拆除。

**5** 内墙和隔墙的结构大样[2]

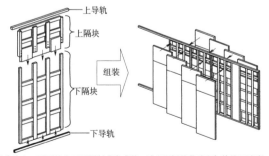

龙骨分为上、下两块在工厂预制成半成品,减少现场的劳动和加快施工速度,保证施工质量。

**6** 用于旧房改装的内墙和隔墙的工业化结构系统[2]

❶ 闫英俊,井上淳哉. 日本住宅工业化干式工法技术与中国内装住宅技术集成. 住宅产业,2009(10):19–21.
❷ 吴东航,章林伟. 日本住宅建设与产业化. 北京:中国建筑工业出版社,2009.

## 供水系统

工法要点："双层管集中接头系统"根据厨卫部品位置保证每一处供冷、热水；通过集中接头供水，设在住户外面。

典型特征：方便维修；集中供冷、热水，方便日常使用。

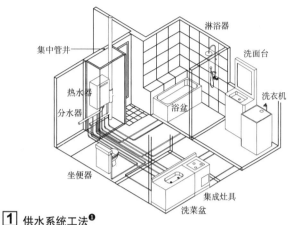

淋浴器
集中管井
洗面台
热水器
洗衣机
分水器
浴盆
坐便器
集成灶具
洗菜盆

**1** 供水系统工法[1]

## 排水系统

工法要点：在住户外设置集中管道井，尽可能地将排水立管安装在公共空间部分；通过横排水管将室内排水连接到管道井内；室内采用同层排水方式，即将部分楼板降低，实现板上排水。

典型特征：方便维修，不影响结构，不殃及其他住户；排水噪声相对较小。

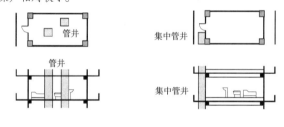

管井
集中管井
管井
集中管井

a 普通住宅排水方式　　　　b SI住宅同层排水方式

**2** 排水方式[1]

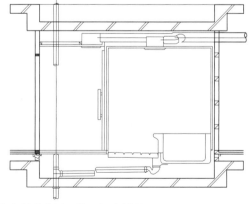

通过楼板沉降确保管道空间，并且可以消除高差。

**3** 楼板沉降方式[2]

[1] 刘东卫. SI住宅与住房建设模式. 北京：中国建筑工业出版社，2016.
[2] 彰国社编. 集合住宅实用设计指南. 刘东卫，马俊，张泉译. 北京：中国建筑工业出版社，2001.
[3] 吴东航，章林伟. 日本住宅建设与产业化. 北京：中国建筑工业出版社，2009.
[4] 朱昌廉. 住宅建筑设计原理. 北京：中国建筑工业出版社，2011.

## 整体浴室

工法：专业的防水盘结构，配有检修口，易于检修；工厂加工，整体模压成型，施工现场拼装。

特征：施工中噪声低，无建筑垃圾；具有防水性及耐久性；使用中舒适性较好。

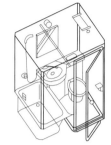

**4** 整体浴室[3]

## 整体厨房

工法：整体配置厨房用具和厨房电器；工厂加工，施工现场拼装。

特征：综合设计水、电、气，杜绝了各种安全隐患；符合人体工程学，提高使用舒适度；美观且卫生。

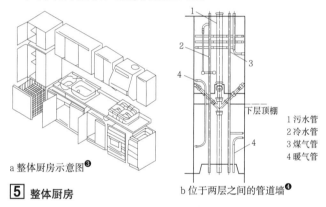

a 整体厨房示意图[3]

**5** 整体厨房

1 污水管
2 冷水管
3 煤气管
4 暖气管

下层顶棚

b 位于两层之间的管道墙[4]

## 干式地暖

工法：采用通过燃气壁挂炉供暖的干式地暖，实现独户采暖；包括导热层、隔热层，对应设有地暖盘管槽；工厂预制，现场组装。

特征：根据气温变化，精确控制室内温度；迅速升温，可大大节省能源；管道运行压力低，不易漏水，检修方便；相对于普通地暖安装方式无需地暖回填，节省空间。

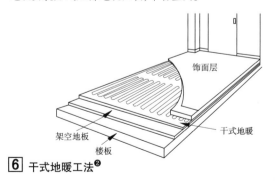

饰面层
架空地板
楼板
干式地暖

**6** 干式地暖工法[2]

居住建筑专题 4

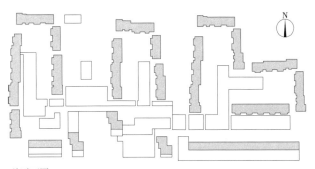

a 总平面图

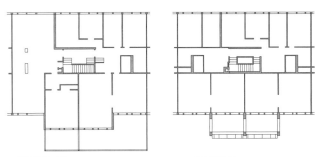

b 首层平面图           c 二层平面图

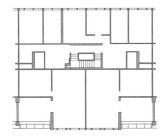

d 三层平面图

### 1 丹麦Brendby Strand住宅

| 名称 | 项目地点 | 主要技术指标 | 设计时间 | 设计师 |
| --- | --- | --- | --- | --- |
| 丹麦Brendby Strand住宅 | 丹麦 | 建筑面积288000m² | 1969~1974 | Svend Hogsbro |

该住区为丹麦20世纪70年代以大型板式构架为主的大规模集合住宅建设项目之一，设计者很好地处理了住区环境与建筑主体间的衔接与融合，立面形式多样，是早期工业化住宅的典范

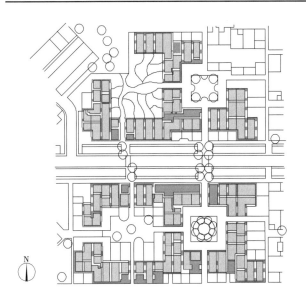

a 总平面图

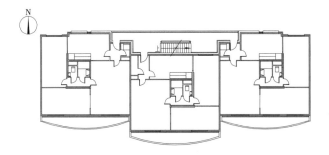

a 标准层平面图

b 家具布置平面图1       c 家具布置平面图2

### 2 荷兰德布鲁布鲁托住宅

| 名称 | 项目地点 | 主要技术指标 | 设计时间 | 设计师 |
| --- | --- | --- | --- | --- |
| 荷兰德布鲁布鲁托住宅 | 阿姆斯特丹 | 14户 | 1989 | Duinker &Van der Torre |

根据入住者的需求设计具有灵活性的住宅，同时具有一定的开放性。将卫生间、浴室和厨房的给排水系统集中在中央部分，居室环绕四周，滑动式的隔墙可藏入给排水系统用的夹墙中。将它们拉出后可将居室分隔成4部分

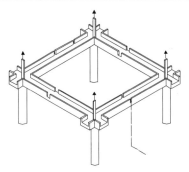

b 支撑体示意图

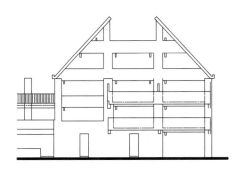

c 剖面图

### 3 荷兰莫利维特利住宅（Molenvliet）

| 名称 | 项目地点 | 主要技术指标 | 设计时间 | 设计师 |
| --- | --- | --- | --- | --- |
| 荷兰莫利维特利住宅 | 荷兰 | 123套 | 1977 | 威尔夫 |

住宅呈围合式庭院布局，院落以过街楼形式的步道连接，居住环境亲切、舒适。该住宅项目是开放式住宅发展的重要里程碑，采用标准化的支撑体来形成住宅结构骨架，施工效率高，节省材料，外围护构件产品由工厂预制生产。支撑体采用4.8m标准间距的钢筋混凝土骨架，有不同朝向的两种进深支撑体，使用工业化技术建造

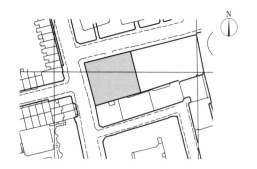

a 总平面图

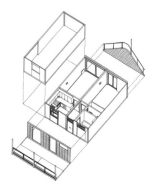

b 套型模块示意图

c 首层平面图

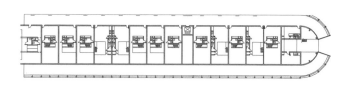

b 标准层平面图

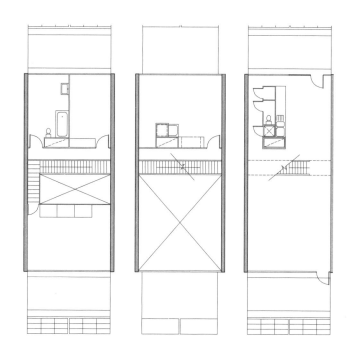

c 套型平面图

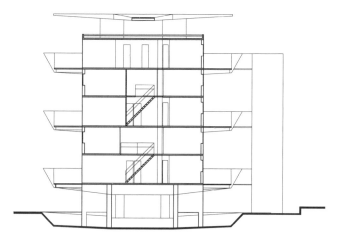

d 剖面图

### 1 英国莫里街住宅

| 名称 | 项目地点 | 主要技术指标 | 设计师 |
|---|---|---|---|
| 英国莫里街住宅 | 伦敦 | 24套 | Yorkon |

英国莫里街住宅是MMC(Method of Construction)中高度预制模块化住宅建造的代表性实例。模块化建设方式的优点在于快速施工，通过工厂加工保证质量，能提供足够容量的住房以保证经济性

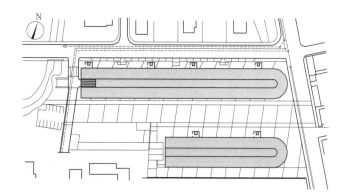

a 总平面图

### 2 法国莫斯公共集合住宅

| 名称 | 项目地点 | 主要技术指标 | 设计时间 | 设计师 |
|---|---|---|---|---|
| 法国莫斯公共集合住宅 | 尼姆 | 114套 | 1987 | 让·努维尔 |

Nemausus是一个将工业化建筑的原则和材料应用于社会住宅的实验性项目。采用预制混凝土框架结构，穿孔镀锌工业栅用作楼梯栏杆，PVC农业用天窗用作屋顶天窗。标准套型模块尺寸为5m×12m，内为开敞大空间

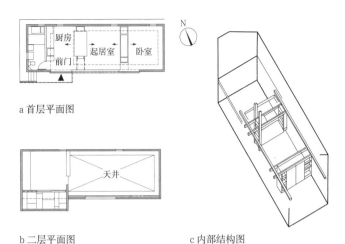

a 首层平面图

b 二层平面图

c 内部结构图

## ①日本川边宅邸

| 名称 | 项目地点 | 主要技术指标 | 设计时间 | 设计师 |
|---|---|---|---|---|
| 日本川边宅邸 | 神奈川县高座郡 | 2层楼，建筑面积51m² | 1970 | 东孝光 |

为避免在窄小的住宅中使用墙壁进行隔断，特制了两个可移动的家具。家具的一侧是写字台和碗柜，再加上往楼上去的梯子；而另一侧是由衣柜和隔板构成，底部有轨道，可以任意移动。在天井处加设凸出的边缘，以备扩建时使用

a 首层平面图

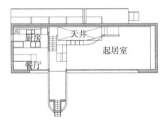

b 二层平面图

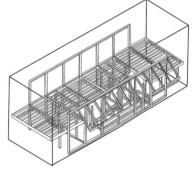

c 内部结构图

## ②日本WR-76住宅

| 名称 | 项目地点 | 主要技术指标 | 设计时间 | 设计师 |
|---|---|---|---|---|
| 日本WR-76住宅 | 东京都町田市 | 2层楼，建筑面积131m² | 1976 | 烟聪一 |

在2层楼高的混凝土模块中组装1层结构上独立的木制楼板。墙体与室内采用不同结构的目的在于，考虑到在长期居住的情况下，将用水的房间从混凝土模块中独立出来，使排水管道伸出室外

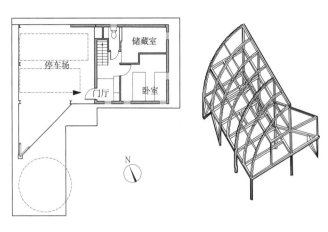

a 首层平面图

b 结构框架图

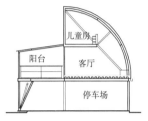

c 剖面图

**4**
居住建筑
专题

## ③日本格架住宅-7

| 名称 | 项目地点 | 主要技术指标 | 设计时间 | 设计师 |
|---|---|---|---|---|
| 日本格架住宅-7 | 东京都小平市 | 3层楼，建筑面积163m² | 1997 | 难波和彦 |

该住宅是作为标准样板房而设计的，体现了部品工业成品化以及建筑细部标准化，属于钢模块结构。居住部分受斜线限制，集中安排在半径5.4m的四分之一圆弧状框架内，内部通过天井制造出一体性的空间效果，同时具有灵活性

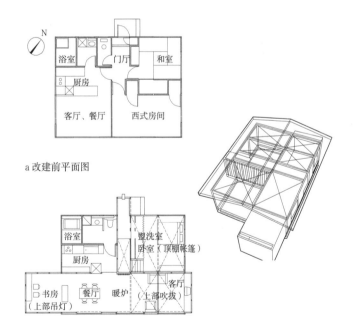

a 改建前平面图

b 改建后平面图

c 内部结构图

## ④日本S-tube住宅

| 名称 | 项目地点 | 主要技术指标 | 设计时间 | 设计师 |
|---|---|---|---|---|
| 日本S-tube住宅 | 神奈川县茅之崎市 | 1层楼，建筑面积71m² | 1999 | 纳谷新、纳谷学 |

该住宅为预制装配式住宅，对此住宅进行扩建、改建。在原有轻钢骨构造的框体内置入模结构轴组。称为"风洞"的箱子进行住宅再生利用的新创意试验获得成功

a 水平剖切图

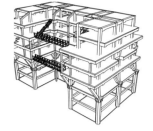

b 主体结构

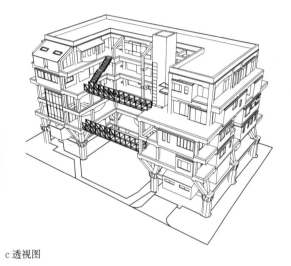

c 透视图

## 1 日本NEXT21集合住宅实验楼

| 名称 | 项目地点 | 主要技术指标 | 设计时间 | 设计单位 |
|---|---|---|---|---|
| 日本NEXT21集合住宅实验楼 | 大阪 | 18套 | 1993 | 集工舍建筑都市设计研究所（内田祥哉） |

NEXT21实验集合住宅是以分两期交付方式（骨架—填充分离方式）和环境共生为主体，追求未来都市家园可能性的实验性集合住宅。NEXT21建筑物的支撑体、外墙挂板、室内填充体以及设备利用部品构成原理，每个部品子系统都有自己的维修、升级以及更换周期。骨架为限制开间的无墙坚固梁柱结构，利用预浇混凝土技术力求实现长期耐用性。该住宅18套住户的套型各不相同，为每个住户提供的都是新概念的套型设计。在部分住户居住一段时间后，根据不同入住者的要求进行改扩建，由此而积累经验

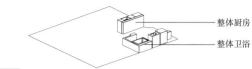

整体厨房

整体卫浴

单元·模块化部品

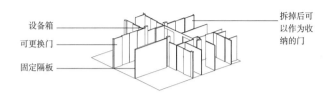

设备箱

可更换门

固定隔板

拆掉后可以作为收纳的门

单元·内装

外墙为可拆卸成型水泥板，可实现外墙和门窗位置变更

集中管道井

干式隔声墙作为分户墙

单元·围护体

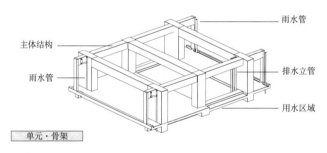

主体结构

雨水管

雨水管

排水立管

用水区域

单元·骨架

易于操作的可变填充体系统示意图

## 2 日本琴芝县营住宅

| 名称 | 项目地点 | 主要技术指标 | 设计时间 | 设计单位 |
|---|---|---|---|---|
| 日本琴芝县营住宅 | 日本宇部 | 83套 | 2003 | 市浦设计 |

主体结构采用100年寿命的RC框架结构及半PC楼板，填充体内部可自由改变用途及厨房厕所位置，共用设备排水竖管、强弱电及防灾设备通过架空地板顶棚集中到公共空间。因此，填充体部分可在居住者退出或进入时更新或者房间重组

a 标准层平面图

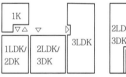

单元组合1

单元组合2

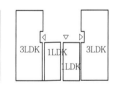

单元组合3

b 空间可变性示意图

## 3 日本筑波·樱花小区住宅

| 名称 | 项目地点 | 主要技术指标 | 设计时间 | 设计单位 |
|---|---|---|---|---|
| 日本筑波·樱花小区住宅 | 茨城县筑波 | 159套 | 1985 | 住宅·整备公团+阿尔森多建筑研究所+千代田设计 |

此集合住宅采用了可适应住户面积变化的结构系统。针对住户面积的扩大，在采用轻质钢骨架的基础上架设隔声效果好的隔墙。设备用的管线利用吊顶夹层、墙壁内装饰的中间层，公共排水立管利用公用空间进行维护管理

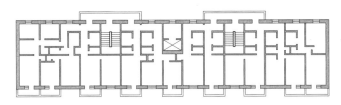

标准层平面图

## 1 北京前三门大街高层住宅

| 名称 | 项目地点 | 主要技术指标 | 设计时间 | 设计单位 |
|---|---|---|---|---|
| 北京前三门大街高层住宅 | 北京前三门大街 | 26栋单体 | 1973 | 北京市建筑设计研究院有限公司 |

共26栋高层住宅采用了大模板现浇、内浇外板结构等工业化的施工模式，是我国首次使用高层PC技术进行住宅大批量建造的工程

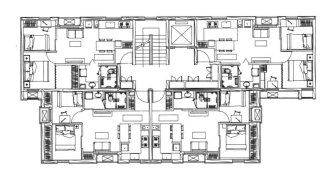

a 单元套型平面图

A套型　A+套型
B套型　B+套型

b 规整化大空间分析图

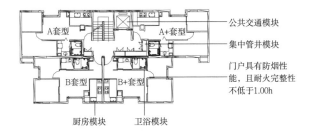

A套型　A+套型　公共交通模块
集中管井模块
门户具有防烟性能，且耐火完整性不低于1.00h
B套型　B+套型
厨房模块　卫浴模块

c 模块化配置分析图

## 2 北京众美公共租赁住宅

| 名称 | 项目地点 | 主要技术指标 | 设计时间 | 设计单位 |
|---|---|---|---|---|
| 北京众美公共租赁住宅 | 北京 | 11栋，总建筑面积16949m² | 2013 | 中国建筑标准设计研究院有限公司 |

本项目基于设计标准化原则，通过标准化、系列化的套型构成多样化的建筑类型，实现了新型建筑工业化住宅通用体系构建，即支撑体与填充体分离体系，通过内装工业化部品的综合应用与关键技术的集成，实现保障性住房的租赁性、耐久性、经济性和适用性等特点

a 首层平面图　　　　　　　　　b 二层平面图

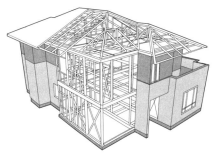

c 密柱支撑钢结构低层工业化住宅体系

## 3 浙江绍兴宝业低层工业化住宅

| 名称 | 项目地点 | 主要技术指标 | 设计时间 | 设计单位 |
|---|---|---|---|---|
| 浙江绍兴宝业低层工业化住宅 | 浙江绍兴 | 占地面积1575亩 | 2009 | 宝业集团股份有限公司 |

该项目采用宝业与日本大和房屋（世界500强）共同开发的"密柱支撑钢结构低层工业化住宅体系"。该体系完全采用模数化设计、工厂制作、现场安装；结构受力明确、构件连接简单、安装快捷、造型美观且单位用钢量小，具有较高的经济性；此外采用工业化方式建造的住宅与传统住宅相比，提高了65%的节能性

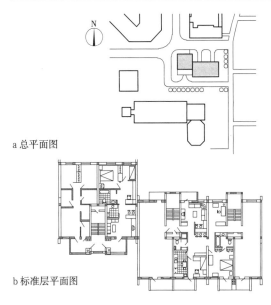

a 总平面图

b 标准层平面图

## 4 北京翠微小区——适应型住宅通用填充体住宅实验房

| 名称 | 项目地点 | 主要技术指标 | 设计时间 | 设计单位 |
|---|---|---|---|---|
| 北京翠微小区住宅 | 北京 | 3单元，3层楼 | 1994 | 《适应型住宅通用填充体系》课题组 |

此项目吸取国外开放住宅Open-Building的支撑体S和填充体I的经验，成为我国首次以住宅通用体系与综合技术相结合的优秀研发。在骨架支撑体建成后，课题组与国外有关单位合作，进行了填充体的试验

4
居住建筑专题

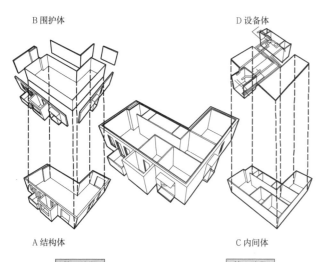

B 围护体      D 设备体

A 结构体      C 内间体

| 第一阶段 | 第二阶段 |
|---|---|
| 第一阶段——外部主体的集成技术系统<br><br>A 结构体系统，包括：①墙，②楼板，③阳台、梁、柱、楼梯等；<br>B 围护体系统，包括：①外装，②保温层，③门窗、屋面等。 | 第二阶段——内部辅体集成技术系统<br><br>C 内间体系统，包括：①隔墙，②内壁，③地板、天棚等；<br>D 设备体系统，包括：①整体卫浴，②整体厨房，③管线系统等。 |

a 主体与内装两阶段工业化生产方式示意

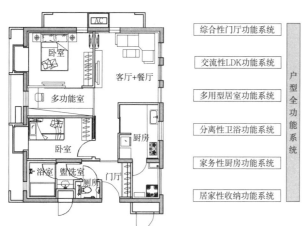

| | | 户型全功能系统 |
|---|---|---|
| 综合性门厅功能系统 | | |
| 交流性LDK功能系统 | | |
| 多用型居室功能系统 | | |
| 分离性卫浴功能系统 | | |
| 家务性厨房功能系统 | | |
| 居家性收纳功能系统 | | |

| 户型全设施系统 | | |
|---|---|---|
| 大型空间结构的集成技术 | 整体卫浴的集成技术 | 户内隔墙的集成技术 |
| SI 两重分离的集成技术 | 整体厨房的集成技术 | 综合户内管线的集成技术 |
| 围护结构保温的集成技术 | 全面换气的集成技术 | 地板与地暖的集成技术 |

b 户型全功能系统和全设施系统

## ① 北京雅世合金公寓

| 名称 | 项目地点 | 主要技术指标 | 设计时间 | 设计单位 |
|---|---|---|---|---|
| 北京雅世合金公寓 | 北京 | 486套 | 2010 | 中国建筑设计院有限公司 |

雅世合金公寓项目在实践中应用了具有我国自主研发和集成创新能力的住宅体系与建造技术，解决了当前我国住宅寿命短、耗能大、建设通病严重、供给方式上的二次装修浪费等问题。主要技术集成有：普适性中小套型设计及技术集成，大空间配筋混凝土砌块剪力墙结构与建造工法技术集成，SI内装分离与管线集成技术，隔墙体系集成技术，围护结构内保温与节能集成技术，干式地暖节能技术，整体厨房与整体卫浴集成技术，新风换气集成，架空地板系统与隔声集成技术，环境空间综合设计与技术集成

---

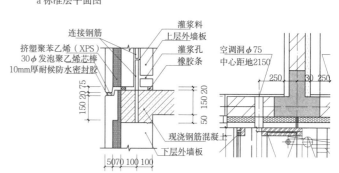

无障碍标准层平面图

## ② 湖北武汉赛博园一期住宅

| 名称 | 项目地点 | 主要技术指标 | 设计单位 |
|---|---|---|---|
| 湖北武汉赛博园一期住宅 | 武汉 | 864户 | 北京赛博思工业化住宅集成系统工程有限公司 |

武汉赛博园小区一期工程（经济适用房）属钢结构住宅项目，该工程为11层钢结构住宅，6.55万m²，符合经济适用房现行标准，采用框架—支撑体系，柱子用冷弯方矩管，梁和支撑用热轧H型钢

a 标准层平面图

b 典型节点详图

## ③ 北京中粮万科假日风景D1D8#住宅

| 名称 | 项目地点 | 主要技术指标 | 设计时间 | 设计单位 |
|---|---|---|---|---|
| 北京中粮万科假日风景D1D8#住宅 | 北京 | 建筑面积30000m² | 2009~2011 | 北京市建筑设计研究院有限公司 |

该工程优化并初步形成了"装配整体式剪力墙结构体系"。继续改进和完善保温装饰承重一体化外墙，外窗精确化安装工艺，外墙防水工艺，预制楼梯、预制阳台和预制空调板，全装修全面家居解决方案等成熟做法

4 居住建筑专题

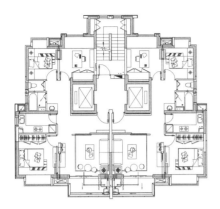

a 标准层平面图

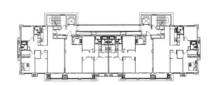

a 2#楼平面图

b 4#楼平面图

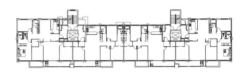

c 8#楼平面图

b 预制构件装配后整体效果

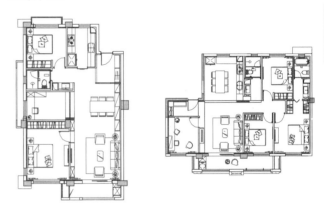

d B户型　　　　　　e E户型

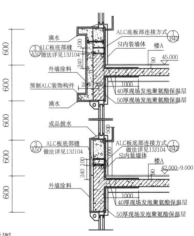

**4**
居住建筑
专题

f ALC节点大样图

### 1 上海万科金色里程B04地块住宅

| 名称 | 项目地点 | 主要技术指标 | 设计时间 | 设计单位 |
|---|---|---|---|---|
| 上海万科金色里程B04地块项目 | 上海 | 864户 | 2010 | 上海中森建筑与工程设计顾问有限公司 |

万科金色里程B04地块项目是以高层单元住宅和多层联排住宅为主的小区。高层住宅部分设计采用"PC结构工程"，即对建筑的外墙、楼梯、阳台、凸窗、空调板五个部位进行预制。在工厂加工完成，再到工地现场进行拼装。"PC工程"作为一种新型绿色环保节能建筑，施工周期短，工业化程度高，节约资源与费用，减少操作人员劳动强度，对周边环境影响也相对较小。同时，相关建造技术通过在设计过程中运用建筑信息模型得以更好的实现

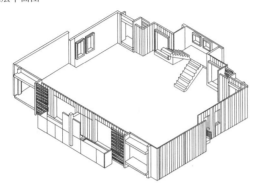

单元系列　　　　　　　套型系列

套型组合系列

和谐式公屋的组合类型分析图

### 2 香港尚德村住宅

| 名称 | 项目地点 | 主要技术指标 | 设计时间 |
|---|---|---|---|
| 香港尚德村住宅 | 香港 | 16栋38层左右高层住宅 | 1990 |

尚德村主要以公屋和居屋为主，住宅标准平面为风车形"和谐式"公屋住宅，每层达20套，包括从只有一室加厨卫的"长者租住单位"到"三睡房"单位的不同标准的套型。尚德村的楼房部分并未作分隔，而是交给用户按需要自行分隔装修

### 3 济南鲁能领秀域P-2地块百年住宅示范工程

| 名称 | 项目地点 | 主要技术指标 | 设计时间 | 设计单位 |
|---|---|---|---|---|
| 济南鲁能领秀城P-2地块百年住宅示范工程 | 济南 | 15栋高层住宅，总建筑面积约为18.82万m² | 2016 | 中国建筑标准设计研究院有限公司 |

项目实施了装配式主体结构+装配式装修部品集成技术、结构的耐久性措施达到设计使用年限100年的要求，提升了住宅全寿命期内资产价值和使用价值，实现了标准化大规模部品成批量生产与供应，且节能减排效果显著。通过产业链集成协同模式创新，以设计标准化、部品工厂化、建造装配化实现了技术市场化落地，具有良好产业化前景和广阔的推广价值，科技创新推动促进作用明显，取得了良好的经济效益、社会效益和环境效益

**243**

## 概述

生活方式的日益多元化，以及住区开发模式与开发主体的市场化，使当今住区商业服务设施的相关配套建设内容、服务业态发生了较大变化，增加了许多新的服务功能；人们的消费行为方式也从单纯的购物、餐饮发展到休闲、娱乐、交往、健身等多种方式。住区商业服务设施的功能配置、规模和空间构成模式，也因住区开发规模、所处城市区位和地域、经营主体、服务目标与对象等方面的不同而存在较大差异。

住区商业服务设施的发展变化主要体现在两个方面：一是许多传统的服务功能：如菜市场、零售便民商店、水果店、理发、美容、餐饮、娱乐健身等由分散向集中布局转变，许多功能逐渐被合并到复合性商业设施中；二是随着住区规模的扩大和住区类型的增加，休闲性服务功能与空间形态均有很大拓展，如目前伴随大型混合住区开发而出现的社区餐厅、酒店、娱乐中心、购物中心等商业服务功能，均是应对不同时代需求的新型住区商业形式。住区商业服务设施与住宅群体空间的组合关系，可参考本分册中"住区群体空间组织"之"混合功能住宅群体空间组织"的相关内容。

## 分类

### 1. 按千人指标规模与使用特征分类

按照我国《城市居住区规划设计规范》GB 50180-93（2016年版）第6.0.3条的千人控制指标规定，住区商业服务设施的分级配建指标如表1所示，由此推算出住区商业服务设施分级配建指标如表2。

商业服务设施控制指标　　　　　　　　　　表1

|  | 居住区 | 小区 | 组团 |
|---|---|---|---|
| 户数（户） | 10000~16000 | 3000~5000 | 300~1000 |
| 人口（人） | 30000~50000 | 10000~15000 | 1000~3000 |
| 商业服务设施控制指标（m²/千人） | 700~910 | 450~570 | 150~370 |

注：本表摘自《城市居住区规划设计规范》GB 50180-93（2016年版）。

商业服务设施分级配建指标　　　　　　　　表2

|  | 居住区 | 小区 | 组团 |
|---|---|---|---|
| 住区商业服务设施建筑面积（m²） | 21000~45500 | 4500~8550 | 150~1110 |
| 主要功能组成 | 大型超市、商场、精品门店、电影院、文体设施、休闲、教育、餐饮、停车场 | 超市、商场、精品门店、餐饮、停车场 | 小型商业连锁店面、餐饮、小卖、美容、租赁、便民药店等 |

从以上指标来看，住区商业服务设施的建筑面积与主要功能组成，已属于城市商业综合体的范畴。为小区配套的商业服务设施的建筑面积，与《商业建筑设计规范》JGJ 48-2014所规定的中型菜市场及专业商店的面积相近，其功能组成应以与日常生活相关的零售服务为主；为组团配套的小型商业服务设施的建筑面积，与《商业建筑设计规范》JGJ 48-2014所规定的小型菜市场及专业商店的面积相近，其功能组成应以与日常生活相关、服务功能针对性较强的小型连锁商业为主，如连锁超市、便民商店、洗衣店、租赁店等以单一空间为特征的商业与服务内容。

### 2. 按与住宅建筑群体的相对关系分类

在住宅商品化开发模式推动下，住区商业服务设施与住宅建筑群体的组合模式趋于多元化，根据其与住宅建筑群体空间关系的不同，可分为底座型、周边裙房型、内街型、独立型及混合型等多种布局模式，这些模式与住区开发规模、所处城市区位、服务人群等有密切关系（表3）。

住区商业服务设施组合模式　　　　　　　　表3

| 类型 | 特征 | 模式示意 | 案例 |
|---|---|---|---|
| 底座型 | 一般为处于城市中心区的大型商业综合体，常将住宅建筑群体置于商业裙楼上，形成上住下商的格局 | | 重庆龙湖春森彼岸 |
| 周边裙房型 | 沿住区用地周边城市道路，利用与住宅主体建筑连接的1~3层裙房所形成的条状商业空间，多应用在以高层住宅为主的住区中 | | 重庆龙湖水晶郦城 |
| 内街型 | 在大中型住区内部或主要入口空间处设置，以商业步行街形式构成的住区商业服务设施群 | | 深圳万科第五园商业街 |
| 独立型 | 一般为多层大型商业综合体，选址上多靠近大型住区主要入口位置或城市中心位置，具有相对的独立性及较强的复合商业功能 | | 深圳华润万象城 |
| 混合型 | 多为在城市中心区更新改造过程中，伴随超大型住区开发或区域性商业功能提升需求的高度复合型商业空间 | | 成都华润二十四城商业中心 |

5　住区服务设施

## 设计要点

住区商业服务设施，是为住区配套、以日常生活服务为主、具有一定复合功能的商业设施，较多采用商业街的空间组织模式，一般设置在住区入口区域、中心区域或面临城市主干道一侧；主要包括住区内日常生活配套、购物、餐饮、休闲、文化、健身等功能；其店铺单元进深多为8~12m，面宽多为4~6m。主要有以下三类空间与功能组织模式：

### 1. 半街模式

通常位于滨水或面向城市主要开放空间的场地环境中；商业街依托城市道路，面向主要景观形成单侧布局，常结合场地条件、滨水绿化和公共空间建设，适当扩大人行道与商业建筑外部空间，以同时满足购物、通行、观景、休闲等城市公共活动的需要，见①a、②。

### 2. 立体街道模式

利用地形高差形成多个基面的入口空间，通过自动扶梯、室外楼梯、坡道及天桥步道等垂直交通方式，强化不同楼面之间、不同标高的住区道路之间的竖向连接；有时还可结合下沉式广场、绿化庭院、公共开放空间等手段，形成多层次的、地上地下相互连通的立体商业步行街形式，见①b。

### 3. 景观商业街模式

常运用于以人车分流为主要特征的大中型住区中；通过主题营造和类似城市街道空间的布局，使商业空间步行化、公共化，并通过局部的空间扩展、绿化景观塑造、街道家具布置以及结合公共节点建设的服务功能集中布局，形成类似城市街道的丰富空间体验，见①c、③。

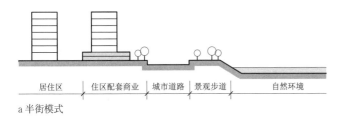

a 半街模式

b 立体街道模式

c 景观商业街模式

① 社区商业街模式示意图

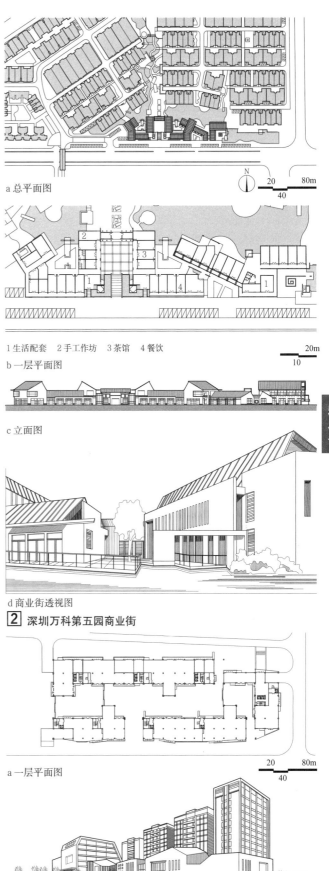

a 总平面图

1 生活配套  2 手工作坊  3 茶馆  4 餐饮

b 一层平面图

c 立面图

d 商业街透视图

② 深圳万科第五园商业街

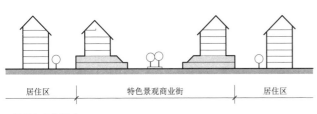

a 一层平面图

b 透视图

③ 重庆龙湖水晶郦城商业街

## 超市

住区超市多为连锁经营模式,其营业面积及功能组成视住区规模与服务范围的大小而异。超市卖场中工业制品类与食品类自选区域应分开设置;超市的无障碍设计应符合《无障碍设计规范》GB 50763的有关规定,大中型超市的防火分区和安全疏散设计应符合《建筑设计防火规范》GB 50016的有关规定。

1. 超市入口设计

超市入口通常设在客流量大、交通方便的一侧。超市布局应根据出入口的位置设计卖场通道及顾客流向,通常入口比出口大约宽1/3,入口与出口可通过超市外的公共空间或公共通道连接起来。在入口处应设置顾客物品寄存处,并按1~3辆(个)/10人的标准配置顾客购物提篮和手推车。

2. 超市出口设计

超市出口应与入口分开布置,出口处设置收款台和无购物顾客通道;收款台的数量按《商业建筑设计规范》JGJ 48-2014第4.2.5的规定,每100人设收款台1个(含0.6m宽的顾客通过口),通常应保证顾客等待付款结算的时间不超过8分钟。同时可考虑为购买少件商品的顾客专设快速缴费通道。出口附近可展示一些日用商品和食品,如口香糖、图书报刊、饼干、饮料等,供排队等候的顾客选购。

3. 卖场通道设置

卖场内购物通道的最小净宽度,应符合《商业建筑设计规范》JGJ 48-2014表4.2.7的有关规定。

## 菜市场

菜市场设计应满足《商业建筑设计规范》JGJ 48-2014第4.2.16的有关规定。

1. 菜市场客货流量大,应满足消防和安全疏散的相关规定,保证货流畅通和足够的客流疏散出入口;可根据经营的需要设置库房、卫生间、设备间、办公管理等附属用房,并宜设置单独的出入口。主要功能构成详表1。

2. 菜市场以供应新鲜食材为主,市场内应根据食材存放、加工和经营的特点,进行分区布局,有气味的商品应分门别类保鲜存放,防止串味和蝇虫的侵入。

3. 菜市场应有良好的通风、排污及垃圾收集处理设施,地面铺装应选择防滑、便于清洁的材料。

4. 室内设计宜简洁,货架、摊位与照明配置以突出商品、便于经营为原则。

菜市场功能组成　　　　　　　　　　　　　　　　　　表1

| 空间类型 | 功能 |
| --- | --- |
| 营业厅 | 商品陈列、销售 |
| 辅助室 | 办公、店员休息、卫生 |
| 作业室 | 肉类、副食、蔬菜加工 |
| 服务室 | 接待、代客加工、咨询 |
| 小吃部 | 快餐、热冷饮 |
| 库房 | 冷库房、副食间、车库、储存间 |

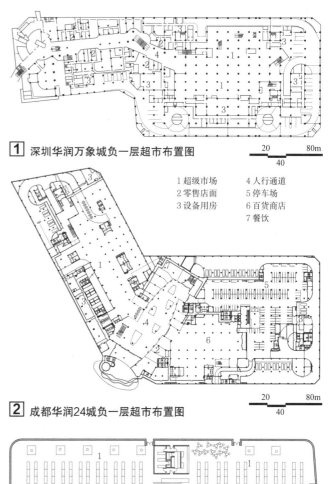

1 深圳华润万象城负一层超市布置图

20　80m
40

1 超级市场　　4 人行通道
2 零售店面　　5 停车场
3 设备用房　　6 百货商店
　　　　　　　7 餐饮

2 成都华润24城负一层超市布置图

20　80m
40

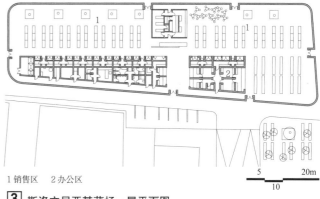

1 销售区　　2 办公区

5　20m
10

3 斯洛文尼亚某菜场一层平面图

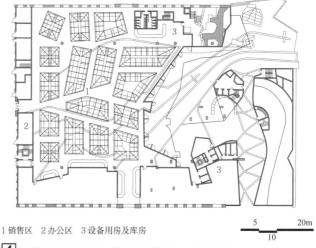

1 销售区　　2 办公区　　3 设备用房及库房

5　20m
10

4 西班牙巴塞罗那圣卡特里娜菜场一层平面图

## 分类

1. 普通餐饮设施：经营传统高、中、低档次的中餐和地方菜系的餐厅，适应企业接待、喜庆宴请、小型社交活动、家庭团聚、零餐。如中餐厅、西餐厅、风味餐厅等。

2. 快餐类餐饮设施：主要经营传统地方小食、点心、风味特色小菜或中、低级档次的方便、快捷的经济饭菜，适应简单、经济、方便、快捷的用餐需要。

3. 休闲类餐饮设施：如咖啡厅、茶馆等。目前此类餐饮空间的设置常与小区会所或休闲娱乐空间相结合，形成集餐饮、娱乐、休闲为一体的综合设施。

## 设计要点

1. 住区餐饮设施在经营过程中产生的通风、采光、噪声与烟气排放等问题，对区内居民的日常生活影响较大，应从总体布局、功能组织、设备安装等方面加以充分考虑，避免干扰。

2. 餐饮设施建筑内部空间划分应灵活多样，以适应不同类型的餐饮需求。其主入口和后勤出入口应结合区内空间布局，尽可能与小区内部公共空间和道路隔离；餐饮设施顾客流线应直接明了，内部服务流线应紧凑高效，后勤流线出入口宜相对隐蔽，必要时可利用地下车库、地下设备层等空间设置后勤通道，并配置货运电梯和食梯，见 ①、②。

3. 餐饮设施的外观形象、广告招牌布置、室外设备安装等后期改造工作，不能影响其所在住区商业用房形态的整体风貌与安全性。

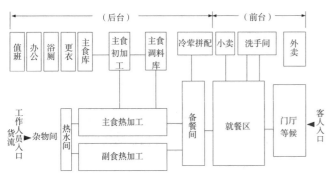

① 功能布局

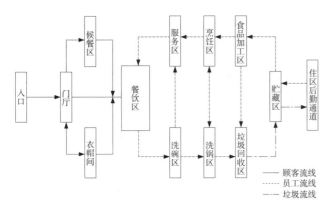

② 交通流线

③ 以便捷食品为主的餐厅

1 主入口
2 安全出口
3 楼梯

④ 中小型中餐厅

⑤ 某西餐厅平面图

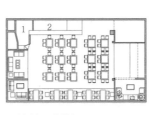

⑥ 某中餐厅平面图

⑦ 某快餐店平面图

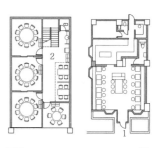

⑧ 某火锅店平面图

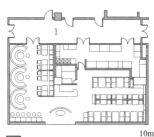

⑨ 某综合型咖啡厅平面图

1 卫生间　2 储藏室

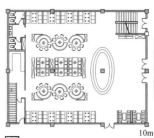

⑩ 某茶馆平面图

1 售卖　2 服务区　3 厨房

⑪ 某住区会所中餐厅平面图

1 门厅　2 厨房　3 餐厅

## 分类

住区娱乐设施按活动类型大致可分为：

1. 健身娱乐设施；
2. 文化娱乐设施，如台球室、棋牌室、社区网吧等。

## 设计要点

1. 健身娱乐设施除练习场地外，需有更衣、淋浴、厕所、器械储存、办公管理和医务等配套空间。健身空间的大小需根据不同运动项目所需场地尺寸、使用人群数量及空间高度决定。

2. 文化娱乐设施空间布局应具备较高的灵活性，便于用帷幕、活动隔断等进行自由分割，适应多种活动需要。

（1）台球室：经营性台球室应设接待区，休息区可单独设置或附设在饮料柜旁，且应避免对活动区的干扰。

（2）棋牌室：棋牌室空间处理应简洁宁静，避免噪声和视线干扰，可适当设置隔断分划空间，桌椅布置宜突出休闲气氛。

（3）社区网吧：网吧用电量大、可燃物多、人员复杂，设计应保证疏散流线顺畅。各功能分区在视线上保持通透，并在靠近采光口处布置休息区、展示区等。

**5 住区服务设施**

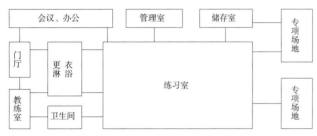

**1 健身房功能分区图**

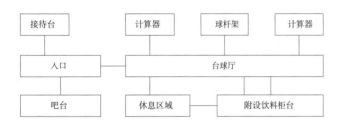

**2 台球室功能分区图**

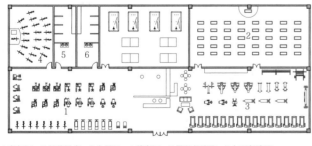

1 有氧区　2 健美操房　3 力量区　4 单车区　5 男卫与沐浴　6 女卫与沐浴

**3 某大型健身房平面图**

10m
5

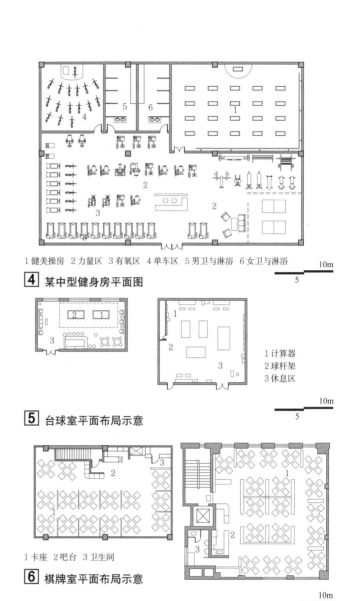

1 健美操房　2 力量区　3 有氧区　4 单车区　5 男卫与淋浴　6 女卫与淋浴

**4 某中型健身房平面图**

10m
5

1 计算器　2 球杆架　3 休息区

**5 台球室平面布局示意**

10m
5

1 卡座　2 吧台　3 卫生间

**6 棋牌室平面布局示意**

10m
5

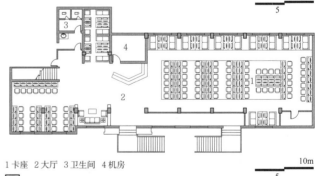

1 卡座　2 大厅　3 卫生间　4 机房

**7 某网吧平面图**

10m
5

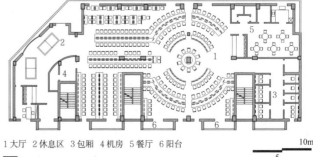

1 大厅　2 休息区　3 包厢　4 机房　5 餐厅　6 阳台

**8 某网吧平面图**

10m
5

248

## 概述

1. 随着各种成熟社区功能需求的多样化，同时伴随着住区开发企业产业转型的需要，社区酒店成为住区建设中具有较好发展前景的主要服务设施之一。

2. 住区中的社区酒店，主要分为三种类型，第一类为结合社区会所共同设置的合用型酒店，第二类为紧靠住区单独设置的特色酒店，第三类是结合社区商业配套设置的商业酒店。

## 设计要点

1. 总平面图布置上强调与周边环境的契合，充分考虑自然山水环境等外部因素影响，对外交通相对独立，同时注意避免对社区住宅的不利影响。

2. 酒店体量不宜过大，应充分考虑建筑体量与住区中住宅的关系，注重对小区内部日照、风环境的影响。

3. 在造型设计上，通过灵活多变的立面造型，强化所依托住区的建筑特色与自然人文环境。

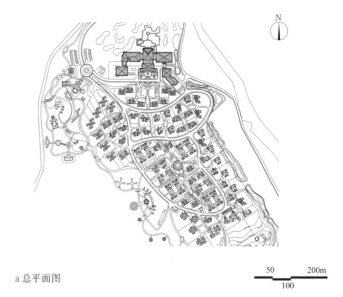

a 总平面图

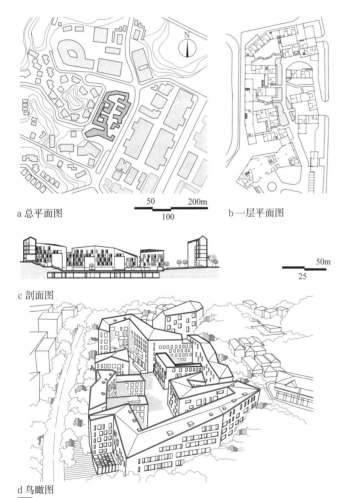

a 总平面图

b 一层平面图

c 剖面图

d 鸟瞰图

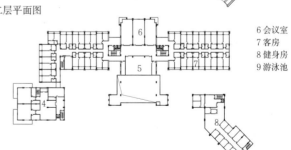

b 一层平面图

1 宴会厅
2 大堂
3 餐厅
4 总统楼
5 报告厅

c 二层平面图

d 三层平面图

6 会议室
7 客房
8 健身房
9 游泳池

5
住区服务
设施

### 1 深圳美伦酒店&公寓

| 项目名称 | 主要技术指标 | 设计时间 | 设计单位 |
|---|---|---|---|
| 深圳美伦酒店&公寓 | 建筑面积约21540m² | 2011 | 都市实践建筑事务所 |

项目规划设计结合场地原有地形特点，合理布置建筑总图，将建筑体量连续化，从而使建筑既相对围合又能欣赏山景，通过连续体量高低起伏的不断变化，使得建筑能够在避免遮挡山上的别墅的同时，沿山路一线形成连续的街道空间。通过多层院落的设置，使内部空间更为丰富多彩

### 2 九江映日荷花酒店

| 项目名称 | 主要技术指标 | 设计时间 | 设计单位 |
|---|---|---|---|
| 九江映日荷花酒店 | 建筑面积约15000m² | 2011 | 深圳市建筑设计研究总院有限公司 |

该项目为度假型高尔夫酒店，与南侧的高端住区联系紧密，但独立设置出入口，兼具对外服务及对小区服务功能。北侧布置景观要求较高的功能房间，东南侧的配套楼整合了休闲服务功能，并通过木廊桥与主楼连接，在使用上相对独立

## 中西药店

营业厅内应设置小范围的等候区或座位。药品应避免阳光照射。室温不宜过高，应干燥、通风。作业间与营业厅隔开。

药店组成　　　　　　　　　　　　　表1

| 房间类型 | 房间功能 |
|---|---|
| 营业厅 | 商品展示、陈列 |
| 辅助室 | 办公、店员休息 |
| 接待室 | 洽谈业务、接待顾客 |
| 作业室 | 加工中草药（中药店） |
| 调剂室 | 调配药品（西药店） |
| 库房 | 储存商品 |

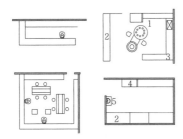

1 水池　2 调剂台　3 药柜　4 冷藏柜　5 洗手

**1** 柜台布置方式　　　**2** 调剂室

## 书店、影像制品出租店

以开架陈列为主，方便顾客自由选购，顾客巡回路线与停留空间应有明确区别，宜用不炫目的高照度照明，以保证顾客能舒适地阅读。

商店组成　　　　　　　　　　　　　表2

| 房间类型 | 房间功能 |
|---|---|
| 营业厅 | 商品展示、陈列、销售 |
| 接待室 | 洽谈业务 |
| 试听区 | 调试、试听 |
| 休息室 | 修理音响器材 |
| 辅助室 | 店员休息、卫生、办公 |
| 扩印区 | 复印书记文字，印放照片 |
| 库房 | 储藏商品 |

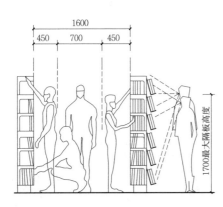

**8** 书架开架陈列区

## 面积构成

中药店　营业厅　　作业
西药店　　　　调剂

注：参考面积比。

柜台、展示台

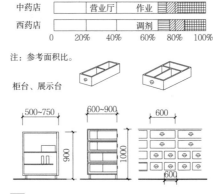

**3** 柜台、展示台

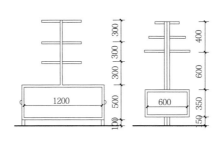

**4** 展示柜一

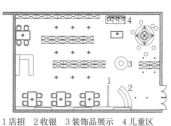

**9** 展示架　　**10** 展示橱　　**11** 柜台

**12** 壁面柜一

**13** 壁面柜二

**5** 展示柜二

**6** 展示柜三

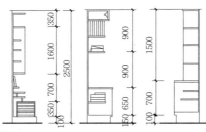

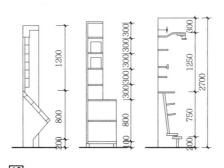

1 挂号　2 办公　3 药柜　4 护士室　5 诊室

**7** 西班牙某药店平面图

1 店招　2 收银　3 装饰品展示　4 儿童区

**14** 典型书店平面图

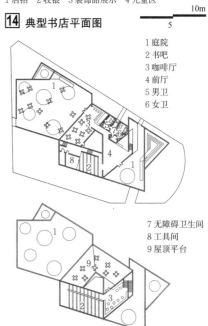

1 庭院
2 书吧
3 咖啡厅
4 前厅
5 男卫
6 女卫

7 无障碍卫生间
8 工具间
9 屋顶平台

**15** 东来书店平面图

## 便民零售商店

随着市民消费方式的转变，便民零售店的经营方式逐步走向连锁化、综合化，营业面积趋于小型化，经营服务内容更加多样化，一般包括食品、生活日用品、药品、报刊、便当、热饮、打印复印等，部分还设置了ATM服务机；内部空间划分更为多样灵活，经营时间上更趋向于24小时营业。

1营业厅　2收银台　3冷冻柜
4报刊书架　5消防器材　6速食区域
7库房　8后补式冷藏柜　9风柜
10卫生间　11办公室兼更衣间

**1** 营业厅常用布置方式

## 美容美发店

美容店与美发店可合并设置或与美容用品商店结合设置。常设办公、储藏、厕所等附属用房。采光以人工照明为宜；地面宜有防静电措施。

功能组成　　　　　　　　　　　　表1

| 空间类型 | 房间功能 |
|---|---|
| 等候室 | 顾客等候空间 |
| 洗发化妆室 | 顾客洗发与化妆 |
| 美容美发室 | 美容、美发 |
| 销售台 | 美容美发用品销售 |
| 辅助用房 | 店员休息、卫生、办公 |
| 收款台 | 收款 |

1接待处
2休息区
3美容室
4按摩室
5收银台
6剪吹发区
7染烫发区
8洗头区
9卫生间

**6** 常用布置方式

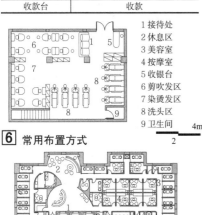

**7** 方案示例

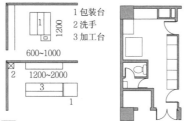

1包装台
2洗手
3加工台

**2** 加工间常用布置方式

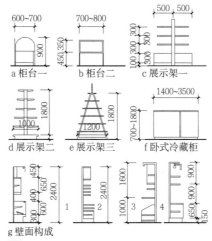

a 柜台一　　b 柜台二　　c 展示架一

d 展示架二　e 展示架三　f 卧式冷藏柜

g 壁面构成

**3** 主要家具陈设

## 洗衣店

设计要点：洗染间应有良好通风，地面排水方便，代存及营业厅地面宜不起尘，烫平间水蒸气多，应注意通风防潮。

功能组成　　　　　　　　　　　　表2

| 空间类型 | 房间功能 |
|---|---|
| 等候室 | 顾客等候空间 |
| 取件处 | 顾客取件付款 |
| 收件处 | 店员收件 |
| 洗衣间 | 衣物洗涤、烫熨 |
| 辅助用房 | 店员休息、卫生、办公 |

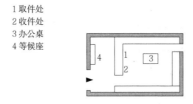

1取件处
2收件处
3办公桌
4等候座

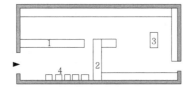

**8** 营业厅常用布置方式

1单排货架　3冷藏区
2收银区　4双排货架

**4** 国内连锁便利店平面图

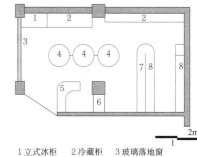

1立式冰柜　2冷藏柜　3玻璃落地窗
4货架　5收银台　6女性用品区
7化妆品背柜　8日用品背柜

**5** 国内便利超市平面图

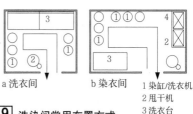

a 洗衣间　　　b 染衣间

1染缸/洗衣机
2甩干机
3洗衣台
4洗衣池

**9** 洗染间常用布置方式

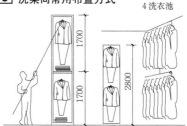

**10** 存衣方式

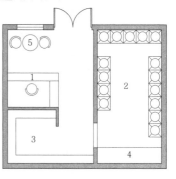

1服务台　2洗衣间　3挂衣柜
4熨衣板　5等候

**11** 社区洗衣店平面图

## 概述

1. 住区公共服务设施的配建应满足居民日益增长的多样化生活需求，并应使其具有可持续的服务能力。其内容包括公共管理服务设施、医疗卫生服务设施、公共福利服务设施、文化体育服务设施、教育配套服务设施和其他服务设施。

2. 住区公共服务设施应有合理的服务半径，既能有利于综合管理，发挥设施效益，又能方便使用，减少相互干扰。

3. 住区公共服务设施的配建水平，必须与居住人口规模相对应，满足服务半径、经营管理以及居民使用要求。

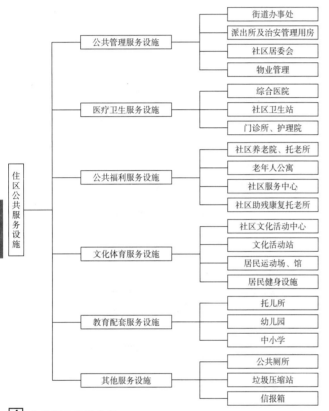

**1** 公共服务设施分类

住区公共服务设施服务半径　　　　　　　　　　表1

| 项目 | 居住区级 | 居住小区级 | 居住组团级 |
|---|---|---|---|
| 服务半径 | 800～1000m | 400～500m | 150～200m |

住区公共服务设施分级体系　　　　　　　　　　表2

| 公共服务设施分级 | 地区级 | 居住区级 | 居住小区级 | 居住组团级 |
|---|---|---|---|---|
| 社区分级 | 地区级社区 | 街道社区 | 居委会社区 | 组团社区 |
| 人口规模（人） | 30万～40万 | 3万～5万 | 1万～1.5万 | 0.1万～0.3万 |
| 户（户） | 10万～12万 | 1万～1.6万 | 0.3万～0.5万 | 0.03万～0.1万 |
| 行政管理 | 区政府 | 街道办事处 | 居委会 | 居委会管辖 |
| 公共服务设施 | 科技馆、特殊教育学院、专业培训机构、社会教育学院、综合医院、各类专科医院、卫生防疫站、老年福利院、文化馆、图书馆、青少年活动中心等 | 中学、养老院、街道办、社区服务中心、残疾人托养康复中心、派出所、文化活动中心等 | 托幼、小学、社区卫生服务站、托老所、文化活动场地、社区居委会、物业管理、公共厕所等 | 居民健身设施、垃圾分类投放站、信报箱、住区标示、应急广播、自行车存车场、机动车停车场等 |

注: 本表摘自《城市居住区规划设计规范》GB 50180-93。

## 公共管理服务设施

公共管理服务设施应能够满足对住区实现社会化管理和服务的要求，以及满足居民自我管理的要求。住区各类公共管理服务设施的功能配置和规模见表3。

住区公共管理服务设施配建方式　　　　　　　　表3

| 配置类别 | 规划布局 | 功能用房 | 配建面积（m²） | 备注 |
|---|---|---|---|---|
| 政务管理用房 | 应划定独立的用地范围，并设置相应的机动车与非机动车停车场所 | 行政办理大厅、办公室、会议室、职工食堂等 | 街道办事处建筑面积700～1000m²，派出所及治安管理用房建筑面积700～1200m² | 每3万～5万人设置一处 |
| 社区居民委员会 | 可结合各类配套公建或小区内不符合居住要求的住宅底层房进行配置 | 办公室、会议室等 | 150～225m² | — |
| 物业管理用房 | 其管理办公用房可结合会所或住区内档案资料保存、工具物料存放、人员值班备勤用房等可设置于地下室 | 客服接待、项目档案资料保存、工具物料存放、人员值班备勤、办公室及业主委员会办公用房等 | 按建设工程总建筑面积的3‰～5‰配置，建筑面积不应少于150m²，其中地上建筑面积不得少于100m² | 业主委员会办公用房建筑面积为30～60m²，可设置于采光通风状况良好的半地下室 |

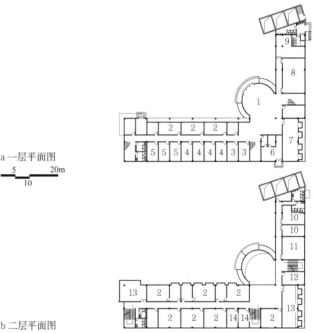

a 一层平面图

b 二层平面图

1 门厅　2 办公室　3 调解室　4 询问室　5 留置室　6 厨房　7 餐厅　8 监控室　9 装备室　10 档案室　11 电脑室　12 指纹室　13 会议室　14 内勤室

**2** 某派出所平面图

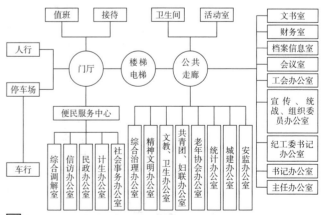

**3** 街道办事处基本功能空间关系图

## 医疗卫生服务设施

医疗卫生服务设施应能够满足居民及时就近诊疗和便民医疗服务的要求，包括一般病症的就近诊疗，对老年人、长期卧床或者行动不便者的专业医疗护理服务。

住区卫生服务中心的功能用房与面积比例　　　　　表1

| 用房分类 | | 用房组成 | 面积比例 |
|---|---|---|---|
| 基本医疗服务空间 | 临床用房空间 | 全科诊室、中医诊室、治疗室（或处置室）、观察室、康复治疗室、抢救室 | 53% |
| | 医技科室用房 | 检验室、X光检查室、药房、B超和心电图室、消毒间 | 28% |
| 公共卫生服务空间 | 预防保健用房 | 预防保健室、儿童保健室、妇女保健与计划生育指导室、健康教育室 | 13% |
| 后期管理保障用房 | | 健康信息管理室、办公用房 | 69% |

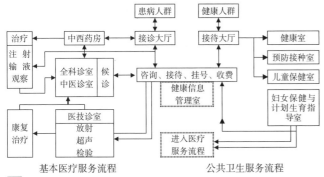

**1** 社区卫生服务功能流程图

1 物理训练室
2 作业训练室
3 中医疗康复室
4 语言认知康复室
5 健康教育室

1 候诊区　　2 挂号收费　　3 接种大厅
4 冷链室　　5 接种观察室　6 早教儿科
7 检查室　　8 教育室　　　9 污物收集
10 办公室　11 听筛儿科　12 智筛儿科

1 护士值班室　2 抽血室
3 化验室　　　4 B超
5 医生值班室　6 库房
7 心电图　　　8 暗室
9 控制室　　　10 X光室

c 康复训练科室单元　　d 儿童保健单元　　e 医技科室单元

**2** 社区卫生站服务中心各功能单元布置图

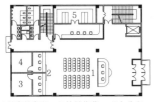

1 健康教育室　2 挂号收费　　3 办公室
7 化验室　　　8 全科诊室　　9 中医诊室
4 冷链室　　　5 药房　　　　6 检查室
10 计生咨询　11 医生办公室　12 护士站

a 一层平面图　　　　　　b 二层平面图

**3** 某社区卫生站平面图

## 公共福利服务设施

公共福利服务设施应能够满足对老年人、病残人和需要帮助的各类人群提供相应的服务和帮扶，体现和谐社会的关爱，并应为居民提供各种便民、优抚及社会福利性服务，其服务设施包括社区托老所、老年人公寓、社区助残康复托老所、社区服务中心等适老助残和便民服务设施。

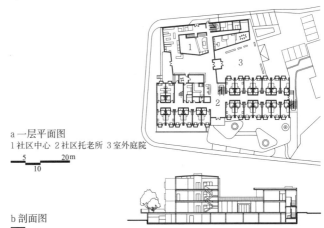

a 一层平面图
1 社区中心 2 社区托老所 3 室外庭院

b 剖面图

**4** 奥地利社区托老所

| 名称 | 主要技术指标 | 设计时间 | 设计单位 |
|---|---|---|---|
| 奥地利社区托老所 | 建筑面积5100m² | 2007 | Kadawittfeld建筑师事务所 |

该社区托老所和社区中心把基地分为两个室外活动场地。建筑之间的公共室外活动场地让老年人和城市居民共享。托老所的室外活动场地可使老年人在护理人员的监护下进行各种室外活动

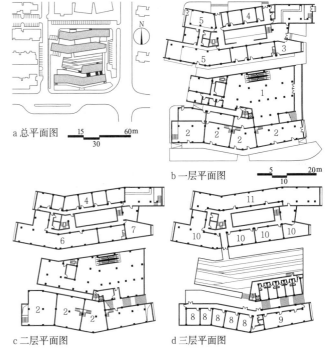

a 总平面图

b 一层平面图

c 二层平面图　　　　d 三层平面图

1 菜市场　　2 商店　　　3 税务工商所　4 邮局　　　5 派出所　　6 社会事务处理中心
7 房管所　　8 居委会　　9 物业办公　　10 康复中心　11 社区服务中心

**5** 上海春申万科城社区服务中心

| 名称 | 主要技术指标 | 设计时间 | 设计单位 |
|---|---|---|---|
| 上海春申万科城社区服务中心 | 建筑面积13654m² | 2007 | 山水秀建筑师事务所 |

项目位于上海市西南郊万科假日风景社区的东部，其功能包括商业、餐饮、邮局、社区事务处理中心等，其建筑整合了复杂的功能空间，有效地利用建筑及周边外部空间环境，在有限的用地范围内尽可能地为居民提供有效和舒适的公共生活场所

**5**
住区服务设施

253

## 概述

文化体育服务设施应满足住区居民开展各类文化体育活动的要求，包括各类可无偿使用的文体活动场所和各类专业有偿文体活动场所。

## 设计要点

1. 居民健身设施应设儿童与老人活动场所，并宜结合绿地设置其他简单运动设施。青少年活动场地应避免对居民正常生活产生影响，老年人活动场地应相对集中。

2. 居民运动场、馆宜设置60~100m直跑道和200m环形跑道及简单运动设施，并与居住区的步行和绿化系统紧密联系或结合，其位置与道路应具有良好的通达性。

3. 文化活动中心可设小型图书馆、影视厅、游艺厅、球类、棋类活动室、青少年和老年人学习活动场地等，并宜结合或靠近同级中心绿地，相对集中布置，形成生活活动中心。

4. 文化活动站可设书报阅览室、书画室、文娱室、健身室、茶座等功能空间，并宜结合或靠近同级中心绿地，独立性组团也应设置文化活动站。

住区文化体育设施分级配置要求　　　　　　　　　表1

| 居住区级 | 居住小区级 | 居住组团级 |
|---|---|---|
| 文化活动中心，居民运动场馆 | 文化活动站，居民健身设施与场地 | 居民健身设施与场地 |

社区文化活动中心设施基本配置　　　　　　　　　表2

| 功能 | 项目 | 配置内容 | 使用面积（m²） |
|---|---|---|---|
| 多功能活动 | 报告讲座、小型集会、联谊活动、数码电影放映、文艺表演的多功能厅 | 座位在200座以上、配置灯光、音响、数码放映设备、大屏幕、投影机、活动座椅等 | 500 |
| 展示、展览 | 作品展示、时事宣传、科普展览、藏品陈列的展示陈列室 | 配置陈列设备、活动展板及其他展示材料 | 300 |
| 休闲娱乐 | 按需设定娱乐型项目，例如游艺室、亲子活动室、棋牌室、视听室等 | 配置相应器材设备，要有适合老年人和少年儿童的活动内容和项目 | 500 |
| 体育健身 | 按需设定健身锻炼项目，例如乒乓球室、台球室、健身室、市民体质测试站、老年活动室等 | 按项目配置可供市民健身锻炼的设施和器材，健身房一般不小于30件器械 | 600 |
| 团队活动 | 按需设定文艺团队和培训专用活动室，例如音乐室、排练室、工艺室、荣誉室等 | 专用活动室可与社区学校培训共用，配有相应的设备用具 | 400 |
| 党员活动 | 设立党员活动服务站点 | 按政府统一要求设置 | 50 |
| 信息服务 | 社区图书馆 | 其中少儿图书馆不少于80m²，年人藏新书不少于1000种，订购报刊不少于100种 | 300 |
| 信息服务 | 社区网络终端 | 电子阅览、信息资源共享工程整合一起，电脑50台左右，宽带接入，以及可实现远程媒体互动的电脑配置系统 | 200 |
| 社区教育 | 按需设立普通培训教室，包括老年学校、阳光之家、社区学校、心理咨询等 | 每个教室可容纳40人左右，有条件教室配置多媒体放映设备 | 400 |
| 慈善互助 | 组织开展社区慈善互助活动 | 按民政部门要求设置 | 50 |
| 后勤保障 | 按管理功能需要设立相关职能部门，并开设配套辅助设施 | 根据办公、后勤用房不同作用配置 | 200 |
| 活动广场 | 广场文化体育活动点 | 可配置室外体育锻炼器材和相应活动设备 | 根据条件设定 |

室外活动场地组成及布置　　　　　　　　　　　表3

| 名称 | 年龄（岁） | 位置 | 场地规模（m²） | 内容 | 服务户数（户） | 距住宅距离（m） |
|---|---|---|---|---|---|---|
| 幼儿游戏场地 | 3~5 | 住宅小区入口附近，住户能看到的范围 | 100~150 | 座凳、沙坑等 | 60~120 | ≤50 |
| 学龄儿童游戏场所 | 6~12 | 结合小块公共绿地布置 | 300~500 | 多功能游戏场、器械、戏水池、沙场等 | 400~600 | 200~250 |
| 青少年活动场地 | 13~18 | 结合小区公园布置 | 600~900 | 运动器械、多功能球场等 | 800~1000 | 400~500 |
| 成年、老年人休息活动场地 | >18 | 可单独设置，也可结合各级公共绿地、儿童游戏场设置 | 根据条件设定 | 座椅、运动器械、活动场地 | — | 200~500 |

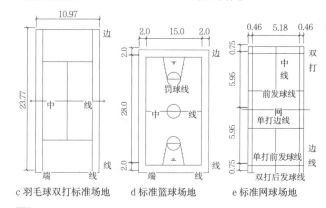

a 标准排球场地　　　　　b 小足球场地

c 羽毛球双打标准场地　　d 标准篮球场地　　e 标准网球场地

**1** 几种运动场地的尺寸（单位：m）

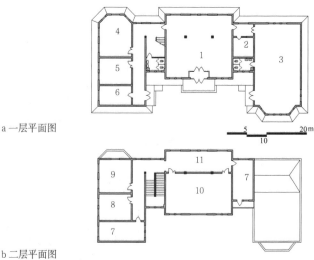

a 一层平面图

b 二层平面图

1 综合服务大厅　2 休息室　3 乒乓球、台球室　4 社区图书馆　5 旧物爱心站　6 警务室　7 办公室　8 艺术室　9 网络课堂　10 会议室　11 荣誉厅

**2** 某社区文化活动站

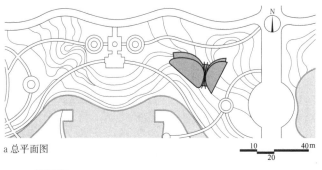

a 总平面图

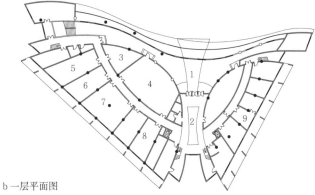

b 一层平面图

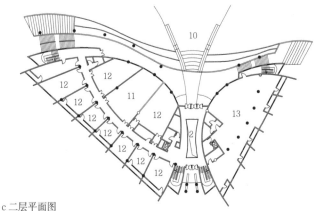

c 二层平面图

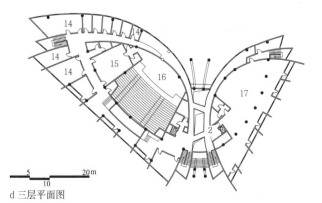

d 三层平面图

1 室外广场　2 中庭　3 儿童玩具馆　4 歌舞厅　5 体质测试站　6 文体活动室
7 台球室　8 乒乓球室　9 设备用房　10 主入口广场　11 多功能报告厅　12 教室
13 健身房　14 办公室　15 展示厅　16 影剧院　17 图书馆

### 1 上海松江新城方松社区文化活动中心

| 名称 | 主要技术指标 | 设计时间 | 设计单位 |
|---|---|---|---|
| 上海松江新城方松社区文化活动中心 | 建筑面积11000m² | 2004 | 同济大学建筑设计研究院（集团）有限公司 |

方松社区文化活动中心设计灵感取意自自然环境中常见的"蝴蝶"形象，并通过建筑语汇加以提炼，主要为社区居民提供文化、体育、教育、科技、信息等服务，其功能空间包括一个500座的小剧场、一座小型图书馆以及健身房、展厅和教室

a 一层平面图

b 二层平面图

1 庭院　2 下沉庭院　3 活动室　4 商店　5 办公室　6 女卫　7 男卫　8 露台

### 2 昆山市康居社区活动中心

| 名称 | 主要技术指标 | 设计时间 | 设计单位 |
|---|---|---|---|
| 昆山市康居社区活动中心 | 建筑面积420m² | 2005 | 上海市园林设计院有限公司 |

康居社区活动中心主要以周围社区居民为服务对象，为他们提供下棋、打牌、聊天和休息茶座等服务，同时可用于各种小型社团的活动

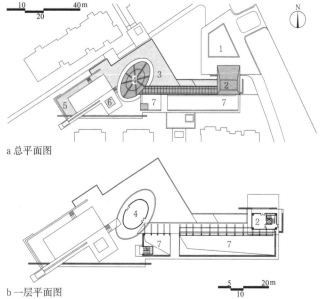

a 总平面图

b 一层平面图

1 入口广场　2 电梯厅　3 镜面水景　4 茶室　5 无边泳池　6 洗脚池　7 下沉庭院

### 3 苏州仁恒观棠社区交流中心

| 名称 | 主要技术指标 | 设计时间 | 设计单位 |
|---|---|---|---|
| 苏州仁恒观棠社区交流中心 | 建筑面积5474m² | 2011 | 上海日清建筑设计有限公司 |

基地位于苏州观棠小区的出入口处一个三角区域，由于该区域是高密度小区内较少的可布置集中绿地的空地，建筑师将主空间放在地下，地面上只做一个电梯厅和茶室，整体的空间以一个序列去展示"院"的围合，而不突出建筑的体量形态

**5**
住区服务
设施

## 概述

教育配套服务设施应满足住区适龄儿童就近入托和上学的要求，其托幼和学校的配建规模应符合《城市居住区规划设计规范》GB 50180-93（2016年版）的相关规定。

## 设计要点

1. 总平面布置应综合考虑外部道路衔接、地形与地貌的利用，功能分区明确，布局合理，满足教学、活动要求。

2. 处理好朝向、采光、通风、隔声等问题，教学用房日照要求应满足规范要求。

3. 幼托总平面布置应保证活动室和室外活动场地有良好的朝向和日照条件，室外要有一定面积的硬地和游戏器械等，以供儿童室外活动。

4. 中小学校应根据居住区内的现状及规划人口，确定规模与选址，应方便学生就近上学，服务半径小学≤0.5km，中学≤1.0km。不宜紧靠住宅，以减少对居住的干扰。

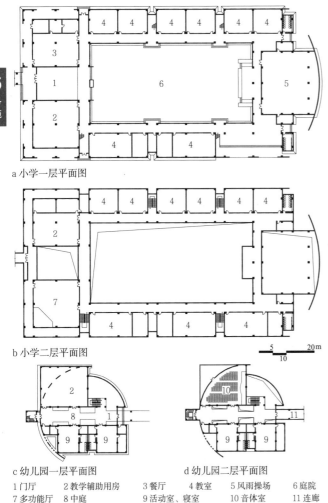

a 小学一层平面图

b 小学二层平面图

c 幼儿园一层平面图　　　　d 幼儿园二层平面图

1门厅　　　　2教学辅助用房　　3餐厅　　　4教室　　5风雨操场　　6庭院
7多功能厅　　8中庭　　　　　　9活动室、寝室　　10音体室　　11连廊

a 一层平面图　　　1晨检室　2门厅　3室外活动场地　4后院
　　　　　　　　　5厨房　　6活动室　7寝室　8办公室　9音体室

b 二层平面图

c 南立面图

d 西立面图

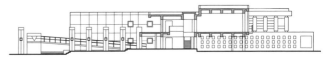

e 剖面图

### 1 苏州工业园区新城花园小学及幼儿园

| 名称 | 主要技术指标 | 设计时间 | 设计单位 |
| --- | --- | --- | --- |
| 苏州工业园区新城花园小学及幼儿园 | 建筑面积7000m² | 1998 | 中衡设计集团股份有限公司 |

考虑建筑在环境中的主体地位，在幼儿园和小学二层之间设置联系外廊，作为活动室的延伸，使之成为儿童交流的"心灵桥"。位于建筑中轴上的5层高的钟楼成为整个场中的标志物，强调了建筑群本身的整体感，也给环境留下了可记忆的片段

### 2 北京现代城幼儿园

| 名称 | 主要技术指标 | 设计时间 | 设计单位 |
| --- | --- | --- | --- |
| 北京现代城幼儿园 | 建筑面积1953m² | 2000 | 中国建筑设计院有限公司 |

北京现代城幼儿园位于北京大望路SOHO现代城内，小区公共绿地紧邻幼儿园前院，为幼儿园提供了活动场地和良好的景观环境。建筑色彩与周边住宅建筑协调一致，既增强了建筑的趣味性，也很好地表达了建筑结构与建筑空间的关系

5
住区服务
设施

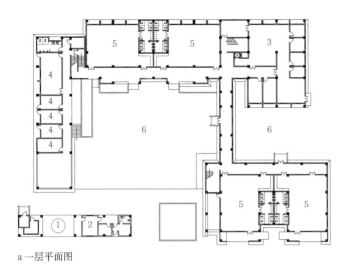

a 一层平面图

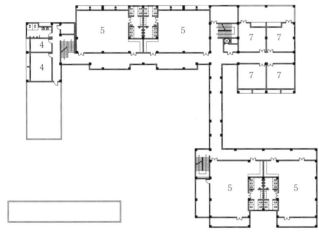

b 二层平面图

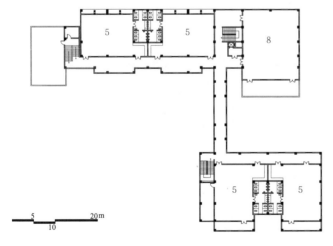

c 三层平面图　　1门厅　2晨检室　3厨房　4办公室　5活动室、寝室
6室外活动场地　7合班教室　8音体室

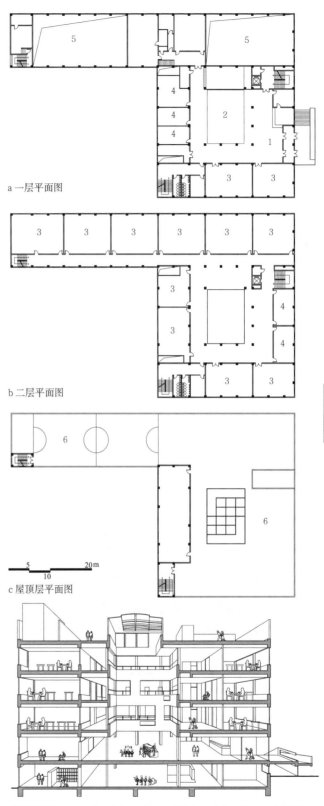

a 一层平面图

b 二层平面图

c 屋顶层平面图

d 剖透视图　　1门厅　2中庭　3教室　4办公室　5室内运动场　6屋顶活动场

## 1 杭州西溪里随园社区幼儿园

| 名称 | 主要技术指标 | 设计时间 | 设计单位 |
|---|---|---|---|
| 杭州西溪里随园社区幼儿园 | 建筑面积3526m² | 2009 | 浙江大学建筑设计研究院有限公司 |

幼儿园采用围合庭院式布局，兼顾私密和开敞功能要求，将建筑融于自然、隐于自然，最大限度地保留自然景观的原生态，在空间上传承传统江南墙门意境，将老杭州的生活场景与传统建筑文化紧密地结合在一起

## 2 荷兰鹿特丹社区学校

| 名称 | 主要技术指标 | 设计时间 | 设计单位 |
|---|---|---|---|
| 荷兰鹿特丹社区学校 | 建筑面积9470m² | 2008 | Arconiko建筑事务所 |

社区学校由小学、幼儿园、室内运动场地、管理处等不同功能空间组成。建筑围合形成一个大型室外运动场，并充分利用建筑的屋顶空间，设置屋顶运动场所。室内天井不仅为建筑提供充足的日光，还将室内各个部分连接起来，创造出一个具有体验归属感的空间场所

## 市政设施概述

住区的市政设施包括为住区自身供应服务的各类水、电、气、冷热、通信，以及环卫的地面、地下工程设施。住区市政公用设施的建设应该遵循有利于整体协调、管理维护和可持续发展的原则，节地、节能、节水、减污，改善居住地域的生态环境，满足现代生活的需求，住区干道宜设综合管廊。住区的市政设施在住区的内部市政系统与城市的市政系统之间充当纽带和桥梁作用，是一个功能完善、配套齐全的住区不可缺少的重要组成部分。

## 给水设施概述

住区的给水设施是住区提供居民生活用水，各类公共服务设施用水、绿化用水、环境清洁用水和消防用水的给水管线、建构筑物及给水设备的统称。住区给水设施的组成见 [1]。

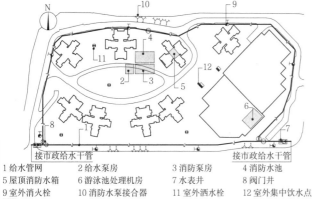

| 1 给水管网 | 2 给水泵房 | 3 消防泵房 | 4 消防水池 |
| 5 屋顶消防水箱 | 6 游泳池处理机房 | 7 水表井 | 8 阀门井 |
| 9 室外消火栓 | 10 消防水泵接合器 | 11 室外洒水栓 | 12 室外集中饮水点 |

[1] 住区给水设施布置示意图

## 给水管网

1. 住区给水管网按用途可分为生活给水管网、消防供水管网、杂用水管网等。

2. 住区给水设施由小区给水引入管、管网（干管、分配管、接户管等）、加压设施、调节与贮水构筑物（水池、水箱等）、阀门井、室外消火栓、室外消防水泵接合器、洒水栓、室外集中饮（取）用水点等组成。

3. 住区的给水管网宜布置成环状。

4. 住区给水管道与建筑物、构筑物等的最小水平净距可按表1确定。

给水管与建筑物、构筑物等的最小水平距离（单位：m）　　表1

| 最小净距（m）\ 名称\ 给水管道\ 直径D（mm） | 建筑物 | 地上杆柱 | | 道路侧石边缘 | 铁路钢轨（或坡脚） | 管沟 |
| | | 通信照明<10kV | 高压铁塔基础边 | | | |
| D≤200 | 1.0 | 0.5 | 3.0 | 1.5 | 5.0 | 1.5 |
| D>200 | 3.0 | | | | | |

注：本表摘自《城市工程管线综合规划规范》GB 50289—2016。

1 消防水池检修孔
2 吸水坑
3 生活管叠压供水设备（中区）
4 生活管叠压供水设备（高区）
5 喷淋泵1
6 喷淋泵2
7 消火栓泵1
8 消火栓泵2
9 集水坑

[2] 住区给水增压泵房图

## 住区给水增压及贮水调节设施

1. 住区给水增压泵房

根据供水对象的不同可分为生活给水泵房、消防给水泵房、直饮水给水泵房、杂用水泵房等，见 [2]。

根据供水设备的不同，给水增压泵房主要有以下几种形式，见表2。

给水增压泵房主要形式　　表2

| 序号 | 形式 | 适用条件 | 优缺点 |
|---|---|---|---|
| 1 | 管网叠压供水设备 | 设备应符合当地有关部门的规定；直接从城镇给水管网吸水时，应经当地供水部门批准。 | 优点：减少二次污染；节能，可充分利用外网的压力。缺点：无蓄水能力，供水可靠性降低 |
| 2 | 低位贮水箱（池）+给水泵+高位贮水箱（池） | 传统方式，适用范围广。低位贮水箱（池）容积 $V_{低}=20\% \sim 25\%Q_d$ 高位贮水箱（池）容积 $V_{高} \geq 50\%Q_h$ | 优点：给水泵在高效段运行，相对节能；供水可靠，有一定调蓄能力。缺点：水箱（池）二次污染 |
| 3 | 低位贮水箱（池）+变频调速泵组 | 设备选型：其设计流量按最大设计流量选泵 | 优点：取消高位贮水（池）。缺点：给水泵组不全在高效段运行，能耗较高 |
| 4 | 低位贮水箱（池）+气压给水设备 | 设备选型：其气压罐的最低、最高工作压力及水泵流量应满足规范要求。 | 优点：取消高位贮水（池）。缺点：气压罐内的二次污染 |

注：$Q_d$—最大日用水量，$Q_h$—最大时用水量。

2. 住区给水增压泵房的布置要求

住区设置的水泵房，宜靠近用水大户，水泵机组运行噪声应满足《城市区域环境噪声标准》GB 3096的要求。

民用建筑物内设置的生活给水泵房不应毗邻居住用房或在其上层或下层。建筑物内的给水泵房，应采取减振防噪措施。

给水增压泵房水泵机组的布置，应满足表3要求。

消防水泵房的布置，还应满足表4要求。

水泵机组外轮廓面与墙和相邻机组间的间距　　表3

| 电动机额定功率（kW） | 水泵机组外轮廓面与墙面之间最小间距（m） | 相邻水泵机组外轮廓面之间最小距离（m） |
|---|---|---|
| ≤22 | 0.8 | 0.4 |
| 22~55 | 1.0 | 0.8 |
| 55~255 | 1.2 | 1.2 |

注：本表摘自《建筑给水排水设计规范》GB 50015—2003（2009年版）。

消防水泵房的设计要求　　表4

| 序号 | 设计要点 |
|---|---|
| 1 | 消防水泵房应设置起重设施，消防水泵房的主要通道宽度不应小于1.2m |
| 2 | 独立建造的消防水泵房耐火等级不应低于二级 |
| 3 | 附设在建筑物内的消防水泵房，不应设置在地下三层及以下，或室内地面与室外出入口地坪高差大于10m的地下楼层 |
| 4 | 附设在建筑物内的消防水泵房，应采用耐火极限不低于2.0h的隔墙和1.50h的楼板与其他部位隔开，其疏散门应直通安全出口，且开向疏散走道的门应采用甲级防火门 |

注：本表摘自《消防给水及消火栓系统技术规范》GB 50974—2014。

3. 住区贮水调节设施

住区贮水调节设施有水池、水塔和高位水箱等。

住区生活用水贮水池的有效容积可按住区最高日生活用水量的15%~20%确定。

生活用水塔（高位水箱）：水泵—水塔（高位水箱）联合供水时，宜采取前置方式，其有效容积可按表5确定。

水塔和高位水箱（池）生活用水的调蓄贮水量　　表5

| 住区最高日用水量（m²） | <100 | 101~300 | 301~500 | 501~1000 | 1001~2000 | 2001~4000 |
|---|---|---|---|---|---|---|
| 调蓄贮水量占最高日用水量的百分数（%） | 20~30 | 15~20 | 12~15 | 8~12 | 6~8 | 4~6 |

住区消防水池、消防水箱的容量及设置要求根据现行《消防给水及消火栓系统技术规范》GB 50974及《自动喷水灭火系统设计规范》GB 50084等规范确定。

5 住区服务设施

## 排水设施概述

住区的排水设施是收集、利用住区污废水、雨水的排水管线、排水构筑物及污废水、雨水处理设施的统称。

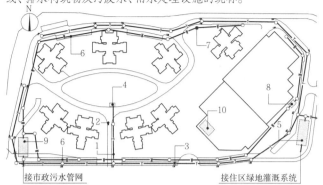

**1 住区排水设施布置示意图**

接市政污水管网　　　　　　　　　　　接住区绿地灌溉系统
1 雨水管网　2 雨水口　3 雨水检查井　4 雨水集水池及泵站　5 雨水收集利用设施
6 污水管网　7 污水检查井　8 隔油池　9 污水处理设施　10 中水处理站

**住区生活排水设施的组成** 表1

| 项目 | 内容说明 |
|---|---|
| 组成部分 | 建筑接户管、检查井、排水支管、排水干管、雨水口、小型处理构筑物等 |
| 检查井 | 塑料、混凝土模块、混凝土预制、混凝土现浇、砖砌等 |
| 管材与接口 | 管道宜采用双壁波纹塑料管、加筋塑料管、钢筋混凝土管等，穿越管沟等特殊地段采用钢管或铸铁管等；钢管采用焊接接口，混凝土管采用承插接口，其他管材优先采用橡胶圈接口等 |
| 雨水口 | 砖砌式、预制混凝土装配式、塑料等 |
| 小型处理构筑物 | 居住区排水泵房、集水池、化粪池、生化池、隔油池、中水处理站、雨水收集利用设施等 |

## 住区排水管道

1. 住区生活排水管道的设计流量采用最大小时流量，管道自净流速为0.6m/s，最大设计流速：金属管为10m/s，非金属管为5m/s。住区生活排水管道最小管径、最小坡度和最大充满度的规定见表3。

2. 住区的雨水管道宜按满管重力流设计，管内流速不宜小于0.75m/s。雨水管道的最小管径和横管的最小设计坡度按表4确定。

**排水管道与建筑物、构筑物的水平距离** 表2

| 建、构筑物名称 | 建筑 | 铁路钢轨或坡脚 | 道路侧石边缘 | 管沟 | 地上杆柱（通信照明及＜10kV） | 地上杆柱（高压铁塔基础边） |
|---|---|---|---|---|---|---|
| 水平净距（m） | 2.5 | 5.0 | 1.5 | 1.5 | 0.5 | 1.5 |

注：本表摘自《城市工程管线综合规划规范》GB 50289—2016。

**生活排水管道最小管径、最小设计坡度和最大设计充满度** 表3

| 管别 | 管材 | 最小管径（mm） | 最小设计坡度 | 最大设计充满度 |
|---|---|---|---|---|
| 接户管 | 埋地塑料管 | 160 | 0.005 | 0.5 |
| | 混凝土管 | 150 | 0.007 | |
| 支管 | 埋地塑料管 | 160 | 0.005 | |
| | 混凝土管 | 200 | 0.004 | |
| 干管 | 埋地塑料管 | 200 | 0.004 | 0.55 |
| | 混凝土管 | 300 | 0.003 | |

**住区雨水管道的最小管径和最小设计坡度** 表4

| 管别 | 铸铁管最小管径（mm） | 塑料管最小管径（mm） | 最小设计坡度 铸铁管 | 最小设计坡度 塑料管 |
|---|---|---|---|---|
| 住区建筑物周围雨水接户管 | 200 | 225 | 0.005 | 0.003 |
| 住区道路下干管、支管 | 300 | 315 | 0.003 | 0.002 |
| 沟头的雨水口连接管 | 200 | 225 | 0.01 | 0.01 |

**排水管道覆土厚度规定** 表5

| 排水管道安装场所 | 覆土厚度 |
|---|---|
| 居住区干道和组团道路下 | 覆土厚度＞0.7m |
| 人行道下 | 覆土厚度＞0.6m |
| 生活污水接户管 | 埋深不高于土壤冰冻线以上0.15m，覆土厚度＞0.3m |

## 住区排水检查井

**检查井的最大距离** 表6

| 管径或暗渠净高（mm） | | 150 | 200~400 | 500~700 | 800~1000 |
|---|---|---|---|---|---|
| 最大间距（m） | 污水管道 | 20 | 40 | 60 | 80 |
| | 雨水（合流）管道 | 20 | 50 | 70 | 90 |

## 住区处理构筑物

1. 排水泵房：排水泵房宜建成单独构筑物，并有卫生防护隔离带，有良好的通风条件并靠近集水池。水泵机组应采取消声、隔振措施。排水泵组宜按住区最大小时排水流量设计。

2. 集水池：排水集水池的有效容积，一般应不小于泵房内最大一台水泵5分钟的出水量，合流排水泵的集水池按泵房中安装的最大一台雨水泵30秒的出水量计算。

## 住区水处理设施

1. 化粪池：化粪池主要用于生活污水的预处理。化粪池距离地下取水构筑物不得小于30m，化粪池池外壁距建筑物外墙不宜小于5m，并不得影响建筑物基础。

2. 中水处理站：中水处理站设计要点见表7。

**中水处理站设计要点** 表7

| 中水站类别 | 设计要点 |
|---|---|
| 室内中水站 | 1.建筑物内的中水处理站宜设在建筑物的最底层；建筑群（组团）的中水处理站宜设在其中心建筑物的地下室或裙房内。<br>2.中水站的位置应避开建筑的立面、主要通道入口和重要场所，选择靠近辅助入口方向的边角，与室外结合方便的地方。处理站如布置在建筑地下室时，应有专用隔断。<br>3.高程布置应满足原水的自流引入和事故时重力排入污水管道，当达不到重力排放要求时，应设置污水泵，其排水能力不应小于最大小时来水量 |
| 室外中水站 | 1.小区中水处理站按规划要求独立设置，处理构筑物宜为地下式或封闭式。<br>2.处理站应设置在靠近主要集水和用水地点，并尽量与环境绿化结合，做到隐蔽、隔离，避免影响生活用房的环境要求，其地上建筑宜与建筑小品结合。<br>3.生活污水为原水的地面处理站与公共建筑和住宅的净距不宜小于15m。<br>4.中水处理站应设排臭系统，其排放口位置应避免对周围人、畜、植物造成危害和影响 |

3. 雨水收集利用设施：住区雨水利用工程普遍采用的是雨水入渗和雨水收集利用。雨水入渗以地面入渗为主，如采用透水铺装地面、下凹绿地、浅草沟等工程措施。雨水收集回用一般包括收集、弃流、雨水储存、水质处理和雨水回用。雨水利用系统工艺流程图见 **2**。

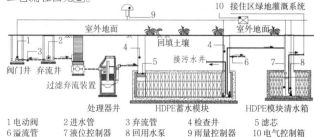

10 接住区绿地灌溉系统

1 电动阀　2 进水管　3 弃流口　4 检查井　5 滤芯
6 溢流管　7 液位控制器　8 回用水泵　9 雨量控制器　10 电气控制箱

**2 雨水利用系统工艺流程图**

**5**
住区服务设施

## 供电设施概述

1. 居住区的供电设施主要包括配变电所、发电机房、电气竖井、变配电设备、供电线路、敷设通道等。其中,配变电所通常分为开闭所、公用配电所(供电部门直管,负责一户一表的供电)、专用配电所(物业自管,负责一户一表外的供电)。

2. 供电设施的设计应力求做到用电安全、供电可靠、技术先进、经济合理和维护方便,并考虑发展的可能性。

3. 居住区供电设施的设计应符合居住区的供电规划,具体详见本书"住区规划"中"市政规划"的相应内容。

## 配变电所

1. 配变电所的位置选择应满足现行《20kV及以下变电所设计规范》GB 50053的相关要求,详见表1。

配变电所的设置要求 表1

| | |
|---|---|
| 设置原则 | 1.宜接近负荷中心;<br>2.宜接近电源侧;<br>3.宜进出线方便;<br>4.应方便设备运输 |
| 注意事项 | 1.不应设在剧烈振动、高温或有爆炸危险介质的场所;且不宜设在多尘、水雾或有腐蚀性气体的场所,当无法避开时,不应设在污染源的下风侧。<br>2.不应设在厕所、浴室、厨房或其他经常积水场所的正下方,且不宜与上述场所贴邻。当贴邻时,相邻隔墙应做无渗漏、无结露等防水处理。<br>3.应避开建筑物的伸缩缝、沉降缝等位置。<br>4.不宜与有防电磁干扰要求的设备机房贴邻,或位于其正上方或正下方。<br>5.当配变电所设在住宅建筑内时,不应将其设在住户等人员固定办公场所的正下方、正上方、贴邻和建筑疏散出口的两侧。<br>6.当配变电所为独立建筑物时,不应设置在地势低洼和可能积水的场所。当配变电所设置在建筑物内时,宜设置在地下层,但不应设置在最低层。当地下只有一层时,应采取抬高地面和防止雨水、消防水等积水的措施,且当设在建筑物地下层时,应根据环境要求加设机械通风、去湿设备或空气调节设备。<br>7.当配变电所设在住宅建筑外时,配变电所的外墙与住宅建筑的外墙间距不宜小于20m,应满足防火、防噪声、防电磁辐射的要求,并宜避开住宅主要窗户的水平视线。<br>8.配变电所宜集中设置,当供电负荷较大,供电距离较长时(不超过250m),可分散设置;超高层建筑中可分设在避难层、设备层及屋顶层等处。<br>9.建筑内不具备设置配变电所的条件时,可采用户外预装式配变电所。<br>10.地震基本烈度为7度及以上地区,配变电所的设计和电气设备的安装应采取必要的抗震措施 |

2. 配变电所的设置对土建专业有相应的要求,详见表2。

配变电所对相关专业的技术要求 表2

| 专业类别 | 配变电所房间名称 | | | |
|---|---|---|---|---|
| | 高压配电室 | 油浸变压器室 | 干式变压器室 | 低压配电室 |
| | 高压配电室(少油断路器)、高压电容器室内(油浸式电容器)耐火等级不应低于二级。 | 1.可燃油油浸电力变压器室的耐火等级应为一级。<br>2.非燃或难燃介质电力变压器室耐火等级不应低于二级。<br>3.油浸变压器应设置在单独的房间内,且其进出口及散热排风窗应直接对室外。 | 耐火等级不应低于三级 | 耐火等级不应低于三级 |
| 建筑 | 1.配变电所的门应为防火门,根据位置的不同,分别应符合下列规定:<br>(1)当位于高层主体建筑(或裙房)内时,通向其他相邻房间的门应为甲级防火门,通向过道的门应为乙级防火门;<br>(2)当位于多层建筑物的二层或更高层时,通向其他相邻房间的门应为甲级防火门,通向过道的门应为乙级防火门;<br>(3)位于多层建筑物的一层,通向相邻房间或过道的门应为乙级防火门;<br>(4)位于地下层或下面有地下层时,通向相邻房间或过道的门应为甲级防火门;<br>(5)配变电所附近堆有易燃物品或通向汽车库的门应为甲级防火门;<br>(6)配变电所直接通向室外的门应为丙级防火门。<br>2.配变电所各房间的地面宜采用高强度等级水泥抹面压光或采用水磨石地面。<br>3.配电装置室及变压器室门的宽度宜按最大不可拆卸部件宽度加0.3m,高度宜按不可拆卸部件最大高度加0.5m。<br>4.配变电所的通风窗,应采用非燃烧材料。<br>5.电压为10(6)kV的配电室和电容器室,宜装设不能开启的自然采光窗,窗台距室外地坪不宜低于1.8m。临街的一面不宜开设窗户。<br>6.变压器室、配电室、电容器室的门应向外开,并应装锁。相邻配电室之间设门时,门应向低压配电室开启。<br>7.各房间经常开启的门、窗,不宜通过蒸汽、粉尘和噪声严重的场所。<br>8.变压器室、配电室等应设置防止雨、雪和小动物进入屋内的设施。<br>9.长度大于7m的配电装置室应设两个出口,并宜布置在配电室的两端。<br>10.当配电装置采用双层布置时,位于楼上的配电装置室应至少设一个通向室外的平台或通道的出口。<br>11.若采用的是不带可燃油的高低压配电装置和干式变压器,可将高低压室、变压器室、电容器室合并在同一房间内。<br>12.配变电房的层高应考虑设备高度及进出线方式。变配电设备通常为2.2m高,其顶部距梁底不小于0.6m,距楼板底板不小于0.8m。<br>13.当配变电所设置在地下层时,其进出地下层的电缆口必须采取有效的防水措施。配变电所地坪标高应抬高100~300mm,防止地面水流入 |
| 结构 | 1.活荷载标准值为4~7kN/m²(限用于每组开关自重≤8kN,否则按实际值);高压开关柜屏前、屏后每边动荷重4900N/m;操作时,每台开关柜向上冲力9800N。<br>2.当变配电设备无法平层运输时,应预留吊装孔。<br>3.地梁应根据电缆沟的布置进行相应的降低标高的处理 | | | |

3. 配变电所的布置示例可参考 ①、②。

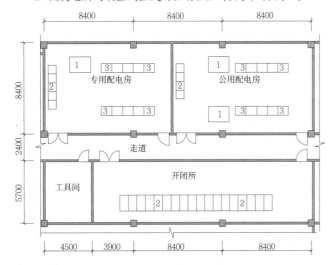

1干式变压器 2高压配电柜 3低压配电柜

① 变配电房布置图示一

1干式变压器 2高压配电柜 3低压配电柜

② 变配电房布置图示二

## 柴油发电机房

1. 当为保证一级负荷中特别重要负荷的用电时，或者当用电负荷为一级负荷，但从市电取得第二电源有困难或技术经济不合理时，宜设自备柴油发电机组。

2. 发电机房宜靠近一级负荷或配变电所设置，以缩短供电距离。

3. 机房可设置于建筑物的首层、地下一层或地下二层，不应布置在地下三层及以下，并应考虑设备的运输通道。

4. 不应设置在人员密集场所、厕所、浴室或经常积水场所的正下方或贴邻。

5. 柴油发电机房对相关专业的技术要求详见表1。

6. 发电机房的布置示例可参考[1]。

柴油发电机房对土建专业的技术要求　　表1

| 专业类别 | 房间名称 | | |
|---|---|---|---|
| | 发电机间 | 控制与配电室 | 储油间 |
| 建筑 | 火灾危险性类别为丙级，耐火等级为一级 | 火灾危险性类别为戊级，耐火等级为二级 | 火灾危险性类别为丙级，耐火等级为一级 |
| | 1.机房应靠建筑外墙设置，充分考虑机组的进新风和排热风通道。排烟应避开居民敏感区，高空排放；当排烟口设置在裙房屋顶时，宜将烟气处理后再行排放；应做消声、隔声处理。<br>2.宜有两个出入口，其中一个应满足搬运机组的需要。门应为甲级防火门，并应采取隔声措施，向外开启。<br>3.机房内应设置储油间，储油间应采用防火墙与发电机间隔开；当必须在防火墙上开门时，应设置能自行关闭的外开甲级防火门；其总储油量不应超过8.0h的燃油量；储油间内应设置挡油设施。<br>4.层高需满足发电机房的净高要求。64kW以下，2.5m；75~400kW，3.0m；500~1500kW，4.0~5.0m；1600~2000kW，5.0~7.0m。<br>5.单机容量小于或等于500kW的装集式单台机组可不设控制室；单机容量大于500kW的多台机组宜设控制室 | | |
| 结构 | 1.结构梁板设置须根据所选机组的参数充分考虑其荷载大小。<br>2.基础应采取减振措施，应防止与房屋产生共振 | | |

## 供配电设备

通常情况下供配电设备的选用要求详见表2。

供配电设备的选用要求　　表2

| 类别 | 选用要求 |
|---|---|
| 变压器 | 安装于室内配变电所内的变压器采用干式、气体绝缘或非可燃性液体绝缘的节能型变压器，设强制风冷系统，接线宜采用D，yn11型。公用配电变压器的容量不宜大于1000kVA，专用配电变压器的容量不宜大于1600kVA。变压器负载率不宜大于85% |
| 发电机 | 居住区内的柴油发电机组通常采用风冷、自启动型，单台容量不应大于2000kW |
| 配电柜 | 10kV高压开关柜通常选用小型化、免维护、全绝缘型开关柜，需具备“五防”功能。低压开关柜通常采用固定式或抽出式 |
| 配电箱 | 电表箱、配电箱、控制箱等优先采用标准、定型产品，在公共场合宜暗装，在电井内、设备房内时可采用明装 |

## 供配电布线

1. 室外布线：沿同一路径敷设的室外电缆，当根数小于等于6根时，宜采用铠装电缆直接埋地敷设方式，当根数为7~12根时，宜采用电缆排管敷设，当根数为13~18根时，宜采用电缆沟敷设方式。

2. 室内布线：低层住宅楼可采用导管暗敷布线方式，中高层住宅应采用电气竖井布线。

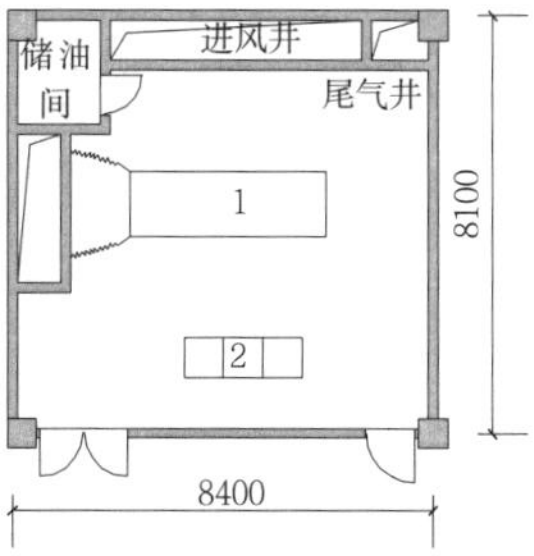

1 柴油发电机　2 发电配电柜

[1] 发电机房布置图示

## 通信设施概述

住区的通信设施主要是指城镇住宅小区建筑与建筑群为实现语音、数据、多媒体、高质量音视频等通信业务，所配套的小区通信设备间、电信间、弱电竖井、通信管网等设施。

## 通信机房

1. 每个住区应至少设置一个设备间，宜设置在物管中心。

2. 每一个高层住宅楼宜设置一个电信间，电信间宜设置在地下一层或首层。

3. 多栋低层、多层、中高层住宅楼宜在每一个配线区设置一个电信间，电信间宜设置在地下一层或首层。

4. 设备间和电信间的最小建筑面积参考表3和表4。

5. 通信机房对相关专业的技术要求详见表5。

设备间最小面积　　表3

| 居住区规模 | 配线区数 | 机柜数量 | 机柜型式 | 设备间 | | 备注 |
|---|---|---|---|---|---|---|
| | | | | 面积（$m^2$） | 尺寸（m） | |
| 普通住宅300户和别墅120户及以下 | 1个 | 4个 | 采用600×600型机柜 | 10 | 4×2.5 | 设备间直接作为用户接入点 |
| | | | 采用800×800型机柜 | 15 | 5×3 | |
| 普通住宅300户和别墅120户以上 | 2~14 | 4个 | 采用600×600型机柜 | 10 | 4 | 设备间仅作为光缆汇聚点 |

电信间最小面积　　表4

| 配线区户数 | 配线区数 | 机柜数量 | 机柜型式 | 设备间 | | 备注 |
|---|---|---|---|---|---|---|
| | | | | 面积（$m^2$） | 尺寸（m） | |
| 普通住宅300户和别墅120户及以下 | 1个 | 4个 | 采用600×600型机柜 | 10 | 4×2.5 | 可容纳3家不同的运营商 |
| | | | 采用800×800型机柜 | 15 | 5×3 | |

通信机房对土建专业的技术要求　　表5

| 专业类别 | 通信机房 |
|---|---|
| 建筑 | 1.电信设备间的位置应尽量安置在小区的中心地域，设置在布线区域的中心。应方便设备的运输和通信管道的接入。<br>2.可设置在地下层，但不宜设置在最底层。当地下只有一层时，采取预防洪水、消防水或积水从其他渠道淹渍设备间的措施。<br>3.不应设在厕所、浴室、厨房或其他经常积水场所的正下方，且不宜与上述场所贴邻。如果贴邻，相邻隔墙应做无渗漏、无结露等防水处理。<br>4.应避开建筑物的伸缩缝、沉降缝等位置。<br>5.远离粉尘、油烟以及具有腐蚀性、易燃易爆物品的场所。<br>6.不应与配变电所等有电磁干扰的房间上下相对或相邻。<br>7.通信机房室内净高（含梁底）不小于2.5m，不宜高于4.0m。<br>8.设备间门宽不小于1.2m，电信间门宽不小于1.0m，均外开；不宜设窗，不宜临街开门，并应采取防盗措施。<br>9.耐火等级不应低于建筑主体的耐火等级，且不低于2级 |
| 结构 | 1.地面等效均布活荷载不低于600kg/$m^2$。<br>2.预留进出线保护管、线槽的墙洞与楼板洞，并在管线安装完毕做防火封堵。<br>3.预留等电位联结钢板。<br>4.机柜安装时采用抗震加固措施 |

家居配线箱功能与尺寸　　表6

| 功能分类 | 外形尺寸 高×宽×深（mm） |
|---|---|
| 配线（电话、网络、电视） | 230×280×120 |
| 配线（电话、网络、电视、弱电） | 240×320×120 |
| 配线（电话、网络、电视、弱电）、网络交换设备 | 290×320×120 |
| 配线（电话、网络、电视、弱电）网络交换设备、电话交换设备 | 440×320×120 |

## 配线设备

通信机房内的配线设备应满足如下要求:

1. 设备/交接间设置的配线模块应能满足多家通信运营商设置的通信业务接入,配线模块通过跳线互通。

2. 设备/交接间至户内的配线模块类型、容量,应按照家居信息箱光、电缆的数量配置。

3. 设备/交接间用户侧光/电缆配线箱、配线模块、法兰盘、适配器,应满足入户线缆成端和运营商接入线缆成端的需求。

4. 各家通信运营商的通信业务接入配线箱或配线柜宜各自设置。如配线模块容量较小时,也可分区域安装在建筑物内设置的同一配线柜或配线箱体内。

5. 配线箱的具体功能与尺寸可参考表1。

6. 光缆交接箱外形尺寸及容量配置可参考表2。

配线箱功能与尺寸　　　　　　　　　　　　　　　　　表1

| 住宅类型/安装地点 ＼ 配线箱尺寸 | 光缆配线箱 宽×深×高（mm） | 电缆配线箱 宽×深×高（mm） | 功能 |
|---|---|---|---|
| 高层住宅楼层设备/交接间 | 600×350×1200 | | 满足80户以下用户需求 |
| | | 600×450×1200 600×450×650 | 满足80户以下用户需求,单户配线距离小于90m |
| 多层住宅楼层设备/交接间 | 600×350×1200 | | 满足80户以下用户需求,单户配线距小于90m |
| | | 600×450×650 | 满足80户以下用户需求 |
| 别墅楼层设备/交接间 | 600×350×1200 | | 满足80户以下用户需求 |
| | | 600×450×650 | 满足80户以下用户需求,单户配线距小于90m |

注: 本表摘自《重庆市住宅建筑群电信用户驻地网建设规范》DBJ 50-056-2011表7.2.2。

光缆交接箱外形尺寸及容量　　　　　　　　　　　　　表2

| 型号 | 箱体尺寸 高×宽×深（mm） | 一体化托盘数量（12芯） | 最大配线容量（芯） | 备注 |
|---|---|---|---|---|
| SMC箱体 | 700×520×280（不含底座） | 8 | 96（壁挂） | 单面操作 |
| | 1035×570×308（含底座） 755×570×308（不含底座） | 12 | 144（落地/壁挂/架空） | 单面操作 |
| | 1450×750×320（单面,含底座） | 24 | 288（落地/壁挂/架空） | 单面操作 |
| 不锈钢箱体 | 1000×590×330（含底座） | 8 | 96（落地/壁挂） | 单面操作 |
| | 1080×589×330（含底座） | 12 | 144（落地/壁挂/架空） | 单面操作 |
| | 1460×800×380（含底座） | 24 | 288（落地/壁挂/架空） | 单面操作 |

注: 本表摘自《重庆市住宅建筑群电信用户驻地网建设规范》DBJ 50-056-2011表7.2.5。

## 通信布线

1. 电信线路在经济、技术许可的情况下,应首先使用通信光缆,提高线路的安全性和道路的利用率。

2. 在公用电信网络已实现光纤传输的县级及以上城区,新建住区和住宅建筑的通信设施应采用光纤到户的方式建设。

3. 室外通信线路多采用多孔电信管道的敷设方式,管道的管孔数,应根据终期容量设置,管孔数不宜少于六孔。另可根据情况采用电缆沟的敷设方式。在大面积联通的地下室内可采用电缆托盘或桥架敷设。

4. 住区内的电信通道系统建设应符合:

（1）具备与多个通信运营商连通的能力,能满足用户选择通信运营商的需要;

（2）与城市通信管道的衔接点宜选在建筑物和用户引入线较多的一侧;

（3）宜以主设备/交接间为中心辐射;

（4）应选择地下、地上障碍少且易于维护的路由;

（5）不应选在易遭到强烈振动的地段;

（6）应远离电蚀和化学腐蚀地带,尽量避免与燃气管、电力管、热力管在同侧建设,不可避免时需控制与其他管线的最小净距,详见居住区规划中市政规划的相关内容。

## 电气竖井

1. 竖井的数量应视楼层的面积大小、负荷分布和大楼体形等综合因素确定,除低层建筑外,一般一个防火分区设一组电井。

2. 电气竖井应与电梯间、水暖管道间分别设置。强电和弱电宜分别设置竖井,当受条件限制需合用时,强电和弱电线缆应分别设置在竖井两侧或采取隔离措施;条件允许时尽量避开电梯井道。

3. 强电竖井的位置宜靠近用电负荷中心,进出线方便,上下贯通。避免临近烟道、热力管道及其他散热量大或潮湿的设施。弱电竖井尽量靠近控制室、机房,位于布线中心。

4. 电气竖井应设在便于管理、交通方便的位置,弱电间不宜贴邻外墙。

5. 兼作综合布线系统楼层交接间时,弱电竖井距最远信息点的距离应满足水平电缆小于90m的要求。

6. 电气竖井对土建专业的要求详见表3。

7. 为减少高层建筑电气竖井的占有面积,可将竖井的门开大,便于维护人员站在通道上进行检修,此时,强电竖井和弱电竖井的最小净深尺寸可参考 1。

电气竖井对相关专业的要求　　　　　　　　　　　　　表3

| 专业类别 | 电气竖井 |
|---|---|
| 建筑 | 1.强电竖井的大小应视电气设备的多少、大小及其操作维护的要求确定。需进入操作检修的,其操作通道宽度不应小于0.8m;当利用电井外通道作为检修面积时,电气竖井的净宽度不宜小于0.8m。 2.7层以下的住宅建筑,弱电系统的设备宜集中到底层设备间内。若设置竖井,其主要用途为敷设管线,其净深度不宜小于0.35m,长度不宜小于0.6m。 3.7层以上的新建住宅楼应设置电井,当利用通道作为检修面积时,弱电竖井的净深不宜小于0.6m,长度不宜小于1.0m。 4.电气竖井宜设置高150~300mm的防水门槛。 5.电气竖井的门应采用丙级防火门且应外开,门的高度宜与本层其他房间的门高一致,但不宜低于2.0m,门宽不应低于0.6m。 6.电气竖井墙壁应为耐火极限不低于1.00h的不燃烧体;应在楼板和防火分区界面上做防火封堵。 |
| 结构 | 1.电井兼作楼层电信间时,楼板活荷载可按5.0 kN/m²设计; 2.预留进出线的保护管、墙洞、楼板洞,管线安装完毕做防火封堵; 3.预留等电位联结钢板。 |

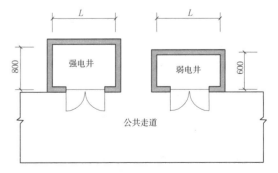

L尺寸由工程设计确定。

1 电气竖井布置图示

## 燃气设施概述

住区的燃气设施是指可为住区的居民住户、商业公建用户供应燃气的燃气气源场站、燃气管道、燃气调压站等设施的统称。

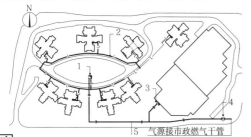

1 调压柜
2 埋地低压燃气管道
3 调压箱
4 阀门井
5 埋地中压燃气管道

气源接市政燃气干管

**1** 住区燃气设施布局示意图

## 燃气气源

住区燃气气源分类　　　　　　　　　　　　　　　　表1

| 燃气种类 | 住区燃气气源种类 |
|---|---|
| 人工煤气 | 市政人工煤气管道、人工煤气气源厂 |
| 天然气 | 市政天然气管道 |
| | 压缩天然气储配站、压缩天然气瓶组供气站 |
| | 液化天然气气化站、液化天然气瓶组气化站 |
| 液化石油气 | 市政液化石油气管道 |
| | 液化石油气气化站、液化石油气混气站 |
| | 液化石油气瓶组气化站、瓶装液化石油气供应站 |

人工煤气、液化石油气将逐步被天然气取代。在长输天然气管道尚未到达的地区，压缩天然气及液化天然气是管道天然气气源的过渡气源和调峰气源。

### 1. 压缩天然气储配站

压缩天然气储配站可向住区提供中压或低压天然气气源。其站址选择应满足与站外建筑物保持规定的防火间距，少占农田节约用地并符合城镇总体规划的要求。

CNG气瓶车固定车位与站外建构筑物的防火间距（单位：m）　表2

| 项　目 | 气瓶车在固定车位最大储气总容积 | |
|---|---|---|
| | 4500~10000m³ | 10000~30000m³ |
| 明火、散发火花地点、室外变、配电站 | 25.0 | 30.0 |
| 重要公共建筑 | 50.0 | 60.0 |
| 民用建筑 | 25.0 | 30.0 |
| 甲、乙、丙类液体储罐、易燃材料堆场，甲类物品库房 | 25.0 | 30.0 |
| 其他建筑 耐火等级一、二级 | 15.0 | 20.0 |
| 耐火等级三级 | 20.0 | 25.0 |
| 耐火等级四级 | 25.0 | 30.0 |
| 铁路（中心线） | 40.0 | |
| 公路、道路（路边） 高速，I、II级、城市快速 | 20.0 | |
| 其他 | 15.0 | |

注：1. 气瓶车在固定车位最大储气总容积为在固定车位储气的各气瓶车总几何容积与其最高储气压力（绝对压力10⁴kPa）乘积之和，并除以压缩因子。
2. 本表摘自《城镇燃气设计规范》GB 50028-2006 表7.2.4。

### 2. 压缩天然气瓶组供气站

压缩天然气瓶组供气站宜设置在供气小区边缘，供气规模不宜大于1000户。气瓶组最大储气总容积不应大于1000m³，气瓶组总几何容积不应大于4m³。

### 3. 液化天然气气化站

液化天然气气化站的规模应根据供应用户类别、数量和用气量指标等因素确定，并应符合总体规划的要求。

LNG气化站的LNG储罐与站外建构筑物的防火间距（单位：m）　表3

| 项目 | 液化天然气储罐总容积 | | | | |
|---|---|---|---|---|---|
| | ≤10m³ | 10~30m³ | 30~50m³ | 50~200m³ | 200~500m³ |
| 居住区、影剧院、体育馆、学校等重要公共建筑（最外侧建、构筑物外墙） | 30 | 35 | 45 | 50 | 70 |
| 明火、散发火花地点和室外变、配电站 | 30 | 35 | 45 | 50 | 55 |
| 民用建筑、甲、乙类液体储罐，甲、乙类物品仓库，稻草等易燃材料堆场 | 27 | 32 | 40 | 45 | 50 |
| 丙类液体储罐、可燃气体储罐，丙、丁类物品库房 | 25 | 27 | 32 | 35 | 40 |
| 铁路（中心线） 国家线 | 40 | 50 | 60 | 70 | |
| 企业专用线 | | 25 | | 30 | |
| 公路、道路（路边） 高速，I、II级、城市快速 | | 20 | | 25 | |
| 其他 | | 15 | | 20 | |

注：1. LNG—液化天然气英文缩写，间距的计算应以储罐的最外侧为准。
2. 本表摘自《城镇燃气设计规范》GB 50028-2006 表9.2.4。

### 4. 液化天然气瓶组气化站

气瓶组总容积不应大于4m³。单个气瓶容积宜采用175L钢瓶，最大容积不应大于410L，罐装量不应大于其容积的90%。

CNG、LNG气瓶组与站外建构筑物的防火间距（单位：m）　表4

| 项目 | 压缩天然气气瓶组 | 液化天然气气瓶总容积≤2m³ | 液化天然气气瓶总容积2~4m³ |
|---|---|---|---|
| 明火、散发火花地点 | 25 | 25 | 30 |
| 重要公共建筑、一类高层民用建筑 | 34 | 24 | 30 |
| 民用建筑 | 18 | 14 | 15 |
| 道路（路边） 主要 | 10 | 10 | 10 |
| 次要 | 5 | 5 | 5 |

注：1. CNG—压缩天然气英文缩写，LNG—液化天然气英文缩写。
2. 本表摘自《城镇燃气设计规范》CB 50028-2006表7.4.3、表9.3.2。

## 燃气调压站

住区燃气调压站是调节燃气压力使之适合燃烧器具正常运行的设施。

调压站与其他建筑物、构筑物水平净距（单位：m）　表5

| 设置形式 | 调压装置入口燃气压力级制 | 建筑物外墙 | 重要公共建筑物、一类高层民用建筑 | 城镇道路 |
|---|---|---|---|---|
| 地上单独建筑 | 高压（A） | 18.0 | 30.0 | 5.0 |
| | 高压（B） | 13.0 | 25.0 | 4.0 |
| | 次高压（A） | 9.0 | 18.0 | 3.0 |
| | 次高压（B） | 6.0 | 12.0 | 3.0 |
| | 中压（A、B） | 6.0 | 12.0 | 2.0 |
| 调压柜 | 次高压（A） | 7.0 | 14.0 | 2.0 |
| | 次高压（B） | 4.0 | 8.0 | 2.0 |
| | 中压（A、B） | 4.0 | 8.0 | 1.0 |
| 地下单独建筑 | 中压（A、B） | 3.0 | 6.0 | |
| 地下调压箱 | 中压（A、B） | 3.0 | 6.0 | |

注：本表摘自《城镇燃气设计规范》GB 50028-2006表6.6.3。

各类燃气设施用地指标参考（单位：m²）　表6

| LNG气化站 | CNG供气站 | LNG、CNG瓶组气化站 | 调压站 |
|---|---|---|---|
| 5000~10000 | 3000~5000 | 1000~2000 | 3~30 |

**5**
住区服务设施

## 住区冷热供应

住区冷热供应方式通常有分散供应和集中供应两种方式。

冷热集中与分散供应特点                                    表1

| 项目 | 分散供应 | 集中供应 |
|---|---|---|
| 制冷（供热）效率 | 随负荷的变化，自动运转必要的机组，效率较低 | 减小用户单位的同时使用系数，通过对不同功能建筑的组合，使系统的负荷保持在一个相对稳定的水平，能保持较高的性能系数 |
| 系统管道 | 管道短而简单，阻力损失少 | 管道长而复杂，阻力损失大 |
| 机房面积 | 可不设专门的机房 | 设专门的机房 |
| 运行管理 | 自控程度高，管理简单，故障容易处理 | 管理范围大，故障寻找困难，需要熟练人员管理 |
| 建设周期 | 机组质量可靠，大小规格齐全，适应性强，可满足不同地区、不同负荷量的要求，工艺设计简单，现场安装调试工作量小，尤其对扩建工程更为方便，建设周期短 | 工艺设计复杂，现场安装调试工作量大，不易设计定型和标准化，建设周期长 |

## 区域冷热供应

区域供冷系统是为了满足某一特定区域内多个建筑物的空调冷源要求，由专门的供冷站集中制备冷冻水，并通过区域管网进行供给冷冻水的供冷系统，可由一个冷站或多个冷站联合组成，见 1。

区域供热是具备一定供热规模，以城市某个区域的几栋楼、小区或某个区域为供热对象的供热方式。由热源、热网和供热用户三部分组成。热源有热电厂、区域锅炉房、核供热站、地热、工业余热等。民用建筑一般采用热水供热系统，工业建筑一般采用蒸汽供热系统。

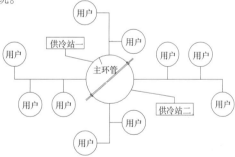

1 冷站规划建设方案示意图

## 热力站和冷暖站

热力站分为用户热力站（热力入口）、小区热力站和区域性热力站。单独设置的热力站，其尺寸由供热规模、设备种类和二次热网类型而定。在规模较大的热力站内，设有泵房、值班室、仪表间、加热器间和生活辅助房间，有时为2层建筑。对于住区来说，一个小区一般设置一个热力站。

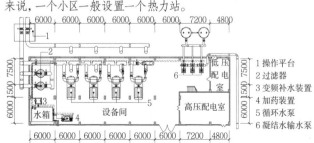

1 操作平台
2 过滤器
3 变频补水装置
4 加药装置
5 循环水泵
6 凝结水输送水泵

2 某热力站平面图

冷暖站通过制冷设备将热能转化为低温水等介质供应用户，在冬季时还可转为供热。冷暖站可以使用高温热水或蒸汽作为加热源，也可使用天然气或油燃烧加热，也可用电驱动实现制冷。冷暖站的位置应位于负荷区的中心。

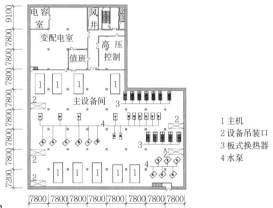

1 主机
2 设备吊装口
3 板式换热器
4 水泵

3 某冷暖站平面图

## 锅炉房

向住区供热的锅炉房有热水锅炉房和蒸汽锅炉房两种。锅炉房一般布置在靠近热负荷比较集中的区域和下风侧。锅炉房应根据燃料考虑防火、防爆、防漏、泄压等措施。大型锅炉房应设置水处理、燃料供应、自控、值班等辅助房间，见 4。

1 分汽缸
2 蒸汽锅炉
3 风井
4 排污降温池
5 泄爆口
6 集水坑
7 排烟井

4 某锅炉房平面图

## 热力入口

热力入口是控制、调节、调整进入室内介质压力及流量的装置，一般具备计量功能。热力入口一般设置在进入每栋建筑物之前的地沟内、地下室或箱体内，应采取便于人员操作和检修措施。热力入口主要由阀门、调压孔板（或调压阀）、压力表、温度计、疏水器组等组成。

## 供冷、热管网

1. 采用枝状管网：设计时，区域内多个冷暖站根据用户的要求同时建设，但主要冷热设备可根据用户的发展，分段安装运行，每个冷暖站的装机容量分阶段增加。

2. 主干部分采用环状管网：可先集中建设一个冷暖站，当第一个冷暖站的供冷、热量达到设计的装机容量后，再建设下一个冷暖站。

3. 主要干管应靠近大型用户和冷、热负荷集中的地区。

4. 管道尽量避开主要交通道和繁华的街道，以免给施工和运行管理带来困难。

5. 管道可以采用地上敷设，也可以采用地下地沟敷设或无沟（直埋）敷设。

## 环卫设施概述

1. 住区环卫设施设计主要包括公共厕所、垃圾收集点、垃圾收集站、垃圾转运站和废物箱（桶）等设施。

2. 住区环卫设施建设应根据住区的规模与特点，结合城市总体规划、环境卫生专业规划，合理确定其数量、规模、项目构成和配置水平，并应与住宅同步规划、同步建设和同时投入使用。

3. 环卫设施设置应以人为本，方便公众使用，外观和色彩应与环境协调，并应注意美观。

## 公共厕所

1. 住区用地公共厕所的设置应符合现行国家标准《城镇环境卫生设施设置标准》CJJ 27的规定，其设置标准应采用表1的指标。

住区公共厕所设置标准　　　　　　　　　　　　　　表1

| 设置密度（座/km²） | 设置间距（m） | 服务人口（户/座） | 建筑面积（m²/座） | 独立式公共厕所用地面积（m²/座） |
|---|---|---|---|---|
| 3~5 | 500~800 | 1000~1500 | 30~60 | 60~100 |

注：旧城区宜取密度的高限，新区宜取密度的中、低限。

2. 公共厕所宜采用附建式，宜建在本区商业网点附近。附建式的公共厕所宜建在建筑物底层，应有单独出入口及管理室。

3. 公共厕所的设计和建设应符合现行行业标准《城市公共厕所设计标准》CJJ 14的规定，平面示意见 [1]。

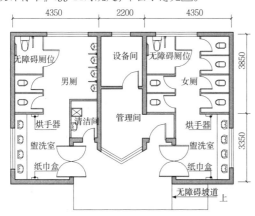

[1] 公共厕所平面示意图

## 垃圾收集点

1. 垃圾收集设施应与分类投放相适应，在分类收集、分类处理系统尚未建立之前，收集点的设置应考虑适应未来分类收集的发展需要。

2. 供居民使用的垃圾收集投放点的位置应固定，并应符合方便居民、不影响市容观瞻、利于垃圾的分类收集和机械化收运作业等要求。

3. 垃圾收集点的服务半径不超过70m。在规划建造新住区时，未设垃圾收集站的多层住宅每4幢设置一个垃圾收集点，并建造垃圾容器间，安置活动垃圾箱（桶）；容器间内应设置排水和通风设施。

4. 有害垃圾必须单独收集、单独运输、单独处理，其垃圾容器应封闭并应具有便于识别的标志。

5. 各类存放容器的容量和数量应按使用人口、各类垃圾日排出量、种类和收集频率计算。垃圾存放容器的总容纳量必须满足使用需要，垃圾不得溢出而影响环境。

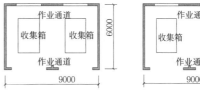

[2] 垃圾容器间平面示意图

## 垃圾收集站

1. 收集站的服务半径不宜超过0.8km。收集站的规模应根据服务区域内规划人口数量产生的垃圾最大月平均日产量确定，宜达到4t/d以上。

2. 收集站的设备配置应根据其规模、垃圾车厢容积及日运输车次来确定，建筑面积不应小于80m²。

3. 收集站的站前区布置应满足垃圾收集小车、垃圾运输车的通行和方便、安全作业的要求。

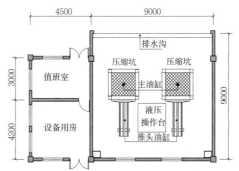

[3] 小型压缩收集站平面示意图

## 垃圾转运站

1. 垃圾转运站宜设置在交通运输方便、市政条件较好并对居民影响较小的地区。

2. 垃圾转运量按下列公式计算：

$$Q = \delta \times n \times q / 1000$$

式中：$Q$—转运站日转运量（t/d）

$n$—服务区域内居住人口数（人）

$q$—人均垃圾产量（kg/人·d），按当地实际资料采用，若无资料时，一般可采用0.8~1.8kg/人·d

$\delta$—垃圾产量变化系数，按当地实际资料采用，若无资料时，一般可采用1.3~1.4

3. 小型转运站每2~3km²设置一座，其用地面积不宜小于800m²。

## 废物箱（桶）

1. 废物箱的设置应便于废物的分类收集。分类废物箱应有明显标识并易于识别。

2. 废物箱应美观、卫生、耐用，并能防雨、抗老化、防腐、阻燃。

3. 废物箱的设置间隔宜为100~200m。

## 概述

售楼处（楼盘销售展示中心），是住宅商品化及预售房制度下发展的一种特殊建筑类型，它为潜在购房者提供参观、洽谈、签约、休闲等多种服务空间，同时也为商品房楼盘提供一个展示和销售的平台，有时也成为楼盘及企业文化展示的窗口，在其展示和销售使命结束后，有时还会转换为其他服务设施。

## 规划与选址

售楼处选址应于交通便利位置，具有良好的可达性和宣传展示性，其位置可邻近住区，位于其中心或入口处，也可位于住区外部人流密集处，如①所示。

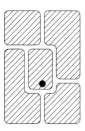  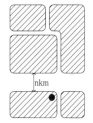

a 位于住区中心　　　b 位于住区入口　　　c 位于住区外部

**① 售楼处与住区位置关系**

## 分类

售楼处是楼盘推广的重要窗口，它从早期单一销售功能的临时建筑，已发展为现在功能复合持续运营的社区中心。

按使用年限、是否新建、与待售楼盘位置关系、使用功能以及开发项目类型等标准有多种分类方式（表1）。

**售楼处类型与特征**　　　　表1

| 分类标准 | 类型特征 | 特征描述 |
|---|---|---|
| 按照使用年限分 | 临时型 | 为楼盘销售建设的临时建筑，销售结束后拆除 |
| | 永久型 | 在规划楼盘的永久建筑中设置，销售结束后改为其他功能 |
| | 临时型转永久型 | 开始为临时建筑，后申请变更或延长使用时间 |
| 按照是否新建分 | 新建型 | 完全按照销售展示需求新设计、新建设 |
| | 改造型 | 利用楼盘场地内或附近现有建筑进行改造，满足销售和展示需求，常见的有现有工业厂房改造为售楼处，容易形成一定的特色 |
| 按照与待售楼盘的位置关系分 | 临近式 | 在楼盘用地内或附近的土地建设，紧邻销售楼盘，便于购房者了解楼盘周边情况 |
| | 远离式 | 一般用于郊区楼盘或其他城市的度假型地产项目，常在目标客户所在城市市中心设销售中心 |
| 按照使用功能分 | 独立式 | 建筑专门为楼盘展示和销售设计和建设，不附带其他功能，但在销售结束后可转换为其他功能 |
| | 综合式 | 售楼处作为一个综合建筑的一部分，相对独立，建筑的其他部分可为售楼处提供进一步的拓展服务，常见的是和会所一并建设 |
| 按照开发项目类型分 | 普通住宅售楼处 | 最常见的售楼处，通常会设置样板间，临近式也有用在建住宅中的几套作为样板间 |
| | 别墅售楼处 | 有结合会所设置的，也有一栋别墅作为售楼处的 |
| | 写字楼售楼处 | 一般结合底商设置，通常不设样板间 |
| | 商业项目售楼处 | 通常利用沿街商业设置 |

## 设计要点

1. 售楼处设计，应根据其建设目标进行合理定位，确定设计理念、使用年限。

2. 售楼处应尽可能有足够的室外场地，满足停车和景观要求。

3. 售楼处应考虑各种人流、车流进出流线的关系，避免相互干扰，建筑入口应尽可能明显。

4. 建筑设计应根据楼盘特点，综合考虑场地、景观、功能、展示效果、经济性等要素。

5. 功能设置要考虑兼容性，以便灵活使用（表2）。

6. 室内应有较好的采光通风条件，并具备齐全的使用功能，满足楼盘展示和销售的需要。

7. 建筑造型和风格应具有标志性，考虑与周围环境的协调，并尽可能反映楼盘及开发企业的文化。

8. 售楼处设计要考虑通用性，便于由临时功能转换为可长期使用的功能，避免浪费资源。待销售结束后，可对售楼处的内部空间做适当的调整，转换为其他功能建筑，实现可持续利用，具体策略如下：

（1）与综合会所功能转换：售楼处与综合会所功能相似，可在设计初期考虑功能转换可能性。

（2）与商业设施功能转换：售楼处开敞的内部空间、便捷的交通联系、人性化的室外空间等为其转型成商业提供可能。

（3）与文化设施功能转换：售楼处的展示性特点加上便捷的交通使其转化为城市文化设施提供可能。

**功能兼容性**　　　　表2

| 功能空间 \ 建筑空间 | 前台活动 | | | | | | 饮食休闲 | | | 后台服务 | | | | |
| | 洽谈区 | 接待室 | 签约室 | 展示区 | 样板间 | 其他 | 餐厅 | 咖啡吧 | 水吧 | 办公室 | 档案室 | 财务室 | 更衣室 | 储藏室 |
|---|---|---|---|---|---|---|---|---|---|---|---|---|---|---|
| 活动 参观 | | | | ● | ● | | | | | | | | | |
| 活动 洽谈 | ● | ○ | | | | | | ● | ○ | | | | | |
| 活动 签约 | | | ● | | | | | | | | | | | |
| 活动 餐饮 | | | | | | | ● | ● | ● | | | | | |
| 活动 休闲 | | ○ | | ● | | | | | | | | | | |
| 基本功能 如厕 | | ● | | | | | ● | | | ● | | ● | | |
| 基本功能 盥洗 | | | | | | | ○ | | | | | | ● | |
| 基本功能 办公 | | | | | ● | | | | | ● | ● | ● | | |
| 基本功能 储藏 | | | | ● | | | ○ | | | | | ● | | ● |
| 交流 门厅 | | ● | | ● | | | | ● | | | | | | |
| 交流 中庭 | | | | ● | | | | | | | | | | |
| 交流 走廊 | ● | | | | | | | | | | | | | |
| 交流 室外 | | | | | | | | | ● | | | | | |

注：●应当设置，○可选设置。

## 前后台分区

售楼处除了楼盘展示销售功能外，还有相关人员办公和后勤保障的需求，有时还是公司或项目销售部的驻地，因此需要处理好前后台的布局关系。

前台主要是接待、展示、休息、洽谈等空间，后台主要是办公、会议、后勤等空间，应在满足联系便捷的同时保持相对独立，减少外部人流对内部办公的干扰。

按照前后台空间关系一般有前后布置式、周边布置式、上下布置式等几种基本模式。

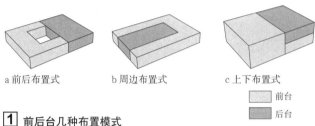

a 前后布置式　　b 周边布置式　　c 上下布置式

<table><tr><td>前台</td></tr><tr><td>后台</td></tr></table>

**1** 前后台几种布置模式

## 流线组成

售楼处流线可分为三类，即客户流线、员工流线以及货物流线，应分别组织，设置不同出入口，避免交叉。

客户流线又分为人流和车流，可以合用一个主要入口，也可为停车客户单独设置靠近停车场的次要入口。

员工流线以及货物流线宜分开设置，条件不具备时也可共用一个后勤入口。

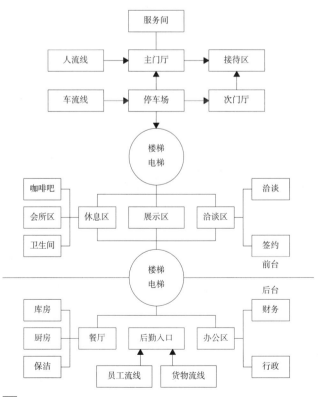

**2** 售楼处功能流线

## 功能布置原则

1. 楼盘销售展示中心的主要目的是销售，核心是展示预售项目，因此展示区是其核心功能，宜有足够的空间。除项目沙盘外，还可以考虑区域沙盘，综合运用各种多媒体手段达到宣传展示功能。沙盘的不同设置方式会影响建筑平面布局、建筑层高等，如④所示。有条件的可设置样板间，提供直观体验，样板间的设置有如⑤所示的几种类型。

2. 设置足够的休息等候空间，并提供饮料、茶点等服务，为潜在购房者提供服务。

3. 洽谈区应相对安静，便于交谈，可以与休息区结合设置，也可分别布置。

4. 签约室宜独立设置，保证一定的私密性的同时，应与展示、洽谈区以及财务室有便捷的联系。

5. 后勤部分应根据使用人员确定规模，提供办公、财务、会议、培训等空间。

6. 停车设施宜充分且便捷，并有服务引导。

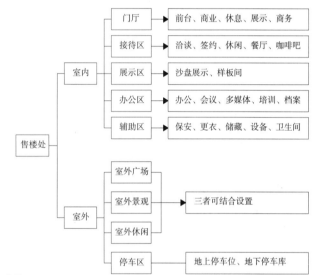

**3** 售楼处功能关系

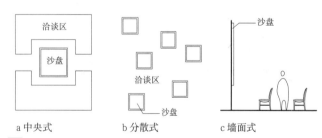

a 中央式　　b 分散式　　c 墙面式

**4** 沙盘的几种设置方式

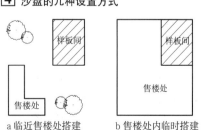

a 临近售楼处搭建　　b 售楼处内临时搭建　　c 售楼处外建成住宅

**5** 样板间与售楼处位置关系

**5**
住区服务
设施

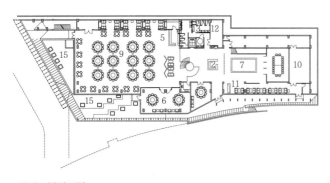

a 地下一层平面图

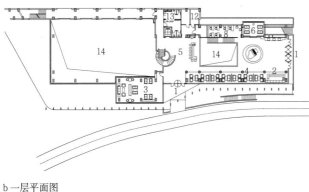

b 一层平面图

**5**
住区服务
设施

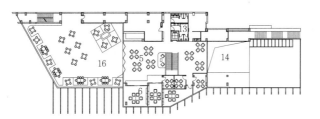

c 夹层平面图

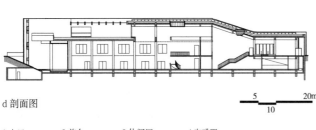

d 剖面图

5 20m
10

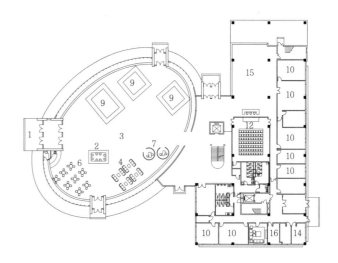

a 一层平面图

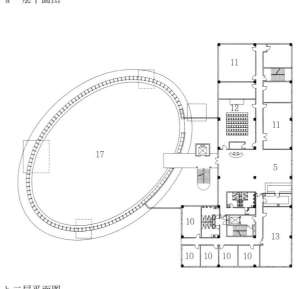

b 二层平面图

c 北立面图

5 20m
10

| 1 入口 | 2 前台 | 3 休闲区 | 4 咖啡吧 |
|---|---|---|---|
| 5 水吧 | 6 VIP室 | 7 沙盘展示 | 8 办公室 |
| 9 宴会厅 | 10 厨房 | 11 雪茄吧 | 12 设备间 |
| 13 卫生间 | 14 吹拔 | 15 景观 | 16 露台 |

| 1 入口 | 2 前台 | 3 大厅 | 4 休闲区 | 5 咖啡吧 |
|---|---|---|---|---|
| 6 水吧 | 7 洽谈区 | 8 VIP室 | 9 沙盘展示 | 10 办公室 |
| 11 会议室 | 12 多媒体室 | 13 培训室 | 14 保安室 | 15 签约区 |
| 16 设备间 | 17 吹拔 | | | |

**1** 北京奥运村售楼处

| 名称 | 主要技术指标 | 设计时间 | 设计单位 |
|---|---|---|---|
| 北京奥运村售楼处 | 建筑面积3461m² | 2006 | 北京天鸿圆方建筑设计有限公司 |

本项目按使用功能分属于综合式，地上2层，地下1层，售楼处功能相对独立，建筑内的餐厅等其他功能为售楼处提供进一步的拓展服务

**2** 济南田园新城售楼处

| 名称 | 主要技术指标 | 设计时间 | 设计单位 |
|---|---|---|---|
| 济南田园新城售楼处 | 建筑面积4524m² | 2009 | 北京天鸿圆方建筑设计有限公司 |

该售楼处由椭圆倒锥体与长方体构成，前者承担对外的前台功能，后者承担对内的后台功能，属于前后布置式

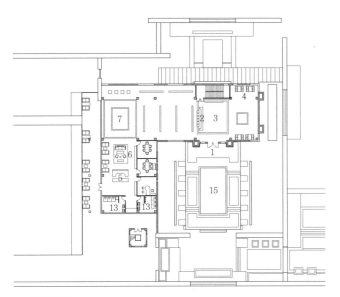

a 一层平面图

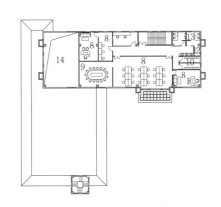

b 二层平面图

c 立面图

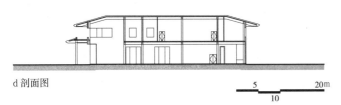

d 剖面图

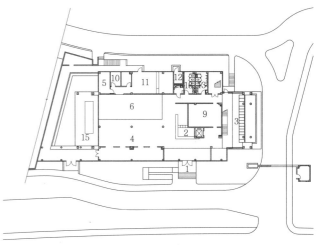

a 一层平面图

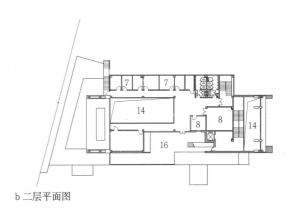

b 二层平面图

c 立面图

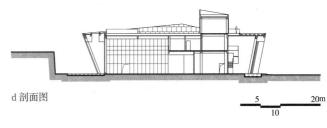

d 剖面图

5
住区服务
设施

| 1 入口 | 2 前台 | 3 大厅 | 4 休闲区 | 5 水吧 |
|---|---|---|---|---|
| 6 洽谈区 | 7 沙盘展示 | 8 办公室 | 9 会议室 | 10 更衣室 |
| 11 签约室 | 12 设备间 | 13 卫生间 | 14 吹拔 | 15 景观 |

**1** 北京金隅长辛店生态城售楼处

| 名称 | 主要技术指标 | 设计时间 | 设计单位 |
|---|---|---|---|
| 北京金隅长辛店生态城售楼处 | 建筑面积 1110m² | 2009 | 清华大学建筑设计研究院有限公司 |

本项目为独立式售楼处，首层采用了中央式与分散式两种沙盘设置模式

| 1 入口 | 2 前台 | 3 休闲区 | 4 洽谈区 | 5 VIP室 |
|---|---|---|---|---|
| 6 沙盘展示 | 7 办公室 | 8 会议室 | 9 多媒体室 | 10 贵宾签约室 |
| 11 签约室 | 12 设备间 | 13 卫生间 | 14 吹拔 | 15 景观 |
| 16 露台 | | | | |

**2** 长沙长房梅溪香山售楼处

| 名称 | 主要技术指标 | 设计时间 | 设计单位 |
|---|---|---|---|
| 长沙长房梅溪香山售楼处 | 建筑面积 1314m² | 2014 | 清华大学建筑设计研究院有限公司 |

该售楼处的前台功能位于一层，后台功能位于二层，围绕中庭展开，属于前后台上下布置式

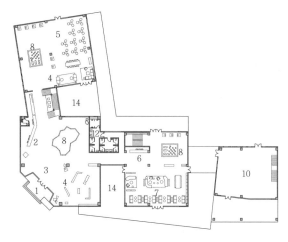

a 一层平面图

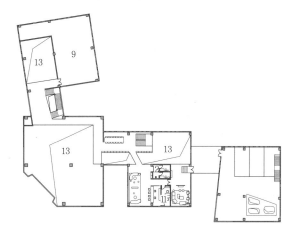

b 二层平面图

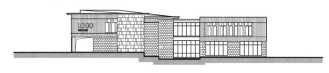

c 南立面图

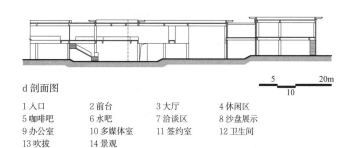

d 剖面图

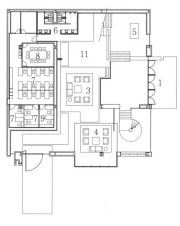

a 一层平面图

b 二层平面图

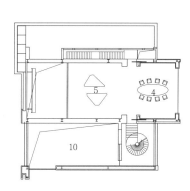

c 三层平面图

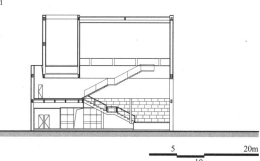

d 剖面图

| 1 入口 | 2 前台 | 3 大厅 | 4 休闲区 |
|---|---|---|---|
| 5 咖啡吧 | 6 水吧 | 7 洽谈区 | 8 沙盘展示 |
| 9 办公室 | 10 多媒体室 | 11 签约室 | 12 卫生间 |
| 13 吹拔 | 14 景观 | | |

| 1 入口 | 2 休闲区 | 3 休息区 | 4 洽谈区 |
|---|---|---|---|
| 5 沙盘展示 | 6 卫生间 | 7 办公室 | 8 会议室 |
| 9 财务室 | 10 吹拔 | 11 景观 | |

### 1 重庆江山樾售楼处

| 名称 | 主要技术指标 | 设计时间 | 设计单位 |
|---|---|---|---|
| 重庆江山樾售楼处 | 建筑面积2632m² | 2015 | 上海睿风建筑设计咨询有限公司 |

本售楼处内设多组沙盘展示空间，每组空间以模型展示为中心，围绕布置咖啡吧、休闲区及洽谈区。辅助空间布置在二层

### 2 杭州万象城售展中心

| 名称 | 主要技术指标 | 设计时间 | 设计单位 |
|---|---|---|---|
| 杭州万象城售展中心 | 建筑面积1698m² | 2006 | DRAUGHTSMAN建筑师事务所 |

本项目的后台功能位于首层，前台功能分别设置于一、二、三层，属于前后台上下布置式

## 概述

住区会所，是由我国住宅商品化发展而来的住区配套设施，为住区提供相应的物业管理工作，并为住区居民以及特定人士提供康体、娱乐、餐饮、商务洽谈、休闲、集会等活动的综合性服务场所，是具有综合功能空间的建筑。

## 分类

1. 按住区建筑层数分：

（1）低层住区会所：低层住区占地面积较大，会所位置显要，设施较为全面，档次较高。

（2）多层住区会所：一般自成一体，功能较为齐全，与周边干扰较少。

（3）高层住区会所：功能集中设置于高层住宅裙房或某一层中，节约用地，根据实际需要，也可单独设置于住区内。

（4）综合住区会所：住区兼有低密度住宅与高密度住宅的特点，会所功能齐全，若干子会所分散于各区中，对主会所的功能起到补充作用。

2. 按开发项目类型分：

开发项目分类　　　　　　　　　　　　　　　　表1

| 分类 | 概念 | 特征 |
|---|---|---|
| 一般型 | 服务于普通定位的住区，可针对不同阶层的固定业主，提供基本的康体娱乐等功能 | 空间布局紧凑，内部功能按照需求可灵活布置，内部流线简单，便于物业管理 |
| 商务型 | 设置于商务核心区周边社区，可满足商务人士洽商、餐饮、住宿等需求，功能由接待、餐厅、客房、会议等空间组成 | 洽谈区设置独立空间，彼此避免干扰，前区空间宽大，视线流线通畅，灵活分隔 |
| 度假型 | 建设在旅游城市的住区会所，除对内提供日常服务外，还可面向其他非固定性人群，为其提供如健身、SPA等各项娱乐设施 | 空间开敞、布局灵活，根据需求设置康体健身、阅览、SPA等功能用房，并结合景观环境，使得内外景观相互渗透 |
| 养老型 | 针对老年人住区的会所，设置于养老住区，为社区内的老年人提供必要的交往空间以及配套的医疗设施 | 内部空间设计应考虑老年人日常起居活动的特点，各功能空间之间以平层联系为宜，活动空间应有必要的通风日照等要求 |
| 公寓型 | 设置于公寓型社区，服务白领阶层，设施较为齐全，对休闲娱乐以及超市空间要求较高 | 内部空间紧凑，功能较为齐全，用房空间根据需求及规模所有不同，应具备大空间以便超市使用 |

3. 按住区会所功能分：

（1）综合型住区会所：从功能设置角度考虑，会所具有两种或两种以上主要功能，且各功能组成相对独立的住区会所。

（2）专门型住区会所：由于规模或其他客观条件的限制，会所在功能设定方面针对某一单一功能进行偏重，或者是仅有一种主题功能的住区会所。例如运动型、健康休闲型、文化型住区会所等。

住区会所基本功能分类　　　　　　　　　　　表2

| 类型 | | | 功能 |
|---|---|---|---|
| 综合型 | | | 两种或两种以上 |
| 专门型 | 单一或以一种功能为主 | 生活型 | 内部功能以咖啡吧、中西餐厅为主 |
| | | 健康休闲型 | 内部设有健身中心、游泳池、棋牌室、球类运动场所、瑜伽房等 |
| | | 文化型 | 功能包括图书阅览室、放映厅、展览空间等 |

住区会所功能配置　　　　　　　　　　　　　表3

| 功能空间 | 文化活动 | | | | | | 饮食 | | | | 康体健身 | | | | | | |
|---|---|---|---|---|---|---|---|---|---|---|---|---|---|---|---|---|---|
| 功能空间 | 谈话间 | 阅览室 | 接洽室 | 电脑室 | 展厅 | 其他 | 中餐 | 西餐 | 咖啡吧 | 酒吧 | 网球 | 羽毛球 | 篮球 | 乒乓球 | 台球 | 棋牌室 | 游泳 |
| 活动 参观 | | | | | ● | | | | | | | | | | | | |
| 洽谈 | ● | | ● | | | | ● | ○ | | | | | | | | | |
| 运动 | | | | | | | | | | | ● | ● | ● | ● | ● | ● | ● |
| 餐饮 | | | | | | | ● | ● | ● | ● | | | | | | | |
| 学习 | | ● | ● | ● | | | | | | | | | | | | | |
| 休闲 | | | | | | | ● | | ● | | | | | | | ● | |
| 基本功能 入厕 | | | | | | | ● | ● | | | | | ● | | | | |
| 盥洗 | | | | | | | | ● | | | | | ● | | | | |
| 桑拿 | | | | | | | | | | | | | | | | | ● |
| 洗浴 | | | | | | | | | ○ | ○ | | | ○ | | | | ● |
| 储物 | ○ | | | | ● | | | | ○ | | | | | | ○ | | ● |
| 办公 | | | | | | ● | | | | | | | | | | | |
| 交流 门厅 | | | ● | | ● | | | | | ● | | | | | | | |
| 谈话 | ● | | | | | | | | | | | | | | | | |
| 走廊 | ● | | | | | | | | | | | | | | | | |
| 室外 | | | | | ● | | | | | ● | | | | | | | ● |

注：●应当设置，○可选设置。

住区会所内部的功能设置应具有其独特性，除满足会所日常经营所必需的基本功能要求之外，还应根据其主题定位、空间大小及其客观条件等因素的不同，进行有所侧重的个性化设计。

## 功能布置原则

1. 充分考虑基地客观自然条件及人文景观，做到与周围环境相协调，与环境共生共存。

2. 为户外活动提供必要的室外场地，场地设计要因地制宜、集中紧凑、节约用地。

3. 交通高效可达，人流、物流分开，互不干扰，便捷快速。

4. 分区明确，布局合理，联系方便，有序。

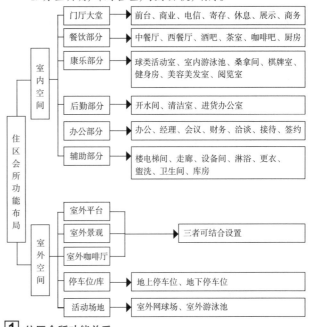

1 住区会所功能关系

## 流线组成

会所流线大致可分为三类，即客人流线、员工流线以及货运流线。

1. 由于使用会所的人群不同，将客人流线分为小区业主流线和外来客人流线，针对两种不同人群，在会所出入口选择方面，应注意合理避让且分开设置。

2. 员工流线设置于会所内部，是为满足会所中各项服务准备工作所进行的活动路线。其流线设置应尽可能隐蔽，并尽可能远离会所主入口及公共区域，做到员工流线与客人流线互不干扰。

3. 货运流线设置主要是满足会所原材料、用品、物品回收、废弃物运送等需要，货运流线应与客人流线分开，避免交叉。

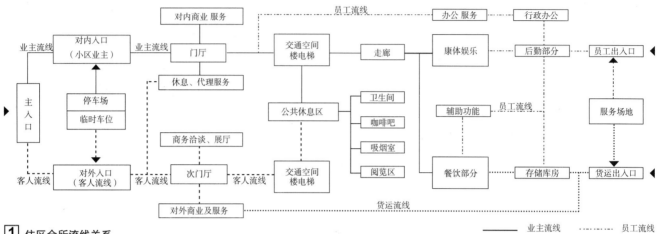

**1** 住区会所流线关系

── 业主流线　····· 员工流线　---- 客人流线　─·─ 货运流线

**5**
住区服务设施

## 设计要点

1. 住区会所空间布局应尽量采用天然采光、自然通风，并选择较好的景观朝向，以创造良好的室内环境。

2. 住区会所平面设计应综合考虑景观、地形、朝向、结构、造价等因素。

3. 住区会所入口应设置明显，并应考虑不同人流进出的流线关系，避免干扰。

4. 门厅为住区会所主要的交通枢纽，应尽可能开敞，其面积大小可依据会所使用性质及规模而定。

5. 服务台应设置于门厅显著位置。

6. 接待室应有较好的采光通风及景观视野。

7. 康体娱乐空间应满足各种运动所需的净高尺寸及要求。

8. 立面造型及室内装修风格应与住区整体风格协调，并应具有标志性。

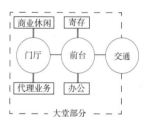

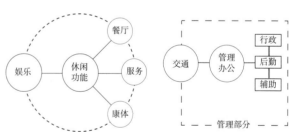

**2** 住区会所前后分区及功能布局

## 布局方式

住区会所空间布局的类型　　　　　　　　　　　　　　　　　　　　　　　　表1

| | 住区中心 | 近入口 | 住区以外 | 用地边缘 | 景观优先 | 组团分散 |
|---|---|---|---|---|---|---|
| 空间特征 | 围绕住区中心组团绿地设置，处于住区中心位置，服务于社区内业主 | 会所设置于住区主要出入口附近，结合入口广场组织人流，内部空间宽大，应具有展示大厅 | 会所用地与住区分隔，具有相对独立的空间特点，便于会所灵活布局服务设施及服务人群定位 | 用于住区用地不规则的边角地带，并充分利用土地资源，而设计于住区中的边缘地带 | 会所朝向景观资源一面设置咖啡厅及景观平台，会所体形尽可能舒展，建筑景观一体化 | 若干子会所分散在社区组团内，可针对每个主题设置会所功能 |
| 交通组织 | 两侧环形车道与中心岛 | 充分利用主要入口广场 | 独立的交通体系 | 依靠住区组团道路 | 设置于组团道路一侧 | 依托各自组团道路 |
| 适用类型 | 适用于地块规则、中心明确、功能较为复杂、用地较为宽松的住区 | 强调住区形象，分期建设，初期用于售楼处 | 功能独立性强，与社区具有一定联系，服务客群无定向 | 功能较为单一，服务人群较少，主要客群为本社区业主 | 景观资源优势性较大的度假型住区 | 适用于规模较大，组团布局灵活的住区 |
| 示 意 | | | | | | |

a 总平面图

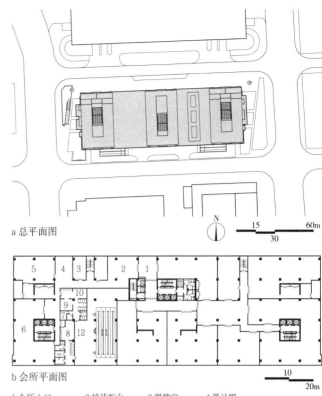

a 总平面图

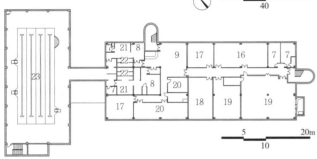

b 地下层平面图

b 会所平面图

| | | | |
|---|---|---|---|
| 1 会所入口 | 2 接待柜台 | 3 棋牌室 | 4 果汁吧 |
| 5 韵律中心 | 6 健身中心 | 7 桑拿房 | 8 男更衣室 |
| 9 女更衣室 | 10 休息厅 | 11 游泳池 | 12 游泳休息区 |

5
住区服务
设施

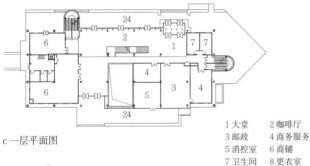

c 一层平面图

| | |
|---|---|
| 1 大堂 | 2 咖啡厅 |
| 3 邮政 | 4 商务服务 |
| 5 消控室 | 6 商铺 |
| 7 卫生间 | 8 更衣室 |
| 9 休息厅 | 10 茶艺厅 |
| 11 美发厅 | 12 餐厅 |
| 13 厨房 | 14 包间 |
| 15 办公室 | 16 乒乓球室 |
| 17 台球室 | 18 壁球室 |
| 19 健身房 | 20 设备房 |
| 21 桑拿间 | 22 淋浴间 |
| 23 泳池 | 24 室外平台 |

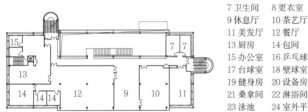

d 二层平面图

e 南立面图

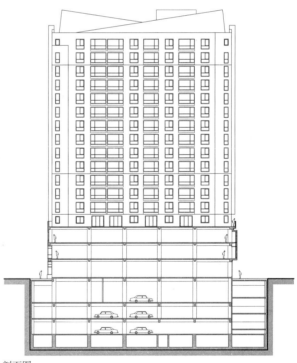

c 剖面图

① 北京美林香槟小镇会所

| 名称 | 主要技术指标 | 设计时间 | 设计单位 |
|---|---|---|---|
| 北京美林香槟小镇会所 | 建筑面积4287m² | 2003 | 清华大学建筑设计研究院有限公司 |

本项目为综合性住区会所，属于多层住区会所范畴，地上2层，地下1层，其内部功能较为完善，并针对不同服务对象进行流线设计

② 北京远中悦莱国际公寓会所

| 名称 | 主要技术指标 | 设计时间 | 设计单位 |
|---|---|---|---|
| 北京远中悦莱国际公寓会所 | 建筑面积5547m² | 2005 | 清华大学建筑设计研究院有限公司、台湾李玮民设计师事务所 |

该会所位于高层住宅裙房的三层部分，会所功能围绕泳池展开，并辅以其他休闲功能，是一所设置于建筑主体内部的综合会所

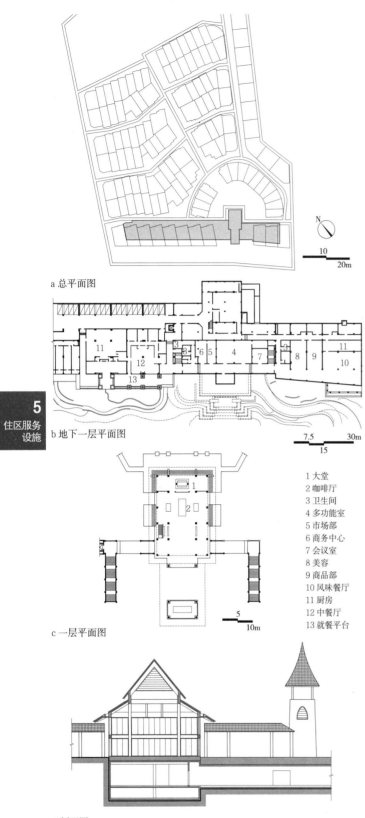

a 总平面图

b 地下一层平面图

7.5　　30m
15

c 一层平面图

1 大堂
2 咖啡厅
3 卫生间
4 多功能室
5 市场部
6 商务中心
7 会议室
8 美容
9 商品部
10 风味餐厅
11 厨房
12 中餐厅
13 就餐平台

5
10m

d 剖面图

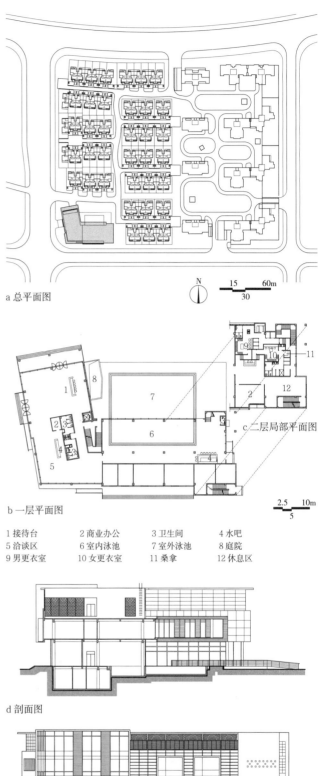

a 总平面图

c 二层局部平面图

b 一层平面图

1 接待台　　2 商业办公　　3 卫生间　　4 水吧
5 洽谈区　　6 室内泳池　　7 室外泳池　　8 庭院
9 男更衣室　10 女更衣室　11 桑拿　　12 休息区

d 剖面图

e 南立面图

**1** 三亚亚龙湾君城住区会所

| 名称 | 主要技术指标 | 设计时间 | 设计单位 |
|---|---|---|---|
| 三亚亚龙湾君城住区会所 | 建筑面积8620m² | 2010 | 三亚市城市规划设计研究院 |

该会所充分考虑海南当地气候特点，将会所的主要使用功能设置于地下，起到很好的隔热效果，且空间私密性得到很好的体现

**2** 佛山依云水岸社区会所

| 名称 | 主要技术指标 | 设计时间 | 设计单位 |
|---|---|---|---|
| 佛山依云水岸社区会所 | 建筑面积4459m² | 2012 | 佛山市房屋建筑设计院有限公司 |

该会所向小区业主提供运动健身、游泳、商务洽谈等生活功能服务类型。结合功能设计，合理划分动静、私密分区

5
住区服务
设施

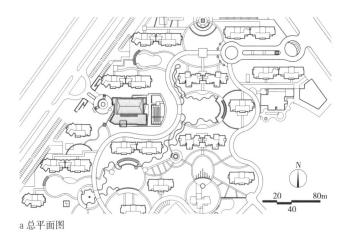

a 总平面图

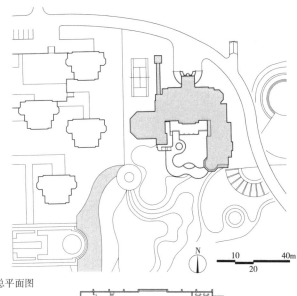

a 总平面图

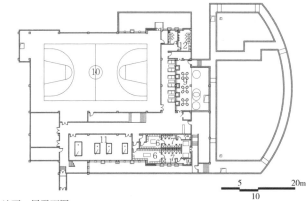

b 地下一层平面图

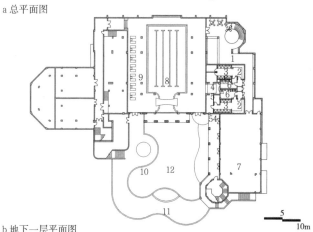

b 地下一层平面图

| 1 前厅 | 2 更衣 | 3 沐浴 | 4 桑拿 | 5 强淋 |
|---|---|---|---|---|
| 6 卫生间 | 7 健身房 | 8 室内游泳池 | 9 休息区 | 10 儿童泳池 |
| 11 按摩池 | 12 室外泳池 | | | |

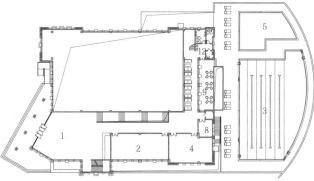

c 一层平面图

| 1 大堂 | 2 健身区 | 3 游泳池 | 4 瑜伽 |
|---|---|---|---|
| 5 戏水池 | 6 更衣室 | 7 桑拿 | 8 办公室 |
| 9 休息区 | 10 篮球馆 | 11 台球室 | 12 卫生间 |

c 北立面图

d 南立面图

d 剖面图　　　　e 西立面图

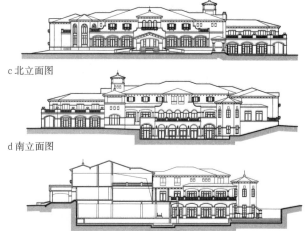

e 剖面图

**1 合肥名邦-西城国际小区体育会所**

| 名称 | 主要技术指标 | 设计时间 | 设计单位 |
|---|---|---|---|
| 合肥名邦-西城国际小区体育会所 | 建筑面积3330m² | 2012 | 安徽省建筑设计研究院有限公司 |

该会所以体育健身为主题，空间通过室内篮球场组织，各运动空间与篮球场形成呼应关系。建筑空间设计若干庭院，便于一层采光。室外泳池结合室外景观设计，使之产生自然流畅的室内外空间呼应关系

**2 舟山绿城桂花城会所**

| 名称 | 主要技术指标 | 设计时间 | 设计单位 |
|---|---|---|---|
| 舟山绿城桂花城会所 | 建筑面积4584m² | 2007 | gad浙江绿城建筑设计有限公司 |

结合舟山海岛城市特点，将建筑及中心景观融入地中海风格。会所采用L形布局，围合泳池院落，利用阳台、架空手法创造室内外过渡空间。此外，室内泳池进行无缝联通，提高会所空间趣味性及居住品质

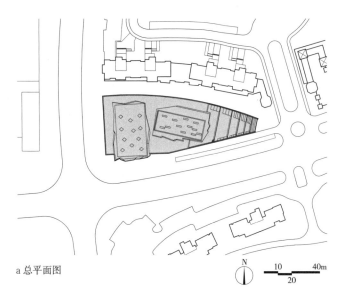

a 总平面图

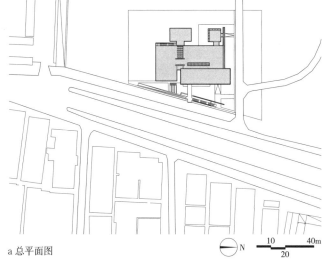

a 总平面图

b 平面图

| 1 大堂 | 2 篮球场 | 3 游泳池 | 4 器械区 |
| 5 体操室 | 6 瑜伽室 | 7 更衣室 | 8 卫生间 |
| 9 动感单车 | 10 员工休息区 | 11 商业 | 12 篮球馆辅助用房 |

c 南立面图

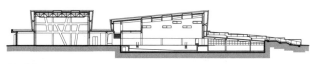

d 北立面图

e 剖面图

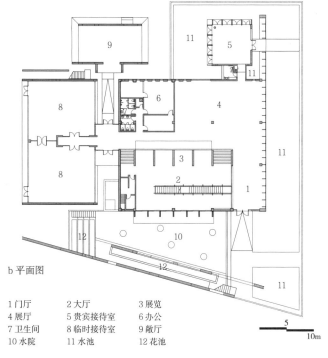

b 平面图

| 1 门厅 | 2 大厅 | 3 展览 |
| 4 展厅 | 5 贵宾接待室 | 6 办公 |
| 7 卫生间 | 8 临时接待室 | 9 敞厅 |
| 10 水院 | 11 水池 | 12 花池 |

c 南立面图

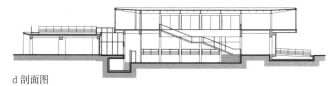

d 剖面图

**1 大连华润海中国体育会所**

| 名称 | 主要技术指标 | 设计时间 | 设计单位 |
| --- | --- | --- | --- |
| 大连华润海中国体育会所 | 建筑面积5000m² | 2012 | 都市实践建筑事务所 |

本项目为一所服务于百万平方米社区的运动型专业休闲娱乐健身会所，其目的主要为了方便业主健身、娱乐、休闲和举行家庭活动使用，使之成为社区的"客厅"

**2 北京华侨城生活艺术馆**

| 名称 | 主要技术指标 | 设计时间 | 设计单位 |
| --- | --- | --- | --- |
| 北京华侨城生活艺术馆 | 建筑面积1834m² | 2003 | 都市实践建筑事务所 |

本项目建筑主体是由一个底座和浮游其上并出挑的玻璃盒子构成的。玻璃盒是一个能纵览主题公园全景的展览空间。底座面向城市绿化带一侧尽可能开放，面向城市道路一侧则相对封闭，两道长长的混凝土墙，将下沉庭院与城市道路分开

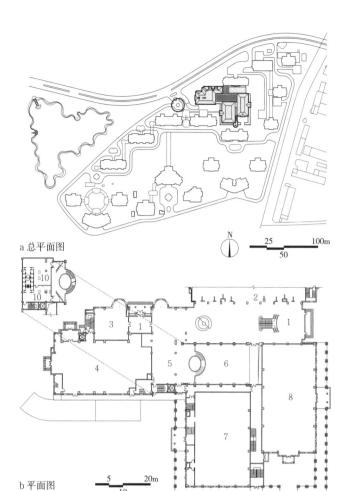

a 总平面图

b 平面图

| 1 大堂 | 2 商务中心 | 3 办公室 | 4 自助餐厅 | 5 展厅 |
| 6 休闲吧 | 7 多功能厅 | 8 羽毛球场 | 9 淋浴 | 10 更衣室 |

c 剖面图

d 南立面图

**1 沈阳万科柏翠园会所**

| 名称 | 主要技术指标 | 设计时间 | 设计单位 |
| --- | --- | --- | --- |
| 沈阳万科柏翠园会所 | 建筑面积12166m² | 2010 | 上海天华建筑设计有限公司 |

会所功能分为就餐及运动休闲两大功能，餐饮区为业主提供高品质菜肴及优雅的就餐环境；另一部分为高档会馆，其功能包括：游泳馆、SPA、热瑜伽、高档网球馆及羽毛球馆等

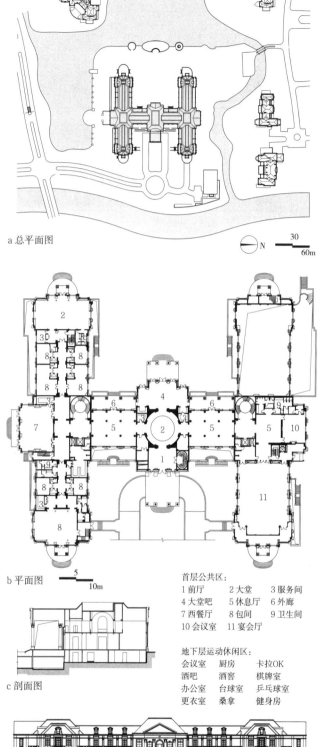

a 总平面图

b 平面图

首层公共区：
| 1 前厅 | 2 大堂 | 3 服务间 |
| 4 大堂吧 | 5 休息厅 | 6 外廊 |
| 7 西餐厅 | 8 包间 | 9 卫生间 |
| 10 会议室 | 11 宴会厅 | |

地下层运动休闲区：
| 会议室 | 厨房 | 卡拉OK |
| 酒吧 | 酒窖 | 棋牌室 |
| 办公室 | 台球室 | 乒乓球室 |
| 更衣室 | 桑拿 | 健身房 |

c 剖面图

d 东立面图

**2 上海玫瑰园小区会所**

| 名称 | 主要技术指标 | 设计时间 | 设计单位 |
| --- | --- | --- | --- |
| 上海玫瑰园小区会所 | 建筑面积17063m² | 2007 | gad浙江绿城建筑设计有限公司 |

会所位于项目核心区，东西轴线将室外景观与建筑有机组织在一起，会所平面呈工字形，首层公共休息区，二层客房，地下层为运动休闲区

**5**
住区服务
设施

# 附录一  第2分册编写分工

编委会主任：庄惟敏、赵万民
副  主  任：周燕珉、卢  峰

编委会办公室：鲍  红、徐煜辉、王  韬、王玉涛、黄海静

| 项目 | | 编写单位 | | 编写人员 |
|---|---|---|---|---|
| **1 导言** | | 主编单位 | 清华大学建筑设计研究院有限公司 | 主编：庄惟敏、赵万民 |
| | | 联合主编单位 | 重庆大学建筑城规学院 | |
| | | 参编单位 | 清华大学建筑学院 | |
| 中国住宅设计发展脉络 | | 主编单位 | 清华大学建筑设计研究院有限公司 | 主编：王韬 |
| 中国现代住宅设计的发展 | | | 清华大学建筑设计研究院有限公司、清华大学建筑学院 | 庄惟敏、王韬、邵磊 |
| 中国现代住区规划的发展 | | | | |
| 住宅类型和标准的发展变化 | | | | |
| 中国住区发展影响因素与发展前瞻 | | 主编单位 | 重庆大学建筑城规学院 | 主编：徐煜辉 |
| 中国住区发展影响因素 | | | 重庆大学建筑城规学院 | 赵万民、徐煜辉 |
| 中国住区发展前瞻 | | | 重庆大学建筑城规学院 | 赵万民、李旭 |
| **2 住区规划** | | 主编单位 | 重庆大学建筑城规学院 | 主编：赵万民、边兰春、李和平、王英 |
| | | 联合主编单位 | 清华大学建筑学院 | |
| | | 参编单位 | 同济大学建筑设计研究院（集团）有限公司、中国中建设计集团有限公司、重庆长厦安基建筑设计有限公司、重庆大学城市建设与环境工程学院、中国城市规划设计研究院、同济大学建筑与城市规划学院 | |
| 概念与术语 | | 主编单位 | 重庆大学建筑城规学院 | 主编：李和平 |
| 概念与术语 | | | 重庆大学建筑城规学院 | 李和平、高芙蓉 |
| 住区空间结构及用地规划 | | 主编单位 | 重庆大学建筑城规学院 | 主编：赵万民 |
| 住区用地规模及构成 | | | 清华大学建筑学院 | 王英 |
| 住区综合技术经济指标 | | | 清华大学建筑学院 | 王英、黄蓉、曹蕾 |
| 前期要素分析 | | | 同济大学建筑设计研究院（集团）有限公司 | 赵颖、俞静 |
| 规划原则与规划结构形式 | | | | |
| 开发街区规划 | | | 同济大学建筑设计研究院（集团）有限公司 | 赵颖、俞静、韩羽嘉 |
| 住区空间结构模式 | 基本模式 | | 重庆大学建筑城规学院 | 赵万民、杨柳、聂晓晴 |
| | 片块式 | | 重庆大学建筑城规学院 | 赵万民、杨柳 |
| | 轴向式·街坊式 | | | |
| | 向心式 | | | |
| | 周边式·集约式 | | | |
| | 自由式 | | | |
| 住宅群体空间组织 | | 主编单位 | 清华大学建筑学院 | 主编：钟舸 |
| 基本要求1 | | | 清华大学建筑学院、重庆大学建筑城规学院 | 钟舸、叶林、董世永 |
| 基本要求2 | | | 中国中建设计集团有限公司、重庆大学建筑城规学院 | 薛峰、何平、叶林、董世永 |
| 山地、坡地地形条件应对 | | | 重庆大学建筑城规学院 | 叶林、董世永 |

**278**

| 项目 | 编写单位 | | 编写人员 |
|---|---|---|---|
| 低层住宅群体空间组织模式 | | 清华大学建筑学院 | 钟舸 |
| 早期经典低层住区实例 | | | |
| 低层住区实例 | | 清华大学建筑学院 | 钟舸、廖新龙 |
| 集合住宅群体空间组织模式 | | 重庆大学建筑城规学院 | 叶林、董世永 |
| 周边式实例 | | 清华大学建筑学院 | 钟舸 |
| 点群式实例 | | 清华大学建筑学院 | 钟舸、康凯 |
| 混合式实例1 | | 清华大学建筑学院 | 钟舸 |
| 混合式实例2 | | 清华大学建筑学院 | 钟舸、吴珩 |
| 混合式实例3 | | 清华大学建筑学院 | 钟舸、韩琳 |
| 新城市主义住区实例1 | | 清华大学建筑学院 | 钟舸、张璋 |
| 新城市主义住区实例2 | | 清华大学建筑学院 | 钟舸、郁颖姝 |
| 商住混合住区建筑群体空间组织模式 | | 重庆大学建筑城规学院 | 叶林、董世永 |
| 轨道交通设施功能混合的住宅群体空间组织 | | 中国中建设计集团有限公司 | 薛峰、何平 |
| 住区竖向规划设计 | 主编单位 | 重庆大学建筑城规学院 | 主编：李泽新 |
| 概述·设计原则·设计地面·建筑·场地 | | 重庆大学建筑城规学院 | 李泽新、李治 |
| 台阶、护坡、挡土墙、场地排水组织 | | 重庆大学建筑城规学院 | 李泽新、童丹 |
| 土石方量计算·竖向设计方法 | | 重庆大学建筑城规学院 | 李泽新、陶莎 |
| 公共服务设施 | 主编单位 | 重庆大学建筑城规学院 | 主编：许剑峰 |
| 分级分类 | | 重庆大学建筑城规学院 | 黄瓴 |
| 配置标准 | | 清华大学建筑学院 | 刘佳燕 |
| 规划布局 | | | |
| 空间组合模式1 | | 重庆大学建筑城规学院 | 徐苗 |
| 空间组合模式2 | | 重庆大学建筑城规学院 | 徐苗、许剑峰 |
| 空间组合模式3 | | 重庆大学建筑城规学院 | 许剑峰 |
| 外部空间与绿化景观 | 主编单位 | 清华大学建筑学院 | 主编：王英 |
| 概念、类型、规划设计内容 | | 清华大学建筑学院 | 王英、边兰春、曹蕾 |
| 分级与配置标准 | | 重庆大学建筑城规学院 | 刘骏、陈静 |
| 不同景观环境条件下的住区外部空间规划策略与实例 | | 清华大学建筑学院 | 王英、曹蕾、黄蓉 |
| 不同周边城市环境的住区外部空间规划策略与实例 | | | |
| 不同开发强度条件下的住区外部空间规划策略与实例 | | | |
| 住区户外儿童游戏场地基本内容 | | 中国中建设计集团有限公司、清华大学建筑学院 | 袁野、郎智颖 |
| 住区户外儿童游戏场地实例 | | | |
| 住区户外老年人活动场地基本内容 | | | |
| 住区户外老年人活动场地实例 | | | |
| 住区健身活动场地 | | | |
| 植物配置 | | 重庆大学建筑城规学院 | 杜春兰、夏晖、孟侠 |

| 项目 | 编写单位 | | 编写人员 |
|---|---|---|---|
| 水景·地形塑造 | | 重庆大学建筑城规学院 | 夏晖、孟侠、杜春兰 |
| 景观小品1 | | 重庆大学建筑城规学院 | 孟侠、夏晖、杜春兰 |
| 景观小品2 | | 重庆大学建筑城规学院 | 孟侠、杜春兰、夏晖 |
| **交通设施设计** | 主编单位 | 清华大学建筑学院 | 主编：段进宇 |
| 住区交通系统概述 | | 重庆大学建筑城规学院 | 李泽新、赖立 |
| 住区交通系统规划设计原则与要求 | | | |
| 道路规划 | | 清华大学建筑学院 | 段进宇、刘海静 |
| 道路设计 | | | |
| 交通稳静化 | | | |
| 停车规划 | | 清华大学建筑学院 | 段进宇、陈一铭 |
| 停车设计 | | | |
| 非机动车停车 | | | |
| 休闲游憩交通设计 | | 重庆大学建筑城规学院 | 李泽新、蒋佩 |
| 无障碍通行设计 | | 重庆大学建筑城规学院 | 李泽新、罗显正 |
| 应急交通设计 | | 重庆大学建筑城规学院 | 李泽新、王玉祺 |
| **市政工程规划** | 主编单位 | 重庆大学建筑城规学院 | 主编：陈静 |
| 总则·给水工程 | | 重庆大学建筑城规学院 | 陈静 |
| 排水工程·中水工程 | | | |
| 电力工程 | | 重庆长厦安基建筑设计有限公司 | 张立全 |
| 电力工程·通信工程 | | | |
| 燃气工程 | | 重庆大学城市建设与环境工程学院 | 彭晓青 |
| 供热工程 | | 重庆大学城市建设与环境工程学院 | 陈金华 |
| 环卫工程 | | 重庆大学城市建设与环境工程学院 | 丁文川 |
| 管线综合 | | 重庆大学城市建设与环境工程学院 | 卢军 |
| 综合实例 | | 中国城市规划设计研究院 | 刘海龙 |
| 专项实例 | | | |
| **住区保护与更新规划设计** | 主编单位 | 清华大学建筑学院 | 主编：边兰春 |
| 概述 | | 清华大学建筑学院 | 边兰春、王英、刘隽瑶 |
| 旧住区类型 | | 重庆大学建筑城规学院 | 李和平、李旭、刘志 |
| 拆除重建 | | | |
| 整治改造 | | | |
| 保护维修 | | | |
| 交通环境改善 | | 清华大学建筑学院 | 边兰春、刘隽瑶、朱宁 |
| 市政设施改善 | | | |
| 服务设施改善 | | 清华大学建筑学院 | 边兰春、朱宁 |
| 住宅建筑空间与设备 | | 清华大学建筑学院 | 朱宁、边兰春 |
| 住宅建筑围护结构 | | | |

| 项目 | | | 编写单位 | 编写人员 |
|---|---|---|---|---|
| **3 住宅建筑** | 主编单位 | | 清华大学建筑设计研究院有限公司 | 主编：刘玉龙、卢峰、付昕、龙灏 |
| | 联合主编单位 | | 重庆大学建筑城规学院 | |
| | 参编单位 | | 北京市建筑设计研究院有限公司、中国建筑设计院有限公司、清华大学建筑学院、华东建筑集团股份有限公司华东都市建筑设计研究总院 | |
| 住宅设计基本内容 | 主编单位 | | 清华大学建筑设计研究院有限公司 | 主编：宫力维 |
| 定义·设计要点·术语 | | | 清华大学建筑设计研究院有限公司、重庆大学建筑城规学院 | 宫力维、王欣、龙灏、田琦 |
| 分类·基本要求·典型实例 | | | 清华大学建筑设计研究院有限公司 | 宫力维、王欣 |
| 住宅面积计算 | | | | |
| 套内空间 | 主编单位 | | 清华大学建筑设计研究院有限公司 | 主编：付昕 |
| 基本功能空间 | | | 清华大学建筑设计研究院有限公司 | 付昕、王欣 |
| 起居室（厅） | | | | |
| 餐厅 | | | | |
| 主卧室 | | | | |
| 次卧室·书房 | | | | |
| 厨房 | | | | |
| 卫生间 | | | | |
| 辅助功能空间 | | | | |
| 主要功能空间组合关系 | | | | |
| 低层住宅 | 主编单位 | | 北京市建筑设计研究院有限公司 | 主编：刘晓钟 |
| 概述 | | | 北京市建筑设计研究院有限公司 | 刘晓钟、吴静、王鹏、乔腾飞、龚梦雅、曹亚瑄 |
| 独立式住宅 | 概述·套型实例 | | 北京市建筑设计研究院有限公司 | 刘晓钟、金陵、吴静、王鹏、曹亚瑄 |
| | 套型实例 | | | |
| 联排住宅 | 概述·套型实例 | | 北京市建筑设计研究院有限公司 | 刘晓钟、李扬、吴静、王鹏、曹亚瑄 |
| | 套型实例 | | | |
| 双拼住宅 | | | | |
| 合院式住宅 | | | 北京市建筑设计研究院有限公司 | 刘晓钟、王鹏、曹亚瑄、吴静、金陵 |
| 多层住宅 | 主编单位 | | 中国建筑设计院有限公司 | 主编：刘燕辉 |
| 概述 | | | 重庆大学建筑城规学院 | 龙灏、尹庆、张程远、董永鹏、李上 |
| 交通组织·楼梯设计 | | | | |
| 梯间式住宅 | 概述·实例 | | 中国建筑设计院有限公司 | 刘燕辉、郭韬 |
| | 实例1 | | | |
| | 实例2 | | 中国建筑设计院有限公司 | 刘燕辉、张岳 |
| 通廊式住宅 | 概述·实例 | | 中国建筑设计院有限公司 | 刘燕辉、万子昂 |
| | 实例1 | | | |
| | 实例2 | | 中国建筑设计院有限公司 | 刘燕辉、王辛 |

| 项目 | | 编写单位 | | 编写人员 |
|---|---|---|---|---|
| 独立单元式住宅 | 概述·实例 | | 清华大学建筑学院 | 王英、曹蕾 |
| | 实例 | | | |
| 台阶式住宅 | | | 中国建筑设计院有限公司 | 林建平、张岳 |
| 错层式住宅·跃层式住宅 | | | 中国建筑设计院有限公司 | 林建平、郭韬 |
| 井字形、内天井、跃层式与错层式结合、山地合院住宅 | | | 中国建筑设计院有限公司 | 林建平、张岳 |
| 高层住宅 | | 主编单位 | 重庆大学建筑城规学院 | 主编：戴志中 |
| 概述 | | | 重庆大学建筑城规学院 | 褚冬竹、张庆顺、吴志华、张文青、池磊、何青铭 |
| 服务筒体与结构体系 | | | 重庆大学建筑城规学院 | 张庆顺、褚冬竹、陈康龙 |
| 水平空间组合 | | | 重庆大学建筑城规学院 | 张庆顺、褚冬竹、沈建、杨得鑫 |
| 竖向空间组合与利用 | | | 重庆大学建筑城规学院 | 褚冬竹、张庆顺、吴志华、张文青、池磊、何青铭 |
| 防火设计要点 | | | 重庆大学建筑城规学院 | 张庆顺、褚冬竹、马跃峰、李媛 |
| 塔式住宅实例1~3 | | | 重庆大学建筑城规学院 | 陈科、张庆顺、刘大伟、陈睿晶 |
| 塔式住宅实例4 | | | 重庆大学建筑城规学院 | 陈科、张庆顺、刘大伟、贾若 |
| 单元式住宅实例 | | | 重庆大学建筑城规学院 | 陈科、褚冬竹、段鑫、李珣昱 |
| 通廊式住宅实例 | | | 重庆大学建筑城规学院 | 陈科、褚冬竹、段鑫、贾若 |
| 超高层住宅 | | 主编单位 | 华东建筑集团股份有限公司华东都市建筑设计研究总院 | 主编：朱望伟 |
| 概述 | | | 华东建筑集团股份有限公司华东都市建筑设计研究总院 | 朱望伟、袁静、肖洪 |
| 防火设计 | | | | |
| 实例 | | | 重庆大学建筑城规学院 | 戴志中、刘彦君、陈林霞 |
| 住宅技术 | | 主编单位 | 重庆大学建筑城规学院 | 主编：周铁军 |
| 住宅结构类型 | | | 重庆大学建筑城规学院 | 周铁军、邓智骁、祁润钊 |
| 围护结构体系 | 外墙·门窗 | | 重庆大学建筑城规学院 | 周铁军、祁润钊、邓智骁 |
| | 屋顶·内墙·楼地面 | | | |
| 智能化技术 | 地源热泵 | | 重庆大学建筑城规学院 | 周铁军、陈露、董文静 |
| | 太阳能利用 | | 重庆大学建筑城规学院 | 周铁军、董文静、陈露 |
| 室内环境控制与设备系统 | 给排水系统 | | 重庆大学建筑城规学院 | 周铁军、万展志 |
| | 电气系统 | | 重庆大学建筑城规学院 | 周铁军、陈宇翔 |
| | 消防系统1 | | 重庆大学建筑城规学院 | 周铁军、王少恒 |
| | 消防系统2 | | 重庆大学建筑城规学院 | 周铁军、万展志 |
| 建筑物理 | 自然通风 | | 重庆大学建筑城规学院 | 周铁军、姚静、王大川 |
| | 室内通风·空气质量控制 | | 重庆大学建筑城规学院 | 周铁军、王大川、姚静 |
| | 防噪隔声 | | | |
| | 住宅自然采光·住宅照明·住宅遮阳 | | | |
| 传统住宅1 | | | 重庆大学建筑城规学院 | 周铁军、魏琪琳、汤晓雯 |

| 项目 | | 编写单位 | 编写人员 |
|---|---|---|---|
| 传统住宅2 | | 重庆大学建筑城规学院 | 周铁军、王超、刘恒君 |
| **4 居住建筑专题** | 主编单位 | 清华大学建筑学院 | 主编：周燕珉、周铁军、龙灏 |
| | 联合主编单位 | 重庆大学建筑城规学院 | |
| | 参编单位 | 华南理工大学建筑设计研究院、同济大学建筑与城市规划学院、哈尔滨工业大学建筑学院、中国建筑标准设计研究院有限公司、北京建筑大学建筑与城市规划学院 | |
| 宿舍 | 主编单位 | 华南理工大学建筑设计研究院 | 主编：杜宏武 |
| 基本内容 | | 华南理工大学建筑设计研究院 | 杜宏武、王鹤 |
| 宿舍生活区 | | | |
| 内廊式宿舍 | | | |
| 外廊式、内外廊结合式宿舍 | | 华南理工大学建筑设计研究院 | 杜宏武、王萍萍 |
| 单元式、塔式宿舍 | | | |
| 宿舍单元内空间 | | 华南理工大学建筑设计研究院 | 黄艳芳、王萍萍 |
| 居室主要家具尺寸 | | | |
| 公共卫生间 | | | |
| 其他辅助用房 | | 华南理工大学建筑设计研究院 | 王鹤、王萍萍 |
| 室内环境 | | 华南理工大学建筑设计研究院 | 王萍萍、王鹤 |
| 实例 | 国内高校宿舍 | 华南理工大学建筑设计研究院 | 王鹤、王萍萍 |
| | 国内中小学宿舍、员工宿舍 | | |
| | 国外宿舍1~2 | 华南理工大学建筑设计研究院 | 杜宏武、王鹤 |
| | 国外宿舍3~4 | 华南理工大学建筑设计研究院 | 黄艳芳、王萍萍 |
| 保障性住宅 | 主编单位 | 清华大学建筑学院 | 主编：周燕珉 |
| 概述 | | 清华大学建筑学院 | 周燕珉、林婧怡、王富青 |
| 楼栋单体设计 | | | |
| 楼栋单体实例1 | | 清华大学建筑学院 | 周燕珉、王富青、林婧怡、龚梦雅 |
| 楼栋单体实例2 | | 清华大学建筑学院 | 周燕珉、林婧怡、龚梦雅 |
| 套型设计 | | 清华大学建筑学院 | 周燕珉、林婧怡、龚梦雅、王富青 |
| 套型实例 | | 清华大学建筑学院 | 周燕珉、林婧怡、王富青 |
| 国外实例 | | | |
| 国内实例1 | | | |
| 国内实例2 | | 清华大学建筑学院 | 周燕珉、林婧怡、秦岭、张鹏辉 |
| 国内实例3 | | 清华大学建筑学院 | 周燕珉、林婧怡、龚梦雅、秦岭 |
| 国内实例4 | | 清华大学建筑学院 | 周燕珉、李广龙、秦岭 |
| 国内实例5 | | 清华大学建筑学院 | 周燕珉、林婧怡、龚梦雅 |
| 国内实例6 | | 清华大学建筑学院 | 周燕珉、林婧怡 |
| 老年人住宅 | 主编单位 | 清华大学建筑学院 | 主编：周燕珉 |
| 概述 | | 清华大学建筑学院 | 周燕珉、林婧怡 |

| 项目 | | 编写单位 | 编写人员 |
|---|---|---|---|
| 套内空间 | 门厅·起居室·餐厅 | 清华大学建筑学院 | 周燕珉、林婧怡、林菊英 |
| | 厨房 | | |
| | 卫生间 | | |
| | 卧室·过道·阳台 | | |
| 套型整体设计 | | | |
| 套型实例 | | 清华大学建筑学院 | 周燕珉、李广龙、林婧怡 |
| 楼栋公共交通空间·停车场 | | 清华大学建筑学院 | 周燕珉、林婧怡、李广龙 |
| 门·窗·设备 | | 清华大学建筑学院 | 周燕珉、李广龙 |
| 智能化系统 | | 清华大学建筑学院 | 周燕珉、李广龙、林婧怡 |
| 楼栋单体设计 | | 清华大学建筑学院 | 周燕珉、李广龙 |
| 实例1 | | 清华大学建筑学院 | 周燕珉、林婧怡、龚梦雅、李蕾 |
| 实例2 | | 清华大学建筑学院 | 周燕珉、李广龙、富泽宏平、孙逸琳 |
| 综合型老年住区 | 概述 | 清华大学建筑学院 | 周燕珉、林婧怡 |
| | 国内实例 | 清华大学建筑学院 | 周燕珉、李广龙、林婧怡、龚梦雅 |
| | 国外实例 | 清华大学建筑学院 | 周燕珉、林婧怡、孙逸琳、秦祎珊 |
| 村镇住宅 | 主编单位 | 同济大学建筑与城市规划学院 | 主编：黄一如 |
| 乡村住区规划1 | | 同济大学建筑与城市规划学院 | 黄一如、贺永、罗赛、陈珊 |
| 乡村住区规划2 | | 同济大学建筑与城市规划学院 | 黄一如、贺永、胡润芝、朱培栋 |
| 特点·类型·设计要点 | | 同济大学建筑与城市规划学院 | 黄一如、贺永、罗赛、靳阳洋 |
| 功能空间构成模式 | | 同济大学建筑与城市规划学院 | 罗赛、陈晓兰、阳旭、姜弘毅 |
| 套内空间1 | | 同济大学建筑与城市规划学院 | 罗赛、陈珊、马珂、贾令堃 |
| 套内空间2 | | 同济大学建筑与城市规划学院 | 罗赛、陈珊、贾令堃、朱旭栋 |
| 节能技术应用 | | 哈尔滨工业大学建筑学院 | 金虹、凌薇、徐洪澎 |
| 实例1 | | 同济大学建筑与城市规划学院 | 陆娴颖、左碧莹 |
| 实例2 | | 同济大学建筑与城市规划学院 | 黄一如、卫彦渊、陆娴颖、陈页 |
| 实例3 | | 哈尔滨工业大学建筑学院 | 金虹、凌薇、徐洪澎 |
| 实例4 | | 同济大学建筑与城市规划学院 | 姚栋、尚大飞、胡润芝、陈珊、韩韬、靳阳洋 |
| 实例5 | | 同济大学建筑与城市规划学院 | 黄一如、许凯、赵曜 |
| 实例6 | | 同济大学建筑与城市规划学院 | 姚栋、周晓红、阳旭、董嘉 |
| 实例7 | | 同济大学建筑与城市规划学院 | 姚栋、廖凯、张佳玮 |
| 实例8 | | 同济大学建筑与城市规划学院 | 邵磊、贺永、赵剑男 |
| 实例9 | | 同济大学建筑与城市规划学院 | 塞尔江、罗赛、王佳文 |
| 工业化住宅 | 主编单位 | 中国建筑标准设计研究院有限公司 | 主编：刘东卫 |
| 基本概念 | | 中国建筑标准设计研究院有限公司 | 刘东卫、蒋洪彪、伍止超、秦姗、郭洁 |
| 欧洲工业化住宅发展 | | | |
| 日本工业化住宅发展 | | 北京建筑大学建筑与城市规划学院 | 欧阳文、张堃 |
| 中国工业化住宅发展 | | 中国建筑标准设计研究院有限公司 | 刘东卫、蒋洪彪、伍止超、秦姗、郭洁 |
| 主要类型 | | | |
| 建筑体系 | | | |

| 项目 | | 编写单位 | 编写人员 |
|---|---|---|---|
| 住宅内装工业化 | | | |
| 内间体系统工法 | | | |
| 设备体系统工法 | | 中国建筑标准设计研究院有限公司 | 刘东卫、蒋洪彪、伍止超、秦姗、郭洁 |
| 实例 | 欧洲工业化住宅 | | |
| | 日本工业化住宅 | | |
| | 中国工业化住宅 | | |
| **5 住区服务设施** | **主编单位** | 重庆大学建筑城规学院 | 主编：卢峰、朱晓东 |
| | **联合主编单位** | 清华大学建筑设计研究院有限公司 | |
| | **参编单位** | 中国中建设计集团有限公司、重庆大学建筑设计研究院有限公司、重庆长厦安基建筑设计有限公司、重庆大学城市建设与环境工程学院 | 副主编：龙灏 |
| 商业服务设施 | 主编单位 | 重庆大学建筑城规学院 | 主编：卢峰 |
| 概述·分类 | | 重庆大学建筑城规学院 | 卢峰、陈维予、张旭、任洋 |
| 设计要点 | | | |
| 超市·菜市场 | | 重庆大学建筑城规学院 | 卢峰、陈维予、张子涵 |
| 餐饮设施 | | | |
| 娱乐设施 | | | |
| 社区酒店 | | 重庆大学建筑城规学院 | 卢峰、陈维予、刘亚之 |
| 综合便民服务设施 | | | |
| 公共服务设施 | 主编单位 | 中国中建设计集团有限公司 | 主编：薛峰 |
| 概述·公共管理服务设施 | | 中国中建设计集团有限公司 | 薛峰、何平 |
| 医疗卫生服务设施·公共福利服务设施 | | | |
| 文化体育服务设施 | | | |
| 教育配套服务设施 | | | |
| 市政设施 | 主编单位 | 重庆大学建筑城规学院 | 主编：龙灏、颜强 |
| 给水设施 | | 重庆大学建筑设计研究院有限公司 | 颜强 |
| 排水设施 | | | |
| 供电设施·通信设施 | | 重庆长厦安基建筑设计有限公司 | 张立全 |
| 燃气设施 | | 重庆大学城市建设与环境工程学院 | 彭晓青 |
| 冷热供应设施 | | 重庆大学城市建设与环境工程学院 | 陈金华 |
| 环卫设施 | | 重庆大学城市建设与环境工程学院 | 刘国涛 |
| 特殊设施 | 主编单位 | 清华大学建筑设计研究院有限公司 | 主编：朱晓东 |
| 售楼处 | 概述·规划与选址·分类·设计要点 | 清华大学建筑设计研究院有限公司 | 莫修权、王宇婧 |
| | 前后台分区·流线组成·功能布置原则 | | |
| | 实例 | | |
| 住区会所 | 概述·分类·功能布置原则 | 清华大学建筑设计研究院有限公司 | 朱晓东、席文川 |
| | 流线组成·设计要点·布局方式 | | |
| | 实例 | | |

# 附录二 第2分册审稿专家及实例初审专家

**大纲审稿专家**（以姓氏笔画为序）

开 彦　邓述平　叶茂煦　朱大庸　朱昌廉　朱家瑾　刘 灿　江 腾　孙克放

杨世兴　宋 昆　张九师　张兴国　陈荣华　金笠铭　周 俭　赵冠谦　赵擎夏

贾耀材　黄 平　黄 汇　董善白　储兆佛

**第一轮审稿专家**（以姓氏笔画为序）

**导言**

开 彦　邓述平　史昆琳　赵冠谦　胡仁禄　徐 勤　涂英时

**住区规划**

开 彦　邓述平　史昆琳　赵冠谦　胡仁禄　徐 勤　涂英时

**住宅建筑**

开 彦　邓述平　龙 灏　史昆琳　赵冠谦　胡仁禄　徐 勤

**居住建筑专题**

开 彦　邓述平　龙 灏　史昆琳　赵冠谦　胡仁禄　徐 勤

**住区服务设施**

开 彦　邓述平　史昆琳　赵冠谦　胡仁禄　徐 勤　涂英时

**第二轮审稿专家**（以姓氏笔画为序）

**导言、住区规划、住宅建筑、居住建筑专题、住区服务设施**

开 彦　龙 灏　史昆琳　赵冠谦　胡仁禄

**实例初审专家**（以姓氏笔画为序）

王宇虹　开 彦　庄惟敏　刘晓钟　周燕珉　赵冠谦　徐煜辉　唐初旦

# 附录三 《建筑设计资料集》（第三版）实例提供核心单位[1]

（以首字笔画为序）

gad浙江绿城建筑设计有限公司
大连万达集团股份有限公司
大连市建筑设计研究院有限公司
大连理工大学建筑与艺术学院
大舍建筑设计事务所
万科地产
上海市园林设计有限公司
上海复旦规划建筑设计研究院有限公司
上海联创建筑设计有限公司
山东同圆设计集团有限公司
山东建大建筑规划设计研究院
山东建筑大学建筑城规学院
山东省建筑设计研究院
山西省建筑设计研究院
广东省建筑设计研究院
马建国际建筑设计顾问有限公司
天津大学建筑设计规划研究总院
天津大学建筑学院
天津市天友建筑设计股份有限公司
天津市建筑设计院
天津华汇工程建筑设计有限公司
云南省设计院集团
中国中元国际工程有限公司
中国市政工程西北设计研究院有限公司
中国建筑上海设计研究院有限公司
中国建筑东北设计研究院有限公司
中国建筑西北设计研究院有限公司
中国建筑西南设计研究院有限公司
中国建筑设计院有限公司
中国建筑技术集团有限公司
中国建筑标准设计研究院有限公司
中南建筑设计院股份有限公司
中科院建筑设计研究院有限公司
中联筑境建筑设计有限公司
中衡设计集团股份有限公司
龙湖地产
东南大学建筑设计研究院有限公司
东南大学建筑学院
北京中联环建文建筑设计有限公司
北京世纪安泰建筑工程设计有限公司
北京艾迪尔建筑装饰工程股份有限公司
北京东方华太建筑设计工程有限责任公司
北京市建筑设计研究院有限公司
北京清华同衡规划设计研究院有限公司
北京墨臣建筑设计事务所

四川省建筑设计研究院
吉林建筑大学设计研究院
西安建筑科技大学建筑设计研究院
西安建筑科技大学建筑学院
同济大学建筑与城市规划学院
同济大学建筑设计研究院（集团）有限公司
华中科技大学建筑与城市规划设计研究院
华中科技大学建筑与城市规划学院
华东建筑集团股份有限公司
华东建筑集团股份有限公司上海建筑设计研究院有限公司
华东建筑集团股份有限公司华东建筑设计研究总院
华东建筑集团股份有限公司华东都市建筑设计研究总院
华南理工大学建筑设计研究院
华南理工大学建筑学院
安徽省建筑设计研究院有限责任公司
苏州设计研究院股份有限公司
苏州科大城市规划设计研究院有限公司
苏州科技大学建筑与城市规划学院
建设综合勘察研究设计院有限公司
陕西省建筑设计研究院有限责任公司
南京大学建筑与城市规划学院
南京大学建筑规划设计研究院有限公司
南京长江都市建筑设计股份有限公司
哈尔滨工业大学建筑设计研究院
哈尔滨工业大学建筑学院
香港华艺设计顾问（深圳）有限公司
重庆大学建筑设计研究院有限公司
重庆大学建筑城规学院
重庆市设计院
总装备部工程设计研究总院
铁道第三勘察设计院集团有限公司
浙江大学建筑设计研究院有限公司
浙江中设工程设计有限公司
浙江现代建筑设计研究院有限公司
悉地国际设计顾问有限公司
清华大学建筑设计研究院有限公司
清华大学建筑学院
深圳市欧博工程设计顾问有限公司
深圳市建筑设计研究总院有限公司
深圳市建筑科学研究院股份有限公司
筑博设计（集团）股份有限公司
湖南大学设计研究院有限公司
湖南大学建筑学院
湖南省建筑设计院
福建省建筑设计研究院

---

[1] 名单包括总编委会发函邀请的参加2012年8月24日《建筑设计资料集》（第三版）实例提供核心单位会议并提交资料的单位，以及总编委会定向发函征集实例的单位。

# 后　记

　　《建筑设计资料集》是20世纪两代建筑师创造的经典和传奇。第一版第1、2册编写于1960～1964年国民经济调整时期，原建筑工程部北京工业建筑设计院的建筑师们当时设计项目少，像做设计一样潜心于编书，以令人惊叹的手迹，为后世创造了"天书"这一经典品牌。第二版诞生于改革开放之初，在原建设部的领导下，由原建设部设计局和中国建筑工业出版社牵头，组织国内五六十家著名高校、设计院编写而成，为指引我国的设计实践作出了重要贡献。

　　第二版资料集出版发行一二十年，由于内容缺失、资料陈旧、数据过时，已经无法满足行业发展需要和广大读者的需求，急需重新组织编写。

　　重编经典，无疑是巨大的挑战。在过去的半个世纪里，"天书"伴随着几代建筑人的工作和成长，成为他们职业生涯记忆的一部分。他们对这部经典著作怀有很深的情感，并寄托了很高的期许。惟有超越经典，才是对经典最好的致敬。

　　与前两版资料相对匮乏相比，重编第三版正处于信息爆炸的年代。如何在数字化变革、资料越来越广泛的时代背景下，使新版资料集焕发出新的生命力，是第三版编写成败的关键。

　　为此，新版资料集进行了全新的定位：既是一部建筑行业大型工具书，又是一部"百科全书"；不仅编得全，还要编得好，达到大型工具书"资料全，方便查，查得到"的要求；内容不仅系统权威，还要检索方便，使读者翻开就能找到答案。

　　第三版编写工作启动于2010年，那时正处于建筑行业快速发展的阶段，各编写单位和编写专家工作任务都很繁忙，无法全身心投入编写工作。在资料集编写任务重、要求高、各单位人手紧的情况下，总编委会和各主编单位进行了最广泛的行业发动，组建了两百余家单位、三千余名专家的编写队伍。人海战术的优点是编写任务容易完成，不至于因个别单位或专家掉队而使编写任务中途夭折。即使个别单位和个人无法胜任，也能很快找到其他单位和专家接手。人海战术的缺点是由于组织能力不足，容易出现进度拖拖拉拉、水平参差不齐的情况，而多位不同单位专家同时从事一个专题的编写，体例和内容也容易出现不一致或衔接不上的情况。

　　几千人的编写组织工作，难度巨大，工作量也呈几何数增加。总编委会为此专门制定了详细的编写组织方案，明确了编写目标、组织架构和工作计划，并通过"分册主编—专题主编—章节主编"三级责任制度，使编写组织工作落实到每一页、每一个人。

　　总编委会为统一编写思想、编写体例，几乎用尽了一切办法，先后开发和建立了网络编写服务平台、短信群发平台、电话会议平台、微信交流平台，以解决编写组织工作中的信息和文件发布问题，以及同一章节里不同城市和单位的编写专家之间的交流沟通问题。

　　2012年8月，总编委会办公室编写了《建筑设计资料集（第三版）编写手册》，在书中详细介绍了新版资料集的编写方针和目标、工具书的特性和写法、大纲编写定位和编写原则、制版和绘图要求、样张实例，以指导广大参编专家编写新版资料集。2016年5月，出版了《建筑设计资料集（第三版）绘图标准及编写名单》，通过平、立、剖等不同图纸的画法和线型线宽等细致规定，以及版面中字体字号、图表关系等要求，统一了全书的绘图和版面标准，彻底解决了如何从前两版的手工制图排版向第三版的计算机制图排版转换，以及如何统一不同编写专家绘图和排版风格的问题。

总编委会还多次组织总编委会、大纲研讨会、催稿会、审稿会和结题会，通过与各主要编写专家面对面的交流，及时解决编写中的困难，督促落实书稿编写进度，统一编写思想和编写要求。

为确保书稿质量、体例形式、绘图版面都达到"天书"的标准，总编委会一方面组织几百名审稿专家对各章节的专业问题进行审查，另一方面由总编委会办公室对各章节编写体例、编写方法、文字表述、版面表达、绘图质量等进行审核，并组织各章节编写专家进行修改完善。

为使新版资料集入选实例具有典型性、广泛性和先进性，总编委会还在行业组织优秀实例征集和初审，确保了资料集入选实例的高质量和高水准。

新版资料集作为重要的行业工具书，在组织过程中得到了全行业的响应，如果没有全行业的共同奋斗，没有全国同行们的支持和奉献，如此浩大的工程根本无法完成，这部巨著也将无法面世。

感谢住房和城乡建设部、国家新闻出版广电总局对新版资料集编写工作的重视和支持。住房和城乡建设部将以新版资料集出版为研究成果的"建筑设计基础研究"列入部科学技术项目计划，国家新闻出版广电总局批准《建筑设计资料集》（第三版）为国家重点图书出版规划项目，增值服务平台"建筑设计资料库"为"新闻出版改革发展项目库"入库项目。

感谢在2010年新版资料集编写组织工作启动时，中国建筑学会时任理事长宋春华先生、秘书长周畅先生的组织发起，感谢中国建筑工业出版社时任社长王珮云先生、总编辑沈元勤先生的倡导动议；感谢中国建筑设计院有限公司等6家国内知名设计单位和清华大学建筑学院等8所知名高校时任的主要领导，投入大量人力、物力和财力，切实承担起各分册主编单位的职责。

感谢所有专题、章节主编和编写专家多年来的艰辛付出和不懈努力，他们对书稿的反复修改和一再打磨，使新版资料集最终成型；感谢所有审稿专家对大纲和内容一丝不苟的审查，他们使新版资料集避免了很多结构性的错漏和原则性的谬误。

感谢所有参编单位和实例提供单位的积极参与和大力支持，以及为新版资料集所作的贡献。

感谢衡阳市人民政府、衡阳市城乡规划局、衡阳市规划设计院为2013年10月底衡阳审稿会议所作的贡献。这次会议是整套书编写过程中非常重要的时间节点，不仅会前全部初稿收齐，而且200多名编写专家和审稿专家进行了两天封闭式审稿，为后续修改完善工作奠定了基础。

感谢北京市建筑设计研究院有限公司副总建筑师刘杰女士承接并组织绘图标准的编制任务，感谢北京市建筑设计研究院有限公司王哲、李树栋、刘晓征、方志萍、杨翊楠、任广璨、黄墨制定总绘图标准，感谢华南理工大学建筑设计研究院丘建发、刘骁制定规划总平面图绘图标准。

感谢中国建筑工业出版社王伯扬、李根华编审出版前对全套图书的最终审核和把关。

在此过程中，需要感谢的人还有很多。他们在联系编写单位、编写专家和审稿专家，或收集实例、修改图纸、制版印刷等方面，都给予了新版资料集极大的支持，在此一并表示感谢。

鉴于内容体系过于庞杂，以及编者的水平、经验有限，新版资料集难免有疏漏和错误之处，敬请读者谅解，并恳请提出宝贵意见，以便今后补充和修订。

《建筑设计资料集》（第三版）总编委会办公室

2017年5月23日